新工科·普通高等教育机电类系列教材

工程制图及CAD

第2版

主　编　李建新
副主编　王兴国　李　腾
参　编　徐元龙　高　慧　郝　明
　　　　高玉芳

机械工业出版社

本书共13章，内容包括：制图的基本知识和基本技能，点、直线、平面的投影，立体的投影，组合体的三视图，轴测投影图，机件的常用表达方法，标准件和常用件，零件工作图，装配图，立体表面的展开，焊接图，化工制图，以及AutoCAD绘图基础。

本书贯彻了现行的国家标准，突出了轻化工专业特色，简化了画法几何，同时还包括计算机绘图基础内容。

本书可作为高等院校非机械类专业（尤其是轻化工类专业）的本科、专科、成人高等教育“工程制图”课程教材，也可供其他近机械类专业的学生和相关领域的工程技术人员参考。

为了满足教学需求，另有与本书配套使用的习题集同时出版。

图书在版编目（CIP）数据

工程制图及CAD/李建新主编. —2版. —北京：机械工业出版社，2023.6（2024.9重印）

新工科·普通高等教育机电类系列教材

ISBN 978-7-111-73235-8

Ⅰ.①工… Ⅱ.①李… Ⅲ.①工程制图-AutoCAD软件-高等学校-教材 Ⅳ.①TB237

中国国家版本馆CIP数据核字（2023）第093694号

机械工业出版社（北京市百万庄大街22号 邮政编码100037）

策划编辑：王勇哲　　责任编辑：王勇哲

责任校对：王明欣　李　杉　　封面设计：王　旭

责任印制：郜　敏

北京富资园科技发展有限公司印刷

2024年9月第2版第3次印刷

184mm×260mm·23.25印张·573千字

标准书号：ISBN 978-7-111-73235-8

定价：63.80元

电话服务　　网络服务

客服电话：010-88361066　　机　工　官　网：www.cmpbook.com

010-88379833　　机　工　官　博：weibo.com/cmp1952

010-68326294　　金　书　网：www.golden-book.com

机工教育服务网：www.cmpedu.com

前　言

本书在总结多年教学实践经验并在第 1 版的基础上进行修订编写而成，在编写过程中汲取了其他同类教材的优点，广泛听取了多方面的意见。

本次修订主要做了如下工作：

1）第十三章 AutoCAD 绘图基础按照 AutoCAD 2021 全部重新进行了编写，充分考虑到初学者的需求，内容由浅入深、循序渐进，符合学科教学规律，便于教师授课和学生自学。该章注重计算机绘图基础内容，重视细节，重点考虑学生在实际操作中会遇到的各种问题。

2）对部分章节更换了部分图例，修正了部分插图。部分立体图改为渲染图形式，力求图形精确完美，图面美观清晰，还有少部分章节添加了一些动画，使表达更加形象生动。

3）对文字进行了理顺，对部分章节文字进行了修改和调整。

4）附录中增删了部分内容。

5）增加了与本书配套的习题集电子解题指导。

本书由李建新任主编，王兴国、李腾任副主编，参编人员还有徐元龙、高慧、郝明、高玉芳。具体编写分工：李建新（第八章、附录），王兴国（第四、七章），李腾（第十三章），徐元龙（第五、六、九章），高慧（第二、三章），郝明（第一、十、十二章），高玉芳（第十一章）。

在本书的编写过程中，齐齐哈尔大学李东生副教授提出了许多宝贵意见，在此表示衷心的感谢。同时，本书参考了一些同类著作，在此向文献作者表示由衷的谢意。

由于编者水平有限，书中难免存在错漏之处，欢迎广大读者批评指正。

编　者

目 录

绪 论

一、本课程的性质和任务

在科学技术和工业生产中，需用图样准确地表达各种物体的形状，以满足人们的设计要求。图样在工程技术领域的设计、制造、安装、施工、检验等过程中，是必不可少的技术文件，是人们进行科技交流的技术语言。

本课程既有系统的理论性，又有较强的实践性，是高等工科院校的一门重要技术基础课，内容包括画法几何、制图基础知识、工程制图和计算机绘图等部分，具体任务为：

1）研究在平面上应用投影原理表示空间几何元素和形体的图示方法，研究在平面上应用几何作图解决空间几何问题的图解方法，培养空间想象能力、分析能力和空间问题的图解能力。

2）介绍国家标准中有关制图的基本规定，研究绘制和阅读图样的基本理论与方法，培养绘制和阅读机械零件图与装配图的能力。

3）学习计算机绘图的基本知识，初步掌握 AutoCAD 的基本命令，并能用该软件绘制工程图样，为进一步学习打下基础。

二、本课程的要求及学习方法

本课程具有较强的理论性和实践性，要学习好本课程应做到：

1）能用正投影法并遵照国家标准《机械制图》等有关规定绘制机械图样。

2）根据国家标准《机械制图》等的规定，并初步考虑结构和工艺的要求，能在图样上标注尺寸。

3）培养空间想象能力和空间构思能力，能阅读机械图样。

4）初步具备用图解法解决空间几何问题的能力。

5）掌握计算机绘图的基本知识，能够运用 AutoCAD 软件绘制工程图样。

6）培养工程意识、标准化意识和严谨认真的工作态度。

本课程的特点是实践性强，因此要掌握本课程的内容，离不开画图和读图的实践，要在掌握正投影原理的基础上运用理论联系实际的学习方法，把画图和读图的练习贯穿于学习全过程，自始至终突出一个“练”字。在做本课程习题作业时，切忌粗心大意、草率从事，必须做到耐心细致、一丝不苟。严格遵守国家标准的有关规定，从而培养学生严肃认真、踏实细致的工作作风。

培养学生的自学能力很重要，学生在学习制图时，要学会查阅有关资料，掌握画图和读图的方法、步骤等，从而培养自学能力和独立工作的能力。

第一章

1

制图的基本知识和基本技能

第一节 制图的基本规格

图样是现代工业生产中重要的技术文件之一，也是一种交流技术思想的语言。为了便于生产和技术交流，必须对图样的内容做出统一的规定。我国于1959年第一次颁布了《机械制图》国家标准，起到了统一工程语言的作用。为了适应科学技术的发展和国际技术交流的需要，我国的国家标准经过了多次修改和修订，基本上等同于国际标准。

国家标准简称国标。例如：GB/T 4458.4—2003中，GB为国标代号，T表示推荐，4458.4为该标准的编号，2003表示该标准是2003年发布的。

本章主要介绍《技术制图》与《机械制图》国家标准中的部分规定，绘图工具的正确使用，几何作图，平面图形尺寸标注及线段分析等内容，其余国家标准将在后续章节中介绍。

一、图纸幅面和格式（GB/T 14689—2008）

1. 图纸幅面

绘制图样时，优先选用表1-1中规定的基本幅面。

表1-1 基本幅面及图框尺寸 （单位：mm）

幅面代号	A0	A1	A2	A3	A4
$B \times L$	841×1189	594×841	420×594	297×420	210×297
a	25				
c	10			5	
e	20		10		

必要时，也允许按规定加长幅面，其加长幅面的尺寸可按国家标准《技术制图》（GB/T 14689—2008）执行。

2. 图框格式

在图纸上必须用粗实线画出图框，其格式分为不留装订边和留有装订边两种，但同一产品的图样只能采用一种格式。不留装订边的图纸，其图框格式如图1-1所示。

留有装订边的图纸，其图框格式如图 1-2 所示，一般采用 A4 幅面竖装或 A3 幅面横装。

3. 标题栏的方位

每张图纸上都必须画出标题栏。标题栏的格式和尺寸在 GB/T 10609.1—2008 中已有规定。零件图采用图 1-3 的格式，学生制图作业建议采用图 1-4 的格式。

标题栏的位置应位于图纸的右下角，紧靠图框线，标题栏中的文字方向为看图方向。

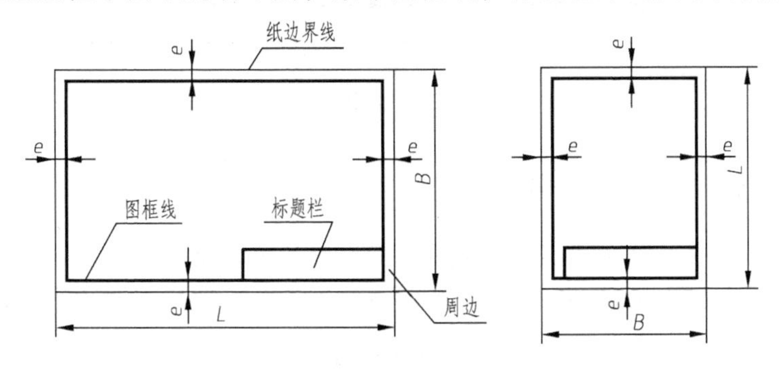

图 1-1 不留装订边的图框格式

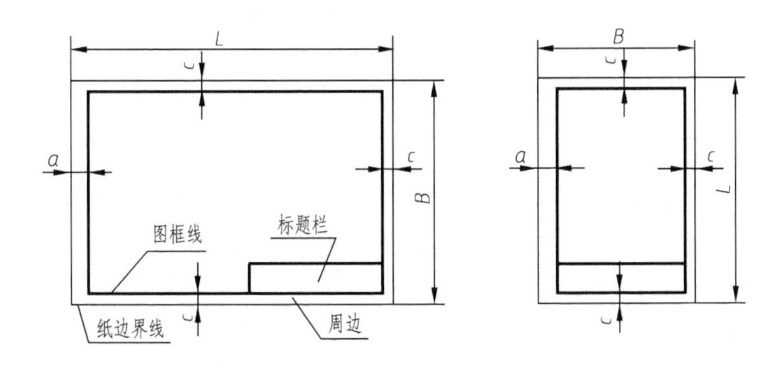

图 1-2 留有装订边的图框格式

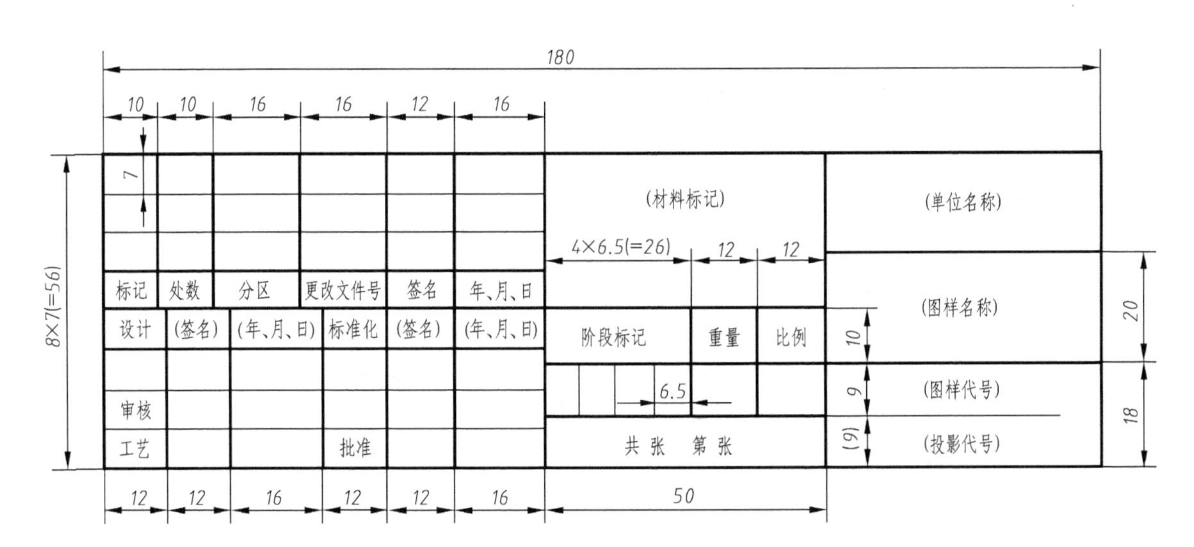

图 1-3 标题栏

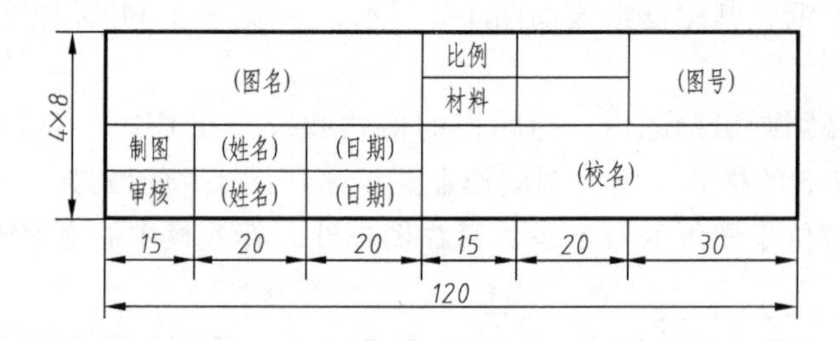

图 1-4　学生用标题栏

二、比例（GB/T 14690—1993）

比例指的是图样中图形与其实物相应要素的线性尺寸之比。

绘制图样时，一般应从表 1-2 规定的系列中优先选取不带括号的适当比例。

表 1-2　绘图的比例

原值比例	1∶1
缩小比例	(1∶1.5)　1∶2　(1∶2.5)　(1∶3)　(1∶4)　1∶5　(1∶6)　1∶1×10^n　(1∶1.5×10^n)　1∶2×10^n　(1∶2.5×10^n)　(1∶3×10^n)　(1∶4×10^n)　(1∶5×10^n)　(1∶6×10^n)
放大比例	2∶1　(2.5∶1)　(4∶1)　5∶1　1×10^n∶1　2×10^n∶1　(2.5×10^n∶1)　(4×10^n∶1)　5×10^n∶1

注：n 为正整数。

绘制同一机件的各个视图应采用相同的比例，并在标题栏内的比例一栏中标明。当某个视图需要采用不同的比例绘制时，可在视图名称下方或右侧标注。

为了能从图样上得到实物大小的真实感，应尽量采用 1∶1 的比例。当机件不宜用 1∶1 的比例绘制时，可用放大或缩小的比例画出。不论放大或缩小，在标注尺寸时，必须标注机件的实际尺寸。

三、字体（GB/T 14691—1993）

1）在图样上书写的字体必须做到：字体工整、笔画清楚、间隔均匀、排列整齐。

2）字体高度（用 h 表示）的公称尺寸系列为：1.8mm、2.5mm、3.5mm、5mm、7mm、10mm、14mm、20mm。如需要书写更大的字，其字体高度应按 $\sqrt{2}$ 的比例递增。字体高度表示字体的号数。

3）汉字应写成长仿宋体字，并应采用国家正式公布推行的《汉字简化方案》中规定的简化字。汉字的高度不应小于 3.5mm，其字宽一般为 $h/\sqrt{2}$，如图 1-5 所示。

4）字母和数字分 A 型和 B 型。A 型字体的笔画宽度（d）为字高（h）的 1/14，B 型字体的笔画宽度（d）为字高（h）的 1/10。在同一图样上，只允许选用一种类型的字体。字母和数字可写成斜体和直体。斜体字字头向右倾斜，与水平基准线成 75°。

5）用作指数、分数、极限偏差、注脚等的数字及字母，一般应采用小一号的字体，图样中的数字符号、物理量符号、计量单位符号及其他符号、代号，应分别符合国家的有关法令和标准的规定，如图 1-6 所示。

10号字

字体工整笔画清楚间隔均匀排列整齐

7号字

横平竖直注意起落结构均匀填满方格

5号字

技术制图机械电子汽车航空船舶土木建筑矿山井坑港口纺织服装

3.5号字

螺纹齿轮端子接线飞行指导驾驶舱位挖填施工引水通风闸阀项棉麻化纤

图 1-5 长仿宋体汉字示例

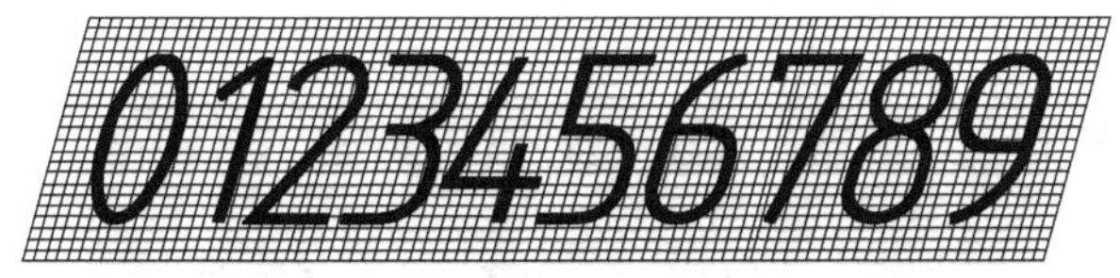

a) 阿拉伯数字

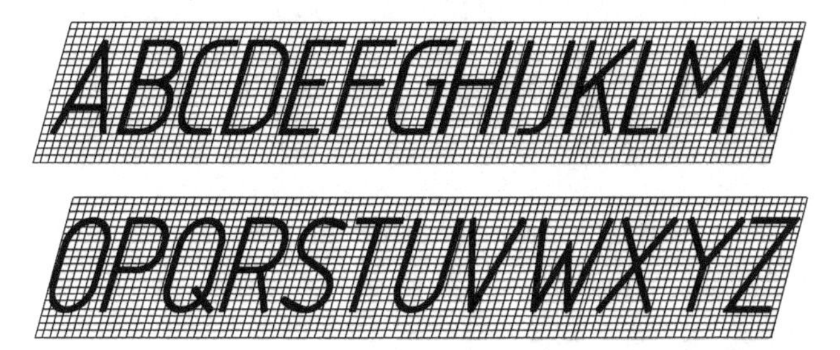

b) 大写拉丁字母

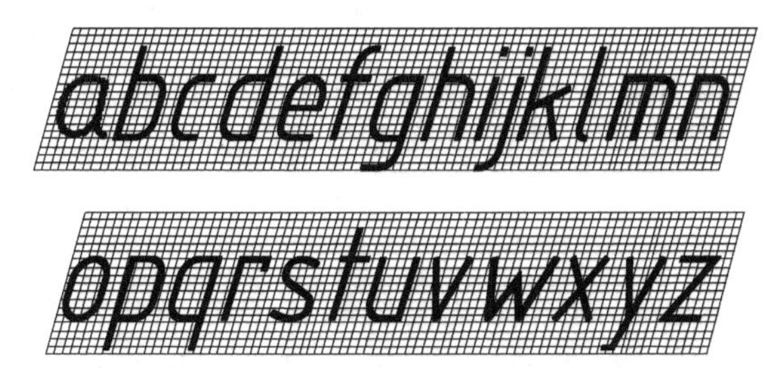

c) 小写拉丁字母

图 1-6 数字、字母书写法

αβγδεζηθϑικλμ

νξοπρστυϕφχψω

d) 小写希腊字母

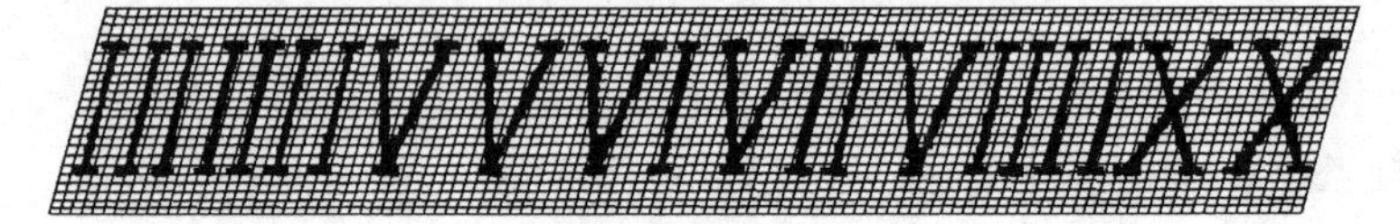

e) 罗马数字

10^3　R8　T_d　380kPa　$7^{\circ}{}^{+1^{\circ}}_{-2^{\circ}}$　$\frac{3}{5}$　5%

m/kg　l/mm　10JS5(±0.003)　M24−6h

$\phi20^{+0.010}_{-0.023}$　$\phi25\frac{H6}{m5}$　$\frac{II}{2:1}$　$\frac{A}{5:1}$　Ra 6.3

f) 综合应用示例

图 1-6　数字、字母书写法（续）

四、图线（GB/T 4457.4—2002）

1. 图线标准

绘制图样应采用规定的标准图线，国家标准 GB/T 4457.4—2002 规定了工程图样中采用的各种图线的名称、类型、宽度及一般应用，见表 1-3，图线的应用实例如图 1-7 所示。

2. 图线的宽度

图线分为粗、细两种。粗线的宽度 d 应按图样的大小和复杂程度在 0.5～2mm 选择。细线的宽度约为 $d/2$。图线宽度的推荐系列为：0.18mm、0.25mm、0.35mm、0.5mm、0.7mm、1mm、1.4mm、2mm，粗线宽度优先采用 0.5～0.7mm。0.18mm 应尽量避免采用。

表 1-3　图线的类型、宽度和主要用途

<table>
<tr><th>名称</th><th>类型</th><th colspan="2">宽度 d/mm</th><th colspan="2">主要用途及线素长度</th></tr>
<tr><td>粗实线</td><td></td><td>0.7</td><td>0.5</td><td colspan="2">表示可见轮廓线</td></tr>
<tr><td>细实线</td><td></td><td>0.35</td><td>0.25</td><td colspan="2">表示尺寸界线、尺寸线、剖面线、引出线、重合断面的轮廓线</td></tr>
<tr><td>波浪线</td><td></td><td>0.35</td><td>0.25</td><td colspan="2">表示断裂处的边界线、局部剖视图的分界线</td></tr>
<tr><td>双折线</td><td></td><td>0.35</td><td>0.25</td><td colspan="2">表示断裂处的边界线</td></tr>
<tr><td>细虚线</td><td></td><td>0.35</td><td>0.25</td><td colspan="2">表示不可见的轮廓线。画长 12d、短间隔长 3d</td></tr>
<tr><td>细点画线</td><td></td><td>0.35</td><td>0.25</td><td>表示轴线、圆中心线、对称线</td><td rowspan="3">长画长 24d，短间隔长 3d，点长≤0.5d</td></tr>
<tr><td>粗点画线</td><td></td><td>0.7</td><td>0.5</td><td>表示限定范围表示线</td></tr>
<tr><td>双点画线</td><td></td><td>0.35</td><td>0.25</td><td>表示假想轮廓线、断裂处的边界线</td></tr>
<tr><td>粗虚线</td><td></td><td>0.7</td><td>0.5</td><td colspan="2">表示允许表面处理的表示线。画长 12d，短间隔长 3d</td></tr>
</table>

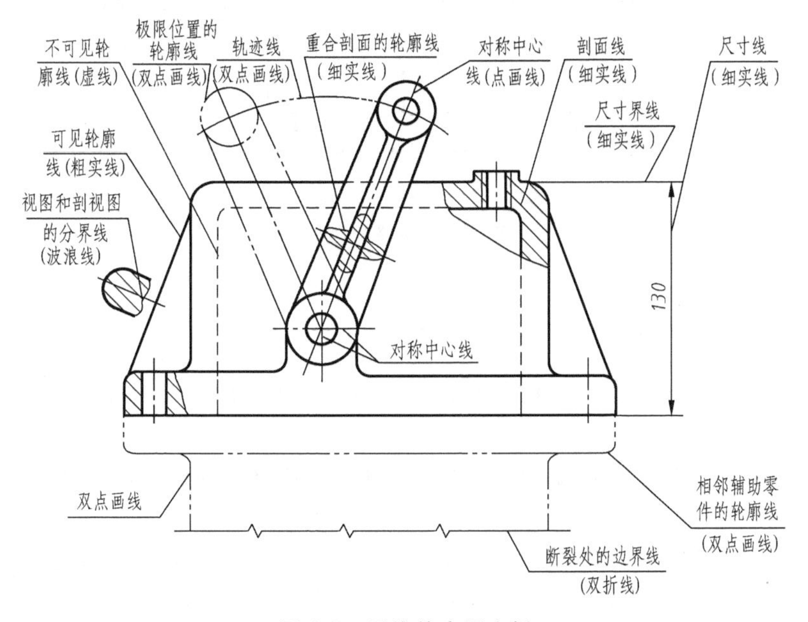

图 1-7　图线的应用实例

3. 图线的画法

1）同一图样中同类图线的宽度应基本保持一致。虚线、点画线及双点画线的线段长度和间隔应各自大致相等。

2）两条平行线（包括剖面线）之间的距离应不小于粗实线的两倍宽度，其最小距离不得小于 0.7mm。

3）绘制圆的对称中心线时，应超出圆外 2～3mm，首末两端应是线段而不是短画，圆心应是线段的交点。在较小的图形上绘制细点画线或双点画线有困难时，可用细实线代替。

4）点画线、虚线和其他图线相交时，都应是线段相交，不应在空隙或短画处相交。当虚线处于粗实线的延长线上时，在连接处要留有空隙。

5）当几种线条重合时，应按粗实线、虚线、点画线的优先顺序画出。

以上几点注意问题如图 1-8 所示。

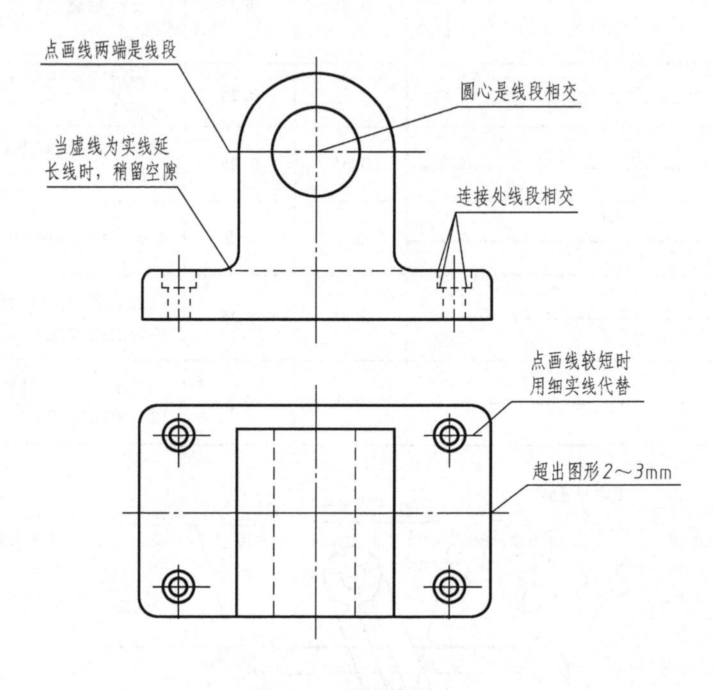

图 1-8　图线的画法

五、尺寸注法（GB/T 4458.4—2003）

在图样中，图形只能表达机件的形状，而机件的大小则由标注的尺寸确定。

1. 基本规则

1）机件的真实大小应以图样上所注的尺寸数值为依据，与图形的大小及绘图的准确度无关。

2）图样中（包括技术要求和其他说明）的尺寸，以毫米为单位，不需标注计量单位的代号或名称，如采用其他单位，则须注明相应的单位代号或名称。

3）图样中所标注的尺寸，为该图样所示机件的最后完工尺寸，否则应另加说明。

4）机件的每一尺寸，一般只标注一次，并应标注在反映该结构最清晰的图形上。

5）标注尺寸时，应尽可能使用符号或缩写词，常用符号和缩写词见表 1-4。表 1-4 中符号的线宽为 $h/10$（h 为字体高），符号的比例画法如图 1-9 所示。

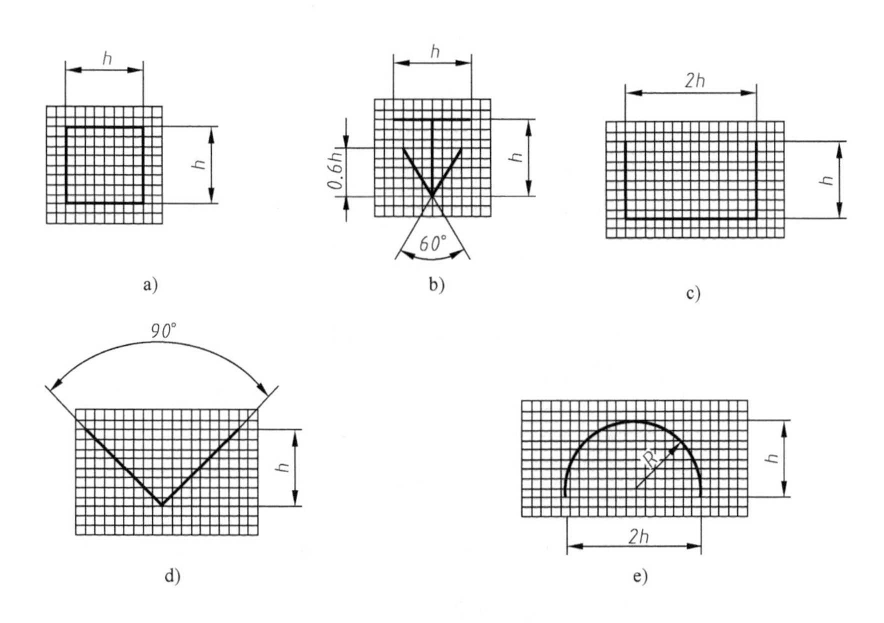

图 1-9　标注尺寸用符号的比例画法

表 1-4　尺寸标注的常用符号或缩写词

名　　称	符号或缩写词
直径	ϕ
半径	R
球半径	SR
球直径	$S\phi$
厚度	t
正方形	□
45°倒角	C
深度	↧
沉孔或锪平	⌴
埋头孔	⌵
均布	EQS
弧长	⌒

2. 尺寸的组成

一个完整的尺寸一般应包括尺寸数字、尺寸界线、尺寸线和尺寸线终端，如图 1-10 所示。

(1) 尺寸数字　线性尺寸的尺寸数字一般应注写在尺寸线的上方，也可注写在尺寸线

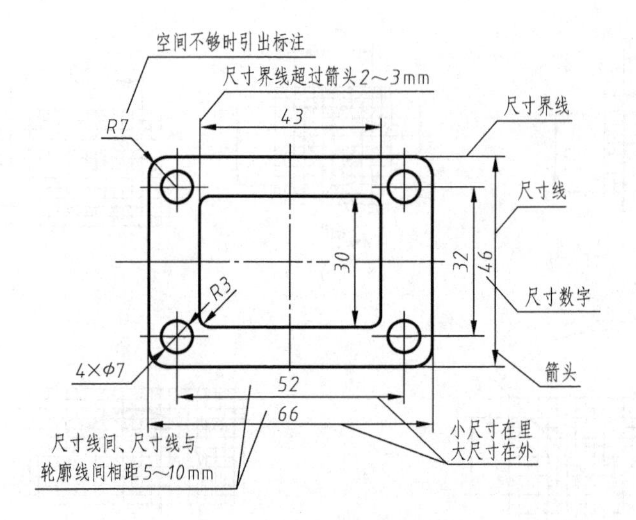

图 1-10　尺寸的组成及标注

的中断处。线性尺寸数字的方向，一般应采用如图 1-11a 所示的方法注写，即水平方向的尺寸数字，字头向上；垂直方向的尺寸数字，字头向左；非水平方向的尺寸数字应尽可能避免在图示的 30°范围内标注。当无法避免时，可按图 1-11b 的形式标注。另外，也允许采用图 1-12 的方法注写线性尺寸数字，即对于非水平方向的尺寸数字，也可以水平注写在尺寸线的中断处，但在同一张图样中，应尽可能采用同一种方法注写。

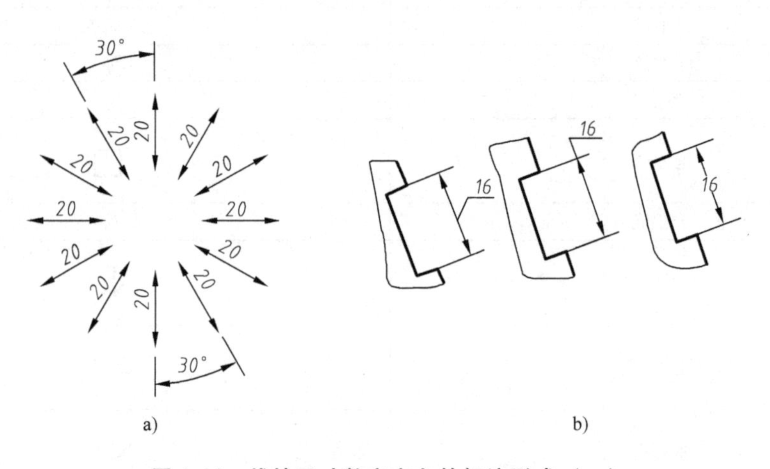

图 1-11　线性尺寸数字方向的标注形式（一）

尺寸数字不可被任何图线所通过，否则必须将该图线断开。角度的尺寸数字一律写成水平方向，必要时也可以引出标注。标注直径尺寸时，应在尺寸数字前加注符号 ϕ；标注半径时，应在尺寸数字前加注符号 R；标注球面的直径或半径时，应在 ϕ 或 R 前再加注符号 S，详见表 1-5。

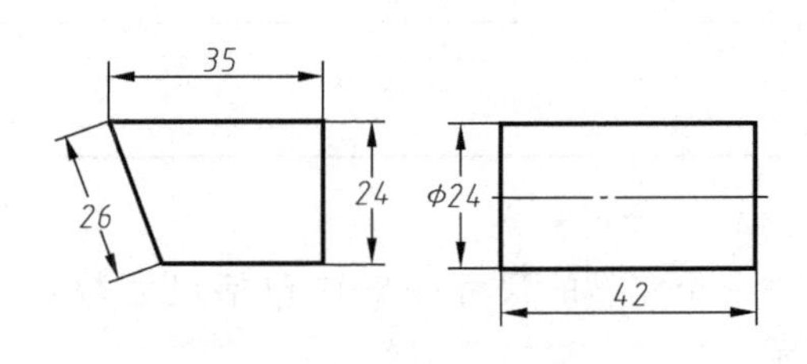

图 1-12　线性尺寸数字方向的标注形式（二）

（2）尺寸界线　尺寸界线用细实线绘制，并应从图形的轮廓线、轴线或对称中心线处引出。也可用轮廓线、轴线或对称中心线作为尺寸界线。尺寸界线一般应与尺寸线垂直，并超出尺寸线 2～3mm，必要时才允许倾斜，详见表 1-5。

（3）尺寸线和尺寸线终端　尺寸线用细实线绘制，不能用其他图线代替，一般也不得与其他图线重合或画在其延长线上。标注线性尺寸时，尺寸线必须与所标注的线段平行。在几条相邻且平行的尺寸线中，大尺寸要注写在小尺寸的外侧，尽量避免尺寸线与尺寸界线相交。

尺寸线的终端有两种形式，即箭头或斜线，如图 1-13 所示。箭头适用于各种类型的图样，斜线用细实线绘制，当尺寸线终端采用斜线形式时，尺寸线与尺寸界线必须相互垂直。

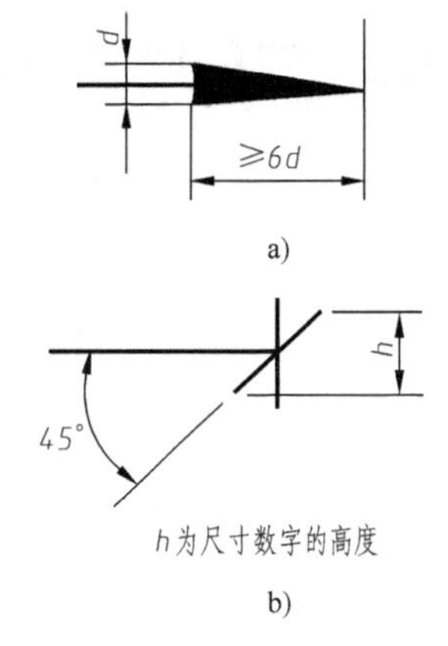

图 1-13　尺寸线终端的两种形式

表 1-5　尺寸标注示例

内容	图　例	说　明
1）线性尺寸的数字方向及箭头斜线的使用	70　32　30　ϕ20　ϕ50　ϕ30　35　20　86	倾斜方向的尺寸可水平地注写在尺寸线中断处，避免 30°范围内造成误解
2）角度、弦长、弧长	50°　26　⌒28	标注角度的尺寸界线由径向引出，弦长和弧长的尺寸界线应平行于该弦的垂直平分线
3）圆	ϕ35　ϕ40　ϕ30　ϕ30	圆的直径尺寸终端为箭头，圆不完整时也可一端为箭头
4）大圆弧	R80　SR64	圆弧的尺寸过大，图纸范围无法注出圆心位置时，可按图标注

（续）

内容	图例	说明
5)球面	SΦ30　SR30　R10	圆球的直径和半径应在 ϕ 或 R 前加注 S，在不易误解时可省略
6)小尺寸	3 2 3　5 5　3　3 4 3　3　2 4　R5 R5 R5 R5 R3 R3 R6 R5　Φ10 Φ10 Φ10 Φ12 Φ5 Φ5 Φ5 Φ5	没有足够的位置画箭头或注写尺寸数字时，可按图中形式标注
7)圆滑过渡处	20　10	圆滑过渡处标注尺寸，必须用细实线将轮廓线从交点处引尺寸界线。尺寸界线一般应与尺寸线垂直，必要时允许倾斜
8)正方形结构	□14 或 14×14　□14或14×14	剖面为正方形的尺寸，可在正方形尺寸前加“□”或采用 $B\times B$ 的形式标注
9)板状零件	t3	板状零件的厚度在数字前加 t

（续）

内容	图　例	说　明
10）已确定半径尺寸	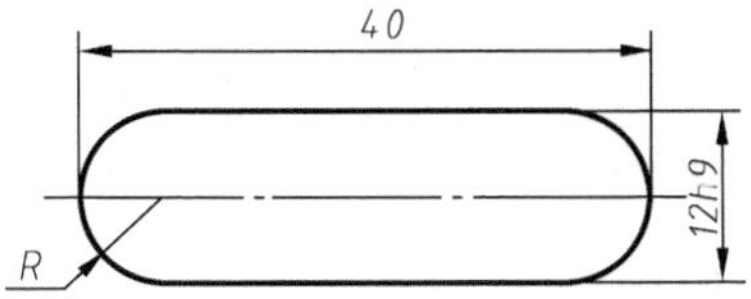	当需要指明半径是由其他尺寸确定时，应用尺寸线和 R，但不要注写尺寸数字
11）锥度或斜度	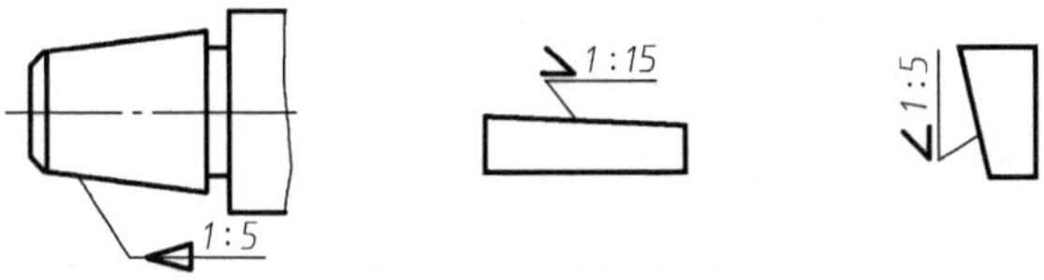	锥度、斜度符号的方向与锥度、斜度一致
12）倒角	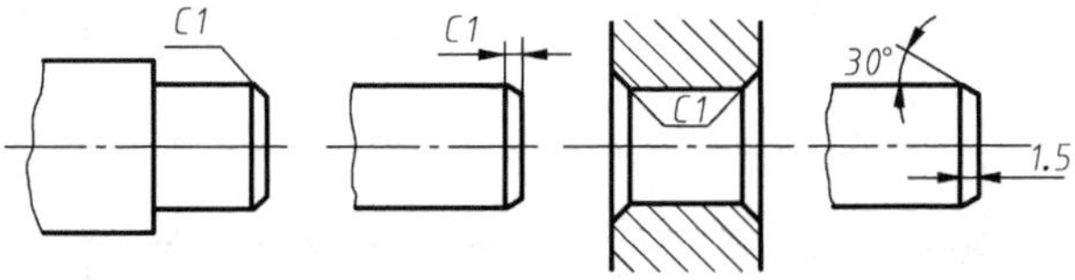	45°倒角按“C 倒角宽度”注出。30°或60°倒角应分别注出宽度和角度
13）退刀槽	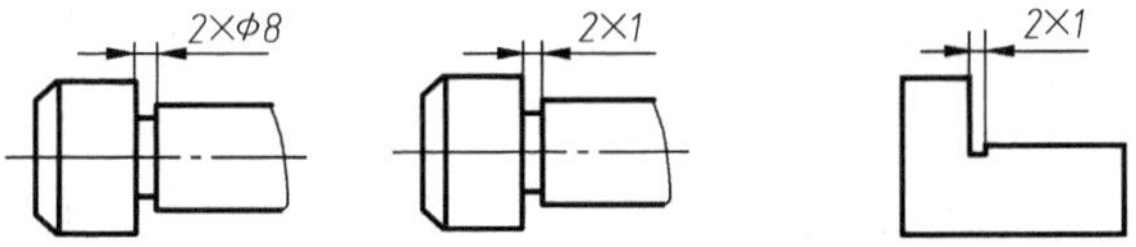	退刀槽按“槽宽×直径”或“槽宽×槽深”注出
14）均匀分布的成组结构	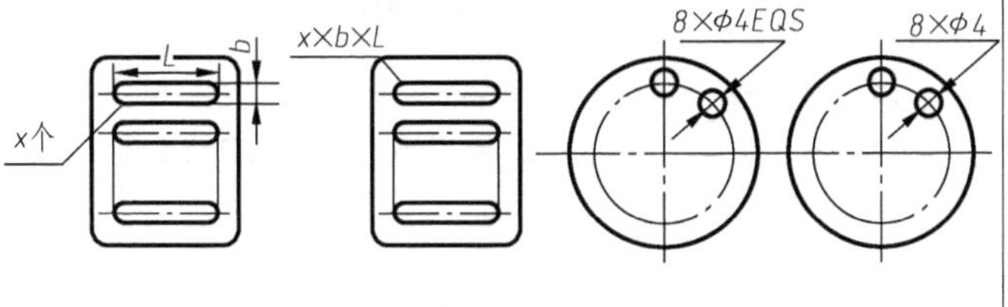	均匀分布结构的标注形式
15）锥形沉孔	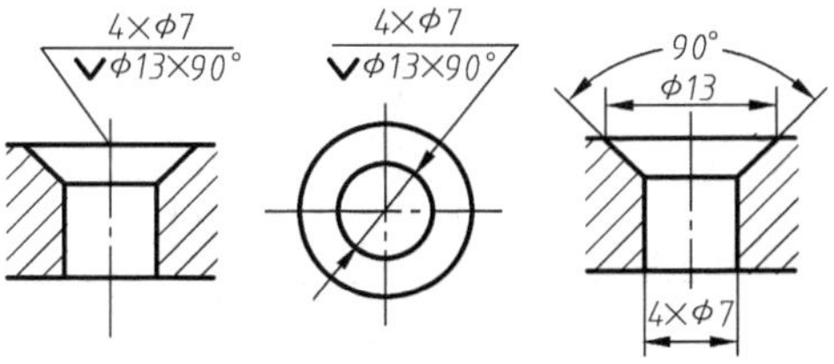	锥形沉孔的标注形式
16）柱形沉孔	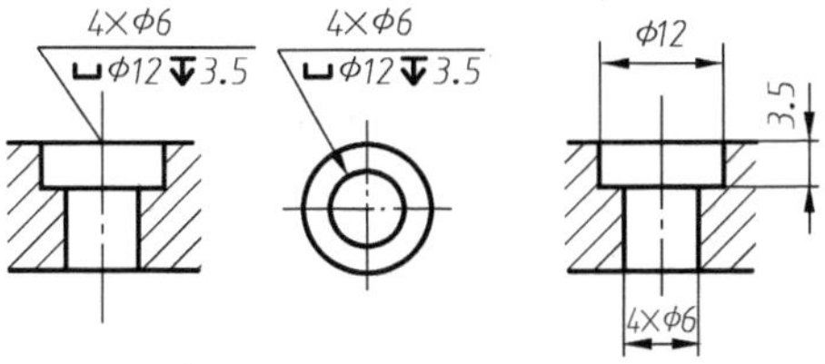	柱形沉孔的标注形式

第二节　绘图工具的使用方法

为了既快又好地画出工程图样，正确、熟练地使用绘图工具是一个重要方面。因此，必须养成正确使用、维护绘图工具的良好习惯。

一、图板、丁字尺和三角板

图板供铺放图纸用，它的表面必须平坦、光滑，左右两导边必须平直。

丁字尺是用来画水平线的。丁字尺由尺头和尺身组成。画图时，应使尺头始终紧靠图板左侧的导边。图 1-14 所示为用丁字尺画水平线的作图方法。

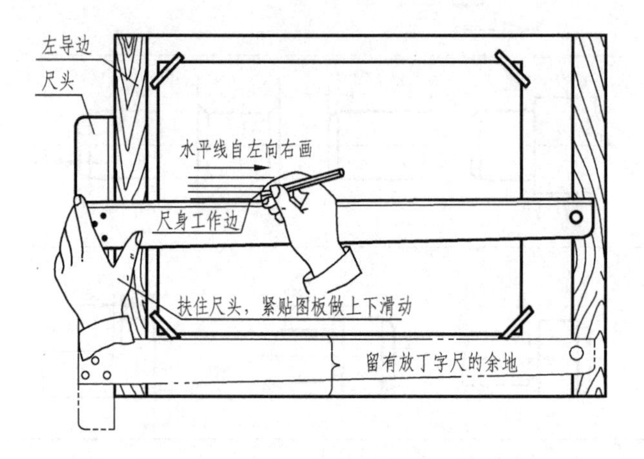

图 1-14　图板、丁字尺的配合使用

三角板与丁字尺配合使用可绘制与水平成 90°、45°、30°、60°的直线，若同时使用一副三角板还可以绘制与水平线成 15°、75°角的倾斜直线，如图 1-15 所示。

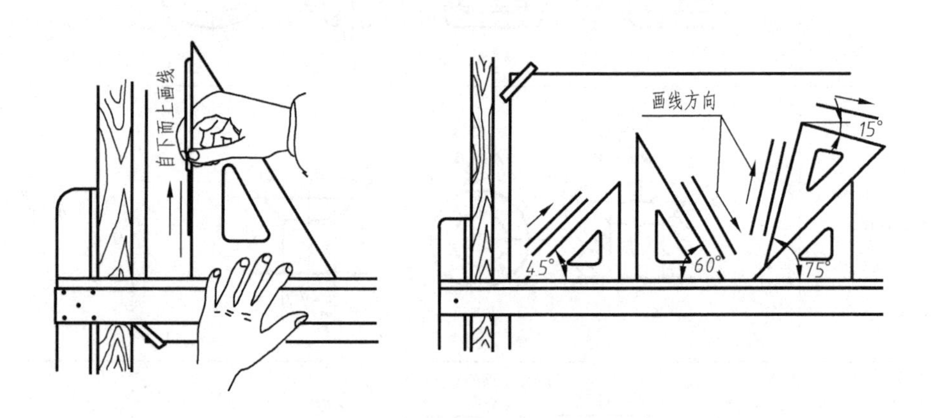

图 1-15　丁字尺、三角板的配合使用方法

二、比例尺

比例尺供绘制不同比例图样时量取尺寸使用。常见的形式如图 1-16 所示，这种三棱尺

上刻有六种不同的比例，如 1∶100、1∶200、1∶300 等。现在还有很多三角板上刻有不同的比例尺，用起来也很方便。

在机械图样中经常用 1∶1、1∶2 等小比例画图，此时仍可用 1∶100、1∶200 等大比例尺作图。即比例尺上的每一种刻度，常可读出几种不同的比例，如 1∶200 的刻度，当其上的每 1 小格（真实长度为 1mm）代表 2mm 时，是 1∶2 的比例。但若每 1 小格代表 20mm 时，它就是 1∶20 的比例。若每 1 小格代表 0.2mm 时，则它的比例就成为 5∶1，如图 1-17 所示。

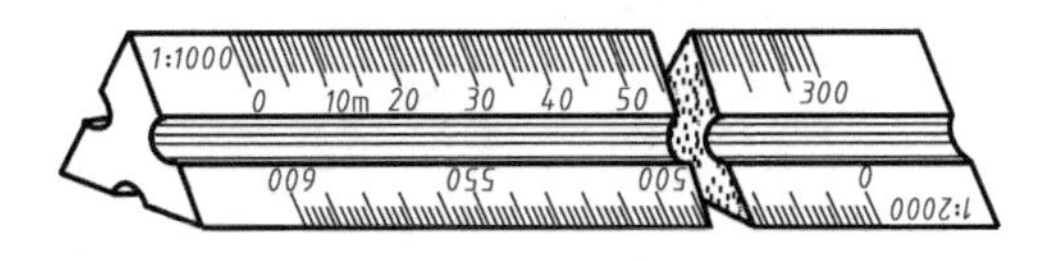

图 1-16　比例尺

有了比例尺，在画不同比例的图形时，从尺上可直接得出某一尺寸应画的大小，省去了计算的麻烦。

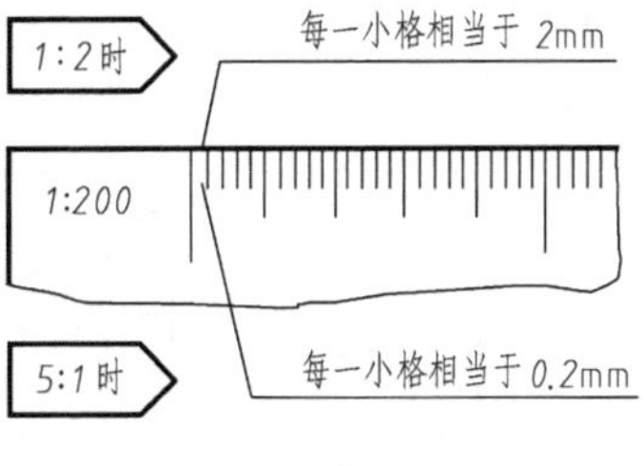

1:2时
每一小格相当于 2mm
1:200
5:1时
每一小格相当于 0.2mm

图 1-17　比例尺的刻度

三、圆规和分规

圆规是画圆和圆弧的工具，在使用圆规画圆前应先调整针脚，使台阶与铅芯等高。不论所画圆的直径多大，应使圆规两脚都与纸面尽可能垂直，如图 1-18 所示。

分规是用来量取线段和等分线段的工具，如图 1-19 所示。

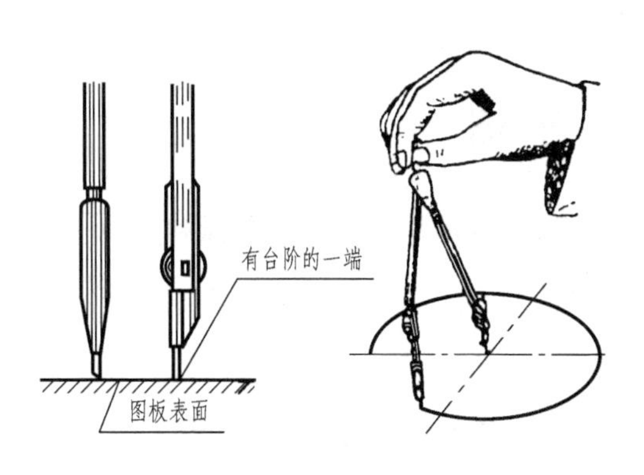

图 1-18　圆规的用法图

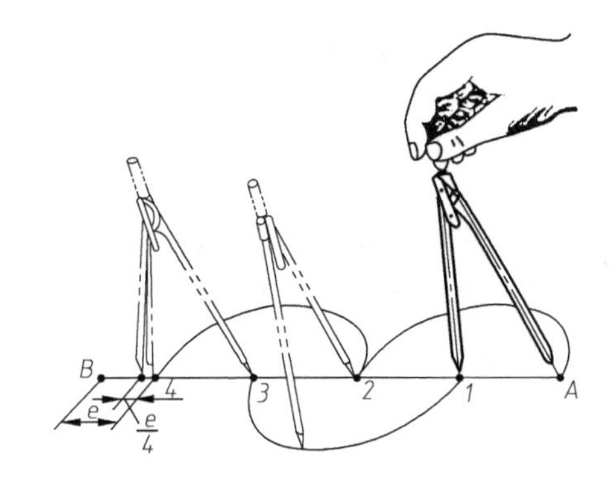

图 1-19　分规的用法

四、曲线板

曲线板用于画非圆曲线。

画曲线时，应先徒手把曲线上各点轻轻地连接起来，然后选择曲线板上曲率相当的部分，分段画成。每画一段时，至少应有三个点与曲线板上某一段重合，并与已画成的相邻线段部分重合，以保持曲线圆滑，如图 1-20 所示。

五、其他绘图工具

绘图模板是一种快速绘图工具，上面有多种镂空的常用图形、符号或字体等，能方便地绘制针对不同专业的图案，如图 1-21a 所示。使用时笔尖应紧靠模板，使画出的图形整齐、光滑。

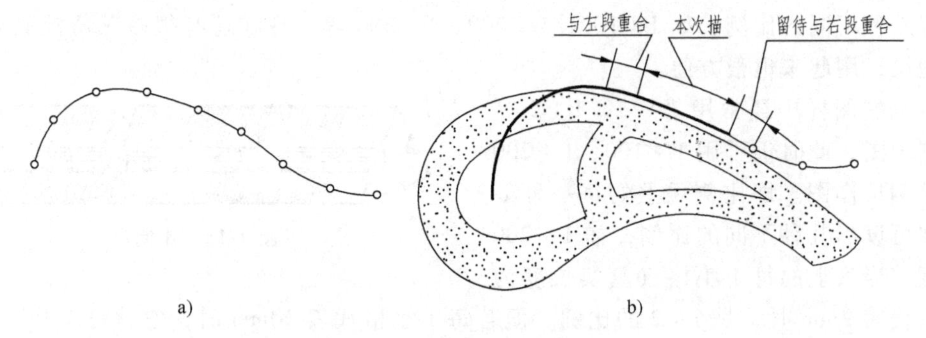

图 1-20　曲线板的用法

量角器用来测量角度，如图 1-21b 所示。简易的擦图片是用来防止擦去多余线条时把有用的线条也擦去的一种工具，如图 1-21c 所示。

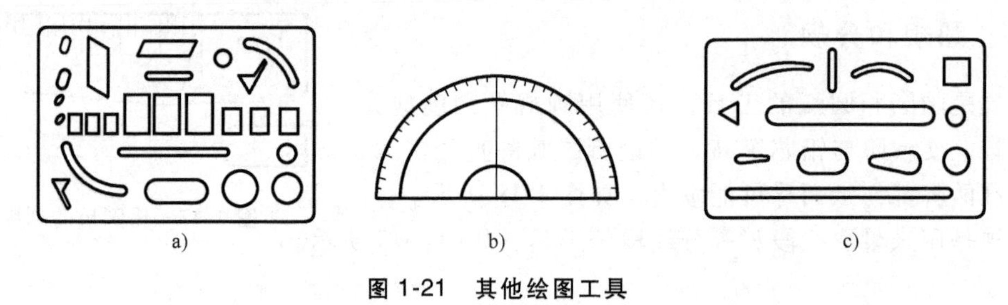

图 1-21　其他绘图工具

第三节　几 何 作 图

虽然机件的轮廓形状是多种多样的，但它们的图样基本都是由直线、圆弧和其他一些曲线所组成的几何图形，本节介绍常用几何图形的作图方法。

一、平行线和垂线

用两块三角板配合可以过定点作已知直线的平行线或垂线，如图 1-22 所示。

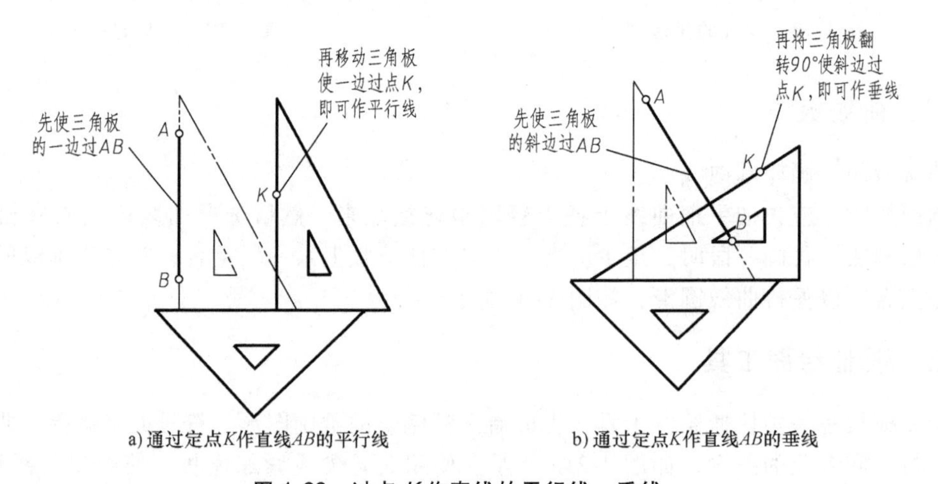

图 1-22　过点 K 作直线的平行线、垂线

二、等分圆周及作圆内接正多边形

用绘图工具等分圆周及作圆的内接正多边形的方法见表1-6。

表1-6　圆内接正多边形

等分	作图步骤	说明
三等分（内接正三角形）	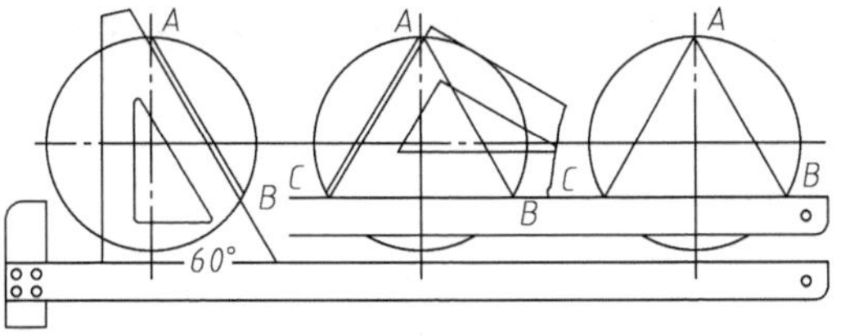	1）用60°三角板过 A 点画60°斜线交圆周于 B 点 2）旋转三角板，用相同方法画60°斜线交圆周于 C 点 3）连 CB 则得正三角形
四等分（内接正四边形）	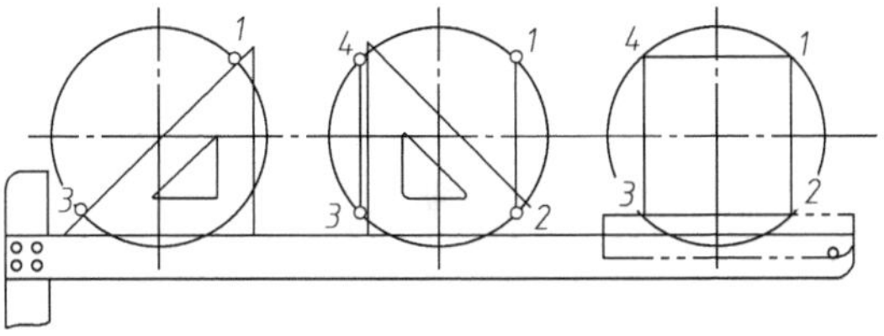	1）用45°三角板斜边过圆心，交圆周于1、3两点 2）移动三角板，用直角边作垂线21、34 3）用丁字尺画41和32水平线，即得内接正四边形
五等分（内接正五边形）	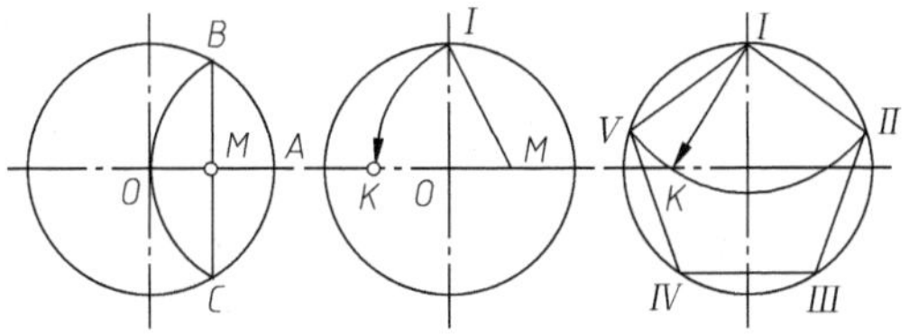	1）以 A 为圆心，OA 为半径，画弧交圆于 B、C，连 BC 得 OA 中点 M 2）以 M 为圆心，MⅠ为半径画弧，得交点 K，ⅠK 线段长为所求五边形的边长 3）用ⅠK 长自Ⅰ起截圆周得点Ⅱ、Ⅲ、Ⅳ、Ⅴ，依次连接，即得正五边形
六等分（内接正六边形）	第一法　第二法	第一法： 以 A（B）为圆心，原圆半径为半径，截圆于1、2、3、4，即得圆周六等分 第二法： 1）用60°三角板自2作弦21，右移自5作弦45。旋转三角板作23、65两弦 2）以丁字尺连接16、34，即得正六边形
七等分（内接正七边形）	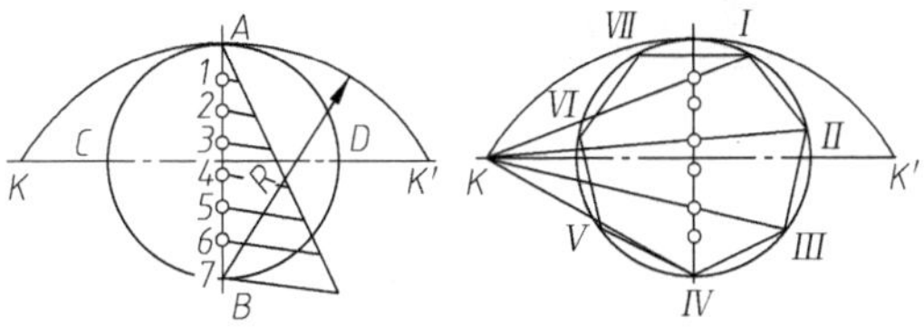	1）将直径 AB 分成七等份（若作 n 边形，可分成 n 等份） 2）以 B 为圆心，AB 为半径，画弧交 CD 延长线于 K 和对称点 K′ 3）自 K 和 K′与直径上奇数点（或偶数点）连线，延长至圆周，即得各分点Ⅰ、Ⅱ、Ⅲ、Ⅳ、Ⅴ、Ⅵ、Ⅶ，依次连接，即得正七边形

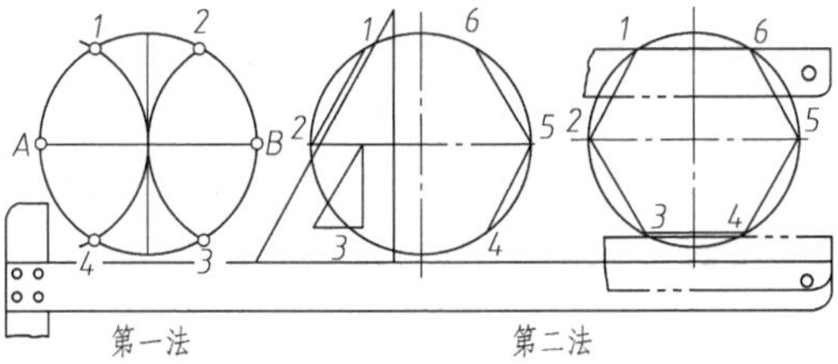

三、斜度和锥度

1. 斜度

斜度是指一直线或平面对另一直线或平面的倾斜程度，其大小用两直线或两平面间夹角的正切来表示，并把比值化为 1 : n 的形式，即

斜度 = $\tan\alpha = H : L = 1 : (L/H) = 1 : n$

斜度符号按图 1-23b 绘制，符号斜线的方向与斜度方向一致。斜度的画法及作图步骤，如图 1-24 所示。

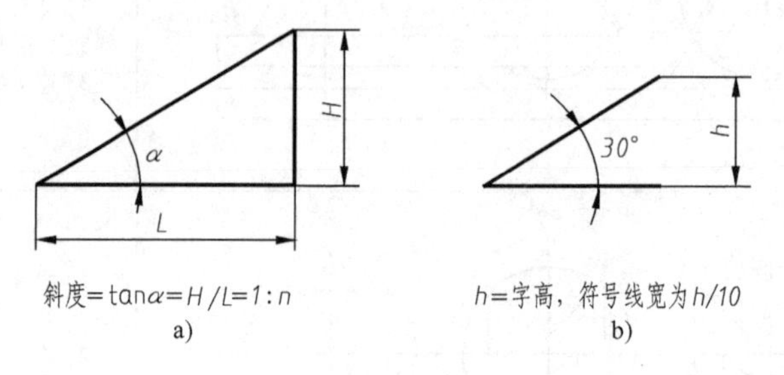

图 1-23　斜度及其符号

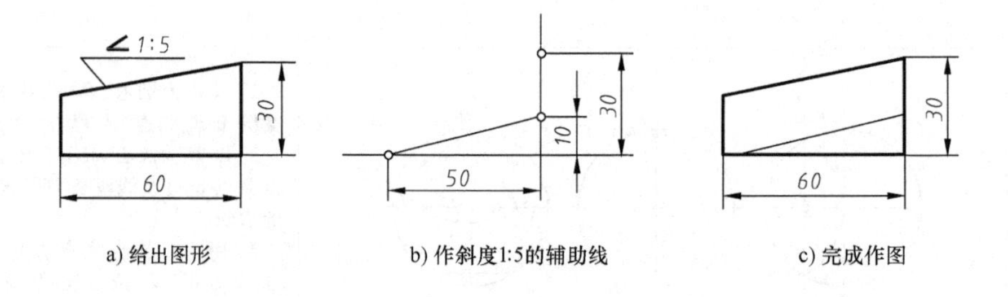

图 1-24　斜度的作图

2. 锥度

锥度是圆锥体底圆直径与锥体高度的比值。如果是圆锥台，则为上、下两底圆直径差与锥 台高度的比值，如图 1-25a 所示，锥度 = $D/L=(D-d)l=2\tan\alpha$。锥度通常以简化形式 1 : n 表示。在图样上，锥度用图 1-25b 所示的图形符号表示，其具体标注方法如图 1-25c 所示。锥度的画法、在图样上的标注及作图步骤，如图 1-26 所示。

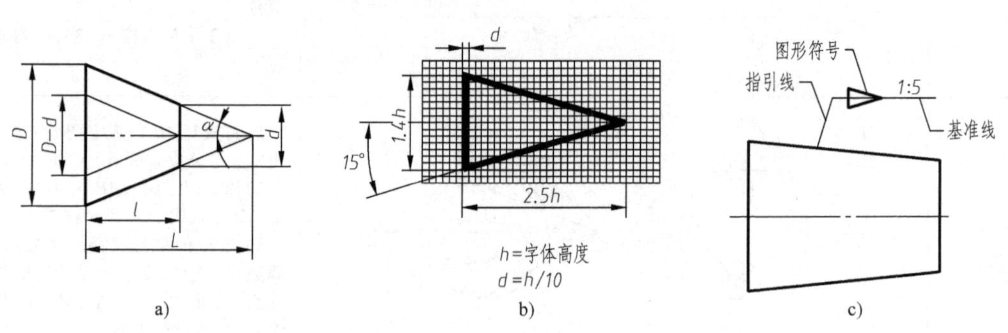

图 1-25　锥度及其符号

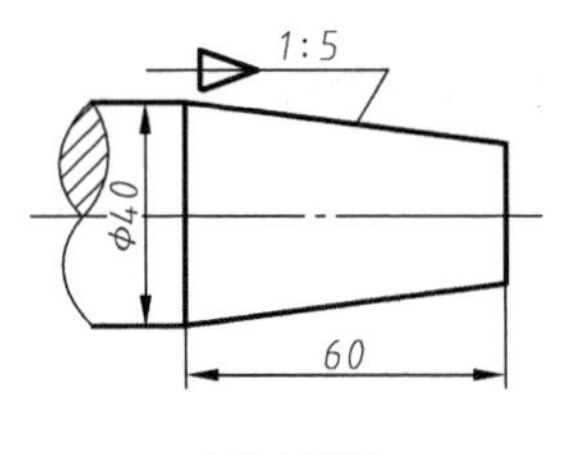

a) 给出图形

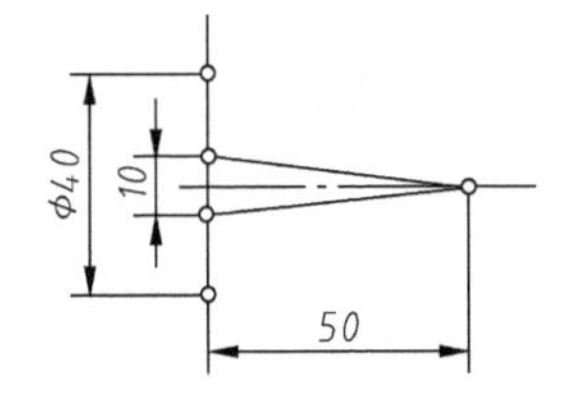

b) 作锥度1:5的辅助线

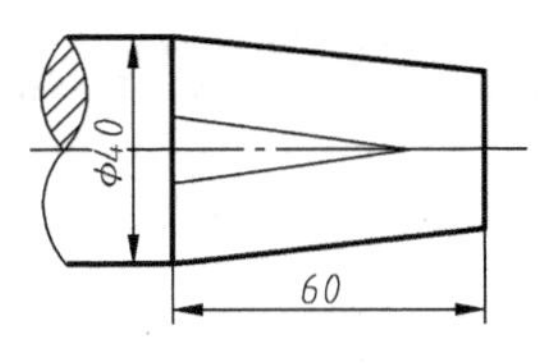

c) 完成作图

图 1-26 锥度的作图

四、平面曲线

工程上常用的平面曲线有椭圆、渐开线、螺线、摆线等，下面介绍椭圆、渐开线阿基米德螺线的画法，见表 1-7。

表 1-7 常见平面曲线的画法

作图要求	作图步骤
已知长短轴 AB 和 CD 作椭圆（同心圆法）	1）以 O 为圆心，OA 和 OC 为半径，分别画辅助圆 2）过圆心 O 作若干直径与两辅助圆相交 3）过大圆上的交点引平行于 CD 的直线，过小圆的交点引平行于 AB 的直线，则两直线的交点为椭圆上的点 4）用曲线板光滑连接各点，即得到所求椭圆
已知长短轴 AB 和 CD 作近似椭圆（四心圆法）	1）连接 AC，并在 AC 上取 $CE_1=CE=OA-OC$ 2）作 AE_1 的垂直平分线，与长短轴分别交于 O_1 和 O_2，再作对称点 O_3 和 O_4 3）以 O_1、O_2、O_3、O_4 为圆心，O_1A、O_2C、O_3B、O_4D 为半径，分别画圆弧，即得出所求的近似椭圆。圆心的连线与圆弧的交点 K、K_1、N、N_1 为切点
已知基圆直径 D 作圆的渐开线 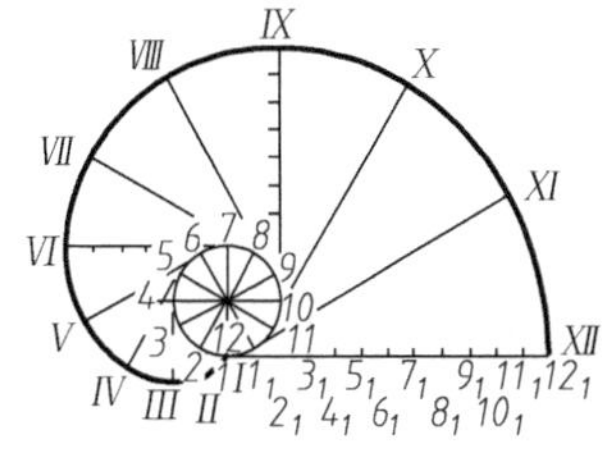	1）把基圆分为任意等份（12 等份）并将基圆的展开长度 πD 分成相同的等份 2）过基圆上的各点作基圆的切线 3）在第一条切线上，自切点取一段长为 $\pi D/12$ 得 Ⅰ 点，在第二条切线上，自切点取一段长度为 $2\pi D/12$ 得 Ⅱ 点，以同样的方法依次定出 Ⅲ、Ⅳ…Ⅶ 各点，即为渐开线上的点 4）用曲线板连接各点，即为基圆的渐开线

（续）

作图要求	作图步骤
 已知导程 $O8_1$ 作阿基米德螺线	1）以导程 $O8_1$ 为半径画圆，将圆周及半径分为相同的等份（8 等份） 2）在等分圆周的各条辐射线上依次截取线段，分别等于导程的 1/8、2/8、3/8…7/8、8/8，得到 Ⅰ、Ⅱ、Ⅲ…Ⅷ点 3）用曲线板光滑地连接各点，即得到阿基米德螺线

五、圆弧连接

在绘制机件的图形时，经常需要用圆弧来光滑地连接已知直线或圆弧，光滑地连接也就是相切连接。为了保证相切，必须根据连接圆弧的半径 R，准确地作出连接圆弧的圆心和连接点（切点）。

1. 圆弧连接的作图原理

1）与已知直线相切的半径为 R 的圆弧，其圆心轨迹是一条直线，该直线与已知直线平行且距离为 R。自选定的圆心向已知直线作垂线，垂足就是连接点（切点），如图 1-27a 所示。

2）与已知半径为 R_1 的圆弧相切，其半径为 R 的圆的圆心轨迹为已知圆弧的同心圆。该圆半径 R_x 要根据相切的情形而定：两圆外切时 $R_x=R_1+R$；两圆内切时，$R_x=|R_1-R|$。两圆弧的连接点（切点），在连心线或其延长线与已知圆弧的交点处，如图 1-27b、c 所示。

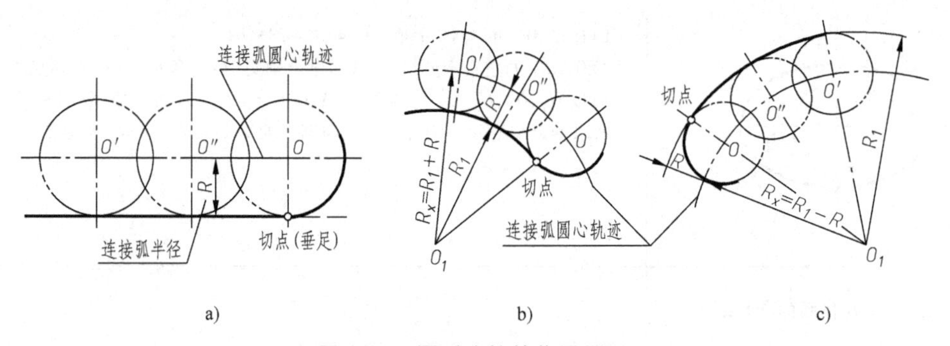

图 1-27　圆弧连接的作图原理

2. 圆弧连接实例

例 1　用半径为 R 的圆弧连接两直线，如图 1-28 所示。

已知直线为Ⅰ、Ⅱ，连接弧的半径为 R，作连接弧的过程即确定连接弧的圆心和连接点的位置，其作图步骤如下：

1）作直线Ⅰ′、Ⅱ′分别平行于已知直线Ⅰ、Ⅱ，且距离为 R，两直线Ⅰ′、Ⅱ′的交点 O

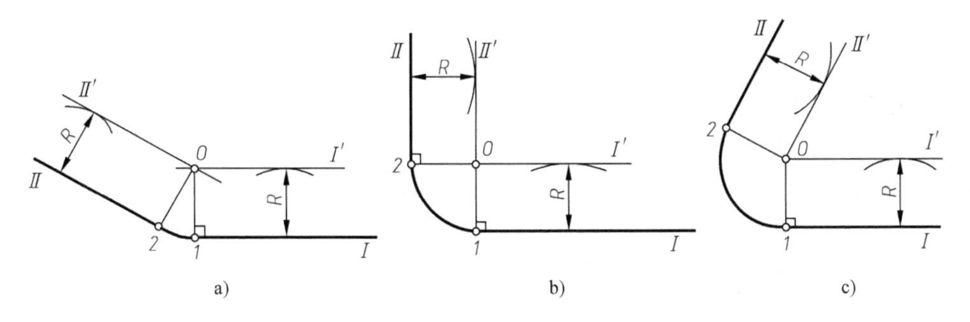

图 1-28 用圆弧连接两条直线

即为连接弧的圆心。

2）过点 O 分别向直线Ⅰ、Ⅱ作垂线，其垂足 1、2 即为两个连接点。

3）以 O 为圆心，以 R 为半径作圆弧 $\overset{\frown}{12}$，则弧 $\overset{\frown}{12}$ 把两直线圆滑地连接起来。

例 2 用半径为 R 的圆弧连接两圆弧，如图 1-29 所示。

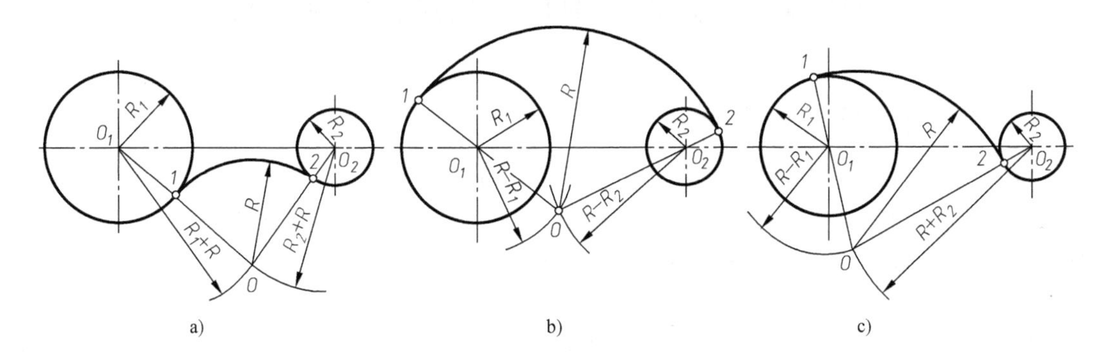

图 1-29 用圆弧连接两已知圆弧

同样，应先确定连接弧的圆心和连接点。此题可分下述三种连接情形，下面分别叙述其作图步骤。

1）半径为 R 的圆弧同时外切两个圆弧，如图 1-29a 所示，作图步骤如下：

① 分别以（R_1+R）及（R_2+R）为半径，以 O_1 及 O_2 为圆心，作两圆弧交于点 O，即所求连接弧的圆心。

② 连接 O_1O 和 O_2O 分别交两圆于点 1 和 2，1、2 两点即为连接点。

③ 以点 O 为圆心，以 R 为半径，自点 1 到点 2 作圆弧 $\overset{\frown}{12}$，即完成连接。

2）半径为 R 的圆弧同时内切两个圆弧，如图 1-29b 所示，作图步骤如下：

① 分别以（$R-R_1$）及（$R-R_2$）为半径，以 O_1 及 O_2 为圆心，作两圆弧交于点 O，即所求连接弧的圆心。

② 连接 O_1O 并延长交已知圆弧于点 1，连接 O_2O 并延长交已知弧于点 2，1、2 两点即为连接点。

③ 以点 O 为圆心，以 R 为半径，自点 1 到点 2 作圆弧 $\overset{\frown}{12}$，即完成连接。

3）半径为 R 的圆弧分别内、外切两个圆弧，如图 1-29c 所示，作图步骤如下：

① 分别以（$R-R_1$）及（$R+R_2$）为半径，以 O_1 及 O_2 为圆心，作两圆弧交于点 O，即所求连接弧的圆心。

② 连接 O_1O 并延长交已知圆弧于点 1，连接 O_2O 交已知圆弧于点 2，1、2 两点即为连接点。

③ 以点 O 为圆心，以 R 为半径，自点 1 到点 2 作圆弧 $\overset{\frown}{12}$ 即完成连接。

例 3　用半径为 R 的圆弧连接一直线和一圆弧，如图 1-30 所示。

图 1-30a 所示为外切圆弧及直线，图 1-30b 所示为内切圆弧及直线。

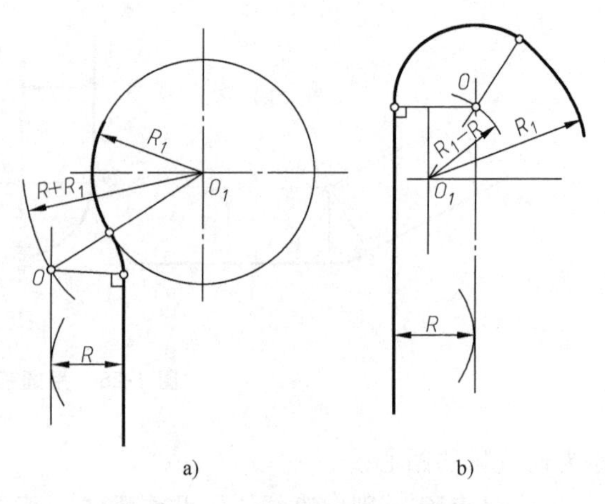

图 1-30　用圆弧连接直线和圆弧

第四节　平面图形的尺寸注法和线段分析

一、平面图形的尺寸注法

平面图形中各组成部分的大小和相对位置由其所标注的尺寸来确定。平面图形中所标注的尺寸，按其作用可分为定形尺寸和定位尺寸。由于平面图形中各组成部分的上下、左右的相对位置需要确定，因此必须标注确定其位置的定位尺寸，这就需要引入基准的概念。

1. 尺寸基准

尺寸基准是标注尺寸的起点。对于平面图形而言，一般要有长度和宽度两个方向的尺寸基准。常用的基准是对称图形的对称线，较大的圆的中心线或较长的直线。如图 1-31 所示，两平面图形的对称中心线，以及图 1-31a 中较长的铅垂线，图 1-31b 中的底边都可以作为尺寸基准。

2. 定形尺寸

确定平面图形上各部分形状大小的尺寸称为定形尺寸。如图 1-31a 中的 $\phi16$、$R40$、$R48$、22 和图 1-31b 中的 $\phi10$、$R15$、50 等都是定形尺寸。

3. 定位尺寸

确定平面图形各组成部分之间相对位置的尺寸称为定位尺寸。如图 1-31a 中确定 $R8$ 圆

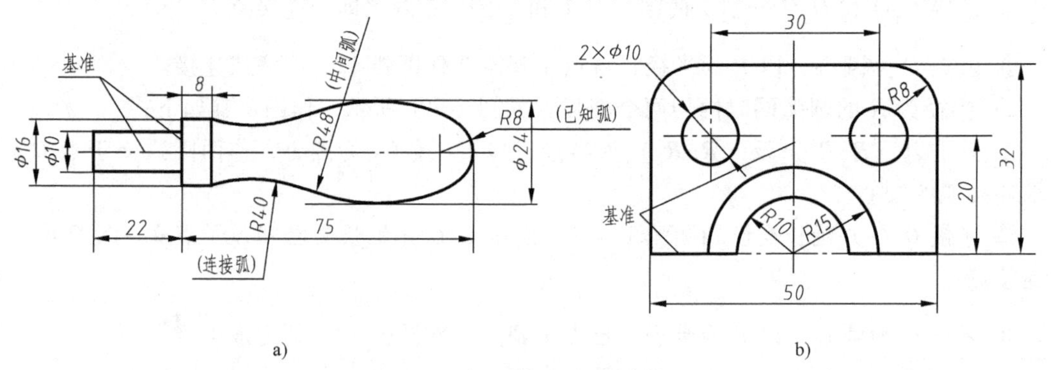

图 1-31　平面图形的尺寸分析

弧位置的 75 和图 1-31b 中确定 $\phi10$ 圆位置的 30、20 均为定位尺寸。

二、平面图形中圆弧连接的线段分析

从上述对平面图形的尺寸分析可以得出，组成平面图形的各几何图形和图线，有的可首先 画出，有的则不然。所以画图时要先对平面图形中的线段进行分析，弄清哪些线段可以直接画出来，哪些必须通过与相邻线段的相关条件才能画出来。根据尺寸条件把线段（主要是圆弧）分为三类：

1）已知弧。圆弧半径及确定圆心位置的两个坐标都是已知的圆弧，为已知弧。如图 1-31a 中的 $R8$，图 1-31b 中的 $R10$、$R15$ 等。

2）中间弧。圆弧半径及确定圆心位置的两个坐标中有一个已知的圆弧为中间弧，如图 1-31a 中的 $R48$。

3）连接弧。仅知圆弧半径，而确定圆心位置的两个坐标均未知的圆弧为连接弧，如图 1-31a 中的 $R40$。

画图时应先画已知弧，然后画中间弧，最后画连接弧。在作图过程中，中间弧、连接弧所缺少的坐标是靠其与相邻的线段（圆弧）相连接（相切）的条件求得的，从而来确定中间弧或连接弧的圆心位置。

三、平面图形的画法

画图时，应对平面图形的各线段进行分析，弄清线段的性质以后，再进行作图。以如图 1-32 所示的手柄为例，作图步骤如下：

1）画基准线及各个图形的定位线，如图 1-32a 所示。

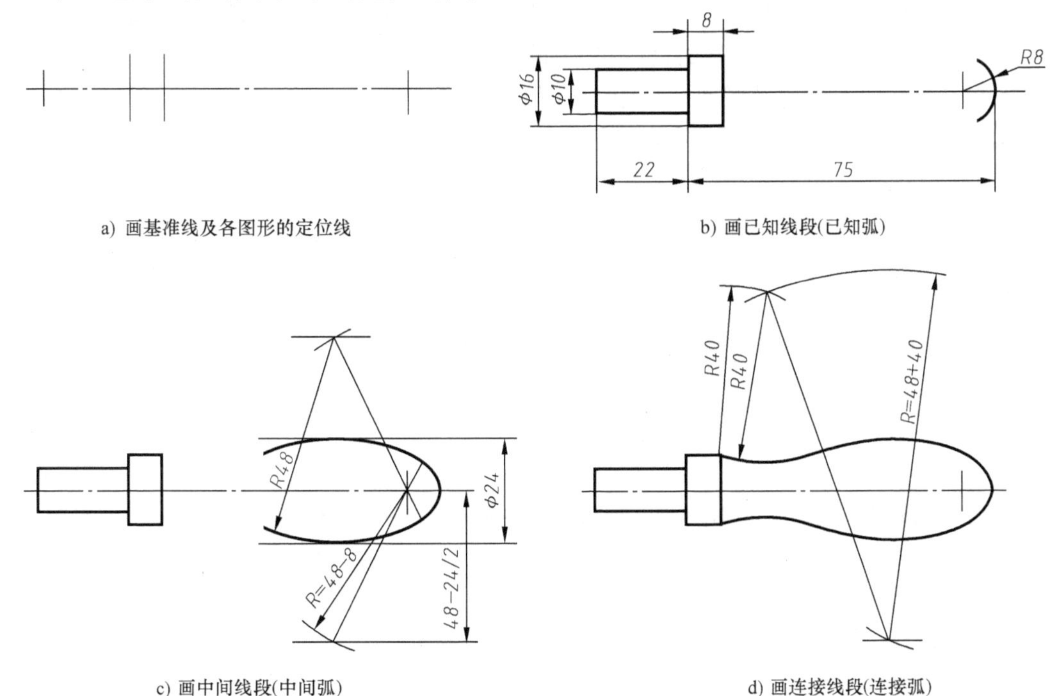

a) 画基准线及各图形的定位线
b) 画已知线段(已知弧)
c) 画中间线段(中间弧)
d) 画连接线段(连接弧)

图 1-32　手柄的画图步骤

2）画出已知线段，如图 1-32b 所示。

3）画中间线段，如图 1-32c 所示。

4）画连接线段，如图 1-32d 所示。

第五节 绘图的方法和步骤

为了提高图样质量和绘图速度，除了正确使用绘图工具和仪器外，还必须掌握正确的绘图程序和方法。有时在工作中也需要徒手画草图，因此，也要学习徒手画图的基本方法。

一、仪器绘图

用仪器绘图时，一般按下列步骤进行。

1）做好绘图前的准备工作，即：

① 准备工具——擦干净全部绘图仪器和工具，磨削铅笔及圆规内装的铅芯。

② 选定图幅——根据图形大小和复杂程度选定比例，确定图纸幅面。

③ 固定图纸——将选择的图纸用胶带纸固定在图板上，固定时应使用丁字尺对正图纸，图纸与图板的下边相距的尺寸应该大于丁字尺的宽度。

2）图形布局。图形布局应尽量匀称。

3）画底图。画出图框和标题栏轮廓后，先画出各图形的对称中心线和主要轮廓线（注意底稿线要细、轻、准）再画图形。

4）画尺寸界线、尺寸线、箭头并注出尺寸数字。

5）描深。底稿经检查无误后，擦去不必要的作图线，按线型要求选择不同的铅笔描深。描深过程中要保持同类线型宽度一致，描深后的线型应符合国家标准，做到均匀、整齐、深浅一致，切点准确，连接光滑。过程如下：

① 首先描深所有的圆及圆弧，先小圆后大圆。

② 描深直线时要自上而下，自左到右，先画水平线，再画垂直线，最后完成倾斜线段。

6）填写标题栏。

描图步骤与描深步骤基本上相同。

二、徒手绘图

徒手图也称为草图，是不用绘图工具，通过目测形状及大小，徒手绘制的图样。

在机器测绘、讨论设计方案、现场参观时，受现场条件或时间限制，经常需要绘制草图，所以工程技术人员必须具备徒手绘图的能力。

徒手绘图仍应基本上做到：图形正确，线型分明，比例匀称，字体工整，图面整洁。

初学画草图时，最好在方格纸上进行，以便控制图线的平直和图形的大小，但经过一定的练习后就可以逐步脱离方格纸，最后达到在空白纸上也能画出比例均匀、图面工整的草图，如图 1-33 所示。

要画好草图，必须掌握徒手绘制各种图线的基本方法。

1. 握笔的方法

手握笔的位置要比用仪器绘图时稍高些，以利于运笔和观察目标。笔杆与纸成 45°~60°

图 1-33　徒手画法

角，执笔要稳且有力。

2. 直线的画法

画直线时，手腕轻轻靠着纸面，沿画线方向移动，眼睛看着图线的终点。画垂直线时自上 向下运笔，画水平线时自左向右运笔。为了作图方便可把图纸放得倾斜一些，如图 1-33、图 1-34 所示。

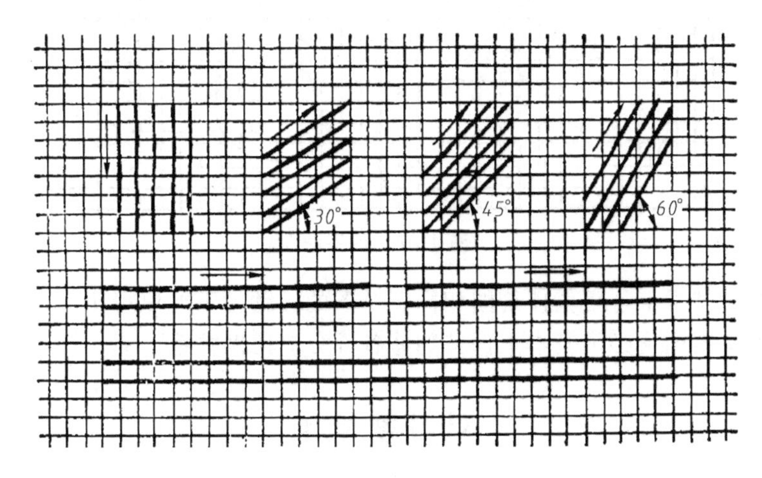

图 1-34　直线的画法

3. 圆的画法

画小圆时，可按半径先在中心线上截取四点，然后分四段逐步连接成圆，如图 1-35a 所示。画大圆时，除中心线上四点外，还可通过圆心画两条与水平线成 45°的直线，再取四点、分八段画出，如图 l-35b 所示。

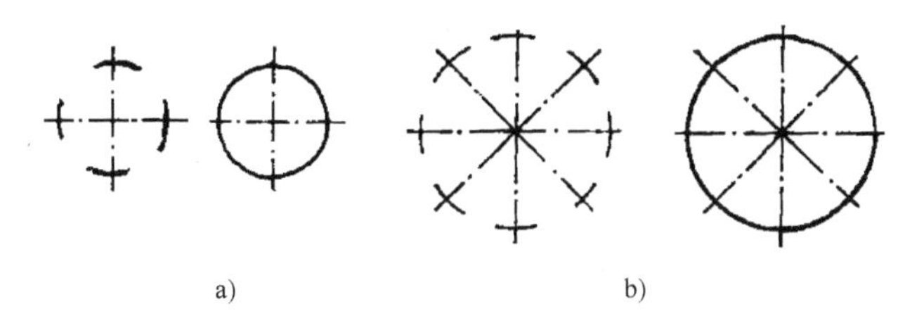

图 1-35　圆的画法

徒手画 45°、30°、60°的角度时，可根据它们的斜率按近似比值画出，如图 1-36 所示。

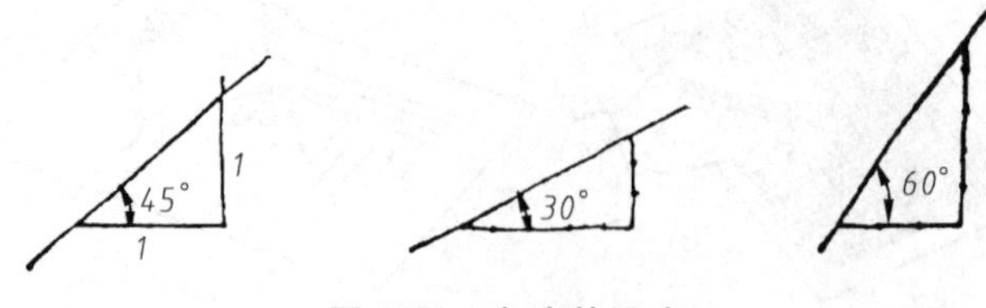

图 1-36　角度的画法

图 1-37 所示为在方格纸上画徒手图的例子，其中左边是轴测图，右边是正投影图。

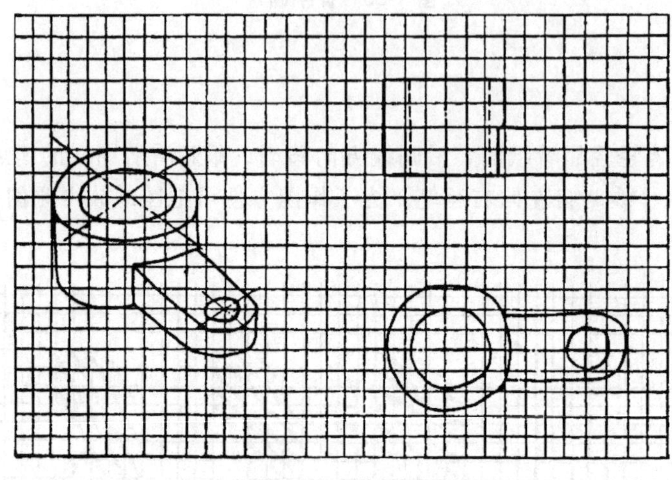

图 1-37　徒手图

画草图的步骤基本上与用仪器绘图相同，草图的标题栏不能填写比例，绘图时，不用固定图纸，完成的草图图形必须基本上保持物体各部分的比例关系。

复习思考题

1. 图纸基本幅面有几种？其尺寸分别有何规定？图框格式有几种？
2. 什么是比例？1∶5 和 5∶1 哪一个是放大比例？哪一个是缩小比例？
3. 图线宽度有几种？各种图线的主要用途是什么？如何画？
4. 什么叫斜度？什么叫锥度？
5. 什么叫草图？一般在什么情况下使用？

第二章

点、直线、平面的投影

工程中的物体表面是由点、线（直线、曲线）、面（平面、曲面）等几何元素所组成的。本章将对点、直线、平面的投影性质及规律做必要的分析和叙述。

第一节　投影的基本知识和视图

一、投影的概念（GB/T 14692—2008《技术制图　投影法》）

用一束光线照射物体，在设定的平面上产生图像的方法，称为投影法。投影法是将空间物体表达成平面图样的基础。在工程上常用各种投影方法绘制工程图样。如图 2-1 所示，设光源为 S，平面为 P，在光源和平面之间有一点 A，连接 SA 并延长之，使它与 P 面相交于点 a，点 a 称为空间点 A 在平面 P 上的投影，P 面为投影面，SAa 称为投射线，箭头的方向称为投射方向，S 称为投射中心。

投影法一般分为中心投影法和平行投影法两类。

1. 中心投影法

投射线均通过投射中心的投影法，称为中心投影法，如图 2-2 所示。这种投影法主要用于绘制透视图。

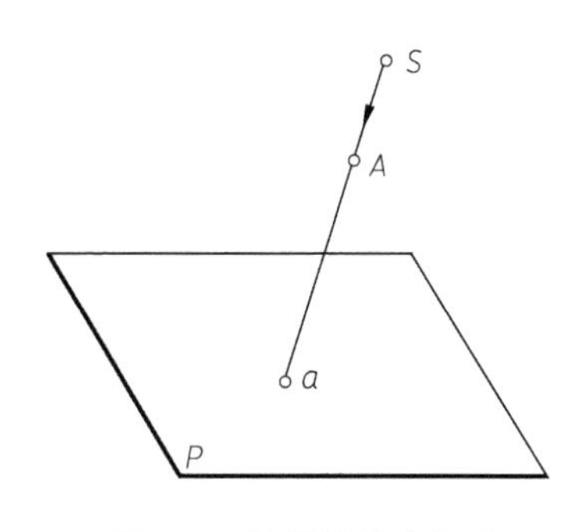

图 2-1　投影的基本概念

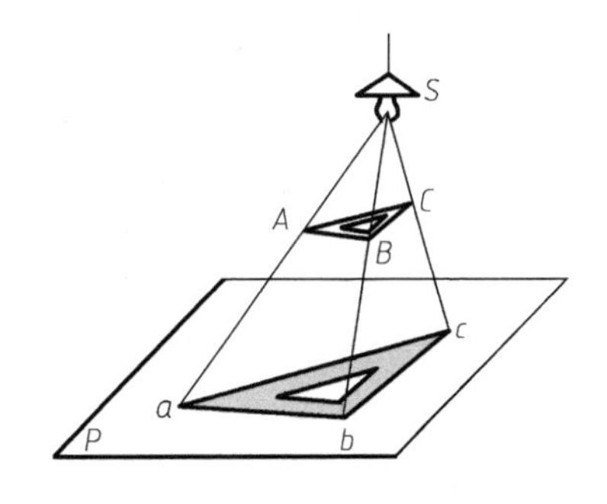

图 2-2　中心投影法

2. 平行投影法

投射线均互相平行的投影法，称为平行投影法，如图 2-3 所示。根据投射方向是否垂直于投影面，平行投影法又分为两种：

(1) 斜投影法　投射方向 S 倾斜于投影面，如图 2-3a 所示。

(2) 正投影法　投射方向 S 垂直于投影面，如图 2-3b 所示。

工程中对空间物体的表达通常是用物体轮廓线的投影来表示的。由于正投影方法容易表达物体的真实形状和大小，便于度量和作图，因此在工程制图中应用最广。

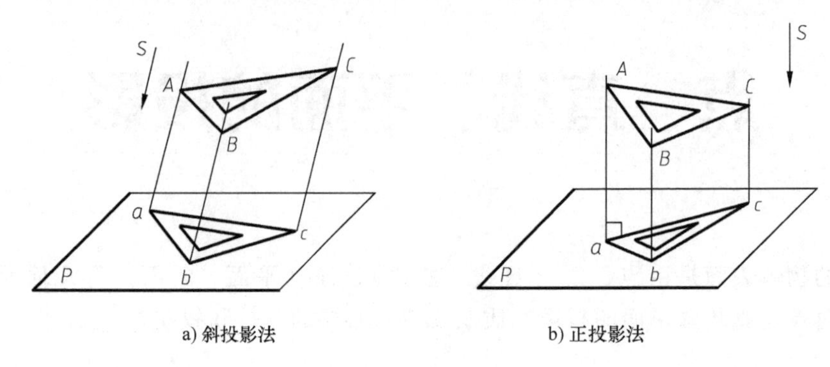

a) 斜投影法　　b) 正投影法

图 2-3　平行投影法

二、正投影的投影特性

1. 投影的唯一性

当投射方向和投影面的位置确定后，空间物体的正投影将是唯一的。但物体的一个投影不能准确地表达物体在空间的位置和形状。图 2-4 表示两个形状不同的物体，但在同一投影面上的投影是相同的。

2. 投影的真实性

当空间的线段和平面与投影面平行时，该线段和平面的正投影能反映实长和实形。如图 2-5 中的线段 AB、BC 以及平面 $ABCDE$ 均平行于投影面 P，它们在 P 面上的正投影 ab、bc 以及 $abcde$ 分别反映空间直线 AB、BC 的实长和平面 $ABCDE$ 的实形。

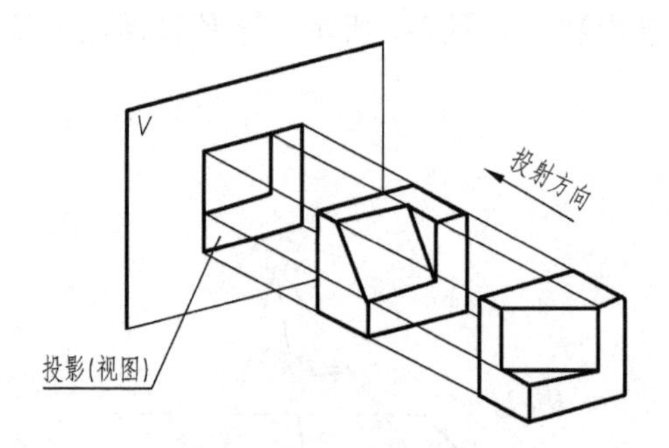

图 2-4　一个投影不能确定物体在空间的形状和位置

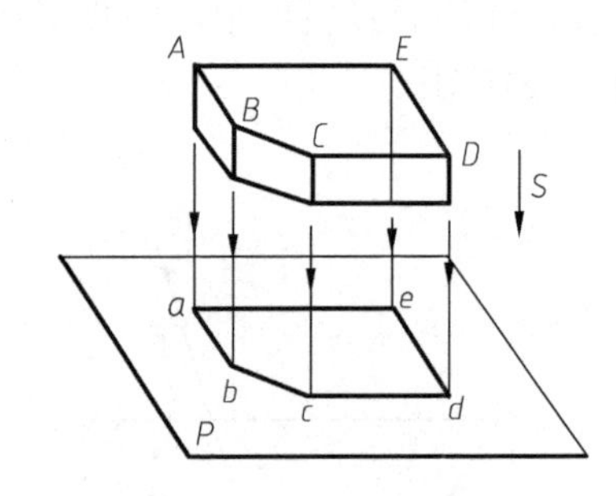

图 2-5　正投影的真实性

3. 投影的积聚性

当空间直线垂直于投影面时，该直线的正投影将积聚成一点；当平面（或柱面）垂直于投影面时，其正投影将积聚成一条线，如图 2-5 中五棱柱的各条垂直棱线投影积聚成五点；侧棱面的投影积聚成五条直线；如图 2-6 中的曲柱面投影积聚成一曲线。

4. 投影的类似性

在一般情况下，直线的正投影还是直线，图形的正投影是一个类似形，如图 2-7 中 AB 的正投影为 ab；五边形的正投影是一个缩小的五边形，称为类似形。

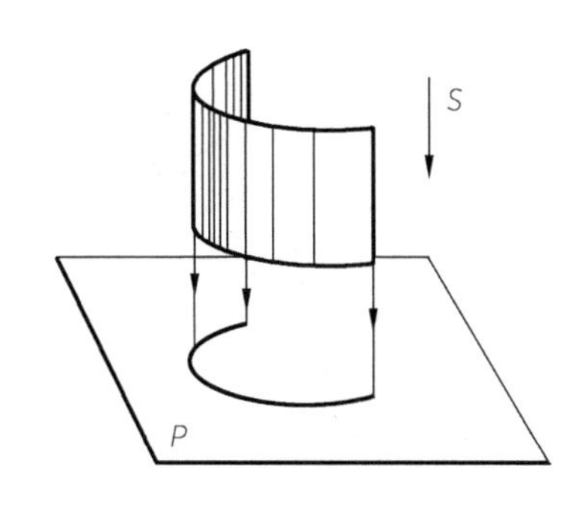

图 2-6　正投影的积聚性

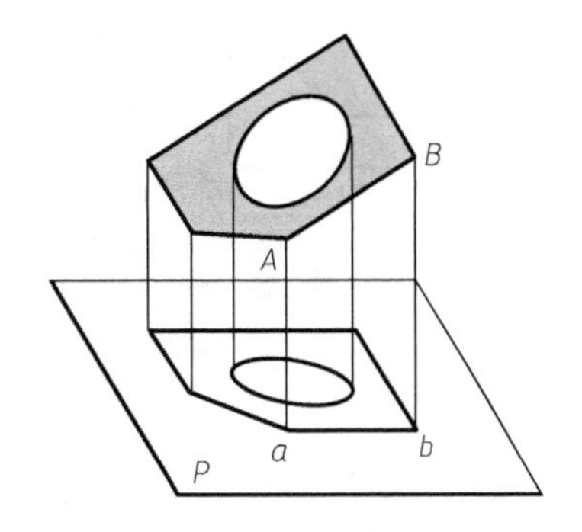

图 2-7　正投影的类似性

三、三视图的形成及投影规律

1. 三视图的形成

仅有一个投影是不能准确地表达物体的形状的。因此，在工程中广泛地应用多面正投影的方法，多面正投影就是用两个或两个以上相互垂直的投影面来表达物体，在每个投影面上，分别用正投影法得到物体的投影。为了实现多面正投影，在空间设立如图 2-8 所示的三个互相垂直的投影面，其中水平放置的投影面称水平投影面（简称水平面或 H 面）；正立放置的投影面称正立投影面（简称正面或 V 面）；侧立放置的投影面称侧立投影面（简称侧面或 W 面）。H 面、V 面和 W 面将空间分成了Ⅰ、Ⅱ、Ⅲ、Ⅳ、Ⅴ、Ⅵ、Ⅶ、Ⅷ八个分角，H、V、W 面两两相交，其交线称为投影轴，以 OX、OY、OZ 表示，三个投影轴的交点为 O，称为原点。

GB/T 14692—2008《技术制图 投影法》中规定，绘制图样时，机件的图形采用第一角画法。将物体置于第一分角内，并使物体处于观察者与投影面之间而得到正投影的方法，称为第一角画法，如图 2-9a 所示。

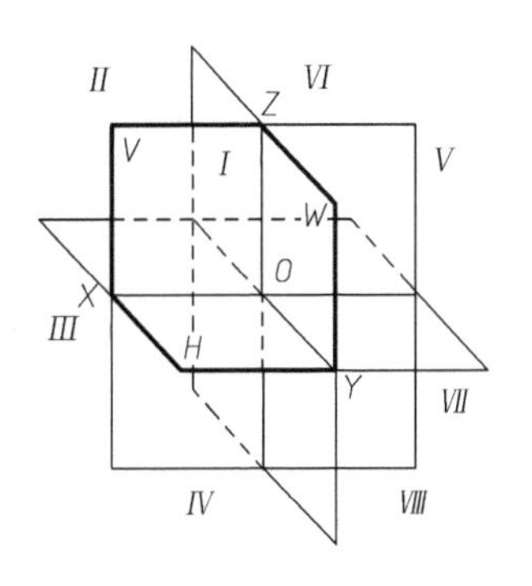

图 2-8　八个分角的设定

通常把人的视线当作互相平行的投射线，物体的正投影称为视图。将图 2-9a 中的物体分别向 V、H、W 三个投影面进行正投影。按国家标准《机械制图》的规定，在正面上的投影叫主视图，在水平面上的投影叫俯视图，在侧面上的投影叫左视图。在视图中规定物体的可见轮廓线画成粗实线，不可见轮廓线画成虚线。

为了把三个视图画在一张纸上，规定 V 面保持不动，将 H 面按图 2-9b 所示箭头方向，绕 OX 轴向下旋转 90°；将 W 面绕 OZ 轴向右旋转 90°，使它们都与 V 面重合。这样，就得到在同一平面上的三视图，如图 2-9c 所示。为了简化作图，在三视图中不画投影面的边框线和投影轴，视图之间的距离可根据具体情况确定，视图的名称也不必标出，如图 2-9d 所示。

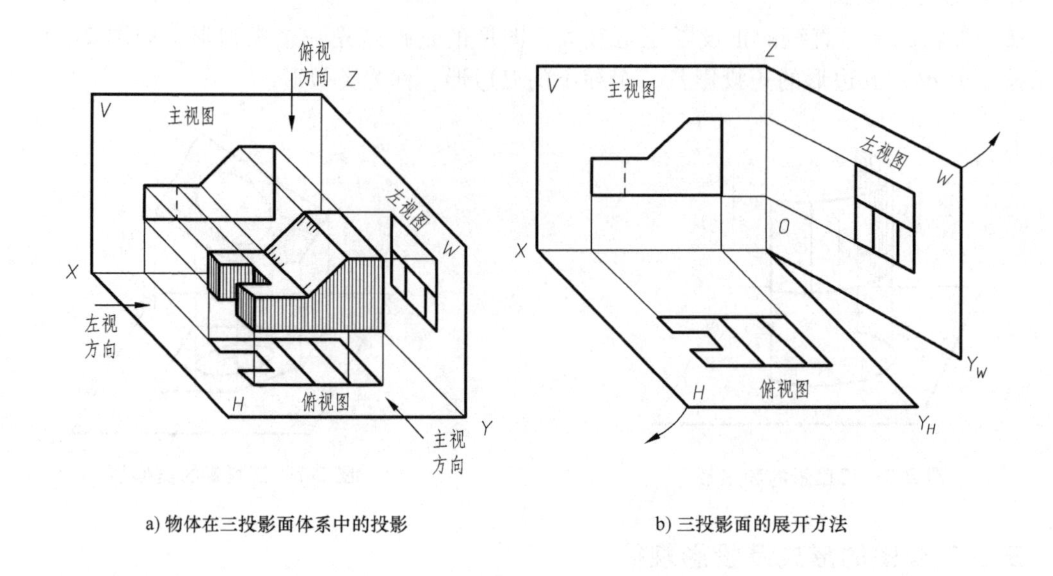

a) 物体在三投影面体系中的投影

b) 三投影面的展开方法

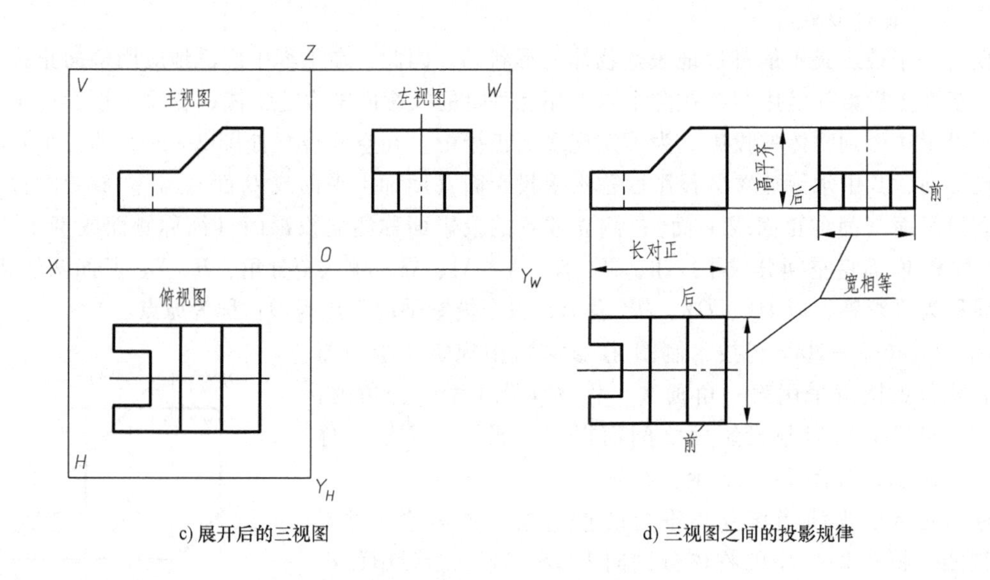

c) 展开后的三视图

d) 三视图之间的投影规律

图 2-9 三视图的形成与投影规律

2. 三视图的投影规律

如图 2-9d 所示，主视图反映物体的长和高，俯视图反映物体的长和宽，左视图反映物体的宽和高。因而，三视图间存在下述关系：即主、俯视图长对正，主、左视图高平齐，俯、左视图宽相等。这种视图间的内在联系称为三视图的投影规律，进一步归纳为三句话：长对正、高平齐、宽相等。在应用这一投影规律画图和看图时，必须注意物体的前后位置在视图上的反映，在俯视图和左视图中，靠近主视图的一边都反映物体的后面，远离主视图的一边则反映物体的前面。

第二节　点 的 投 影

点是组成空间物体最基本的几何元素，因此要研究空间物体的投影，首先就要研究点的投影过程和投影规律。

一、点在三投影面体系中的投影

设有一空间点 A 分别向 H、V、W 三个投影面进行正投影，如图 2-10a 所示，则得到点 A 的三个投影 a、a'、a''。a 称为点 A 的水平投影，a'称为点 A 的正面投影，a''称为点 A 的侧面投影，于是点 A 的空间位置由其三个投影 a、a'和 a''完全确定。

将 V 面保持不动，H 面绕 OX 轴向下旋转与 V 面重合；W 面绕 OZ 轴向右旋转与 V 面重合，即能得到点的三面投影图，如图 2-10b 所示。其中 Y 轴随 H 面旋转时以 OY_H 表示；随 W 面旋转时以 OY_W 表示。在投影图上一般不画出投影面的边界，而只画出其投影轴，如图 2-10c 所示。在投影图中，保留投影轴的称为有轴投影，不保留投影轴的称为无轴投影。

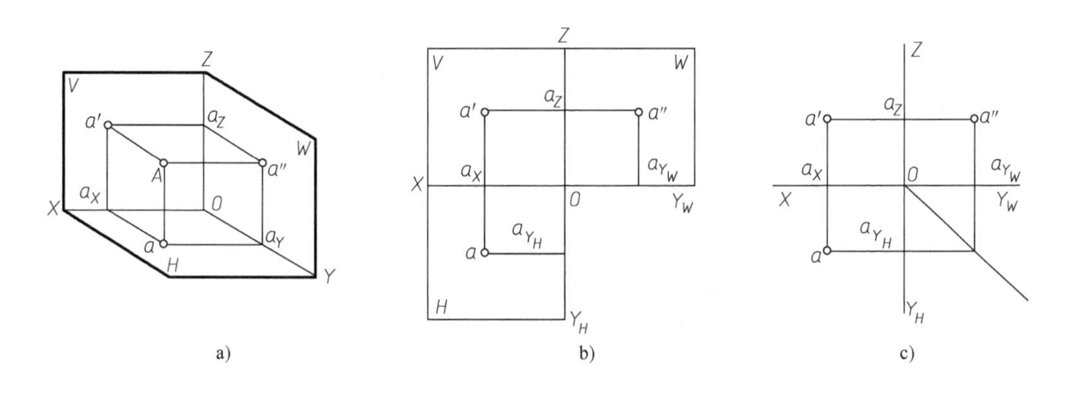

图 2-10　点在三投影面体系中的投影

二、点的投影规律

若将三投影面体系看作直角坐标系，则投影面、投影轴、原点分别是坐标面、坐标轴、坐标原点。由图 2-10 可以看出点 A 的直角坐标 x_A、y_A、z_A 即为点 A 分别到三个坐标面的距离，它们与点 A 的投影 a、a'、a''的关系如下：

$$Aa'' = aa_{Y_H} = a'a_Z = Oa_X = x_A$$

$$Aa' = aa_X = a''a_Z = Oa_Y = y_A$$

$$Aa = a'a_X = a''a_{Y_W} = Oa_Z = z_A$$

所以空间一点 A（x_A，y_A，z_A）在三投影面体系中有唯一确定的一组投影（a、a'、a''），反之，如已知点 A 的一组投影（a、a'、a''），即可确定该点的坐标值，也可确定其空间位置。通过上述分析，可以得出在三投影面体系中点的投影规律如下：

1）一个点的正面投影 a'与其他两个投影 a 和 a''连线分别垂直于 OX 轴和 OZ 轴，即 $a'a \perp OX$、$a'a'' \perp OZ$。

2）点的投影到各投影轴的距离，等于空间点到相应投影面的距离。

3）点的水平投影到 OX 轴的距离等于点的侧面投影到 OZ 轴的距离，即 $aa_X = a''a_Z = y_A$。

如图 2-10c 所示，由 $Oa_{Y_H} = Oa_{Y_W}$，作图时可过 O 点作直角 $\angle Y_H O Y_W$ 的角平分线，作为辅助线。

根据点的投影规律，可由点的三个坐标值 A（x_A，y_A，z_A）画出其三面投影，也可根据点的两个投影作出第三个投影。

例 1　已知点 A（15，10，15），试作其三面投影，如图 2-11 所示。

解　1）作投影轴，并在 X 轴上自 O 点向左方量取 $x=15$ 得点 a_X，如图 2-11a 所示。

2）自 a_X 点作投影连线垂直于 X 轴，并在投影连线上从 a_X 点向下量取 $y=10$ 得水平投影 a，向上量取 $z=15$ 得正面投影 a'，如图 2-11b 所示。

3）根据 a、a'两投影作出 a''，如图 2-11c 所示。

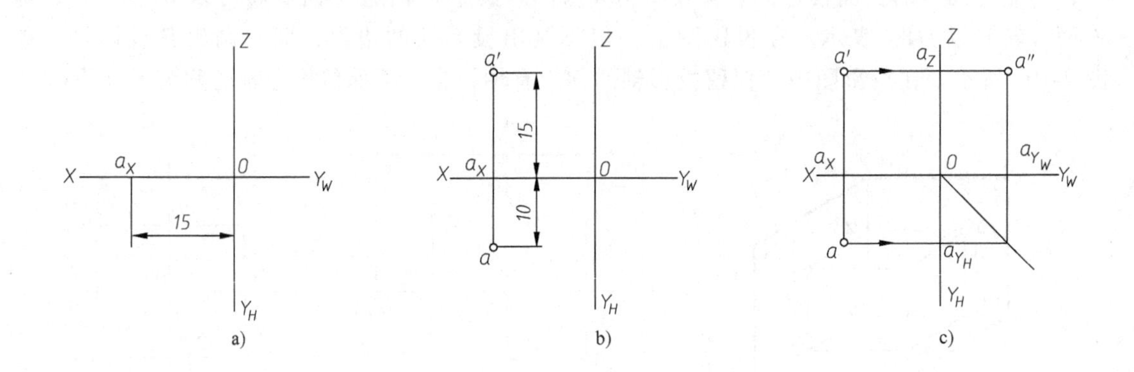

图 2-11　已知点的坐标作点的投影

三、特殊位置点的投影

如图 2-12 所示，点 B 在 V 面上，点 C 在 H 面上，点 D 在 OX 轴上。从图中可以看出投影的特点是：当点位于投影面上时，则点在此投影面上的投影与该点本身重合，而点的其他两个投影则分别位于相应的两个投影轴上；当点位于投影轴上时，则该点的三个投影中，必有两个投影与该点本身重合，而第三个投影则与原点 O 重合。

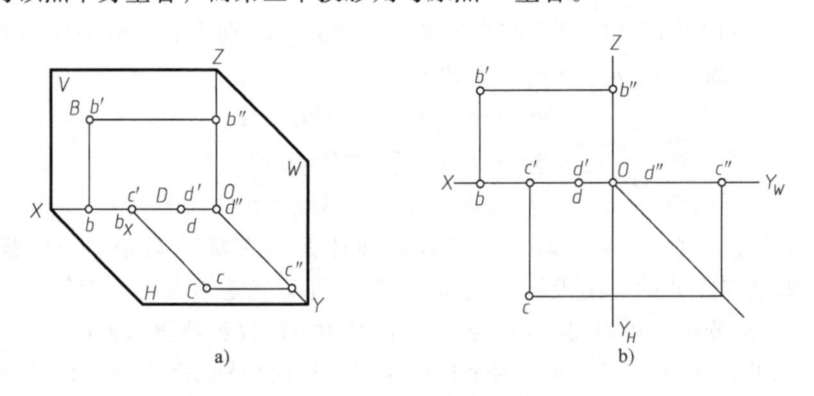

图 2-12　投影面和投影轴上的点

四、两点的相对位置和重影点

已知空间两点的投影，便可根据它们在同一投影面上的投影的相对位置（坐标差）来判别该两点在空间的相对位置。

如图 2-13a 所示，已知点 A 和点 B 的三面投影，则由两点的投影可以确定点 A 在点 B 的左方 x_A-x_B 处；B 在 A 的上方 z_B-z_A 处；A 在 B 的前方 y_A-y_B 处。即点 A 在点 B 的左前下方，如图 2-13b 所示。反之，若已知两点的相对位置及其中一点的投影，便可作出另一点的投影。

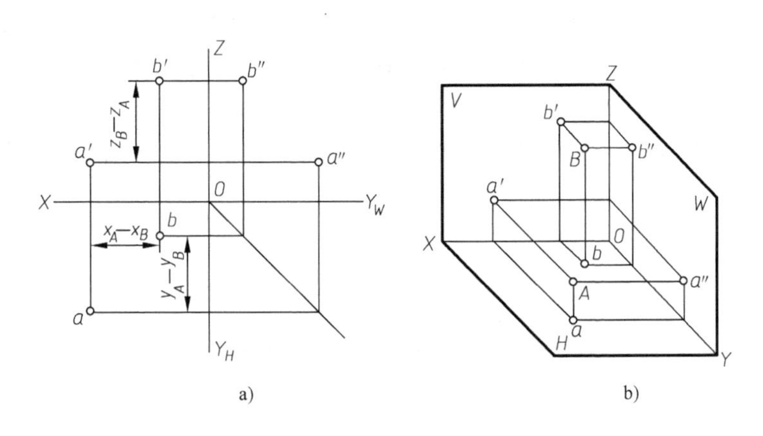

图 2-13　两点的相对位置

如图 2-14 所示，C、D 两点位于 H 面的同一条投射线上，所以它们的水平投影 c 和 d 重合于一点。由正面投影或侧面投影可知点 C 在点 D 的正上方 z_C-z_D 处。

所以，当空间两点位于一个投影面的同一条投射线上时，它们在该投影面上的投影重合于一个点，这时空间两点称为对该投影面的重影点。在投影图中，当两点的投影出现重影时，为了图形的清晰，还要判别这两个点中哪个点是可见的，哪个点是不可见的。例如图 2-14a 中，水平投影 c、d 重合为一点，但正面投影中 c'在 d'的上方，即 $z_C>z_D$，这对 H 面来说，C 点是可见的，D 点是不可见的，在其投影 d 上加圆括号，表示它是不可见点的投影。

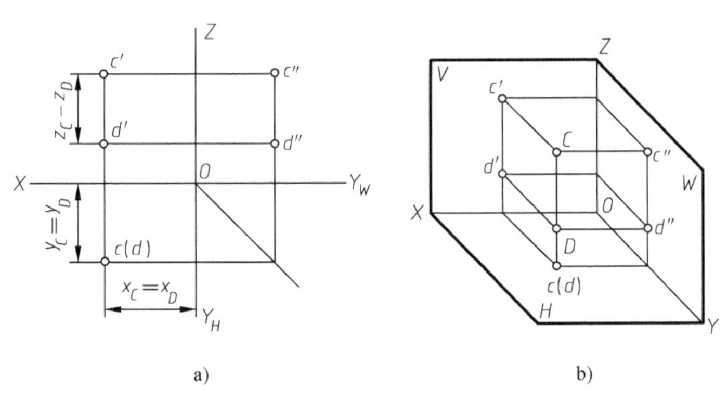

图 2-14　重影点的投影

第三节　直线的投影

一、直线的投影原理

1. 直线的投影过程

直线的投影可由直线上两个点的同面投影（即同一投影面上的投影）来确定。通常是取直线段两端点间的连线表示，即作出直线上两端点的投影后，将同面投影连接起来，便得到直线的投影。直线的投影一般仍为直线，当直线垂直于投影面时，在该投影面上的投影积聚为一点。图 2-15a 所示为直线 AB 及其在三个投影面上的投影，作图时，作出 AB 端点的水平投影 a、b，正面投影 a'、b'，侧面投影 a''、b''，如图 2-15b 所示，再将直线的同名投影相连，即连接 ab、$a'b'$、$a''b''$，如图 2-15c 所示，这样就作出了直线 AB 的三面投影。

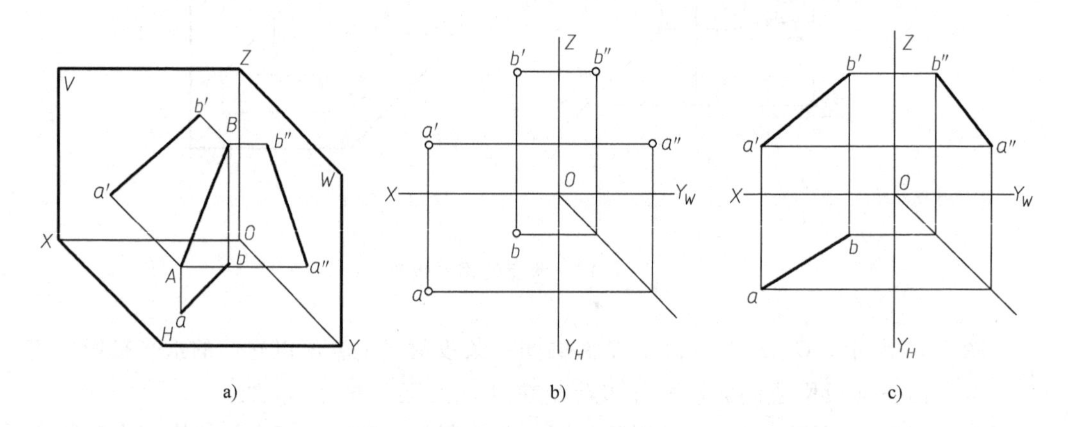

图 2-15　直线的投影

2. 直线上点的投影

1）直线上点的投影必定在该直线的同名投影上。

如图 2-16 所示，在直线 AB 上有一点 K，则点 K 的三面投影 k、k'、k''必定分别在直线的同面投影 ab、$a'b'$、$a''b''$上。反之，如果点 K 的三面投影中有一面投影不在直线 AB 的同面投影上，则该点一定不在直线 AB 上。

2）线段上的点分线段所成比例，在投影后仍保持不变。

如图 2-16 所示，点 K 把 AB 分为 AK 和 KB 两线段，从梯形 $ABb'a'$的两底 Aa'、Bb'和 Kk'互相平行的性质可知：

$$\frac{AK}{BK}=\frac{a'k'}{b'k'}\quad 同理\quad \frac{AK}{BK}=\frac{ak}{bk}=\frac{a''k''}{b''k''}$$

例 2　已知直线 AB 上点 C 的正面投影 c'，求点 C 的水平投影，如图 2-17a 所示。

解　因点 C 所在的直线段 AB 为侧平线，所以点 C 的水平投影 c 不能直接作出。但根据直线上点的投影原理，可知 $a'c' : c'b' = ac : cb$，这样用几何作图的方法，就可在 ab 上求得点 C 的水平投影 c，如图 2-17b 所示。

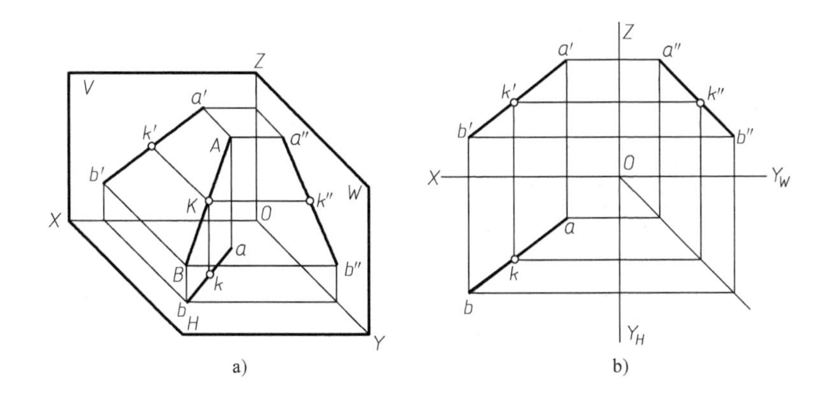

图 2-16　直线上的点

此题也可按图 2-17c 所示的另一种作法作出，即先作出 AB 的侧面投影 $a''b''$，再按直线上点的投影特性，由 c'求得 c''，最后由 c'、c''在 ab 上作出点 C 的水平投影 c。

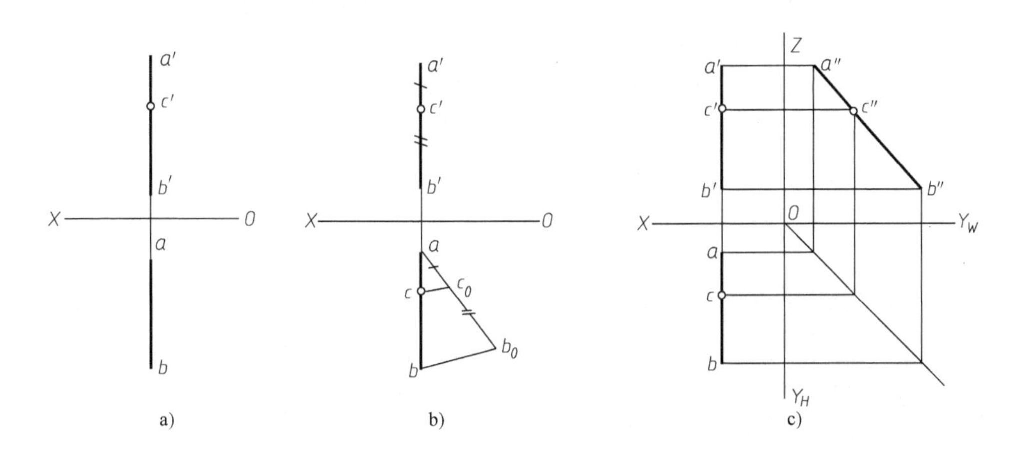

图 2-17　求作直线 AB 上点 C 的水平投影

二、直线与投影面的相对位置及其投影特性

1. 直线与投影面的相对位置

在三投影面体系中，直线对投影面的相对位置可分为三种：

（1）一般位置直线　对三个投影面都是倾斜的直线

（2）投影面平行线　只平行于某一个投影面而对另外两个投影面倾斜的直线

（3）投影面垂直线　垂直于某一个投影面而与另外两个投影面平行的直线

2. 各种位置直线的投影特性

（1）一般位置直线　直线对投影面 H、V、W 的倾角分别以 α、β、γ 表示。从图 2-18 中可以看出，一般位置直线 AB 的各投影长度 $ab=AB\cos\alpha$，$a'b'=AB\cos\beta$，$a''b''=AB\cos\gamma$，由此可知一般位置直线的各投影都倾斜于投影轴，投影长度小于直线段的实长，且各投影与相应投影轴的夹角均不能反映该直线与相应投影面的真实倾角。

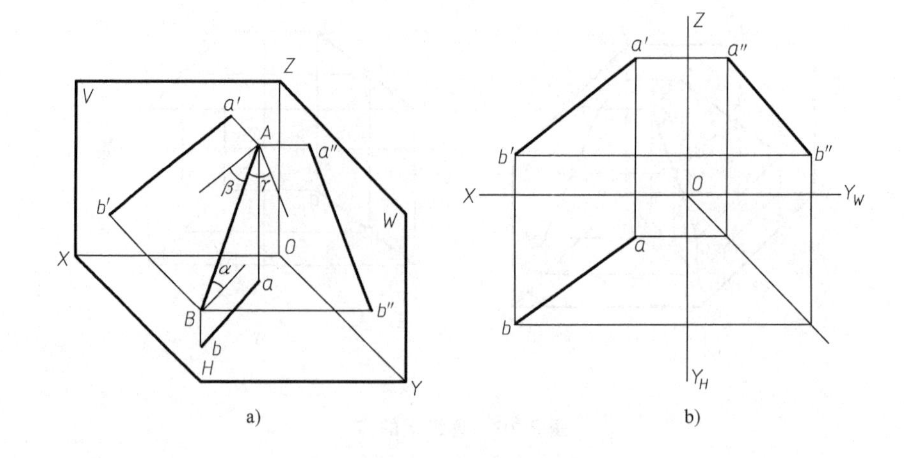

图 2-18　一般位置直线的投影

（2）投影面平行线　在投影面平行线中，平行于水平面的直线称为水平线；平行于正面的直线称为正平线；平行于侧面的直线称为侧平线。

图 2-19 所示为正平线 AB 的三面投影。由于直线 AB 平行于正面，即直线上所有点的 y 坐标相同。从图 2-19b 可以看出：水平投影 $ab//OX$，侧面投影 $a''b''//OZ$，正面投影 $a'b'=AB$，且 $a'b'$与 OX 轴和 OZ 轴的夹角，分别反映 AB 直线与 H、W 面倾角 α 和 γ 的真实大小。

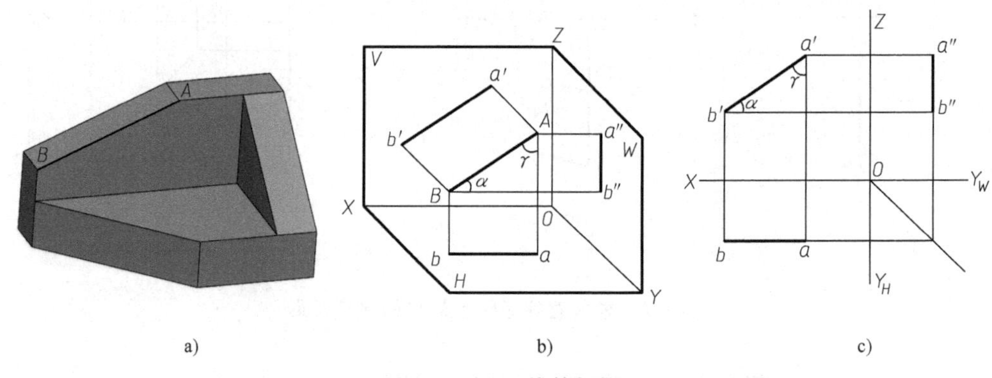

图 2-19　正平线的投影

表 2-1 分别列出正平线、水平线和侧平线的投影及投影特性。

由表 2-1 可得出投影面平行线的投影特性：

1）直线在与其平行的投影面上的投影反映实长，它与两个投影轴的夹角分别反映空间直线与另外两个投影面的真实倾角。

2）在另外两个投影面上的投影，平行于相应的投影轴，且都小于实长。

（3）投影面垂直线　在投影面垂直线中，垂直于水平面的直线称为铅垂线；垂直于正面的直线称为正垂线，垂直于侧面的直线称为侧垂线。

图 2-20 所示为正垂线 BC 的三面投影。由于直线 BC 垂直于 V 面，因此直线 BC 平行于 H 面和 W 面。从图 2-20b 可以看出：正面投影 $b'c'$积聚成一点，水平投影 bc 和侧面投影 $b''c''$均反映实长，且 $bc\perp OX$，$b''c''\perp OZ$。

表 2-1 投影面平行线的投影特性

名称	正平线（//V）	水平线（//H）	侧平线（//W）
实例			
立体图			
投影图			
投影特性	1）正面投影 $a'b'$ 反映实长 2）正面投影 $a'b'$ 与 OX 轴和 OZ 轴的夹角 α、γ 分别为 AB 对 H 面和 W 面的倾角 3）水平投影 ab//OX 轴，侧面投影 $a''b''$//OZ 轴且都小于实长	1）水平投影 ef 反映实长 2）水平投影 ef 与 OX 轴和 OY_H 的夹角 β、γ 分别为 EF 对 V 面和 W 面的倾角 3）正面投影 $e'f'$//OX 轴，侧面投影 $e''f''$//OY_W 且都小于实长	1）侧面投影 $i''j''$ 反映实长 2）侧面投影 $i''j''$ 与 OZ 轴和 OY_W 轴的夹角 β、α 分别为 EF 对 V 面和 H 面的倾角 3）正面投影 $i'j'$//OZ 轴，水平投影 ij//OY_H 且都小于实长

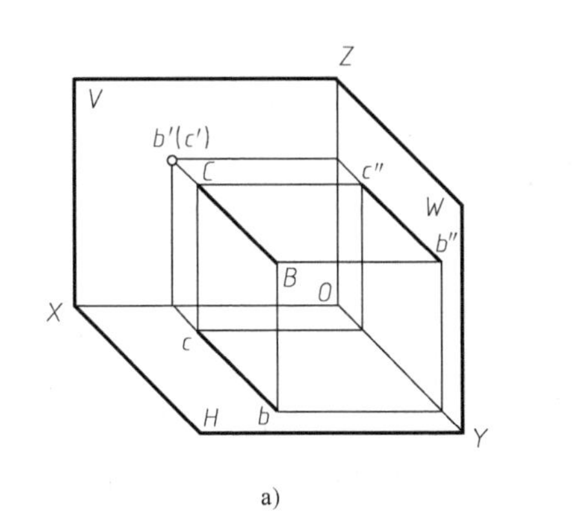

a)

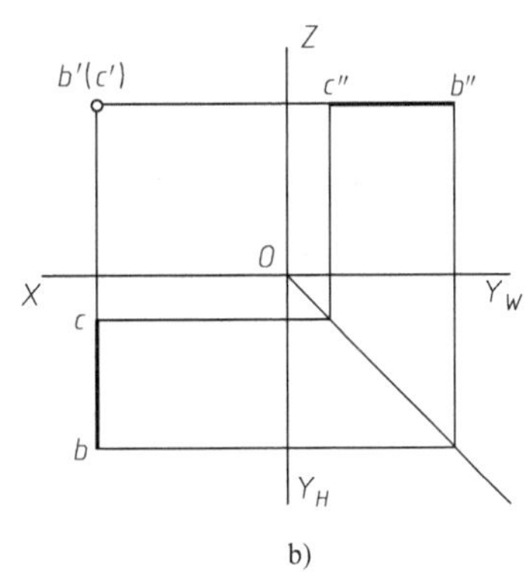

b)

图 2-20 正垂线的投影

表 2-2 分别列出正垂线、铅垂线和侧垂线的投影及投影特性。

表 2-2　投影面垂直线的投影特性

名称	正垂线($\perp V$)	铅垂线($\perp H$)	侧垂线($\perp W$)
实例	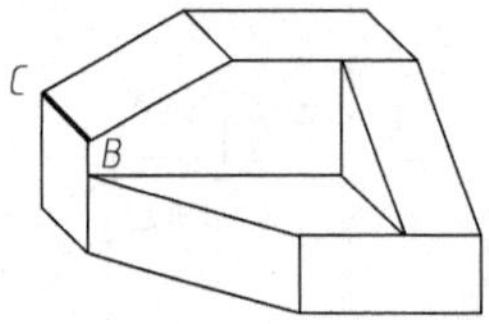	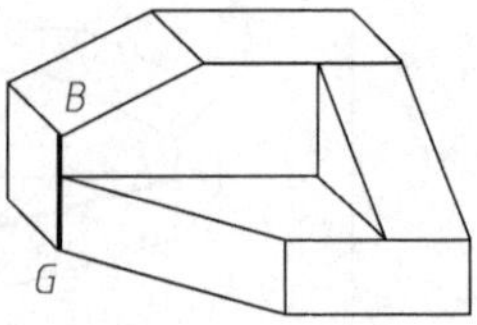	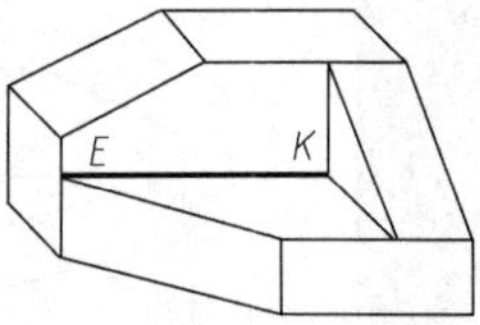
立体图	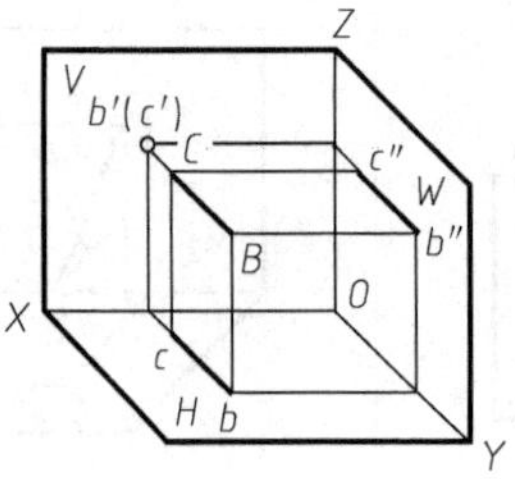	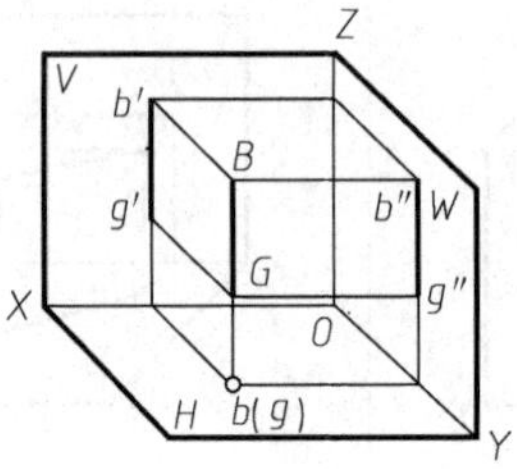	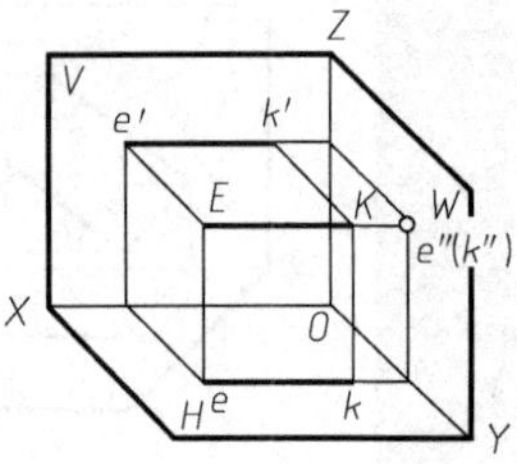
投影图	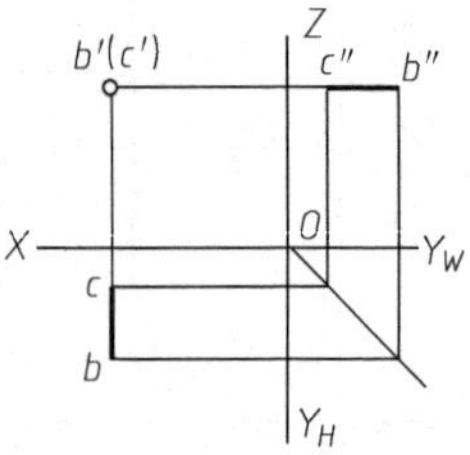	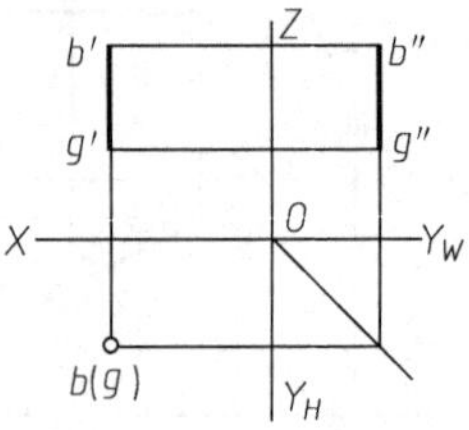	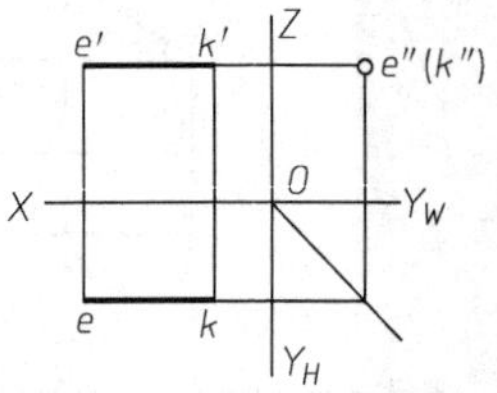
投影特性	1)正面投影 $b'(c')$ 积聚成一点 2)水平投影 bc、侧面投影 $b''c''$ 都反映实长,且 $bc \perp OX$, $b''c'' \perp OZ$	1)水平投影 $b(g)$ 积聚成一点 2)正面投影 $b'g'$,侧面投影 $b''g''$ 都反映实长,且 $b'g' \perp OX$, $b''g'' \perp OY_W$	1)侧面投影 $e''(k'')$ 积聚成一点 2)水平投影 ek、正面投影 $e'k'$ 都反映实长,且 $e'k' \perp OZ$, $ek \perp OY_H$

由表 2-2 可得出投影面垂直线的投影特性:

1）直线在所垂直的投影面上的投影积聚为一点。

2）直线的其余两个投影均反映实长，且与相应的投影轴垂直。

三、一般位置直线的实长及其对投影面的倾角

由于一般位置直线对各投影面的投影均不反映实长，也不反映对投影面的倾角，所以常常需要根据线段的两个投影求出它的实长和对投影面的倾角，以解决某些度量问题。下面介绍用直角三角形法求作一般位置直线的实长和对投影面的倾角的方法。

如图 2-21a 所示，过一般位置直线的一个端点 B，作 $BA_0 // ab$ 得直角三角形 AA_0B，其斜边 AB 就是线段的实长，$\angle ABA_0$ 就是 AB 线段对 H 面的倾角 α，直角边 $BA_0 = ab$，另一直角边 $AA_0 = z_A - z_B$，即线段两个端点 A 和 B 到 H 面的距离差，即 z 坐标差，其值可在正面投影上求得，于是就可作出此直角三角形。

具体作图过程如图 2-21b 所示，以 ab 为一直角边，由 a 作 ab 的垂线，再由 b' 作 OX 轴

平行线，从而在正面投影中求出两端点 A、B 到 H 面的距离差，即 z 坐标差，将 z 坐标差量到由 a 所作的垂线上得Ⅰ，aⅠ即为另一直角边。构成直角三角形 baⅠ中的 bⅠ为线段 AB 的实长，$\angle ab$Ⅰ即为 AB 对 H 面的倾角 α。

如图 2-21c 所示，若以 $a'a'_0$ 为直角边，在 $b'a'_0$ 的延长线上量取 a'_0Ⅱ = ab 为另一直角边，构成直角三角形 $a'a'_0$Ⅱ，则斜边 a'Ⅱ也是 AB 的实长，$\angle a'$Ⅱa'_0 也是 AB 线段对 H 面的倾角 α。

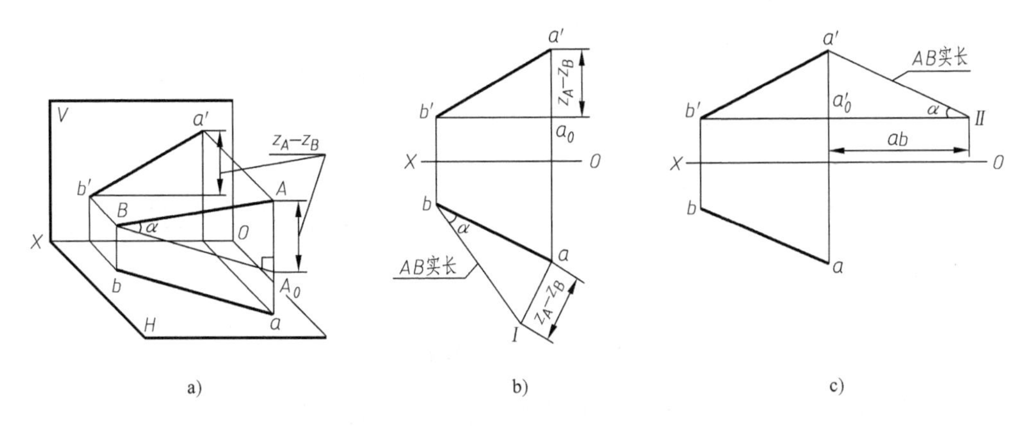

图 2-21　直角三角形法求线段的实长（一）

如果作出以 AB 的正面投影 $a'b'$为直角边，以 A、B 两点到 V 面的距离差，即 y 坐标差 y_A-y_B 为另一直角边的直角三角形 $a'b'$Ⅰ，则斜边 a'Ⅰ仍为 AB 线段的实长。此时实长与$a'b'$的夹角为 AB 线段对正面的倾角 β。空间情况及作图过程如图 2-22 所示。

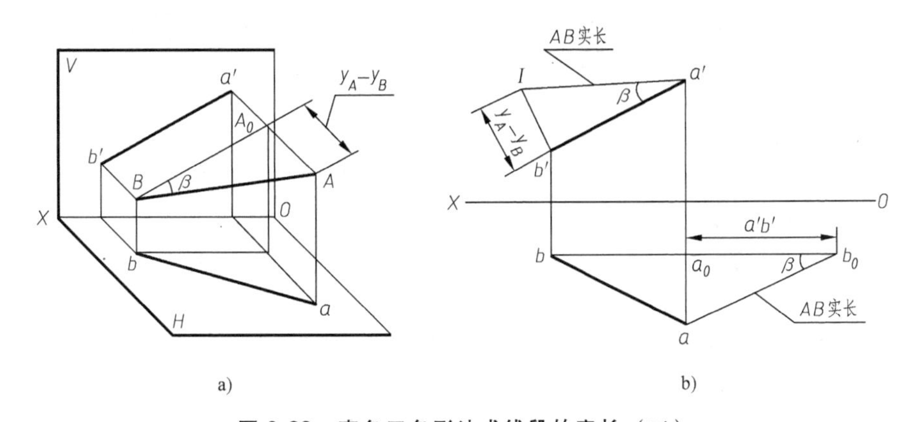

图 2-22　直角三角形法求线段的实长（二）

由此归纳出用直角三角形法求作线段的实长和倾角的方法：以线段在某投影面上的投影为一直角边，以线段两端点在该投影面垂直方向的坐标差为另一直角边，它们所构成的直角三角形的斜边即等于线段的实长，斜边与线段投影的夹角即等于线段对该投影面的倾角。

四、两直线的相对位置

空间两直线之间的相对位置有平行、相交和交叉三种情况。前两种称为同面直线，后一种称为异面直线。

1. 平行两直线

如图 2-23 所示，*AB* 和 *CD* 为空间平行两直线。当它们向 *H* 面投射时，投射线所构成的两个平面 *ABba* 和 *CDdc* 互相平行，所以这两平面与 *H* 面的交线也互相平行，即 $ab//cd$。同理 $a'b'//c'd'$，$a''b''//c''d''$。

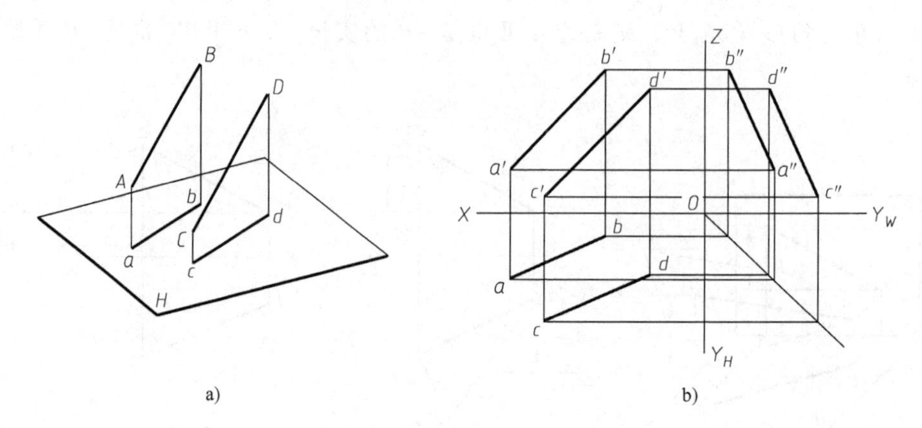

图 2-23　平行两直线的投影

由此可知，若两直线平行，其各同面投影必平行。反之，若两直线的各同面投影平行，则该两直线必平行。

2. 相交两直线

如图 2-24 所示，两直线 *AB* 和 *CD* 相交于 *K* 点。由点在直线上的投影特性，可知点 *K* 的水平投影一定既在 *AB* 的水平投影 *ab* 上，又在 *CD* 的水平投影 *cd* 上，也就是说，*k* 一定是 *ab* 和 *cd* 的交点。同理 k'必定是 $a'b'$和 $c'd'$的交点，k''必定是 $a''b''$和 $c''d''$的交点，而且 k、k'、k'' 符合空间点的投影规律，即 $kk' \perp OX$ 轴，$k'k'' \perp OZ$ 轴。

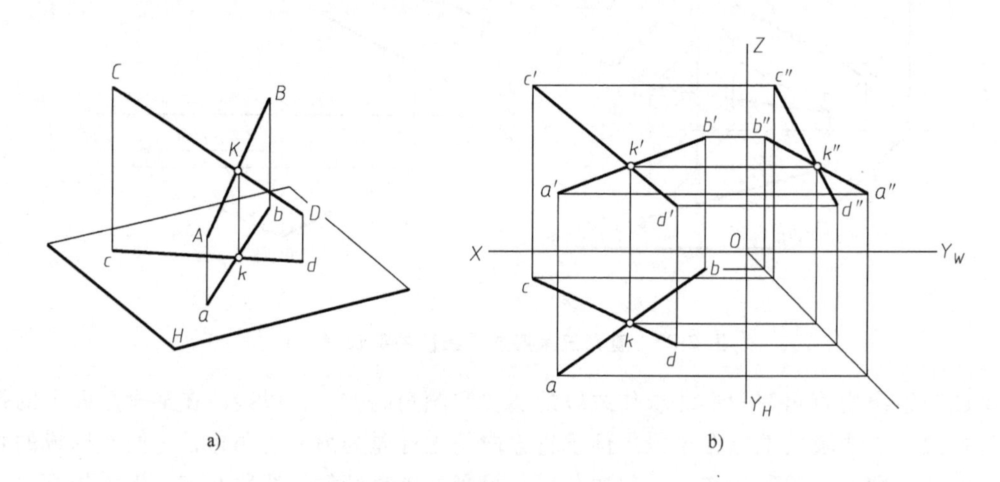

图 2-24　相交两直线的投影

3. 交叉两直线

既不平行又不相交的两直线称为交叉两直线。如图 2-25 所示，交叉两直线的投影可能有一组或两组是互相平行的，但决不会三组同面投影都互相平行。

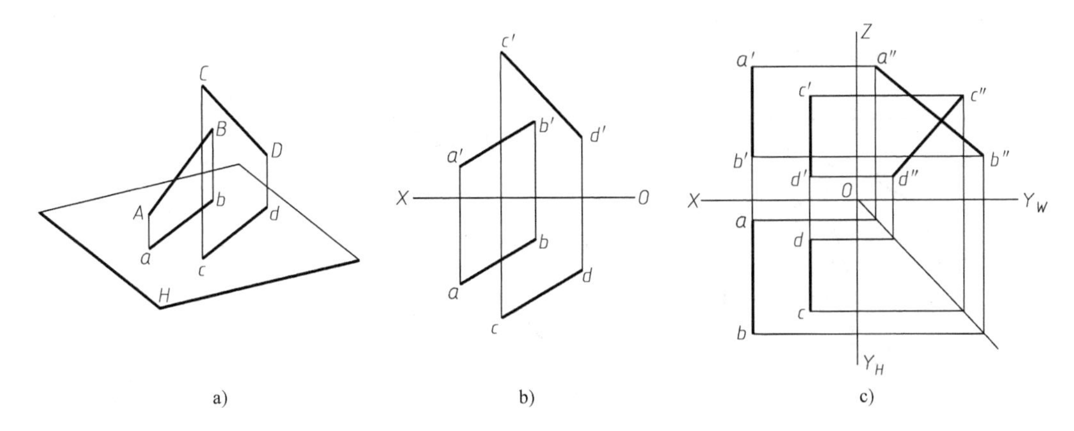

a)　　b)　　c)

图 2-25　交叉两直线的投影（一）

如图 2-26 所示，交叉两直线的投影也可以有一组、两组甚至三组是相交的，但它们的交点一定不符合同一点的投影规律。

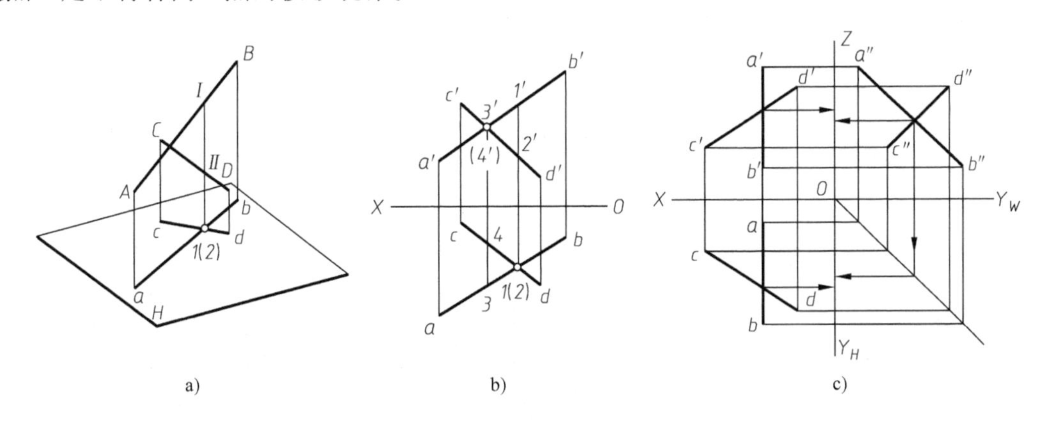

a)　　b)　　c)

图 2-26　交叉两直线的投影（二）

在图 2-26a、b 中，ab 和 cd 的交点实际上是 AB 上点Ⅰ与 CD 上点Ⅱ的重合投影；Ⅰ、Ⅱ两点位于 H 面的同一投射线上，所以它们的水平投影重合，Ⅰ、Ⅱ两点为对 H 面的一对重影点。由于 $z_{\mathrm{I}} > z_{\mathrm{II}}$，故从上往下看时点Ⅰ可见，点Ⅱ不可见。同理在图 2-26b 中，3′（4′）为 AB 上点Ⅲ与 CD 上点Ⅳ的重合投影，Ⅲ、Ⅳ两点为对 V 面的一对重影点，由于 $y_{\mathrm{III}} > y_{\mathrm{IV}}$，故从前往后看时点Ⅲ可见，点Ⅳ不可见。

五、一边平行于投影面的直角的投影

如图 2-27a 所示，AB、BC 两直线垂直相交，其中 AB 平行于 H 面，BC 倾斜于 H 面。因为 $AB \perp BC$，$AB \perp Bb$，所以 AB 也垂直于 BC 和 Bb 所确定的平面 $BbcC$。又因为 AB 平行于 H 面，故 $AB // ab$，则 ab 也垂直于平面 $BbcC$，因此 $ab \perp bc$。

因此可以得出：两直线垂直相交，若其中一直线平行于某投影面，则此两直线在该投影面上的投影仍然相互垂直。反之，如相交两直线在某一投影面上的投影相互垂直，且其中一条为该投影面的平行线，则此两直线也一定相互垂直。

应当指出，两直线垂直但不相交（即交叉垂直）时，若其中有一条直线平行于某一投影面，其投影仍具有上述特性，如图 2-27c 所示。

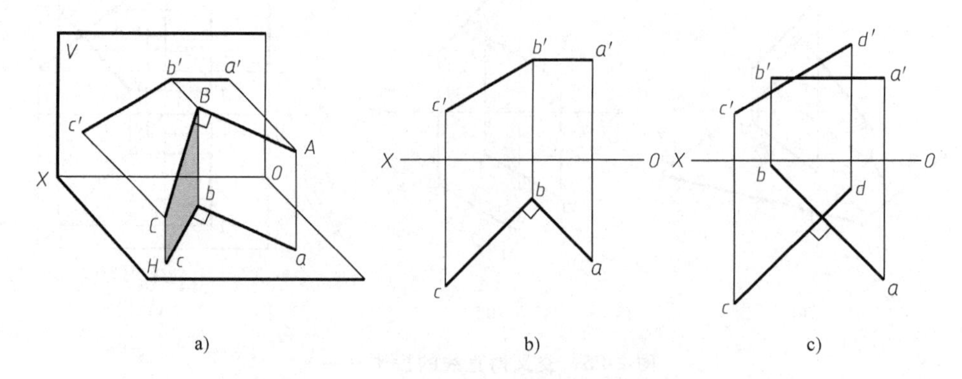

图 2-27　一边平行于投影面的直角的投影

例 3　已知一菱形 $ABCD$ 的一条对角线 AC，以及菱形的一边 AB 位于直线 AM 上，求该菱形的投影，如图 2-28 所示。

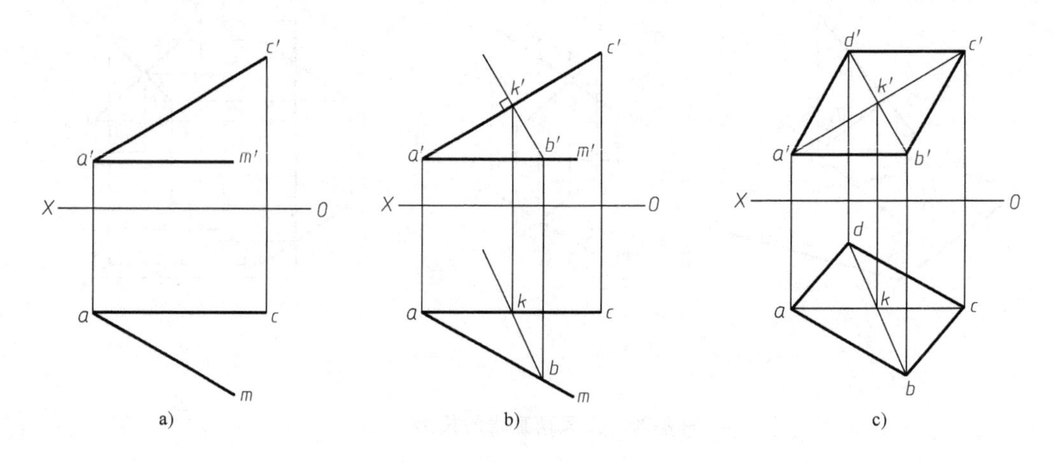

图 2-28　求菱形 $ABCD$ 的投影

解　1）在对角线 AC 上取中点 K，点 K 也必定是另一对角线的中点。

2）AC 是正平线，故另一对角线的正面投影垂直于 $a'c'$。先过点 k' 作直线 $k'b' \perp a'c'$，并与 $a'm'$ 交于 b'，由 $k'b'$ 求出 kb，如图 2-28b 所示。

3）在对角线 KB 的延长线上取一点 D，使 $KB = KD$，即 $k'b' = k'd'$，$kb = kd$，则 $b'd'$ 和 bd 即为另一对角线的投影。连接各点即得菱形 $ABCD$ 的投影，如图 2-28c 所示。

第四节　平面的投影

一、平面的表示法

1. 几何元素表示法

平面在投影图上可由下列任何一组几何元素的投影来表示，如图 2-29 所示。即：

1）不在一条直线上的三个点。

2）直线和直线外一点。

3）相交两直线。

4）平行两直线。

5）任意平面图形，如三角形、平行四边形、圆等。

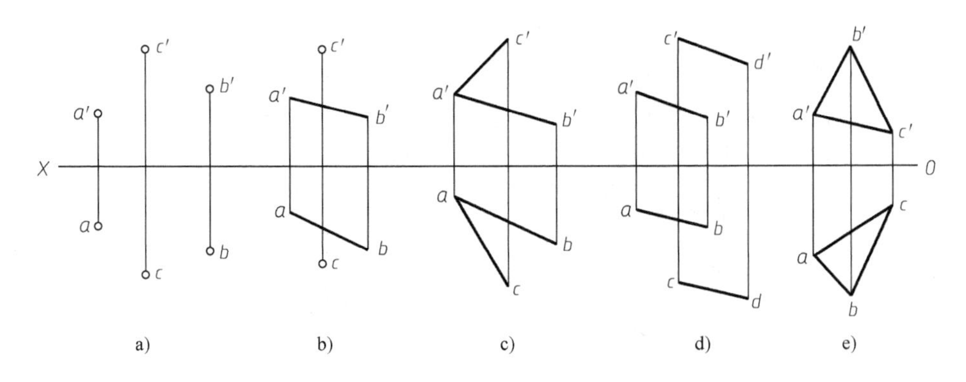

图 2-29　用几何元素表示平面

2. 迹线表示法

平面除用上述的表示法外，也可以用迹线表示。平面与投影面的交线称为平面的迹线。

如图 2-30 所示，P 平面与 H 面的交线，称为水平迹线，用 P_H 表示；P 平面与 V 面的交线，称为正面迹线，用 P_V 表示；P 平面与 W 面的交线，称为侧面迹线，用 P_W 表示。P_V、P_H、P_W 两两相交于 OX、OY、OZ 轴，交点 P_X、P_Y、P_Z 称为迹线的集合点。由于 P_V 与 P_H 是平面上的两条相交直线，因此，用迹线表示平面和用两相交直线表示平面实质上是一样的。这种用迹线表示的平面，称为迹线平面，如图 2-30b 所示。

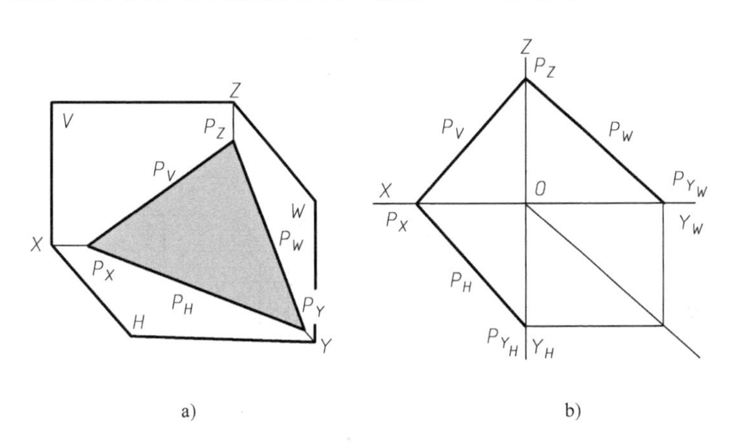

图 2-30　用迹线表示平面

二、各种位置平面的投影特性

在三投影面体系中，平面对投影面的相对位置可分为三种：一般位置平面、投影面垂直面和投影面平行面。后两种平面为特殊位置平面，它们均有不同的投影特性，现分述如下。

1. 一般位置平面

与三个投影面都处于倾斜位置的平面称为一般位置平面。平面与 H、V 和 W 面的倾角分别用 α、β、γ 表示。由于一般位置平面与三个投影面均倾斜，所以它的三个投影都不能反映实形，而是小于原平面图形的类似形，如图 2-31 所示。

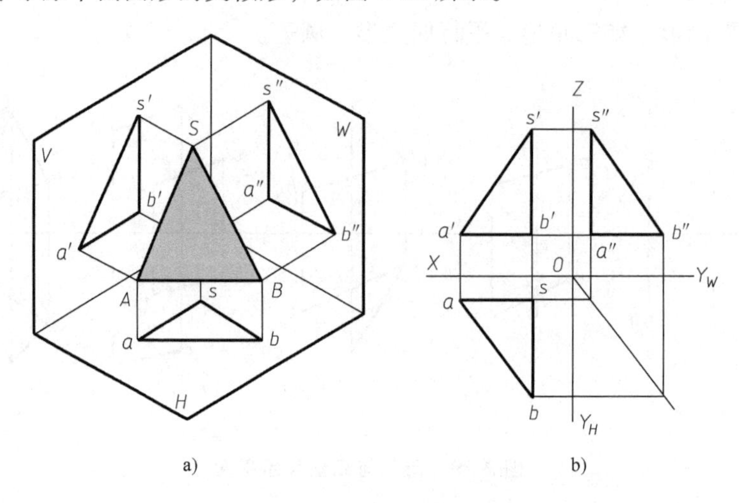

图 2-31　一般位置平面的投影

2. 投影面垂直面

垂直于一个投影面而倾斜于另外两个投影面的平面称为投影面垂直面。垂直于水平面且倾斜于正面和侧面的平面称为铅垂面；垂直于正面且倾斜于水平面和侧面的平面称为正垂面；垂直于侧面且倾斜于正面和水平面的平面称为侧垂面。

如图 2-32 所示，由于平面 $ABCD$ 垂直于 V 面，对 H、W 面倾斜，所以其正面投影 $a'b'c'd'$ 积聚成一条倾斜的直线，其水平投影 $abcd$ 和侧面投影 $a''b''c''d''$ 均为小于 $ABCD$ 实形的类似形，且正面投影 $a'b'c'd'$ 与 OX 轴和 OZ 轴的夹角 α、γ 分别反映平面 $ABCD$ 对 H 面和 W 面的倾角 α、γ。

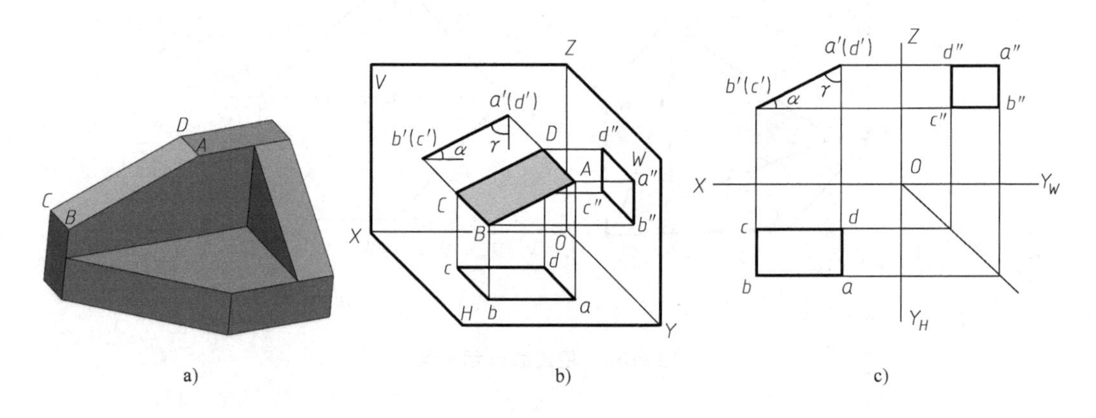

图 2-32　正垂面的投影

如果将四边形 $ABCD$ 所决定的 P 平面扩大，与三个投影面相交，其交线 P_H、P_V 和 P_W 就是平面 P 的三条迹线。图 2-33 所示为用迹线表示的正垂面 P 的投影图，其正垂面的正面迹线与该平面的正面投影重合，正面迹线 P_V 有积聚性，而水平迹线 P_H 和侧面迹线 P_W 都垂直于相应的投影轴。为了简化作图，对特殊位置的平面，一般不画无积聚性的投影，只画有积聚性的迹线即可，如图 2-33c 所示。

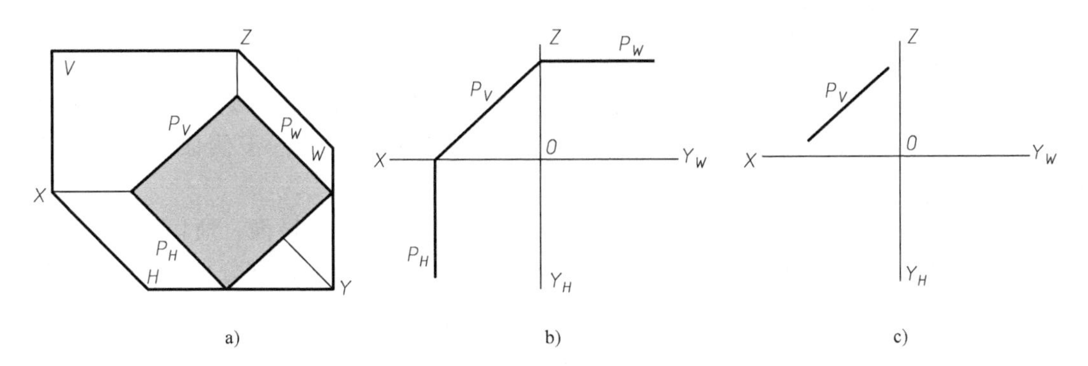

图 2-33　用迹线表示的正垂面的投影

表 2-3 分别列出了正垂面、铅垂面、侧垂面的投影及投影特性。

表 2-3　投影面垂直面的投影特性

名称	正垂面（$\perp V$）	铅垂面（$\perp H$）	侧垂面（$\perp W$）
实例			
立体图			
投影图			
投影特性	1）正面投影积聚成一直线，它与 OX 轴和 OZ 轴的夹角分别为平面与 H 面和 W 面的真实倾角 α 和 γ 2）水平投影和侧面投影都是类似形	1）水平投影积聚成一直线，它与 OX 轴和 OY_H 轴的夹角分别为平面与 V 面和 W 面的真实倾角 β 和 γ 2）正面投影和侧面投影都是类似形	1）侧面投影积聚成一直线，它与 OZ 轴和 OY_W 轴的夹角分别为平面与 V 面和 H 面的真实倾角 β 和 α 2）正面投影和水平投影都是类似形

由表 2-3 可知投影面垂直面的投影特性为：

1）平面在所垂直的投影面上的投影，积聚成直线，它与投影轴的夹角分别反映该平面与另外两个投影面的倾角。

2）平面在其余两个投影面上的投影均为小于原平面图形的类似形。

3. 投影面平行面

平行于一个投影面，也即垂直于另外两个投影面的平面称为投影面平行面。平行于水平面的平面称为水平面；平行于正面的平面称为正平面；平行于侧面的平面称为侧平面。

如图 2-34 所示，由于平面 *EHNK* 平行于正面，垂直于 *H* 面和 *W* 面，所以其正面投影 $e'h'n'k'$ 反映实形，水平投影 *ehnk* 和侧面投影 $e''h''n''k''$ 均积聚成直线，且分别平行于 *OX* 轴和 *OZ* 轴。

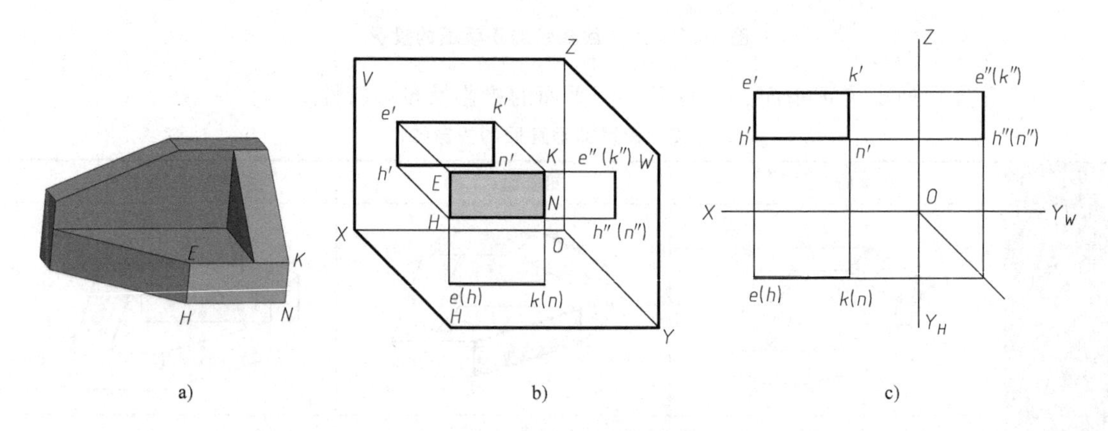

a)　b)　c)

图 2-34　投影面平行面的投影

如果将四边形 *EHNK* 所决定的 *Q* 平面扩大，与 *H* 面和 *W* 面相交，所得交线 Q_H、Q_W 就是 *Q* 平面的迹线，如图 2-35a 所示。图 2-35b 所示为用迹线表示的正平面 *Q* 的投影图，其水平迹线 Q_H 和侧面迹线 Q_W 有积聚性，并平行于相应的投影轴。为了简化作图，正平面可只画出 Q_H 或 Q_W，如图 2-35c、d 所示。

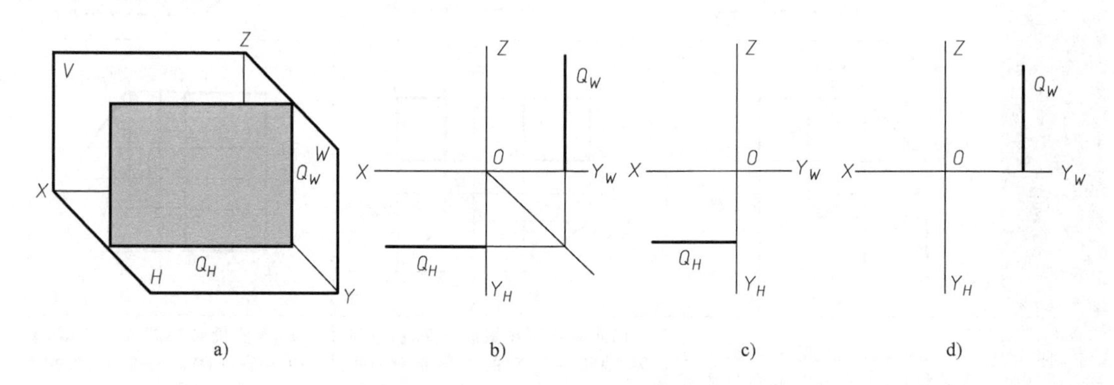

a)　b)　c)　d)

图 2-35　用迹线表示的正平面的投影

表 2-4 分别列出了正平面、水平面和侧平面的投影及投影特性。

表 2-4　投影面平行面的投影特性

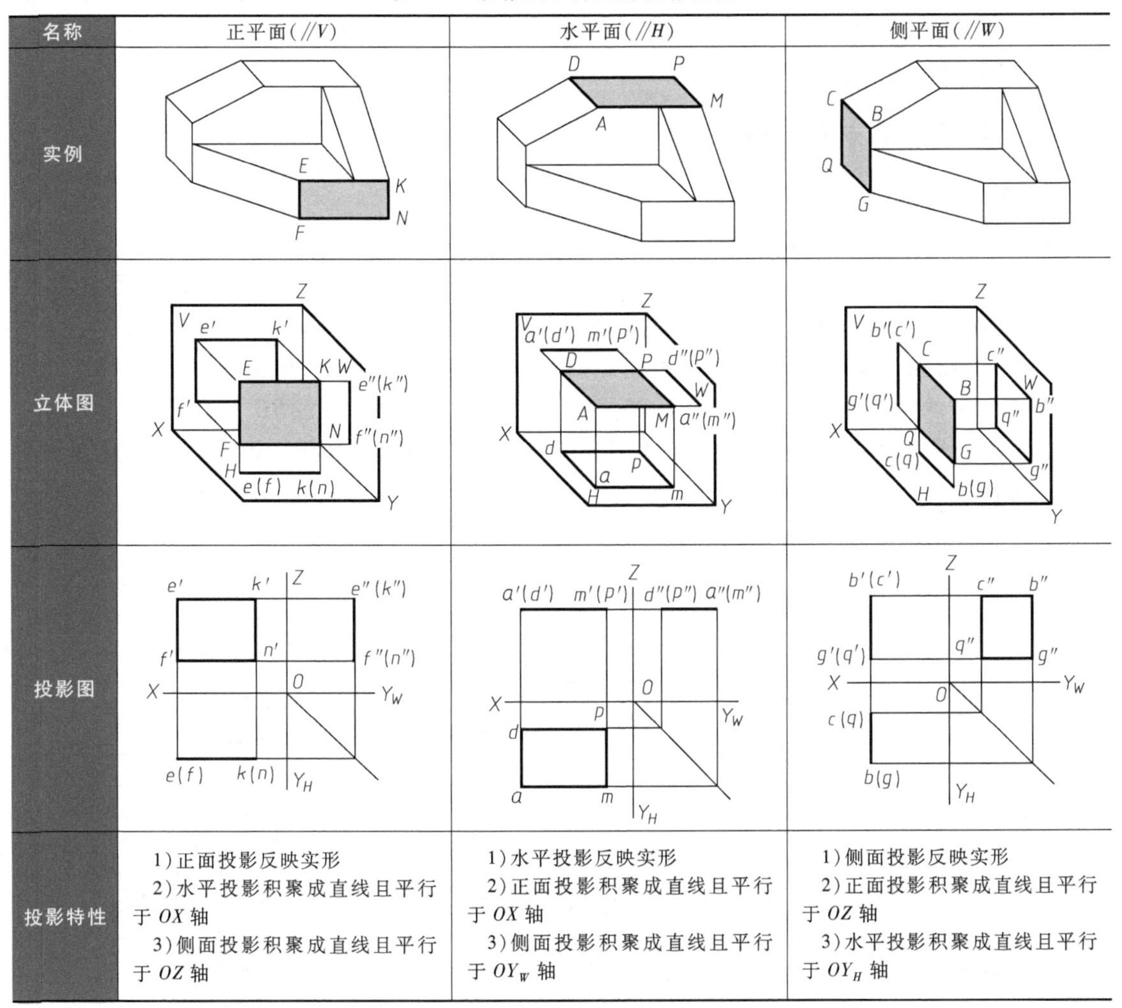

名称	正平面(//*V*)	水平面(//*H*)	侧平面(//*W*)
实例			
立体图			
投影图			
投影特性	1)正面投影反映实形 2)水平投影积聚成直线且平行于 *OX* 轴 3)侧面投影积聚成直线且平行于 *OZ* 轴	1)水平投影反映实形 2)正面投影积聚成直线且平行于 *OX* 轴 3)侧面投影积聚成直线且平行于 OY_W 轴	1)侧面投影反映实形 2)正面投影积聚成直线且平行于 *OZ* 轴 3)水平投影积聚成直线且平行于 OY_H 轴

由表 2-4 可知投影面平行面的投影特性为：

1） 平面在所平行的投影面上的投影反映实形。

2） 平面在另外两个投影面上的投影均积聚成直线，且平行于相应的投影轴。

例 4　过直线 *AB* 作正垂面，如图 2-36a 所示。

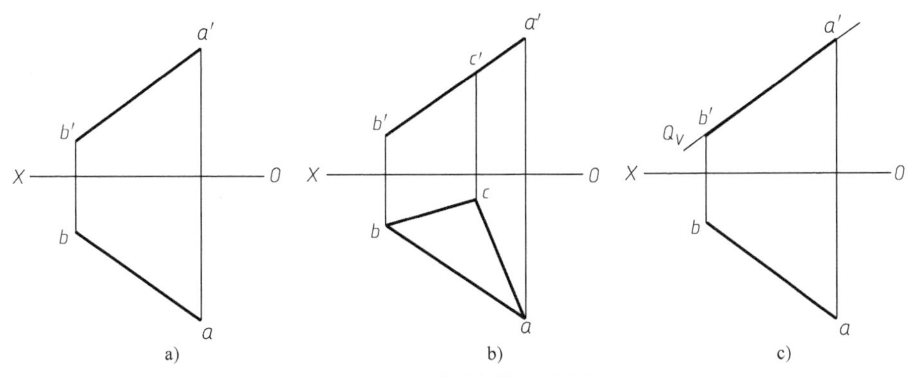

图 2-36　过 *AB* 作正垂面

解　由于正垂面的正面投影积聚为一倾斜的直线，因此过 *AB* 所作的正垂面，其正面投影一定与 $a'b'$重合。水平投影可用一任意平面图形来表示，如图 2-36b 所示。图 2-36c 中过 *AB* 所作的正垂面是用迹线表示的。

三、平面上的点和直线

1. 平面上取点和直线

点和直线在平面上的几何条件是：

1）如果一点位于平面内的一已知直线上，则此点必定在该平面上。如图 2-37 中的 *K*、*L* 两点分别位于△*ABC* 的 *AB* 边和 *BC* 边上，显然 *K*、*L* 就是在△*ABC* 平面上的两点。

2）一直线通过平面上的两个点，则此直线必定在该平面上。如图 2-38 中的 *K*、*L* 是△*ABC* 平面上的两个点，则通过 *K*、*L* 两点所作的直线 *EF* 必定在△*ABC* 平面上。

3）一直线通过平面内的一个点，并且平行于平面内的另一直线，则此直线必定在该平面上。如图 2-39 所示，点 *K* 是△*ABC* 平面上的已知点，过点 *K* 作直线 *KM* 与△*ABC* 的 *BC* 边平行，则 *KM* 直线必在△*ABC* 平面上。

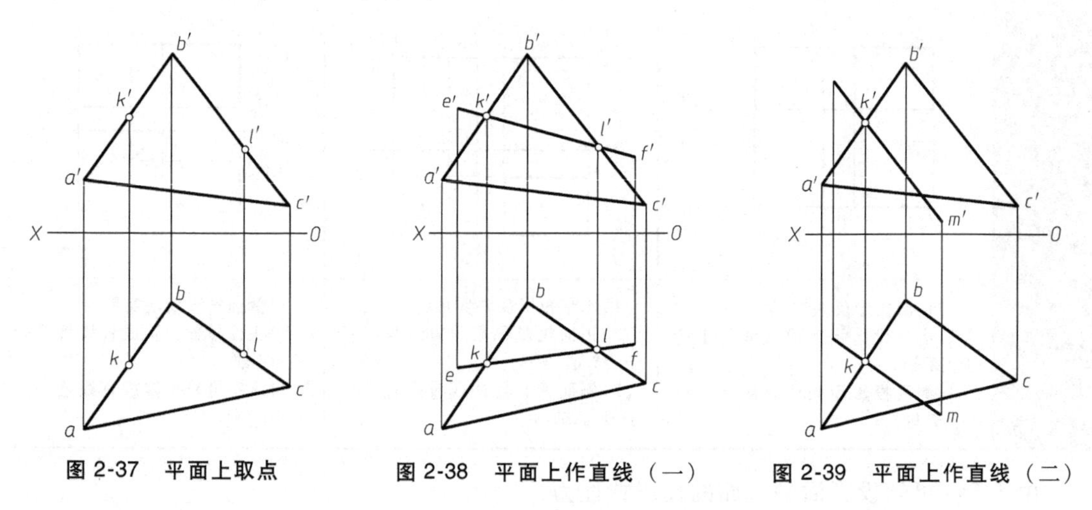

图 2-37　平面上取点　　图 2-38　平面上作直线（一）　　图 2-39　平面上作直线（二）

例 5　已知△*ABC* 平面上点 *K* 的正面投影 k'和点 *L* 的水平投影 l，求作点 *K* 的水平投影和点 *L* 的正面投影，如图 2-40a 所示。

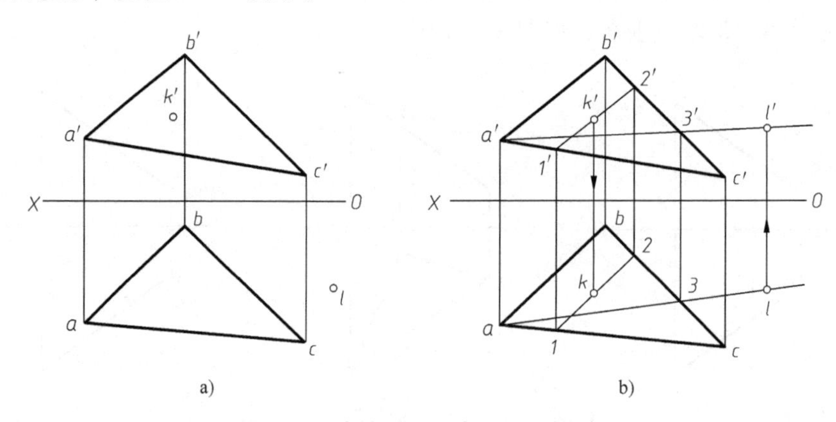

图 2-40　求作平面上点的另一投影

解 因点 K 及点 L 在△ABC 平面上，因此过点 K 及点 L 可以在平面上各作一辅助直线，这时点 K 及点 L 的投影必在相应辅助直线的同面投影上。

作图过程（图 2-40b）：

1）过 k'作辅助直线ⅠⅡ的正面投影 $1'2'$，并使 $1'2'//a'b'$，求出其水平投影 12。再过 k'作铅垂线交 12 于 k，k 即为点 K 的水平投影。

2）过点 L 作辅助直线的水平投影 al，交 bc 于 3，求出其正面投影 $3'$并连接 $a'3'$，然后过 l 作铅垂线与 $a'3'$的延长线交于 l'，l'即为点 L 的正面投影。

2. 平面上的投影面平行线

在平面上可作出各投影面的平行线，即平面上的正平线、平面上的水平线和平面上的侧平线。

如图 2-41 所示，△ABC 为给定平面，AD 为该平面内的水平线。根据水平线的投影特性，$a'd'//OX$ 轴，ad 反映实长，当然在同一平面内可作出无数条水平线且互相平行。

同理，可以作出平面内的正平线和侧平线。

3. 投影面的最大斜度线

在平面上垂直于该平面内的投影面平行线的直线，称为该平面的最大斜度线。垂直于平面内水平线的直线，称为水平面的最大斜度线；垂直于平面内正平线的直线，称为正面的最大斜度线；垂直于平面内侧平线的直线，称为侧平面的最大斜度线。

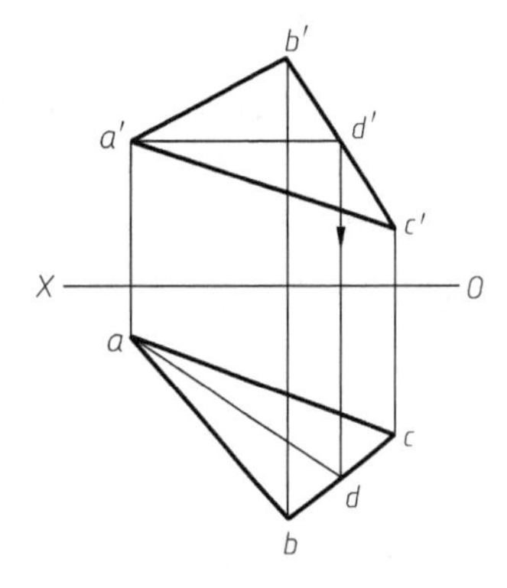

图 2-41 在平面上作水平线

如图 2-42 所示，平面 P 内的直线 KL_1 垂直于该平面内的水平线 MN，KL_1 则是平面 P 内对 H 面的最大斜度线。

过点 K 在 P 平面上作任意直线 KL_2，可以证明 KL_1 与 H 面的倾角 α_1 大于 KL_2 与 H 面的倾角 α_2，所以 KL_1 为对 H 面的最大斜度线。此外从图 2-42 中还可以看出最大斜度线是平面内对投影面夹角最大的直线，因此，利用平面上对投影面的最大斜度线即可求平面对投影面的倾角。

例 6 求△ABC 平面对 H 面的倾角 α，如图 2-43 所示。

解 求平面对 H 面的倾角，只要求出该平面上对 H 面的最大斜度线，然后再求出其对 H 面的倾角即可。

作图过程：

1）过 B 点在△ABC 上作水平线 BD（$b'd'$、bd）。

2）过 a 作 $ae \perp bd$，交 bc 于 e，求出 e'，连接 $a'e'$，则 ae 与 $a'e'$即为平面上对 H 面的最大斜度线 AE 的投影。

3）用直角三角形法求出 AE 对 H 面的倾角 α，即为△ABC 平面对 H 面的倾角 α。

四、圆的投影

圆是最常见的平面曲线，它的投影与该圆所在平面对投影面的相对位置有关。当圆平行于某投影面时，它在该投影面上的投影反映圆的实形；当圆垂直于某投影面时，它在该投影面上的投影积聚为一直线，其长度等于该圆直径；当圆倾斜于某投影面时，它在该投影面上的投影为椭圆。

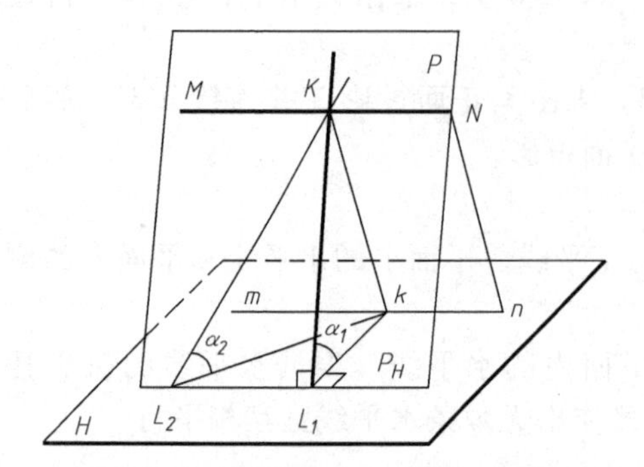

图 2-42 平面上对 *H* 面的最大斜度线

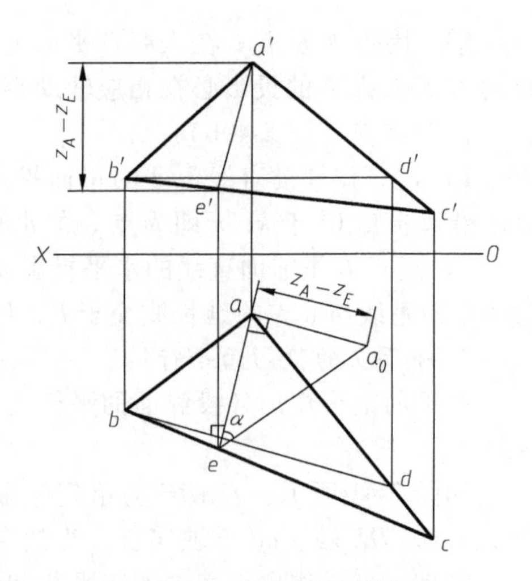

图 2-43 求平面对 *H* 面的倾角

图 2-44 所示为圆心为 *C* 的一个水平圆的三面投影，根据投影面平行面的投影特性可知：这个圆的水平投影反映该圆的实形；正面投影和侧面投影积聚为直线，且长度都等于该圆的直径。

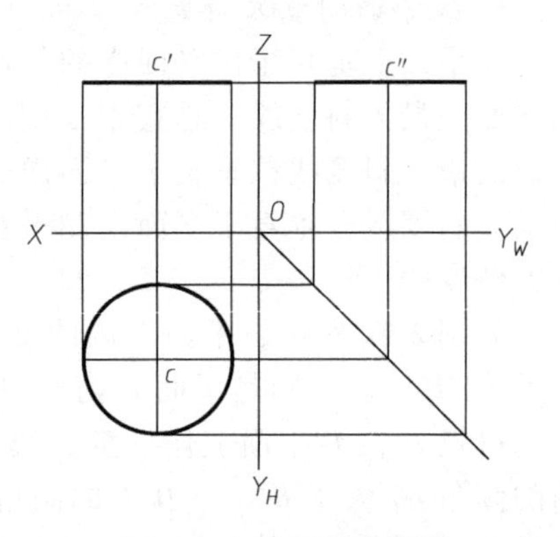

图 2-44 水平圆的投影

图 2-45a 所示为一铅垂面上的圆的投影。该圆的水平投影积聚为直线，其长度等于圆的直径，而该圆平面倾斜于 *V*、*W* 面，所以圆的正面投影和侧面投影均为椭圆。图 2-45b 所示为该圆正面投影椭圆长、短轴的确定方法。它的正面投影椭圆，其长轴为圆上过圆心的直径铅垂线 *CD* 的投影 $c'd'$，长度等于圆的直径 *D*；短轴为圆上过圆心的对 *V* 面最大斜度线水平直径 *AB* 的投影 $a'b'$，长度等于 $AB\cos\beta = D\cos\beta$。作图时短轴长度可根据投影关系求得，求出椭圆的长、短轴后，一般可用四心圆法作出椭圆。

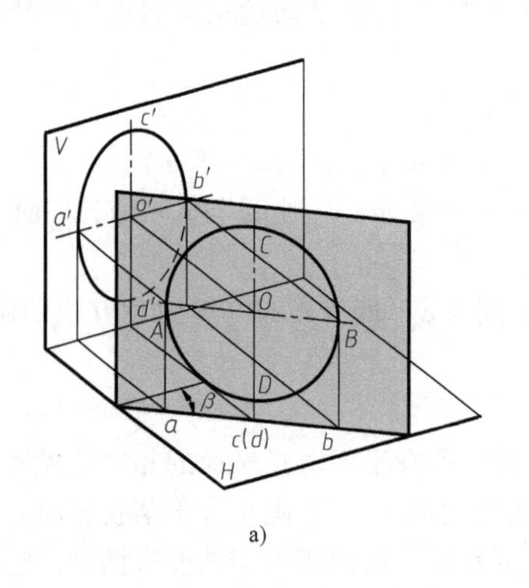

a)

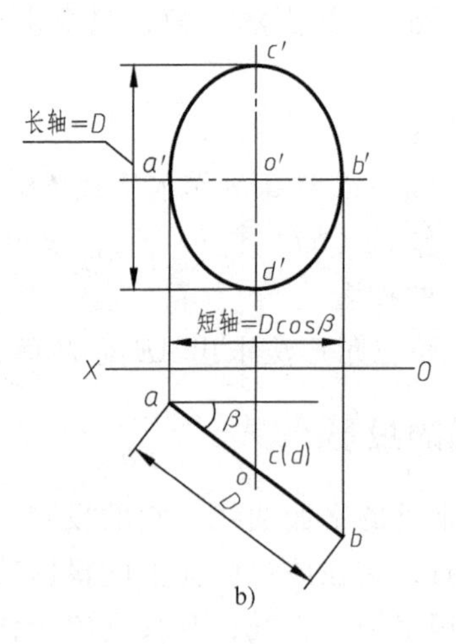

b)

图 2-45 铅垂面上圆的投影

第五节 直线与平面、平面与平面的相对位置

一、直线与平面平行

如一直线与平面上任一直线平行，则此直线与该平面平行。如图 2-46 所示，直线 *AB* 平行于平面 *P* 内的直线 *CD*，所以直线 *AB* 与平面 *P* 平行。

例 7 过已知点 *K*，作一正平线 *KE* 平行于已知平面△*ABC*，如图 2-47 所示。

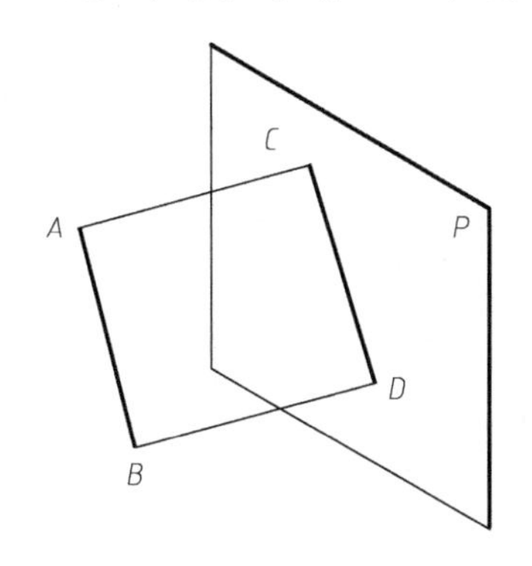

图 2-46 直线与平面平行

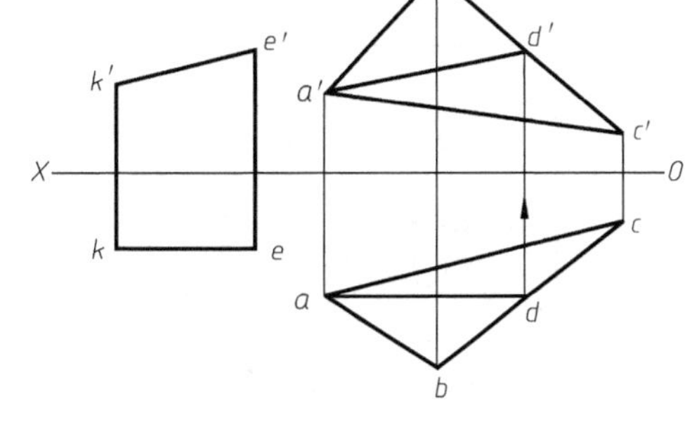

图 2-47 过 *K* 作//△*ABC* 的正平线

解 △*ABC* 上的正平线有无数条，但其方向是确定的，因此过点 *K* 作平行于△*ABC* 的正平线也是唯一的。作图时首先在△*ABC* 内取一条正平线 *AD* 为辅助线，再过点 *K* 引一直线 *KE* 平行于 *AD*，即作 *ke*//*ad*，*k'e'*//*a'd'*，则直线 *KE* 为所求。

二、两平面平行

如果一平面上的相交两直线，对应地平行于另一平面上的相交两直线，则这两个平面就相互平行。如图 2-48 所示，若 *AB*//*DE*、*AC*//*FG*，则平面 *P* 平行于平面 *Q*。

例 8 试判别两平面△*ABC* 与△*DEF* 是否平行，如图 2-49 所示。

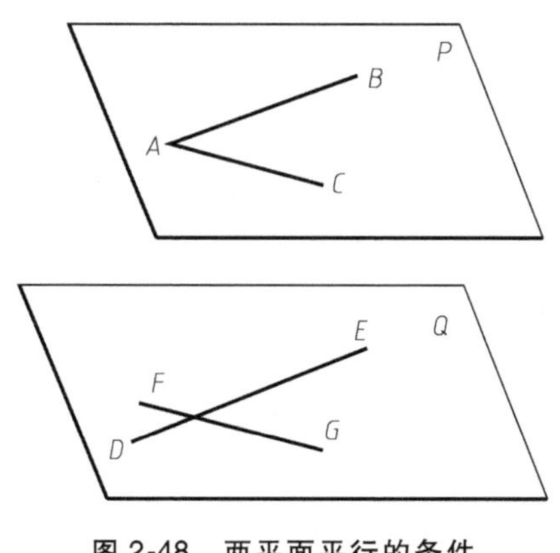

图 2-48 两平面平行的条件

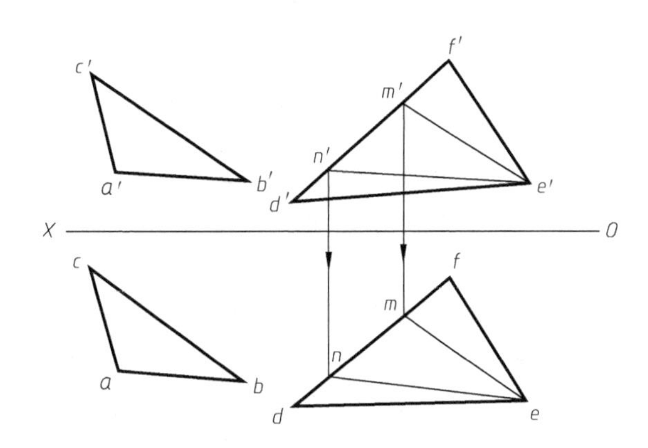

图 2-49 判别两平面是否平行

解 可在任一平面上作两相交直线，如在另一平面上能找到与之平行的两相交直线，则

该两平面就相互平行。

为此可在△*DEF* 内过点 *E* 作两条直线 *EM* 和 *EN*，使 $e'm'//b'c'$，$e'n'//a'b'$，然后作出 *em* 和 *en*，因为 *em*//*be*，*en*//*ab*，所以两平面△*ABC*//△*DEF*。

三、直线与特殊位置平面相交

直线与平面不平行必相交，其交点既在直线上又在平面上，是直线和平面的共有点。

如图 2-50a 所示，一般位置直线 *AB* 与具有积聚性的铅垂面 *CDE* 相交。由于交点是直线 *AB* 与铅垂面的共有点，所以它的水平投影一定是直线的水平投影与铅垂面具有积聚性的水平投影的交点 *k*。由点 *k* 就可求出交点的正面投影 *k'*。

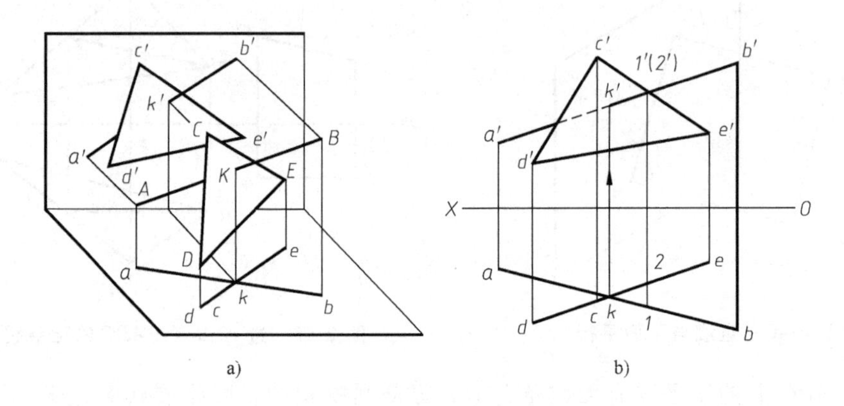

图 2-50　直线与铅垂面相交

直线与平面相交，沿着投射方向观察时，必然有一段直线被平面所遮挡成为不可见。而交点 *K* 是直线上可见和不可见部分的分界点，这时将可见线段画成粗实线，不可见线段画成虚线。可见性问题可以利用交叉两直线上的重影点来判别。在图 2-50b 中，正面投影 *a'b'* 与 *c'e'* 的交点为重影点的正面投影。此重影点，分别为直线 *AB* 上的点 Ⅰ 和 *CE* 上的点 Ⅱ 的正面投影，从水平投影 *y* 坐标值看 $y_1>y_2$，即在重影点处直线 *AB* 以交点 *k* 为界，右段在前，左段在后，所以正面投影以 *k'* 为界，*k'b'* 为可见，*k'a'* 被三角形平面遮盖部分为不可见，用虚线表示。判别某个投影的可见性时，可在该投影图上任取一对重影点来进行判别。

四、一般位置平面与特殊位置平面相交

两平面不平行则必相交，其交线为两平面的共有线。求作两平面的交线，只要作出交线上的两点即可，因而求作两平面交线可归结为求两直线与平面的交点。

如图 2-51a 所示，一般位置平面△*ABC* 与铅垂面▱*DEFG* 相交。按直线与特殊位置平面求交点的方法，即可求出△*ABC* 的边 *AC* 和 *BC* 与▱*DEFG* 的交点 *K* 和 *L*。作图时，先利用铅垂面有积聚性的水平投影，直接求出 *K*、*L* 的水平投影，再求出其正面投影。由于 *K*、*L* 是两平面的共有点，故它们的连线即为两平面交线。具体作图如图 2-51b 所示。

在可见性判别时，由于铅垂面▱*DEFG* 的水平投影有积聚性，则水平投影不需要判别两平面的可见性；正面投影还需判别两平面的可见性，两平面的交线 *KL* 为可见与不可见部分的分界线，从水平投影中可直接看出平面△*ABC* 的一部分△*CKL* 在铅垂面▱*DEFG* 之前，其

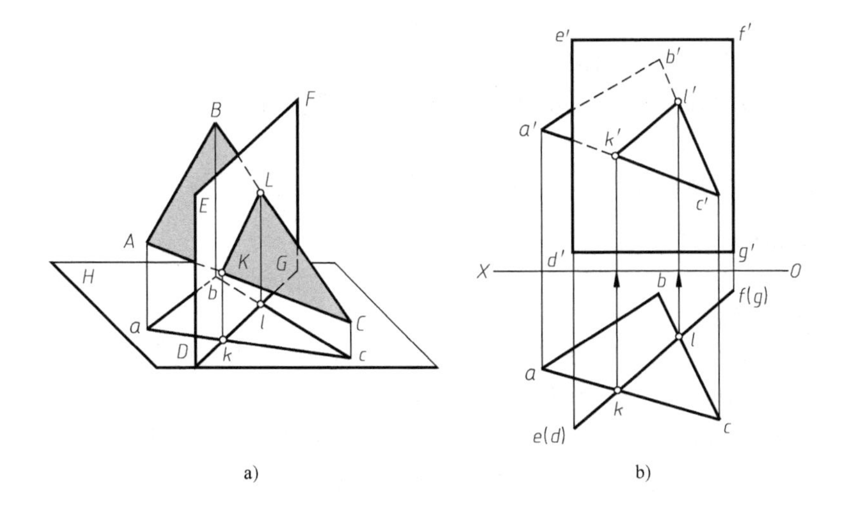

a)　　b)

图 2-51　一般位置平面与特殊位置平面的交线

正面投影可见，另一部分平面四边形 *ABLK* 在铅垂面▱*DEFG* 后，其正面投影为不可见。

五、一般位置直线与一般位置平面相交

由于一般位置平面的投影没有积聚性，所以当一般位置直线与一般位置平面相交时，不能在投影图上直接求出交点，需要利用辅助平面法来解决。如图 2-52a 所示，求直线 *AB* 与一般位置平面△*CDE* 的交点 *K*。作图时，由于点 *K* 是直线与一般位置平面的共有点，故过点 *K* 在平面 *CDE* 内任作一直线 *MN* 与已知直线 *AB* 可构成一个辅助平面 *R*。实际上辅助平面与已知平面的交线就是直线 *MN*，而 *MN* 与直线 *AB* 的交点 *K*，即为已知直线与平面的交点。由此可得出辅助平面法求共有点的作图步骤，如图 2-52b 所示。

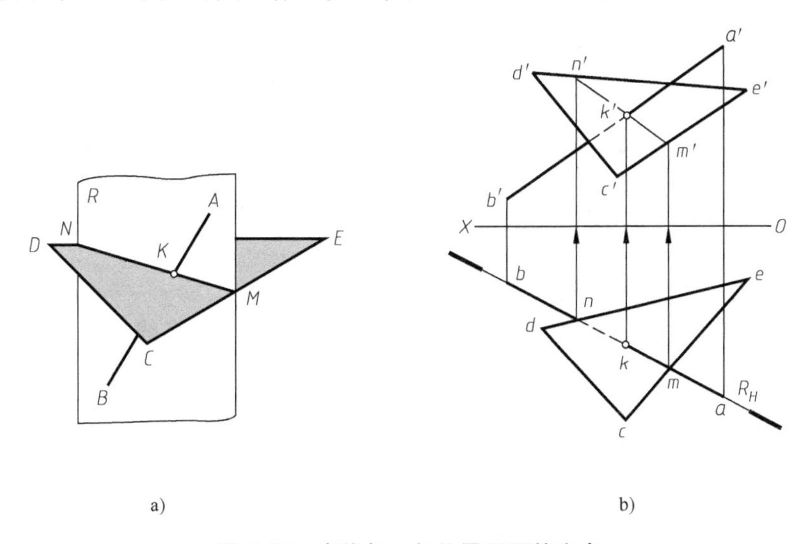

a)　　b)

图 2-52　直线与一般位置平面的交点

作图过程：

1）过直线 *AB* 任作一辅助平面 *R*。为了作图简便，一般采用投影面垂直面作为辅助

平面。

2）求出辅助平面与已知平面的交线 MN。

3）求出交线 MN 与已知直线 AB 的交点 K，点 K 即为直线 AB 与一般位置平面△CDE 的交点。

4）利用重影点，判别可见性。

六、垂直问题

1. 直线与平面垂直

直线与平面相垂直的几何条件是：直线垂直于这个平面上的任意两条相交直线。如图 2-53 所示，直线 AB 垂直于平面上的相交两直线 L_1 和 L_2，于是 AB 就垂直于平面 P。直线 AB 垂直于平面 P，则必垂直于平面 P 内的一切直线，其中包括水平线 CD 和正平线 EF。根据直角投影定理，在投影图上，直线 AB 的水平投影必垂直于水平线 CD 的水平投影，即 $ab \perp cd$，直线 AB 的正面投影垂直于正平线 EF 的正面投影，即 $a'b' \perp e'f'$，如图 2-54 所示。反之，在投影图上，直线的水平投影垂直于平面内水平线的水平投影，直线的正面投影垂直于平面内的正平线的正面投影，则直线必垂直于该平面。

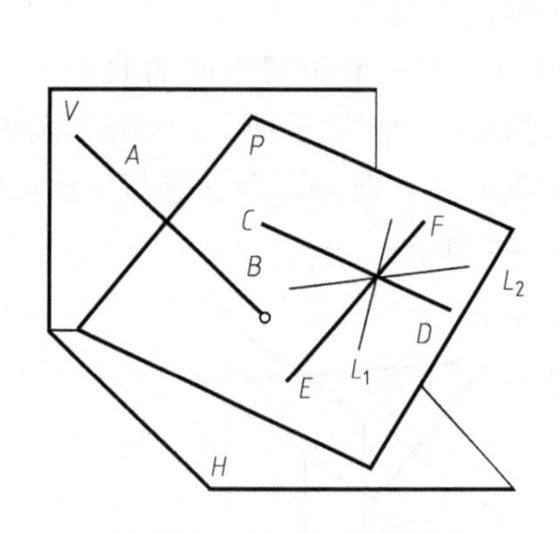

图 2-53　直线与平面垂直

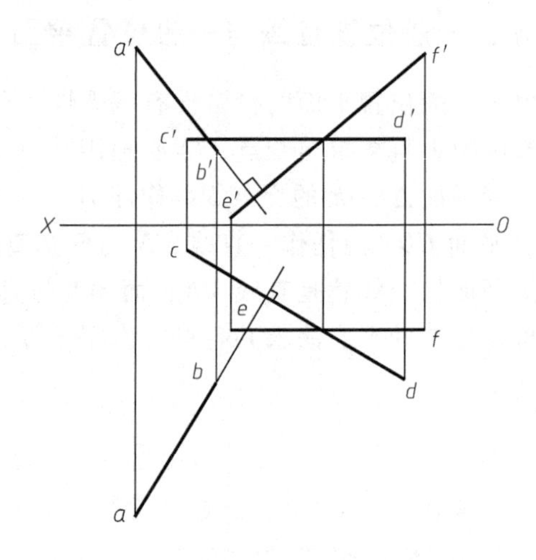

图 2-54　直线与平面垂直的投影特性

例 9　求点 G 到▱$ABCD$ 的距离，如图 2-55 所示。

解　由于▱$ABCD$ 是正垂面，过 G 点向它作的垂线必然是正平线。垂线的正面投影 $g'k'$ 必定垂直于▱$ABCD$ 有积聚性的正面投影 $a'b'c'd'$。k'为垂足 K 的正面投影。垂线的水平投影 $gk/\!/X$ 轴，点 k 即为垂足 K 的水平投影。$g'k'$即为 G 点到平面的实际距离，如图 2-55b 所示。

2. 两平面互相垂直

从初等几何中可知，若直线垂直于一平面，则过该直线所作的一切平面都垂直于该平面。如图 2-56a 所示，KL 直线是垂直于 P 平面的，则过 KL 直线所作的平面 R、S、N…必定都与 P 平面垂直。

反之，如果两平面垂直，则由第一个平面上任意一点向第二个平面所作的垂线，必定在第一个平面上。如图 2-56b 所示，若平面 Q 垂直于平面 P，则从平面 Q 上任意一点 A 向平面

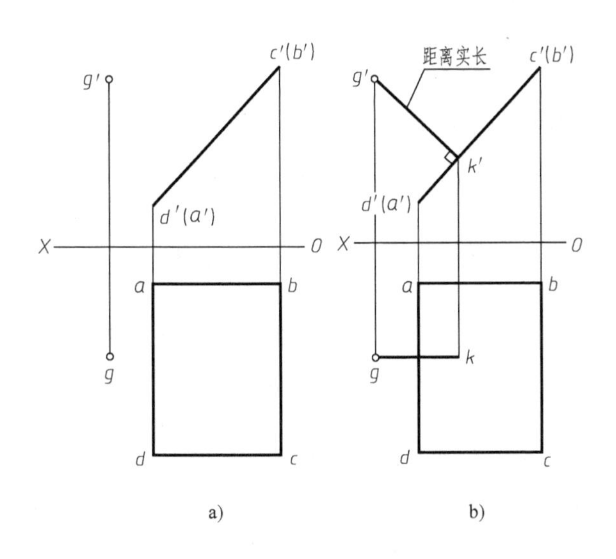

a)　　b)

图 2-55　求点到平面的距离

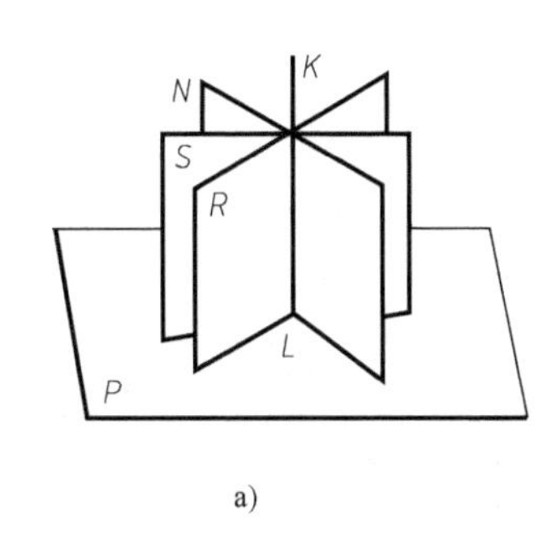

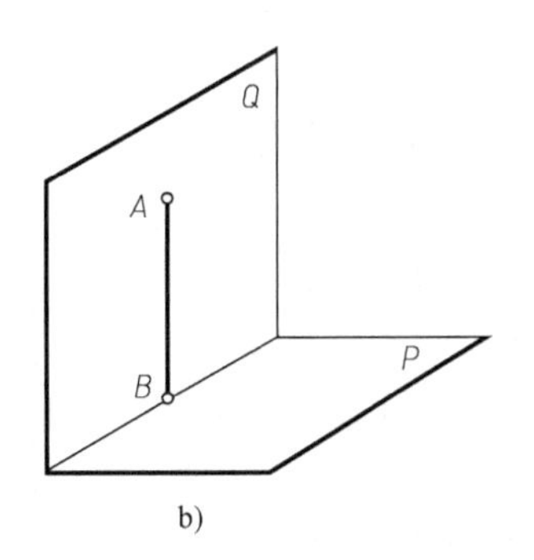

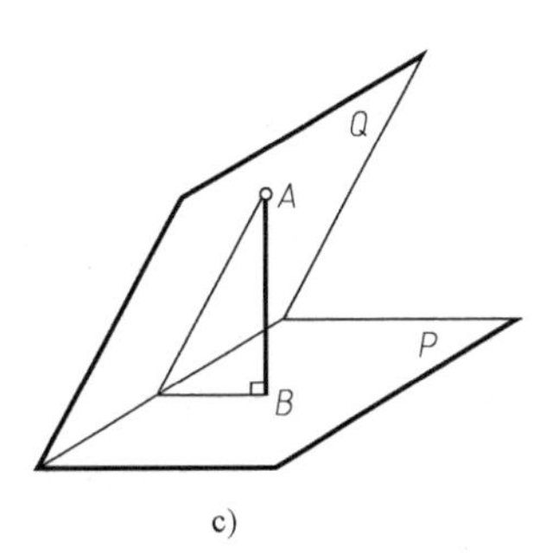

a)　　b)　　c)

图 2-56　平面与平面垂直的几何条件

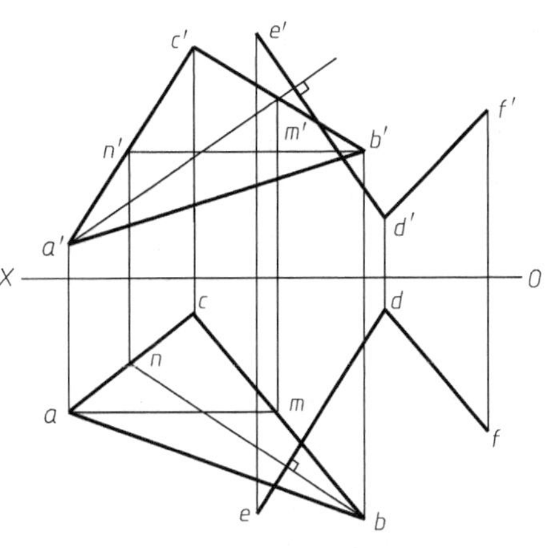

图 2-57　过定点作平面的垂面

P 所作的垂线 *AB*，一定位于平面 *Q* 内；如图 2-56c 所示，平面 *Q* 不垂直于平面 *P*，则从平面 *Q* 上任意一点 *A* 向平面 *P* 所作的垂线 *AB*，一定不在平面 *Q* 内。

综上所述，要作一个平面的垂直面时，必须首先作一条该平面的垂线，然后过该垂线作平面即可。要想判断两平面是否垂直，也必须首先从一个平面内的任一点向另一平面作垂线，如果所作直线在第一个平面内，则此两平面必互相垂直。

例 10　过点 *D* 作一平面垂直于平面△*ABC*，如图 2-57 所示。

解　作平面垂直于已知平面时，应先作出一条直线 *DE* 垂直于已知平面，为此先在平面△*ABC* 上任作两条相交的正平线 *AM* 和水平线 *BN*。

这就确定了过点 D 作平面△ABC 的垂线方向。然后包含所作的垂线作平面，本题有无穷多解。

作图过程：

1）过点 D 作平面△ABC 的垂线 DE。作图时应使 $de \perp bn$，$d'e' \perp a'm'$。

2）过点 D 再任作一直线 DF，由 DE、DF 两相交直线所确定的平面即为所求平面之一。

第六节 投影变换

当空间的几何要素如直线、平面等，对投影面处于一般位置时，它们的投影都不反映真实大小，也不具有积聚性。当它们与投影面处于特殊位置时，则它们的投影有的反映真实大小，有的具有积聚性。从中得到启示，当要解决一般位置几何要素的度量或定位问题时，如能把它们由一般位置改变成特殊位置，问题就容易得到解决了。

投影变换就是研究如何改变空间几何要素对投影面的相对位置，以利于解决定位和度量问题。常用的投影变换的方法有两种，即换面法和旋转法，本节主要介绍换面法，对旋转法只做简要介绍。

一、换面法

换面法就是保持空间几何要素的位置不动，用新的投影面体系代替原来的投影面体系，使空间几何要素在新的投影面体系中对新设的投影面处于某种特殊位置，以利于求解。如图 2-58 所示，空间一平面△ABC，在原投影面体系中为铅垂面，对 V、H 面的投影均不反映实形，欲求平面△ABC 的实形，可选用一个新投影面 V_1 去代替原有的投影面 V，使 V_1 既平行于平面△ABC 又与 H 面垂直，然后用正投影法将△ABC 向 V_1 面进行投影，在 V_1 面所得到的新投影△$a'_1b'_1c'_1$反映了△ABC 的实形。

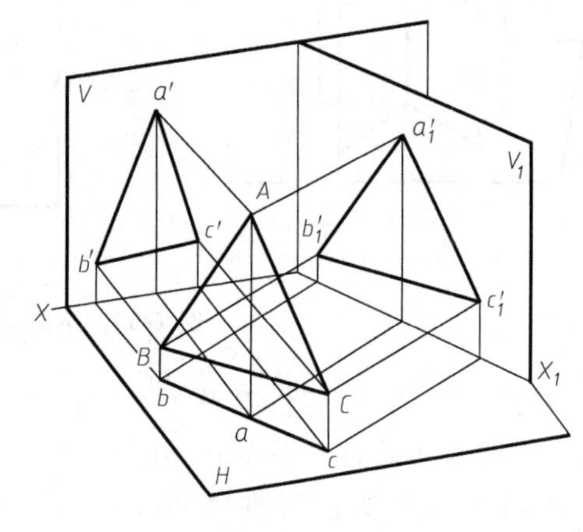

图 2-58 换面法

由此可见，用换面法解题时，新投影面的选择，必须符合以下两个基本条件：

1）新设置的投影面必须与空间几何要素处于有利于解题的位置。

2）新设置的投影面必须垂直于原投影面体系中保留的投影面，组成一个相互垂直的新的两投影面体系。

1. 点的换面投影

点是几何形体的基本元素。因此，在变换投影面时必须首先掌握点的投影变换规律。

如图 2-59a 所示，空间点 A 在 V/H 体系中正面投影为 a'，水平投影为 a。现在令 H 面不变，用一个铅垂面 V_1 代替 V 面，则 V_1 面与 H 面必垂直，构成了新的投影面体系 V_1/H。称 V_1 面为新投影面，V 为旧投影面，H 为不变投影面，OX 为旧投影轴，O_1X_1 为新投影轴。点在新投影面上的投影称为新投影，如 a'_1，此时 a'为旧投影，a 为不变投影。

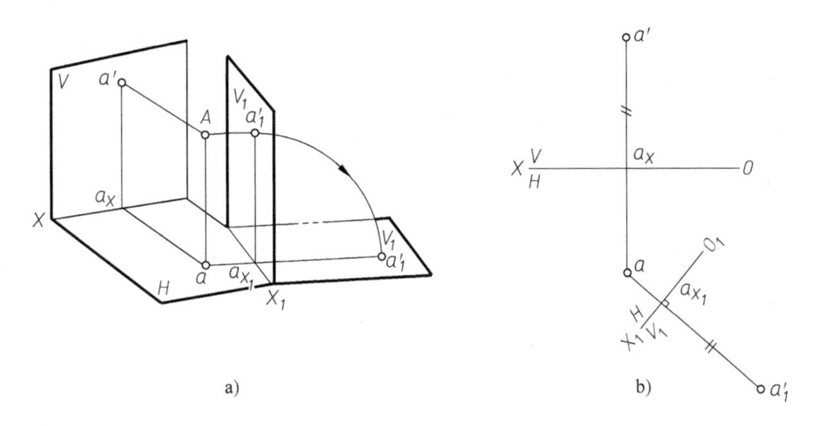

图 2-59　点的换面投影

新旧投影间的关系：

1）由于 H 面保持不动，所以点 A 到 H 面的距离保持不变，因此，$Aa = a'a_X = a_1'a_{X_1}$。

2）当 V_1 面绕 X_1 轴旋转到与 H 面重合后，根据点的正投影规律，$a_1'a$ 连线必定垂直于 O_1X_1 轴。根据以上分析得出由 V/H 体系变换成 V_1/H 体系时，点的投影作图步骤如图 2-59b 所示。

作图过程：

1）选适当位置作新投影轴 O_1X_1。

2）由不变投影 a 向新轴 O_1X_1 作垂线，交 O_1X_1 于 a_{X_1}。

3）在垂线上截取 $a_1'a_{X_1} = a'a_X$，从而得点 A 在 V_1 面上的投影 a_1'。

如果要替换的是 H 面，作图方法与上述相同，其关系是：$a_1a' \perp X_1$，$a_1a_{X_1} = aa_X$，如图 2-60 所示。

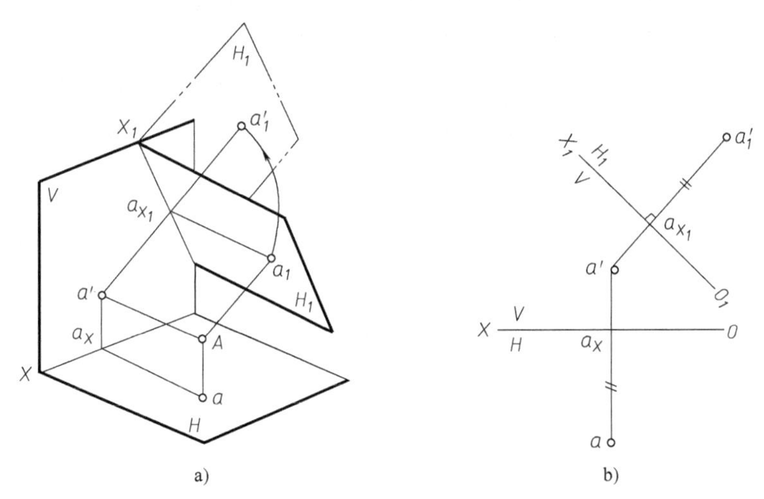

图 2-60　点在 V/H_1 体系中的投影

综上所述，换面法中点的投影变换规律如下：

1）点的新投影和不变投影之间的连线必垂直于新投影轴。

2）点的新投影到新投影轴的距离，等于被代替的旧投影到旧投影轴的距离。

根据解题的需要，可在一次换面的基础上进行二次换面或多次换面。如图 2-61 所示，在一次换面成 V_1/H 投影体系后，再设一个新投影面 H_2，求得点 A 在 H_2 面上的新投影 a_2，称为点的二次换面投影，二次换面的新投影轴为 O_2X_2 轴。

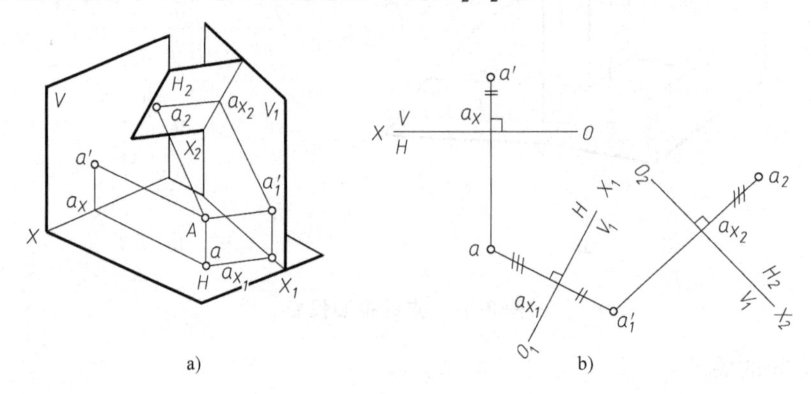

图 2-61　点的二次换面投影

二次换面点的新、旧投影的变换关系是：$a'_1a_2 \perp O_2X_2$，$a_2a_{X_2}=aa_{X_1}$。

变换两次或多次投影面是在一次变换投影面原理的基础上进行的，而且原来的 V、H 两投影面必须交替地被新投影面所替换，而每变换一次投影面总是以上一次的两投影面体系为起点而变换。

2. 换面法的基本作图问题

（1）将一般位置直线变换成投影面平行线　如图 2-62a 所示，表示把一般位置直线 AB 变换为投影面平行线。选取新投影面 V_1，使 V_1 面垂直于 H 面且平行于直线 AB，通过一次变换即可把一般位置直线变换为新投影面的平行线。由于 V_1 面平行于直线 AB，所以 O_1X_1 轴应与直线 AB 的不变投影 ab 平行。直线可由两点确定，所以直线 AB 的新投影 $a_1'b_1'$ 可根据点的投影变换规律作出。$a_1'b_1'$ 反映了线段 AB 的实长和它对 H 面的倾角 α，如图 2-62b 所示。

如果变换 H 面，可将 AB 变换为新的 H_1 面的平行线。此时新投影轴 O_1X_1 轴应与不变投影 $a'b'$平行，根据点的投影变换规律，即可作出线段 AB 在 H_1 面上的新投影 a_1b_1。新投影

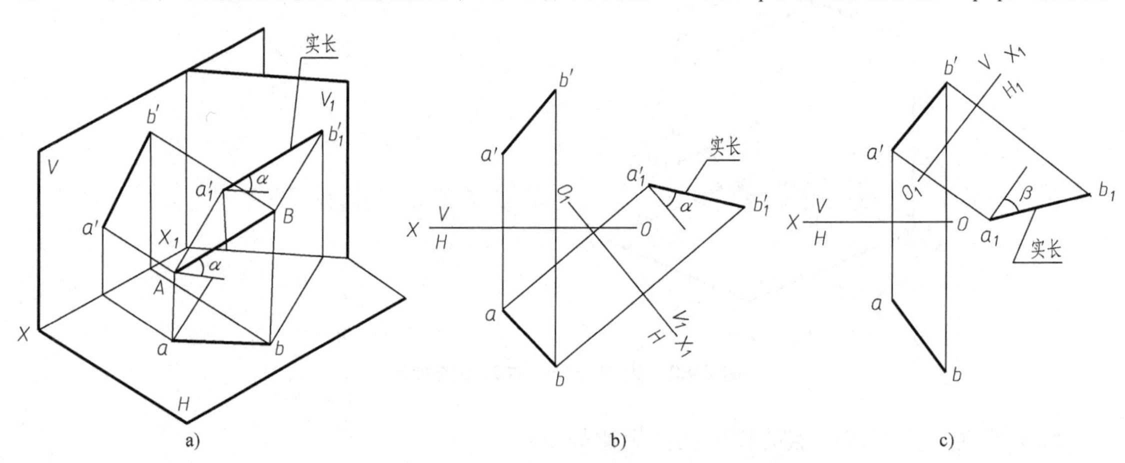

图 2-62　一般位置直线变换成投影面平行线

a_1b_1 反映了线段 AB 的实长和它对 V 面的倾角 β，如图 2-62c 所示。

（2）将一般位置直线变换成投影面垂直线　从图 2-63a 中可以看出，要把一般位置直线变换成投影面垂直线，只变换一次投影面是不行的。因为，如果直接使所设置的新投影面垂直于直线 AB，那么新投影面在 V/H 体系中一定是一般位置平面，它与 V 面、H 面都不垂直，因此不能构成新的投影面体系。所以把一般位置直线变换为投影面垂直线，必须变换两次投影面，首先把一般位置直线变换成投影面平行线，然后再把投影面平行线变换成投影面垂直线。

如图 2-63a 所示，先用 V_1 面去替换 V 面，使直线 AB 变换成新投影面 V_1 的平行线，然后再用 H_2 面去替换 H 面，使直线 AB 在 V_1/H_2 体系中变换成新投影面 H_2 的垂直线。具体作图如图 2-63b 所示，先作新轴 O_1X_1 平行于 ab，求得直线在 V_1 面上的投影 $a_1'b_1'$，然后再作新轴，让 $O_2X_2 \perp a_1'b_1'$，求出直线 AB 在 H_2 面上的投影 a_2b_2，则 a_2b_2 积聚成一点。

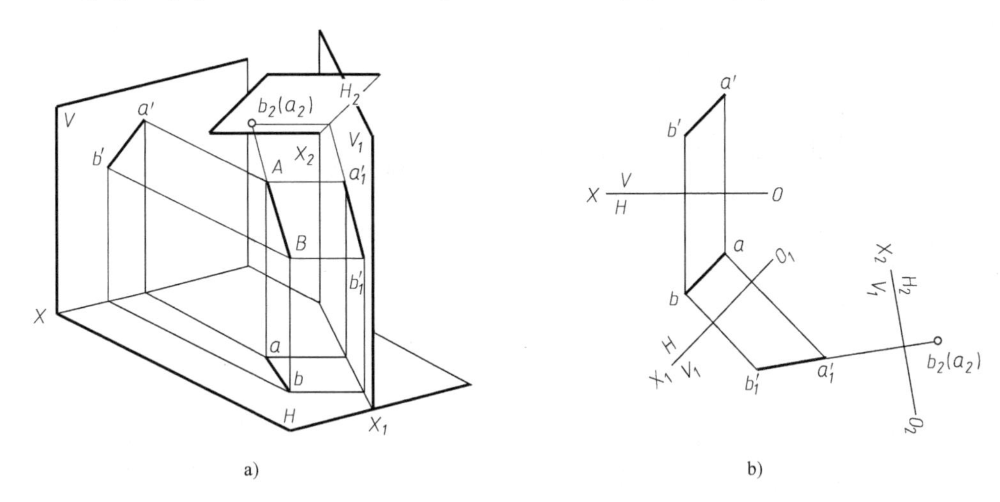

a)　　b)

图 2-63　一般位置直线变换成投影面垂直线

（3）将一般位置平面变换成投影面垂直面　在图 2-64 中，$\triangle ABC$ 是一般位置平面，为了把它变换成投影面的垂直面，只需在 $\triangle ABC$ 上任取一直线，使其垂直于新设置的投影面。由前可知，一般位置直线变换成投影面垂直线需要变换两次投影面，而投影面平行线变成投

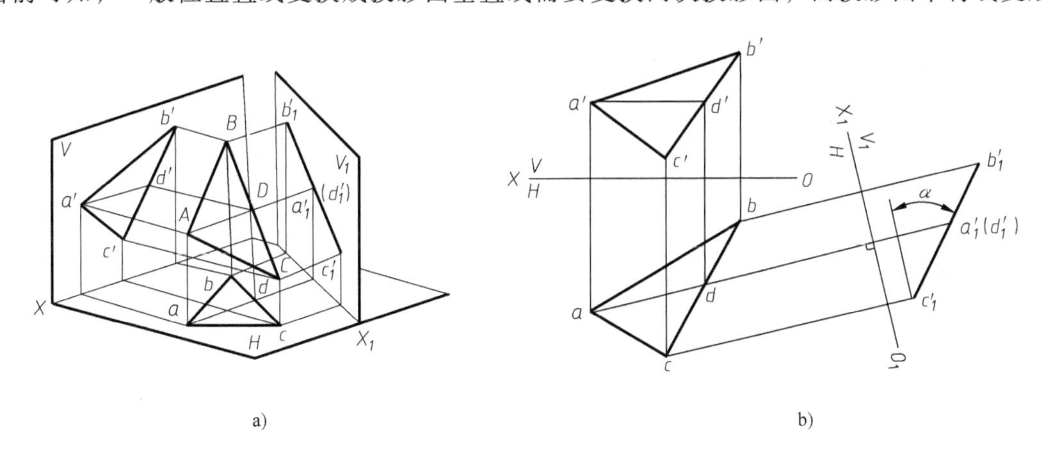

a)　　b)

图 2-64　一般位置平面变换成投影面垂直面

影面垂直线只需要变换一次投影面即可。因此，为了简化作图，在△ABC 上任取一条投影面平行线作为辅助线，再增设与辅助线垂直的平面为新投影面。

如图 2-64a 所示，新设置的投影面 V_1 垂直于△ABC 上的水平线 AD，则△ABC 在 V_1/H 体系中就成为新投影面 V_1 的垂直面了。具体作图如图 2-64b 所示。先在△ABC 上任作一条水平线 AD（ad，$a'd'$），然后使新投影轴 O_1X_1 垂直于 ad，按点的投影变换规律求出 a_1'、b_1'、c_1' 后连接成直线即可，该三点必在同一条直线上，为△ABC 在 V_1 面上的积聚性投影，它与 O_1X_1 轴的夹角 α 为△ABC 对 H 面的倾角 α。

如果在△ABC 上作一正平线，再用 H_1 面替换 H 面，使△ABC 在 V/H_1 投影面体系中变换成 H_1 面的垂直面，即可求出△ABC 对 V 面的倾角 β。

（4）将一般位置平面变换成投影面平行面　要把一般位置平面变换成投影面平行面，只变换一次投影面是不行的。因为若取新投影面平行于一般位置平面，则这个新投影面也一定是一般位置平面，它和原体系的投影面都不垂直，构不成新的两面投影体系。所以要解决这个问题，必须交替地变换两次投影面，第一次先把一般位置平面变换为投影面垂直面，第二次再把投影面垂直面变换为投影面平行面。

图 2-65 表示把一般位置平面△ABC 变换为投影面平行面的作图过程。第一次变换为投影面垂直面，作法同图 2-64，第二次变换为投影面平行面，作图时取 O_2X_2 轴平行于有积聚性的投影 $a_1'b_1'c_1'$，再作出△ABC 三个顶点在 H_2 面上的投影 a_2、b_2、c_2，则△$a_2b_2c_2$ 为反映△ABC 实形的投影。

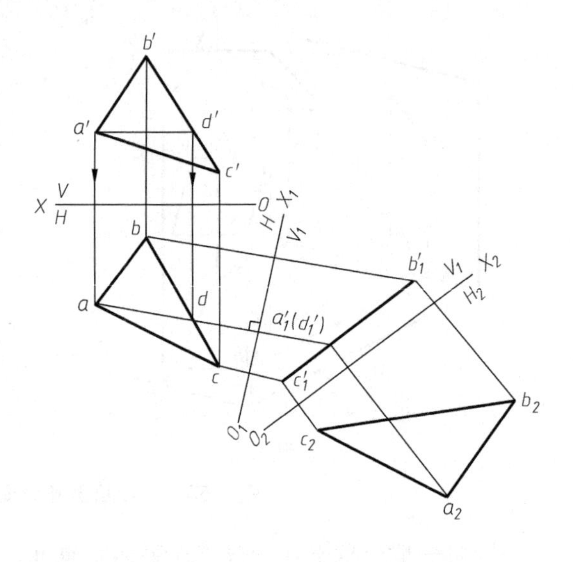

图 2-65　一般位置平面变换成投影面平行面

3. 应用举例

例 11　过点 G 作直线与直线 AB 垂直相交，如图 2-66a 所示。

解　分析：

根据直角投影定理可知，若互相垂直的两条直线，其中有一条直线平行于某一投影面时，则此两条直线在该投影面上的投影仍互相垂直。由此可知，由点 G 向直线 AB 作垂直相交的直线，必须先把直线 AB 变换为新投影面的平行线才便于作图。此题变换 H 面或 V 面均能使直线 AB 变换为新投影面平行线，只需要换一次投影面。

作图过程（图 2-66b）：

1）作新投影面 V_1 使其平行于直线 AB，即作新轴 O_1X_1 平行于 ab，并求出点 G 及直线 AB 在新投影面 V_1 上的新投影 g_1'、$a_1'b_1'$。

2）过 g'_1 向 $a_1'b_1'$ 作垂线交于 k_1'。

3）根据点的换面投影规律，由 k_1' 逆向求出 k 与 k'，连接 gk 及 $g'k'$ 即为所求直线 GK 的投影。

例 12　求点 A 到平面△BCD 的距离，如图 2-67a 所示。

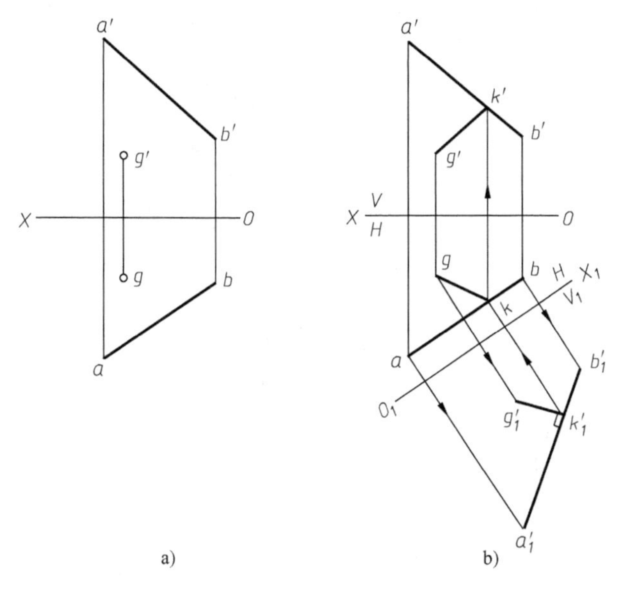

图 2-66　过点 G 作直线与直线 AB 垂直相交

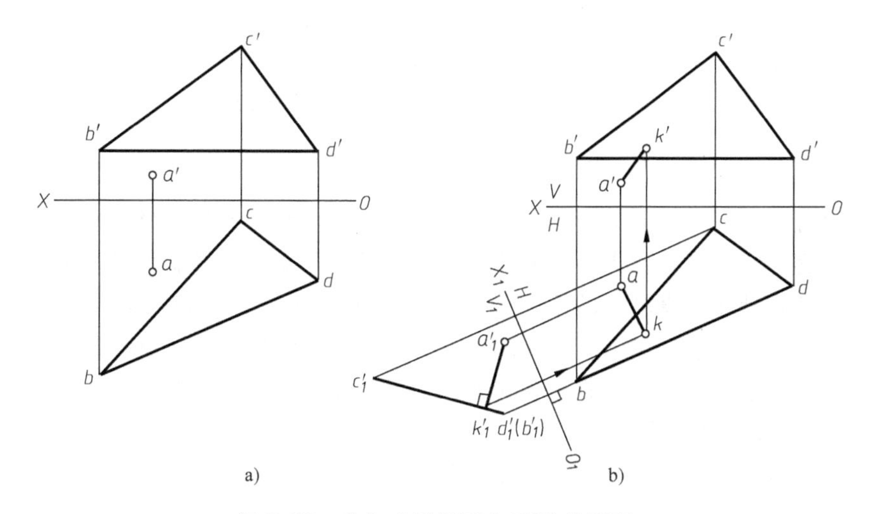

图 2-67　求点 A 到平面△BCD 的距离

解　分析：

当平面变换成新投影面垂直面时，则点至该平面的垂线为新投影面的平行线。此时点到垂足的距离在新投影面上投影必反映实长。此题只需变换一次投影面即可。

作图过程：如图 2-67b 所示。

1）变换 V 面，将平面△BCD 变换为新投影面 V_1 的垂直面。因为在△BCD 上的 BD 为水平线，所以就不需要另作辅助水平线了。使 O_1X_1 轴垂直于不变投影 bd 即可，求得△BCD 及点 A 在 V_1 面上的新投影 $c_1'b_1'd_1'$ 及 a_1'。

2）过 a_1' 作 $c_1'b_1'd_1'$ 的垂线，垂足为 k_1'，则 a_1k_1' 反映点 A 到平面△BCD 的距离。

如果需要求出垂足 K 在原投影面体系中的投影，则可根据点的换面投影规律，由 k'_1 逆向求出 k 与 k'。

例 13　求交叉两直线 *AB* 和 *CD* 的距离，并定出它们公垂线的位置，如图 2-68a 所示。

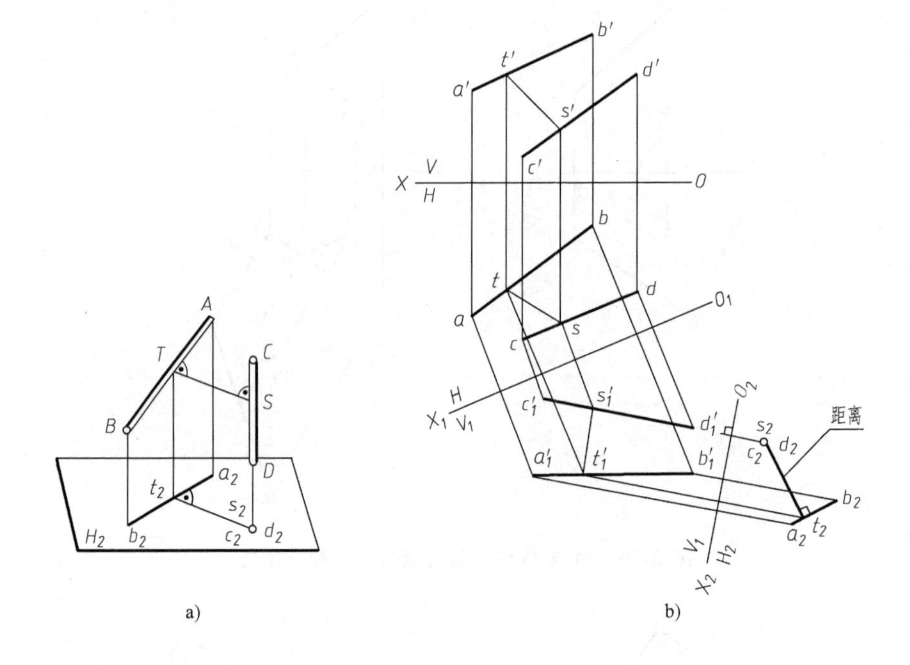

图 2-68　求交叉两直线间距离及其公垂线

解　分析：

若交叉两直线之一变换成为新投影面垂直线，则公垂线必平行于该新投影面，并反映实长，问题也就容易解决了。如图 2-68a 所示，直线 *CD* 变换成新投影面的垂直线，则 *CD* 与 *AB* 的公垂线 *TS* 必是该新投影面的平行线，*TS* 在新投影面上的投影反映两交叉直线之间的距离。公垂线 *TS* 又与直线 *AB* 垂直，则在 H_2 面上的投影反映直角，由此即可确定出公垂线 *TS* 的位置。一般位置直线 *CD* 变换成投影面垂直线，需变换两次投影面。

作图过程：如图 2-68b 所示。

1）将一般位置直线 *CD* 两次换面变换为新投影面 H_2 的垂直线。直线 *AB* 随同直线 *CD* 一起变换。

2）根据直角投影定理，过 s_2 向 a_2b_2 作垂线，与 a_2b_2 交于 t_2，s_2t_2 即为所求距离。

3）可根据点的换面投影规律，由 t_2 逆向求出 t_1'、t 和 t'。

4）因为 *TS* 为 H_2 面的平行线，过 t_1' 作 $t_1's_1'//O_2X_2$ 轴而与 $c_1'd_1'$ 交于 s_1'。由 s_1' 逆向求出 s 和 s'，连接 ts 和 $t's'$，即为所求公垂线的投影。

二、旋转法——绕投影面垂直轴旋转

旋转法是投影面保持不动，把空间几何要素绕某一轴旋转，使其旋转到与投影面处于有利解题的位置。

由于旋转轴对投影面的位置不同，旋转法分为两种：一种是绕垂直于投影面的轴旋转，称为绕垂直轴旋转；另一种是绕平行于投影面的轴旋转，称为绕平行轴旋转。本书只简要介绍绕垂直轴旋转。

1. 点的旋转

如图 2-69a 所示，空间点 A 绕过 O_1 的铅垂轴旋转时，以 O_1 为圆心，O_1A 为半径，做平行于 H 面的圆周运动。其旋转轨迹的水平投影是以 o_1 为圆心，o_1a 为半径的圆周。其正面投影是平行于 OX 轴的直线。

图 2-69b 表示点 A 绕铅垂轴顺时针旋转 θ 角后，其新投影的作图过程。当点 A 顺时针旋转 θ 角到 A_1 时，其水平投影同时由 a 旋转 θ 角到 a_1，其正面投影则沿平行于 OX 轴的直线由 a' 平移到 a'_1。

图 2-70 表示点 M 绕正垂轴旋转的情况。点 M 旋转的空间轨迹是圆周，正面投影是以 o_1' 为圆心，$o_1'm'$ 为半径的圆周，其水平投影是平行于 OX 轴的直线。

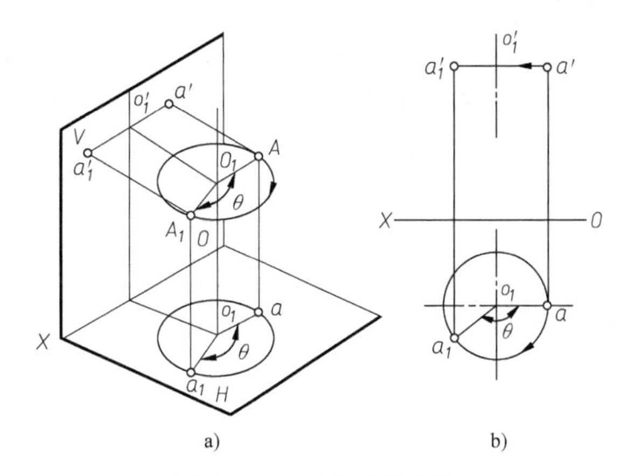

图 2-69　点绕铅垂轴旋转

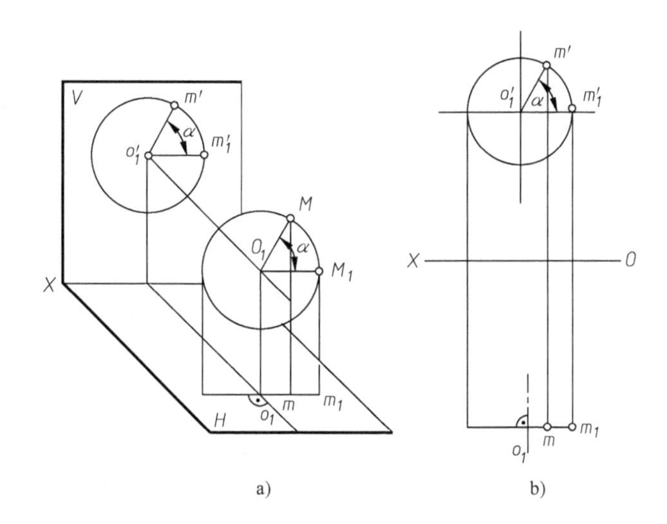

图 2-70　点绕正垂轴旋转

综上所述，当点绕垂直于某一投影面的轴旋转时，它的运动轨迹在该投影面上的投影为圆，在另一投影面上的投影是平行于投影轴的直线。

2. 直线的旋转

直线可以由其上任意两点来确定，因此，欲求直线绕垂直轴旋转后的新投影，只需将确定直线的两点绕同一轴、沿相同方向旋转同一角度，然后把上述两点旋转后的同面投影连接起来，便得到该直线的新投影。

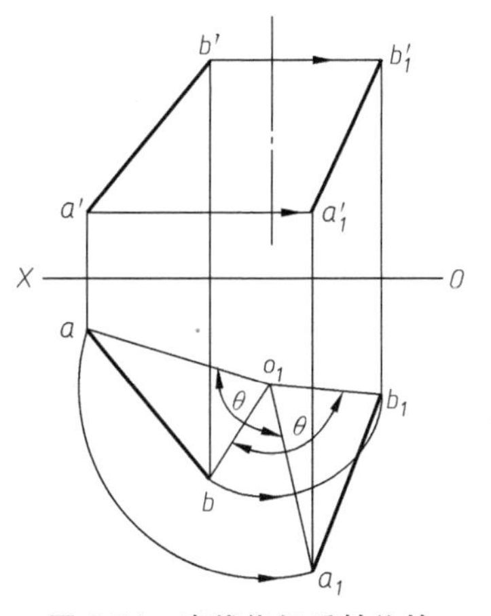

图 2-71　直线绕铅垂轴旋转

图 2-71 所示为一般位置直线绕铅垂轴旋转 θ 角的作图过程。

1）在水平投影上以 o_1 为圆心，将 a、b 两点，分别以

o_1a、o_1b 为半径向同一方向旋转同一 θ 角，求得 a_1 和 b_1。

2）在正面投影上，由 b' 及 a' 分别作与 OX 轴平行的直线，并在该直线上按点的投影规律确定 a_1' 和 b_1'。

3）连接 $a_1'b_1'$，$a_1'b_1'$ 即为直线 AB 旋转 θ 角后的新投影。

由水平投影可知：$\triangle ao_1b \cong \triangle a_1o_1b_1$，所以 $ab=a_1b_1$，由此得出，直线绕铅垂轴旋转时，旋转后的水平投影长度不变，直线对水平面的倾角不变。

同理，当直线绕正垂轴旋转时，旋转后的正面投影长度不变，直线对正面的倾角不变。

例 14　求一般位置线段 AB 的实长及它对 H 面和 V 面的倾角 α 和 β，如图 2-72 所示。

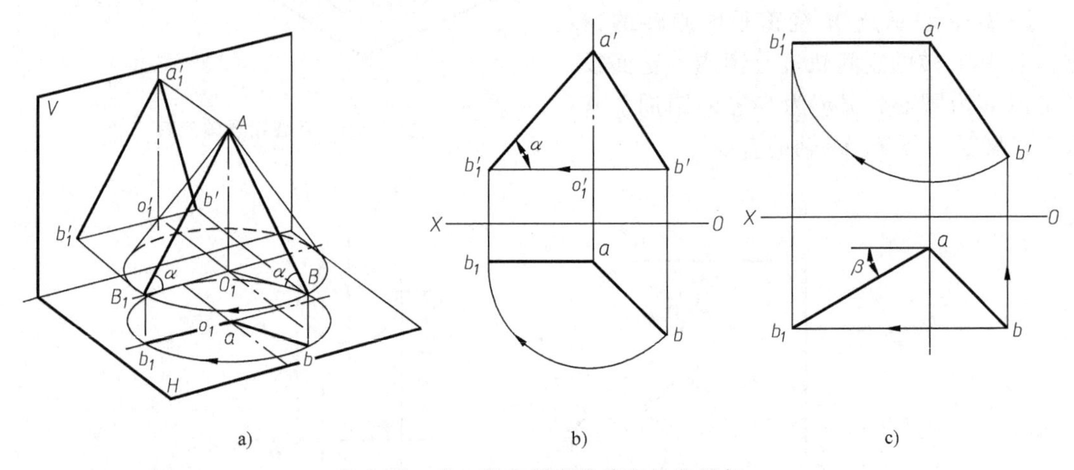

图 2-72　求一般位置直线的实长及倾角

解　分析：

只要将线段 AB 旋转成为投影面平行线，就可以求出线段的实长和它对投影面的倾角。若把一般位置线段 AB 旋转成为正平线，则必须绕铅垂轴旋转。在此，为简化作图，使所选铅垂轴过 A 点，如图 2-72a 所示。将线段 AB 旋转成正平线后可求出 α 角；若求 β 角，则必须将线段 AB 绕过点 A 的正垂轴转成水平线。

作图过程：如图 2-72b 所示。

1）以 a 为圆心，以 ab 为半径将 b 旋转到与 OX 轴平行的 ab_1 位置。

2）过 b' 作 X 轴的平行线，按点的投影规律由 b_1 求出 b_1'。

3）连接 $a'b_1'$，则 $a'b_1'$ 反映了线段 AB 的实长，$a'b_1'$ 与 X 轴的夹角反映了 AB 对 H 面的倾角 α。

图 2-72c 所示为线段 AB 绕过点 A 的正垂轴旋转成水平线的作图过程，此时 ab_1 反映了线段 AB 的实长，ab_1 与 OX 轴的夹角反映了 AB 对 V 面的倾角 β。

复习思考题

1. 投影法分为哪两类？正投影是怎样形成的？

2. 点的三面投影有哪些投影特性?
3. 一般位置直线、投影面平行线、投影面垂直线分别有哪些投影特性?
4. 试述用直角三角形法求作一般位置直线的实长及其对投影面倾角的具体作图方法。
5. 试述一边平行于投影面的直角的投影特性。
6. 一般位置平面、投影面平行面、投影面垂直面分别有哪些投影特性?
7. 在什么情况下要使用换面法解题?用换面法解题时应遵循哪两条原则?

第三章

3

立体的投影

在生产实践中所见到的各种机件都可以分解为一些最基本的几何立体。立体按照表面性质不同而有平面立体和曲面立体之分：表面全是平面的称为平面立体，表面全是曲面或既有曲面又有平面的称为曲面立体。由于机件的功能需要，有些基本体常被切去一部分或几部分，于是机件的表面就产生了一些交线。平面与立体表面的交线称为截交线，两立体表面的交线称为相贯线。本章将介绍立体及截交线、相贯线的投影及其特性。

第一节　平 面 立 体

平面立体是由若干个多边形平面围成的多面体，常见的有棱柱、棱锥两种，如图 3-1 所示。平面立体的表面是由平面所围成的，而这些平面又是由平面立体的棱线所围成的，因此画平面立体的投影时，可归结为画出组成平面立体的平面和棱线的投影，并将可见棱线的投影画成实线，不可见棱线的投影画成虚线。

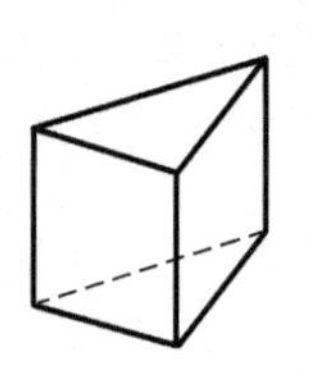 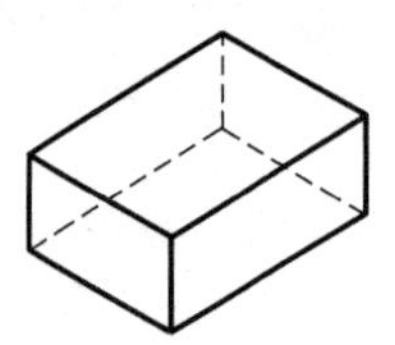 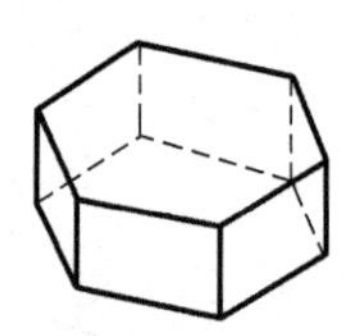 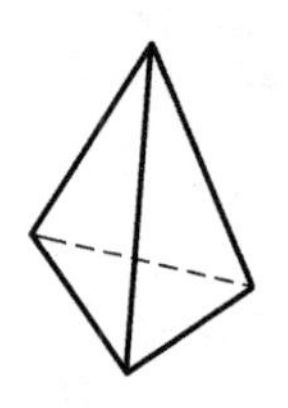 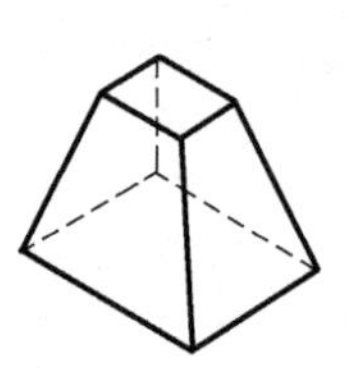 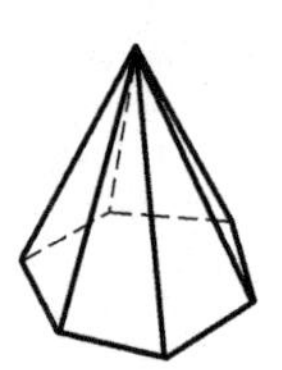

图 3-1　几种常见的平面立体

一、棱柱

棱柱通常有三棱柱、四棱柱、五棱柱、六棱柱等。棱柱体的特点是组成棱柱体的各棱线相互平行，上、下底面相互平行。现以正六棱柱为例说明棱柱体的投影特点。

1. 投影分析和画法

如图 3-2a 所示，正六棱柱是由上、下底面和六个侧棱面所围成的，上、下底面为水平面，其水平投影反映实形并重合，正面投影和侧面投影积聚成平行于相应投影轴的直线；六个侧棱面中，前、后两个棱面为正平面，它们的正面投影反映实形并重合，水平投影和侧面投影积聚成平行于相应投影轴的直线；其余四个棱面均为铅垂面，其水平投影积聚成倾斜于投影轴的直线，正面投影和侧面投影都是缩小的类似形（矩形）。将其上、下底面及六个侧棱面的投影画出后，即得到正六棱柱的三面投影图，如图 3-2b 所示。

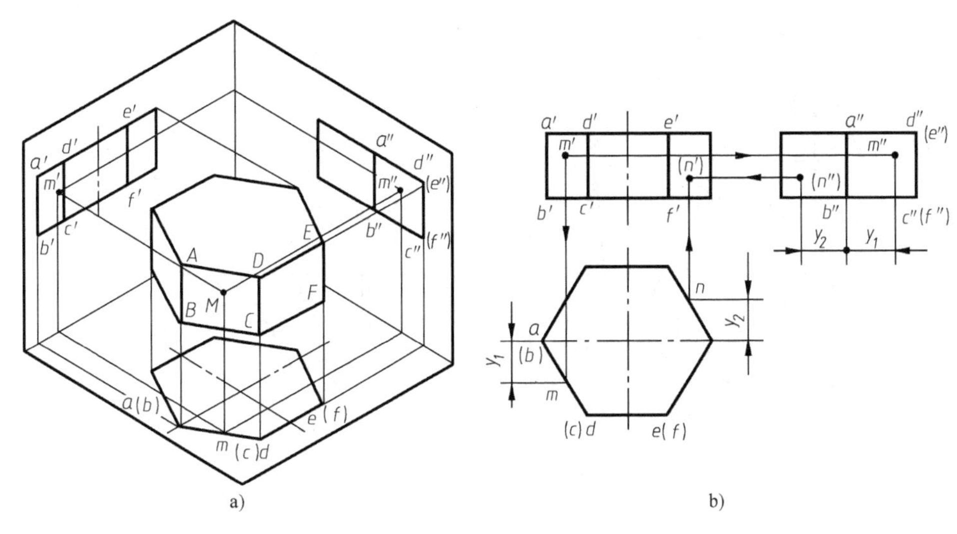

图 3-2　正六棱柱

2. 表面取点、取线

平面立体表面取点、取线的方法与前面所述平面上取点、取线的方法相同，但要注意的是，首先确定点、线在哪个棱面上，再根据棱面所处的空间位置利用投影的积聚性法或辅助线法作图，求出点、线在棱面上的投影。

如图 3-2b 所示，已知六棱柱表面上点 M 的 V 面投影 m' 和表面上点 N 的 W 面投影 n''，求作点 M 和点 N 的另两个投影。

由于点 M 的正面投影 m' 可见，所以点 M 在铅垂面 $ABCD$ 上，作图时利用铅垂面水平投影的积聚性，先求出点 M 的水平投影 m，再求出侧面投影 m''。同理，求出点 N 的正面投影（n'）和水平投影 n，其中 n' 不可见。

如图 3-3 所示，已知正六棱柱表面上封闭线框的正面投影，求其水平投影和侧面投影。

正面投影 1′2′4′的三角形线框，是分布在正六棱柱两个相邻棱面上封闭的空间折线Ⅲ、ⅡⅢ、ⅢⅣ、ⅣⅤ、Ⅵ的正面投影，所处的棱面为铅垂面和正平面，所以水平投影在棱面的积聚性投影上，根据各点的正面投影和水平投影，求得各点的侧面投影，相邻的点连线，从而求出线框 1″2″3″5″，即正六棱柱表面上封闭线框的侧面投影。

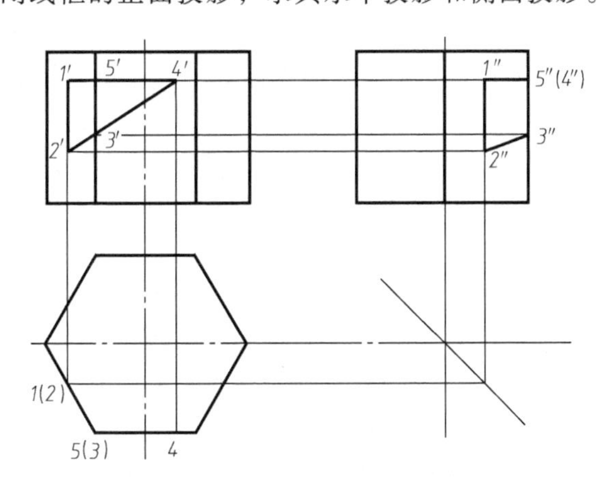

图 3-3　正六棱柱表面取直线

二、棱锥

图 3-4 所示为正三棱锥的立体图和正投影图。

1. 投影分析和画法

正三棱锥的锥顶为点 *S*，底面 *ABC* 为等边三角形，为水平面，棱面 *SAC* 为侧垂面，另两个棱面 *SAB* 和 *SBC* 均为一般位置平面。

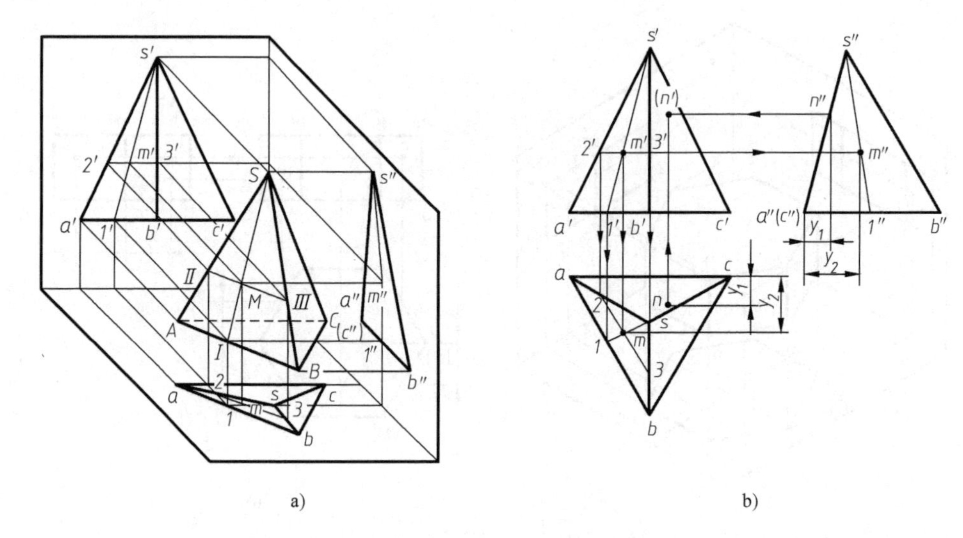

a)　　　　　　　　　　　　　　　　b)

图 3-4　正三棱锥

作投影时，先作△*ABC* 的水平投影，反映实形且不可见，正面投影和侧面投影积聚成直线且平行于相应的投影轴；棱面 *SAC* 的侧面投影积聚成一条直线，正面投影是类似形且不可见；棱面 *SAB* 和 *SBC* 的三面投影均为缩小的类似形，且侧面投影重合。

2. 棱锥的表面取点

棱锥表面上取点的方法与棱柱一样，可利用平面投影的积聚性或在平面内作辅助线的方法求得。如图 3-4 所示，已知三棱锥表面 *SAC* 上点 *N* 的 *H* 面投影 *n* 和表面 *SAB* 上点 *M* 的 *V* 面投影 *m′*，试补全点 *M* 和点 *N* 的另两个投影。

因为 *SAB* 为一般位置平面，所以过 *M* 作辅助线 *S* Ⅰ、Ⅱ Ⅲ等均可，其中Ⅱ Ⅲ平行于 *AB*，为水平线，作图过程如图 3-4b 所示。

因为 *SAC* 的侧面投影积聚为一直线，所以点 *N* 的侧面投影 *n″*可利用积聚性投影直接求得，再根据 *n*、*n″*求得 *n′*，且 *n′*不可见。*m* 和 *m″*的求法类似，请读者自行求出。

下面通过对不同平面立体的不同切口形体的分析，了解和掌握其投影图的画法。

（1）穿孔三棱柱的投影　图 3-5a 所示为穿孔三棱柱的立体图，三棱柱的三条棱线 AA_1、BB_1、CC_1 均为铅垂线，三个棱面中 AA_1C_1C 为正平面，AA_1B_1B 和 BB_1C_1C 为铅垂面，上、下底面 *ABC* 和 $A_1B_1C_1$ 为水平面。中间穿孔是由两个水平面和两个侧平面切割成的孔，这四个切平面的投影都具有积聚性或反映实形的投影特点，作穿孔三面投影图的过程如图 3-5b 所示。穿孔的正面投影积聚为长方形 1′2′4′5′，水平投影为五边形，侧面投影可根据正面投影和水平投影求得。

（2）切口三棱锥的投影　如图 3-6a 所示，正三棱锥的切口是由正垂面 *P* 和水平面 *Q* 截切而形成的。在三棱锥的两个棱面上共出现四条交线且两两相交，四个交点是Ⅰ、Ⅱ、Ⅲ、Ⅳ，正垂面 *P* 和水平面 *Q* 的交线为Ⅱ Ⅲ。在画图时，只要作出四个交点的投影，然后顺次连线即可。其中Ⅰ、Ⅳ点在棱线 *SA* 上，可直接求出另两个面的投影。Ⅱ、Ⅲ两点分别在

$\triangle SAB$ 和 $\triangle SAC$ 上，Ⅱ、Ⅲ点正面投影 2′、（3′）已知，可利用作底边平行线为辅助线的方法求出其水平投影 2、3 和侧面投影 2″、3″。最后将所求各点依次连线，如图 3-6b 所示。在连线中应注意，必须是同一平面内的相邻两点连线，棱线被切去部分应断开。交线ⅡⅢ为正垂线，水平投影不可见。

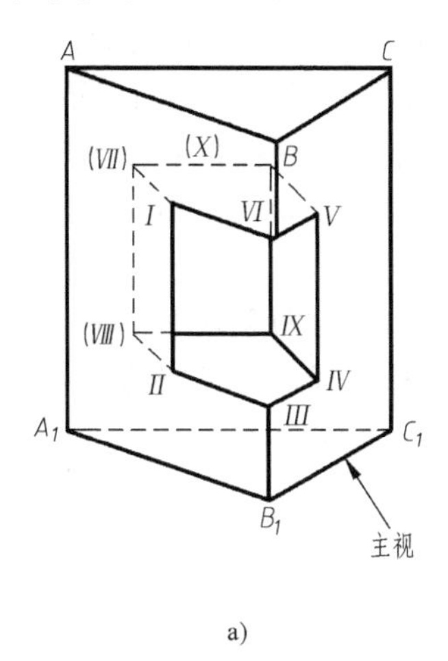

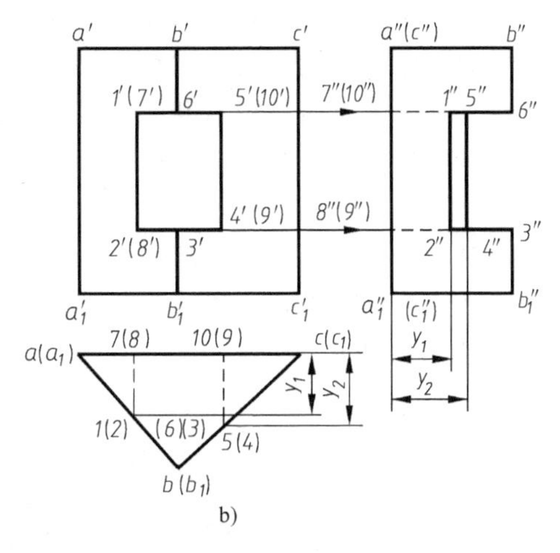

图 3-5　穿孔三棱柱

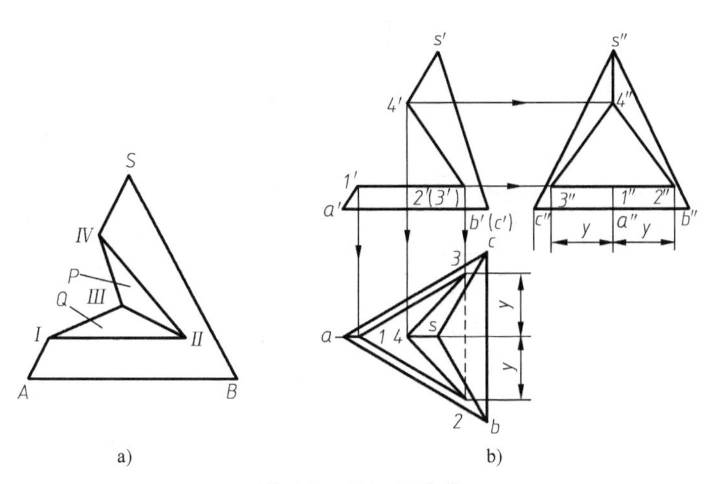

图 3-6　切口三棱锥

第二节　曲面立体

曲面立体是由曲面或曲面和平面所围成的，常见的曲面立体有圆柱、圆锥、圆球和圆环等，它们通常称为回转体。曲面立体的投影就是组成曲面立体的曲面和平面的投影的组合。本节主要介绍曲面立体投影图的画法以及其表面取点的方法。

一、圆柱

1. 投影分析和画法

圆柱体由圆柱面和两端圆平面围成，圆柱面是由一直母线绕与其平行的轴线旋转而形成的，母线运动的每一位置叫圆柱表面的素线，如图 3-7a 所示。

如图 3-7b 所示，圆柱的轴线是铅垂线，圆柱面上所有素线都是铅垂线。因此，圆柱面的水平投影有积聚性，为一圆周，上顶圆、下底圆为水平圆，水平投影反映实形。

圆柱的正面投影为矩形，上、下两边 $a'c'$、$a_1'c_1'$ 为圆柱上顶圆、下底圆平面的有积聚性的投影，长度等于圆的直径且平行于 OX 轴。左、右两边 $a'a_1'$、$c'c_1'$ 分别为圆柱面上最左、最右两条素线 AA_1、CC_1 的投影，这两条素线将圆柱分为前、后两部分，前半部分的正面投影可见，后半部分的正面投影不可见，所以素线 AA_1、CC_1 为正面投影转向轮廓线，其侧面投影与圆柱轴线的侧面投影重合。转向轮廓线是曲面立体向某一投影面投射时可见面和不可见面的分界线。

圆柱的侧面投影也是矩形。$b''b_1''$、$d''d_1''$ 分别为圆柱最前和最后两条素线 BB_1、DD_1 的投影，这两条素线是侧面投影的转向轮廓线，其正面投影与圆柱轴线的正面投影重合。圆柱的三面投影如图 3-7c 所示。

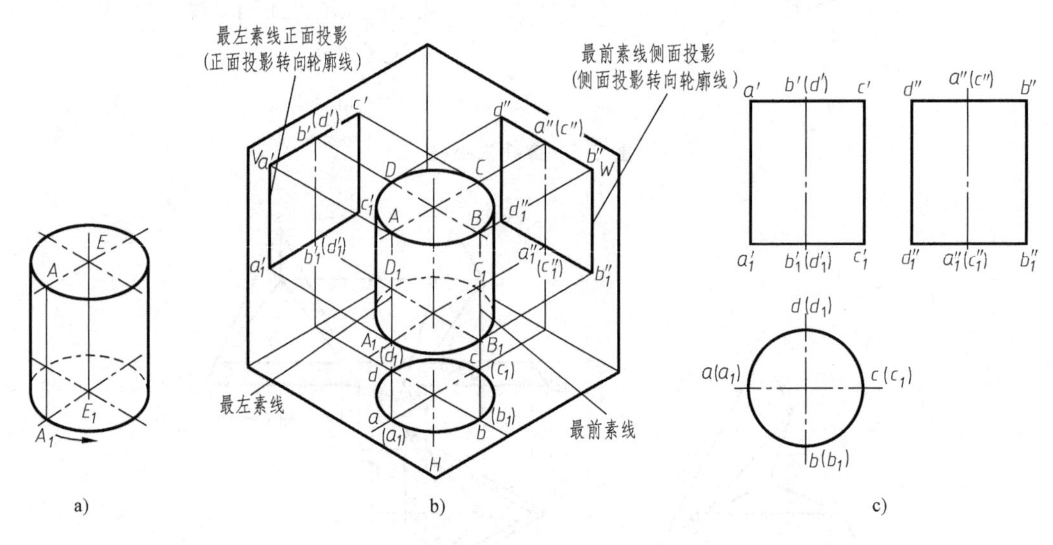

图 3-7　圆柱的投影

2. 圆柱的表面取点

在圆柱体表面上取点，可利用圆柱面和两端面投影的积聚性作图。如图 3-8a 所示，已知圆柱面上的点 A、B、C 的一个投影，求它们的另外两个投影。

由图 3-8a 可知，a''可见，则点 A 在圆柱的左、后表面上，利用积聚性再根据 y 坐标 l_1 求出 a，根据 a、a''求出 a'，a'不可见。由 b'可知，点 B 在圆柱的最前素线上，故可求得 b 和 b''。点 C 在圆柱顶平面上，则 c'可直接求出，利用 y 坐标 l_2 可求得点 c''。

二、圆锥

1. 投影分析和画法

圆锥体是由圆锥面和底圆平面所围成的。圆锥面可看作直母线 SA 围绕和它相交的轴线回转而成，母线运动的每一位置称为圆锥表面的素线，如图 3-9a 所示。

图 3-9b、c 为轴线垂直于水平投影面的正圆锥的立体图和三面投影图。圆锥的水平投影

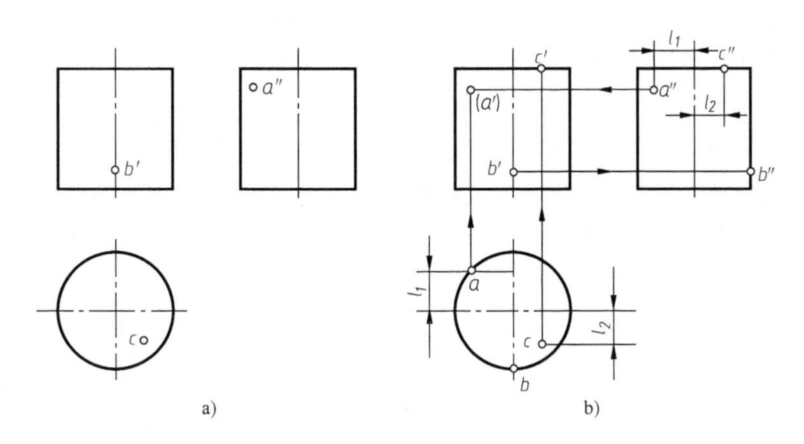

图 3-8　圆柱表面取点

为圆，其直径等于圆锥底圆直径。此圆表示圆锥表面和底圆的重合投影，圆锥顶点 S 的水平投影为 s，与此圆的圆心重合。

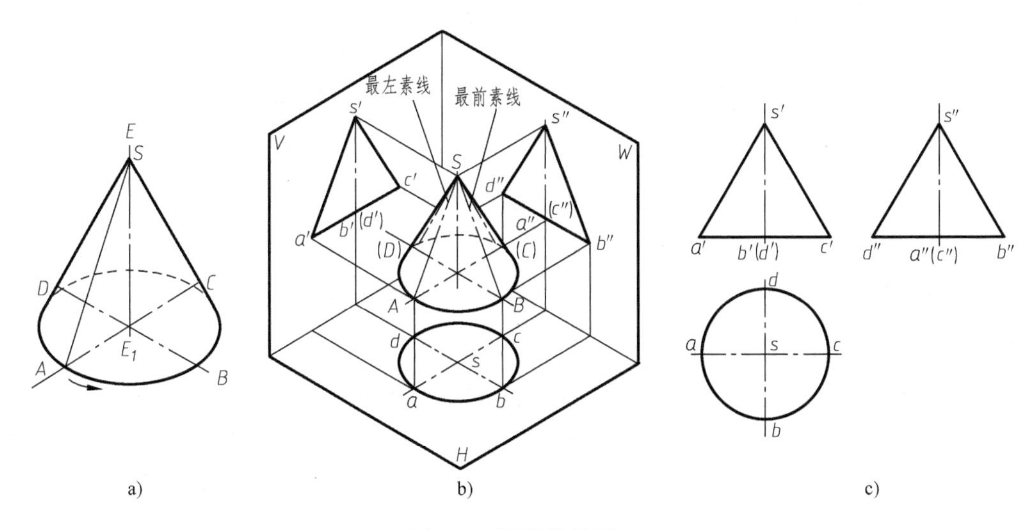

图 3-9　圆锥的投影

圆锥的正面投影为等腰三角形。两腰 $s'a'$ 和 $s'c'$ 分别为圆锥的最左素线 SA 和最右素线 SC 的投影，而圆锥的最前素线 SB 及最后素线 SD 的正面投影与中心线重合。SA 和 SC 将圆锥面分成前后两部分，前半个锥面的正面投影可见，后半个锥面的正面投影不可见，所以 SA、SC 为圆锥正面投影的转向轮廓线。圆锥的侧面投影中，$s''b''$ 和 $s''d''$ 分别为圆锥的最前素线 SB 和最后素线 SD 的投影，最左素线 SA 和最右素线 SC 的侧面投影 $s''a''$ 和 $s''c''$ 与中心线重合。SB 与 SD 将圆锥面分成左、右两部分，它是判别侧面投影可见性的分界线，是侧面投影的转向轮廓线。

2. 圆锥的表面取点

在圆锥表面上取点，主要是通过在圆锥面上作辅助素线和辅助纬圆求得的。

（1）辅助素线法　辅助素线法是在圆锥面上过锥顶引过已知点的素线，求得素线的各投影，然后应用点在素线上的从属关系求得点的其他投影。

如图 3-10a 所示，已知点 A 的正面投影 a'，求其他两个投影。作图时，首先过锥顶 S 和已知点 A 作素线 SB，$s'b'$为 SB 的正面投影，然后作出 sb 和 $s''b''$，由于点 A 在素线 SB 上，则点 A 的各投影必在 SB 的同面投影上，由此作出 a 和 a''。

（2）辅助纬圆法　在形成圆锥面的过程中，母线上任一点的空间轨迹均为与其轴线相垂直的圆，和轴线垂直的圆称为纬圆，所以辅助纬圆法为过该点作圆锥面上垂直于轴线的圆，然后求出该圆的各面投影。如图 3-10b 所示，已知点 A 的正面投影，过点 a'作水平线与正面投影转向轮廓线相交，即为辅助圆的正面投影，作出辅助圆的水平投影，由 a'求得水平投影 a，再由 a'和 a 求得 a''。

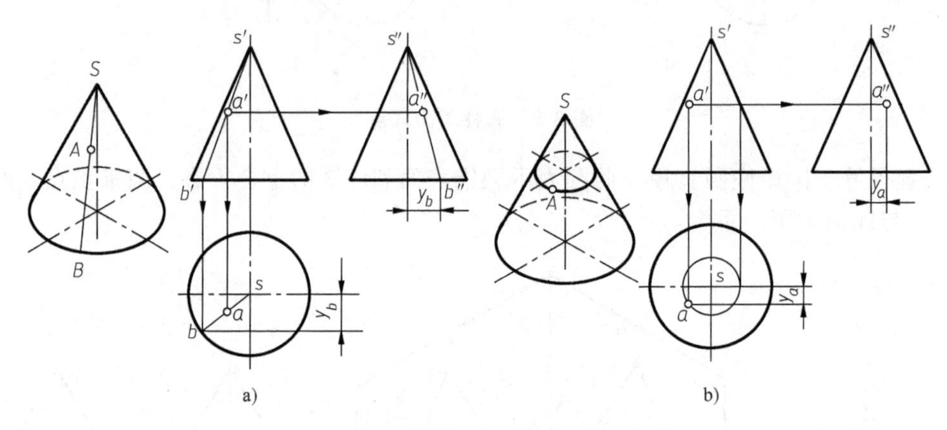

图 3-10　圆锥表面取点

三、圆球

1. 投影分析和画法

圆球体由圆球面围成。圆球面是以一圆为母线，以其任一直径为轴线旋转而形成的。

如图 3-11 所示，圆球的三个投影都是与圆球等径的圆，它们分别是圆球的转向轮廓线圆 A、B 和 C 的投影。如圆 a'是转向轮廓线圆 A 的正面投影，圆 A 也是前半球和后半球正面

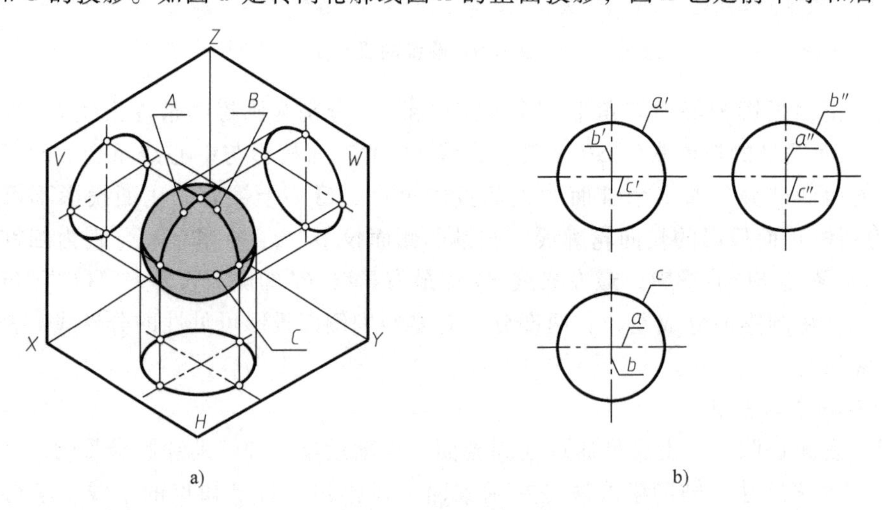

图 3-11　圆球的投影

投影可见与不可见的分界圆，它的水平和侧面投影都与中心线重合，不必画出，转向轮廓线 B 和 C 也类似。

2. 圆球的表面取点

在圆球的表面上取点，主要利用在圆球表面上作辅助圆法。如图 3-12 所示，已知圆球表面上三点 A、B、C 的正面投影 a'、b'和（c'），求其水平投影和侧面投影。因为 a'在最大正平圆上，所以点 A 的水平投影必在该圆的水平投影上，其侧面投影在该圆的侧面投影上，由此求得 a 和 a''。

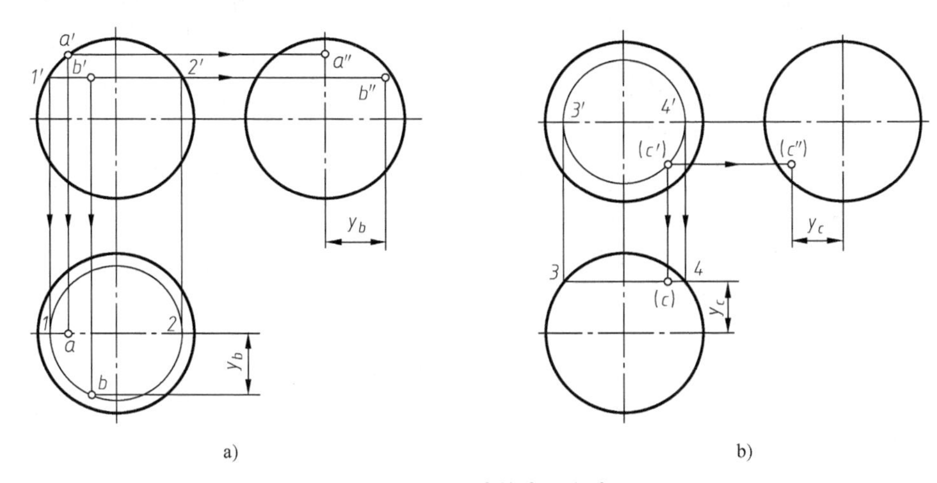

图 3-12　圆球的表面取点

点 B 和 C 可用辅助圆方法求得。过点 B 在球面上作出水平圆，其正面投影为水平线 $1'2'$，水平投影为以 12 为直径的圆，b 必在此圆上，再由 b'、b 求得 b''。由 b'可知，B 是位于前、左、上半球面上的点，所以 b 和 b''均可见。

用同样的方法由（c'）求得（c）和（c''）。

四、圆环

1. 投影分析和画法

圆环是以圆为母线，绕与圆共面但不通过圆心的轴线旋转所形成的回转面，如图 3-13a 所示。圆环的投影一般以两面投影图表示，如图 3-13b 所示。

圆环的正面投影为平行于正立投影面的两素线圆的投影，并画出它们的外公切线（此公切线为内、外环面上下两条分界圆的投影）。在正面投影中，外轮廓线为外环面可见部分的投影，外环面不可见部分的投影与之重合，上下公切线与左右半虚线圆部分为内环面的投影。

水平投影为不同直径的两个同心圆，大圆为外环面上的最大水平圆，小圆为内环面上的最小水平圆，这两个圆是水平转向轮廓线的投影，两个同心圆之间的点画线为母线圆圆心轨迹的水平投影，上半个圆环面水平投影可见，下半个圆环面水平投影不可见。

2. 圆环的表面取点

在圆环表面上取点，主要利用在圆环面上作辅助圆的方法。

如图 3-13b 所示，已知圆环表面三点 A、B、C 的正面投影 a'、（b'）、c'和点 D 的水平投

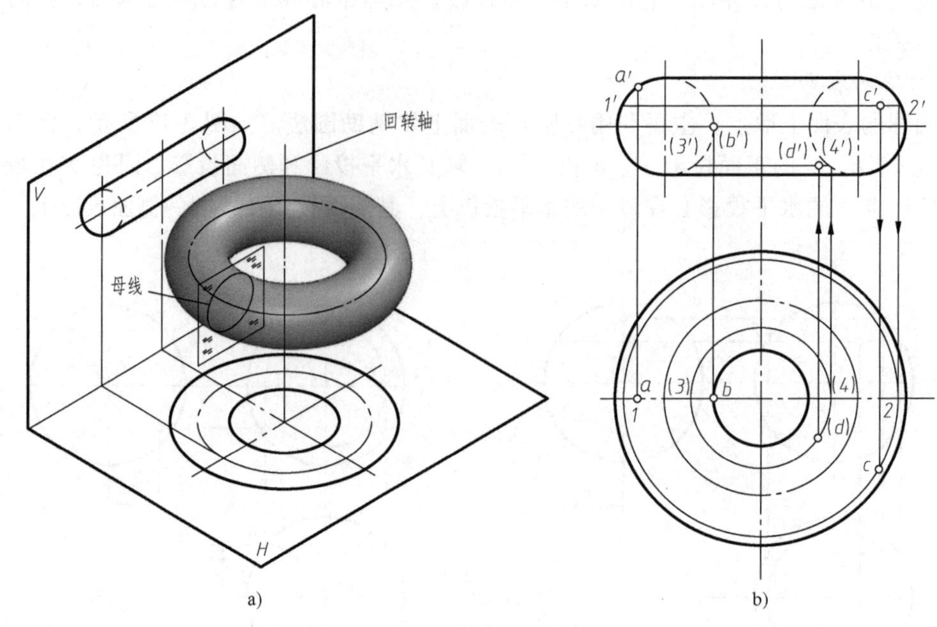

图 3-13　圆环的投影及表面取点

影（d），求此四点的另一投影。

a'在素线圆上，且为外环面上的点，故可直接求得水平投影 a。（b'）在内环面的最小圆上，也可直接求得水平投影 b。

c'为外环面上的一般位置点，可用辅助圆法求水平投影 c，即在外环面上过点 C 作一直径为ⅠⅡ的水平圆，其正面投影与轮廓线相交于 1′、2′，水平投影为以 12 为直径的反映实形的圆，点 c 必在此圆上，由 c'求得 c。由于 c'在上半圆环面上且为可见，故可判定水平投影 c 亦为可见。

由（d）可知，点 D 为下半内环面上的一般位置点，可用同样方法求其正面投影。过（d）画圆，此圆的正面投影为水平线 3′4′，在 3′4′上求得 d'，其不可见，故以（d'）表示。

第三节　平面与曲面立体相交的截交线

平面与立体表面的交线称为截交线。许多机件的表面上存在截交线，如图 3-14 所示。

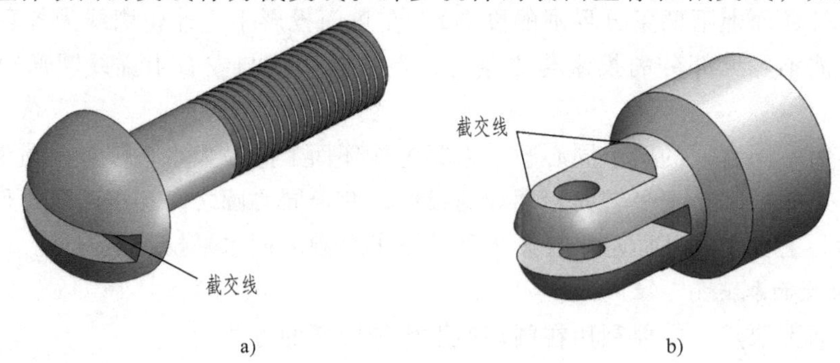

图 3-14　零件上的截交线示例

为了完整、清晰地表达机件的形状，截交线在投影图上都应正确地表达出来。本节主要介绍常见的平面与曲面立体表面相交时截交线的画法。

平面与曲面立体相交，可以看成立体被平面所截切，如图 3-14a 所示的半圆头螺钉的头部就是圆球被平面截切的结果，此平面称为截平面。截交线一般为封闭的平面曲线或曲线与直线所围成的封闭线框，其形状由曲面立体的形状及截平面与曲面立体的相对位置确定。

截交线是截平面与曲面立体表面的共有线，求截交线就是求共有点，亦即求曲面立体表面上的线与截平面的交点。

一、平面与圆柱相交

平面截切圆柱时，根据截平面与圆柱所处的位置不同，可产生三种不同形状的截交线，见表 3-1。

表 3-1　平面与圆柱相交的截交线

截平面位置	与轴线平行	与轴线垂直	与轴线倾斜
截交线形状	平行两直线	圆	椭圆
轴测图	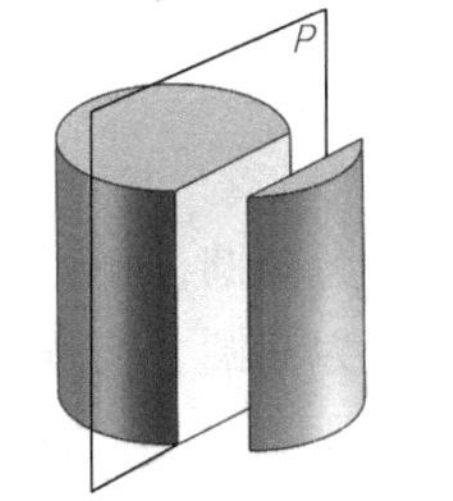 P	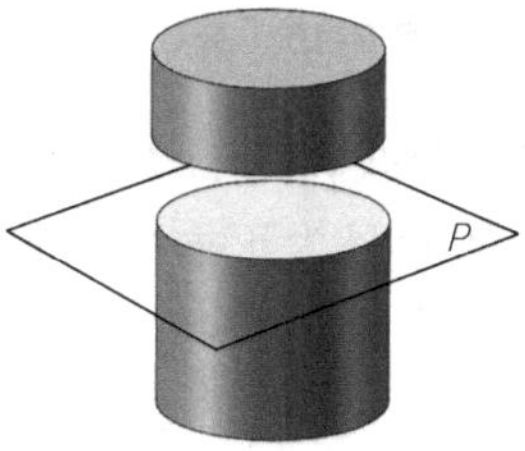 P	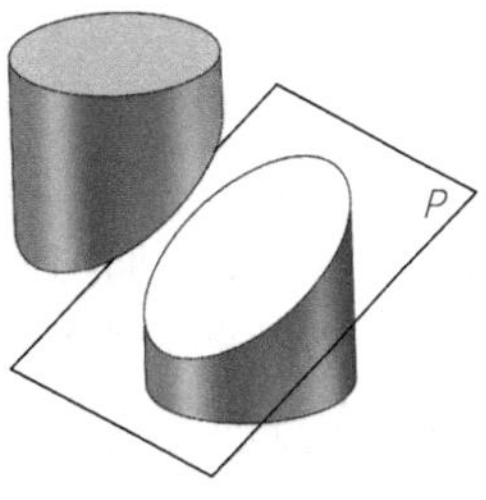 P
投影图	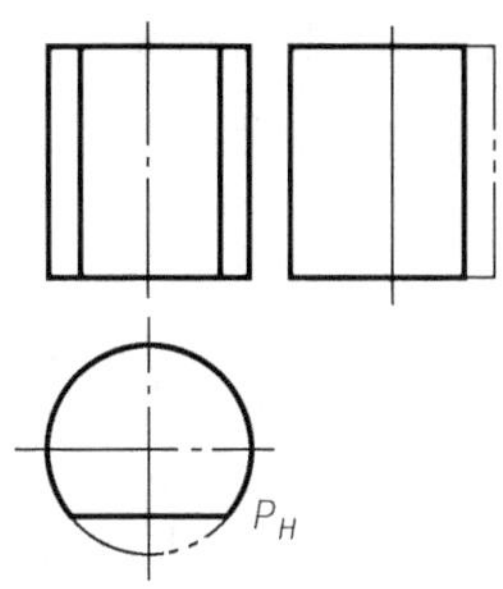 P_H	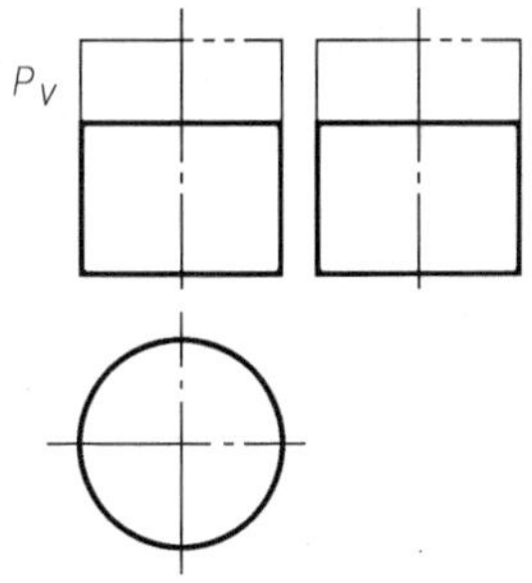 P_V	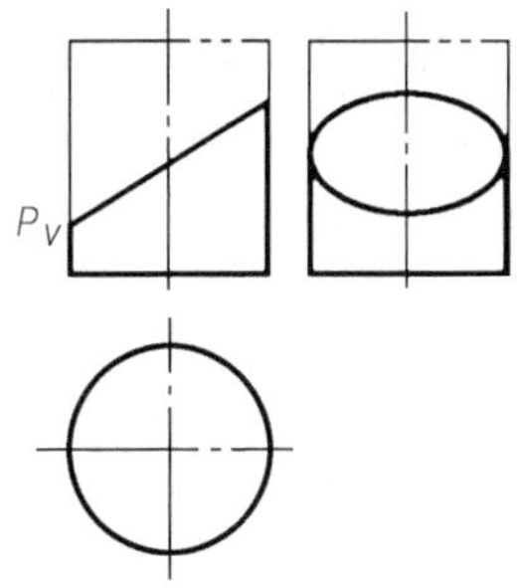 P_V

1）截平面与圆柱轴线垂直时，截交线为圆。

2）截平面与圆柱轴线平行时，截交线为平行的两条直线（两条素线）。

3）截平面与圆柱轴线倾斜时，截交线为椭圆。

例 1　圆柱轴端开凸榫，已知其正面投影，试完成其水平投影和侧面投影，如图 3-15 所示。

解　凸榫是由圆柱被两个侧平面和两个水平面截切而成的。这几个截平面的正面投影都积聚为直线，两个侧平面与圆柱轴线平行，与圆柱表面的交线为平行的两条直线 $\mathrm{I}\,\mathrm{I}_1$、$\mathrm{II}\,\mathrm{II}_1$，水平面与圆柱轴线垂直，与圆柱表面的交线为水平圆弧 Ⅰ Ⅲ Ⅱ。由于形体左右对称，这里只分析左侧被截切部分的投影。

$\mathrm{I}\,\mathrm{I}_1$ 和 $\mathrm{II}\,\mathrm{II}_1$ 分别为圆柱表面上前后两条素线（垂直于水平投影面），其正面投影

$1'1_1'$ 与 $2'2_1'$ 重合，根据点的投影规律，可求得水平投影 1_1、(1) 和 2_1、(2)，以及侧面投影 1″、$1_1''$和 2″、$2_1''$，圆弧ⅠⅢⅡ的水平投影圆弧 132，为圆柱面水平投影的一部分，侧面投影为直线 1″2″，如图 3-15b 所示。

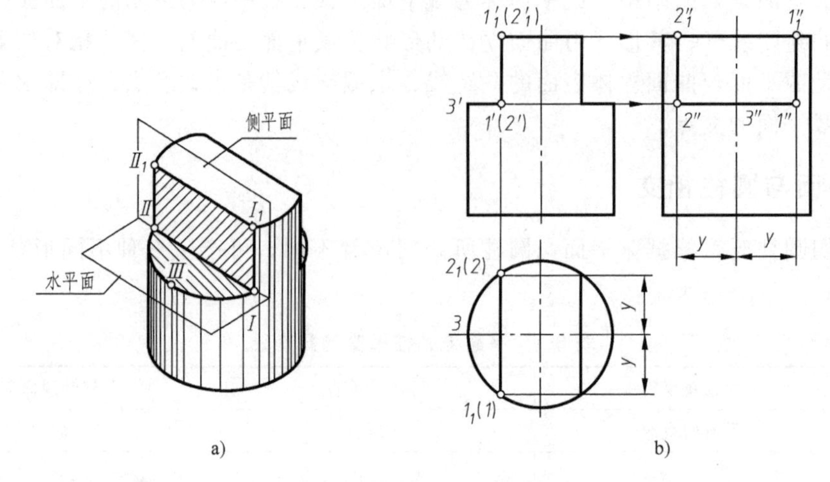

图 3-15　分析图线和图框

例 2　求正垂面截圆柱体的截交线，如图 3-16 所示。

解　由于截平面与圆柱轴线倾斜且为正垂面，故其截交线为椭圆。椭圆的正面投影积聚为直线，水平投影与圆柱表面的水平投影重合，侧面投影一般为椭圆，此椭圆要通过求素线与截平面交点的方法作出。

作截交线上的特殊点Ⅰ、Ⅱ、Ⅲ、Ⅳ的投影，它们分别在圆柱的最左、最右、最前和最后素线上，即正面投影转向轮廓线和侧面投影转向轮廓线与截平面的交点，如图 3-16a 所示，其正面投影为 1′、2′、3′、(4′)，水平投影为 1、2、3、4，求得侧面投影 1″、2″、3″、4″，如图 3-16b 所示。

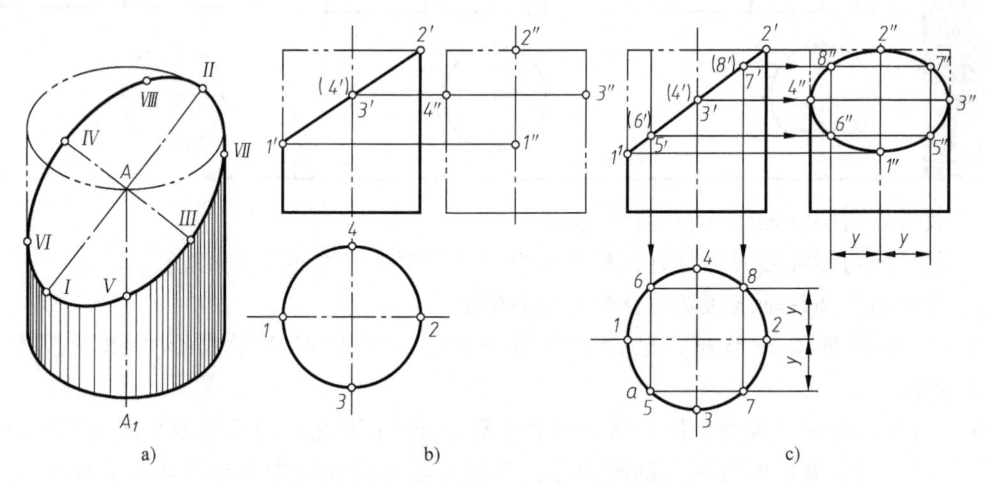

图 3-16　圆柱与正垂面截交线的作图

求一般点，在适当位置任取一素线，求此素线与截平面的交点。如取素线 AA_1，它与截平面的交点为Ⅴ，其水平投影 5 在圆周上，正面投影与截平面交于 5′，由 5 和 5′求出 5″。依此方法可作若干素线，求得若干点，如Ⅵ、Ⅶ、Ⅷ等。最后将所求各点的侧面投影圆滑地连接起来即得椭圆的侧面投影，如图 3-16c 所示。

不难看出，若截平面与圆柱轴线倾斜 45°，截交线的侧面投影为圆。

二、平面与圆锥相交

根据截平面与圆锥相对位置的不同，截交线的形状有五种，见表 3-2。

表 3-2 平面与圆锥面相交的截交线

截平面位置	过锥顶	不过锥顶			
		$\theta=90°$	$\theta>\alpha$	$\theta=\alpha$	$\theta=0°$或$\theta<\alpha$
截交线形状	相交两直线	圆	椭圆	抛物线	双曲线
立体图					
投影图					

一般采用圆锥表面取点法或辅助平面法求截交线的投影。

例 3 求正圆锥与侧平面 Q 的截交线的投影，如图 3-17a 所示。

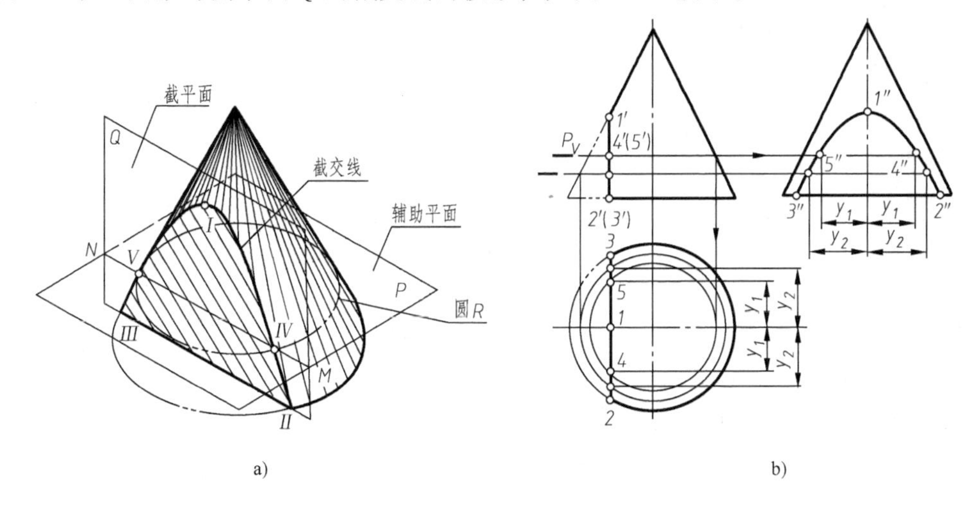

图 3-17 圆锥与侧平面的截交线的作图

解　截平面与圆锥轴线平行，截交线为双曲线，截交线上的点为平面 Q 和圆锥表面的共有点。截平面为侧平面，它的正面投影和水平投影有积聚性，因此截交线的正面投影和水平投影是已知的，所要求的是截交线的侧面投影，反映双曲线实形。

作图过程如图 3-17b 所示，点Ⅰ为最高点，在圆锥最左素线上，由 1′和 1 求出 1″，点Ⅱ和Ⅲ为最低点，又是最前点和最后点，是截平面与底圆的交点，由 2 和 3，求 2′和（3′），并求出 2″和 3″。

利用辅助平面法，求截交线上一般位置的点。辅助平面法的实质就是利用三面共点的原理。作图时，在适当位置作一辅助平面 P，平面 P 是水平面，与圆锥的轴线垂直，它与圆锥面的交线为圆，辅助平面 P 与截平面 Q 相交，其交线为直线 MN，交点Ⅳ和Ⅴ即为圆锥表面、截平面 Q 和辅助平面 P 三面所共有，是截交线上的点，求出一定数量的中间点后，依次光滑连接各点求出侧面投影，即完成作图。

三、平面与圆球相交

圆球被任一位置平面所截，其截交线均为圆。当截平面平行于某投影面时，其截交线在该投影面上的投影为反映实形的圆；当截平面垂直某投影面时，其截交线在该投影面上的投影为直线；当截平面倾斜于某投影面时，其截交线在该投影面上的投影为椭圆，见表 3-3。

表 3-3　平面与圆球相交的截交线

截平面位置	与 V 面平行	与 H 面平行	与 V 面垂直
截交线形状	圆	圆	圆
轴测图	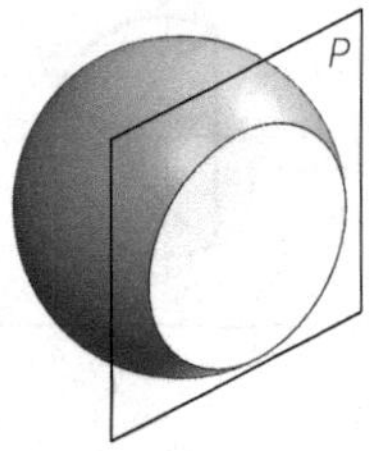 P	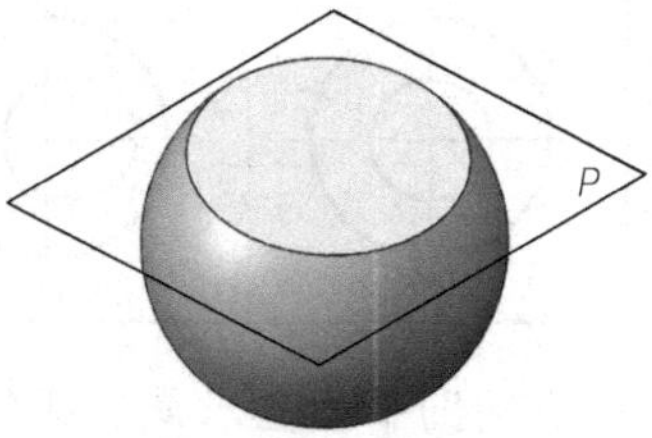 P	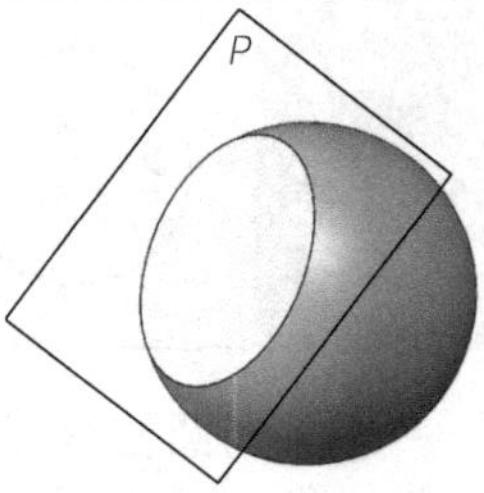 P
投影图	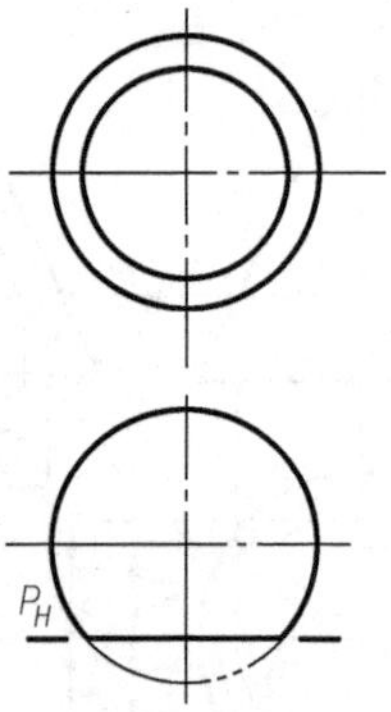 P_H	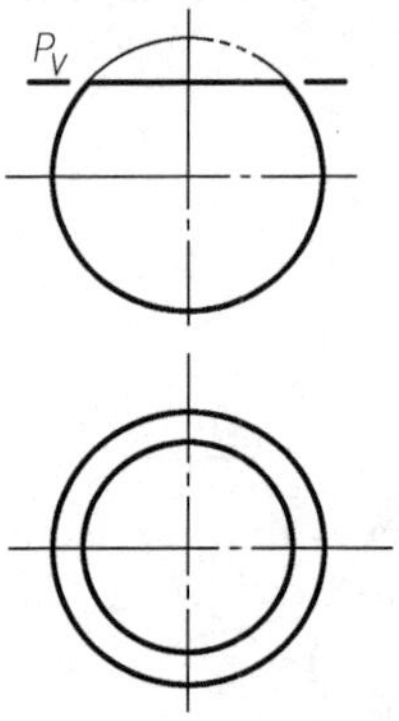 P_V	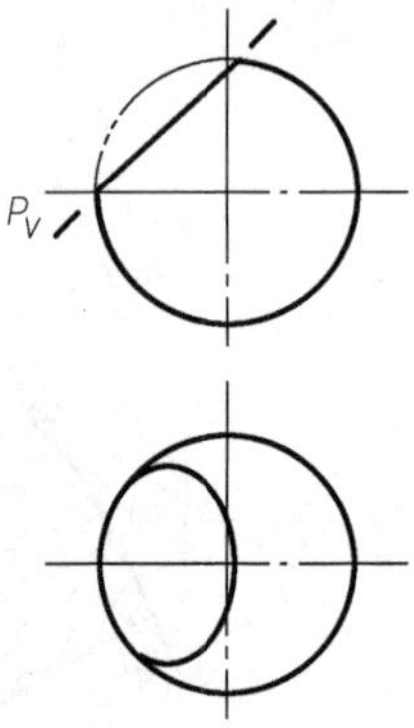 P_V

例 4　求正垂面截切圆球的截交线，如图 3-18a 所示。

解　截交线圆的正面投影积聚为直线段 1′2′，其长度等于圆的直径，它的水平投影和侧面投影均为椭圆。

作图过程如图 3-18b 所示，点Ⅰ为最左点，也是最低点，点Ⅱ为最右点，也是最高点，由 1′和 2′直接求得 1、2 和 1″、2″，Ⅰ、Ⅱ两点亦是截交线圆的水平投影和侧面投影椭圆的短轴端点。取 1′2′的中点 3′、(4′) 为截交线圆的水平投影和侧面投影椭圆长轴的端点，椭圆长轴的长度等于圆的直径，即 1′2′，从而求出 3、4 和 3″、4″。截交线圆的水平投影和侧面投影椭圆的长轴端点，也可以利用过 3′(4′) 所作的辅助平面 Q 求得。点Ⅴ、Ⅵ为水平投影转向轮廓线上的点，根据 5′、(6′) 求出 5、6 和 5″、6″。

在特殊点之间，任作若干个辅助平面求一般点，例如作辅助平面 R，求出Ⅶ、Ⅷ两点。顺次光滑连接各点的同面投影，并整理转向轮廓线。

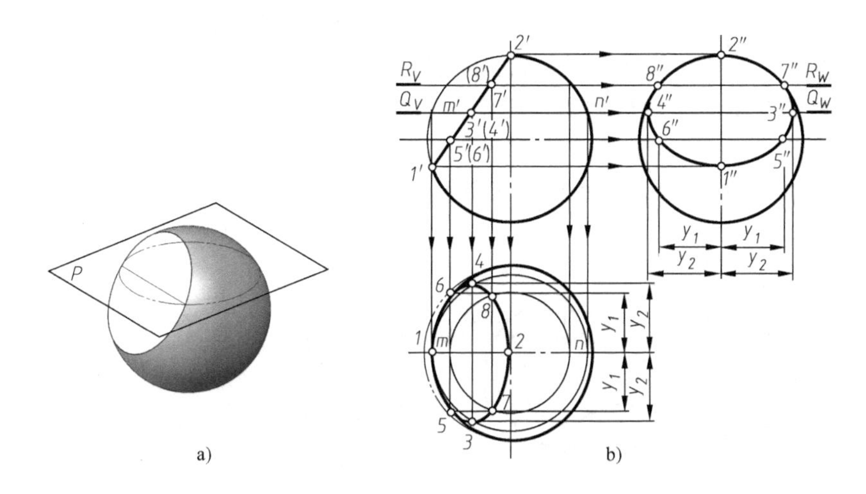

图 3-18　圆球被正垂面截切的作图

例 5　完成开槽半圆球的水平投影和侧面投影，如图 3-19a 所示。

解　半圆球上的开槽是由两个侧平面和一个水平面截切后形成的，两个侧平面左、右对称，其截交线是完全相同的两段侧平圆弧，侧面投影重合并反映实形，水平面的截交线为同一水平圆上的两段圆弧，水平投影反映实形，侧面投影积聚为水平线段，两侧平面与水平面的交线都是正垂线。

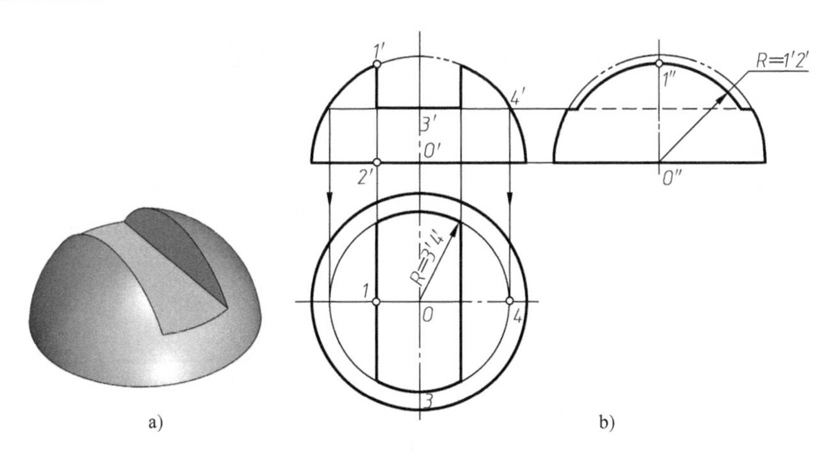

图 3-19　半圆球开槽的作图

作图过程如图 3-19b 所示，先在正面投影中扩展侧平面的投影，得截交线圆弧半径实长

1′2′，由此作出凹槽截交线圆弧的侧面投影，再作出其水平投影。同理，在正面投影中扩展水平面的投影，得截交线圆弧半径实长 3′4′，由此作出凹槽截交线圆弧的水平投影，再作出侧面投影，判别可见性，整理转向轮廓线。

四、平面与组合回转体相交

组合回转体一般由几个性质不同的同轴回转体组合而成。它的截交线一般是由封闭的几段性质不同的平面曲线或由平面曲线和直线组成的。

如图 3-20 所示的零件，为了画出该零件上的截交线，可以把零件看成是组合体，它由四个基本形体组成，其公共轴线为侧垂线。除左端的小圆柱外，其余三个基本形体同时被平行于轴线的两个正平面前后对称截切，所产生的截交线依次为：圆锥—双曲线、圆柱—直线、圆球—圆。

该组合回转体上的截交线即为上述三条截交线组合而成。具体作图读者可自行分析完成。

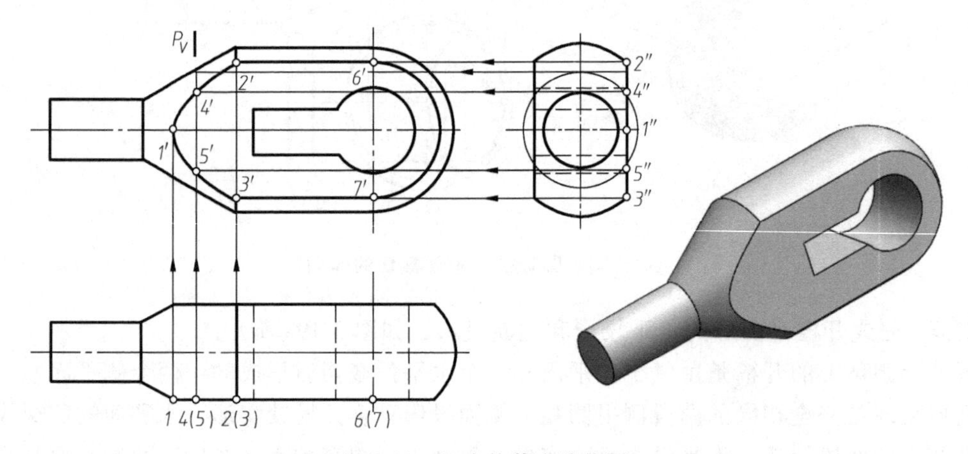

图 3-20　组合体截交线作图

第四节　两立体相交的相贯线

两立体相交，其表面的交线称为相贯线，如图 3-21 所示。两立体相交后组成的形体称为相贯体。机器零件的表面上常有相贯线的存在，图 3-21a 所示为两个圆柱相交产生的相贯线，图 3-21b 所示为圆柱与圆球相交产生的相贯线。本节主要讨论两曲面立体相交所产生的相贯线的画法。

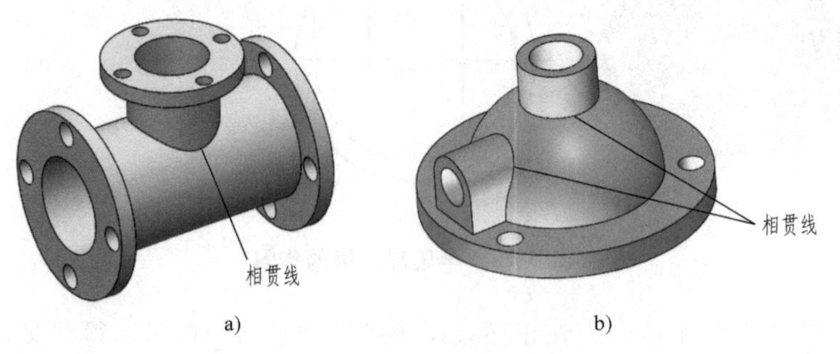

图 3-21　常见零件表面的相贯线

一、相贯线的基本性质

由于相交两立体的形状、大小和相对位置不同，其相贯线的形状也不一样，但无论任何形状的相贯线，都具有以下性质：

1）相贯线是两立体表面的共有线，相贯线上的任何点都是两立体表面的共有点，相贯线也是相交两立体表面的分界线。

2）相贯线一般为封闭的空间曲线，特殊情况下是平面曲线或直线。

二、求相贯线的方法

根据相贯线的基本性质，求相贯线的实质就是求两立体表面上的一系列共有点，常用的方法有表面取点法、辅助平面法和辅助球面法等，本节只介绍前两种方法。

1. 表面取点法

当相交立体的投影具有积聚性时，相贯线上的点可利用积聚性的投影特性，通过表面取点的方法求得。

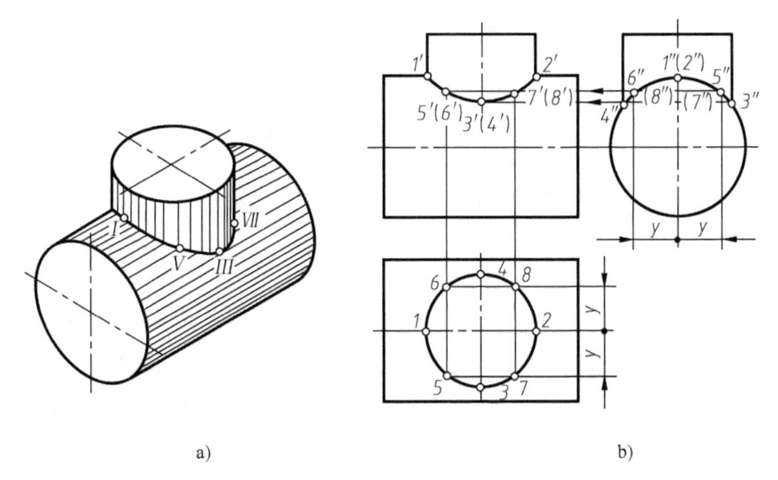

图 3-22　两圆柱垂直相交的相贯线

例 6　求垂直相交两圆柱相贯线的投影，如图 3-22a 所示。

解　两圆柱的轴线垂直相交，其相贯线是前后、左右对称的一条封闭空间曲线。由于两圆柱的轴线分别为铅垂线和侧垂线，相贯线的水平投影和侧面投影分别积聚在大圆柱和小圆柱的相应水平投影和侧面投影上，只需求出相贯线的正面投影。

作图过程（图 3-22b）：

1）求特殊点。点Ⅰ、Ⅱ为相贯线上的最左、最右点，同是最高点，又是水平圆柱正面投影转向轮廓线上的点。点Ⅲ、Ⅳ为相贯线的最低点，是铅垂圆柱侧面投影转向轮廓线上的点，也是最前、最后点。根据水平、侧面投影，求出正面投影 1′、2′、3′、(4′)。

2）求一般点。在相贯线的适当位置上取若干一般点，如取Ⅴ、Ⅵ、Ⅶ、Ⅷ四点，先在水平投影中取 5、6、7、8，在侧面投影中得到 5″、6″、(7″)、(8″)，最后求出正面投影 5′、(6′)、7′、(8′)。

3）依次光滑连接各点，1′5′3′7′2′为前半部分相贯线的正面投影，后半部分与其重合。两轴线垂直相交的圆柱体相贯，在零件上是最常见的，一般有如图 3-23 所示的三种形式。

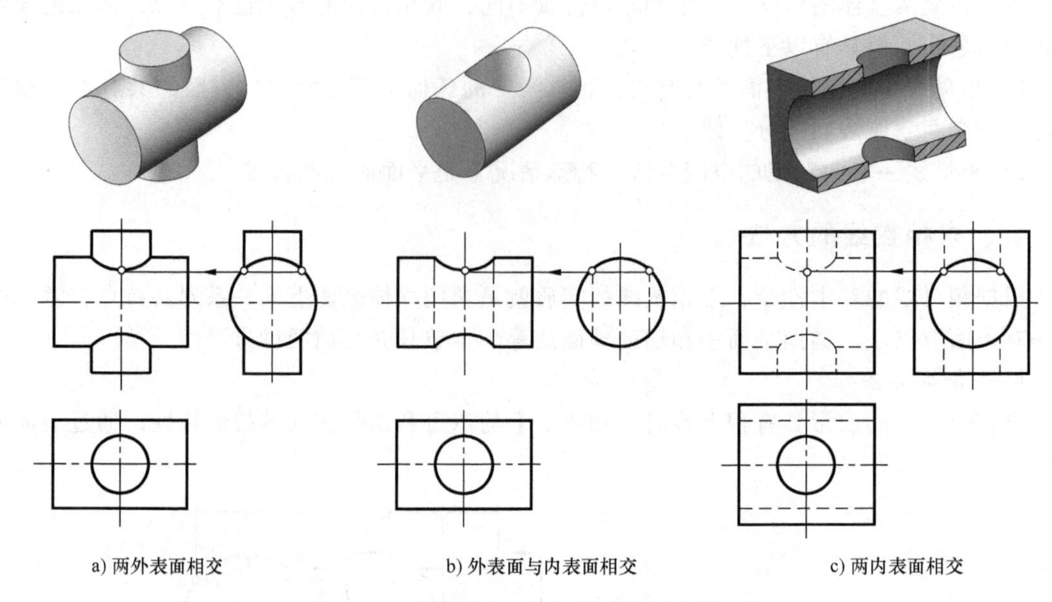

a) 两外表面相交　b) 外表面与内表面相交　c) 两内表面相交

图 3-23　两轴线垂直相交的圆柱相贯线形式

不论它们是圆柱体与圆柱体相交，还是在圆柱体上开圆柱孔，或是两圆柱孔相交，都将得到形状相同的相贯线。

2. 辅助平面法

辅助平面法，是利用三面共点的原理，求两回转体表面一系列共有点。如选一恰当的辅助平面与两回转体都相交，则两回转体与辅助平面的截交线也必定相交，其交点即为相贯线上的点。为了作图简便，辅助平面一般选为投影面平行面或投影面垂直面，使与两回转体表面的截交线简单易画。

例 7　求圆锥与圆柱垂直相交的相贯线，如图 3-24a、b 所示。

解　圆锥与圆柱的轴线垂直相交，相贯线为一条封闭的空间曲线，且前后对称。由于圆柱轴线为侧垂线，因此相贯线的侧面投影积聚在圆柱面的侧面投影上，相贯线的水平投影和正面投影可利用辅助平面法求出，如图 3-24c 所示。

作图过程：

1）求特殊点。点Ⅰ、Ⅱ为相贯线上的最高点和最低点，可直接求出其三面投影。点Ⅲ和Ⅳ为最前点和最后点，应用辅助水平面 P 求得；点Ⅱ是最左点，而相贯线的最右点用辅助平面法不能直接求出（可用辅助球面法求得），不过这并不影响相贯线的形状。

在侧面投影上，过锥顶作与圆柱面相切的侧垂面 Q、T，与圆柱相切于前后两条素线 M_1N_1、M_2N_2，其侧面投影积聚在 Q_W、T_W 与圆柱面侧面投影的切点处，投影为 5″、6″，由此求出 5、6 及 5′、(6′)。

2）求一般点。在相贯线适当位置取若干一般点，用辅助平面法求其投影。如过点Ⅶ、Ⅷ及点Ⅸ、Ⅹ作辅助水平面 P_1、P_2，由 7″、8″、9″、10″求出 7、8、(9)、(10) 及 7′、(8′)、9′、(10′)。

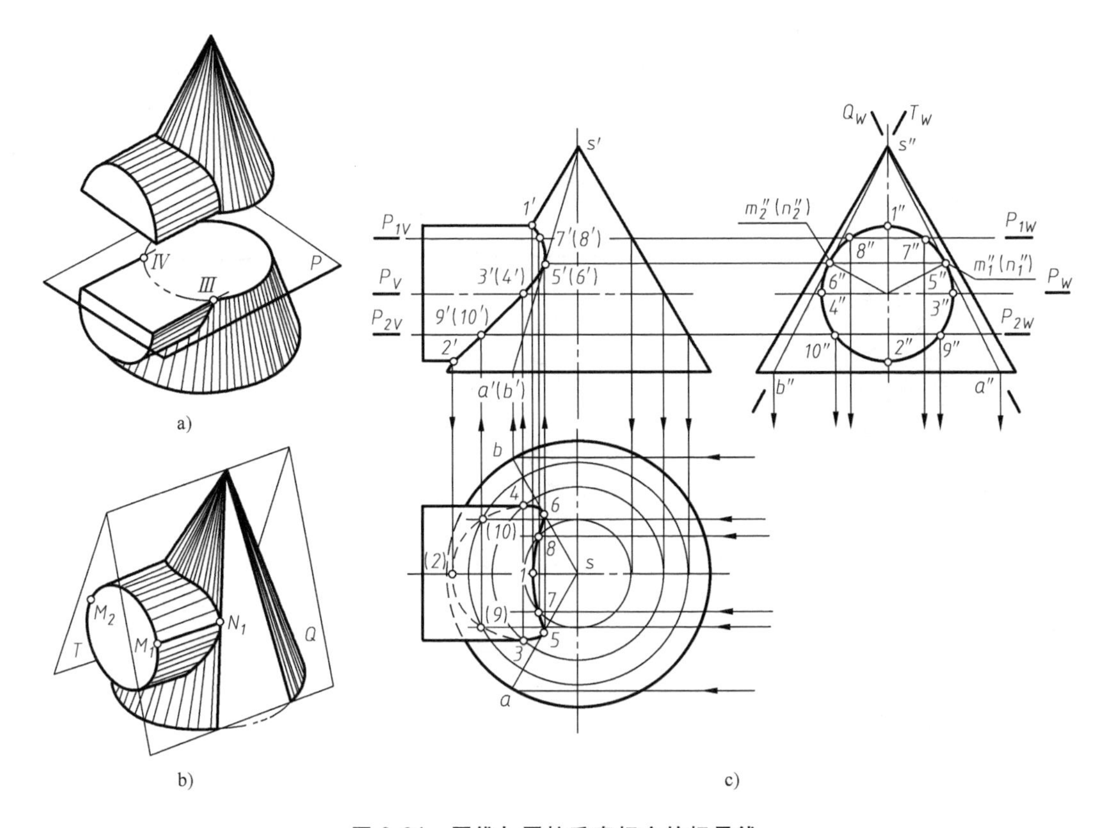

图 3-24 圆锥与圆柱垂直相交的相贯线

3）光滑连接并判断可见性，整理转向轮廓线。因相贯线前后对称，故在正面投影中前后重合，只需画出前半部分曲线。相贯线水平投影以 3、4 为分界点，3、5、7、1、8、6、4 可见，依次连接成实线，其余不可见，依次连接成虚线。正面投影的转向轮廓线应画到 1′、2′，水平投影的转向轮廓线应画到 3、4。

例 8 求圆锥与半圆球的相贯线，如图 3-25a 所示。

解 圆锥和半圆球的三面投影均无积聚性，其相贯线是一条封闭的空间曲线，并且相贯线前后对称、左右不对称，需用辅助平面法求出相贯线的三面投影。

作图过程：

1）求特殊点。两立体前后对称，所以其正面投影的外形轮廓线必定相交，故在正面投影上可直接得到相贯线的最高点 1′和最低点 2′，由 1′、2′可直接求出 1、2 和（1″）、2″。取过锥顶的侧平面 *T* 为辅助平面，截得圆锥为最前、最后两条素线，截得半圆球为一侧平半圆，两者交点 3″、4″为最前点Ⅲ、最后点Ⅳ的侧面投影，由 3″、4″可求 3′、（4′）和 3、4。点 3″、4″还是相贯线侧面投影可见与不可见部分的分界点。

2）求一般点。在适当位置选取水平面 *P* 作为辅助平面，便可求得两个一般点Ⅴ、Ⅵ。用同样的方法再求几个点。

3）将所求各点的同面投影，依次光滑连接起来便得相贯线的各投影。相贯线的正面投影和水平投影均可见，画成实线，侧面投影 3″、5″、2″、6″、4″可见，画成粗实线，3″、1″、4″不可见，画成虚线，如图 3-25b 所示。

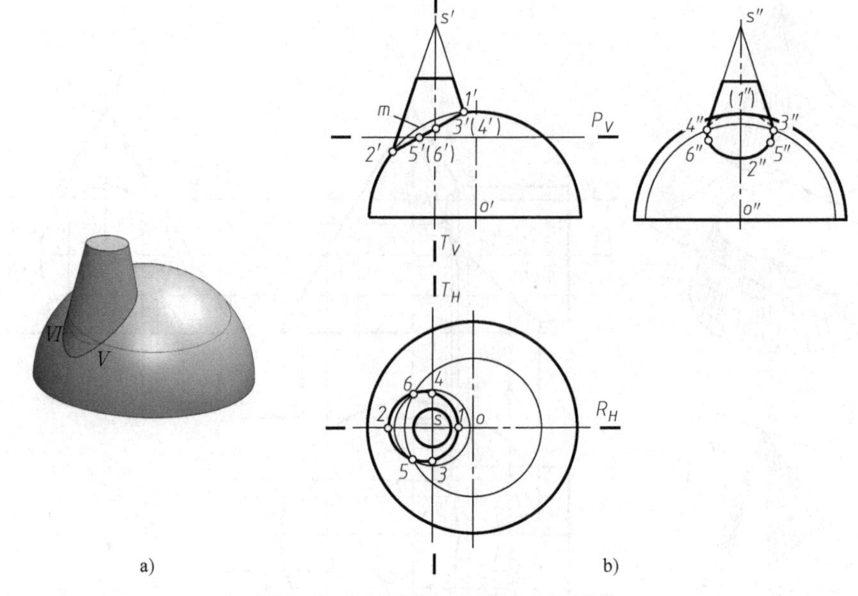

图 3-25 求圆锥与半圆球的相贯线

三、关于相贯线的讨论

1. 相贯线的简化画法

1）当相贯体为两圆柱轴线正交且直径不等时，其相贯线的投影可用圆弧代替，如图 3-26a 所示。圆弧以大圆柱半径 R 为半径，圆心在小圆柱轴线上，且过 1′、2′，圆弧由小圆柱面向大圆柱面弯曲。

2）当两圆柱直径相差很大时，相贯线投影可用直线来代替，如图 3-26b 所示。

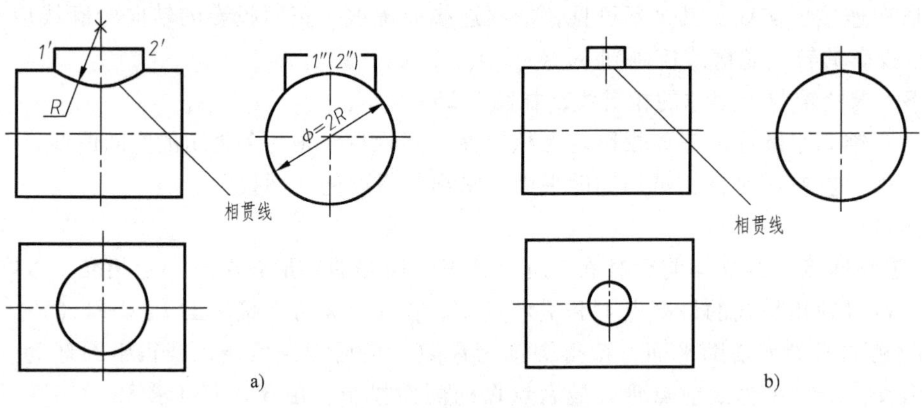

图 3-26 圆柱正交相贯时相贯线的简化画法

2. 两曲面立体相贯线的特殊情况

两曲面立体相交的相贯线，一般为封闭的空间曲线，但在下列情况下为平面曲线或直线：

1）回转体与球相交，当球心在回转体轴线上或两回转体同轴时，相贯线均为垂直于回转体轴线的圆，而且当回转体轴线平行于某投影面时，相贯线在该投影面上的投影为垂直于轴线的直线，如图 3-27 所示。

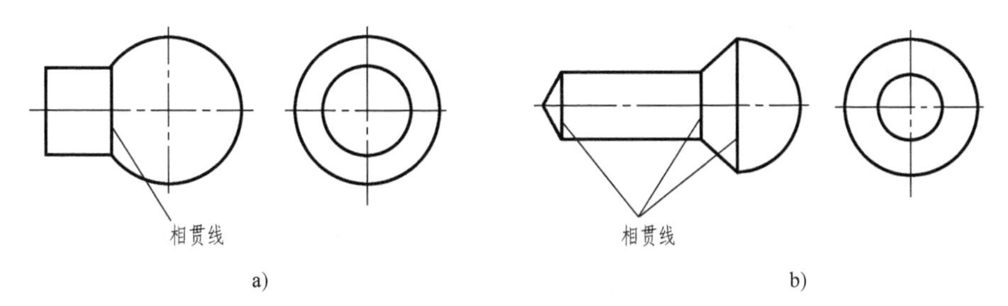

图 3-27　回转体轴线同轴时的相贯线

2）当相交两回转体同时外切于一个球面时，相贯线为两个椭圆。如果两回转体轴线都平行于某一投影面，则相贯线在该投影面上的投影为两条相交直线，如图 3-28a、b 所示。

3）当两圆柱轴线平行时，相贯线为直线，如图 3-28c 所示。

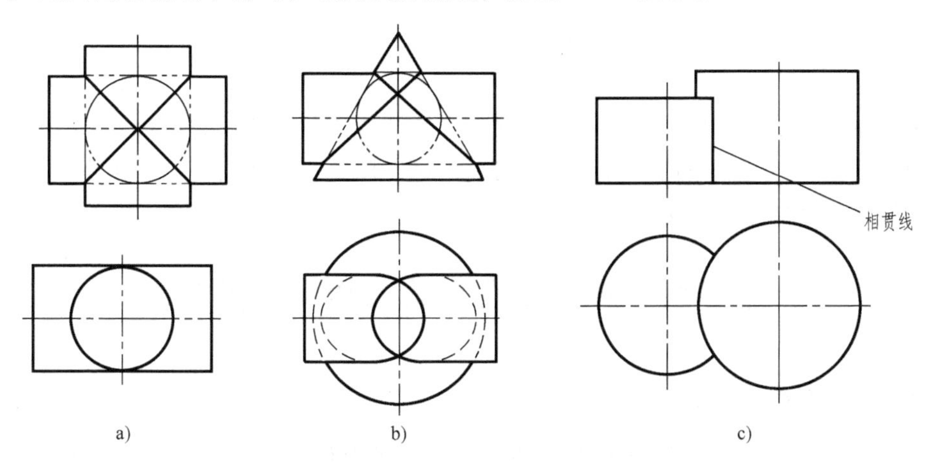

图 3-28　相贯线的特殊情况

复习思考题

1. 试述平面立体投影的一般画法及表面可见性的判别方法。
2. 试比较在立体表面上取点的方法与在平面内取点的方法的异同。
3. 怎样在投影图中表示曲面立体？如何判断曲面立体投影的可见性？
4. 试述圆柱、圆锥、圆球等的截交线的性质，如何作图？
5. 试述相贯线的性质和选择辅助平面的一般要求。
6. 试述相贯线投影可见性的判别方法。
7. 你能在自行车上找出几个有相贯线的零件吗？

4

组合体的三视图

通常把由基本几何形体按一定形式组合起来的物体称为组合体。组合体是忽略零件工艺结构的理想化模型。学习本章后，可为学习后面的零件图奠定必要的基础。本章主要介绍组合体画图和读图的方法，以及组合体尺寸标注等。

第一节　组合体的组合形式及相互位置分析

一、组合体的组合形式

一个较复杂的组合体可以分成若干个基本形体。组合体按其组合方式不同可分为叠加式、切割式和综合式。

图 4-1a 所示的组合体属于叠加式，它由正六棱柱Ⅰ与圆柱体Ⅱ叠加而成；图 4-1b 所示的组合体属于切割式，它由四棱柱Ⅰ切去三棱柱Ⅱ、Ⅲ，并挖去圆柱体Ⅳ而成；图 4-1c 所示的组合体属于既有叠加又有切割的综合形式，它由四棱柱Ⅰ、四棱柱与半个圆柱面相切而成的Ⅱ和三棱柱Ⅲ叠加后，挖切去Ⅳ、Ⅴ、Ⅵ而成。

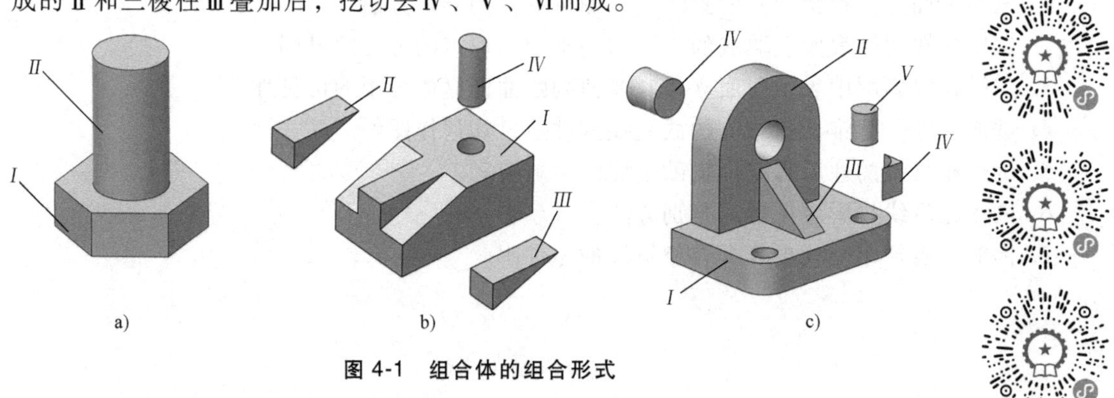

图 4-1　组合体的组合形式

二、组合体各基本形体间表面的连接关系及其画法

组合体的各基本形体间表面的连接关系可分为平齐、相错、相切、相交四种情况。

1. 平齐

如图 4-2 所示，上下两形体的前表面平齐连成一个平面，组合处没有界线，故在主视图箭头所指处不应画线。

2. 相错

如图 4-3 所示，上下两形体的前边两表面前、后相错，左边两表面左、右相错，则在主、左视图中应分别画出两表面的界线。

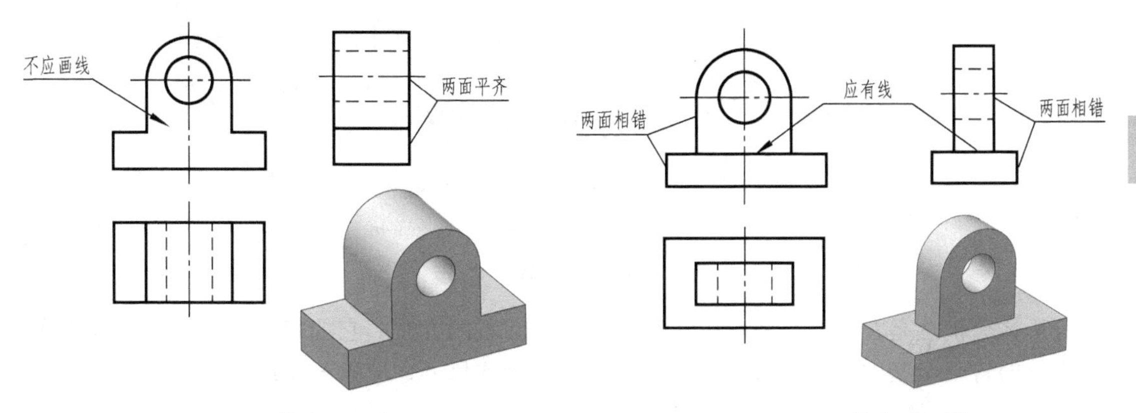

图 4-2　两形体表面平齐　　　　图 4-3　两形体表面相错

3. 相切

如图 4-4 所示，底板的前后平面分别与圆柱面相切，在主、左视图中箭头所指处不应画线。

4. 相交

如图 4-5 所示，底板的前后平面分别与右边的圆柱面相交，在主视图、左视图中应画出交线的投影。

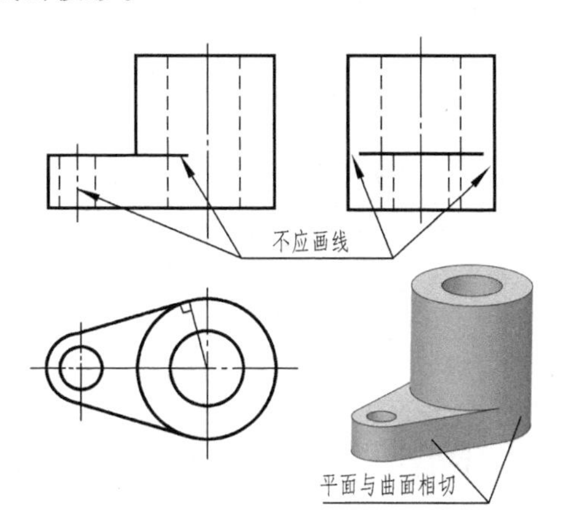

图 4-4　两形体表面相切

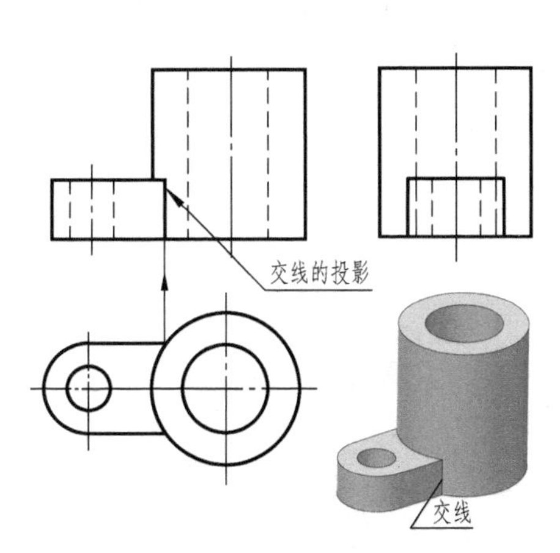

图 4-5　两形体表面相交

三、形体分析法

在画和读组合体的视图及尺寸标注时，通常把组合体假想分解成若干个基本形体，并弄清楚各个基本形体的形状及其相对位置、组合形式和表面连接关系，以达到了解整体的目的，这种分析方法称为形体分析法。

如图 4-6a 所示的组合体连杆，可看成由大圆筒、小圆筒、连接板、肋板四部分组成。它们之间的位置关系是：连接板的前、后端面分别与大、小圆筒相切，上端面分别与大、小圆筒相交；肋板叠放在连接板的上部，与连接板前、后两表面相错，与大、小圆筒相交，如图 4-6b 所示。

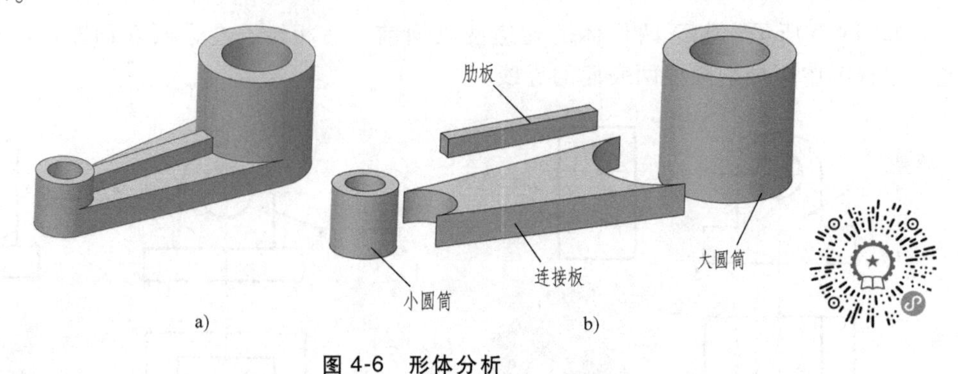

图 4-6 形体分析

形体分析法是在画、读图和标注尺寸时思考问题的方法。它能将复杂的组合体转化为比较简单的若干个基本形体，有利于画图、读图和标注尺寸，应熟练掌握。

第二节 画组合体三视图

现通过下列例题说明画组合体三视图的方法和步骤。

例 1 画出图 4-7a 所示轴承座的三视图。

1. 形体分析

如图 4-7b 所示，假想把轴承座分解成五个基本形体：1 凸台、2 轴承、3 支承板、4 肋

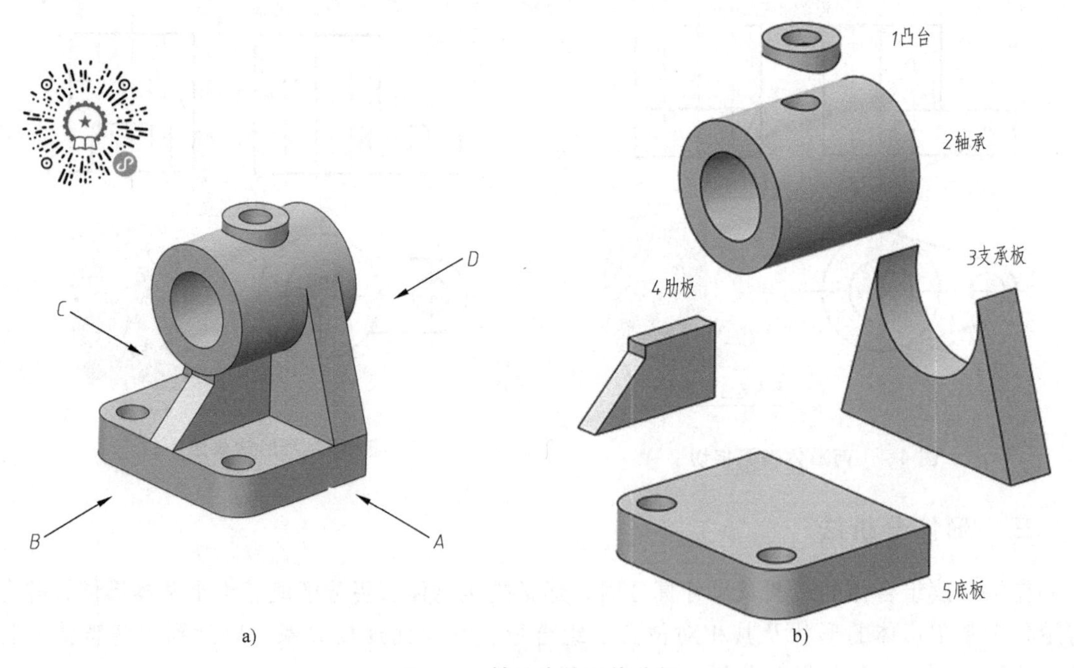

图 4-7 轴承座的形体分析

板、5 底板。凸台与轴承是两个垂直相交的空心圆柱体，在内、外表面上都有相贯线；底板前面有两个圆角并挖去了两个圆柱体；支承板叠放在底板上，它们的后面平齐，支承板两侧面都与轴承的外圆柱面相切；肋板是上边有圆柱面的多边形板，叠放在底板上，上边与轴承的圆柱面结合，后面与支承板靠紧，两侧面与轴承相交；轴承的后端面较支承板向后突出一些，轴承座左、右对称。

2. 选择主视图

画图时，一般将组合体按自然位置安放，选择较多地反映组合体形状特征和各组成部分相对位置鲜明的方向作为主视图的投射方向，同时兼顾其他视图中尽可能少地出现虚线，使绘图简单，读图方便。

图 4-7a 所示的轴承座按自然位置放好后，对 *A*、*B*、*C*、*D* 各个方向所得的视图进行比较，如图 4-8 所示。投射方向 *A* 与 *C* 比较，*C* 向作为主视图的投射方向时，左视图会出现较多的虚线，不如 *A* 向好；投射方向 *B* 与 *D* 比较，*D* 向视图虚线多，不如 *B* 向视图清楚；再比较 *A* 向和 *B* 向，两者对反映各部分的形状特征和相对位置各有特点，差别不大，均符合主视图选择的条件。这里选择 *B* 向作为主视图的投射方向，更便于布图和充分利用图纸。

3. 选比例、定图幅、布置视图

主视图确定后，三个视图的图形便随之而定。可根据组合体的大小及其复杂程度，按制图标准规定选择适当的画图比例和图幅。一般情况下，选用 1∶1 的比例。

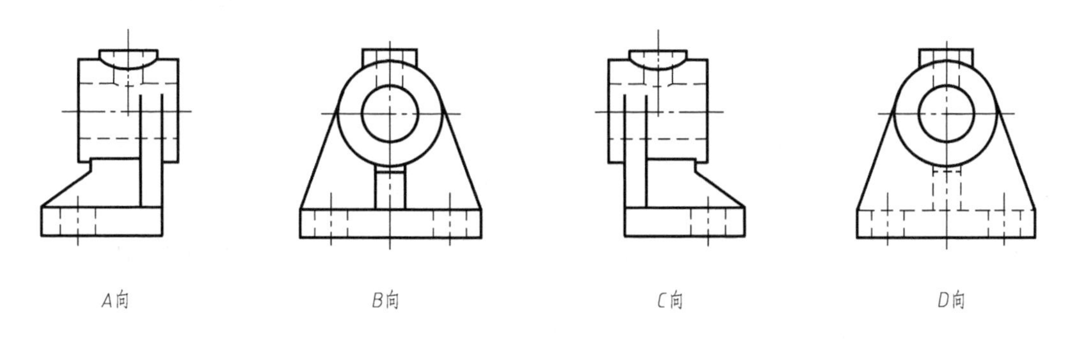

图 4-8　主视图的选择

视图布置要匀称，在标注尺寸时留有空间，各视图的间距要适当。画视图时先画基准线，基准线是指画图时测量尺寸的基准。一般常用对称中心线、轴线和较大的平面作为基准。

4. 绘制底稿（用细实线画）

图 4-9 所示为轴承座三视图的作图步骤。

为了正确而又迅速地画出组合体的三视图，在画底稿时，应注意：

1）画图的先后顺序。应根据形体分析，先画主要形体，后画次要形体；先画可见部分，后画不可见部分。

2）画组合体各基本形体时，先画反映该形体形状特征的视图，再画其他视图；三个视图配合起来绘制。

3）形体分析是假想的，各个部分组合后融为一体，绘图时不应将不存在的轮廓线或外视转向轮廓线画出，应按前述的连接关系画图。如图 4-9e 的俯视图中，不应画出支承板与

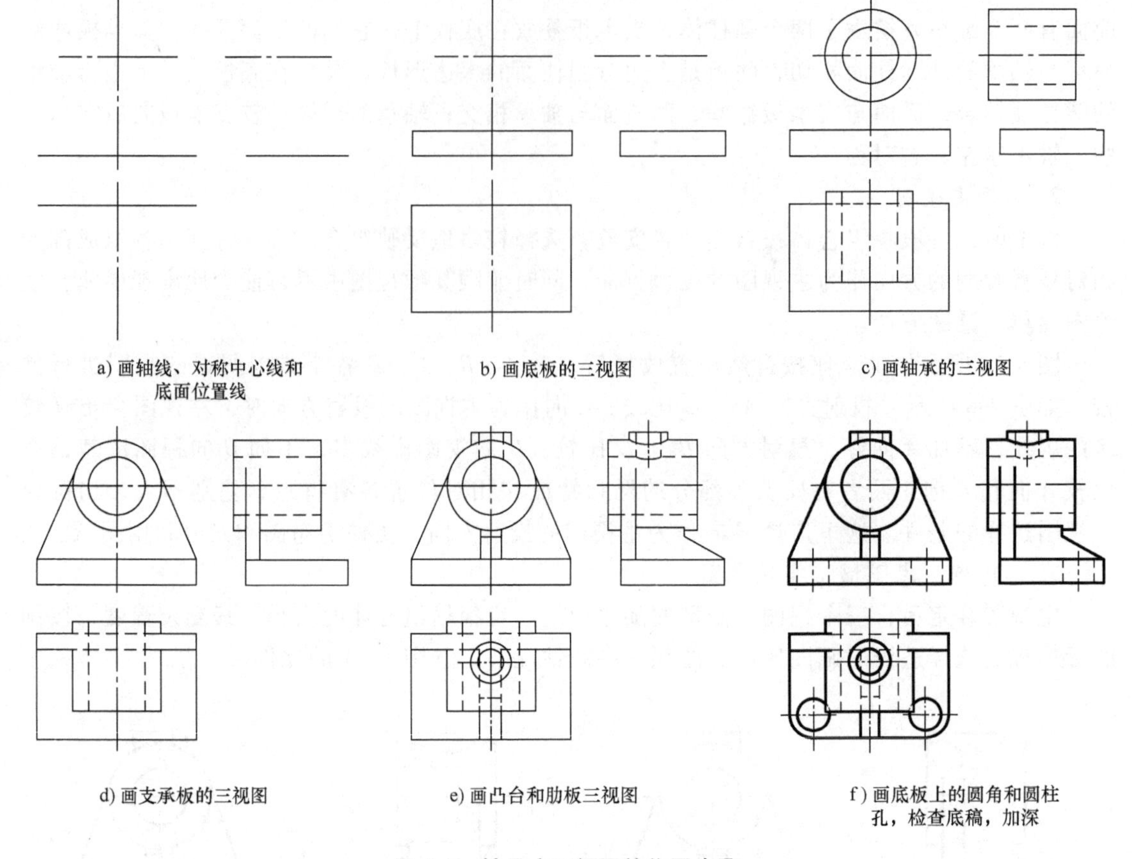

图 4-9　轴承座三视图的作图步骤

肋板结合处的界线；左视图中在支承板与轴承结合处不应画出轴承的侧视转向轮廓线。

5. 检查、改错、描深

底稿完成后，应按形体逐个仔细检查，改正错误，补画遗漏；确定无误后，按机械制图的线型标准加深图线，如图 4-9f 所示。

例 2　试画出图 4-10a 所示的切割式组合体的三视图。

图 4-10a 所示组合体是由矩形块切割而成的，在矩形块的左上方和右上方分别切去一个大小不等的梯形块后，又在左下方切去了一个小矩形块，且组合体前后对称。

1）形体分析，如上所述。

2）选择图 4-10a 中箭头指向为主视图的投射方向。

3）选比例、定图幅、布置视图。

4）绘制底稿：

① 首先画出完整矩形块的三视图，如图 4-10b 所示。

② 画切去左上角梯形块后的三视图，因水平面、正垂面在主视图上的投影有积聚性，故先画主视图，后画俯、左视图，如图 4-10c 所示。

③ 画出两侧垂面和一水平面切去右上角中间部分的投影，先画左视图，再画主视图，最后画俯视图，如图 4-10d 所示。

图 4-10　切割式组合体三视图的作用步骤

④ 画出用两个正平面和一个侧平面切去小矩形块后的投影，如图 4-10e 所示。

⑤ 检查底稿，无误后加深，如图 4-10f 所示。

第三节　读组合体三视图

画图和读图是学习工程制图课程的两个重要环节。组合体的读图和画图一样，经常应用的方法是形体分析法，有时也应用线面分析法。但是读图是根据组合体的投影想象组合体的形状，这些读图方法本身有一些特点。下面介绍读图方法的基本要领。

一、读图时需要注意的几个问题

1. 要把几个视图联系起来进行分析

在工程制图中，一般都是由几个视图来表达一个物体的形状。每一个视图只能表示物体一个方面的形状，不能概括物体的全貌。如图 4-11 所示，一个视图可以是几个形状的物体的同一个方向的投影。因此，在读图时，把所给的视图都注意到，并把它们联系起来进行分析，才能弄清楚物体的形状。

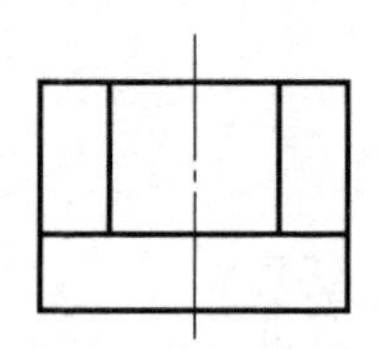
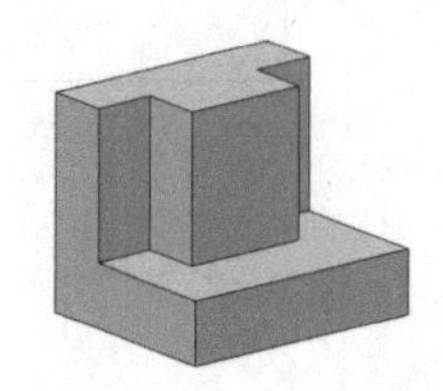
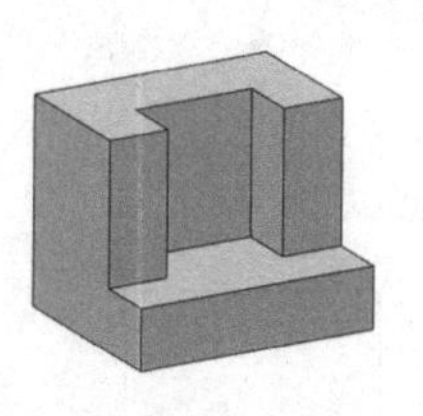
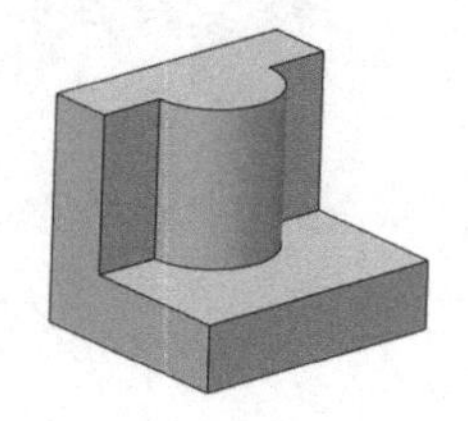

图 4-11 一个视图不能唯一确定组合体的形状

2. 要找出特征视图

什么是特征视图？就是指将物体的形状特征反映得最充分的那个视图。如图 4-12 所示的俯视图，找到这个视图，再配合其他视图，就能较快地认清物体了。

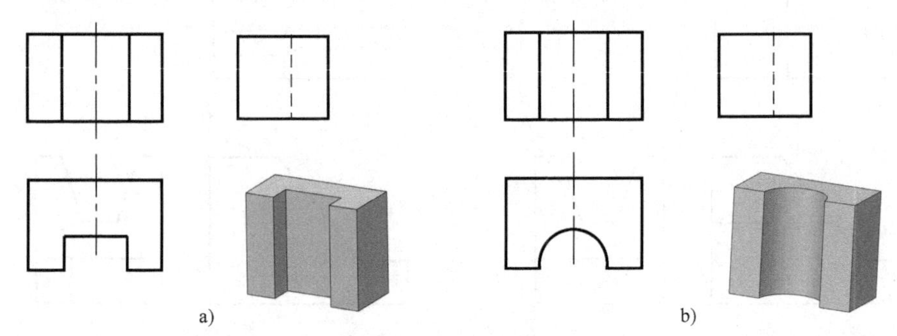

图 4-12 分析特征视图

但是组成物体的各个形体的形状特征，并非总是集中在一个视图上，有时可能每一个视图都有一些。例如图 4-13 所示的支架由四个形体叠加而成，主视图反映形体 Ⅰ 、Ⅳ 的特征，

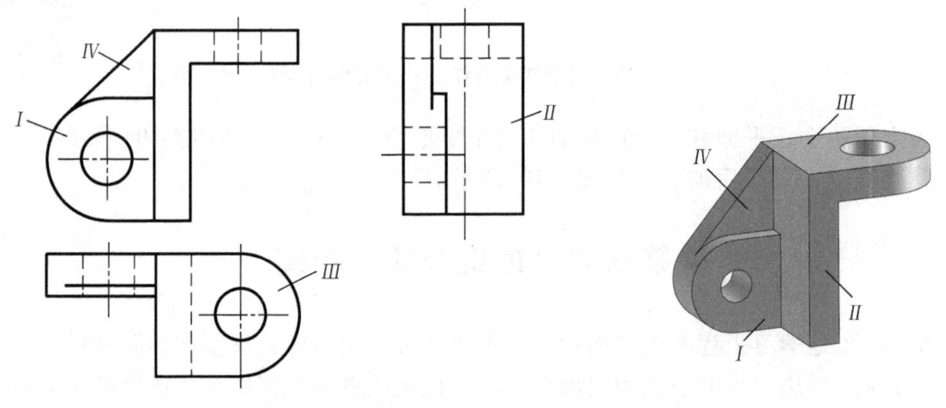

图 4-13 支架各组成部分形状特征视图分析

俯视图反映Ⅲ的特征，左视图反映Ⅱ的特征。这时要以反映形状特征较多的视图为主进行读图。

3. 要注意视图中反映形体之间连接关系的图线

形体之间表面连接关系的变化，会使视图中的图线也产生相应的变化。如图 4-14a 中的主视图三角肋板与底板及侧板的连线是实线，说明它们的前面两表面相错，因此三角肋板是在底板的中间。

图 4-14b 中，主视图三角肋板与底板及侧板的连线是虚线，说明它们的前面平齐，因此根据俯视图可以肯定三角肋板有两块，一块在前，另一块在后。

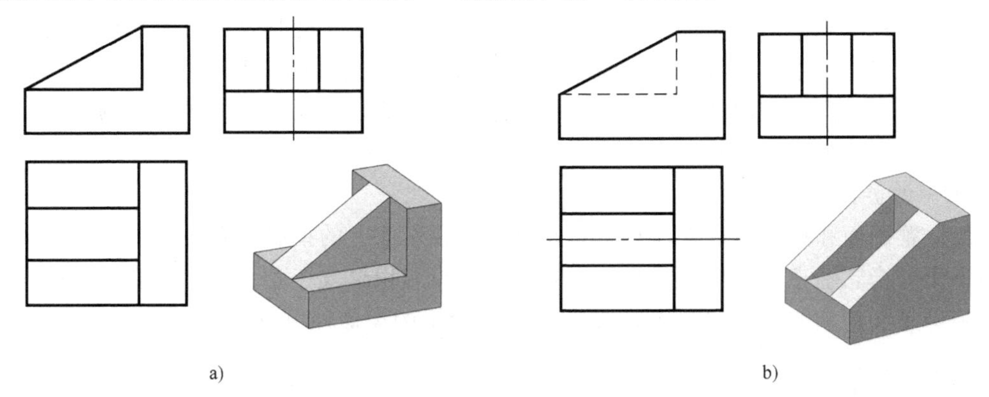

图 4-14　分析形体之间连接关系的图线

这种根据形体之间连接关系的图线，来判断各形体的相对位置和表面连接关系的方法，对于读图很有用。

4. 应明确视图中图线和线框的含义

如图 4-15 所示，图中图线：

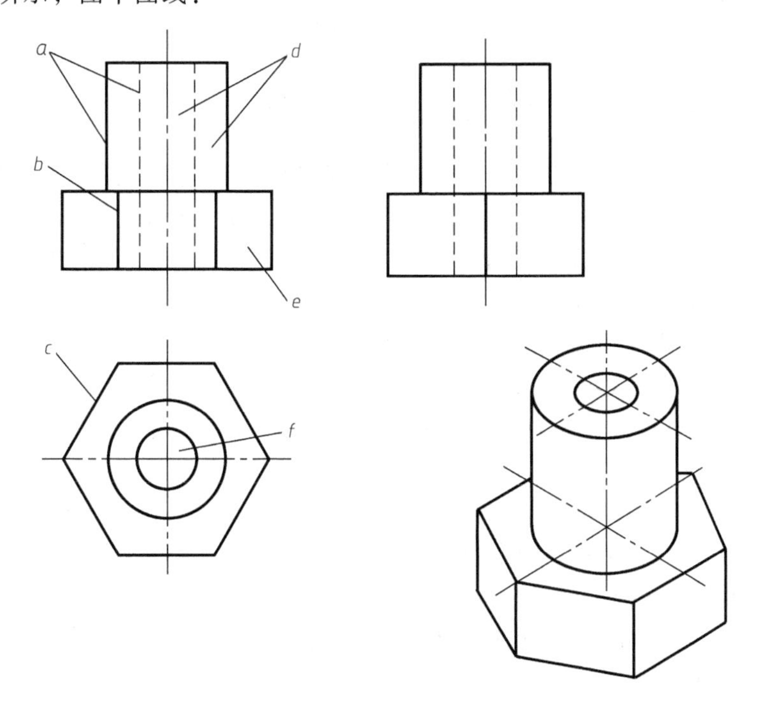

图 4-15　分析图线和图框

a——曲面外视转向轮廓线的投影。

b——面与面交线的投影。

c——垂直面的投影。

图中线框：

d——曲面的投影。

e——平面的投影。

f——孔的投影。

由上总结：投影图上的点，可能是空间一点的投影，也可能是物体上有积聚性直线的投影；投影图上的一条直线，可能是空间一条直线的投影，也可能是有积聚性的平面的投影；投影图上的一个线框，可能是空间一个面的投影，也可能是空间一个基本立体的投影。这需要几个视图相互配合读图才能识别。

5. 投影的类似性

一般位置平面和投影面垂直面在与其相倾斜的投影面上的投影具有类似性。一个 *n* 边形的空间平面，当它垂直于一个投影面时，它的一个投影积聚成一条直线，而它的非积聚性的投影必须仍是 *n* 边类似形。如图 4-16 所示，利用投影的类似性可分析面的投影。

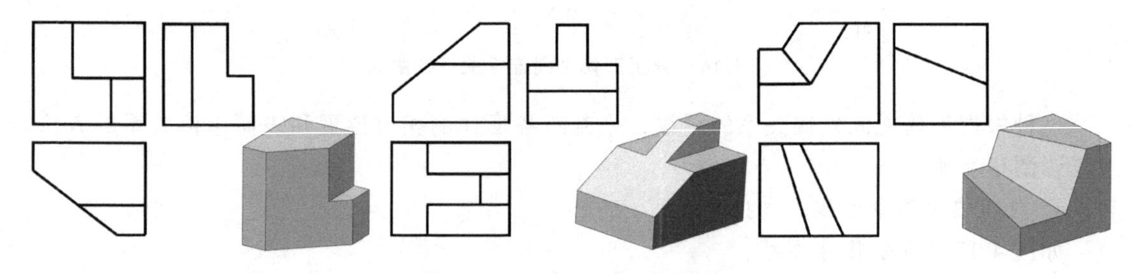

图 4-16　分析平面投影的类似性

二、读图方法之一——形体分析法

读图是画图的逆过程，用形体分析法读图是读图的最基本方法。通常从最能反映组合体形状特征的视图（一般为主视图）着手，适当按线框划块，分割成几部分，再把几个视图按投影规律联系起来，分析这些线框所反映的各形体的形状，大致弄清楚各主要部分的形状和相对位置，这样就对组合体的形状有了一个初步概念，然后再逐步地分析各部分的具体形状，最后根据各部分之间的相对位置和组合形式，综合起来就能想象出组合体的整体形状。

现以图 4-17a 所示的支架为例，说明用形体分析法读组合体视图的一般步骤。

1）分析视图。根据图 4-17a 中视图的相互位置关系，可以看出主视图表达了支架的整体特点，从左视图和俯视图可以看出这个支架是前后对称的。

2）分析投影、进行形体分析、想象出各基本形体的形状。由于主视图比较清楚地表达了支架各部分的相对位置关系，可根据这个图的结构特点，将支架分成图 4-17b 中的五个部分。每一部分可根据投影对应关系，找出它们的其他投影，想象出各部分的形状。图 4-17b、c、d、e 为对视图进行投影分析后，再逐个分析各部分的投影，从而想象出各部分的形状。各部分的形状如图 4-17 所示。

从分析各部分投影的分界线可知，Ⅰ与Ⅲ的前后表面相切、与Ⅳ相交；Ⅲ与Ⅳ、Ⅴ与Ⅱ

以及Ⅱ与Ⅲ都是叠加。

3）综合归纳想整体。在分析了各部分的形状以后，就可根据各部分投影在视图中的相互位置关系以及所分析出的组合形式，想象出支架的整体形状，如图 4-17f 所示。

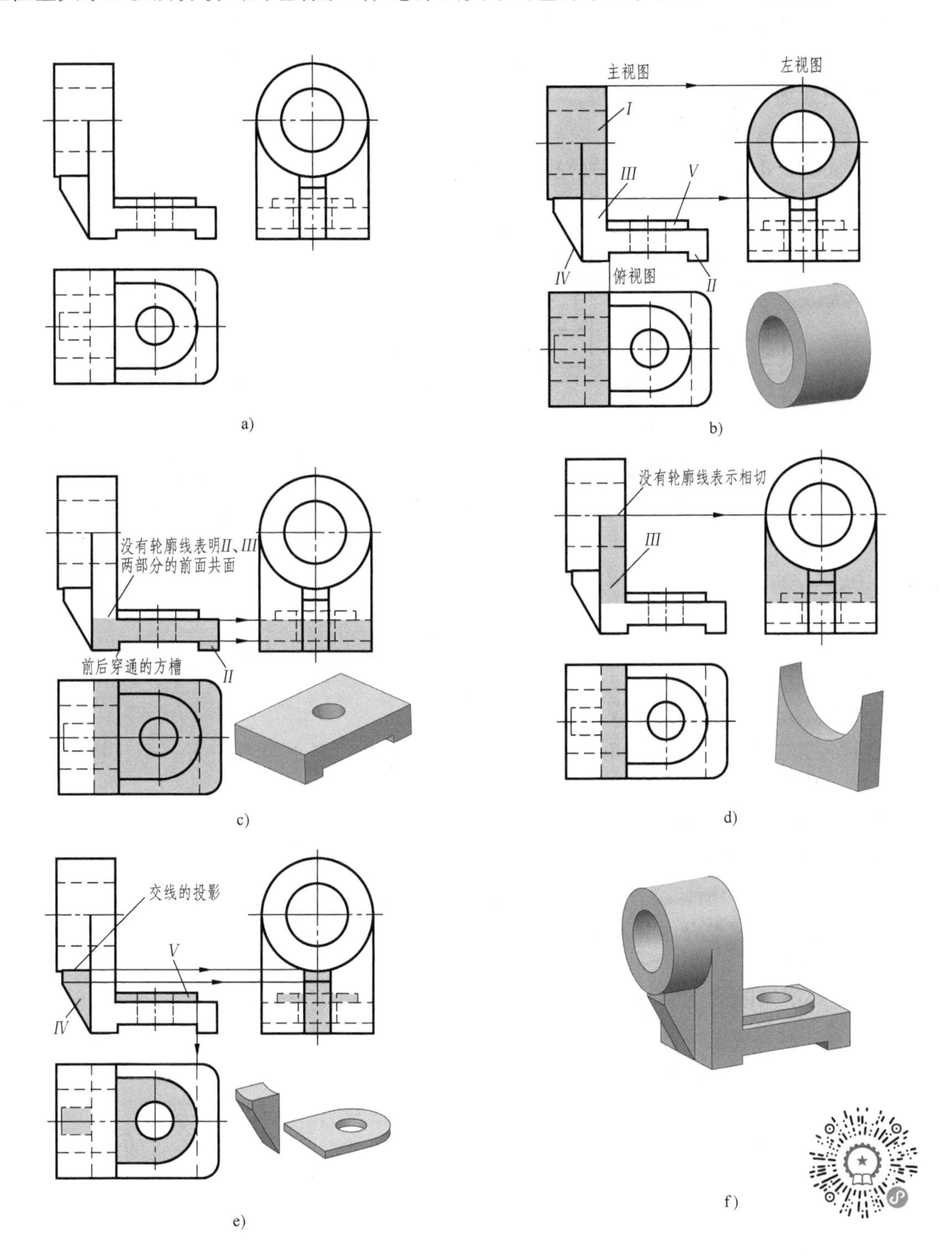

图 4-17　用形体分析法读图

三、读图方法之二——线面分析法

在读比较复杂物体的视图时，在运用形体分析法的基础上，对难以看懂的局部，应根据视图中的封闭线框和图线的意义，对线、面进行投影分析，从而读懂物体表面的局部形状和相对位置，进一步想象出物体的形状，这种方法称为线面分析法。现结合图 4-18 所示组合体，说明用线面分析法读图的步骤。

1. 整体形体分析

从图 4-18a 可知，若将三视图的缺角补齐，则整体可看成一个长方体。

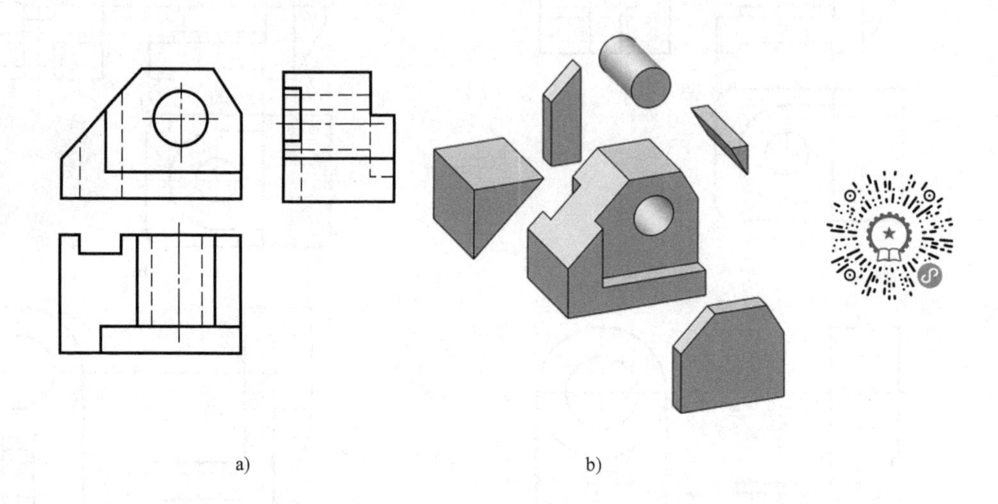

图 4-18　切割式组合体

2. 细部形体分析（图 4-18b)

① 主视图左右上方各缺一角，说明在长方体左上角、右上角各切去一个三棱柱，左上方切去的一块较大。

② 左视图上部缺一角，说明在长方体前上部切去一个六棱柱。

③ 俯视图左后部缺一块，说明此处切去一个四棱柱。

④ 主视图上部的圆，结合俯、左视图，说明在长方体上部挖去一个圆柱体。

综上分析，对该组合体有了初步的了解，要完全看懂视图，还要做进一步的线面分析。

3. 线面分析

① 图 4-19a 俯视图左边的十边形封闭线框 p，根据“长对正、高平齐、宽相等”的投影规律，找到 p 在主视图中对应的投影是一条倾斜的直线段 p'，而在左视图的投影是一个与 p 类似的十边形线框 p''。根据投影面垂直面的投影特征，可断定 p 是正垂面。

② 同理，在图 4-19b 中，$S(s'$、s、$s'')$ 表示的也是一个正垂面。

③ 图 4-19c 的主视图中的六边形线框 q'，在左、俯视图的投影各为一直线 q、q''。据投影面平行面的投影特性，可断定 Q 为正平面。

④ 同理，在图 4-19d 中，$R(r'$、r、$r'')$ 表示为一水平面。

⑤ 在图 4-19e 中，$F(f'$、f、$f'')$ 为正平面，$U(u'$、u、$u'')$ 为侧平面，ⅠⅢ是 F 平面与 P 平面的交线，为正平线，ⅠⅡ是 U 平面与 P 平面的交线，为正垂线。

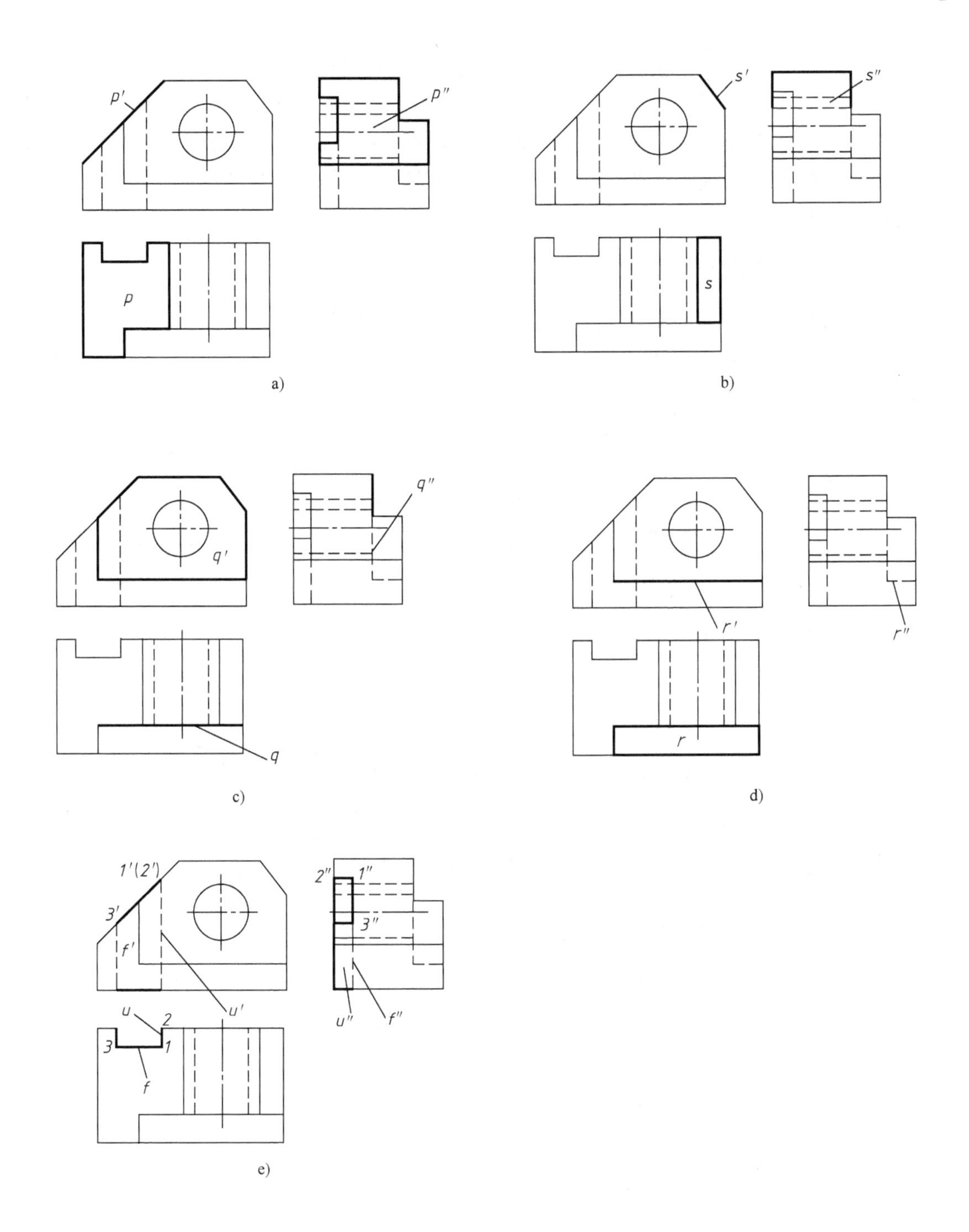

图 4-19　用线面分析法读图

其余表面及表面的交线，不再一一分析。

通过以上的形体分析、线面分析，真正弄清了三视图所要表达的物体的结构形状，如图 4-18b 所示。

第四节　组合体的尺寸标注

视图只能表示组合体的形状和结构，而各部分的大小是由标注在视图上的尺寸来确定的。尺寸是图样中的一项重要内容，尺寸标注上出现的任何问题，都会给生产造成损失。因此，标注尺寸要严肃认真，一丝不苟。

一、基本形体的尺寸标注

基本形体是构成机件的基本元素，其大小是由长、宽、高三个方向的尺寸来确定的。图 4-20 列出了常见的基本形体的尺寸标注。

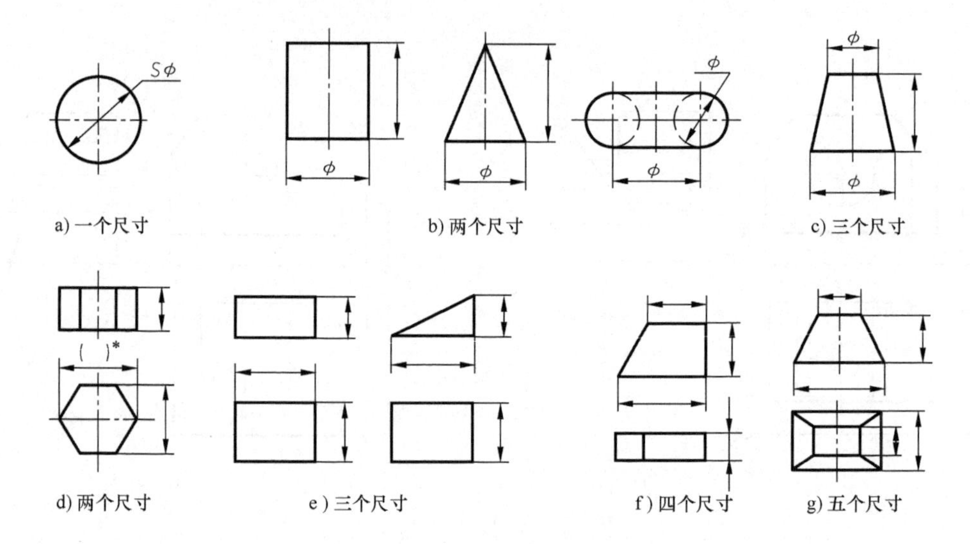

图 4-20　基本形体的尺寸标注

二、切割体和相贯体的尺寸标注

图 4-21 列出了带截交线、相贯线形体的尺寸标注。它们除注出基本形体的尺寸外，前者需注出截平面的位置尺寸，后者需注出两基本形体的相对位置尺寸。至于截交线、相贯线

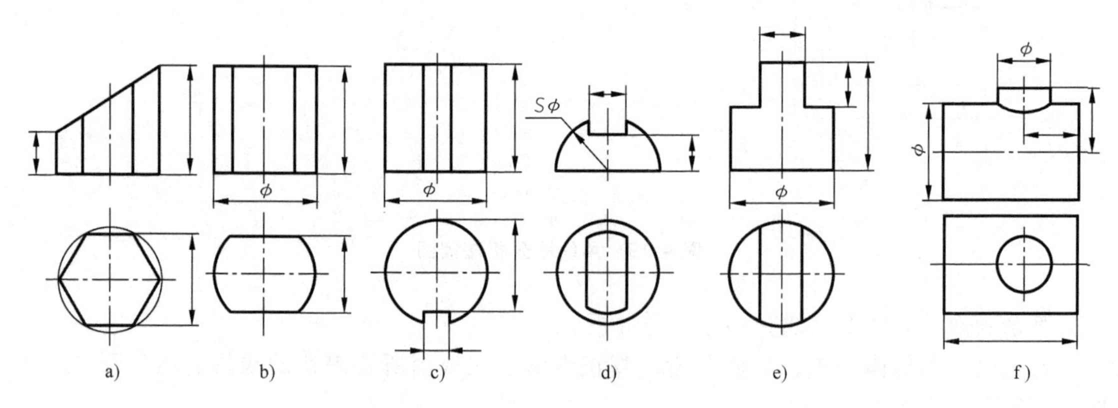

图 4-21　切割体和相贯体尺寸标注

的形状，由于在截平面的位置以及两基本形体的相对位置及大小确定之后，它们的形状才完全确定，因此，不需要标注它们的尺寸。

三、常见底板的尺寸标注

常见底板的尺寸标注方法如图 4-22 所示。

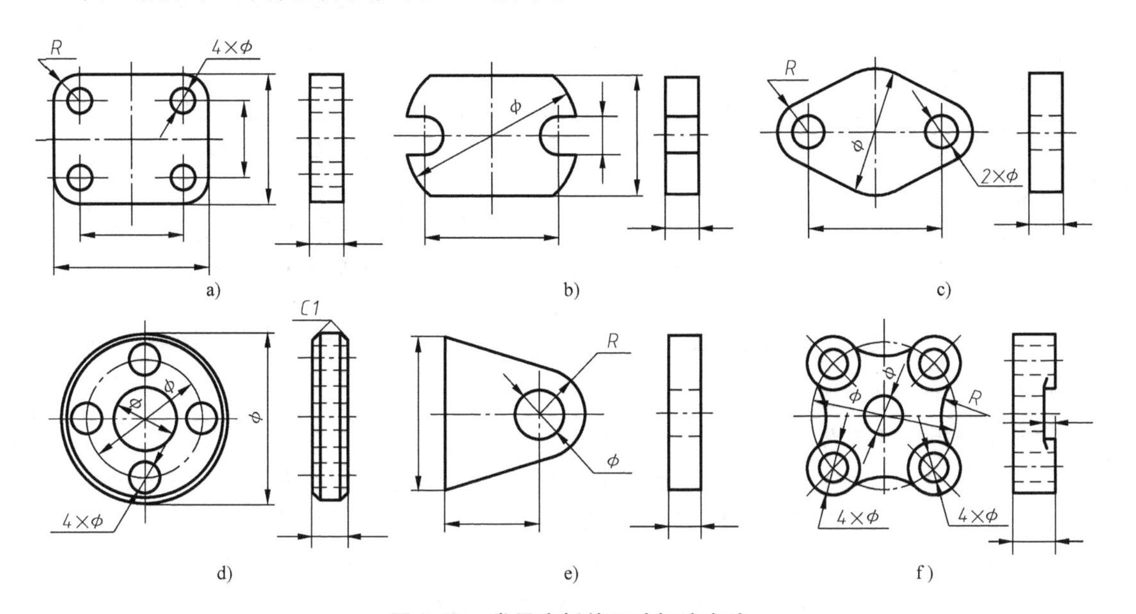

图 4-22 常见底板的尺寸标注方法

四、常见组合体的尺寸标注

1. 基本要求

标注组合体尺寸的基本要求是正确、完整、清晰。也就是说，所标注组合体的尺寸要严格遵守国家标准有关尺寸标注的规定；要把组合体各基本形体的大小及相对位置完全确定下来，不允许遗漏尺寸，一般也不要有重复标注的尺寸；尺寸布置要整齐、清晰。

为了使尺寸布置整齐、清晰，应注意以下几点：

1）尽量把尺寸标注在视图外面，与两个视图有关的尺寸最好标注在两个视图之间，注意避免尺寸线相互交叉，对于相互平行的一组尺寸应按“小尺寸在内，大尺寸在外”的原则布置，如图 4-23 所示。

2）物体上同一形体的尺寸应尽可能集中标注在反映该形体特征的视图上。如图 4-24 所示，组合体右侧的柱体，其主视图最能反映柱体的特征，所以尺寸应集中标注在主视图上。而底板及其上的孔，俯视图最能反映其形状特征，所以底板上的尺寸集中标注在俯视图上。

3）同轴回转体的直径最好标注在非圆视图上，如图 4-24 所示。

4）半径尺寸必须标注在反映圆的视图上，注意相同的圆角半径只标注一次，且不标注数目。

5）尽量避免在虚线上标注尺寸。

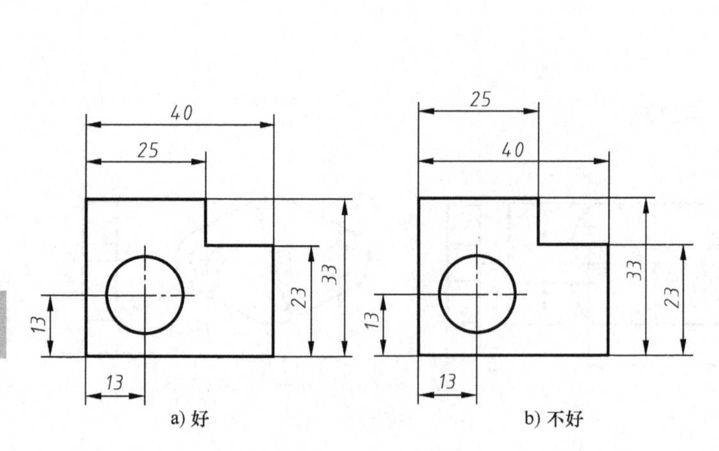

图 4-23　尺寸布置

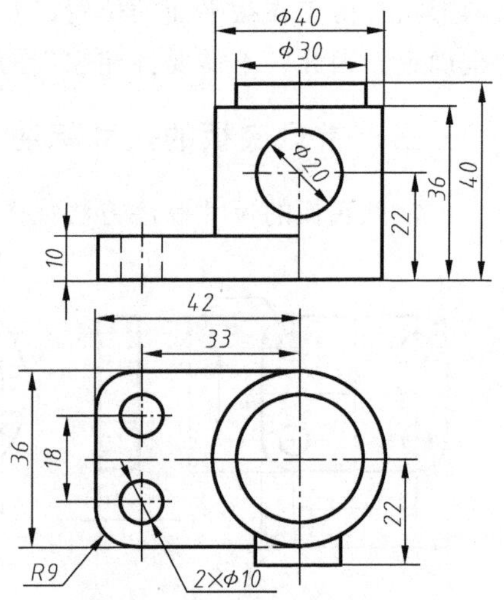

图 4-24　尺寸相对集中标注

2. 组合体的尺寸分类

从形体分析角度来看，组合体的尺寸可分为三类：

（1）定形尺寸　确定组合体各组成部分的形状和大小的尺寸称为定形尺寸。如图 4-25 所示的支架，其底板的定形尺寸有 2×ϕ10、R10、34、55、10 五个尺寸。

（2）定位尺寸　确定组合体各组成部分之间相对位置的尺寸称为定位尺寸，如图 4-25 所示，支架底板上 37 和 24 是确定两个圆孔位置的，所以是定位尺寸。

标注尺寸的起点称为尺寸基准。在组合体长、宽、高的三个方向上至少各有一个基准。标注定位尺寸时，首先要考虑基准问题，使所注的定位尺寸与尺寸基准有所联系。一般选取组合体（或基本形体）中心线、轴线、对称面、底面或重要端面的投影积聚线作为尺寸基准。支架的长、宽、高三个方向的尺寸基准如图 4-25 所示。

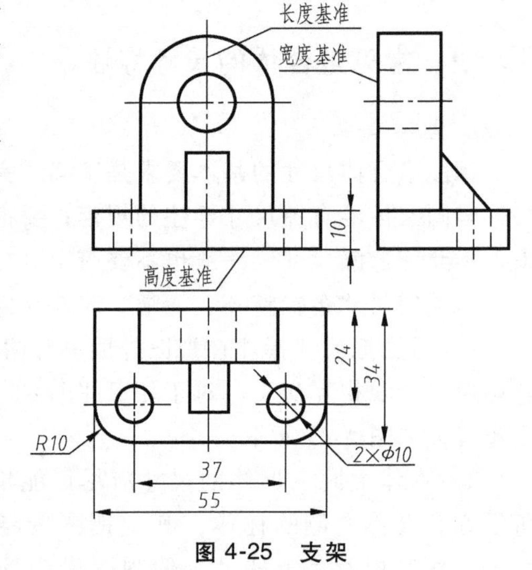

图 4-25　支架

关于支承板和肋板的定形、定位尺寸，请读者自行分析。

（3）总体尺寸　确定组合体总长、总宽、总高的尺寸。

以上关于尺寸的分类，是从正确标注形体尺寸的角度考虑的，有的尺寸作用可能是多方面的，如底板的长度和宽度尺寸同时起到定形和决定组合体总长、总宽的作用，这时不应再重复标注。

3. 组合体尺寸标注的步骤

1）对组合体进行形体分析，弄清各组成部分的形状及其相对位置。

2）选择长、宽、高三个方向的尺寸基准。

3）逐个地分别标注各基本形体的定形和定位尺寸。

4）标注总体尺寸，并做必要的调整。

图 4-26 所示支架的尺寸标注顺序为：先注底板的定形、定位尺寸，再注支承板的定形、定位尺寸，最后注肋板的尺寸，标注结果如图 4-26 所示。

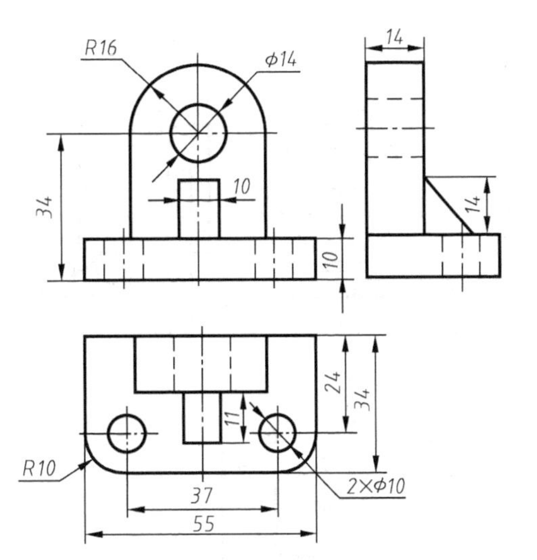

图 4-26　支架的尺寸标注

五、综合举例

在图 4-9 中分析了轴承座三视图的画法，现在结合图 4-27 进一步分析它的尺寸标注。注意形体分析的思维过程在尺寸标注中的体现。

1. 形体分析

读懂轴承座的三视图，分析各个部分（轴承、凸台、支承板、底板、肋板）的形状和相对位置，如前所述。

2. 选择尺寸基准

长度方向的尺寸以对称面为基准；高度方向的尺寸以底面为基准；宽度方向的尺寸以支承板后端面为基准，如图 4-27a 所示。

3. 尺寸标注步骤

1）首先标注底板的定形和定位尺寸。因为对底板来说，俯视图最能反映其形状特征，所以底板的尺寸应尽量标注在俯视图上，如图 4-27a 所示。

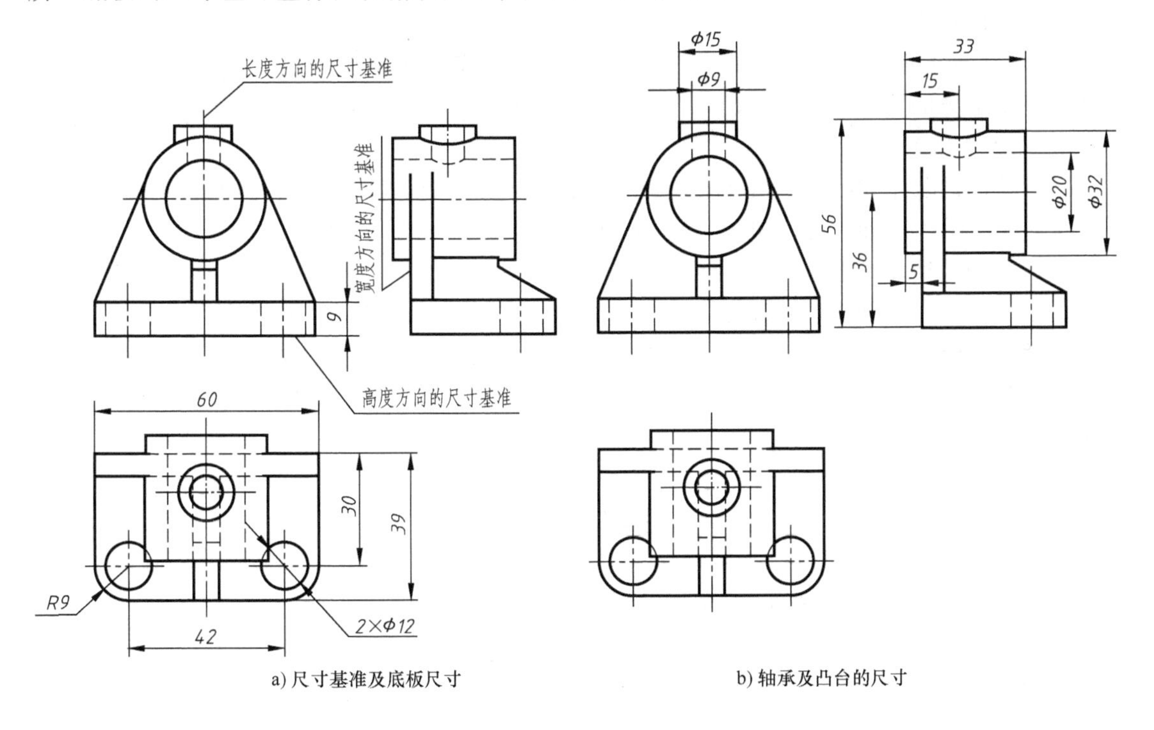

a) 尺寸基准及底板尺寸　　b) 轴承及凸台的尺寸

图 4-27　轴承座的尺寸标注

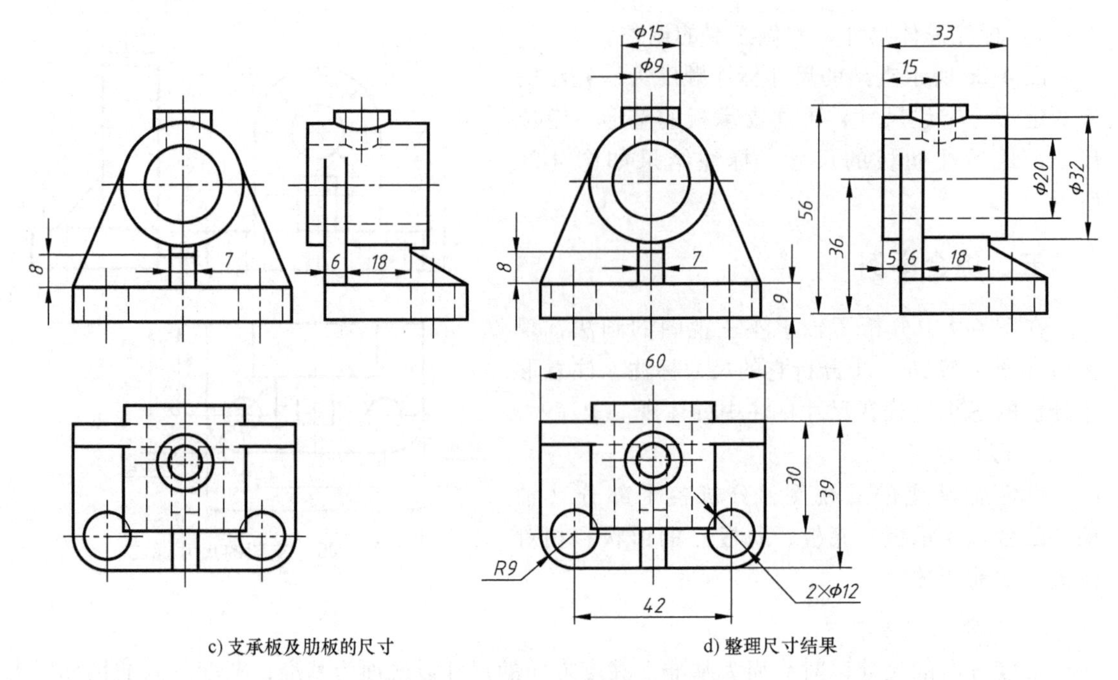

c) 支承板及肋板的尺寸　　d) 整理尺寸结果

图 4-27　轴承座的尺寸标注（续）

2）接着标注轴承和凸台的定形和定位尺寸。36 是确定轴承高度方向的定位尺寸，5 是确定轴承宽度方向的定位尺寸，定出轴承后端面的位置，并由此注出凸台的宽度方向定位尺寸 15，如图 4-27b 所示。一般圆柱体的直径尺寸应尽量标注在非圆视图上，则轴承和凸台的尺寸集中标注在主、左视图上。

3）标注支承板的尺寸。与轴承相切的支承板，只需标注厚度尺寸，其他尺寸都不需要标注。轴承下方的肋板只需标注出三个定形尺寸即可，如图 4-27c 所示。

4. 标注总体尺寸

轴承座的总长是 60，总高是 56，在图上已注出。总宽尺寸应为 44，是底板宽度 39 及轴承宽度定位尺寸 5 之和，在这里为不宜标注的重复尺寸。

最后整理的结果如图 4-27d 所示。

由上例可知，组合体尺寸标注步骤和画图步骤相同，都需在形体分析的基础上进行。另外，尺寸标注时总是先标注定形尺寸，然后再标注定位尺寸。由于还没有学习剖视图，上例中轴承孔的直径尺寸标注在了虚线上，学习剖视图之后，孔的尺寸要按剖视图的尺寸标注规定进行标注。

复习思考题

1. 组合体的组合形式有哪几种？
2. 什么是形体分析法、线面分析法？
3. 组合体相邻表面的连接关系有哪几种？
4. 画组合体时，如何选择主视图？
5. 试述读组合体视图的基本要领和基本方法。

第五章

轴测投影图

多面正投影图能准确地表达物体的结构形状，而且作图简便，度量性好，所以是工程上常用的图样，如图 5-1a 所示。但是这种图样缺乏立体感，必须有一定读图能力的人才能看懂。因此，工程上还采用一种富有立体感的轴测图，如图 5-1b 所示，来帮助人们进行空间构思，表达设计思想，或在文献资料中辅助说明问题，以弥补多面正投影图的不足。

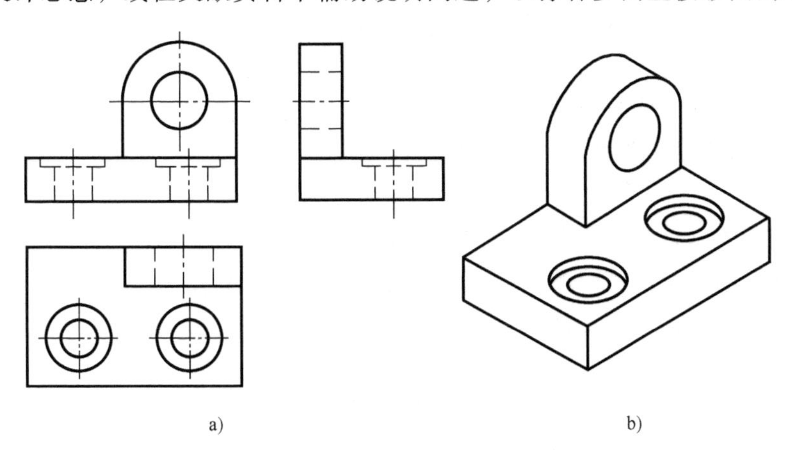

a)　　　　b)

图 5-1　多面正投影图与轴测图的比较

第一节　轴测投影图的基本知识

一、轴测投影图的形成

轴测投影图和多面正投影图不同，它是一种单面投影图。如图 5-2 所示，在适当位置设置一个投影面 P，将物体连同确定其空间位置的直角坐标系一起，按选定的投射方向 S、用平行投影法向投影面 P 进行投射，所得到的一个能同时反映物体长、宽、高的投影图，称为轴测投影图，简称轴测图。

在轴测投影中，投影面 P 称为轴测投影面，投射线方向 S 称为投射方向，如图 5-2 所示。

二、轴测轴、轴间角、轴向伸缩系数

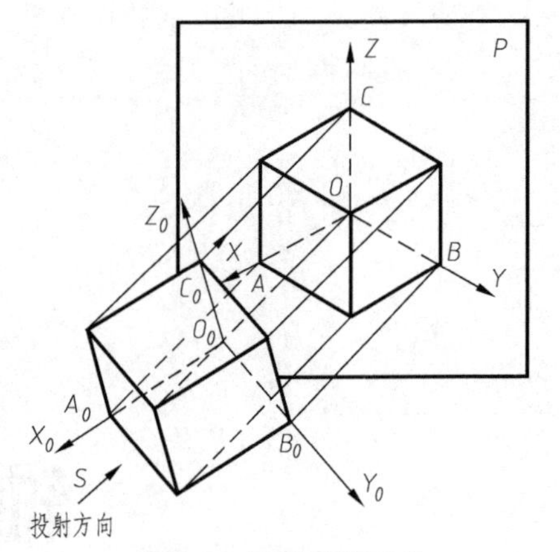

图 5-2　轴测图的形成

（1）轴测轴　直角坐标轴 O_0X_0、O_0Y_0、O_0Z_0 在轴测投影面上的投影 OX、OY、OZ 称为轴测轴。

（2）轴间角　两根轴测轴之间的夹角，即 $\angle XOY$、$\angle XOZ$、$\angle YOZ$ 称为轴间角。

（3）轴向伸缩系数　轴测轴上的单位长度与相应坐标轴上的单位长度的比值称为轴向伸缩系数，如图 5-2 所示。

X 轴的轴向伸缩系数：$p_1=\dfrac{OA}{O_0A_0}$

Y 轴的轴向伸缩系数：$q_1=\dfrac{OB}{O_0B_0}$

Z 轴的轴向伸缩系数：$r_1=\dfrac{OC}{O_0C_0}$

三、轴测图的分类

轴测图根据投射线方向和轴测投影面的位置不同可分为两大类：

1）正轴测图。投射线方向垂直于轴测投影面。

2）斜轴测图。投射线方向倾斜于轴测投影面。

根据不同的轴向伸缩系数，每类又可分为三种：

1. 正轴测图

1）正等轴测图（简称正等测），$p_1=q_1=r_1$。

2）正二轴测图（简称正二测），$p_1=r_1\neq q_1$，或 $p_1=q_1\neq r_1$。

3）正三轴测图（简称正三测），$p_1\neq q_1\neq r_1$。

2. 斜轴测图

1）斜等轴测图（简称斜等测），$p_1=q_1=r_1$。

2）斜二轴测图（简称斜二测），$p_1=r_1\neq q_1$，或 $p_1=q_1\neq r_1$。

3）斜三轴测图（简称斜三测），$p_1\neq q_1\neq r_1$。

在斜二测投影中，一般取轴向伸缩系数 $p_1=r_1=2q_1$，工程上用得较多的是正等测和斜二测，本章只介绍这两种轴测投影图的画法。

四、轴测图的基本特性

1）物体上相互平行的线段，其轴测投影仍然相互平行。

2）物体上平行于坐标轴的线段，其轴测投影也必然平行于相应的轴测轴，且线段的轴测投影长与空间长之比等于相应坐标轴的轴向伸缩系数。

由以上所述可知，画轴测图必须先确定轴间角和轴向伸缩系数，然后才能沿着平行于轴测轴的方向画物体上平行于相应坐标轴的各线段，并分别按相应轴向伸缩系数测量其尺寸，“轴测”二字由此而来。

第二节　正等轴测投影图

一、正等测的轴间角和轴向伸缩系数

设轴测投射方向 S 垂直于轴测投影面 P，并使空间坐标轴 O_0X_0、O_0Y_0、O_0Z_0 对轴测投影面 P 的倾角相等。这时，有 $p_1=q_1=r_1=0.82$，$\angle XOY=\angle XOZ=\angle YOZ=120°$，则形体在该轴测投影面 P 上的投影图称为正等轴测投影图，简称正等测。

画正等测时，规定轴测轴 OZ 画成铅垂线位置，因而 OX、OY 与水平线成 30°角，如图 5-3 所示。

由于 $p_1=q_1=r_1=0.82$，因此在画图时还要进行烦琐的线段投影长度换算。在实际画图中，通常取 $p_1=q_1=r_1=1$（叫简化伸缩系数），这样就把形体的图形放大了 $1/0.82\approx1.22$ 倍。图 5-4a 为按轴向伸缩系数 0.82 画出的立方体正等测，图 5-4b 为按轴向伸缩系数 1 画出的同一立方体的正等测。可见，按图 5-4b 绘制，并不影响立体感，而作图却简便多了。

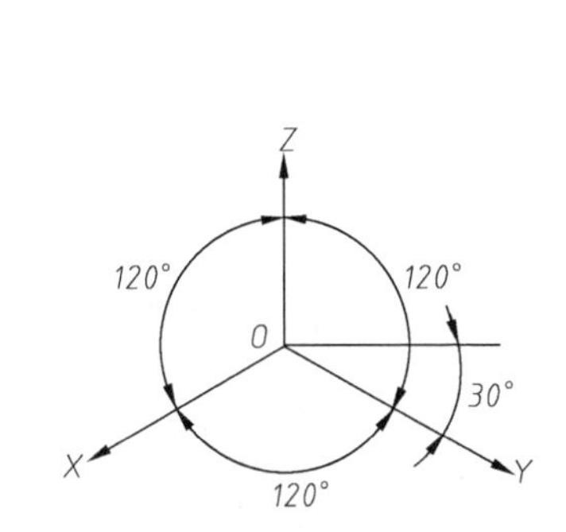

图 5-3　正等测的轴测轴与轴间角

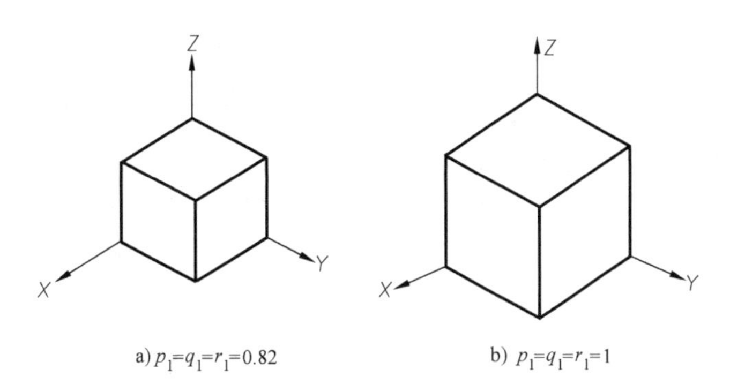

图 5-4　按轴向伸缩系数和简化伸缩系数画出的正等测

二、作平面立体的正等测

作平面立体正等测的最基本方法，是按坐标法画各点的轴测投影，再由点连成线或面。

例 1　画出图 5-5a 所示正六棱柱的正等轴测。

作图方法如图 5-5b、c 所示，具体步骤如下：

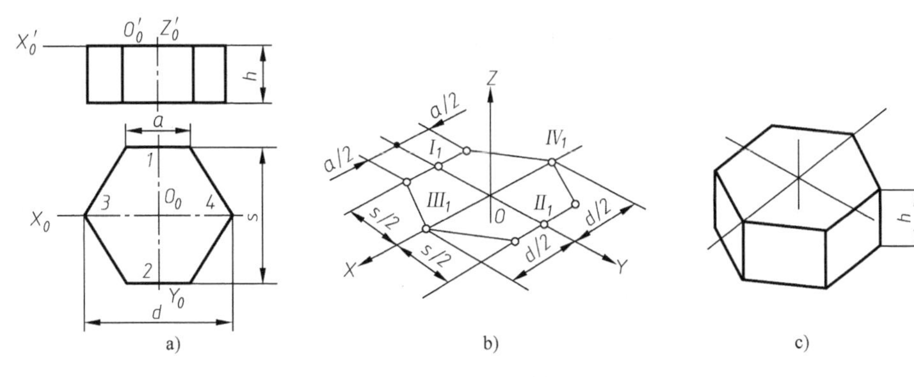

图 5-5　正六棱柱的正等测的画法

1）在正投影图上确定坐标原点和坐标轴。

2）作轴测轴，然后按坐标作出正六棱柱上端面的轴测投影。

3）根据棱柱高 h 作出可见棱面的轴测图，并描粗加深完成全图。

例 2　根据物体的正投影图（图 5-6）画其正等测。

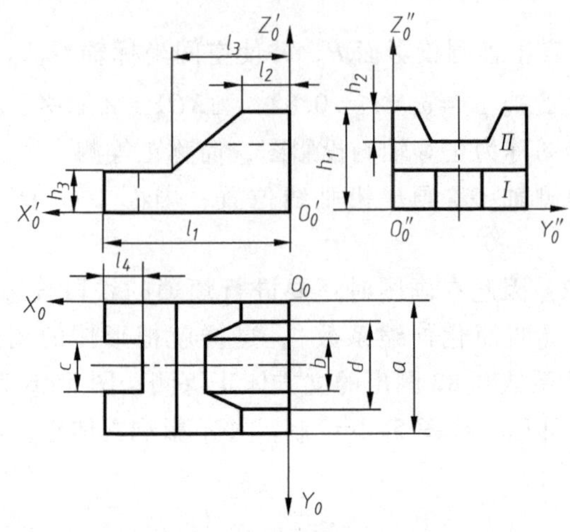

图 5-6　组合体的三视图

1）画轴测轴，定原点位置，画Ⅰ部分正等测。

2）在Ⅰ部分的正等测的相应位置上画出Ⅱ部分的正等测。

3）在Ⅰ、Ⅱ部分分别开槽，然后整理、加深，即得这个物体的正等测，如图 5-7 所示。

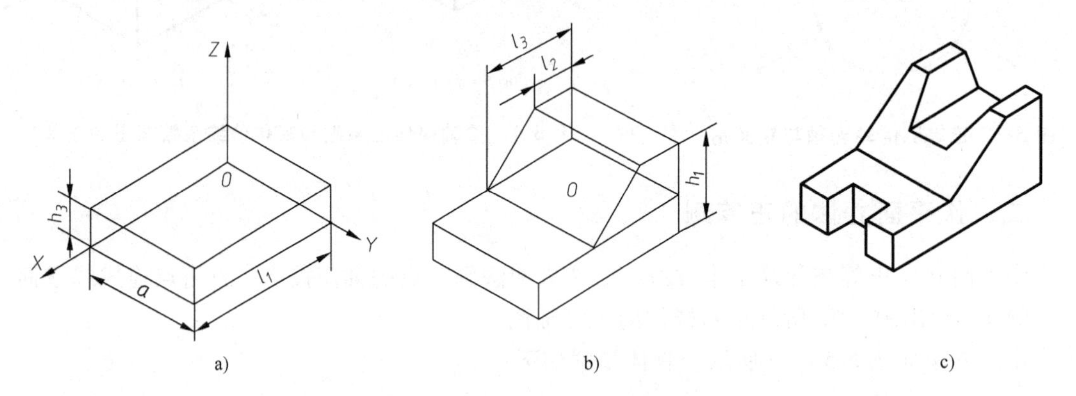

图 5-7　用叠加法画物体的正等测

此题如果用切割法，首先将物体看成是一定形状的整体，画出其轴测图，然后再相继画出被切割后的形状，作图步骤如下。

1）在正投影图中确定坐标原点和坐标轴，此物体可视为由长方体切割而成，因此首先画出切割前长方体的正等测，如图 5-8a 所示。

2）在长方体上截去左侧一角，如图 5-8b 所示。

3）分别在左下侧、右上侧开槽，如图 5-8c 所示。

4）擦去作图线，整理、加深，即完成全图，如图 5-8d 所示。

三、回转体的正等测

1. 平行于坐标面的圆的正等测

设在单位立方体的三个平行于坐标面的表面上各有一个内切圆，这些圆的正等测均为椭圆。图 5-9 所示为采用简化伸缩系数 $p_1=q_1=r_1=1$ 时画出的平行于各坐标面的圆的正等测，其长轴长为 1.22d（d 为圆的直径），短轴长为 0.7d。

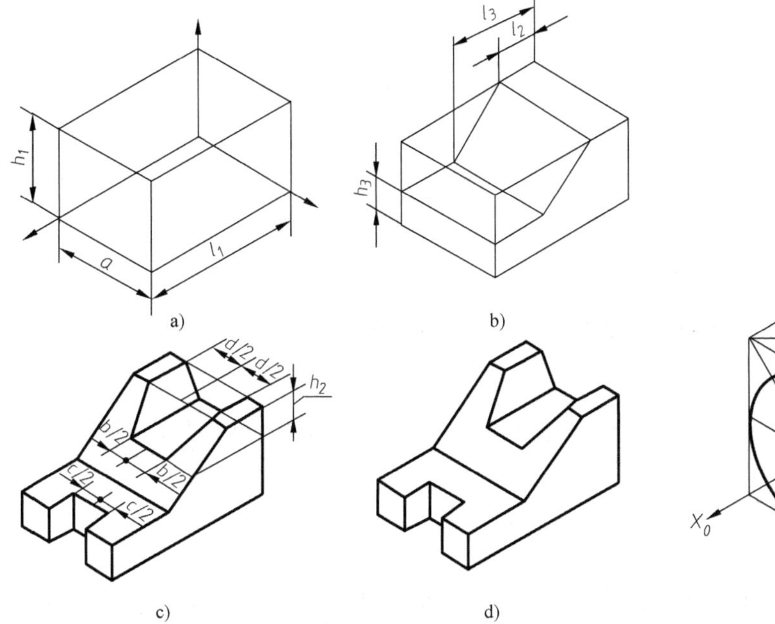

图 5-8　用切割法画物体的正等测

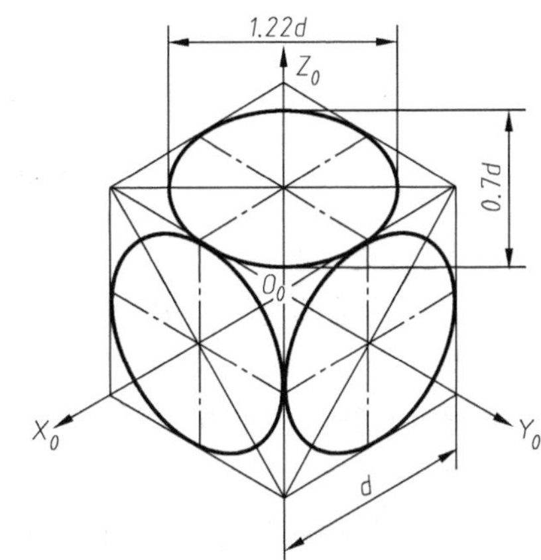

图 5-9　平行于坐标面的圆的正等测

三个椭圆的长、短轴方向不同，它们与轴测轴之间的关系是：

水平椭圆的长轴垂直于 Z_0 轴，短轴平行于 Z_0 轴；

正面椭圆的长轴垂直于 Y_0 轴，短轴平行于 Y_0 轴；

侧面椭圆的长轴垂直于 X_0 轴，短轴平行于 X_0 轴。

2. 平行于各坐标面圆的正等测（椭圆）的画法

现以水平面（$X_0O_0Y_0$ 坐标面）上圆的正等测为例，说明用菱形法近似作椭圆的方法。

作图过程：

1）在正投影图上作该圆的外切正方形，如图 5-10a 所示。

2）画轴测轴，根据圆的直径 d 作圆的外切正方形的正等测投影——菱形，如图 5-10b 所示。

菱形的长、短对角线方向即为椭圆的长、短轴方向，两顶点 3、4 为大圆弧圆心。

3）连接 $D3$、$C3$、$A4$、$B4$ 两两相交得点 1 和点 2，点 1、2 即为小圆弧的圆心，如图 5-10c 所示。

4）以点 3、4 为圆心，以 $D3$ 和 $A4$ 为半径画大圆弧 DC 和 AB，然后以点 1、2 为圆心，以 $D1$ 和 $B2$ 为半径画小圆弧 AD 和 CB，即得近似椭圆，如图 5-10d 所示。

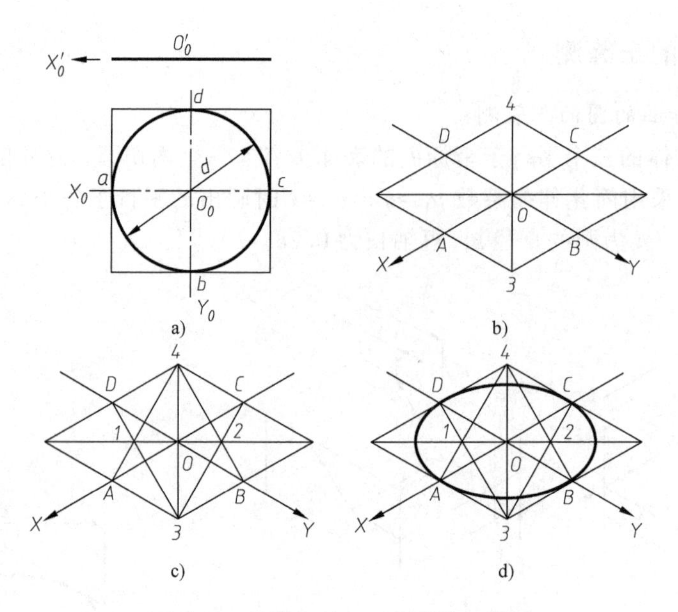

图 5-10　用菱形法近似画圆的正等测

3. 圆柱的正等测

画圆柱的正等测，只要先画出其顶面和底面圆的正等测——椭圆，然后作出两椭圆的公切线即可。

例 3　画圆柱的正等测。

作图过程：

1）在正圆柱的正投影图上确定坐标原点和坐标轴，并作圆的外接正方形，如图 5-11a 所示。

2）画出轴测轴，并由柱高确定上端面的位置，如图 5-11b 所示。

3）用菱形法画圆柱顶圆、底圆的正等测投影——椭圆，如图 5-11c 所示。

4）作两椭圆的公切线，然后整理、加深，即完成全图，如图 5-11d 所示。

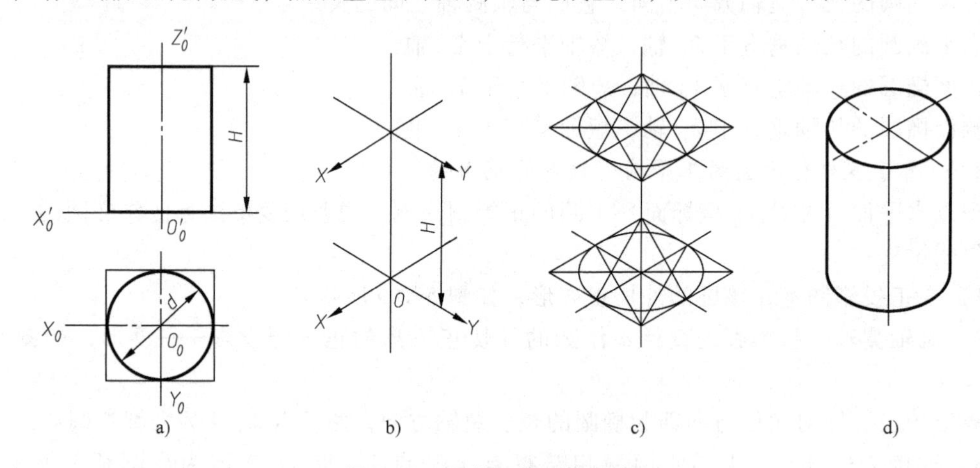

图 5-11　圆柱正等测的画法

图 5-12 所示为三个正圆柱的正等测，它们的轴线分别平行于相应的轴测轴，作图方法与上例相同。

4. 平板上圆角的正等测

连接直角的圆弧，等于整圆的 1/4，在轴测图上是 1/4 椭圆弧，可用近似画法作出，如图 5-13 所示。作图时根据已知圆角半径 R，找出切点 A、B、C、D，过切点分别作圆角邻边的垂线，两垂线的交点即为圆心，以此圆心到切点距离为半径画圆弧，即得圆角的正等测。底面圆角可用移心法作图，如图 5-13 所示。

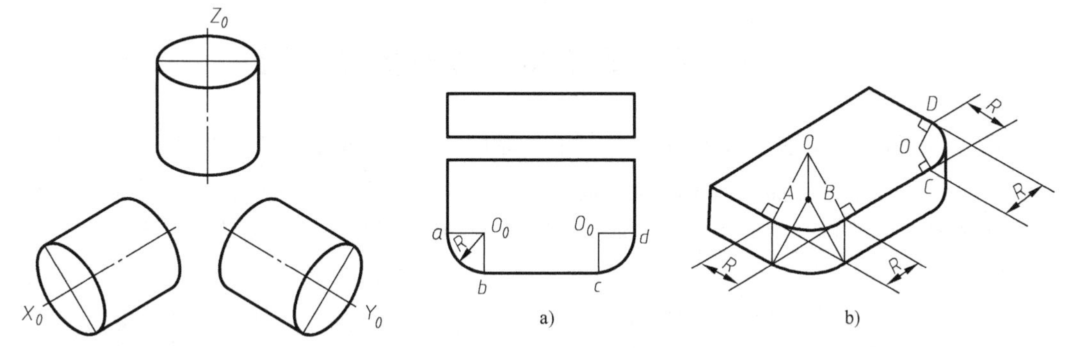

图 5-12　轴线平行于各坐标轴的圆柱正等测

图 5-13　圆角正等测的画法

四、组合体的正等测

绘制组合体的正等测，首先要进行形体分析，弄清它由哪些基本体组成以及组合形式和表面间的连接关系，然后决定作图方法。画图时，要正确判断基本体之间的相对位置关系。

例 4　图 5-14a 是一个支架的正投影图，画其正等测。

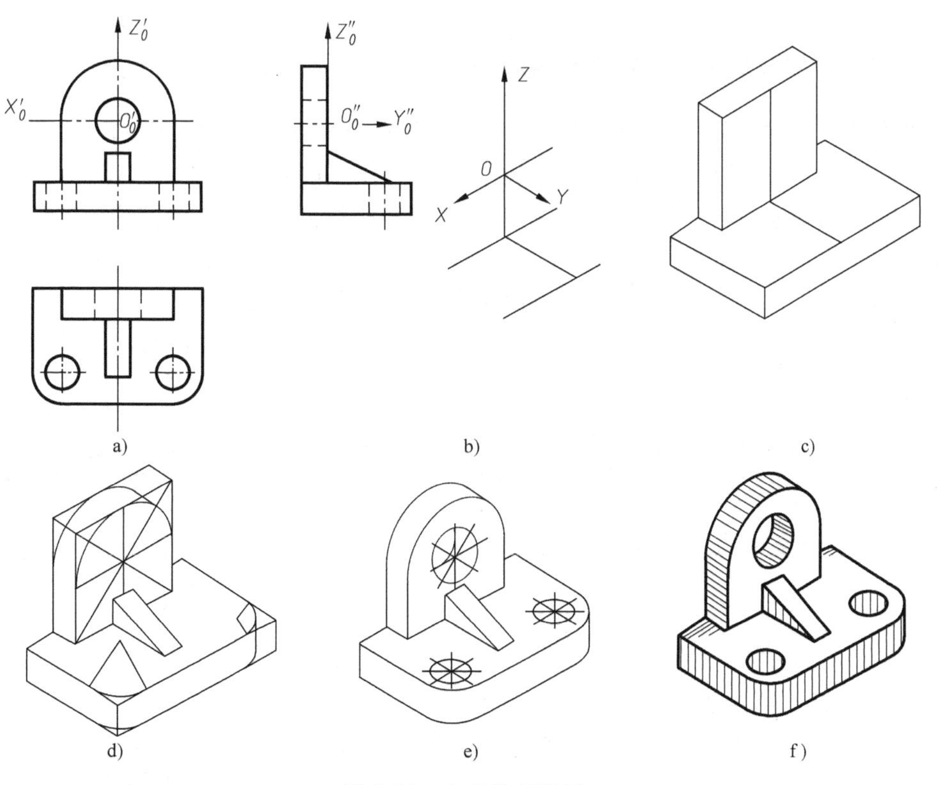

图 5-14　支架的正等测

1）在正投影图上确定坐标原点和坐标轴，如图 5-14b 所示。

2）画轴测轴，画出底板和竖板的正等测，如图 5-14c 所示。

3）画出三角形肋板、竖板的半圆柱和底板的圆角，如图 5-14d 所示。

4）画出竖板和底板上的圆孔，如图 5-14e 所示。

5）擦除多余的作图线，检查、整理、加深，如图 5-14f 所示。

第三节　正面斜二等轴测投影图

如图 5-15a 所示，使直角坐标系的一个坐标面 $X_0O_0Z_0$ 和轴测投影面 P 平行，而投射线方向 S 倾斜于轴测投影面 P，这时投射线方向与三个坐标面都不平行，得到的轴测图称为正面斜轴测图。本节只介绍其中一种常用的正面斜二等轴测投影图，简称斜二测。

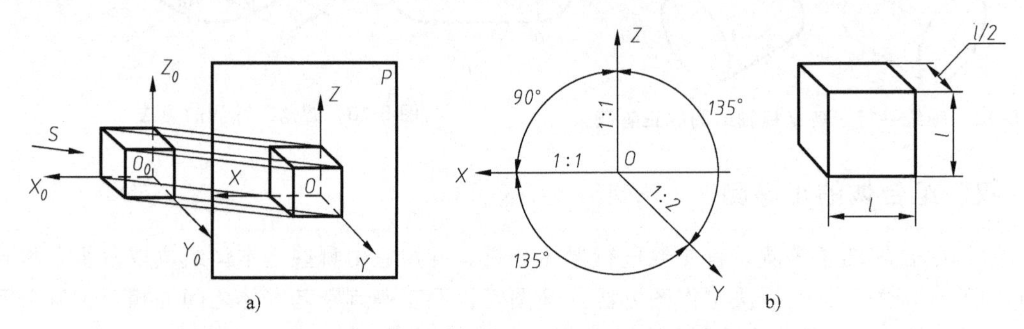

图 5-15　斜二等轴测投影的轴测轴、轴间角及轴向伸缩系数

一、斜二测的轴间角和轴向伸缩系数

从图 5-15a 可以看出，由于坐标面 $X_0O_0Z_0$ 与轴测投影面 P 平行，因此不论投射方向如何，根据平行投影的特性，X 轴和 Z 轴的轴间角为直角，即 $p_1=r_1=1$，$\angle XOZ=90°$。

一般将 Z 轴画成铅垂线位置，物体上凡是平行于坐标面 $X_0O_0Z_0$ 的直线、曲线、平面图形的斜二测投影均反映实形。

Y 轴的轴向伸缩系数和相应的轴间角随着投射线方向 S 的变化可独立变化，为了作图简便，增强投影的立体感，通常取轴间角 $\angle XOY=\angle YOZ=135°$，即 Y 轴的轴向伸缩系数 $q_1=0.5$，即斜二测各轴向变形系数的关系是：

$$p_1=r_1=2q_1=1$$

斜二测的轴间角和轴向伸缩系数如图 5-15b 所示。

二、平行于坐标面的圆的斜二测

如图 5-16 所示，平行于坐标面 $X_0O_0Z_0$ 的圆的斜二测投影反映实形，仍为圆。平行于另外两个坐标面 $X_0O_0Y_0$、$Y_0O_0Z_0$ 的圆的斜二测投影为椭圆。其长轴与相应轴测轴的夹角为 7°10′，长度为 1.06d，其短轴与长轴垂直等分，长度为 0.33d。斜二测的椭圆可用近似画法作出，图 5-17

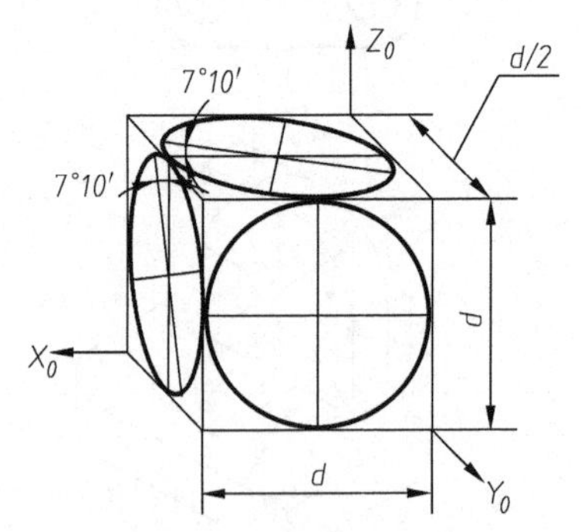

图 5-16　平行于坐标面的圆的斜二测

所示为 $X_0O_0Y_0$ 面上椭圆的画法。

作图过程：

1）画圆外切正方形的斜二测，得一平行四边形。过 O 作直线 AB 与 X 轴的夹角为 $7°10'$，AB 即为椭圆的长轴方向，过 O 作 CD 垂直于 AB，CD 即为椭圆的短轴方向，如图 5-17a、b 所示。

2）在短轴方向线 CD 上截取 $O5=O6=d$，点 5、6 即为大圆弧的圆心，连接 5、2 及 6、1 并与长轴交于点 7、8，点 7、8 即为小圆弧的圆心，如图 5-17c 所示。分别作大圆弧和小圆弧即得所求椭圆，如图 5-17d 所示。

平行于 $Y_0O_0Z_0$ 平面的椭圆画法类似，只是长、短轴方向不同。

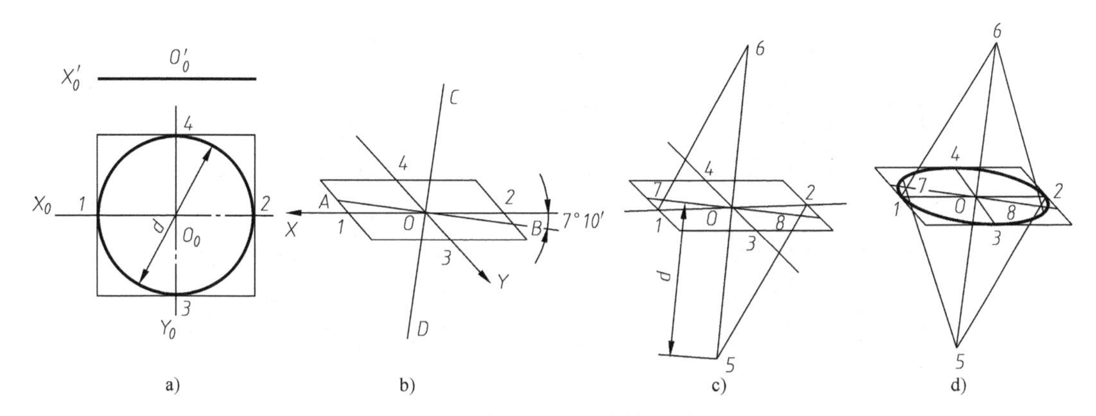

图 5-17　水平面上圆的斜二测画法

三、斜二测的画法

当物体的正面（$X_0'O_0'Z_0'$坐标面）形状比较复杂时，采用斜二测较合适。斜二测与正等测的作图步骤相同。

例 5　根据物体的正投影图作其斜二测，如图 5-18a 所示。

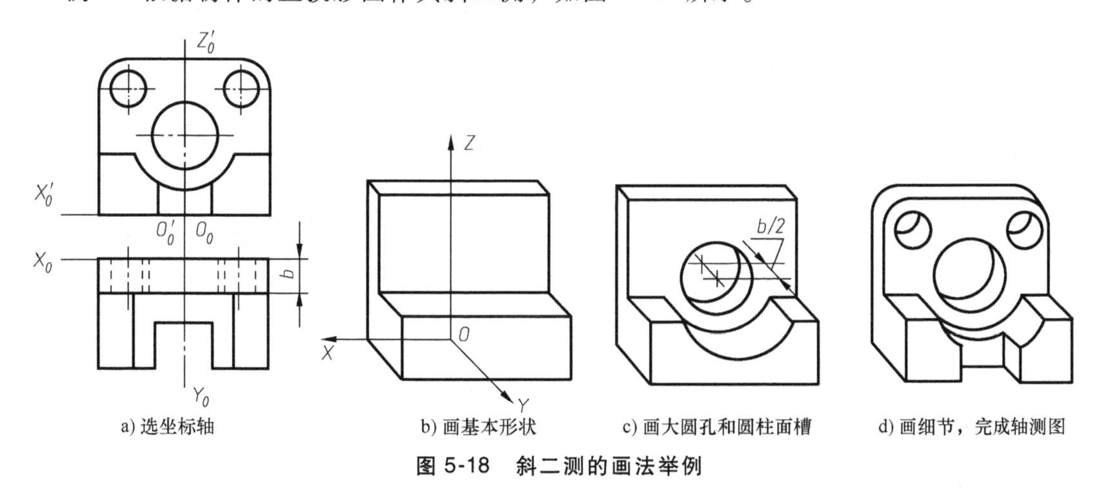

图 5-18　斜二测的画法举例

1）确定原点，画轴测轴，如图 5-18b 所示。

2）画基本形状的斜二测。

3）画大圆孔和圆柱面槽的斜二测，如图 5-18c 所示。

4）完成细节，擦去作图线，整理、加深完成全图，如图 5-18d 所示。

第四节 轴测投影图的相关问题

一、轴测图上交线的画法

画轴测图上的交线（截交线、相贯线）常用坐标法，即根据交线上点的正投影和坐标，画出各点的轴测投影，然后光滑地连接起来即得相贯线的轴测投影，如图 5-19 所示。

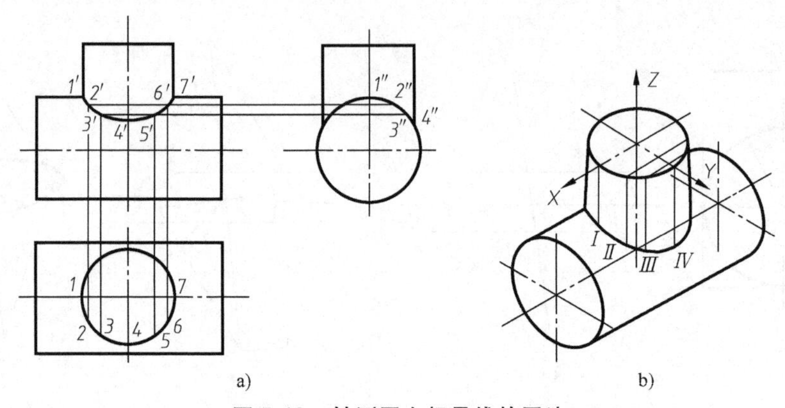

图 5-19 轴测图上相贯线的画法

二、轴测图的剖切画法

在轴测图中，为了表达形体的内部形状，可以假想用两个互相垂直的剖切平面将形体剖开，剖切平面一般应与坐标面重合，剖面线的方向如图 5-20 所示。

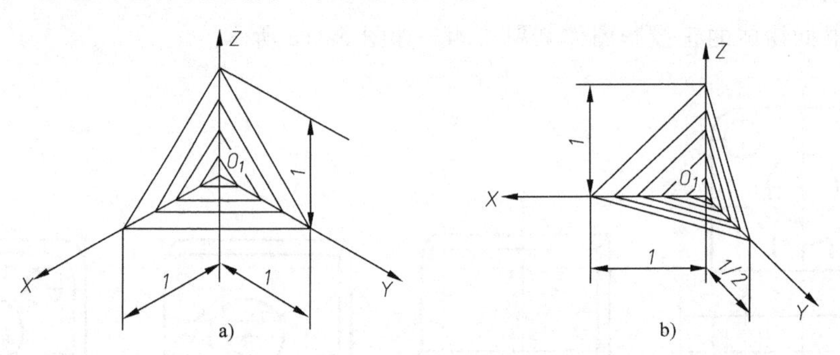

图 5-20 轴测图的剖面线画法

三、轴测图的尺寸标注

轴测图的尺寸，一般沿轴测轴方向标注，尺寸数字为物体的实际尺寸。

尺寸线必须和所标注的线段平行；尺寸界线一般应平行于某一轴测轴方向；尺寸数字应按相应的轴测图标注在尺寸线的上方。但在图形中若出现字头朝下时，应用引出线将数字写成水平位置，如图 5-21a 所示。

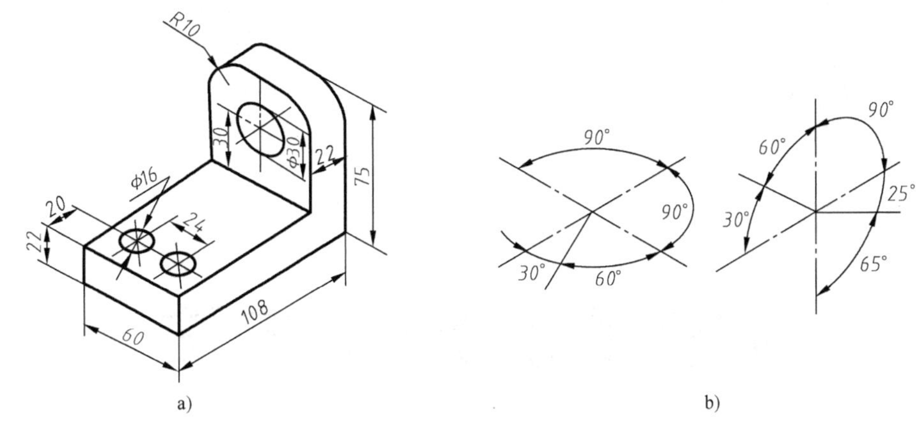

图 5-21　轴测图中尺寸标注

标注圆的直径，尺寸线和尺寸界线应分别平行于圆所在平面内的轴测轴。标注圆弧半径或较小圆的直径时，尺寸线可以（或通过圆心）引出标注，但注写数字的横线必须平行于轴测轴，如图 5-21a 所示。

标注角度的尺寸线，应画成该坐标平面上相应的椭圆弧，角度数字一般写在尺寸线的中间处，字头向上，如图 5-21b 所示。

复习思考题

1. 轴测图分哪两大类？与多面正投影图相比较，有哪些特点？

2. 正等轴测图的轴间角、轴向伸缩系数分别是多少？它们的简化伸缩系数是多少？

3. 斜二轴测图的轴间角、轴向伸缩系数分别是多少？

4. 当物体上具有许多平行于坐标平面 $X_0O_0Z_0$ 的圆或曲线时，选用哪一种轴测图作图较方便？

5. 在轴测图中，尺寸标注的方向如何？

第六章 机件的常用表达方法

在生产实际中，机件的结构形状是多种多样的，在绘制图样时，应根据机件的结构形状特点采用适当的表达方法，完整、清晰地把它表达出来。国家标准 GB/T 4458.1—2002《机械制图　图样画法　视图》中，明确地规定了一系列表达方法，本章介绍其中一些常用的表达方法。

第一节　视　　图

视图主要表达机件的外部结构形状。视图一般只画机件的可见部分，必要时才画其不可见部分。视图可分为：基本视图、向视图、斜视图和局部视图。

一、基本视图

对于形状复杂的机件，仅用前面介绍的三视图是不能完整、清晰地表达出它的外部形状和内部结构的。这时，可在原有三个投影面的基础上，再增设三个投影面，如图 6-1a 所示。这六个面称为基本投影面，机件放在其中，并采用第一角画法，从机件的前、后、上、下、左、右六个方向分别向基本投影面投射，得到了六个基本视图。

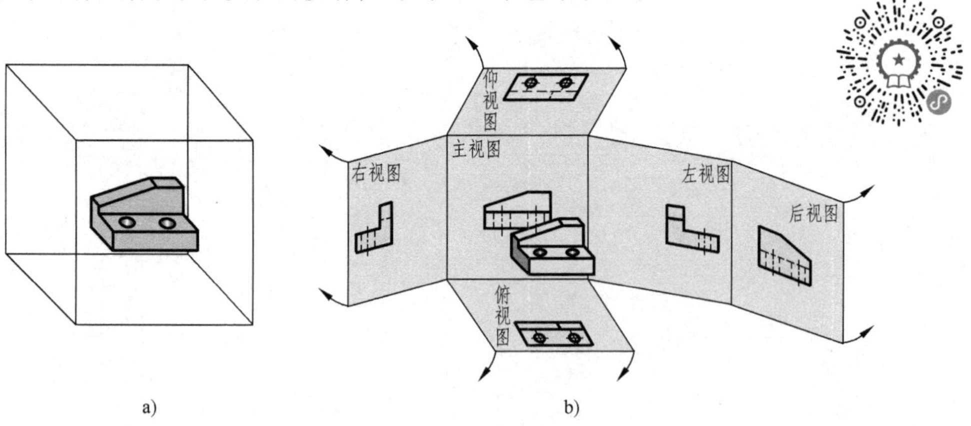

图 6-1　六个基本投影面

在基本视图中，除前面介绍过的主视图、俯视图和左视图外，还有：从右向左投射得到的右视图；从下向上投射得到的仰视图；从后向前投射得到的后视图。六个投影面展开时仍保持 V 面不动，其他投影面按图 6-1b 所示方向展开。

二、向视图

在同一张图纸内，按图 6-2 配置视图时，一律不标注视图的名称。有时为了合理利用图纸，不按图 6-2 配置时，应在视图的上方标注出视图的名称“×”（“×”为大写拉丁字母，并按 A、B、C……顺次使用，下同），在视图附近用箭头指明投射方向，并注上同样的字母，如图 6-3 所示。

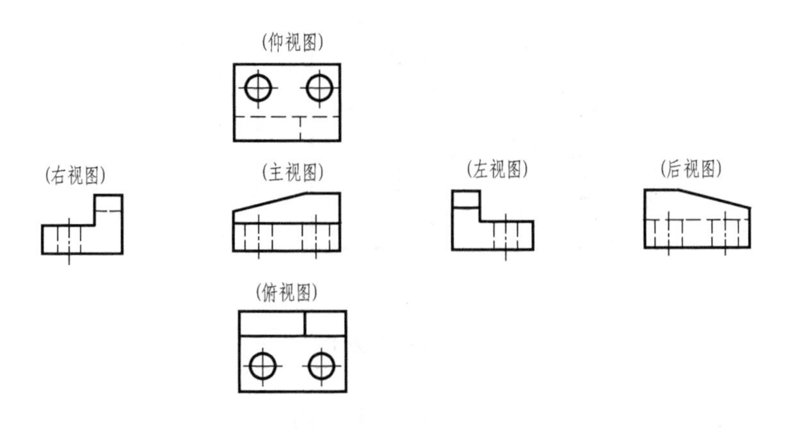

图 6-2　六个基本视图的配置

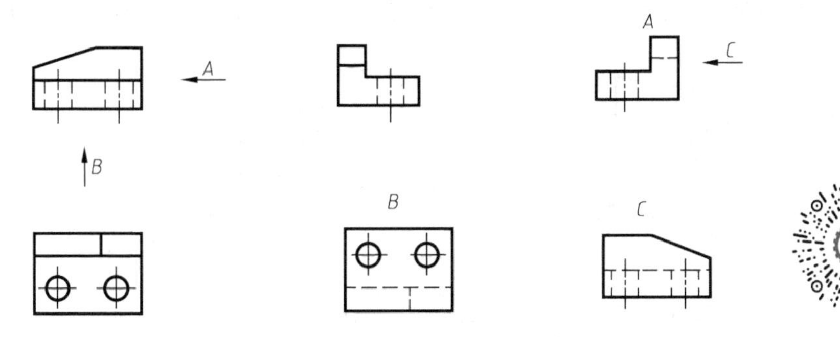

图 6-3　视图不按基本视图配置时的标注

根据机件的结构特点，适当选用基本视图，可以比较清晰地表达机件的形状。如图 6-4a 所示的壳体零件，可以选用主视图和左视图两个视图来表达它的形状，如图 6-4b 所示。但由于视图中虚线较多，不便于看图。而选用主、左、右三个视图来表达，如图 6-4c 所示，图形就清晰多了。

国家标准规定，绘制机械图样时，视图一般只画机件的可见部分，必要时才画其不可见部分。在图 6-4c 中，为了表达壳体的内部形状，主视图和右视图中仍需画出必要的虚线。

三、斜视图

当机件的某一部分结构形状是倾斜的，且不平行于任何基本投影面时，在基本投影面上

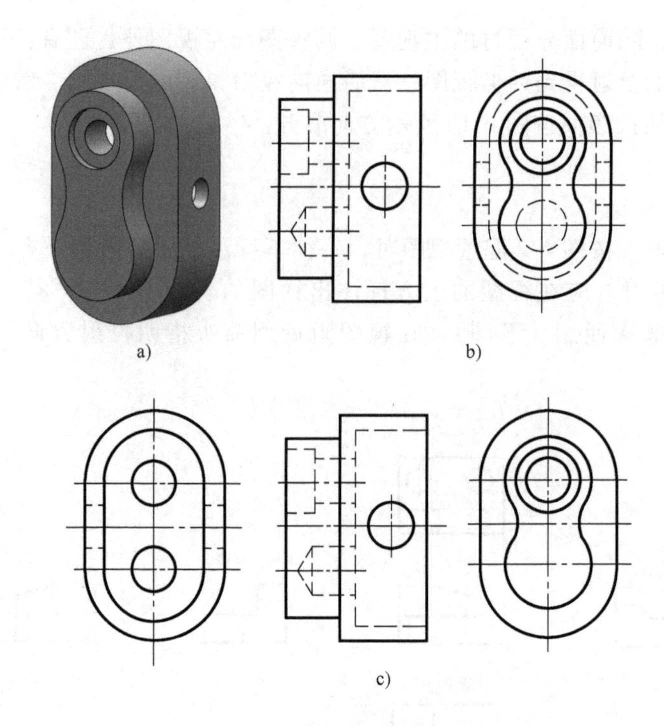

图 6-4　视图数量的选择

无法表达该部分的实形和标注真实尺寸，这时可假想用一个与倾斜部分相平行并垂直于任何一个基本投影面的平面，将倾斜结构向该平面投射，而得到倾斜表面实形，如图 6-5a、b 所示。这种将机件向不平行于任何基本投射面的平面投射所得到的视图称为斜视图。

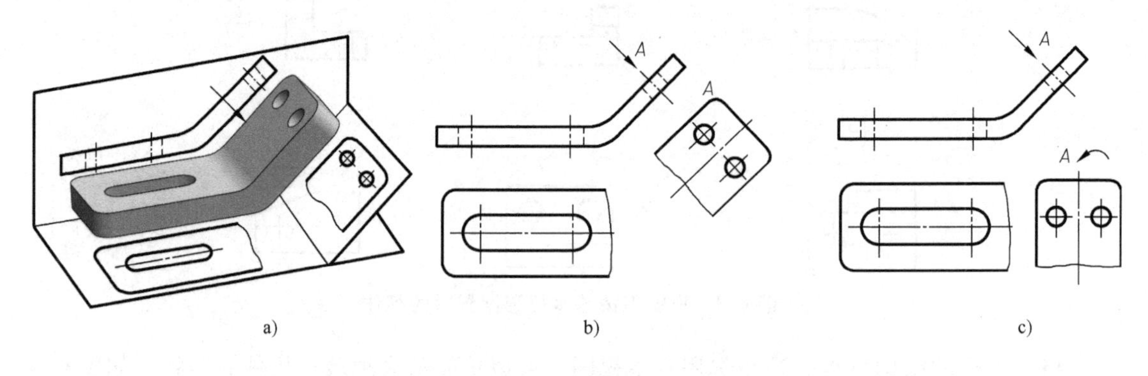

图 6-5　斜视图

画斜视图时应注意以下几点：

1）画斜视图时，必须用带大写字母的箭头指明其投射方向和部位，并在斜视图上方标注视图名称 “×”，如图 6-5b 所示。

2）斜视图一般按投影关系配置。必要时也可配置在其他适当位置。在不致引起误解时，允许将图形旋转，标注形式为“×⌒”或“⌒×”，其中“⌒”或“⌒”是旋转符号，旋转符号是半径为字高的半圆弧，且字母在箭头一侧，如图 6-5c 中的旋转符号。

3）斜视图通常要求表达机件倾斜部分的局部形状，其余部分可用波浪线断开，不必画出，如图 6-5b 中 *A* 所示。

四、局部视图

将机件的某一局部形状向基本投影面投射所得到的视图，称为局部视图，如图 6-5 中的俯视图，图 6-6 中的 *A*、*B* 视图均为局部视图。画局部视图时应注意以下几点：

1）一般在局部视图的上方标出视图的名称“×”，并在相应的视图附近用箭头指明投射方向，并注上同样的字母，如图 6-6 所示。

2）当局部视图按投影关系配置，中间又无其他图形隔开时，可省略标注，如图 6-5b 中的俯视图。

3）局部视图的断裂处以波浪线表示。如图 6-5b 的俯视图，图 6-6 的 *A* 视图。当所表示的局部视图是完整的且外轮廓封闭时，波浪线可省略不画，如图 6-6 中的 *B* 所示。

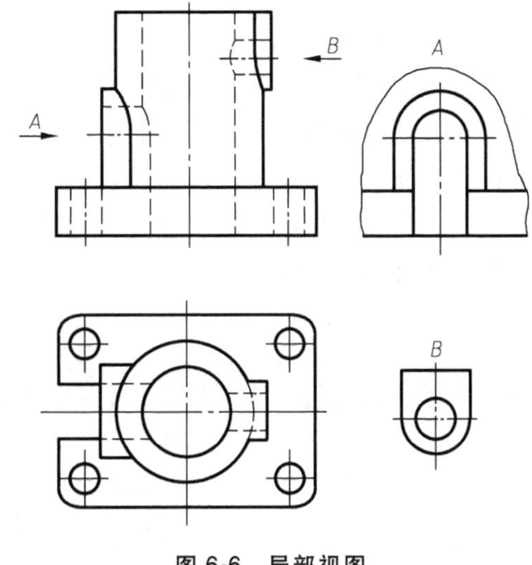

图 6-6　局部视图

第二节　剖　视　图

一、剖视图的基本概念

如图 6-7 所示，当机件的内部结构比较复杂时，视图上就会出现许多虚线，这时，图上的虚线和其他图线重叠会影响图形的清晰度，造成看图困难，不便于标注尺寸。为了清楚地表达机件的内部结构，在机械制图中常采用剖视的方法。假想用剖切面（平面或柱面）把机件剖开，移去观察者和剖切面之间的部分，将其余部分向投影面投射，这种方法称为剖视，所得的图形称为剖视图（简称剖视），如图 6-8b 所示。

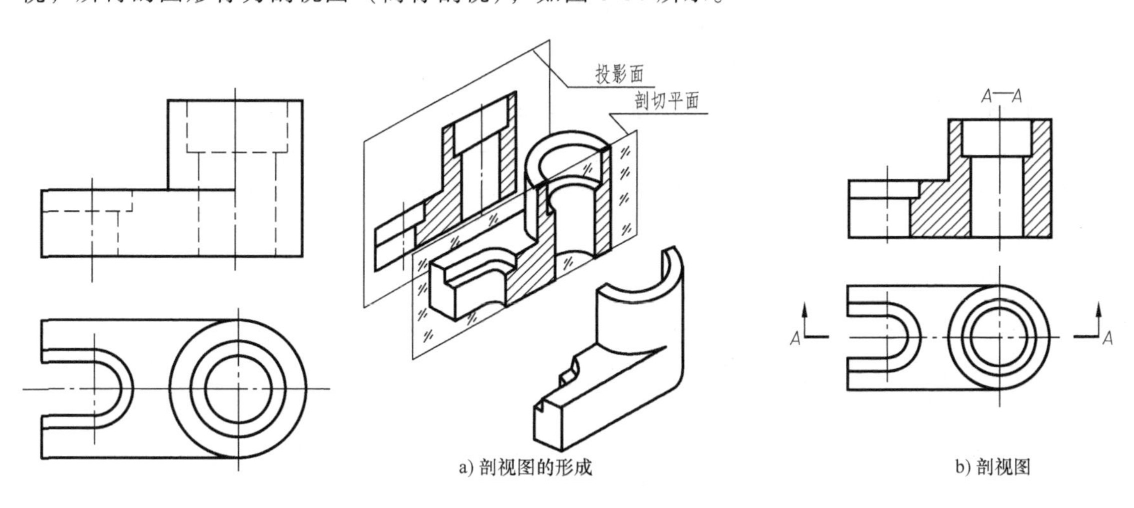

a) 剖视图的形成　　b) 剖视图

图 6-7　机件视图　　图 6-8　剖视图的概念

二、剖视图的画法

1. 画剖视图的方法

如图 6-8a 所示机件，当主视图采用剖视图时，首先取平行于正面并通过该机件上孔的轴线的剖切平面将其剖开，移去前半部分，并将剖切平面截切机件的断面及剖切平面后面的机件剩余部分，一并向该投影面投射，就得到该机件的剖视图。在剖视图上应将剖切平面截切机件所得到的断面画上剖面符号。机件的剖面符号按国家标准（GB/T 4457. 5—2013）规定，不同材料用不同的剖面符号表示。各种材料的剖面符号见表 6-1。

表 6-1　剖面符号

材料		符号	材料	符号
金属材料（已有规定剖面符号者除外）			木质胶合板（不分层数）	
线圈绕组元件			基础周围的泥土	
转子、电枢、变压器和电抗器等的叠钢片			混凝土	
非金属材料（已有规定剖面符号者除外）			钢筋混凝土	
型砂、填砂、粉末冶金、砂轮、陶瓷刀片、硬质合金刀片等			砖	
玻璃及供观察用的其他透明材料			格　网（筛网、过滤网）	
木材	纵断面		液体	
	横断面			

金属材料的剖面符号称为剖面线，通常画成与水平成 45°角、间隔均匀的细实线。同一机件在各剖视图中，所有的剖面线方向和间隔必须一致。当图形中的主要轮廓线与水平成 45°角时，该图的剖面线应画成与水平成 30°角或 60°角的平行线，其倾斜方向仍与其他图形的剖面线一致。

2. 剖视图的标注

标注是为了在看图时了解剖切位置和投射方向，便于找出投影的对应关系。

1）剖切位置线。在与剖视图相对应的视图上，用剖切符号（长度约为 5mm 的断开粗实线）标出剖切位置（画在起、讫和转折处），并尽可能不与图形轮廓线相交。

2）投射方向。在剖切符号的起、讫处，用箭头画出投射方向，箭头应与剖切符号垂直。

3）剖视名称。在剖切符号的起、讫和转折处，用相同的大写字母标出，但当转折处位置有限又不致引起误解时，允许省略标注。在相应的剖视图上方标出视图的名称“×—×”，如图 6-8b 中 A—A 剖视。

4）省略标注。当剖视图按投影关系配置，中间又没有其他图形隔开时，可以省略箭头。

当单一剖切平面通过机件的对称面或基本对称平面，且剖视图按投影关系配置，中间又没有其他图形隔开时，可以省略标注。如图 6-8b 中的 A—A 剖视，其剖切符号、剖视名称和箭头均可省略。

3. 画剖视图时应注意的问题

1）由于剖视图是假想把机件剖开，所以当一个视图画成剖视图时，其他视图的投影不受影响，仍按没剖前完整的机件画出，如图 6-9 所示。

2）剖切平面一般应通过机件的对称面或轴线，并要平行或垂直于某一投影面。

3）剖切平面后方的可见部分应全部画出，不能遗漏。图 6-9b 的画法是错误的。

4）在剖视图中，对于已经表示清楚的结构，其虚线可以省略不画。在没有剖开的视图上，虚线的问题也按同样原则处理，但对于没有表达清楚的部分，虚线还应画出。

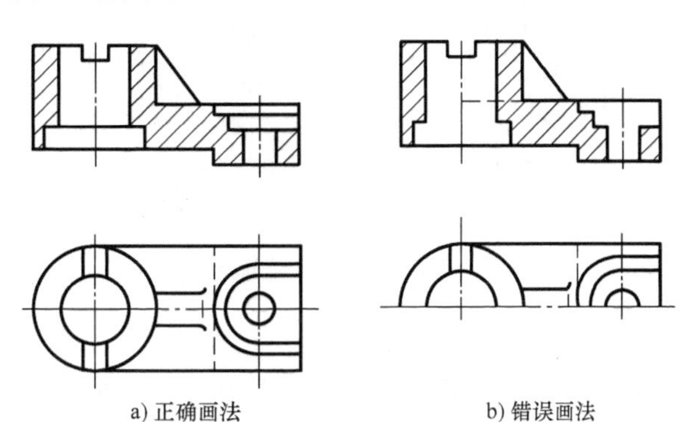

图 6-9　剖视图画法正误对比

5）剖视图的配置与基本视图的配置规定相同，必要时允许配置在其他适当位置。

三、剖视图的种类

按剖切面剖开机件范围的大小不同，剖视图分为全剖视图、半剖视图和局部剖视图。

1. 全剖视图

用剖切平面完全地剖开机件所得的剖视图，称为全剖视图，如图 6-8 和图 6-10 所示。

全剖视图主要用于内部结构比较复杂、外形比较简单的不对称零件，或者用于外形简单的对称零件，其标注规则同前面所述。

2. 半剖视图

当机件具有对称平面时，在垂直于对称平面的投影面上的投影图形，可以以对称中心线为界，一半画成剖视，另一半画成视图。这种剖视图称为半剖视图，如图 6-11 所示。

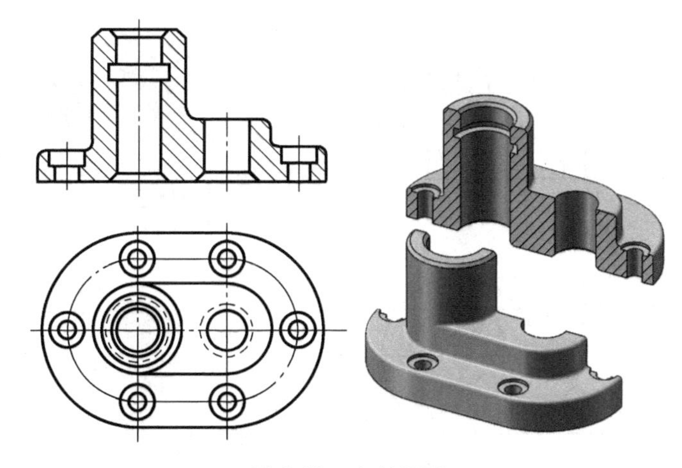
图 6-10　全剖视图

半剖视图主要用于内、外结

构形状都需要表达的对称机件。当机件的形状接近于对称，且不对称部分已另有图形表达清楚时，也可以画成半剖视图，如图 6-12 所示。

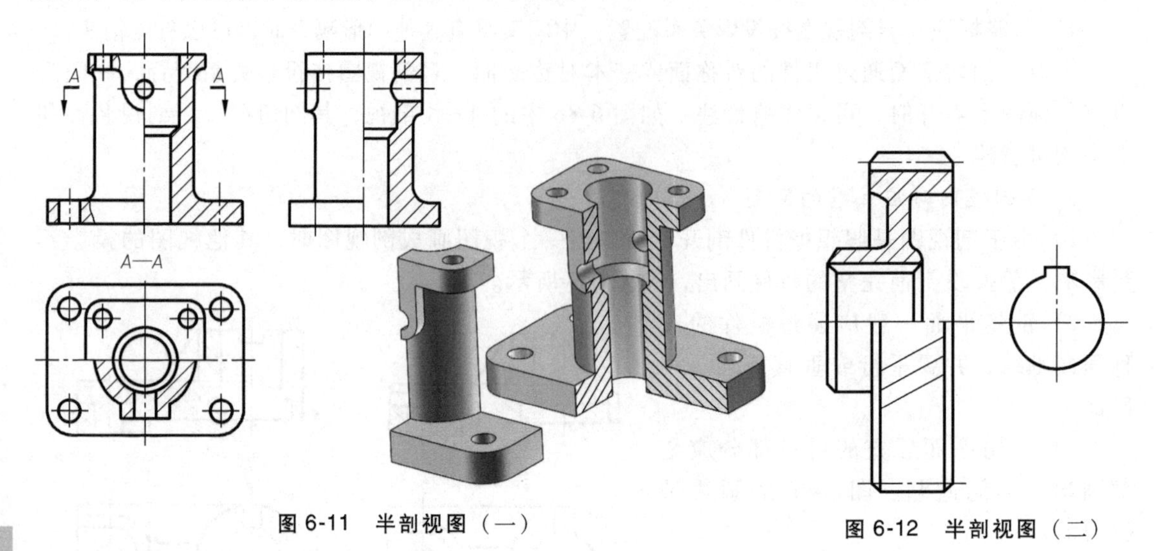

图 6-11　半剖视图（一）

图 6-12　半剖视图（二）

画半剖视图时应注意：

1）半个外形视图和半个剖视图的分界线应画成点画线，不能画成粗实线。

2）由于图形对称，机件的内部结构形状已在半个剖视图中表达清楚，所以在表达外部形状的半个视图中虚线可以省略不画。

3. *局部剖视图*

用剖切平面局部地剖开机件所得的剖视图，称为局部剖视图，如图 6-13 所示。

在局部剖视图中，视图部分与剖视图部分以波浪线为分界线。波浪线不应与图样上其他图线重合，也不得超出视图的轮廓线或通过中空部分，图 6-14a 的画法是错误的。

局部剖视图不受图形是否对称的限制，剖切位置及剖切范围的大小可根据需要决定。因此，它是一种比较灵活的表达方法，可以单独使用（图 6-13、图 6-14），也可以配合其他剖

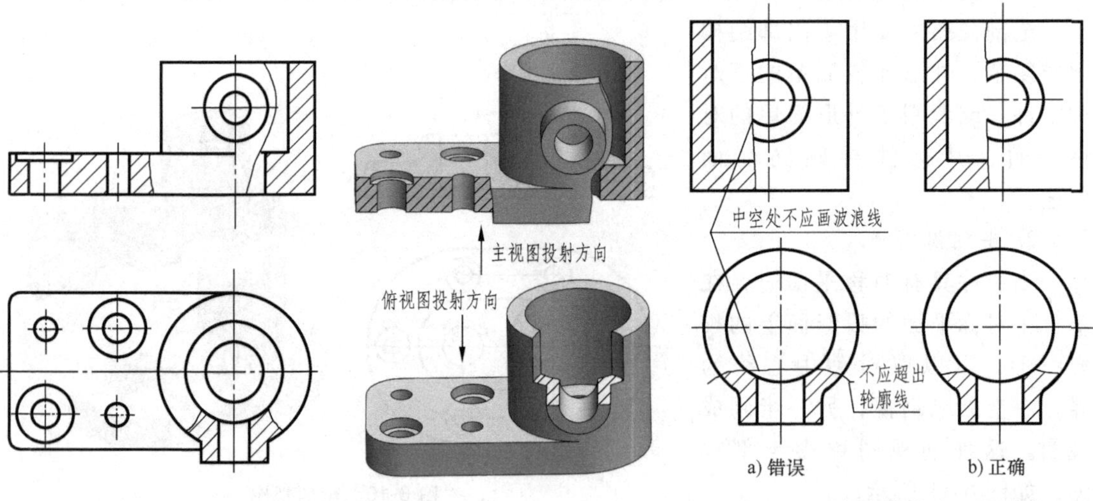

图 6-13　局部剖视图

图 6-14　波浪线画法正误对比

视图使用（如图 6-11 的主视图）。局部剖视图运用得好，可使图形简明清晰。但在一个视图中，局部剖切的数量不宜过多，否则会使图形过于破碎。

对于剖切位置明显的局部剖视图，一般可省略标注（图 6-11、图 6-13）。若剖切位置不够明显，则应进行标注。

四、剖切面的种类及剖切方法

除用平行于基本投影面的单一剖切平面剖切外，还可以用不同的剖切方法得到全剖视图、半剖视图和局部剖视图。

1. 两相交的剖切平面（交线垂直于某一基本投影面）

用两相交的剖切平面（交线垂直于某一基本投影面）剖开机件的方法称为旋转剖。

采用这种方法画剖视图时，先假想按剖切位置剖开机件，然后将倾斜的剖切平面剖开的结构及其有关部分旋转到与选定的投影面平行后再进行投射，如图 6-15 所示。

画旋转剖视图时，位于剖切平面后的其他机构要素一般不应旋转，仍按原来位置投射，如图 6-15b 中小油孔的两个投影。当剖切后产生不完整要素时，应将该部分按不剖画出，如图 6-16 所示。

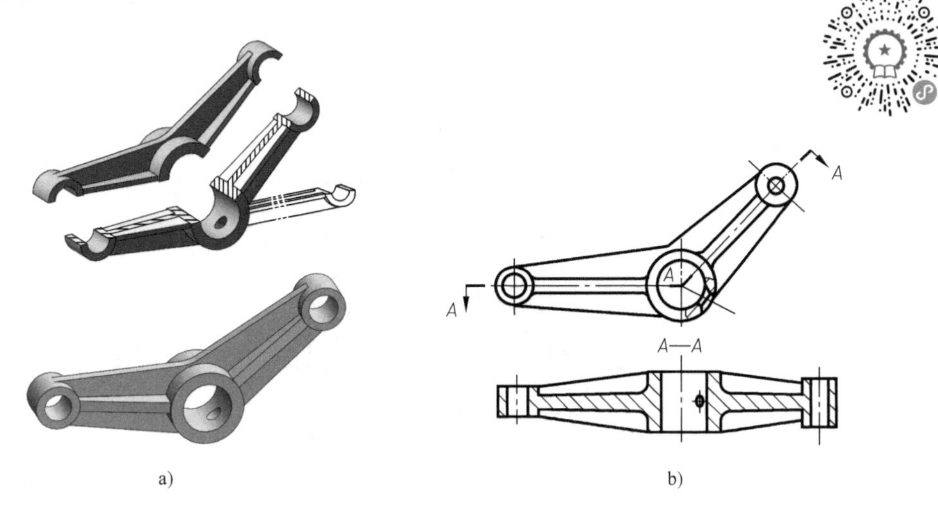

图 6-15　旋转剖切的画法

画旋转剖视图时必须进行标注。在剖切平面的起、讫和转折处画出剖切符号表示剖切位置，同时注上相同的大写字母，并在剖切符号的两端用箭头指明投射方向，还要在相应的剖视图上方标注出视图名称“×—×”，如图 6-15 和图 6-16 所示。

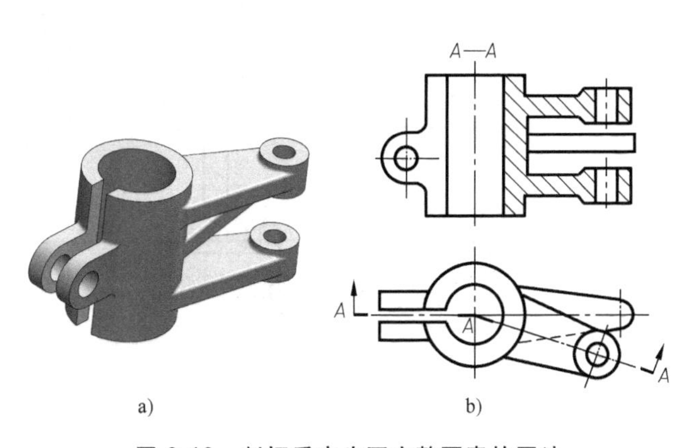

图 6-16　剖切后产生不完整要素的画法

2. 几个平行的剖切平面

用几个平行的剖切平面剖开机件的方法称为阶梯剖。

如图 6-17a 所示的机件上有三

种不同结构的孔，而它们的轴线不在同一平面内，可用三个互相平行的平面 A_1、A_2 和 A_3 分别通过大圆柱孔、长圆孔和小圆柱孔的轴线剖开机件。这样画出的剖视图，就能把机件多层次的内部结构完全表达清楚，图 6-17b 就是用阶梯剖的方法画出的全剖视图。

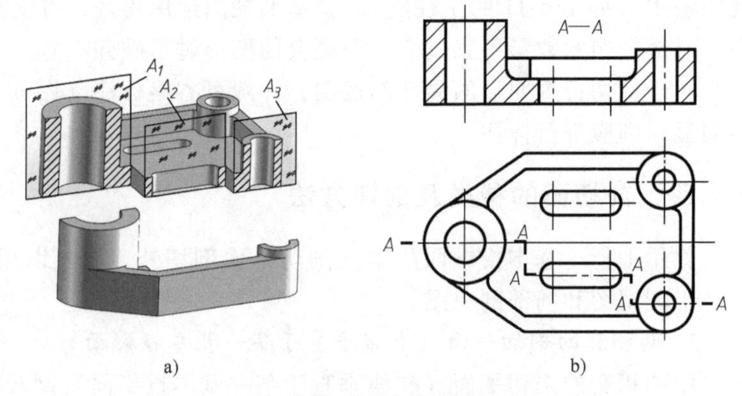

a) b)

图 6-17 阶梯剖切的画法

用阶梯剖的方法画剖视图时，必须注意以下几点：

1）不应画出各剖切平面转折处的分界线，如图 6-18a 的主视图所示。

2）剖切平面的转折处不应与视图中的轮廓线重合，如图 6-18b 的主视图所示。

3）在图形内不应出现不完整的要素，如图 6-18c 所示。只有当两个要素在图形上具有公共对称中心线或轴线时，才可以各画一半，此时应以对称中心线或轴线为界，如图 6-19 所示。

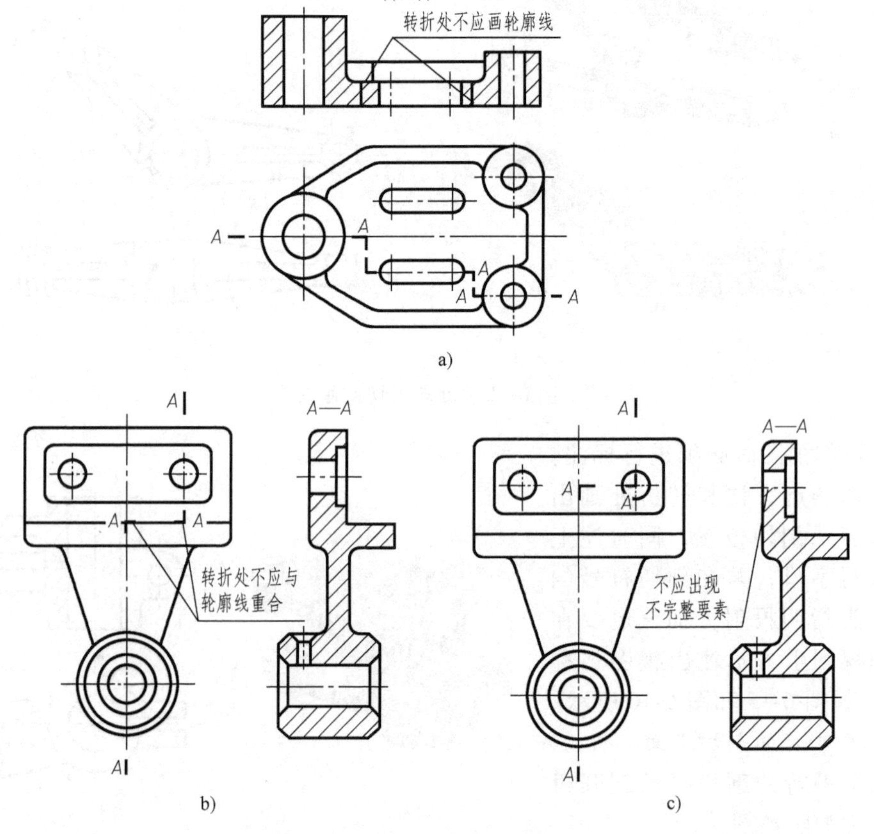

a)

b) c)

图 6-18 阶梯剖切的错误画法

4）阶梯剖必须标注，其标注方法与旋转剖相同。

3. 组合的剖切平面

当机件的内部结构较复杂，用旋转剖或阶梯剖仍不能完全表达时，可用组合的剖切平面剖开机件，这种剖切方法称为复合剖，如图 6-20 所示。

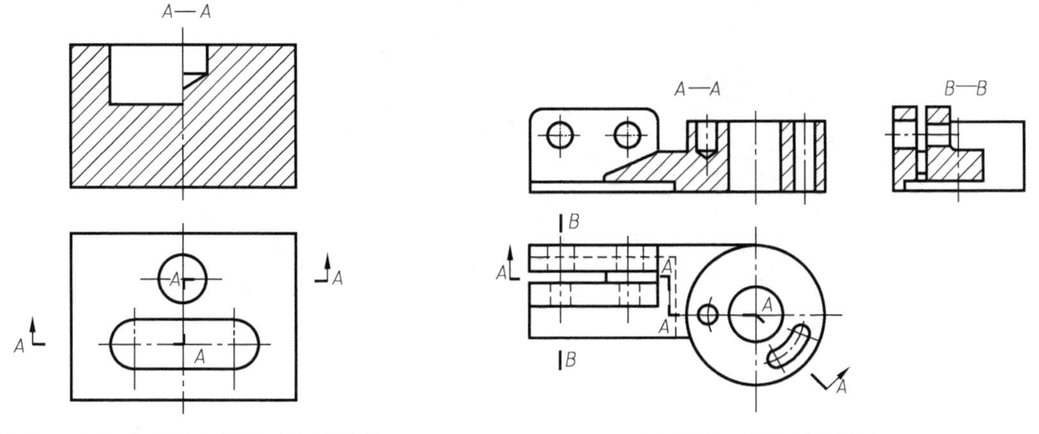

图 6-19　允许出现不完整要素的阶梯剖　　图 6-20　复合剖的画法

复合剖必须标注，其标注方法与上述标注方法相同。

用复合剖的方法画出剖视图时，可用展开画法，当用展开画法时，图名应标注“×—×展开”，如图 6-21b 所示。

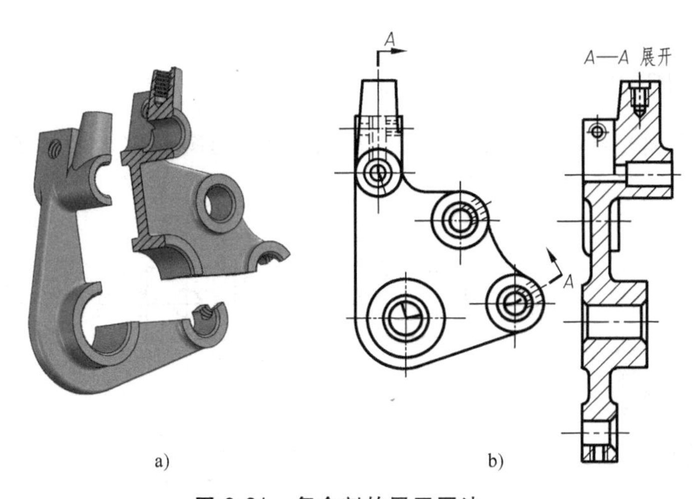

图 6-21　复合剖的展开画法

4. 不平行于任何基本投影面的剖切平面

用不平行于任何基本投影面的剖切平面剖开机件的方法称为斜剖。如图 6-22b 中的“*B—B*”全剖视图就是用斜剖画出的，它表达了机件上部的倾斜圆柱孔、开口槽的宽度、圆孔及螺孔。

采用这种方法画剖视图时，所画的图形一般应按投影关系配置在与剖切符号相对应的位置，必要时也可以将剖视图画在其他适当位置。在不致引起误解时，允许将图形旋转，但旋转后的标注形式为“×—×↶”（与斜视图类似），如图 6-22c 的“*B—B*↶”，采用斜剖的方

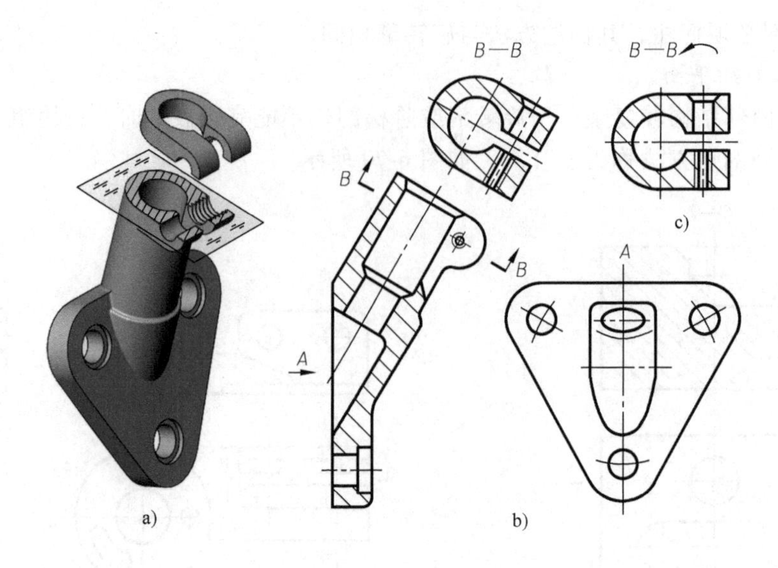

图 6-22 斜剖的画法

法画剖视图时必须按规定标注，但标注的字母必须水平书写。这种剖视的方法多用于表达与基本投影面倾斜的内部结构的形状。

第三节 断 面 图

一、断面图的概念

假想用剖切平面把机件的某处切断，仅画出断面的图形称为断面图（简称断面），如图 6-23b 所示。

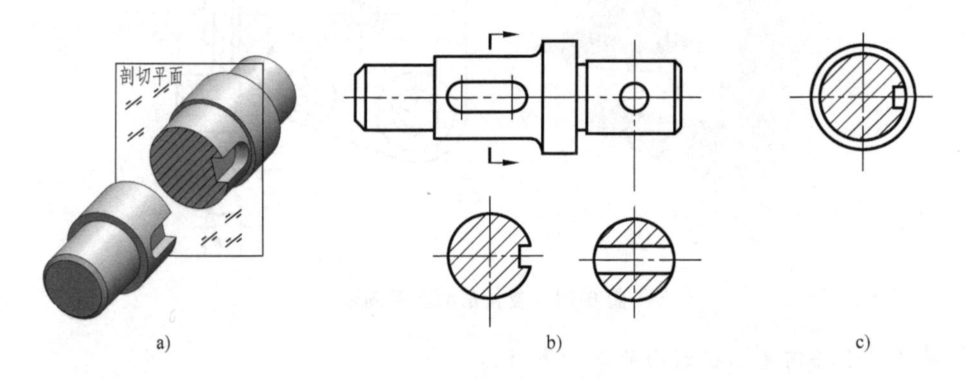

图 6-23 断面图的概念

断面图与剖视图的区别：断面图只画出机件剖切处的断面形状，而剖视图除了画出断面的形状外，还要画出剖切平面后面机件留下部分轮廓的投影，如图 6-23c 所示。

断面图常用来表达机件某一部分的断面形状，如机件上的肋板、轮辐、孔、键槽、杆件和型材的断面等。

二、断面图的种类

断面图分为移出断面图和重合断面图两种。

1. 移出断面图

(1) 移出断面图的画法　画在视图外的断面图，称为移出断面图，如图 6-23 所示。移出断面图的轮廓线用粗实线绘制。为了看图方便，移出断面图应尽量配置在剖切符号或剖切平面迹线的延长线上。剖切平面迹线是剖切平面与投影面的交线，用点画线表示。必要时可以将移出断面图配置在其他适当的位置，如图 6-24a、b 所示。

当断面图图形对称时，可画在视图的中断处，如图 6-24c 所示。

在不致引起误解时，允许将图形旋转，其标注形式如图 6-24d 所示。

当剖切平面通过回转面形成的孔或凹坑的轴线时，这些结构应按剖视画出，如图 6-24a、b 所示。

当剖切平面通过非圆孔会导致出现完全分离的两个断面时，这些结构应按剖视画出，如图 6-24d 所示。

由两个或多个相交的剖切平面剖切得到的移出断面图，中间一般应断开，如图 6-24e 所示。

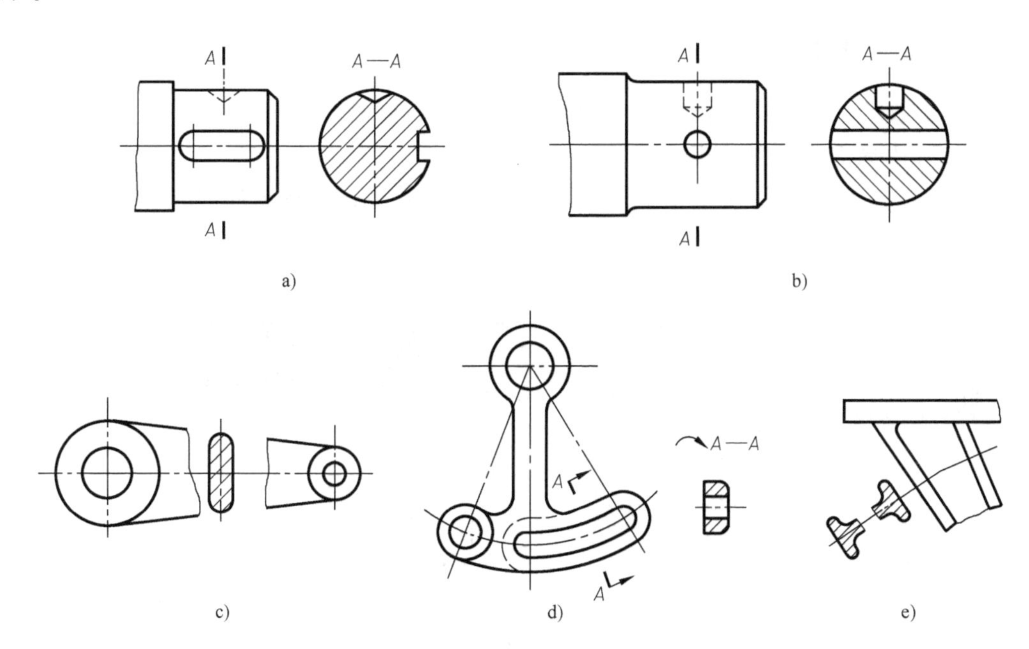

图 6-24　移出断面图的画法

(2) 移出断面图的标注

1) 移出断面图一般用剖切符号表示剖切位置，用箭头表示投射方向，并注上字母，在断面图的上方用同样的字母标出其名称“×—×”，如图 6-23 和图 6-24 所示。

2) 配置在剖切符号延长线上的不对称移出断面图，可省略字母，如图 6-23b 所示。

按投影关系配置的不对称移出断面图（图 6-24a），以及不配置在剖切符号延长线上的对称移出断面图（图 6-24b），均可省略箭头。

在剖切平面迹线延长线上的对称移出断图面（图 6-23b），以及配置在视图中断处的对称移出断面图（图 6-24c），均可不必标注。

2. 重合断面图

（1）重合断面图的画法　在不影响图形清晰的条件下，断面图也可按投影关系画在视图之内，称为重合断面图。重合断面图的轮廓线用细实线绘制。当视图中的轮廓线与重合断面图的图形重叠时，视图中的轮廓线应连续画出，不可间断，如图 6-25 所示。

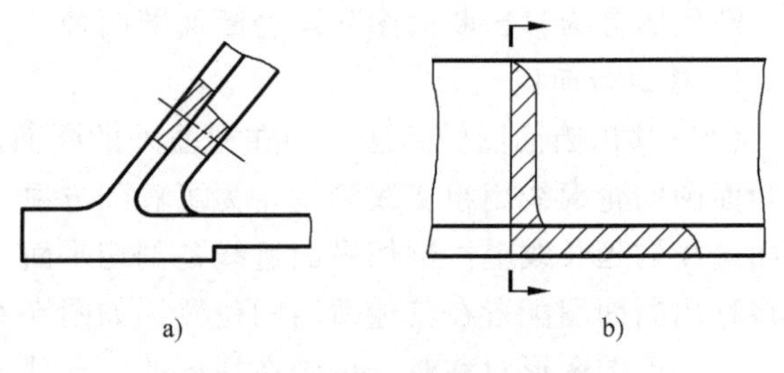

图 6-25　重合断面图的画法

（2）重合断面图的标注　对称的重合断面图，可以不加任何标注，如图 6-25a 所示。配置在剖切符号上的不对称重合断面图，可省略标注，但仍要在剖切符号处画上表示投射方向的箭头，如图 6-25b 所示。

第四节　局部放大图和简化画法

一、局部放大图

机件上的某些细小结构，在视图上常由于图形过小而表达不清，并给标注尺寸带来困难。为此，常用局部放大图来表达。

将机件的部分结构，用大于原图形所采用的比例画出的图形称为局部放大图，如图 6-26 所示。

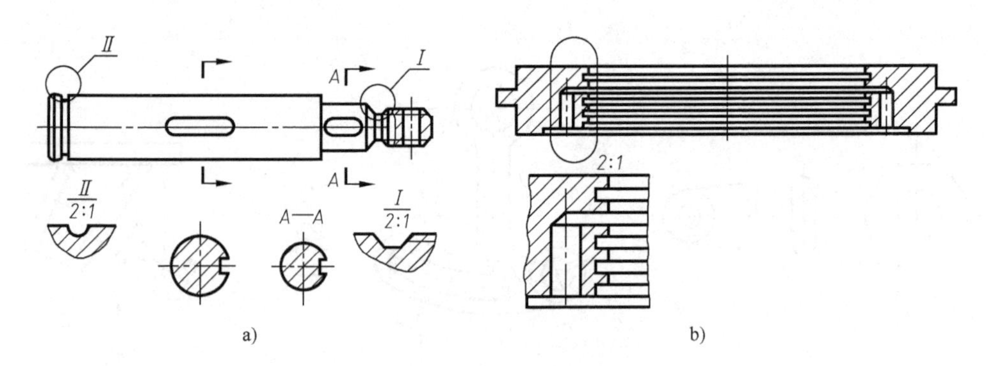

图 6-26　局部放大图

局部放大图可画成视图、剖视图、剖面图，它与被放大部分的表达方式无关。局部放大图应尽量配置在被放大部分的附近。

绘制局部放大图时，应用细实线圈出被放大的部位。当同一机件有几个被放大的部分时，必须用罗马数字依次标明被放大的部位，并在局部放大图的上方标出相应的罗马数字和所采用的比例，如图 6-26a 所示。当机件上被放大的部位仅一处时，放大图的上方只需注明所采用的比例，如图 6-26b 所示。

二、简化画法

1）在不致引起误解时，零件图中的移出断面图允许省略剖面符号，但剖切位置与断面图的标注不能省略，如图 6-27 所示。

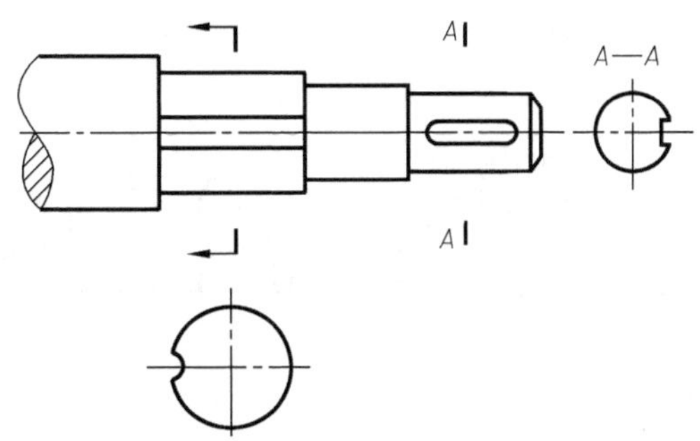

图 6-27　断面图中剖面符号的省略

2）当机件具有若干相同结构（如齿、槽等），并按一定规律分布时，只需画出几个完整的结构，其余用细实线连接，并注明该结构的总数，如图 6-28a、b 所示。

3）若干直径相同且呈规律分布的孔（圆孔、螺孔、沉孔等），可以仅画出一个或几个，其余只需表示其中心位置，并在零件图中注明孔的总数，如图 6-29 所示。

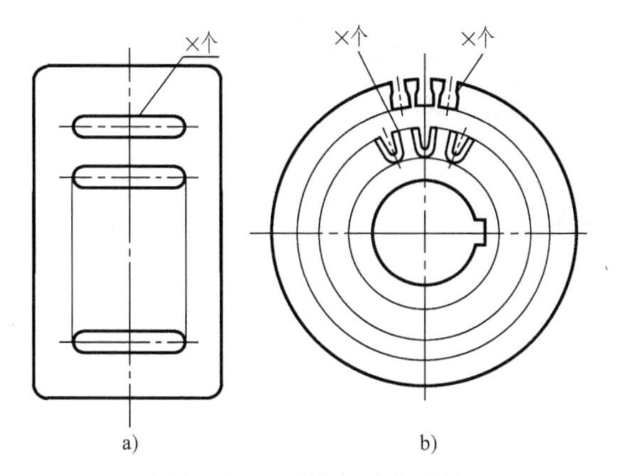

图 6-28　均布槽的简化画法

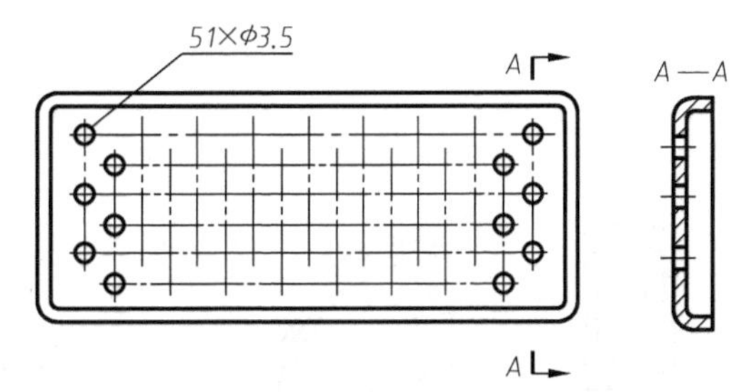

图 6-29　按规律分布的孔的简化画法

4）网状物、编织物或机件上的滚花部分，可在轮廓线附近用粗实线示意画出，如图 6-30 所示。

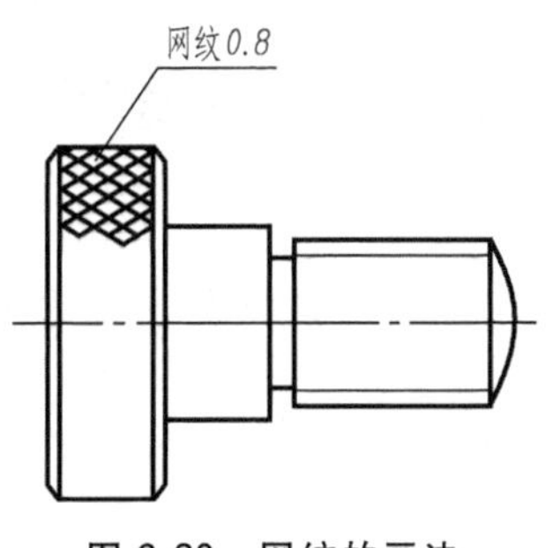

图 6-30　网纹的画法

5）当图形不能充分表达平面时，可用平面符号（相交的两条细实线）表示，如图 6-31 所示。

6）对于机件上的肋、轮辐及薄壁等，如按纵向剖切，这些结构都不画剖面符号，而用粗实线将它与其邻接部分分开，如图 6-32a、b、c 所示。当回转体零件上均匀分布的肋、轮辐、孔等结构不在剖切平面上时，可将这些结构旋转到剖切平面上画出，如图 6-32a、b 所示。

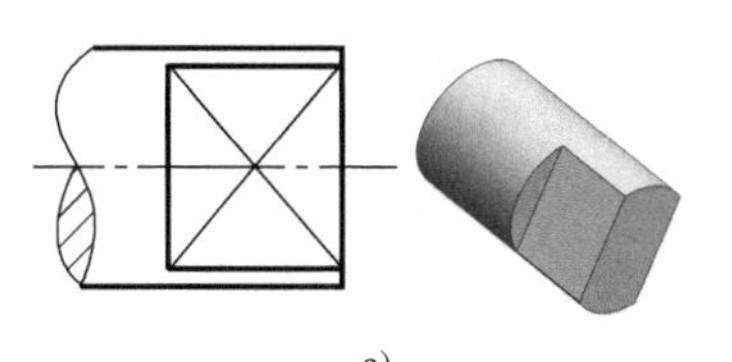
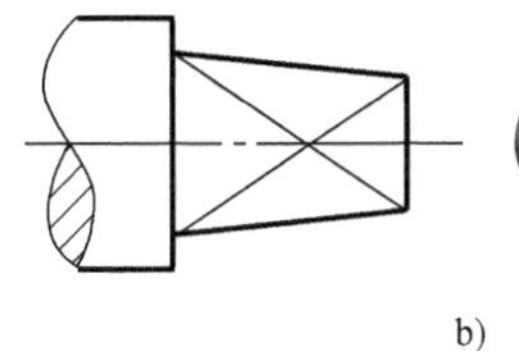
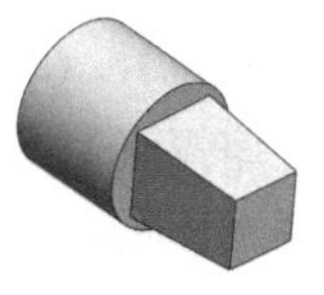

a)　　b)

图 6-31　平面符号的画法

7）在不致引起误解时，对称机件的视图可画一半或四分之一，并在对称中心线的两端画出两条与其垂直的平行细实线，如图 6-33a、b 所示。

8）机件上斜度不大的结构，如在一个图形已表示清楚，其他视图可按小端画出，如图 6-34 所示。

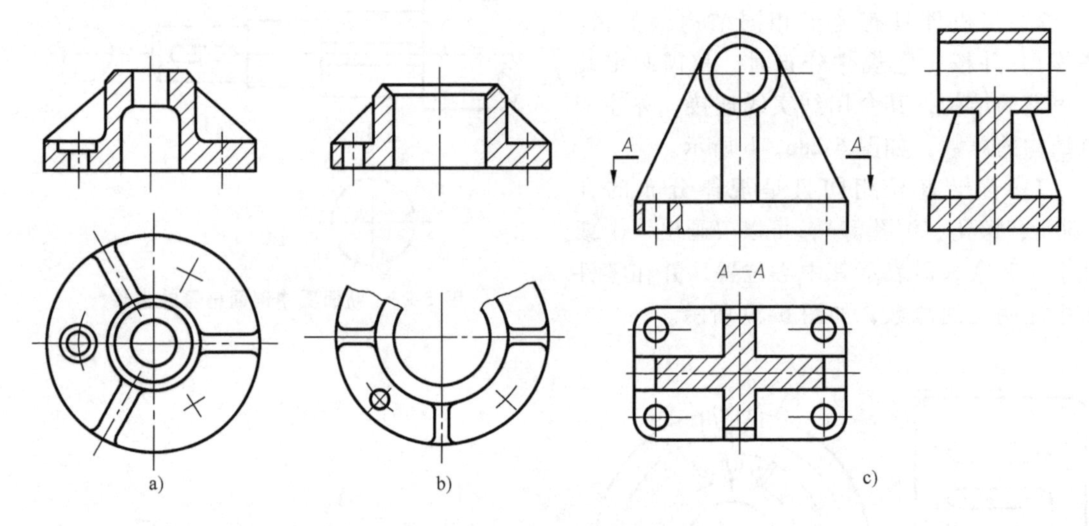

图 6-32　均布肋及孔的简化画法

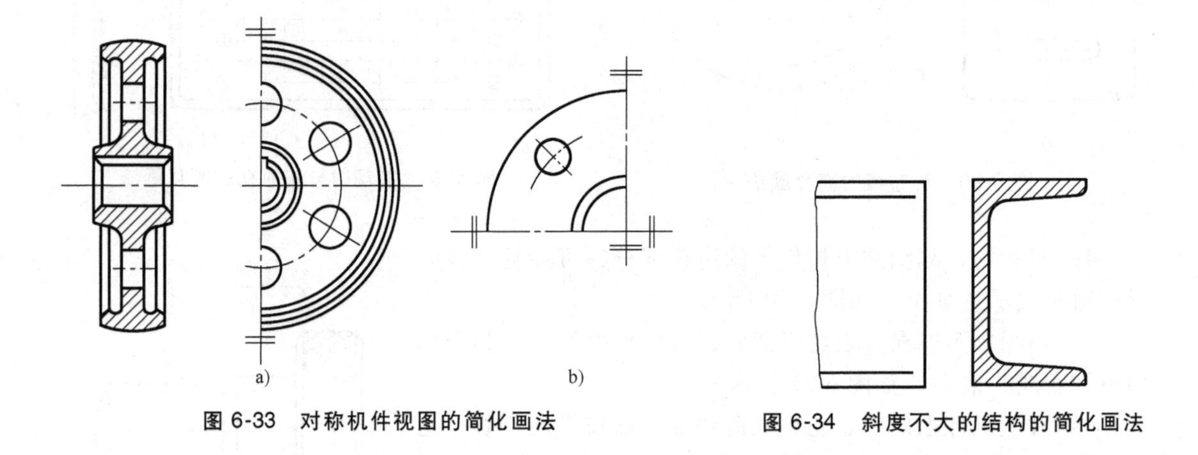

图 6-33　对称机件视图的简化画法

图 6-34　斜度不大的结构的简化画法

9）圆柱形法兰和类似零件上均匀分布的孔，可按图 6-35 绘制（由机件外向法兰端面方向投射）。

10）机件上与投影面倾斜角度小于或等于 30°的圆或圆弧，其投影可以用圆或圆弧代替，如图 6-36 所示。

11）较长的机件（轴、杆、型材、连杆等）沿长度方向的形状一致或按一定规律变化时，可断开后缩短绘制，但必须标注实际长度尺寸，如图 6-37a、b、c、d 所示。

12）在剖视图的剖面中可再进行一次局部剖，采用这种表示方法时，两个剖面的剖面线应同方向、同间隔，但要互相错开，并用引出线标注其名称，如图 6-38 所示。当剖切位置明显时，也可省略标注。

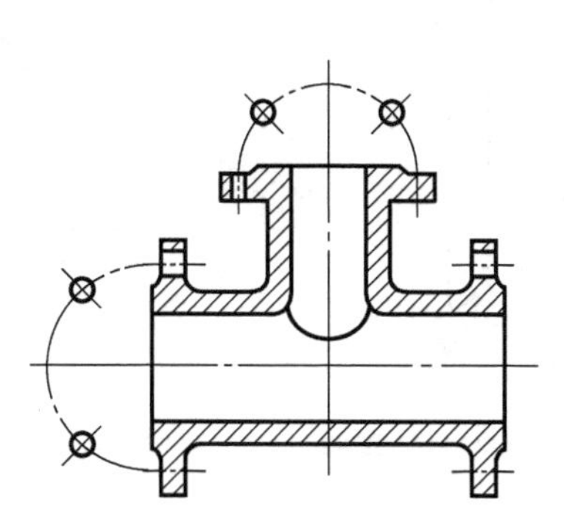

图 6-35　法兰上均布孔的简化画法

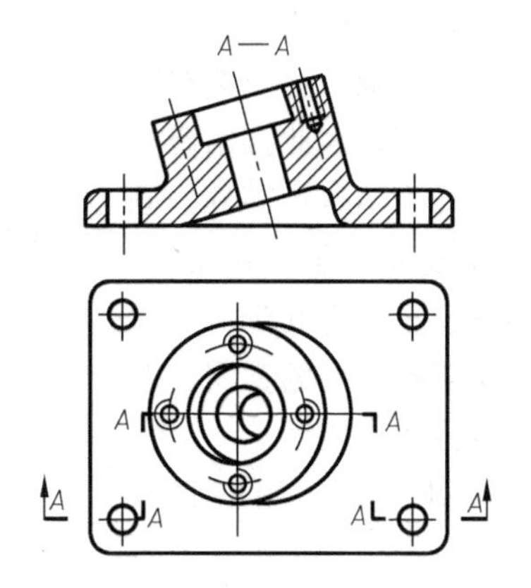

图 6-36　≤30°倾斜圆的简化画法

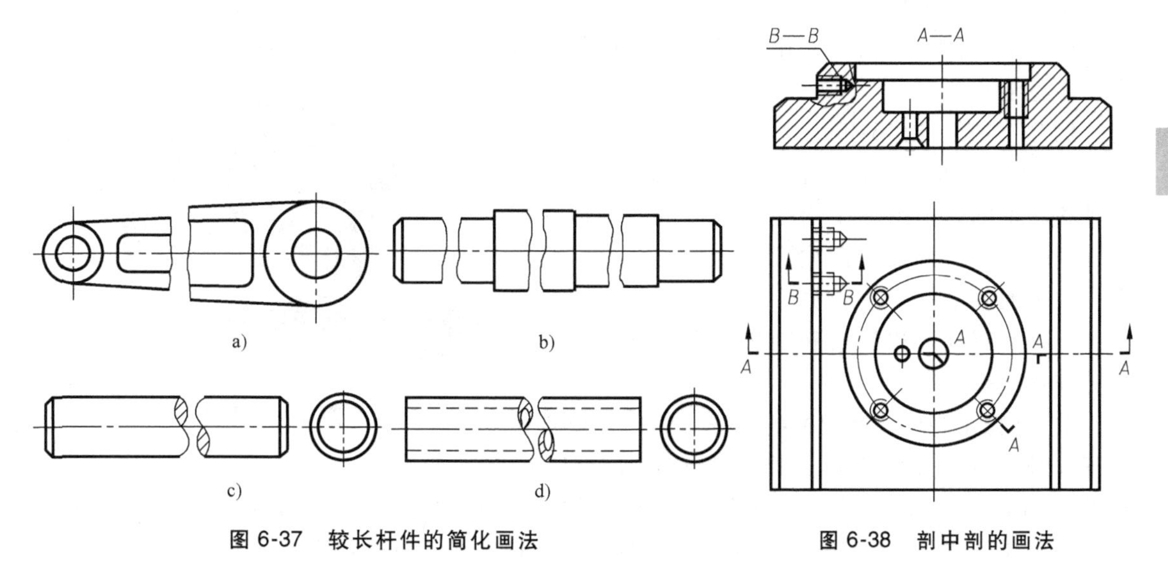

图 6-37　较长杆件的简化画法

图 6-38　剖中剖的画法

第五节　应 用 举 例

前面介绍了机件的各种表达方法，当表达零件时，应根据零件的具体结构形状，正确、灵活地综合运用视图、剖视图、断面图以及各种简化画法等方法。确定表达方案的原则：所绘制图形能准确、完整、清晰地把零件的内外结构形状表达清楚，同时力求画图简单和读图方便。下面举例说明。

例 1　支架（图 6-39）。

1）分析零件形状。支架是由下面的倾斜底板、上面的空心圆柱和中间的十字形肋板三部分组成的，支架前后对称，倾斜底板上有四个安装孔。

2）选择主视图。画图时，通常选择最能反映零件形状特征的投射方向作为主视图的投射方向，应将零件的主要轴线或主要平面平行于基本投影面，因此，把支架的主要轴线——空心圆柱的轴线水平放置（即把支架的前后对称面放成正平面）。主视图采用局部剖视图，既表达了空心圆柱的内部结构，又保留了肋板的外形。

3）选择其他视图。由于支架下部的倾斜底板与空心圆柱轴线相交成一角度，因此再用俯视图、左视图来表达这个零件，倾斜底板的投影都不能反映实形，作图很不方便，也不利于尺寸标注。所以支架不能用俯视图、左视图等基本视图来表达。

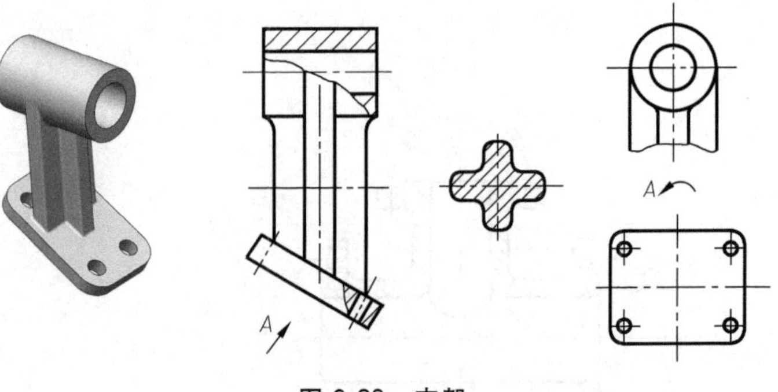

图 6-39 支架

根据形体分析，倾斜底板部分采用“A↗⌒”斜视图来表达实形；十字肋板部分用主视图、左视图和移出断面图来表达；空心圆柱部分用主视图、左视图来表达。由于倾斜底板部分已表达清楚，所以左视图可用局部视图，把倾斜部分省略。倾斜底板上的四个安装孔，在主视图上用局部剖视图已表达清楚。

例 2 泵体（图 6-40）。

1）形体分析。泵体的上部（主要部分）是由同一轴线、不同直径的三个圆柱体组成的，主体内部是圆柱形内腔，两侧有圆柱形凸台，凸台内有圆柱孔。泵体的底部是一个长方形底板，上面有两个安装孔。中间部分有连接板和肋板，用于把上、下两部分连接起来。

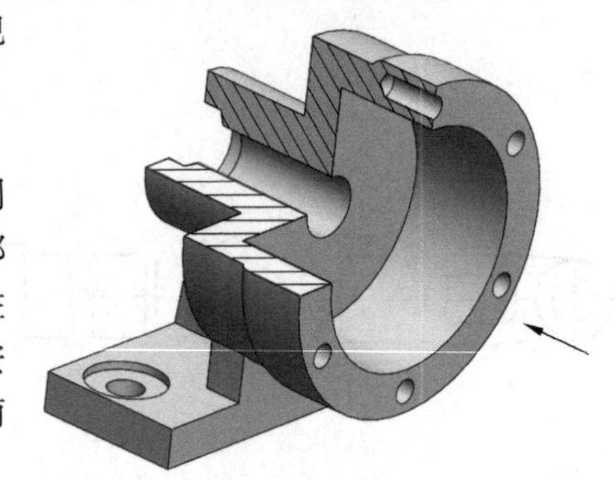

图 6-40 泵体

2）选择主视图。通常把机件按工作位置或自然位置安放，在此基础上再选择主视图的投影方向。如图 6-40 箭头所示方向为主视图投射方向，此方向能明显地反映出泵体的外形特征。为了表示出泵体两侧凸台内的孔和安装孔的结构，需要把主视图画成局部剖视图。

3）选择其他视图。主视图确定之后，应根据机件特点全面考虑所需要的其他视图，此时应注意：

① 应优先选用基本视图或在基本视图上作剖视图。

② 所选择的每一视图都应有自己的表达重点，具有别的视图所不能取代的作用。这样，可以避免不必要的重复，达到作图简便的目的。

根据以上两点，泵体的其他视图选择如下：

左视图采用全剖视图，重点表达泵体的内部结构（空腔、通孔、前后两端面的小孔）和泵体各组成部分的相对位置关系。俯视图从连接板和肋板处作 *A*—*A* 剖视图，画成全剖视图，主要表达底板实形和连接部分的断面形状。再用 *B* 局部视图，表达后端面的形状及上面三个小孔的分布情况，如图 6-41 所示。

讨论：从泵体的结构来看，它具有左右对称的特点，这很容易使我们想到采用半剖视图来表达，即把主视图或俯视图画成半剖视图。图 6-42 是把俯视图改画成半剖视图后的另一个表达方案。与图 6-41 相比，俯视图除能反映侧面孔（$\phi10$）和外形外，在表达空腔形状方面与左视图重复，而在反映泵体各部分相对位置方面又不如左视图清楚。同时，由于投影

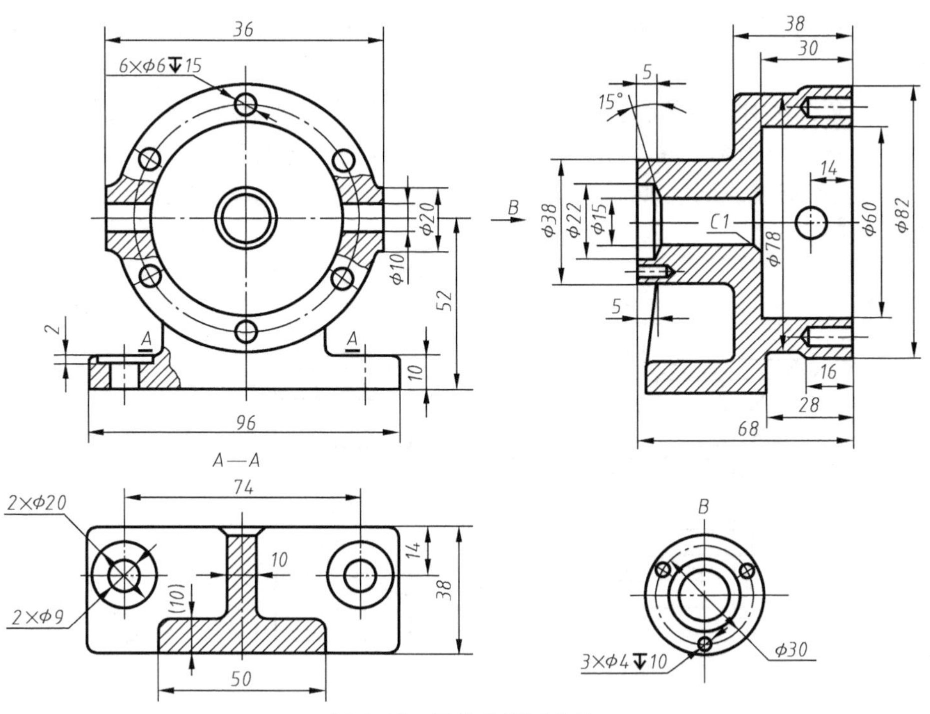

图 6-41　泵体的视图表达

重叠，底板形状也不够清楚，*A—A* 剖视图也必须画成移出断面图，因此图 6-42 的表达方案欠佳。如果把图 6-41 中的主视图画成半剖视图，它的作用仅仅是表达左右两侧的小孔，对表达外形没什么作用，因此主视图没有必要画成半剖视图。

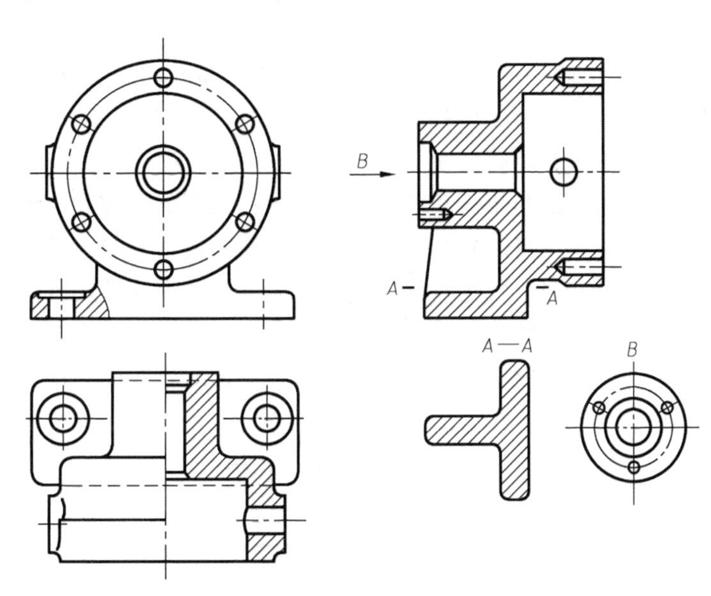

图 6-42　泵体的另一种表达方案

通过以上分析可知，泵体虽然对称，但从表达整体内、外形状的需要来全面考虑，主视图、俯视图不适合采用半剖视图的表达方案。比较以上两种表达方案，方案一（图 6-41）具有简明清晰、看图方便、作图简便的优点，是一个比较好的表达方案。

第六节　第三角画法简介

在 GB/T 14692—2008《技术制图　投影法》中规定，应采用第一角画法绘制机件的图形，但必要时（如按合同规定）也允许使用第三角画法。我国一般采用第一角画法，有些国家采用第三角画法。为了更好地进行国际技术交流和发展国际贸易，也应该了解第三角画法。

采用第三角画法时，将机件置于第三分角内，即投影面处于观察者与机件之间分别进行投射，然后规定 *V* 面仍然正立不动，将 *H* 面、*W* 面分别绕它们与 *V* 面的交线向上、向右各转 90°，使这三个面展成同一平面，得到了机件的三视图，如图 6-43 所示，即得到主视图、俯视图和右视图。

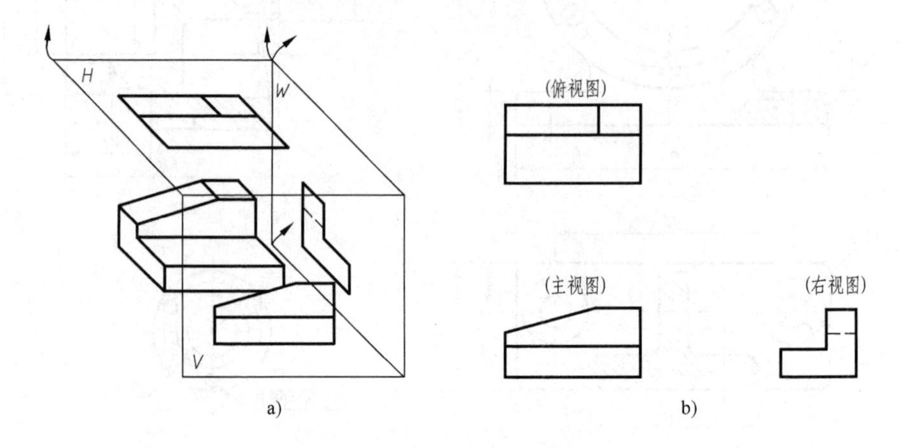

图 6-43　第三角画法的三视图

第三角画法与第一角画法的共同点：都采用正投影法，投影面展开都规定 *V* 面不动，将 *H* 面和 *W* 面分别绕它们与 *V* 面的交线旋转至与 *V* 面共面，因此三视图之间仍保持“长对正、高平齐、宽相等”的投影规律。

第三角画法与第一角画法的不同点：视图的名称和配置不同。展开后俯视图在主视图上方，右视图在主视图右方。另外视图中反映机件的前、后方位不同。在第三角画法中，俯视图和右视图的内边代表机件的前面，俯视图和右视图的外边代表机件的后面。

与第一角画法类似，采用第三角画法也有六个基本视图，除了主视图、俯视图、右视图以外，还有左视图、仰视图、后视图，展开后各视图的配置如图 6-44 所示。

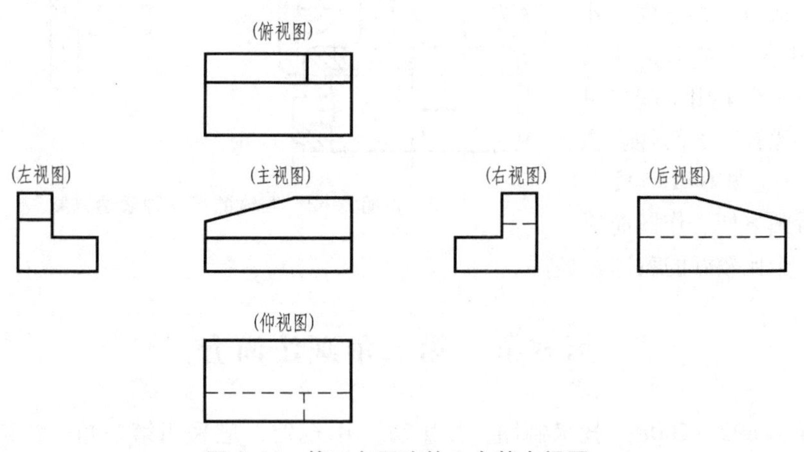

图 6-44　第三角画法的六个基本视图

图 6-45 所示为支承座第一角画法和第三角画法的三视图。

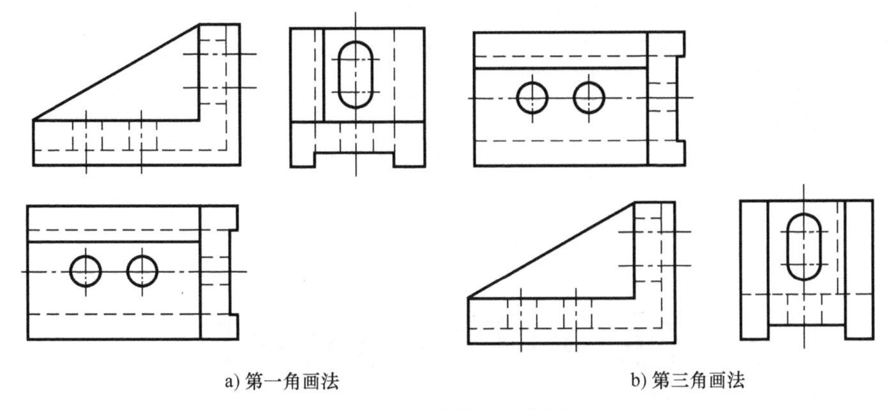

a) 第一角画法　　b) 第三角画法

图 6-45　支承座三视图

按 GB/T 14692—2008 规定，采用第三角画法时，必须在图样中画出第三角画法的投影识别符号，如图 6-46a 所示。当采用第一角画法时，可以不画出第一角画法的投影识别符号，但必要时可画出，如图 6-46b 所示。

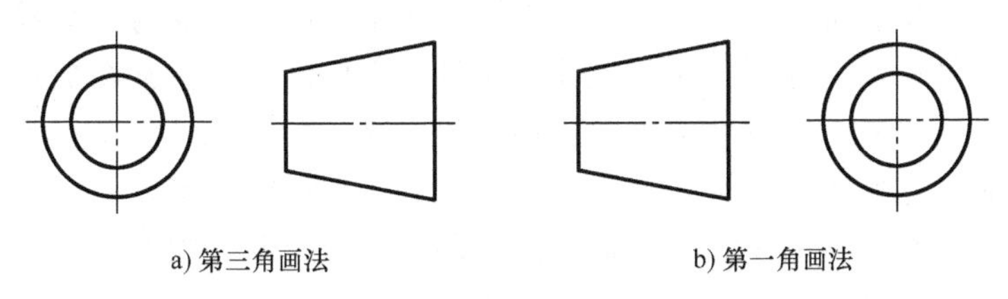

a) 第三角画法　　b) 第一角画法

图 6-46　两种画法的投影识别符号

复习思考题

1. 基本视图共有几个？它们是如何放置的？
2. 试述斜视图与局部视图的区别。
3. 剖视图共有几种？它们分别在什么情况下被采用？
4. 断面图在图形中如何配置？
5. 剖视图和断面图有何区别？
6. 本章介绍了国家标准规定的绘制图样的哪些简化画法和规定画法？

第七章

7

标准件和常用件

在各种机器和设备上，经常使用一些起连接作用的零件，如螺钉、螺柱、螺栓、螺母、垫圈、键、销等。这些零件由于使用量大，往往需要成批或大量生产。为了适应工业发展的需要，提高劳动生产率，降低生产成本，确保产品质量，国家标准对这些零件的结构和尺寸做出了规定，这些结构和尺寸实行了标准化的零件称为标准件。通常在机器中广泛使用的滚动轴承就是标准件。另外，还有些零件的应用也很广泛，如齿轮等，国家标准也对其部分参数和尺寸做了规定，这些零件称为常用件。在加工这些零件时，可以使用标准的切削刀具或专用机床，从而能在高效益的情况下获得产品。同时，在装配或维修机器时，也能按规格选用或更换标准件、常用件。

为了绘图方便，国家标准对标准件和常用件的一些结构要素的画法做了规定。凡是有规定画法的，按规定画法绘制，没有规定画法的，按正投影法绘制。

第一节　螺纹和螺纹连接件

一、圆柱螺旋线

1. 圆柱螺旋线的形成

圆柱螺旋线是沿着圆柱表面运动的点的轨迹，该点的轴向位移与相应的角位移成定比。如图 7-1a 所示，点 A 的轨迹为圆柱螺旋线，该圆柱面称为导圆柱面。

圆柱螺旋线有三个基本要素：

1） 导圆柱直径 d。形成圆柱螺旋线的圆柱面的直径。

2） 导程 P_h。动点旋转一周时，沿圆柱轴线方向所移动的距离。

3） 旋向。圆柱螺旋线按动点旋转的方向分为右旋和左旋两种。

2. 圆柱螺旋线的投影

根据导圆柱直径 d、导程 P_h 和旋向就可以绘出圆柱螺旋线的投影图，具体作图如图 7-1b 所示，步骤如下：

1） 首先画出直径为 d 的导圆柱的两面投影，然后将其水平投影（圆）和正面投影的导

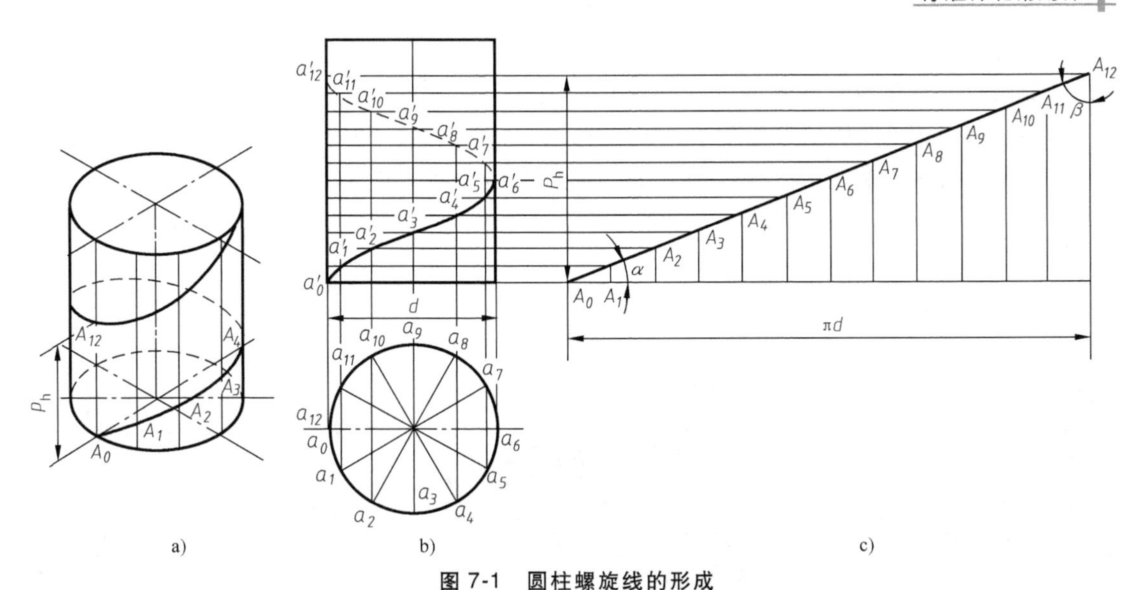

图 7-1　圆柱螺旋线的形成

程 P_h 分成相同等份（图中为 12 等份）。

2）自圆周各分点向正面投影作垂线，由导程上各分点作水平线，垂直线与水平线对应的各交点 a'_0、a'_1、a'_2、a'_3…即为螺旋线上各点的正面投影。

3）依次光滑连接这些点，即得该螺旋线的正面投影——正弦曲线。螺旋线的水平投影积聚在该导圆柱的水平投影圆周上。

图 7-1c 为圆柱螺旋线的展开图，因为其形成过程是动点的轴向位移与相应的角位移成定比，所以其展开图为一直线，该直线为直角三角形的斜边，其底边为导圆柱底圆的周长（πd），高为螺旋线的导程 P_h，显然一个螺旋线的长度为$\sqrt{(\pi d)^2+P_h^2}$，直角三角形斜边与底边的夹角 α，称为螺旋线导程角（螺纹升角），β 角称为螺旋角。即

$$\alpha=\arctan\frac{P_h}{\pi d},\alpha+\beta=90°$$

二、螺纹的形成和螺纹要素术语介绍

1. 螺纹的形成

螺纹是在圆柱或圆锥表面上沿着螺旋线所形成的、具有相同轴向断面的连续凸起和沟槽，也可以认为是由平面图形（如三角形、矩形、梯形）绕与它共平面的回转轴线做螺旋运动所形成的螺旋体，如图 7-2 和图 7-3 所示。

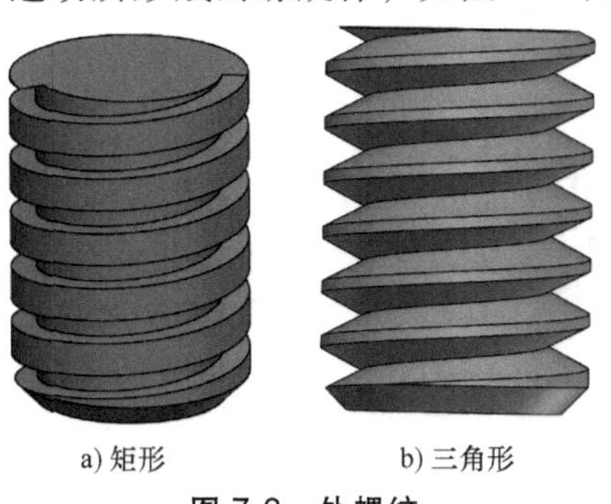

a) 矩形　　b) 三角形

图 7-2　外螺纹

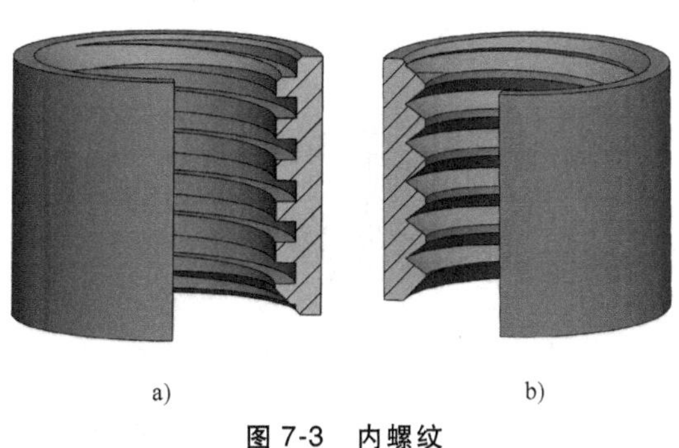

a)　　b)

图 7-3　内螺纹

螺纹在螺钉、螺栓、螺母和丝杠上起连接或传动作用。在圆柱（或圆锥）外表面上所形成的螺纹称为外螺纹；在圆柱（或圆锥）内表面上形成的螺纹称为内螺纹。形成螺纹的加工方法很多，图 7-4 所示为在车床上加工外螺纹（图 7-4a）和内螺纹（图 7-4b）的方法。图 7-5 所示为利用丝锥加工内螺纹的方法，首先用钻头向工件钻孔，然后再用丝锥攻出内螺纹。

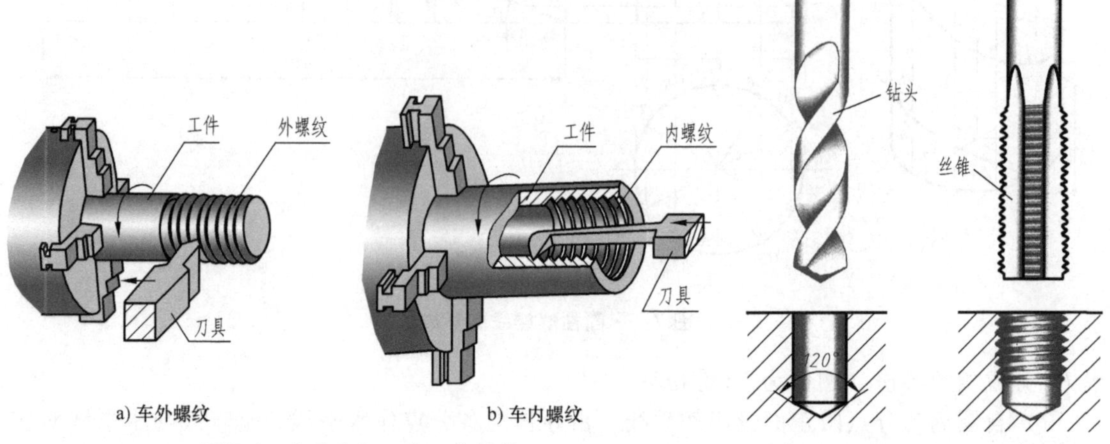

a) 车外螺纹　　b) 车内螺纹

图 7-4　车床上加工内、外螺纹

图 7-5　利用丝锥加工内螺纹

2. 螺纹要素术语介绍

（1）螺纹牙型　螺纹的牙型是指在通过螺纹轴线剖面上的螺纹轮廓形状。螺纹的牙型标志着螺纹的特征。常见的螺纹牙型有三角形、梯形和锯齿形等。图 7-6a 所示为普通螺纹，其牙型为 60°的三角形，常用于连接零件；图 7-6b 所示为寸制管螺纹，其牙型角为 55°（牙顶、牙底制成圆弧形），常用于管道连接；图 7-6c 所示为梯形螺纹，其牙型为等腰梯形，牙型角为 30°，常用于传递动力；图 7-6d 所示为锯齿形螺纹，牙型为不等腰梯形，一侧边与铅

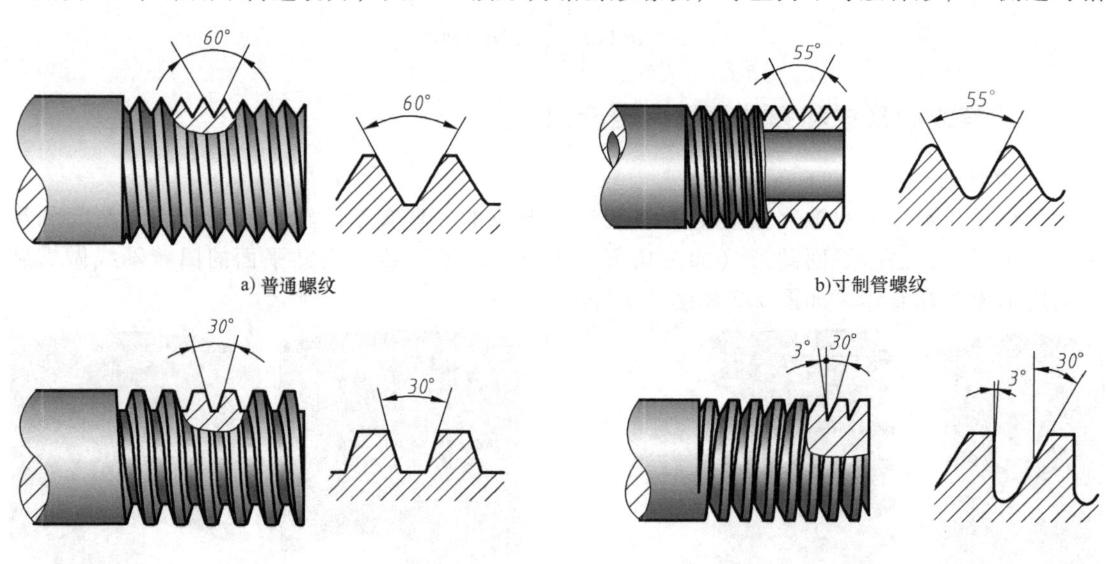

a) 普通螺纹　　b) 寸制管螺纹

c) 梯形螺纹　　d) 锯齿形螺纹

图 7-6　常用标准螺纹的牙型

垂线的夹角为30°，另一侧边与铅垂线的夹角为3°，形成33°的牙型角，常用于传递单向动力。

（2）牙顶和牙底　内、外螺纹的牙顶和牙底如图7-7所示。

（3）螺纹直径

1）大径。大径是指与外螺纹的牙顶或内螺纹的牙底相重合的假想圆柱的直径。其中内螺纹大径用D表示，外螺纹大径用d表示，如图7-8所示。

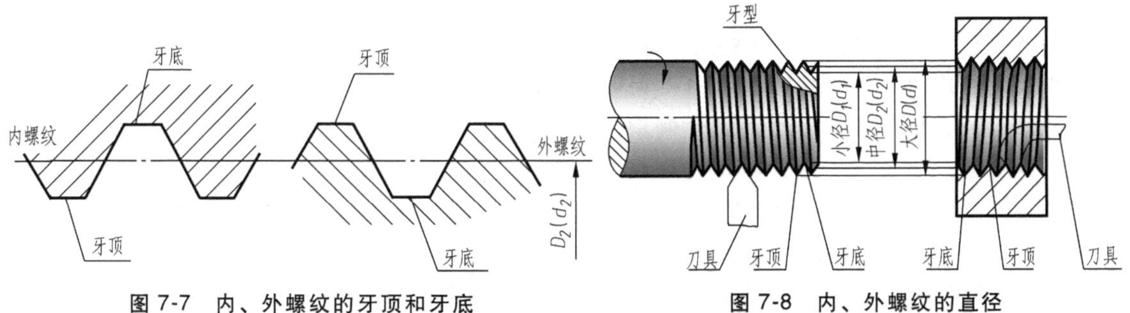

图7-7　内、外螺纹的牙顶和牙底

图7-8　内、外螺纹的直径

2）小径。小径是指与外螺纹的牙底或内螺纹的牙顶相重合的假想圆柱的直径。其中内螺纹小径用D_1表示，外螺纹小径用d_1表示，如图7-8所示。

3）中径。中径是指母线通过牙型上沟槽和凸起宽度相等处的假想圆柱的直径。其中内螺纹中径用D_2表示，外螺纹中径用d_2表示，如图7-8所示。

4）公称直径。公称直径是指代表螺纹尺寸的直径，通常指螺纹大径的公称尺寸。

（4）螺纹线数　螺纹有单线和多线之分：沿着一条螺旋线形成的螺纹为单线螺纹；沿着轴向等距分布的两条或两条以上的螺旋线形成的螺纹为多线螺纹。螺纹的线数用n表示，图7-9a所示为单线螺纹，$n=1$；图7-9b所示为多线螺纹，$n=2$。

（5）螺距和导程

1）螺距。相邻两牙在螺纹中径线上对应两点间的轴向距离称为螺距，用P表示，如图7-9所示。

2）导程。同一条螺纹上相邻两牙在中径线上对应两点间的轴向距离称为导程，用P_h表示。对于单线螺纹，$P_h=P$；对于多线螺纹，$P_h=nP$。

（6）旋向　螺纹按其形成时的旋向，分为右旋螺纹和左旋螺纹两种，如图7-10所示。

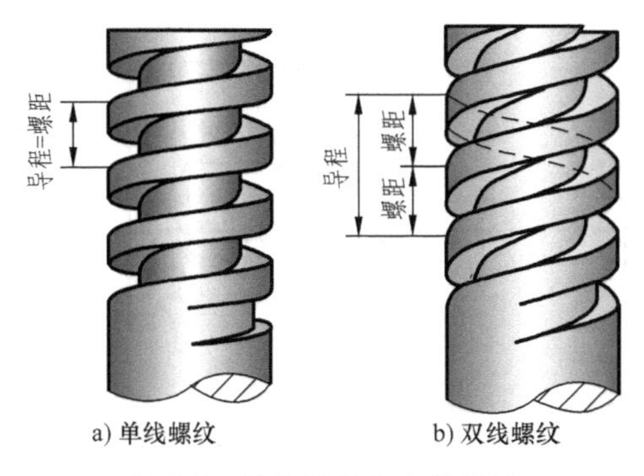

图7-9　单线螺纹和多线螺纹

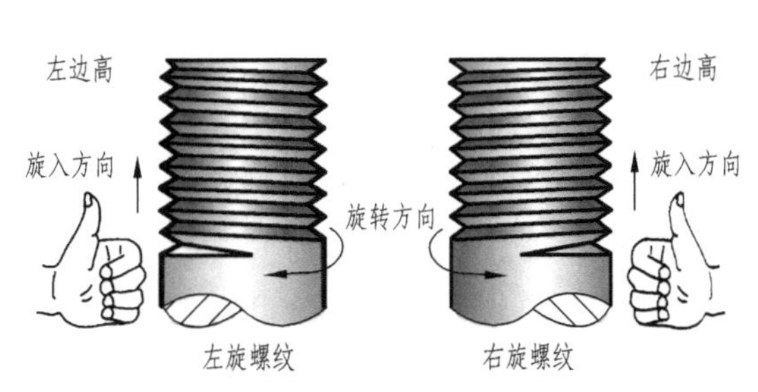

图7-10　螺纹的旋向

（7）螺纹旋合长度　两个相互旋合的内、外螺纹沿螺纹轴线方向互相旋合部分的长度称为螺纹的旋合长度，如图 7-11 所示。

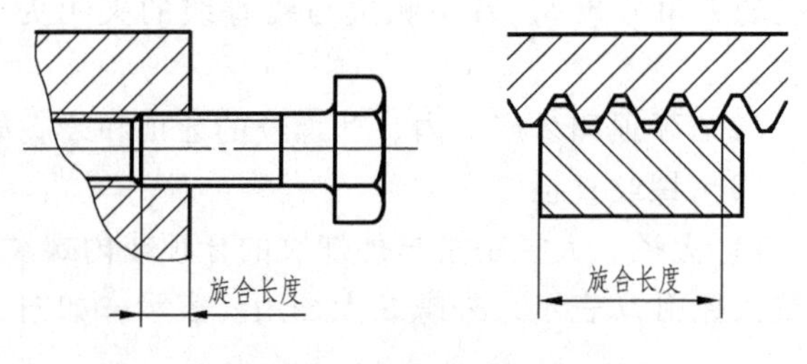

图 7-11　螺纹的旋合长度

三、螺纹的规定画法（GB/T 4459.1—1995）

由于螺纹的真实投影比较复杂，而且通常采用专用机床和专用刀具制造，无须画出螺纹的真实投影。为了简化作图，机械制图国家标准 GB/T 4459.1—1995 对螺纹制定了规定画法。

1. 外螺纹的规定画法

外螺纹的大径（牙顶）用粗实线绘制，小径（牙底）用细实线绘制。小径通常画成大径的 0.85，即 $d_1=0.85d$。有效螺纹的终止界线（简称螺纹终止线）用粗实线表示。螺尾部分一般不必画出，当需要表示螺尾时，该部分用与轴线成 30°的细实线画出。在垂直于螺纹轴线的投影面的视图中，表示小径的细实线圆只画出 3/4 圈。此时，螺杆上的倒角圆省略不画。在剖视图或断面图中，剖面线都应画到粗实线，如图 7-12 所示。

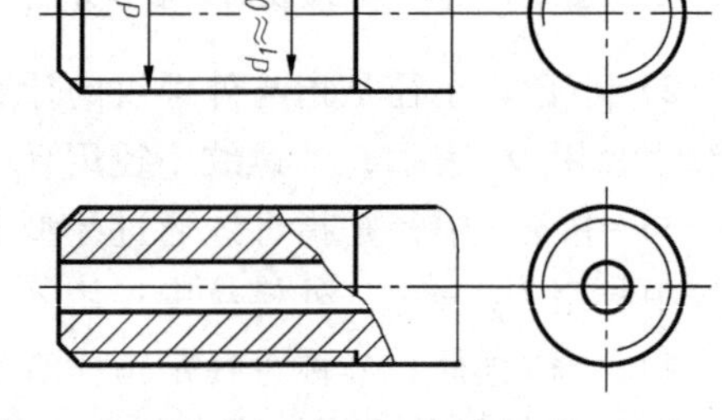

图 7-12　外螺纹的规定画法

2. 内螺纹的规定画法

内螺纹未剖切时，其大径（牙底）、小径（牙顶）和螺纹终止线均用虚线绘制。在垂直于螺纹轴线的投影面的视图上，表示螺纹小径的圆用粗实线绘制，表示螺纹大径的圆用细实线绘制，且只画 3/4 圈。此时孔上的倒角圆省略不画，如图 7-13a 所示。

在剖视图中，内螺纹的大径（牙底）用细实线绘制，小径（牙顶）用粗实线绘制，螺纹终止线仍用粗实线绘制，剖面线必须终止于粗实线，螺纹收尾部分的画法和外螺纹相同，一般不需画出。

对于不穿通的螺孔，钻孔深度应比螺孔深度大（0.2~0.5）d。由于钻头的刃锥角约等于 120°，因此，钻孔底部以下的锥角应画成 120°，如图 7-13b 所示。

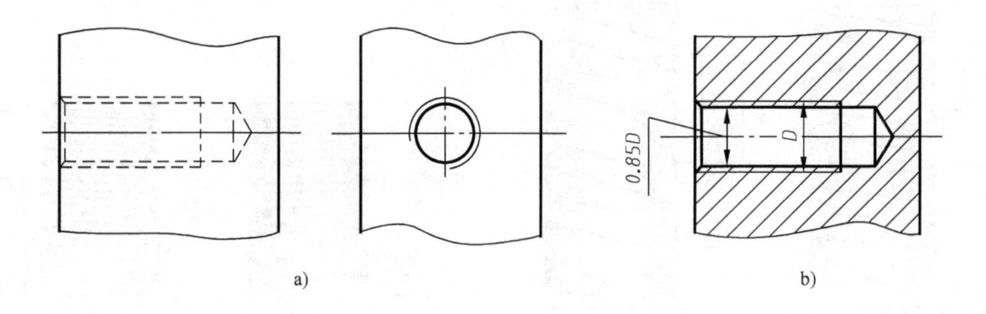

图 7-13　内螺纹的规定画法

3. 螺纹连接的规定画法

当在剖视图中表示内、外螺纹连接时，其旋合部分应按外螺纹绘制，其余部分仍按各自的画法表示。应该注意的是：表示内、外螺纹的大、小径的粗实线和细实线应分别对齐，剖面线要画到粗实线处，如图 7-14 所示。

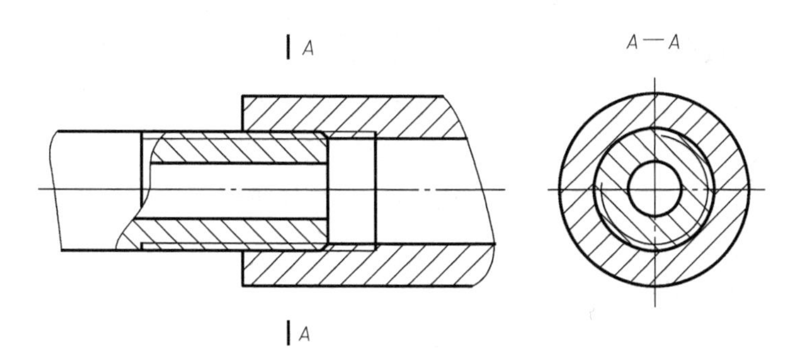

图 7-14　螺纹连接的规定画法

4. 螺纹牙型的表示法

按规定画法画出的螺纹，如必须表示牙型时（多用于非标准螺纹），应画出螺纹的牙型，如图 7-15 所示。

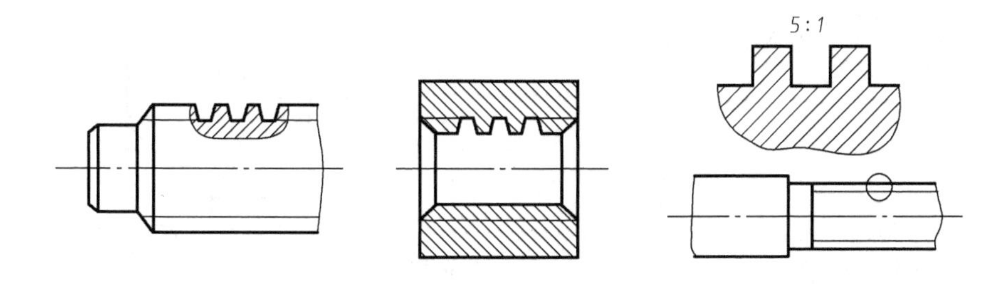

图 7-15　螺纹牙型的画法

四、螺纹的分类

螺纹按其用途可分为紧固螺纹、管螺纹、传动螺纹和专门用途的螺纹，其中，紧固螺纹和管螺纹是用于连接的螺纹。

紧固螺纹有普通螺纹和小螺纹，管螺纹有 55°密封管螺纹和 55°非密封管螺纹，传动螺纹有梯形螺纹、锯齿形螺纹和矩形螺纹等，专门用途的螺纹有氧气瓶螺纹和自攻螺纹等。

螺纹按其标准化程度可分为标准螺纹、特殊螺纹和非标准螺纹。螺纹的基本要素是牙型、公称直径和螺距。国家标准规定了一些标准的牙型、公称直径和螺距。凡是这些要素都符合国家标准的螺纹称为标准螺纹；牙型符号国家标准，但公称直径或螺距不符合国家标准的螺纹称为特殊螺纹；牙型不符合国家标准的螺纹称为非标准螺纹。普通螺纹、管螺纹、梯形螺纹、锯齿形螺纹等均为标准螺纹，矩形螺纹为非标准螺纹。

螺纹的具体分类情况如下：

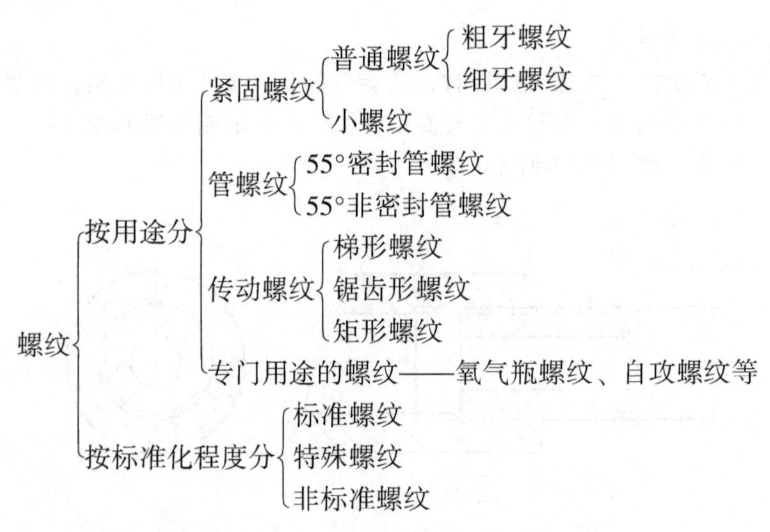

常用标准螺纹的基本特征见表 7-1，下面分别介绍这几种螺纹。

表 7-1　常用标准螺纹的基本特征

螺纹分类	外形及牙型	特征代号	代号示例	图例	注解
粗牙普通螺纹	60°	M	M 10 公称直径 特征代号	M10-6g	粗牙螺纹不注螺距
细牙普通螺纹			M 12×1 螺距 公称直径 特征代号	M12×1-7H	
圆柱圆锥管螺纹	55°	G Rc Rp R_1 R_2	G 1 公称直径 特征代号	G1A Rp1	Rp 为与圆锥外螺纹相匹配的圆柱内螺纹
梯形螺纹	30°	Tr	Tr 22×10 (P5) 螺距 导程 公称直径 特征代号	Tr22×10(P5)	
锯齿形螺纹	3° 30°	B	B 22×10 (P5) 螺距 导程 公称直径 特征代号	B22×10(P5)	

1. 普通螺纹（M）

普通螺纹是常见的连接螺纹，牙型为三角形，牙型角为 60°，内、外螺纹旋合后，牙顶和牙底间有一定的间隙。普通螺纹分粗牙和细牙两种，它们的牙型相同。当螺纹的大径相同时，细牙螺纹的螺距和牙型高度较粗牙螺纹小，因此细牙螺纹适用于薄壁零件的连接。当普通螺纹的公称直径 $d(D) \leqslant 68$mm 时，有粗牙和细牙之分，而当 $d(D) > 68$mm 时，均为细牙螺纹。

2. 管螺纹（G、Rc、Rp、R_1、R_2）

管螺纹有圆柱管螺纹和圆锥管螺纹，按照国家标准规定，它们用于55°非密封管螺纹和55°密封管螺纹。管螺纹主要用于管道连接。牙型为三角形，牙型角为55°，牙顶、牙底呈弧形。55°非密封管螺纹旋合后的螺纹副本身不具有密封性，若要求连接后具有密封性，可压紧被连接件螺纹副外的密封面，也可在密封面间添加密封物。55°密封管螺纹采用圆柱管螺纹和圆锥管螺纹，其内、外螺纹旋合后的螺纹副本身具有密封性。

管螺纹的尺寸采用英寸制，这里需要指出两个问题：

1）管螺纹的公称直径为管子孔径的近似值，不是管子的外径，如表7-1中的G1是在孔径为1in（1in = 0.0254m）管子的外壁上加工的螺纹，该螺纹的实际大径为33.25mm。

2）管螺纹是用每英寸有几个牙表示牙型的粗细，换算后螺距为小数，如G1的管螺纹沿轴线长1in为11个牙，其螺距为（25.4/11）mm = 2.309mm。

3. 梯形螺纹（Tr）

梯形螺纹的牙型为等腰梯形，牙型角为30°，它是常用的传动螺纹。

4. 锯齿形螺纹（B）

锯齿形螺纹的牙型为锯齿形，牙型角两边分别为30°和3°，它是一种传动螺纹，常用来传递单向动力，如千斤顶中的螺杆。

五、螺纹规定代号的标记

螺纹用规定代号标记。这里只介绍普通螺纹、管螺纹、梯形螺纹和锯齿形螺纹的规定代号标记。

1. 普通螺纹的标记（GB/T 197—2018）

普通螺纹的完整标记由螺纹特征代号、尺寸代号、公差带代号、旋合长度代号和旋向代号所组成，即

螺纹特征代号 尺寸代号-公差带代号-旋合长度代号-旋向代号

普通螺纹的特征代号为M，单线螺纹的尺寸代号为“公称直径×螺距”，公称直径与螺距的单位是mm，对粗牙螺纹不标螺距。螺纹公差带代号包括中径公差带代号和顶径公差带代号，外螺纹采用小写字母，内螺纹采用大写字母，如果中径公差带与顶径公差带相同，则只标注一个代号。根据使用场合，螺纹的公差精度分为三级，即精密，用于精密螺纹；中等，用于一般用途的螺纹；粗糙，用于制造螺纹有困难的场合。螺纹旋合长度分三组，分别为短旋合长度组（S）、中等旋合长度组（N）和长旋合长度组（L）。螺纹有左旋和右旋之分，其中左旋螺纹用“LH”表示。螺纹尺寸代号、螺纹公差带代号、旋合长度代号和旋向代号之间用“-”分开。

具体标注方法见表7-2，这里说明几项事宜。

1）粗牙螺纹不标注螺距。

2）右旋螺纹不标注旋向，左旋螺纹加注LH。

3）在一般情况下，不标注旋合长度，其螺纹公差带按中等旋合长度（N）确定，必要

时加注旋合长度代号，长旋合长度加代号 L，短旋合长度加代号 S。

4）多线螺纹的尺寸代号为“M 公称直径×P_h 导程 P 螺距”，如 M30×P_h6P2，其含义为：普通细牙螺纹，公称直径为 30mm，螺距为 2mm 的三线螺纹。

5）在下列情况下，中等公差精度螺纹不标注公差带代号：

内螺纹：5H（公称直径小于和等于 1.4mm 时）；6H（公称直径大于和等于 1.6mm 时）。

外螺纹：6h（公称直径小于和等于 1.4mm 时）；6g（公称直径大于和等于 1.6mm 时）。

6）如果要进一步表明螺纹的线数，可在螺距后面加括号说明（用英语进行说明。例如，*two starts*、*three starts*、*four starts*）表示。如：M30×P_h6P2（*three starts*）-7H-L-LH。

表 7-2　普通螺纹、梯形螺纹和锯齿形螺纹标记示例

类型	特征代号	尺寸代号			公差带代号		旋合长度代号	旋向代号	标记示例
		公称直径/mm	导程/mm	螺距/mm	中径公差带代号	顶径公差带代号			
普通螺纹（粗牙）	M	24	—	3	外螺纹:5g 内螺纹:7H	外螺纹:6g 内螺纹:7H	S	右	外螺纹: M24-5g6g-S 内螺纹: M24-7H-S 螺纹副: M24-7H/5g6g-S
普通螺纹（细牙）	M	24	—	2	外螺纹:7h 内螺纹:7H	外螺纹:7h 内螺纹:7H	N	左	外螺纹: M24×2-7h-LH 内螺纹: M24×2-7H-LH 螺纹副: M24×2-7H/7h-LH
普通螺纹（多线）	M	24	6	2	外螺纹:7h 内螺纹:7H	外螺纹:7h 内螺纹:7H	L	左	外螺纹: M24×P_h6P2-7h-L-LH 内螺纹: M24×P_h6P2-7H-L-LH
梯形螺纹（单线）	Tr	40	—	7	外螺纹:7c 内螺纹:7H		N	左	外螺纹: Tr40×7LH-7c 内螺纹: Tr40×7LH-7H 螺纹副: Tr40×7LH-7H/7c
梯形螺纹（多线）	Tr	40	14	7	外螺纹:8c 内螺纹:8H		L	右	外螺纹: Tr40×14(P7)-8c-L 内螺纹: Tr40×14(P7)-8H-L 螺纹副: Tr40×14(P7)-8H/8c-L

（续）

类型	特征代号	尺寸代号			公差带代号		旋合长度代号	旋向代号	标记示例
		公称直径/mm	导程/mm	螺距/mm	中径公差带代号	顶径公差带代号			
锯齿形螺纹（单线）	B	40	—	7	外螺纹：8c 内螺纹：8A		L	左	外螺纹： B40×7LH-8c-L 内螺纹： B40×7LH-8A-L 螺纹副： B40×7LH-8A/8c-L
锯齿形螺纹（多线）		40	14	7	外螺纹：7c 内螺纹：7A		N	右	外螺纹零件： B40×14（P7）-7c 内螺纹零件： B40×14（P7）-7A 螺纹副： B40×14（P7）-7A/7c

2. 管螺纹的标记

管螺纹标记方法见表 7-3。

1）55°非密封管螺纹（G）按如下形式标注（GB/T 7307—2001）：

螺纹特征代号 尺寸代号 公差等级代号-旋向代号

55°非密封管螺纹的螺纹特征代号用字母 G 表示。其公差等级代号对外螺纹分 A、B 两级标记，对内螺纹则不标记。

例如：1½螺纹的标记如下：

内螺纹 G1½；A 级外螺纹 G1½A；B 级外螺纹 G1½B；当螺纹为左旋时注“LH”，右旋不注。

当上述螺纹为左旋时标注如下：

左旋内螺纹 G1½-LH；左旋 A 级外螺纹 G1½A-LH；左旋 B 级外螺纹 G1½B-LH。

内、外螺纹装在一起时，内、外螺纹的标记用斜线分开，左边表示内螺纹，右边表示外螺纹。例如 G1½/G1½A；G1½/G1½B；G1½/G1½A-LH。

表 7-3 管螺纹标记示例

类　型	标记顺序				标记示例	
	螺纹特征代号	尺寸代号	公差等级	旋向	零件	螺旋副
55°非密封管螺纹 GB/T 7307—2001	G	1	外螺纹中径公差分 A、B 两级，内螺纹不分	左	G1A-LH G1-LH	G1/G1A-LH
密封管螺纹 GB/T 7306.1—2000 GB/T 7306.2—2000	圆锥内螺纹 Rc 圆柱内螺纹 Rp 圆锥外螺纹 R_1、R_2	1½		右	$R_2$1½ Rc1½	圆锥内螺纹与圆锥外螺纹组成的螺纹副： Rc1½/$R_2$1½ 圆柱内螺纹与圆锥外螺纹组成的螺纹副： Rp1½/$R_1$1½ 为左旋时： Rp1½/$R_1$1½-LH

2）密封管螺纹（Rp、Rc、R_1、R_2）的标记（GB/T 7306.1~7306.2—2000）。

55°密封管螺纹按如下形式标记：

螺纹特征代号 尺寸代号 - 旋向代号

55°密封管螺纹的螺纹特征代号是圆锥内螺纹 Rc；圆柱内螺纹 Rp；与圆柱内螺纹配合的圆锥外螺纹 R_1；与圆锥内螺纹配合的圆锥外螺纹 R_2。例如 1½的螺纹标记：圆锥内螺纹为 Rc1½；圆柱内螺纹为 Rp1½；圆锥外螺纹为 $R_1$1½或 $R_2$1½。

内、外螺纹装在一起时的螺纹副的标记与上述 55°非密封管螺纹标记相同。例如：圆锥内螺纹与圆锥外螺纹的配合 Rc1½/$R_2$1½；圆柱内螺纹与圆锥外螺纹的配合 Rp1½/$R_1$1½；左旋圆锥内螺纹与圆锥外螺纹的配合 Rc1½/$R_2$1½-LH。

在此强调一点，所有管螺纹在图样上的标注必须从螺纹的大径上用指引线引出标注，见表 7-3。

3. 梯形螺纹的标记（GB/T 5796.2—2022、GB/T 5796.4—2022）

梯形螺纹的标注与普通螺纹的标注相似，按如下形式标注：

螺纹特征代号 尺寸代号 旋向代号 - 公差带代号 - 旋合长度代号

具体标注方法见表 7-2，这里说明几点注意事项：

1）梯形螺纹只标注中径公差带代号。

2）梯形螺纹无短旋合长度组 S，其余同普通螺纹一样，即中等旋合长度代号 N 不标注，必要时只标注长旋合长度代号 L。

3）梯形螺纹为单线时，用字母 Tr 及公称直径×螺距表示；为多线时，用字母 Tr 及公称直径×导程（螺距）表示，例如：梯形螺纹，公称直径为 40mm，螺距为 7mm，中径公差带代号为 8e，长旋合长度，双线，右旋，其标注为 Tr40×14（P7）-8e-L。

4. 锯齿形螺纹的标记（GB/T 13576—2008）

锯齿形螺纹的特征代号是 B，其标注形式与梯形螺纹相同（见表 7-2）。

这里说明几点注意事项。

1）锯齿形螺纹只标注中径公差带代号。内螺纹：中等配合精度时，公差带代号为 7A（中等旋合长度）和 8A（长旋合长度）；粗糙配合精度时，公差带代号为 8A（中等旋合长度）和 9A（长旋合长度）。外螺纹：中等配合精度时，公差带代号为 7c（中等旋合长度）和 8c（长旋合长度）；粗糙配合精度时，公差带代号为 8c（中等旋合长度）和 9c（长旋合长度）。

2）锯齿形螺纹无短旋合长度组 S，其余同普通螺纹一样，即中等旋合长度代号 N 不标注，必要时只标注长旋合长度组代号 L。

例如：锯齿形螺纹，公称直径为 40mm，导程为 14mm，双线，左旋，中径公差带代号为 8c，长旋合长度的外螺纹标记为：B40×14（P7）LH-8c-L。

5. 非标准螺纹的标记

非标准螺纹必须画出牙型并标注全部尺寸，如图 7-16 所示。

6. 特殊螺纹的标记

特殊螺纹应在牙型代号前加注“特”字，如图 7-17 所示。

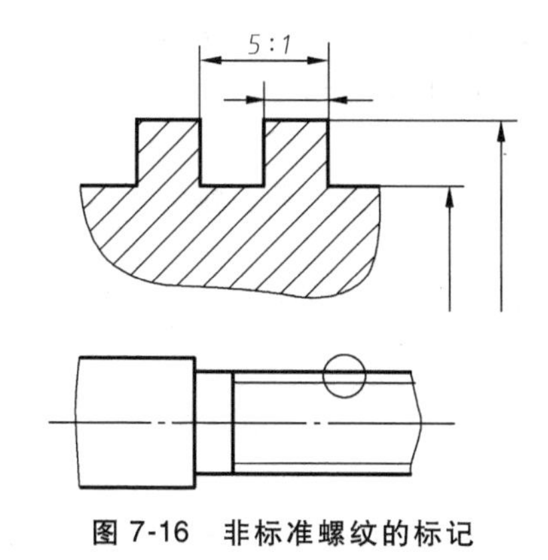

图 7-16　非标准螺纹的标记

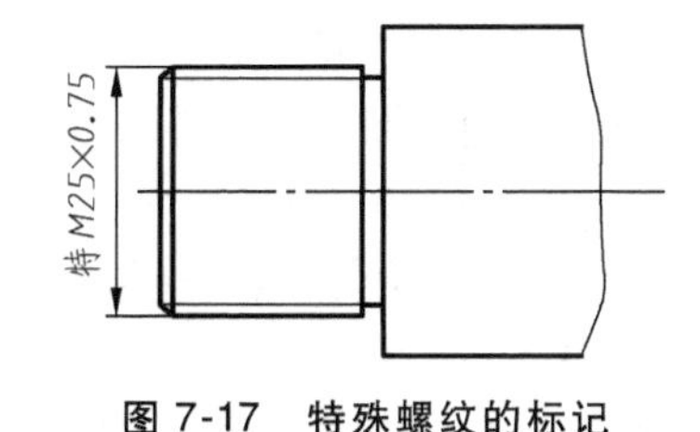

图 7-17　特殊螺纹的标记

六、螺纹连接件

1. 螺纹连接件的种类和用途

螺纹连接件（或称紧固件）有螺栓、螺柱、螺钉、螺母和垫圈等。

螺栓、螺柱和螺钉都是在圆柱上制造出螺纹，起连接作用，其长短是由被连接零件的厚度决定的。螺栓用于被连接件允许钻成通孔的情况，如图 7-18 所示。螺柱用于被连接件之一较厚或不允许被钻成通孔的情况。螺柱两端都有螺纹，一端用于旋入被连接零件的螺孔内，如图 7-19 所示。螺钉则用于不经常拆开和受力较小的连接中，按其用途又分为连接螺钉（图 7-20）和紧定螺钉（图 7-21）。

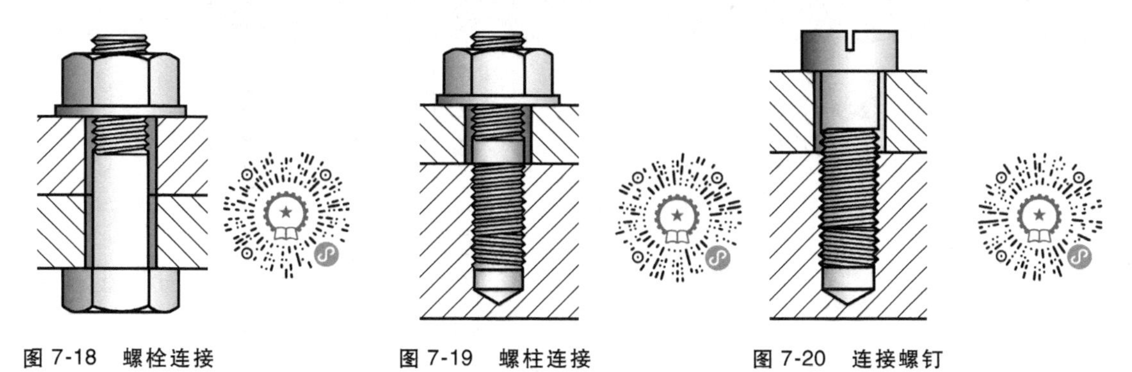

图 7-18　螺栓连接　　图 7-19　螺柱连接　　图 7-20　连接螺钉

螺母是和螺栓或螺柱等一起进行连接的。

垫圈一般放在螺母的下面，可避免螺母旋紧时损伤被连接零件的表面，弹簧垫圈可防止螺母松动。

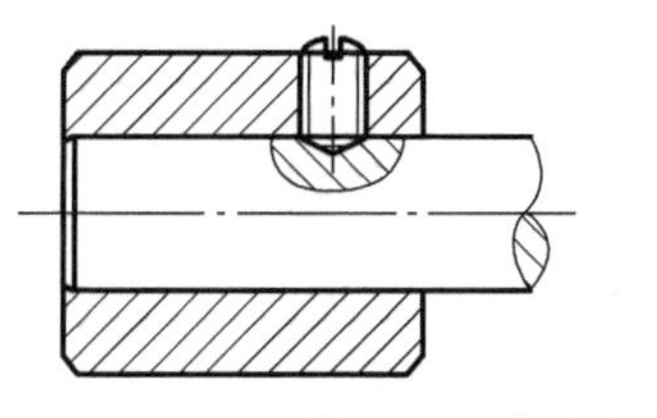

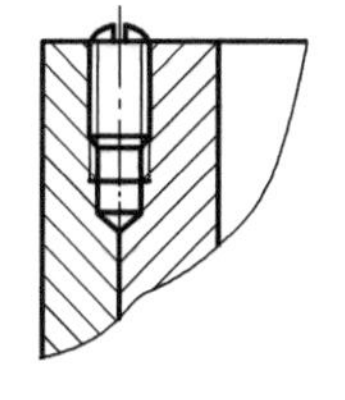

图 7-21　紧定螺钉

2. 螺纹连接件的规定标记（GB/T 1237—2000）

标准的螺纹连接件都有规定的标记，标记的一般格式如下：

名称 标准号 规格

例如：

螺栓　GB/T 5785—2016　M12×1.5×80

表示细牙普通螺纹，螺纹规格 M12×1.5，公称长度 l=80mm，A 级六角头螺栓（A、B、C 为制造螺纹的精度等级，A 级最精确，C 级最不精确，可由不同标号来体现）。

螺栓 GB/T 5782 M12×80

表示粗牙普通螺纹，螺纹规格 M12，公称长度 l=80mm，A 级六角头螺栓。

螺钉 GB/T 65 M5×20

表示粗牙普通螺纹，螺纹规格 M5，公称长度 l=20mm 的开槽圆柱头螺钉。

螺母 GB/T 6170 M12

表示粗牙普通螺纹，螺纹规格 M12，A 级的 1 型六角螺母。

垫圈 GB/T 97.1 12

表示标准系列，公称规格＝12，由钢制造的硬度等级为 200HV 级，不经表面处理、产品等级为 A 级的平垫圈。

螺柱 GB/T 897 M10×50

表示两端均为普通粗牙螺纹，螺纹规格 M10，公称长度 l=50mm，性能等级为 4.8 级。不经表面处理，旋入端长度 $b_m=1d$，B 型双头螺柱。

螺柱 GB/T 899 AM10-M10×1×50

表示旋入机体一端为普通粗牙螺纹，旋螺母的一端为普通细牙螺纹，螺纹规格 M10×1，公称长度 l=50mm，性能等级为 4.8 级，不经表面处理，旋入端长度 $b_m=1.5d$，A 型双头螺柱。表 7-4 为几种常用的螺纹连接件。

表 7-4 常用的螺纹连接件

名称	标记	画法及主要尺寸
六角螺栓	螺栓 GB/T 5780 M12×80	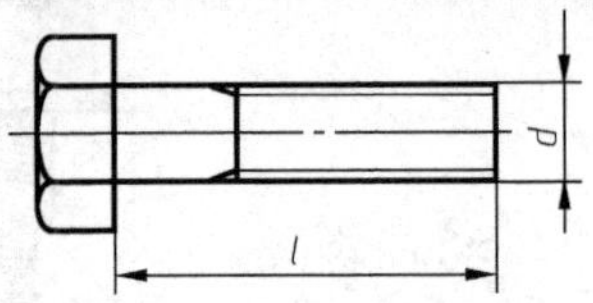 d, l
螺柱	螺柱 GB/T 897 AM10-M10×1×50	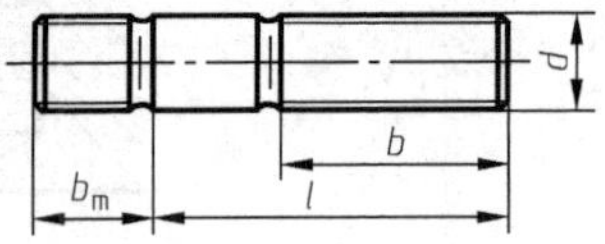 d, b, b_m, l
开槽圆柱头螺钉	螺钉 GB/T 65 M5×20	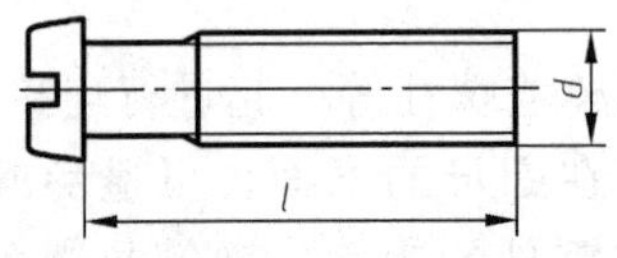 d, l
开槽盘头螺钉	螺钉 GB/T 67 M5×20	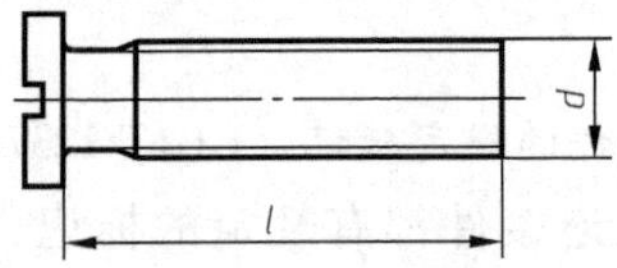 d, l
开槽沉头螺钉	螺钉 GB/T 68 M5×20	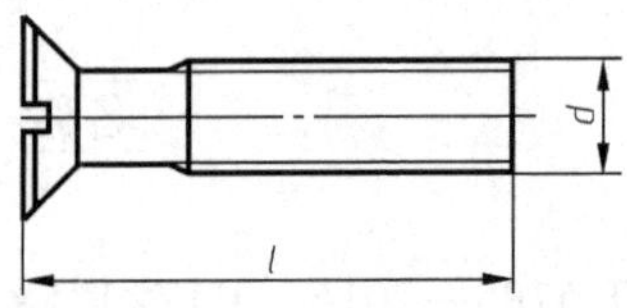 d, l

（续）

名称	标记	画法及主要尺寸
内六角圆柱头螺钉	螺钉 GB/T 70.1 M5×20	d l
1 型六角头螺母	螺母 GB/T 6170 M12	D
平垫圈	垫圈 GB/T 97.1 12	

注：GB/T 897—1988，$b_m=1d$；GB/T 898—1988，$b_m=1.25d$；GB/T 899—1988，$b_m=1.5d$；GB/T 900—1988，$b_m=2d$。

3. 螺纹连接件的画法

（1）螺栓连接的画法　螺栓连接由螺栓、螺母和垫圈构成，绘图时需要知道螺栓的形式、公称直径和被连接件的厚度，再算出螺栓的公称长度 l。

公称长度 l=被连接件的总厚度($\delta_1+\delta_2$)+垫圈的厚度(h)+螺母的厚度(m)+a

式中 $a=(0.3\sim0.4)d$，是螺栓顶端露出螺母的高度。根据上式计算出的螺栓公称长度，还要查有关标准，按螺栓公称长度系列选择与计算长度接近的标准长度。

六角头螺栓的连接画法，可先将螺栓、螺母、垫圈的尺寸按标准查得，然后绘图。但在装配图中一般采用近似画法，按图 7-22 所示的比例作图。

（2）双头螺柱连接的画法　螺柱连接由双头螺柱、螺母和垫圈构成，绘图时需要知道螺柱的形式、公称直径、被连接件的厚度、旋入端的材料，再计算出螺柱的公称长度 l。

螺柱公称长度 l=光孔零件的厚度(δ)+弹簧垫圈厚度(S)+螺母高度(m)+$(0.3\sim0.4)d$。

根据上式计算出长度后，还要查有关标准，按螺柱公称长度系列应选择与计算长度接近的标准长度。螺柱的旋入端长度 b_m 因旋入端的零件材料不同而异，按表 7-5 选取。

螺柱连接的画法如图 7-23 所示。

螺孔深度≈$b_m+0.5d$；钻孔深度≈螺孔深度$+(0.2\sim0.5)d$；钻孔锥角应为 120°；弹簧垫圈开口槽方向与水平成 70°角，从左上向右下倾斜。

（3）螺钉连接的画法　在较厚的零件上加工出螺孔，在另一零件上加工出通孔，然后把螺钉穿过通孔旋进螺孔连接两个零件即为螺钉连接，如图 7-20 所示。

螺钉的种类很多，如开槽圆柱头螺钉（GB/T 65—2016）、开槽盘头螺钉（GB/T 67—2016）、开槽沉头螺钉（GB/T 68—2016）、内六角圆柱头螺钉（GB/T 70.1—2008）等。

螺钉的规格尺寸为螺钉的公称直径 d 和螺钉的公称长度 l。

螺钉的连接画法与螺柱旋入端的情况类似，螺钉头部槽口在反映螺钉轴线的视图上，应画成垂直于投影面的形式，在端视图上应画成与中心线顺时针倾斜 45°的形式。螺纹旋入深度根据被旋入零件的材料决定，选用时参照表 7-5。

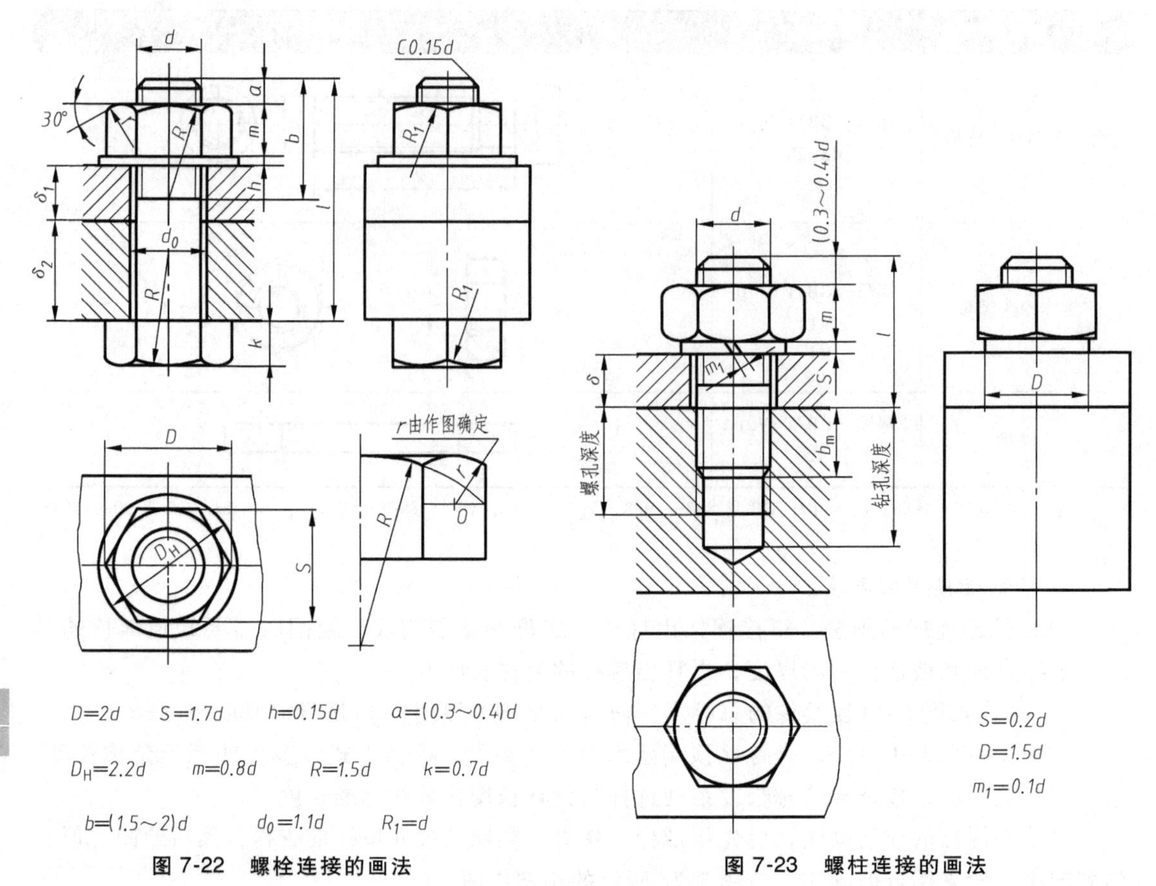

图 7-22 螺栓连接的画法

图 7-23 螺柱连接的画法

表 7-5 旋入端长度

被旋入零件的材料	旋入端长度
钢、青铜	$b_m = d$
铸铁	$b_m = 1.25d$ 或 $b_m = 1.5d$
铝	$b_m = 2d$

螺钉连接的画法如图 7-24 所示。

4. 螺纹连接件的几点说明

1）画装配图时，相邻两零件的接触表面，画一条粗实线作为分界线，不接触表面按各自尺寸画，间隙过小时，应夸大画出。

2）在剖视图中，相邻两零件的剖面线方向应相反，必要时方向也可以相同，但要错开或改变疏密度。在同一张图上，同一零件在各个视图中的剖面线方向、间距应保持一致。

3）当剖切平面通过螺栓、螺柱、螺钉、螺母、垫圈等连接件或实心件的轴线时，按规定该件不剖，仍画外形。

4）在装配图中，螺栓、螺柱连接还可按图 7-25 所示的简化画法画出。

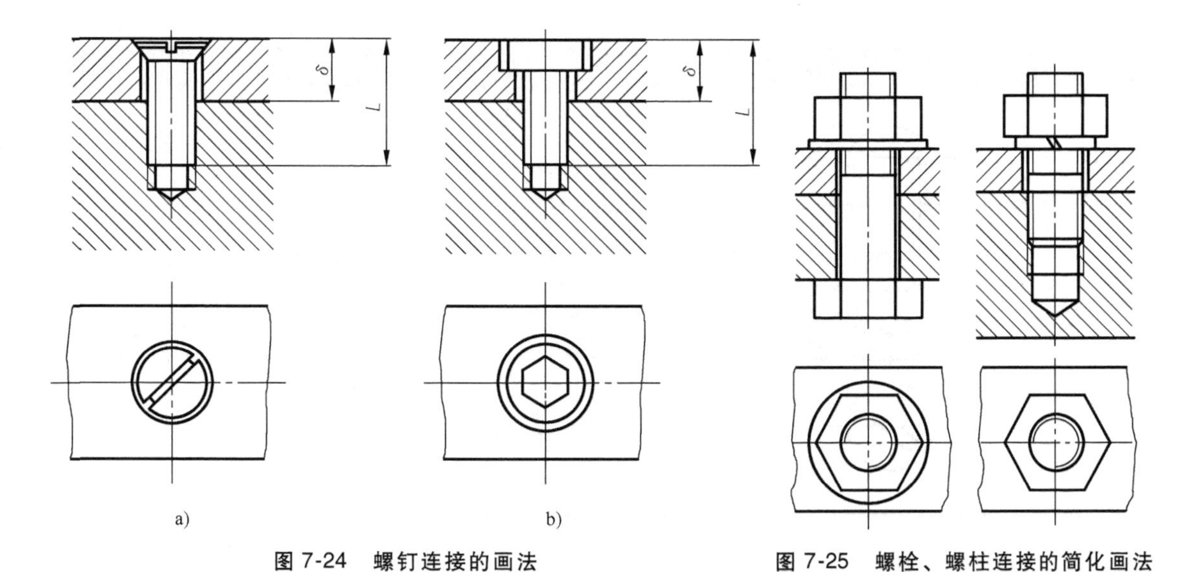

图 7-24　螺钉连接的画法　　　　图 7-25　螺栓、螺柱连接的简化画法

5）螺纹连接的画法比较烦琐，容易出错，画图时应注意。常见的正确和错误画法对比见表 7-6。

表 7-6　螺纹连接件连接图中的正确和错误画法对比

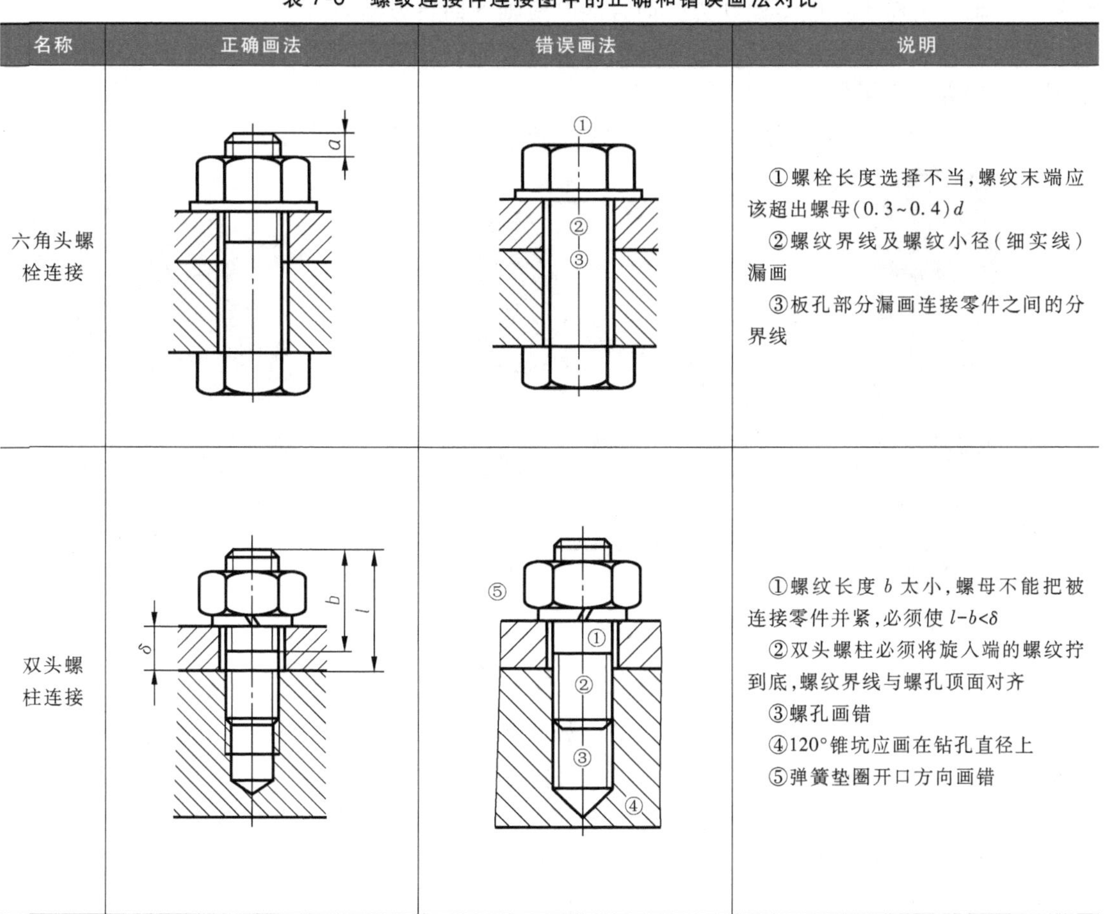

名称	正确画法	错误画法	说明
六角头螺栓连接			①螺栓长度选择不当，螺纹末端应该超出螺母(0.3~0.4)d ②螺纹界线及螺纹小径（细实线）漏画 ③板孔部分漏画连接零件之间的分界线
双头螺柱连接			①螺纹长度 b 太小，螺母不能把被连接零件并紧，必须使 $l-b<\delta$ ②双头螺柱必须将旋入端的螺纹拧到底，螺纹界线与螺孔顶面对齐 ③螺孔画错 ④120°锥坑应画在钻孔直径上 ⑤弹簧垫圈开口方向画错

（续）

名称	正确画法	错误画法	说明
螺钉连接	d_0 d	① ② ③	①光孔直径要大于螺纹大径，$d_0 = 1.1d$，这样便于装配，不会损伤螺纹。图上漏画光孔的投影 ②螺孔深度不够，并漏画钻孔 ③半圆头螺钉头部槽口的投影不能画到头

第二节 齿　　轮

齿轮传动在各种机器中应用很广泛。它是利用一对互相啮合的齿轮将一根轴的转动传递给另一根轴。齿轮不仅能传递动力，而且能改变轴的回转方向。

齿轮是常用件，其齿形部分的参数已经标准化。在国家标准中制定了齿轮的规定画法，绘图时不按真实投影作图。

如图 7-26 所示，齿轮的种类很多，根据其传动形式可分为三类：

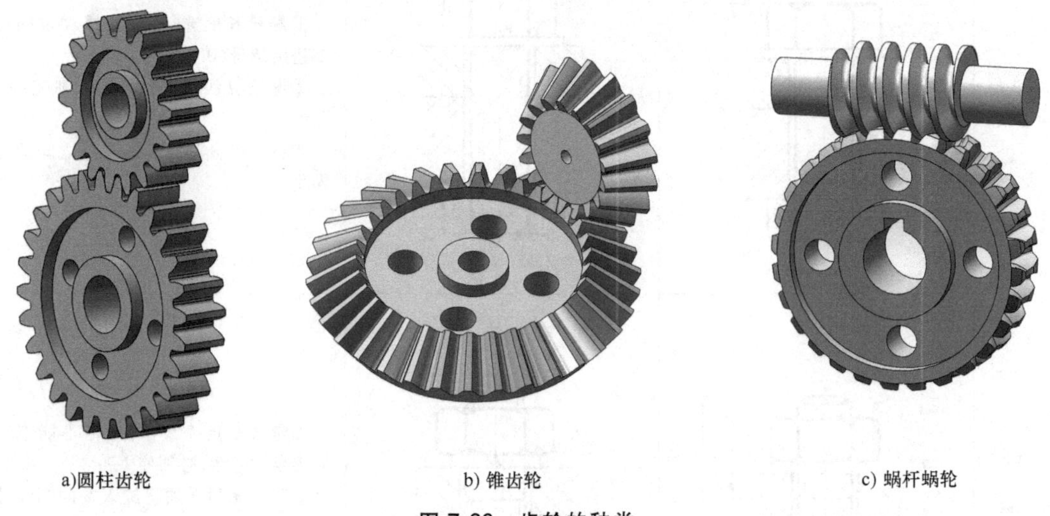

a)圆柱齿轮　　b) 锥齿轮　　c) 蜗杆蜗轮

图 7-26　齿轮的种类

圆柱齿轮——用于两轴平行时的传动，如图 7-26a 所示；锥齿轮——用于两轴相交时的传动，如图 7-26b 所示；蜗杆蜗轮——用于两轴交叉时的传动，如图 7-26c 所示。

齿轮按齿廓曲线来分，有摆线齿轮和渐开线齿轮两种。一般机器中常采用渐开线齿轮。圆柱齿轮按其轮齿的方向分为直齿轮、斜齿轮和人字齿轮等。本节主要介绍直齿圆柱齿轮。直齿圆柱齿轮的外形为圆柱形，齿向与齿轮轴向平行，如图 7-26a 所示。

一、直齿圆柱齿轮各部分名称和尺寸关系

如图 7-27 和图 7-28 所示，直齿圆柱齿轮各部分的名称如下：

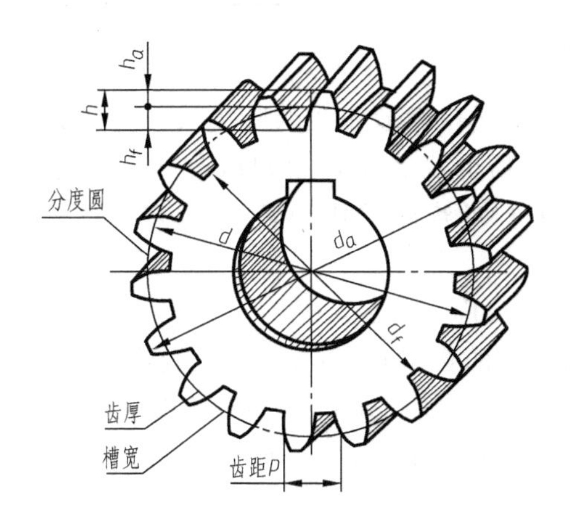

图 7-27　直齿圆柱齿轮

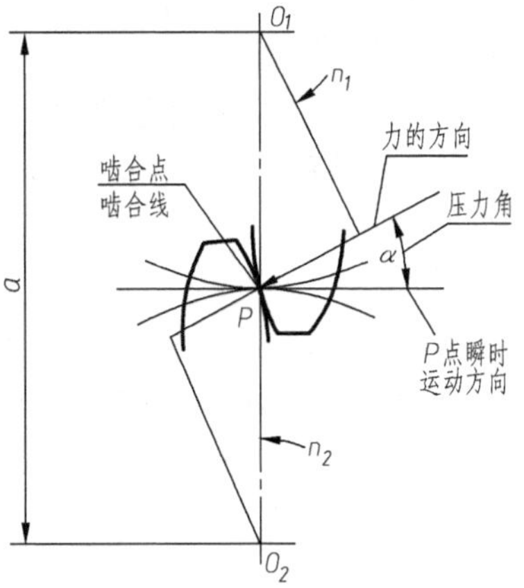

图 7-28　直齿圆柱齿轮啮合图

（1）齿顶圆　通过轮齿顶部的圆称为齿顶圆，其直径用 d_a 表示。

（2）齿根圆　通过轮齿根部的圆称为齿根圆，其直径用 d_f 表示。

（3）节圆、分度圆　一对啮合齿轮的齿廓在中心连线 O_1O_2 上的接触点 P（即啮合点）称为节点，以 O_1、O_2 为圆心，以 O_1P、O_2P 为半径作两个圆，当齿轮转动时，可以设想这两个圆是在做无滑动的纯滚动，这两个圆称为齿轮的节圆，其直径用 d'表示。分度圆是设计、制造齿轮时进行各部分尺寸计算的基准圆，在标准齿轮的分度圆圆周上，齿厚和槽宽是相等的，分度圆直径用 d 表示。对于标准齿轮来说，节圆和分度圆是一致的。

（4）齿高　齿顶圆到齿根圆的径向距离称为齿高，用 h 表示。齿高被分度圆分成两个不相等的部分：自分度圆到齿顶圆的径向距离称为齿顶高，用 h_a 表示；自分度圆到齿根圆的径向距离称为齿根高，用 h_f 表示，即 $h=h_a+h_f$。

（5）齿距　在分度圆圆周上，相邻两齿对应点的弧长称为齿距，用 p 表示。每个轮齿在分度圆圆周上的弧长称为齿厚，用 s 表示。在分度圆圆周上两个相邻齿间的弧长称为槽宽，用 e 表示。对标准齿轮来说，齿厚和槽宽是相等的，均为齿距的一半，即 $s=e=p/2$。

（6）模数　如果齿轮齿数为 z，则分度圆圆周长 $\pi d=zp$，因而分度圆直径

$$d=\frac{p}{\pi}z$$

令 $\frac{p}{\pi}=m$，则 $d=mz$。

m 称为齿轮的模数。两啮合齿轮的齿距应相等，又因 π 为常数，则模数也应相等。不同模数的齿轮要用不同模数的刀具制造。为了便于设计和加工，国家标准 GB/T 1357—2008 对齿轮的模数做了统一规定，见表 7-7。

表 7-7 渐开线圆柱齿轮模数系列（GB/T 1357—2008）

第一系列	1 1.25 1.5 2 2.5 3 4 5 6 8 10 12 16 20 25 32 40 50
第二系列	1.125 1.375 1.75 2.25 2.75 3.5 4.5 5.5 (6.5) 7 9 11 14 18 22 28 36 45

注：1. 选用模数时，优先选用第一系列，括号内的模数尽可能不用。

2. 对斜齿轮是指法向模数。

（7）压力角 在互相啮合的两齿轮上，过啮合点 P 作齿形曲线的公法线，与两分度圆的公切线间的夹角称为压力角，用 α 表示。压力角实质上就是齿轮在分度圆圆周上啮合点 P 处的正压力方向和瞬时运动方向之间的夹角，一般标准齿轮的压力角 $\alpha=20°$，如图 7-28 所示。

（8）中心距 两啮合齿轮中心的距离称为中心距，用 a 表示。

（9）传动比 主动轮的转速 n_1（r/min）与从动轮的转速 n_2（r/min）之比称为传动比，用 i 表示，它也等于从动轮的齿数 z_2 与主动轮的齿数 z_1 之比，即 $i=n_1/n_2=z_2/z_1$。

表 7-8 列出了标准直齿圆柱齿轮的基本参数及齿轮各部分尺寸的计算公式，供画图时参考。

表 7-8 标准直齿圆柱齿轮的计算公式

基本参数：模数 m，齿数 z 和压力角 α		
名称	代号	公式
齿距	p	$p=\pi m$
齿顶高	h_a	$h_a=m$
齿根高	h_f	$h_f=1.25m$
齿高	h	$h=h_a+h_f=2.25m$
分度圆直径	d	$d=mz$
齿顶圆直径	d_a	$d_a=m(z+2)$
齿根圆直径	d_f	$d_f=m(z-2.5)$
中心距	a	$a=m(z_1+z_2)/2$
分度圆齿厚	s	$s=\pi m/2$

二、直齿圆柱齿轮的规定画法

机械制图国家标准 GB/T 4459.2—2003 对齿轮的画法做了如下的规定。

1. 单个齿轮的画法

如图 7-29 所示，齿轮的齿顶圆和齿顶线用粗实线绘制，分度圆和分度线用点画线绘制。齿根圆和齿根线用细实线绘制，但一般可以省略不画。在剖视图中，规定轮齿部分不剖，这时齿根线用粗实线绘制。

当需要表示斜齿与人字齿的齿线方向时，可用三条与齿向一致的细实线在平行于圆柱齿轮轴线的投影面的视图中表示，如图 7-30 所示。

2. 圆柱齿轮啮合的画法

两个互相啮合的齿轮，它们的压力角和模数必须相等。

图 7-31 所示为一对互相啮合的圆柱齿轮，一般用两个视图表示。在垂直于圆柱齿轮轴

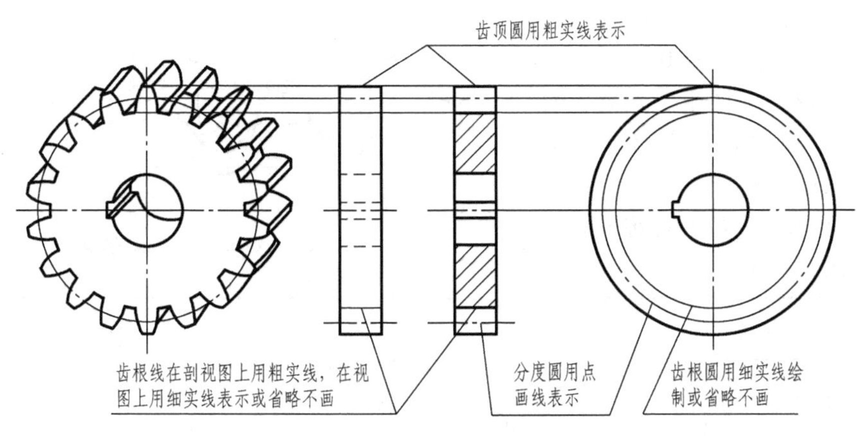

图 7-29　单个齿轮的画法

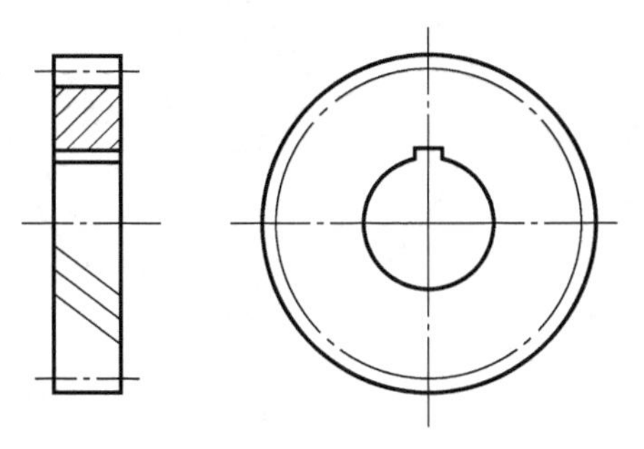

图 7-30　齿轮齿向的表示法

线的投影面的视图中，两节圆相切，啮合区域内的齿顶圆均用粗实线绘制，如图 7-31a 所示。也可以采用简化画法，如图 7-31b 所示。

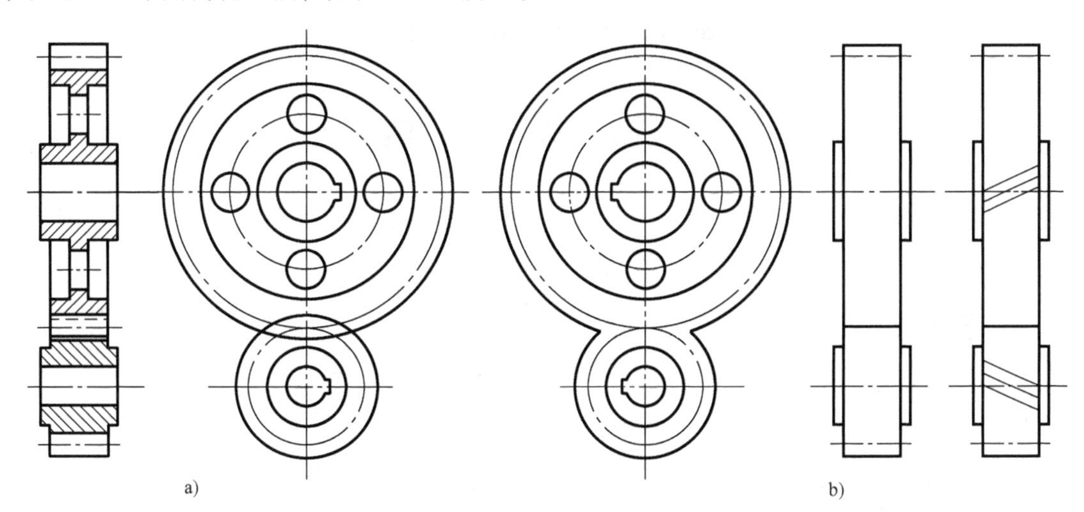

图 7-31　圆柱齿轮啮合的画法

在非圆剖视图中，当剖切平面通过两啮合齿轮的轴线时，在啮合处节线用点画线表示，其中一个齿轮轮齿被遮挡部分的齿顶线用虚线表示，也可省略不画，其余两齿根线和一齿顶线均用粗实线表示，如图 7-32 所示。

注意：一个齿轮的齿顶线与另一个齿轮的齿根线之间应有 0.25m 的间隙。在非圆的外形视图上，啮合区域内两齿轮的节线重合，用粗实线表示，如图 7-31b 所示。

图 7-33 所示为直齿圆柱齿轮的零件图，供画图时参考。

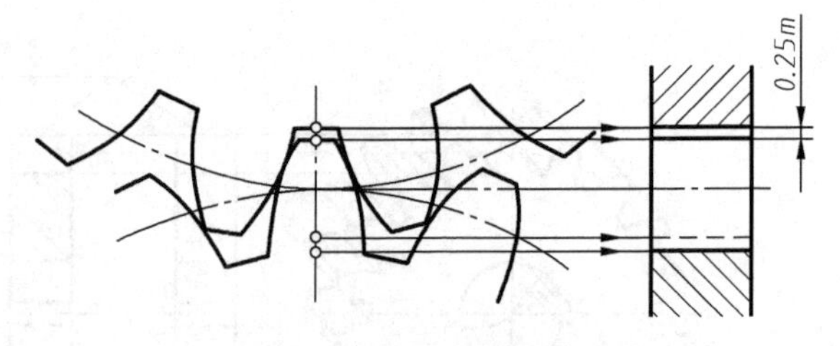

图 7-32　齿轮啮合投影的画法

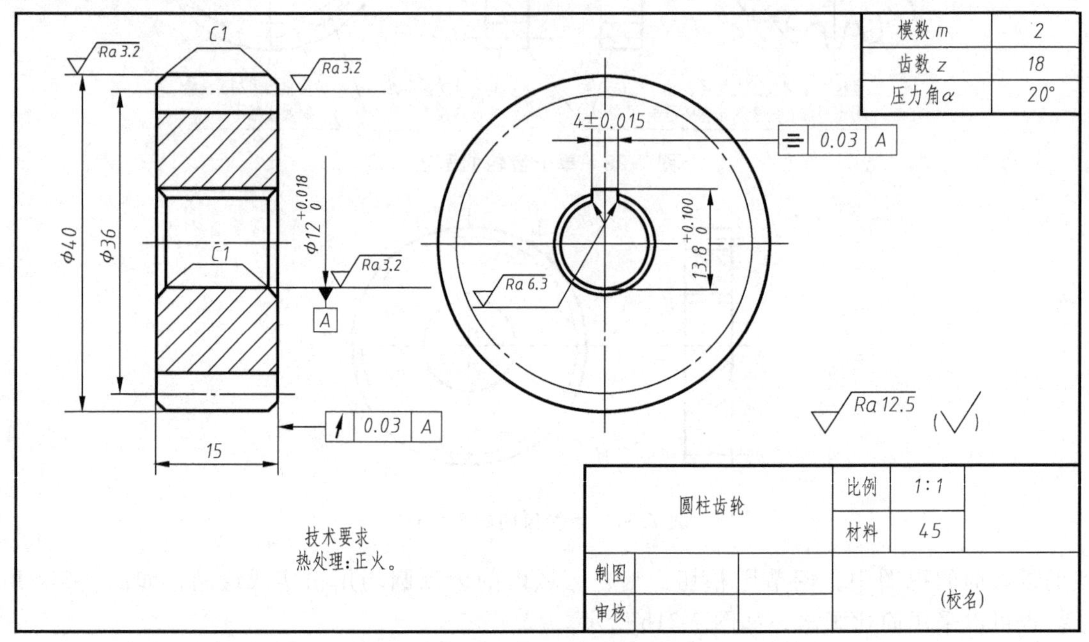

图 7-33　直齿圆柱齿轮的零件图

第三节　键　与　销

键和销都是标准件，它们的结构、形式和尺寸，国家标准都有具体的规定，设计时可以从有关标准中选用。

一、键连接

键用来连接轴和装在轴上的轮子，起传递转矩的作用。通常在轴上和轮子上分别制出一个键槽，装配时先将键放入轴上的键槽内，然后将轮毂上的键槽对准轴上的键装入即可，如图 7-34 所示。

常用的键有普通平键、半圆键和钩头楔键等。它们均为标准件，其结构和尺寸以及相应的键槽尺寸都可以在相应的有关标准中查得。

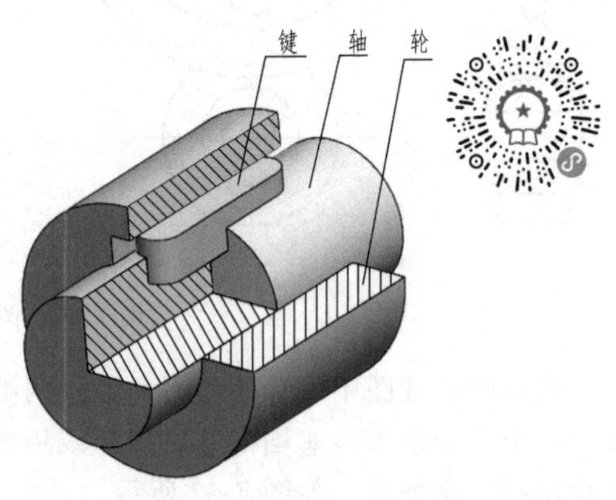

图 7-34　键连接

常用键的形式、标记和连接画法见表 7-9。

表 7-9 常用键的形式、标记和连接画法

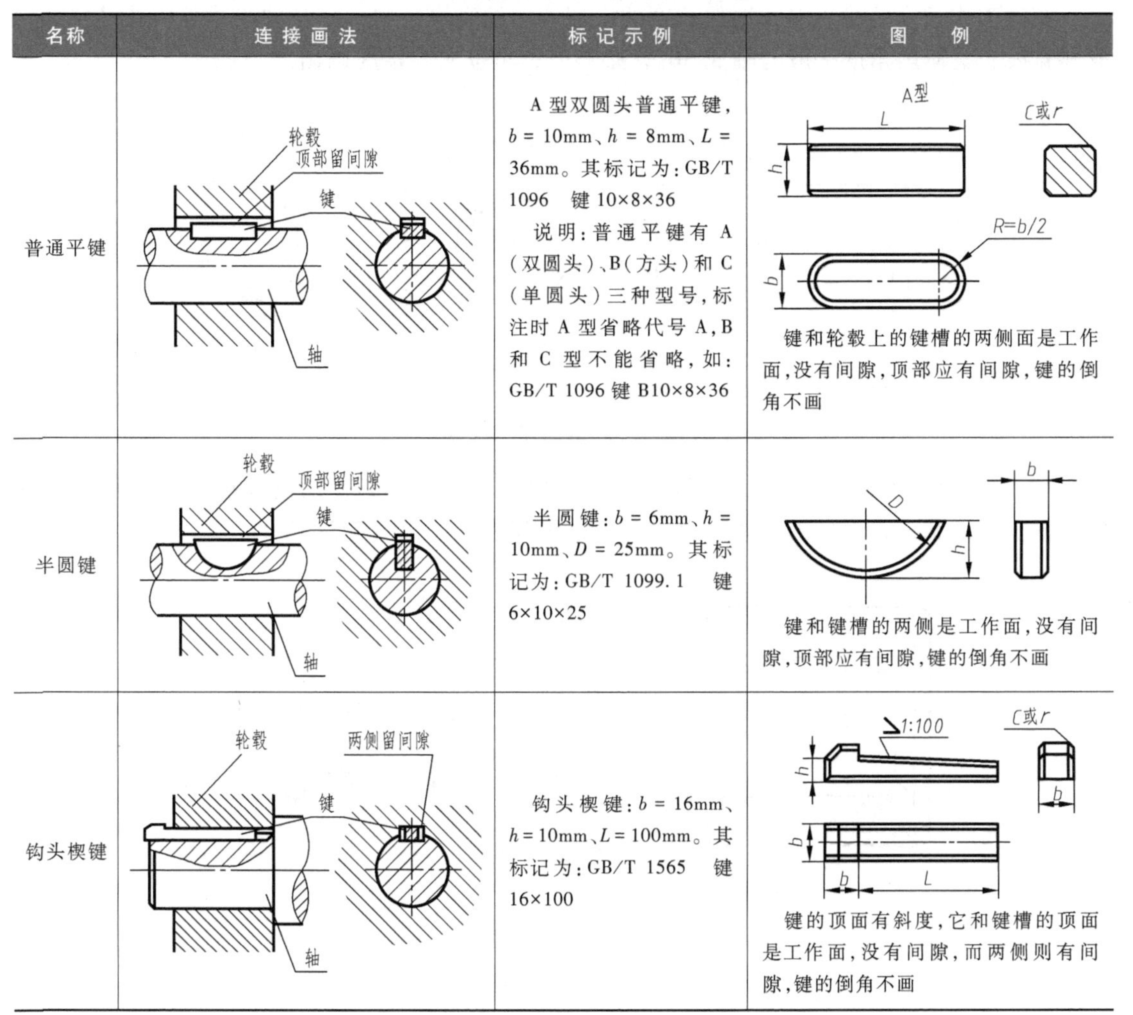

名称	连接画法	标记示例	图例
普通平键		A 型双圆头普通平键，b = 10mm、h = 8mm、L = 36mm。其标记为：GB/T 1096 键 10×8×36 说明：普通平键有 A（双圆头）、B（方头）和 C（单圆头）三种型号，标注时 A 型省略代号 A，B 和 C 型不能省略，如：GB/T 1096 键 B10×8×36	键和轮毂上的键槽的两侧面是工作面，没有间隙，顶部应有间隙，键的倒角不画
半圆键		半圆键：b = 6mm、h = 10mm、D = 25mm。其标记为：GB/T 1099.1 键 6×10×25	键和键槽的两侧是工作面，没有间隙，顶部应有间隙，键的倒角不画
钩头楔键		钩头楔键：b = 16mm、h = 10mm、L = 100mm。其标记为：GB/T 1565 键 16×100	键的顶面有斜度，它和键槽的顶面是工作面，没有间隙，而两侧则有间隙，键的倒角不画

1. 平键连接

画平键连接时，应该知道轴的直径、键的形式和键的长度，然后根据轴的直径在有关标准中选取键的剖面尺寸 $b×h$、键槽尺寸，而键的长度应在标准系列中选取。

2. 花键连接

如图 7-35 所示，花键是把轴和键制成一体，具有连接可靠、传递转矩大、对中性好、导向性好等优点。花键按齿形分为矩形花键、渐开线花键等，其中最常用的是矩形花键。

花键轴称为外花键，花键孔称为内花键。绘制花键时，并不是按花键的真实投影画图，而是按机械制图国家标准 GB/T 4459.3—2000 中的规定画法画图。

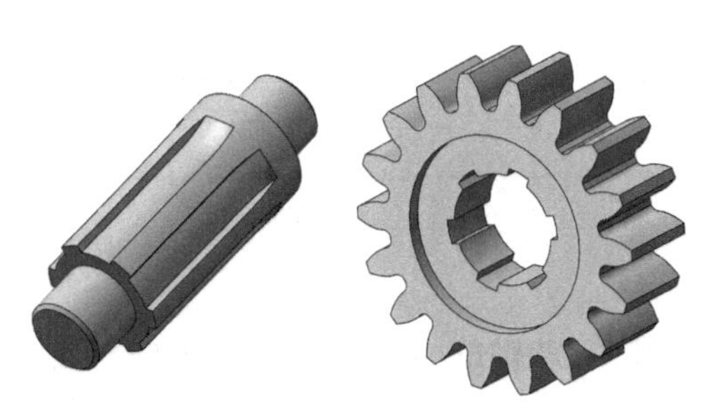

图 7-35 花键

（1）外花键的规定画法　外花键在平行于花键轴线的投影面的视图中，大径用粗实线绘制，小径用细实线绘制，并用断面图画出一部分或全部齿形，如图 7-36 所示。

花键工作长度的终止端和尾部长度的末端均用细实线绘制，并与轴线垂直，花键尾部画成斜直线，其倾斜角度一般与轴成 30°，必要时，可按实际情况画出。

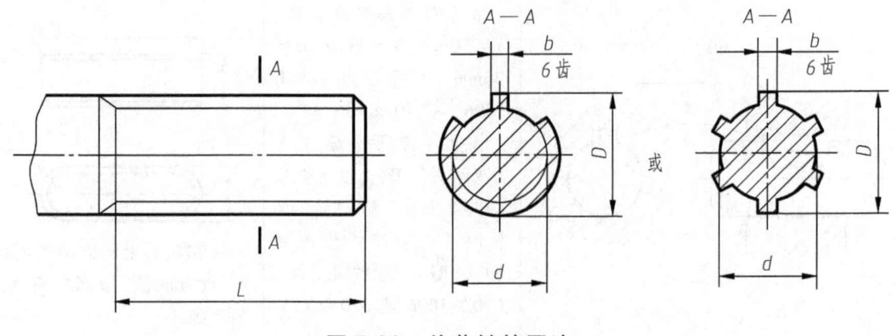

图 7-36　外花键的画法

（2）内花键的规定画法　内花键在平行于花键轴线的投影面的剖视图中，大径及小径均用粗实线绘制，并用局部视图画出一部分或全部齿形，如图 7-37 所示。

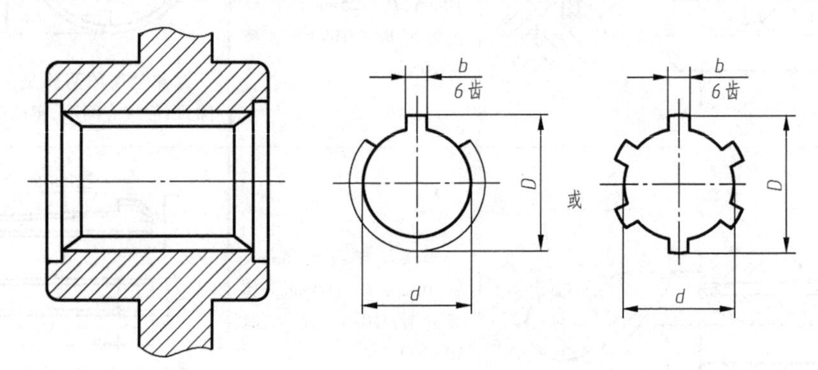

图 7-37　内花键的画法

（3）花键连接的画法　花键连接用剖视图表示时，其连接部分按外花键的规定画法绘制，如图 7-38 所示。

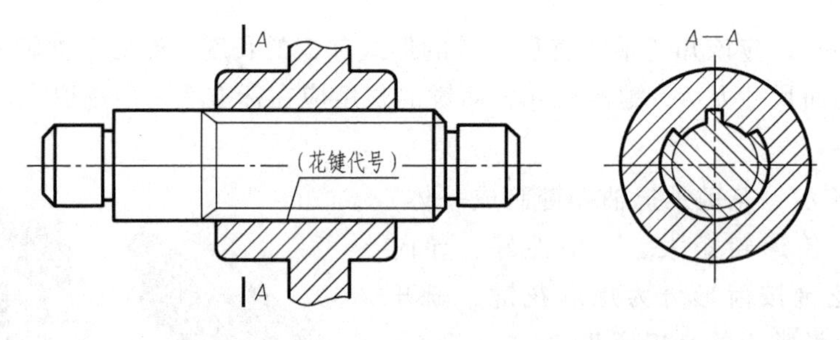

图 7-38　花键连接画法

（4）花键的标记方法　花键的标记方法有两种，一种是在图中标出公称尺寸 N（键数）、d（小径）、D（大径）、B（键宽）及公差带代号等，另一种是用指引线标注出花键代号。

其代号标记为：

花键类型图形符号 键数×小径 小径公差带代号×大径 大径公差带代号×键宽 键宽公差带代号 标准编号

例如，一矩形花键的键数 $N=6$，小径 $d=23$mm，大径 $D=26$mm，键宽 $B=6$mm，公差带代号为 $d=23\dfrac{H7}{f7}$，$D=26\dfrac{H10}{a11}$，$B=6\dfrac{H11}{d10}$的代号标记如下：

花键副：⊓ $6\times23\dfrac{H7}{f7}\times26\dfrac{H10}{a11}\times6\dfrac{H11}{d10}$ GB/T 1144—2001

内花键：⊓ 6×23H7×26H10×6H11 GB/T 1144—2001

外花键：⊓ 6×23f7×26a10×6d11 GB/T 1144—2001

无论采用哪种标记方法，花键的工作长度 L 都要在图中注明。

二、销连接

销在机器中起定位和连接作用，常用的有圆柱销、圆锥销和开口销等，见表 7-10。

用圆柱销和圆锥销连接零件时，被连接零件的销孔应在装配时同时加工，并在图上注明。

圆柱销和圆锥销的画法和一般零件相同，在剖视图中，当剖切平面通过销的轴线时，按不剖处理，如图 7-39a、b 所示。

表 7-10 销的形式及标记示例

名称	形 式	标 记 通 式	标记示例及其含义
圆柱销	d, l	销 GB/T 119.1 $d\times l$ 销 GB/T 119.2 B$d\times l$	销 GB/T 119.1—2000 5h8×20 销的公称直径 $d=5$mm，公称长度 $l=20$mm，销的直径公差为 h8 注意：GB/T 119.2—2000 中按淬火方式不同，分为普通淬火（A 型）和表面淬火（B 型），标记时 A 型省略字母 A
圆锥销	1:50, d, l	销 GB/T 117 B$d\times l$	销 GB/T 117—2000 B4×20 销的公称直径 $d=4$mm，公称长度 $l=20$mm，B 型 注意：圆锥销有 A 型与 B 型，A 型为磨削，B 型为切削或冷镦。标记时 A 型省略字母 A
开口销	l	销 GB/T 91 $d\times l$	销 GB/T 91—2000 5×20 开口销公称规格为 5mm，公称长度 $l=20$mm（详见 GB/T 91—2000）

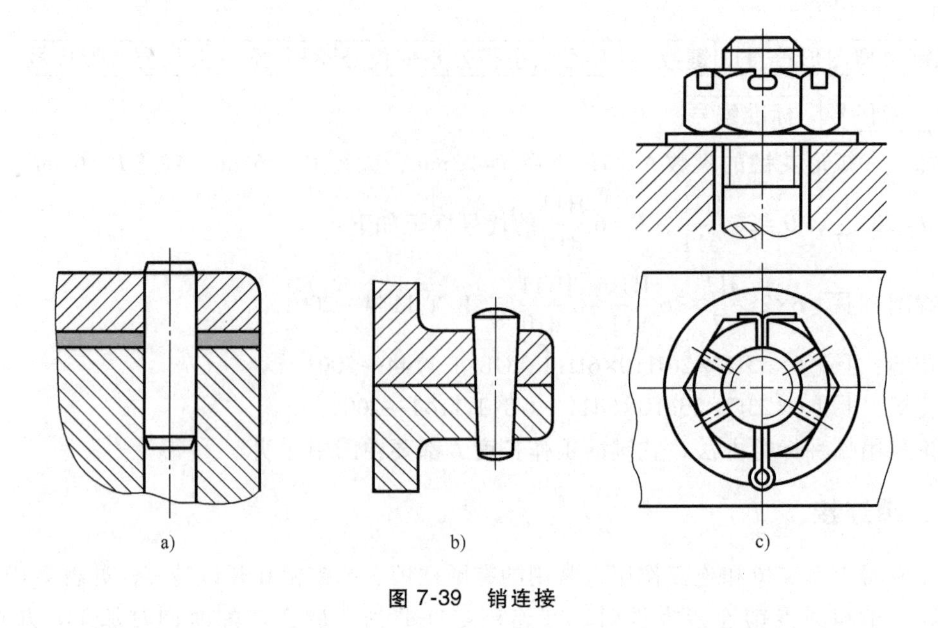

图 7-39 销连接

开口销常与槽形螺母配合使用，它穿过螺母上的槽和螺杆上的孔以防止螺母松动。开口销连接的画法如图 7-39c 所示。

第四节 滚动轴承

滚动轴承是支承转动轴的部件，它具有摩擦力小、结构紧凑等优点，已被广泛应用。滚动轴承是标准部件，由专门工厂生产，需要时根据要求确定型号，选购即可。

一、滚动轴承的种类

滚动轴承的种类很多，但它们的结构大致相似，一般由外圈、内圈、滚动体和保持架组成，如图 7-40 所示。

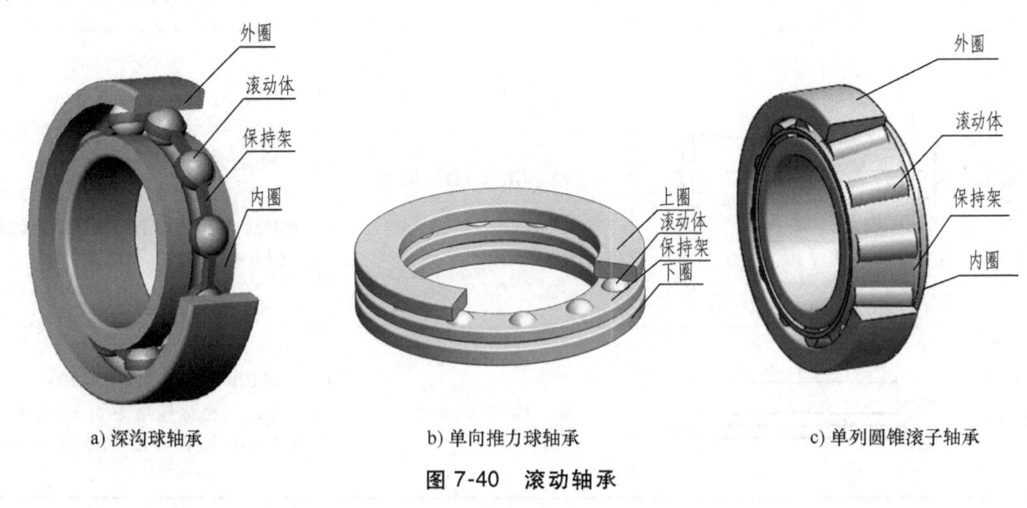

a) 深沟球轴承　　b) 单向推力球轴承　　c) 单列圆锥滚子轴承

图 7-40 滚动轴承

滚动轴承按受力情况可分为三类：

1）向心轴承。主要承受径向载荷，如图 7-40a 所示的深沟球轴承。

2）推力轴承。只能承受轴向载荷，如图 7-40b 所示的推力球轴承。

3）向心推力轴承。同时承受轴向载荷和径向载荷，如图 7-40c 所示的圆锥滚子轴承。

二、滚动轴承的代号

国家标准 GB/T 272—2017 规定滚动轴承的类型、规格、性能用代号表示。滚动轴承的代号由基本代号、前置代号和后置代号组成，其排列形式为：

前置代号 基本代号 后置代号

1. 基本代号

基本代号表示轴承的基本类型、结构和尺寸，是轴承代号的基础。滚动轴承（滚针轴承除外）的基本代号由轴承类型代号、尺寸系列代号和内径代号组成，其排列见表 7-11。

表 7-11 滚动轴承基本代号的排列

基本代号		
类型代号	尺寸系列代号	内径代号

（1）类型代号　轴承的类型代号由阿拉伯数字或大写拉丁字母表示，数字或字母的含义见表 7-12。

表 7-12 滚动轴承的类型代号

代号	轴承类型	代号	轴承类型
0	双列角接触球轴承		
1	调心球轴承	N	圆柱滚子轴承
2	调心滚子轴承和推力调心滚子轴承		双列或多列用字母 NN 表示
3	圆锥滚子轴承	U	外球面球轴承
4	双列深沟球轴承	QJ	四点接触球轴承
5	推力球轴承	C	长弧面滚子轴承(圆环轴承)
6	深沟球轴承		
7	角接触球轴承		
8	推力圆柱滚子轴承		

（2）尺寸系列代号　滚动轴承的尺寸系列代号用数字表示，它由轴承的宽（高）度系列代号和直径系列代号组合而成。向心轴承、推力轴承尺寸系列代号见表 7-13。

表 7-13 向心轴承、推力轴承尺寸系列代号

直径系列代号	向心轴承								推力轴承			
	宽度系列代号								高度系列代号			
	8	0	1	2	3	4	5	6	7	9	1	2
	尺寸系列代号											
7	—	—	17	—	37	—	—	—	—	—	—	—
8	—	08	18	28	38	48	58	68	—	—	—	—
9	—	09	19	29	39	49	59	69	—	—	—	—
0	—	00	10	20	30	40	50	60	70	90	10	—

（续）

直径系列代号	向心轴承								推力轴承			
	宽度系列代号								高度系列代号			
	8	0	1	2	3	4	5	6	7	9	1	2
	尺寸系列代号											
1	—	01	11	21	31	41	51	61	71	91	11	—
2	82	02	12	22	32	42	52	62	72	92	12	22
3	83	03	13	23	33	—	—	—	73	93	13	23
4	—	04	—	24	—	—	—	—	74	94	14	24
5	—	—	—	—	—	—	—	—	—	95	—	—

（3）内径代号　滚动轴承的内径代号用数字表示，其表示方法见表 7-14。

表 7-14　滚动轴承内径代号

轴承公称内径/mm		内径代号	示例
0.6~10(非整数) ≥500 及 22,28,32		用公称内径毫米数直接表示,在其与尺寸系列代号之间用“/”分开	深沟球轴承 618/2.5 $d=2.5$mm 深沟球轴承 62/22 $d=22$mm 调心滚子轴承　230/500 $d=500$mm
1~9(整数)		用公称内径毫米数直接表示,对深沟及角接触球轴承 7,8,9 直径系列,内径与尺寸系列代号之间用“/”分开	深沟球轴承　625　618/5 $d=5$mm
10~17	10 12 15 17	00 01 02 03	深沟球轴承　6200 $d=10$mm
20~480 (22,28,32 除外)		公称内径除以 5 的商数,商数为个位数,需在商数左边加“0”,如 08	调心滚子轴承 22308 $d=40$mm

（4）基本代号编制规则　基本代号中当轴承类型代号用字母表示时，编排时与表示轴承尺寸的系列代号、内径代号或安装配合特征尺寸的数字之间空半个汉字距离。例：N2309（圆柱滚子轴承），AXK 0821（推力滚针轴承）。

2. 前置、后置代号

前置、后置代号是轴承在结构形状、尺寸、公差、技术要求等有改变时，在其基本代号左右添加的补充代号，其排列见表 7-15。

（1）前置代号　前置代号用字母表示，前置代号及其含义见表 7-16。

表 7-15　轴承代号的排列

轴承代号										
前置代号	基本代号	后置代号(组)								
		1	2	3	4	5	6	7	8	9
成套轴承分部件		内部结构	密封与防尘与外部形状	保持架及其材料	轴承零件材料	公差等级	游隙	配置	振动及噪声	其他

表 7-16　前置代号及其含义

代号	含　义	示　例
L	可分离轴承的可分离内圈或外圈	LNU 207 LN 207
R	不带可分离内圈或外圈的组件 （滚针轴承仅适用于 NA 型）	RNU 207 RNA 6904
K	滚子和保持架组件	K 81107
WS	推力圆柱滚子轴承轴圈	WS 81107
GS	推力圆柱滚子轴承座圈	GS 81107

（2）后置代号　后置代号用字母（或加数字）表示，其代号及含义可查阅国家标准 GB/T 272—2017 的相关内容。后置代号的编制规则如下：

1）后置代号置于基本代号的右边并与基本代号空半个汉字距离（代号中有符号“-”“/”除外）。当改变项目多，具有多组后置代号时，按表 7-15 所列从左至右的顺序排列。

2）当改变内容为表 7-15 所列的第 4 组（含第 4 组）以后的内容时，则在其代号前用“/”与前面代号隔开。例：6205-2Z/P6，22308/P63。

3）当改变内容为表 7-15 所列第 4 组后的两组，在前组与后组代号中的数字或文字表示的含义可能混淆时，两组代号之间空半个汉字距离。例：6208/P63 V1。

3. 轴承标记举例

轴承　61209　GB/T 276—2013

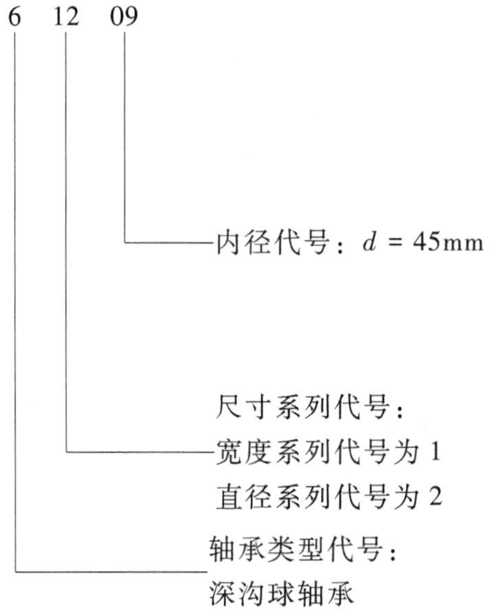

6　12　09

09——内径代号：d = 45mm

12——尺寸系列代号：宽度系列代号为 1，直径系列代号为 2

6——轴承类型代号：深沟球轴承

轴承　3332　GB/T 297—2015

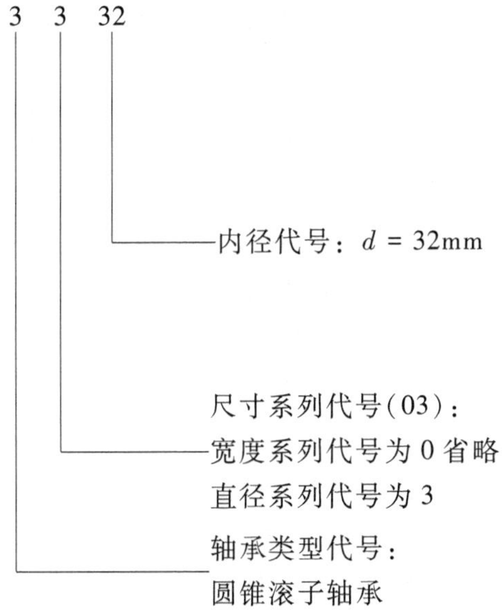

3　3　32

32——内径代号：d = 32mm

3——尺寸系列代号(03)：宽度系列代号为 0 省略，直径系列代号为 3

3——轴承类型代号：圆锥滚子轴承

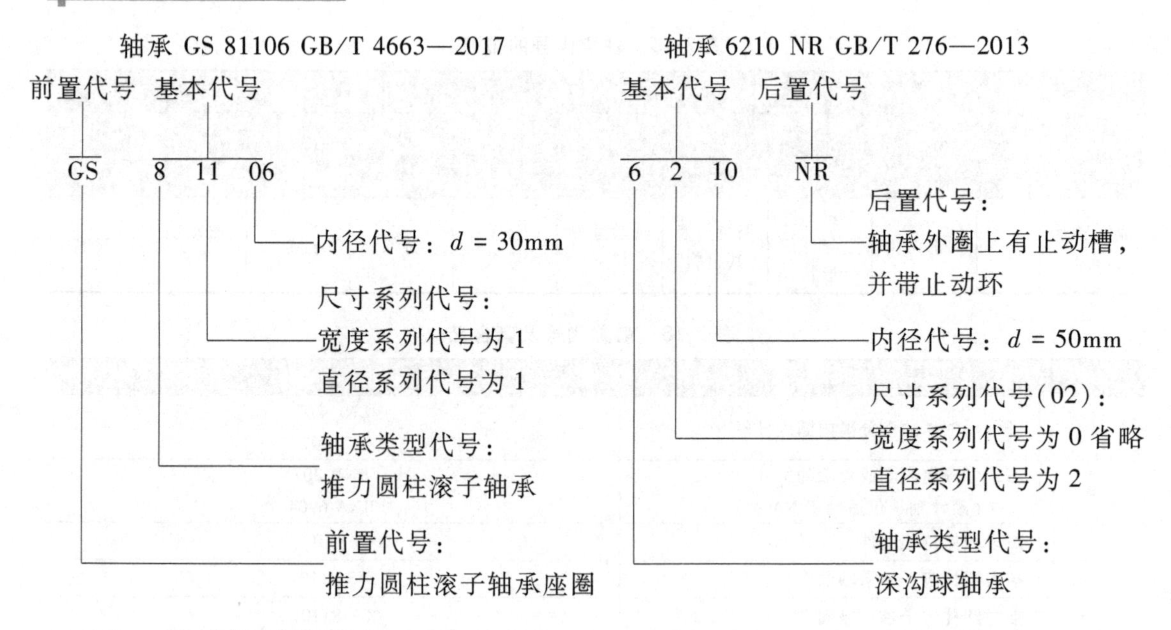

三、滚动轴承的画法（GB/T 4459.7—2017）

GB/T 4459.7—2017 对滚动轴承的画法做了统一规定，分为简化画法和规定画法两种，简化画法又分通用画法和特征画法两种。

1. 简化画法

在剖视图中，用简化画法绘制滚动轴承时，一律不画剖面线。简化画法可采用通用画法或特征画法，但在同一图样中一般只采用其中一种画法。

（1）通用画法　在剖视图中，当不需确切地表示滚动轴承的外形轮廓、载荷和结构特征时，可用通用画法绘制，其画法是用矩形线框及位于线框中央正立的十字形符号表示。矩形线框和十字形符号均用粗实线绘制，十字形符号不应与矩形线框接触，通用画法应绘制在轴的两侧。通用画法及尺寸比例如图 7-41 所示。

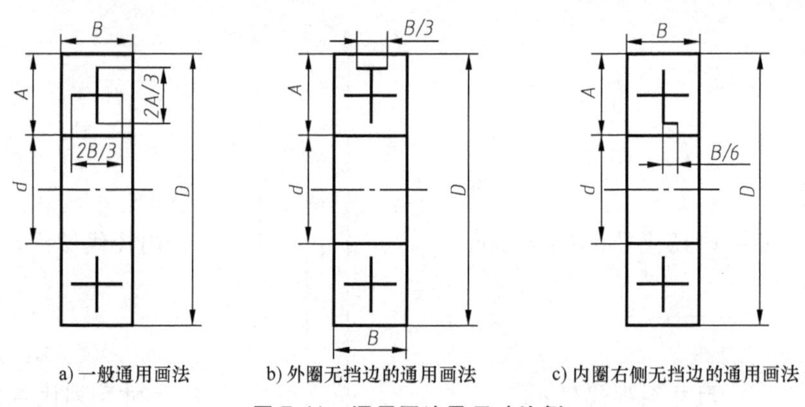

图 7-41　通用画法及尺寸比例

（2）特征画法　在剖视图中，如需较形象地表示滚动轴承的结构特征时，可采用特征画法绘制，其画法是在矩形线框内画出其结构要素符号。结构要素符号由长粗实线（或长圆弧线）和短粗实线组成。长粗实线表示不可调心轴承的滚动体的滚动轴线；长圆弧线表示可调心轴承的调心表面或滚动体滚动轴线的包络线；短粗实线表示滚动体的列数和位置。短粗实线和长粗实线（或长圆弧线）相交成90°角（或相交于法线方向），并通过每滚动体的中心，特征画法的矩形框用粗实线绘制，其画法及尺寸比例见表7-17。

在垂直于滚动轴承轴线的投影面的视图上，无论滚动体的形状（球、柱、针等）及尺寸如何，均按图7-42的方法绘制。

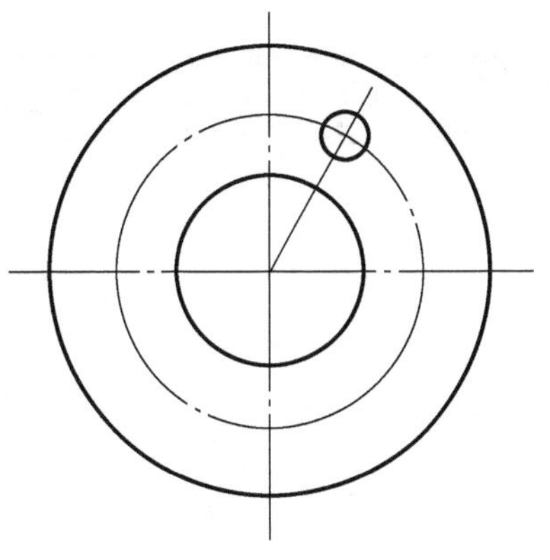

图7-42　滚动轴承轴线垂直于投影面的特征画法

2. 规定画法

在装配图中如需要较详细地表达滚动轴承的主要结构时，可采用规定画法。采用规定画法绘制滚动轴承的剖视图时，轴承的滚动体不画剖面线，其各套圈画成方向与间隔相同的剖面线，滚动轴承的保持架及倒角可省略不画，规定画法一般绘制在轴的一侧，另一侧按通用画法画出。

表7-17为常用滚动轴承的画法及尺寸比例，几种画法中的各种符号、矩形线框和轮廓线均用粗实线绘制。其中外径 D、内径 d 及宽度 B、T 等几个主要尺寸，按所选轴承的实际尺寸绘制。

表7-17　滚动轴承的特征画法和规定画法及尺寸比例

轴承类型	查表得主要数据	特征画法	规定画法
深沟球轴承 60000 GB/T 276—2013	D d B	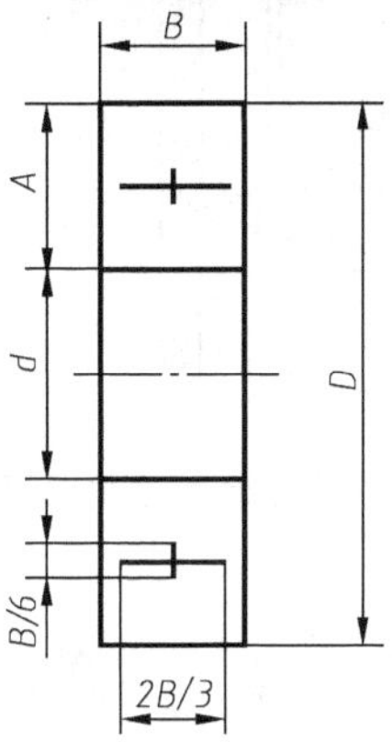	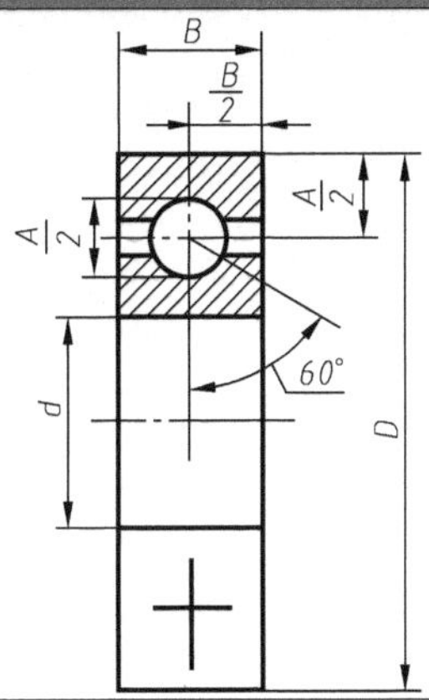
推力球轴承 51000 GB/T 301—2015	D d T	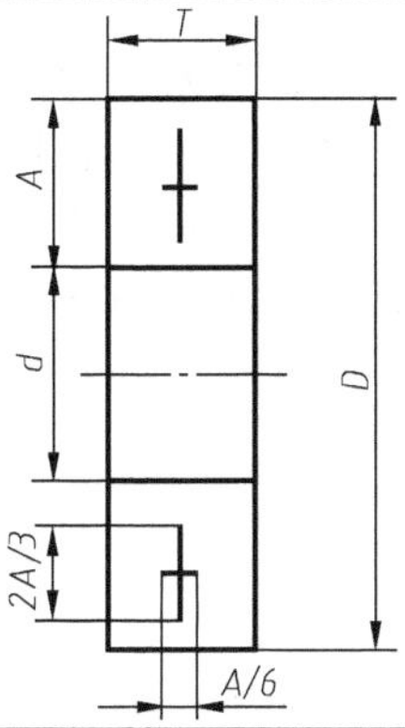	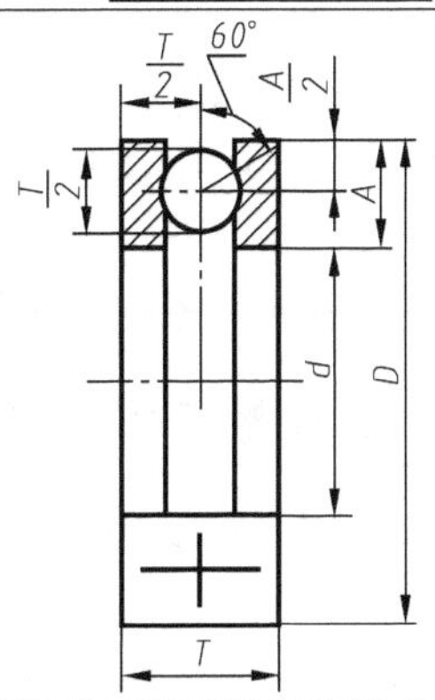

（续）

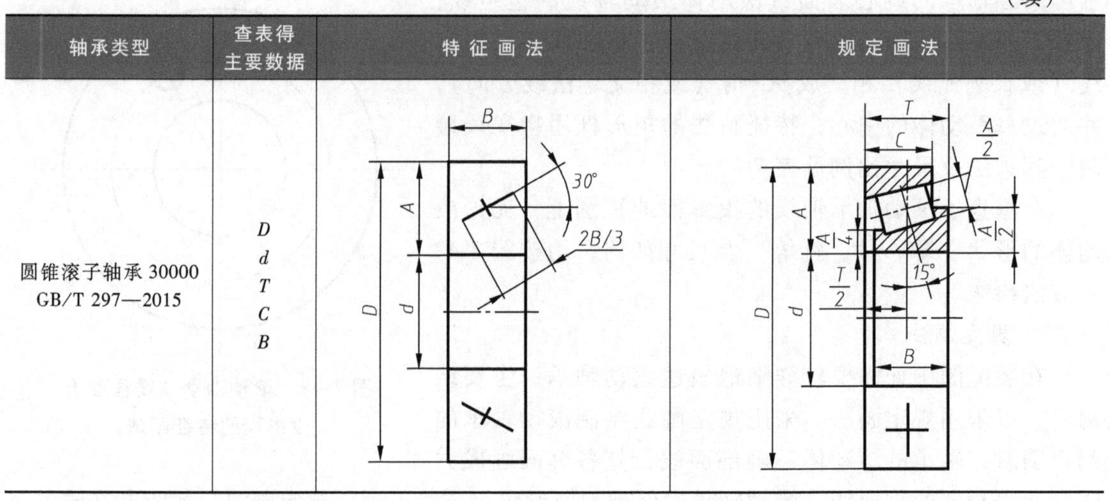

轴承类型	查表得主要数据	特征画法	规定画法
圆锥滚子轴承 30000 GB/T 297—2015	D d T C B		

3. 装配图中滚动轴承的画法

滚动轴承在装配图中的画法，如图 7-43 所示。

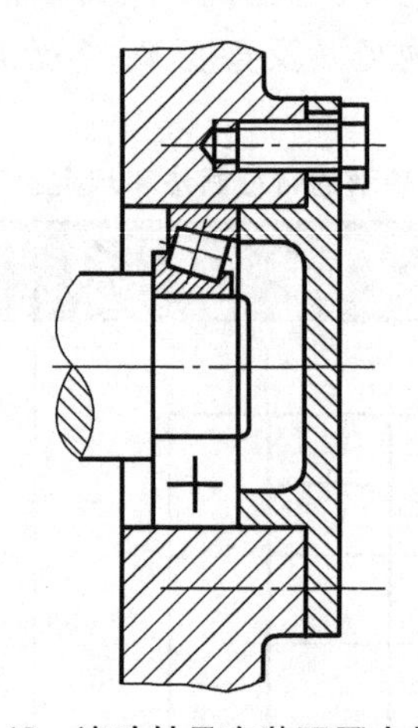

图 7-43　滚动轴承在装配图中的画法

第五节　弹　　簧

弹簧在工程上广泛使用，它的作用是减震、夹紧、测力、储存能量等。弹簧的特点是当外力去掉后能立即恢复原状。弹簧的种类很多，常用的有螺旋弹簧、涡卷弹簧等。根据受力方向的不同，螺旋弹簧又分为压缩弹簧、拉伸弹簧和扭转弹簧三种，如图 7-44 所示。

下面介绍圆柱螺旋压缩弹簧的尺寸计算和画法，如图 7-45 所示。

一、圆柱螺旋压缩弹簧的相关参数

1）簧丝直径 d：制造弹簧的钢丝直径。

2）弹簧外径 D_2：弹簧的最大直径。

3）弹簧内径 D_1：弹簧的最小直径。显然，$D_1=D_2-2d$。

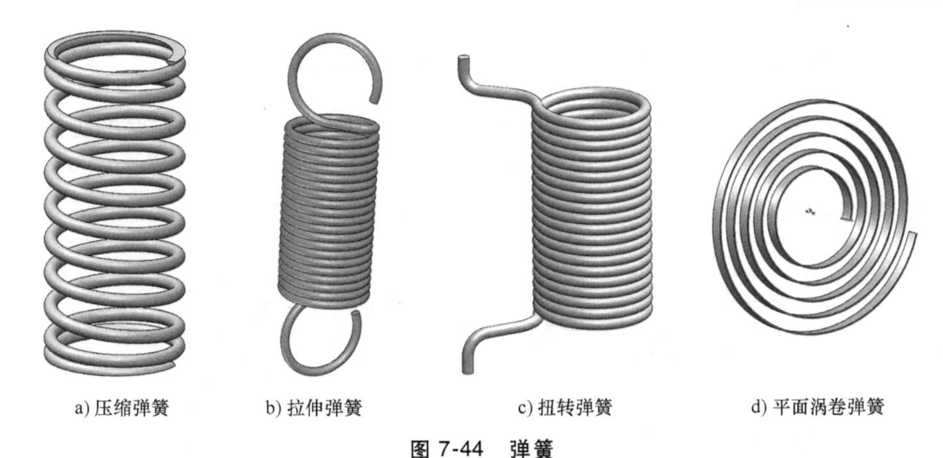

a) 压缩弹簧　b) 拉伸弹簧　c) 扭转弹簧　d) 平面涡卷弹簧

图 7-44　弹簧

4）弹簧中径 D：弹簧的平均直径。

$$D=\frac{D_1+D_2}{2}=D_1+d=D_2-d$$

5）节距 t：除支承圈外，相邻两圈的轴向距离。

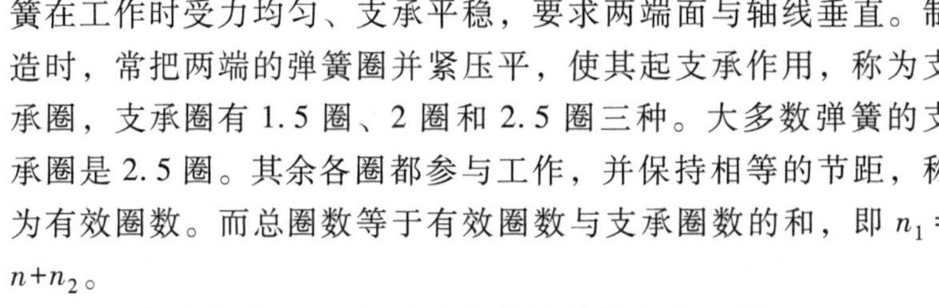

6）有效圈数 n、支承圈数 n_2 和总圈数 n_1。为了使压缩弹簧在工作时受力均匀、支承平稳，要求两端面与轴线垂直。制造时，常把两端的弹簧圈并紧压平，使其起支承作用，称为支承圈，支承圈有 1.5 圈、2 圈和 2.5 圈三种。大多数弹簧的支承圈是 2.5 圈。其余各圈都参与工作，并保持相等的节距，称为有效圈数。而总圈数等于有效圈数与支承圈数的和，即 $n_1=n+n_2$。

图 7-45　弹簧的尺寸

7）自由高度 H_0：未承受载荷的弹簧高度。即

$$H_0=nt+(n_2-0.5)d$$

8）弹簧的展开长度 L：制造时弹簧丝的长度。即

$$L=n_1\sqrt{(\pi D_2)^2+t^2}$$

9）旋向：分左旋和右旋两种。

二、圆柱螺旋压缩弹簧的标记（GB/T 2089—2009）

根据 GB/T 2089—2009 的规定，圆柱螺旋压缩弹簧的标记由类型代号、规格、精度代号、旋向代号和标准号组成，其标记格式如下：

类型代号	$d\times D\times H_0$	精度代号	旋向代号	标准号

标记示例：圆柱螺旋弹簧，A 型，型材直径为 3mm，中径为 20mm，自由高度为 80mm，制造精度为 2 级，左旋。其标记为：

YA 3×20×80 左 GB/T 2089

注：1）按 2 级精度制造时，2 不标注。

2）类型代号（YA 为两端并紧磨平的冷卷压缩弹簧；YB 为两端并紧制扁的热卷压缩弹簧）。

3）旋向代号，右旋不标注。

三、圆柱螺旋弹簧的规定画法（GB/T 4459.4—2003）

弹簧的真实投影比较复杂，因此，国家标准 GB/T 4459.4—2003 对弹簧的画法做了具体的规定。

1）在螺旋弹簧的非圆视图中，各圈的轮廓画成直线，如图 7-46 所示。

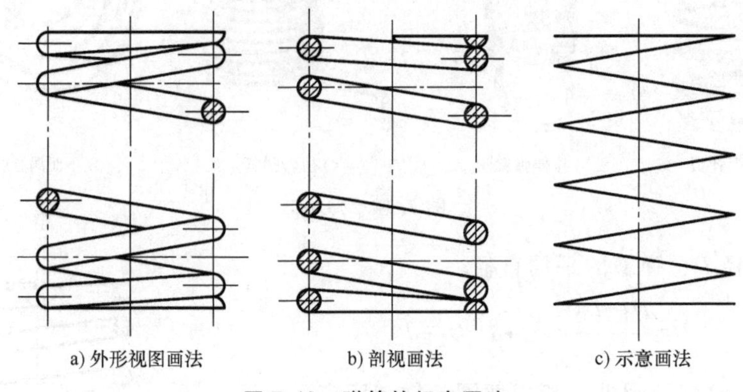

图 7-46　弹簧的规定画法

2）螺旋弹簧均可画成右旋，左旋弹簧不论画成左旋还是画成右旋，一律要注旋向“左”字。

3）有效圈数在四圈以上的螺旋弹簧，中间部分可以省略，允许适当缩短图形的长度，如图 7-46 所示。

4）在装配图中，被弹簧挡住的结构一般不画出，可见部分应从弹簧的外轮廓线或从弹簧钢丝剖面的中心线画起，如图 7-47c 所示。

5）在装配图中，螺旋弹簧被剖切时，簧丝直径等于或小于 2mm 的剖面可以涂黑表示，也可采用示意画法，如图 7-47a、b 所示。

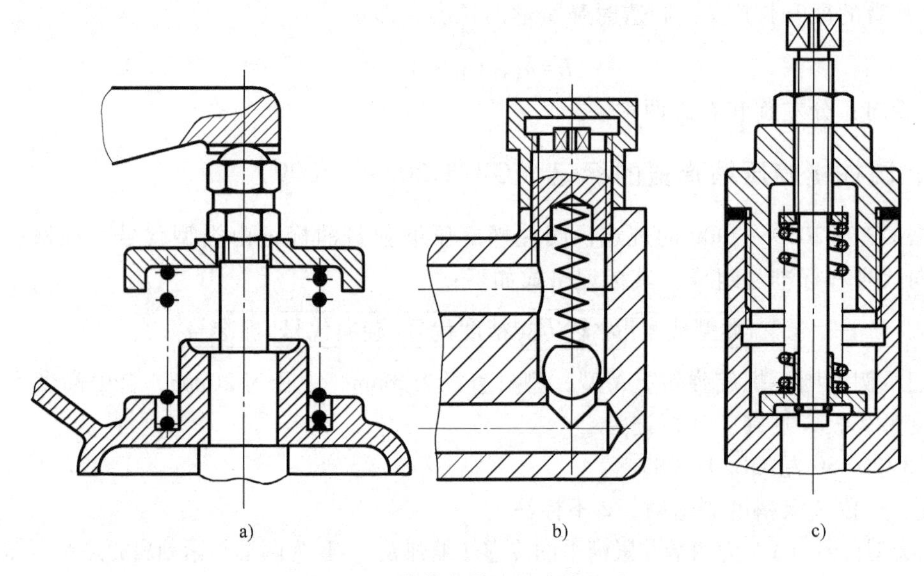

图 7-47　弹簧在装配图中的画法

四、圆柱螺旋压缩弹簧的画图步骤

圆柱螺旋压缩弹簧的画图步骤如图 7-48 所示。机械制图国家标准中规定，无论支承圈的圈数多少，均可按 2.5 圈绘制，但必须注上实际的尺寸及其他参数，必要时允许按支承圈的实际结构绘制。

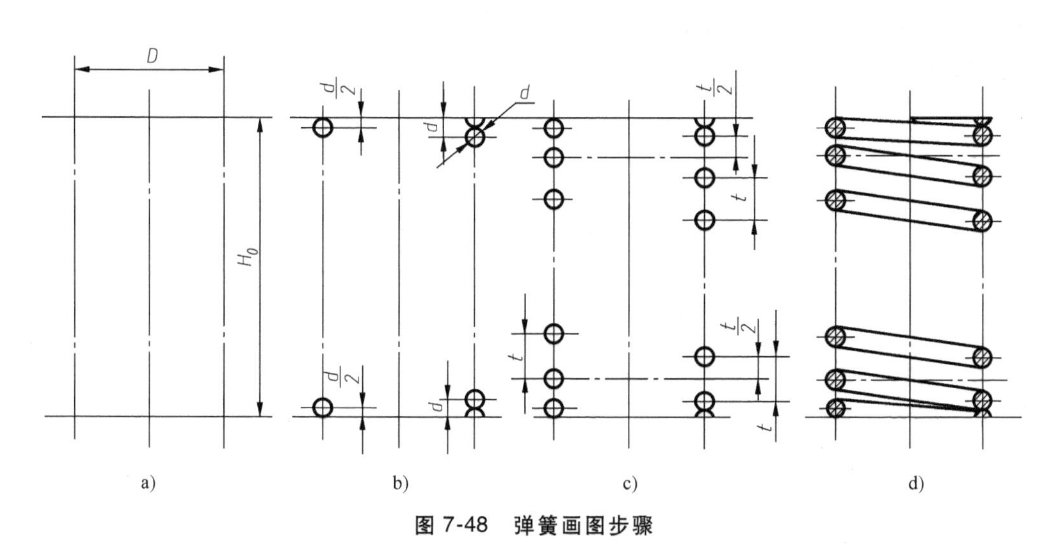

图 7-48　弹簧画图步骤

五、螺旋压缩弹簧零件图

图 7-49 所示为螺旋压缩弹簧的零件图。

弹簧的参数应直接标注在图形上，若直接标注有困难，可在技术要求中说明。当需要表明弹簧的力学性能时，必须用图解表示。

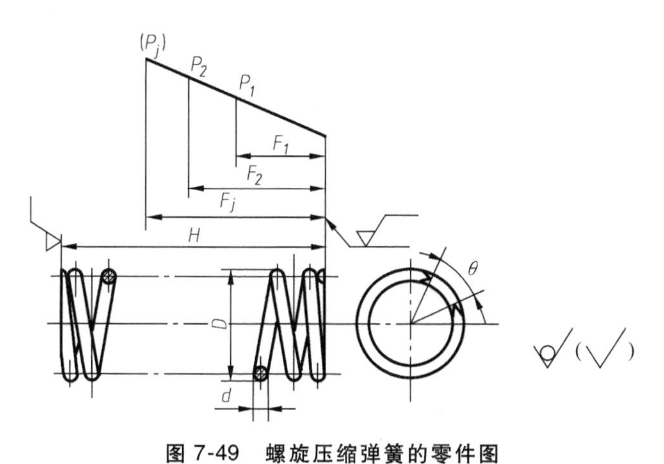

图 7-49　螺旋压缩弹簧的零件图

复习思考题

1. 为什么要对广泛使用的零件（如螺纹紧固件、键、销、滚动轴承等）实行标准化?

2. 螺纹要素有哪几个？含义是什么？内、外螺纹旋合，它们的要素应符合哪些要求？
3. 常用的标准螺纹有哪几种？如何标记？
4. 常用的螺纹紧固件有哪些？如何标记？
5. 直齿圆柱形齿轮的要素有哪些？试述圆柱齿轮的画法。
6. 普通平键、圆柱销、圆锥销如何标记？
7. 滚动轴承有哪些类型？如何标记？画法有哪些？
8. 试述圆柱螺旋压缩弹簧的画法。

第八章

零件工作图

机器和部件都是由许多相互联系的零件装配而成的。表示单个零件结构、大小和技术要求的图样称为零件工作图（简称零件图）。零件图是设计部门提交给生产部门的重要技术文件，它不但反映了设计者的设计意图，而且表达了零件的各种技术要求，如尺寸精度、表面粗糙度等。因此，零件图是制造和检验零件的依据，是设计和生产部门的主要技术文件之一。本章主要讨论零件图的内容、零件表达方案的选择、零件的结构分析、零件图中尺寸的合理标注、画零件图和读零件图的方法步骤等。

第一节　零件图的基本内容

零件图是制造和检验零件的图样，因此，零件图中必须包括制造和检验该零件时所需要的全部技术资料。图 8-1 所示的图样是实际生产用的零件图，从图中可以看出零件图应包括

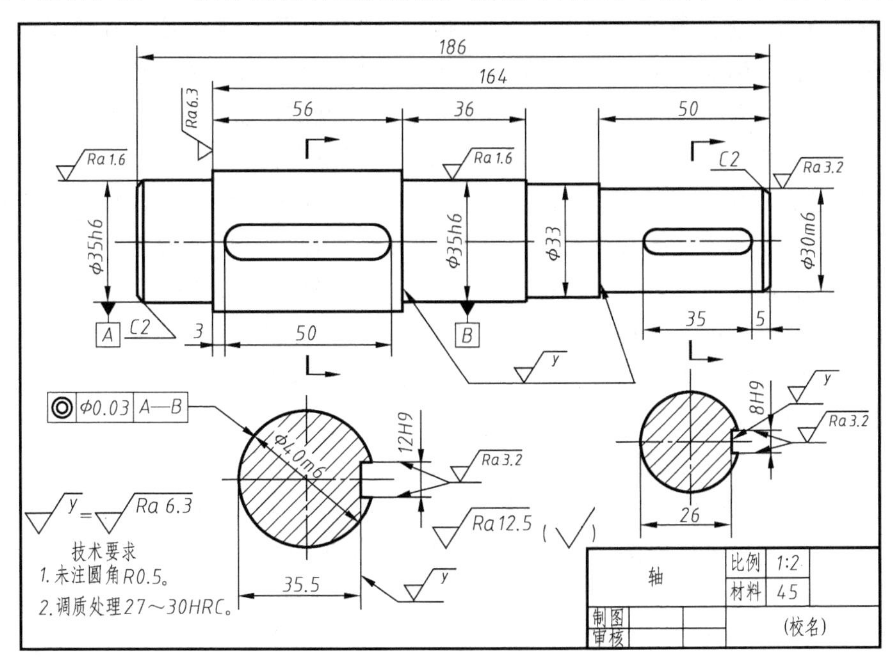

图 8-1　轴零件图

以下基本内容：

（1）视图　用一组图形（包括视图、剖视图、断面图、规定画法和简化画法等），完整、清晰地表达出零件的内外结构及形状。

（2）尺寸　用一组尺寸，正确、完整、清晰、合理地标注出制造和检验零件所需的全部尺寸。

（3）技术要求　用规定的符号、数字、字母和文字标注来说明零件在制造、检验和使用时应达到的一些技术要求（包括零件的表面粗糙度、尺寸公差、几何公差、表面处理和材料热处理的要求等）。

（4）标题栏　标题栏用以填写零件的名称、数量、材料、比例、图号及设计、制造、校核者的签名和日期等。

第二节　零件图的视图选择

零件图的视图选择，就是要求选择适当的视图、剖视图、断面图等表达方法，完整、准确、清晰地将零件的各部分形状结构和相互位置表达出来，并力求作图简便，利于看图。为此，就要对零件进行结构形状的分析，根据零件的结构特点、用途及主要加工方法，恰当准确地选择主视图和其他视图。

一、视图选择的一般原则

1. 主视图的选择

主视图是表达零件时最主要的一个视图，因此在表达零件时，应首先确定主视图，然后确定其他视图。在选择主视图时应考虑以下两个方面：

（1）投射方向　选择最能反映零件形状和结构特征以及形体相互位置关系的方向作为主视图的投射方向。例如，图 8-1 所示的轴，由于轴基本上是圆柱体，因此轴的主视图应选择垂直于圆柱轴线的方向作为主视图的投射方向，这样既能反映出轴肩、倒角、键槽等的形状和结构，又能反映各圆柱的形状大小和各部分的相对位置关系。

（2）安放位置　主视图的投射方向确定后，还必须确定零件的安放位置。零件主视图的位置应尽量符合零件的主要加工位置和工作（安放）位置，这样便于加工和安装。通常对于轴、套、轮、盘等回转体零件，将其加工位置作为安放位置，即主视图一般将轴线画成侧垂位置，这样便于生产工人看图加工；对叉架、箱体类零件，由于它们的加工位置比较复杂，一般将其工作位置（或自然位置）作为零件主视图的安放位置。

2. 其他视图的选择

主视图确定以后，其他视图的选择可以考虑以下几个方面：

1）根据零件的复杂程度对零件进行结构分析或形体分析，首先考虑需要哪些视图与主视图配合，然后再考虑其他视图之间的配合，使每一个视图有一个表达的重点。但是，要注意所采用的视图不宜过多，以免重复，导致主次不分。

2）要合理地布置视图的位置，做到既保证图样清晰美观，又有利于图幅的充分利用，便于读图。

3）应优先考虑采用基本视图及在基本视图上作剖视图。采用局部视图或斜视图时应尽可能按投影关系配置。

二、视图选择的步骤和举例

1. 视图选择的步骤

（1）了解零件　了解零件在机器中的作用和工作位置，对零件进行形体分析或结构分析。

（2）选择主视图　根据主视图的选择原则选择主视图的投射方向，并确定其安放位置。

（3）其他视图的选择　注意既要完整地表达零件的各部分结构形状，又要注意采用的视图数量不宜过多，以免造成他人读图不便，也不利于自己画图。

2. 视图选择举例

例 1　摇臂的视图选择。

（1）了解零件　图 8-2 所示的零件是送料机构中的主要零件——摇臂，通过摇臂的摆动，带动其他零件运动，以把原料送到需要的位置。摇臂由三部分组成，即由上部的两个圆柱和下部一个圆柱，以及它们之间的肋板连接而成。*K* 向为其工作位置。

（2）选择主视图　由于组成摇臂的主要部分是圆柱体，并且摇臂的加工表面比较多，因此主视图将圆柱的轴线画成侧垂线。为了表示三个圆柱内孔的形状，主视图采用局部剖视图。

（3）其他视图的选择　为了表示圆柱的端面、肋板的形状及其相对位置，采用了基本视图中的左视图，并在左视图上采用局部剖视图表达摇臂前方孔的结构，再用两个移出断面图表达肋板的断面形状及圆柱体的通孔情况，如图 8-3 所示。

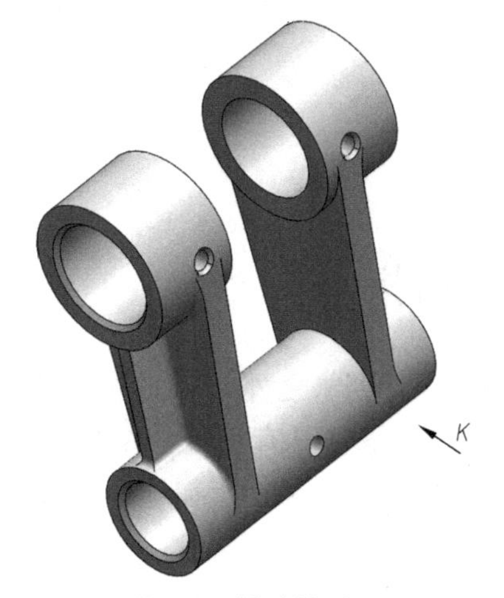

图 8-2　摇臂轴测图

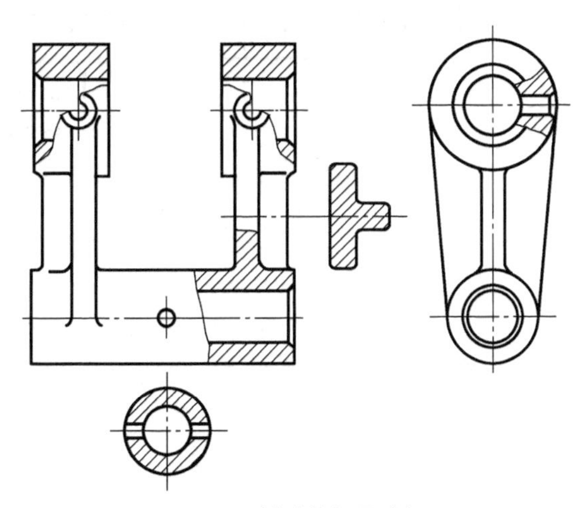

图 8-3　摇臂的视图选择

例 2　泵体的视图选择。

（1）了解零件　图 8-4 所示的零件是柱塞泵的主要零件泵体，其内腔用来安装柱塞等零件。左端凸缘上的连接孔用来连接泵盖。底板上有四个通孔，用来将泵体固定在机身上。上端的两个螺孔用来安装进出油口的管接头。

（2）选择主视图　泵体的主要结构为半圆柱体及圆柱孔内腔，因此主视图将圆柱体的轴线画成侧垂线，即图 8-4 的 *K* 向。为了表示圆柱孔的内腔结构，将主视图画成全剖视图。

（3）其他视图的选择　采用半剖的左视图，重点表达凸缘的外形及空腔和油孔的内部结构；用局部剖的俯视图，重点表达底板和凸缘的外部形状，也说明了连接孔为通孔；用 *A* 向的局部视图表达泵体右端面上均匀分布的三个小孔；用 *C* 向的局部视图表达底板的形状，如图 8-5 所示。

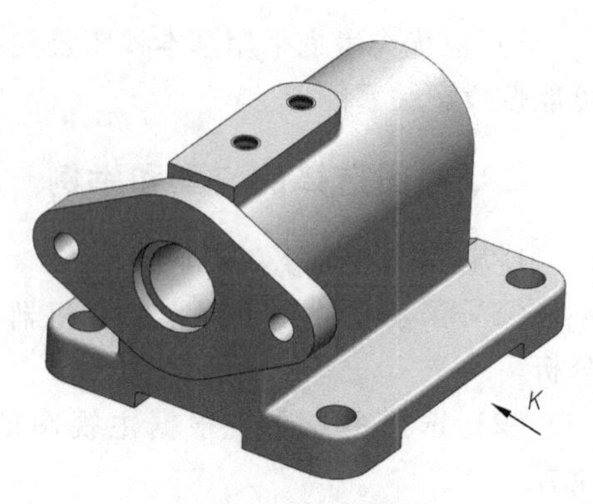

图 8-4　泵体轴测图

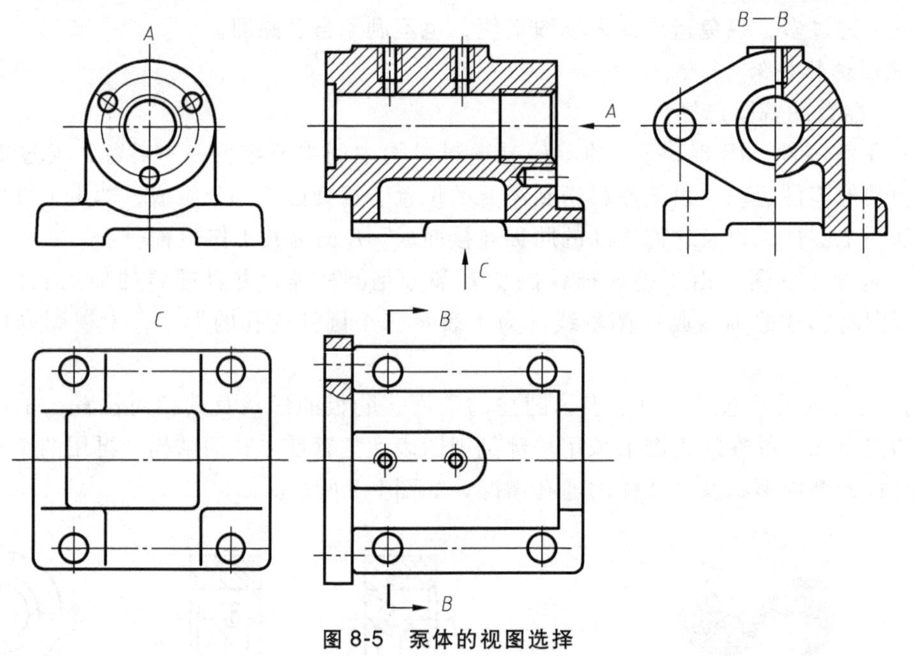

图 8-5　泵体的视图选择

第三节　零件上常见的工艺结构

零件的结构，主要是由它的设计要求决定的，但除了满足设计要求之外，还要考虑零件在加工、测量、装配等制造过程中所提出的一系列工艺要求，使零件具有良好的结构工艺性。因此，在设计和绘制零件图时，应使零件的结构既满足使用要求，又便于加工、制造和装配。下面介绍一些零件上常见的工艺结构。

一、零件上的铸造工艺结构

1. 起模斜度

为了便于将木模从砂型中取出，在铸件的内外壁上沿起模方向设计出的斜度称为起模斜度，如图 8-6a 所示。这种斜度在图上可不予标注，一般也不必画出，可在技术要求中用文字说明，如图 8-6b 所示。

2. 铸造圆角

为了避免砂型尖角落砂，防止铸件冷却时在尖角处产生裂纹和缩孔，铸造时砂型在转折处应做出铸造圆角，如图 8-7 所示。但经过切削加工后的铸件的转折处则应画成尖角，此时铸造圆角已被削平。铸造圆角在图上一般不予标注，可在技术要求中集中注写。

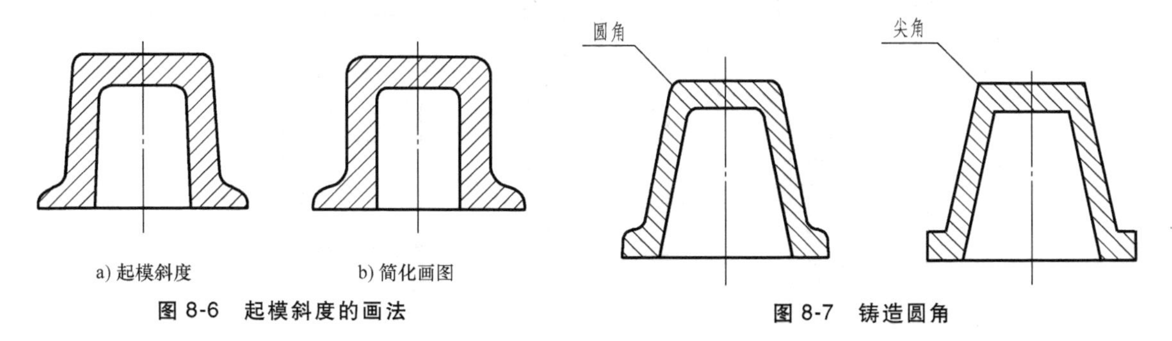

图 8-6　起模斜度的画法　　　　图 8-7　铸造圆角

3. 铸件壁厚

在浇注零件时，为了避免铸件各部分的冷却速度不同而产生缩孔或裂纹，铸件中各处壁厚应尽量均匀或逐渐变化，如图 8-8a、b、c 所示。为了避免由于厚度变薄对强度产生影响，可用加强肋来补偿，如图 8-8d 所示。

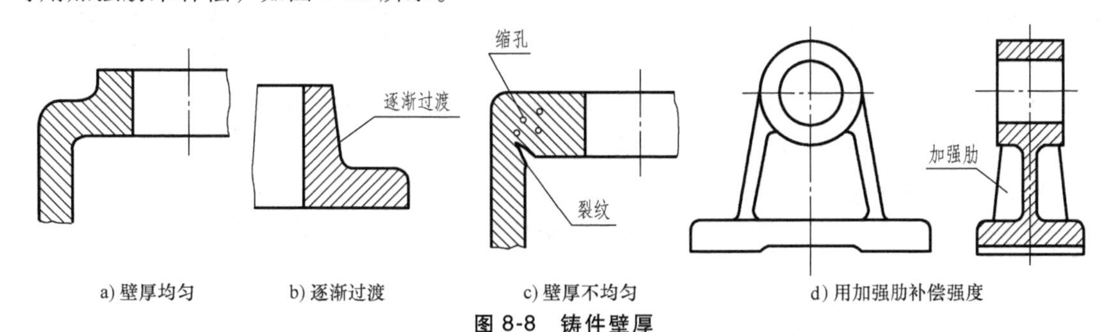

图 8-8　铸件壁厚

4. 过渡线的画法

由于铸件上有铸造圆角和起模斜度，铸件表面上的相贯线就不十分明显，这种线称为过渡线，如图 8-9 所示。过渡线的画法与相贯线的画法一样，按没有圆角的情况求出相贯线的投影，画到理论上的交点为止。

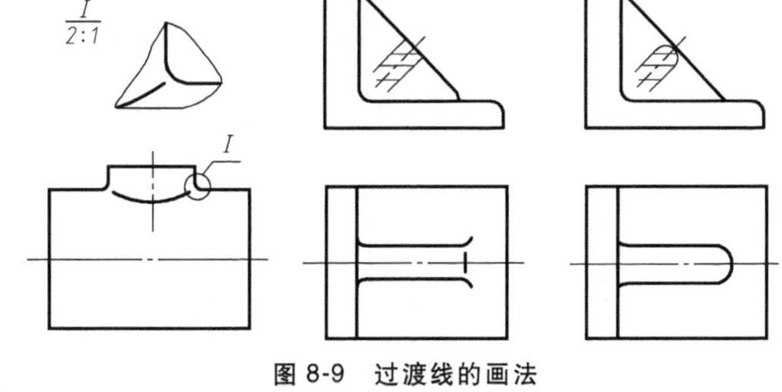

图 8-9　过渡线的画法

二、零件加工面的工艺结构

1. 倒角

为了便于装配、保护零件表面和操作安全，在孔、轴的端部一般都加工出倒角。常见的倒角是 45°，也有 30°和 60°的倒角。倒角的画法和尺寸注法如图 8-10 所示。对于没有尺寸要求的倒角，图上可不画出，而在技术要求中注明。

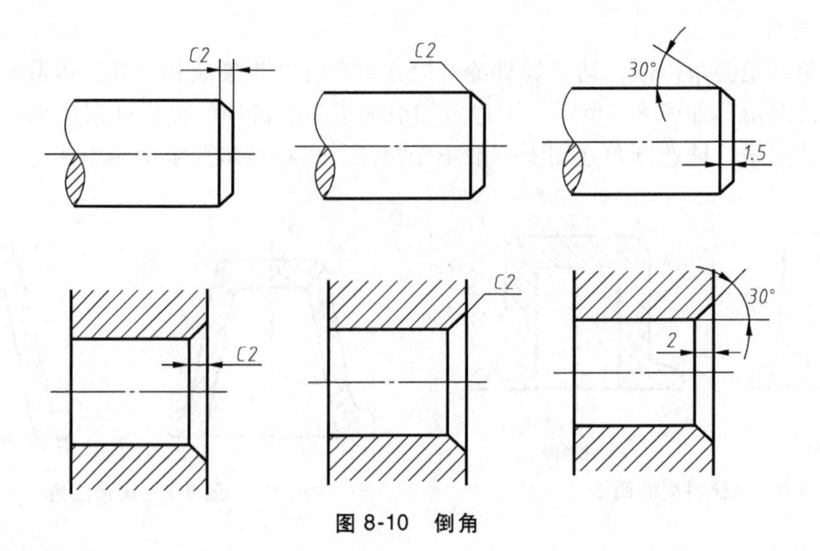

图 8-10　倒角

2. 退刀槽和砂轮越程槽

为了在切削加工时便于刀具退出以及在装配时与相邻零件靠紧，常在加工表面的台肩处预先加工出退刀槽或砂轮越程槽，如图 8-11 所示。

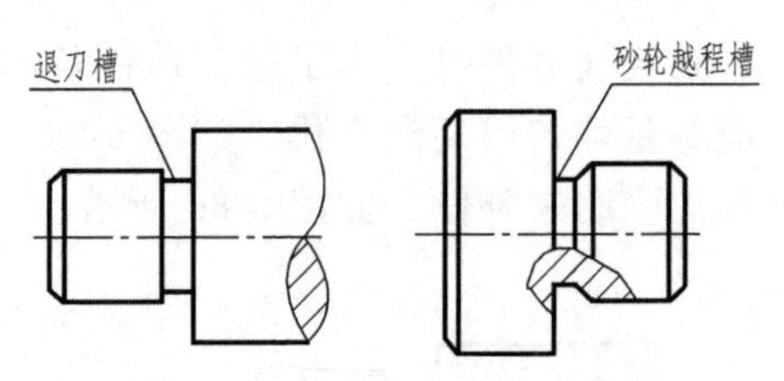

图 8-11　退刀槽和砂轮越程槽

3. 凸台、沉孔和凹坑

为了保证零件表面的良好接触并减小机械加工的面积，可在铸件的表面铸成凸台、沉孔或锪平成凹坑等结构，如图 8-12 所示。

减少机械加工面，不仅能节省加工时间，提高加工精度，而且装配时由于接触面小，也

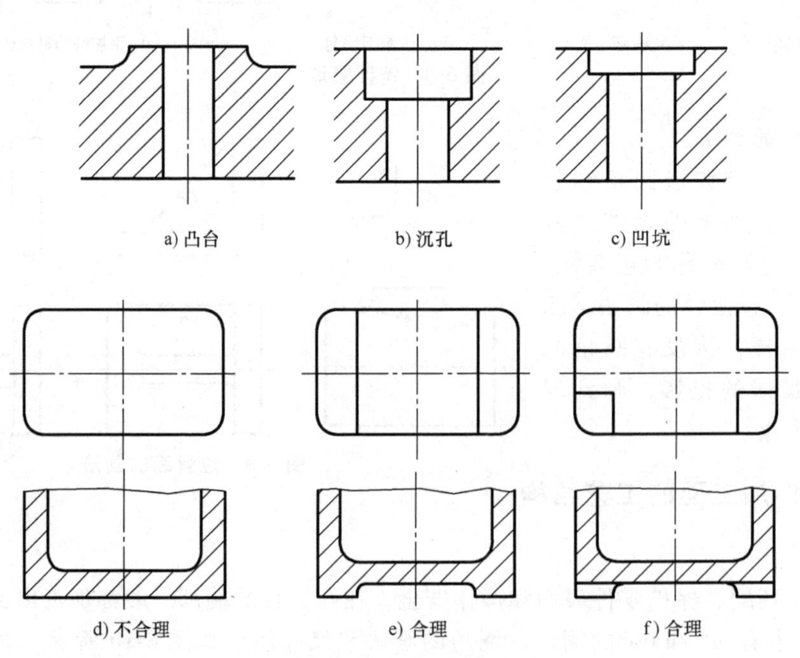

a) 凸台　b) 沉孔　c) 凹坑

d) 不合理　e) 合理　f) 合理

图 8-12　凸台、沉孔和凹坑

能提高装配精度，同时还能节省材料，减轻零件的重量。如图 8-12d 是不合理的结构，图 8-12a、b、c、e、f 是合理的结构。

4. 钻孔结构

用钻头钻孔时，要求钻头尽量垂直于被钻孔的端面，以保证钻孔准确并避免钻头折断。如遇有斜面或曲面时，应预先做出凸台或凹坑。如图 8-13 表示了三种钻孔端面的正确结构。

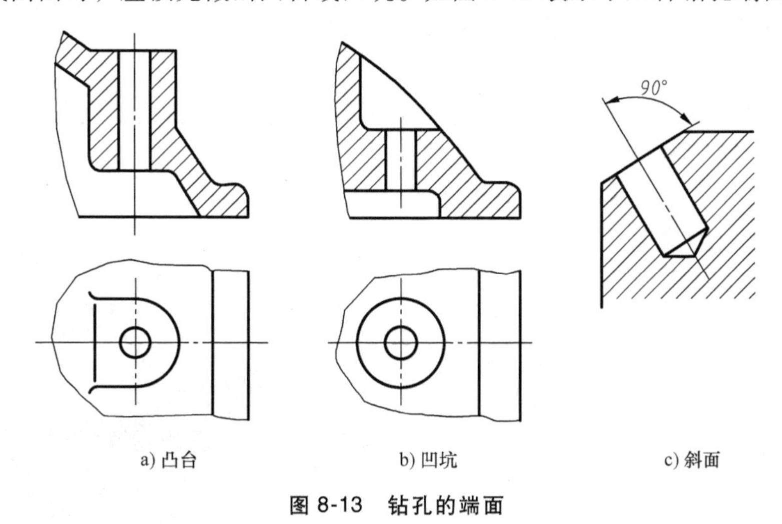

图 8-13　钻孔的端面

钻头头部的锥角接近 120°，用钻头钻出的不通孔，在其底部有一个 120°的锥角，如图 8-14a 所示。对于直径不同的阶梯孔，在直径变化的过渡处，也存在锥角为 120°的圆台，其画法如图 8-14b 所示。

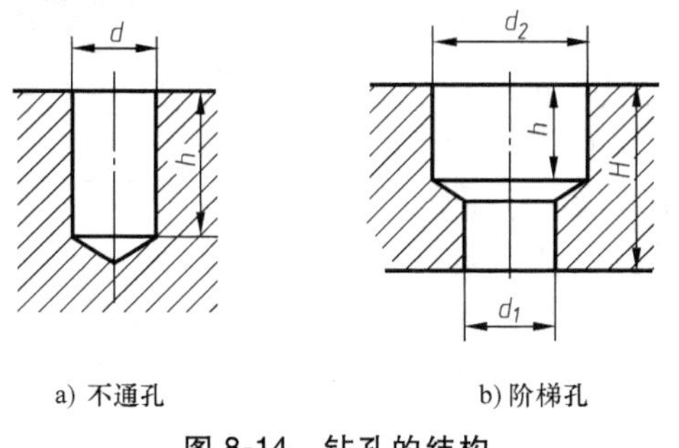

图 8-14　钻孔的结构

第四节　零件图的尺寸标注

在零件图上标注尺寸，除了要符合正确、完整、清晰的要求外，还要使尺寸标注合理。所谓标注合理，即标注的尺寸能满足设计要求和加工工艺要求，也就是既满足零件在机器中能很好地工作的要求，又满足零件制造、加工、测量和检验的要求。为了能够使尺寸标注得合理，在标注尺寸时，必须对零件进行结构分析、工艺分析和形体分析，确定零件的基准，选择合理的标注形式，结合具体情况合理地标注尺寸。要把尺寸标注得合理，需要有一定的专业知识和实践经验，因此本节只介绍一些合理标注尺寸的基本知识和应注意的问题。

一、尺寸基准

基准是指零件在机器中或在加工及测量时，用以确定其位置的一些面、线或点。在具体标注尺寸时，应选择恰当的尺寸基准。因为基准是每个方向的尺寸起点，所以，在零件的长、宽、高三个方向上都应有尺寸基准。

根据用途不同，基准可分为设计基准和工艺基准。

1. 设计基准

设计基准是零件在机器或部件工作时用以确定其位置的一些面、线或点。如图 8-15 所示，轴承架底安装面为高度方向的设计基准；侧安装面为长度方向的设计基准；支架的对称面为宽度方向的设计基准。

2. 工艺基准

工艺基准是指零件在加工和测量时用以确定其位置的一些面、线、点。如图 8-15 所示，底安装面为高度方向的工艺基准；支架的前端面为长度方向的工艺基准；支架的对称面为宽度方向的工艺基准。

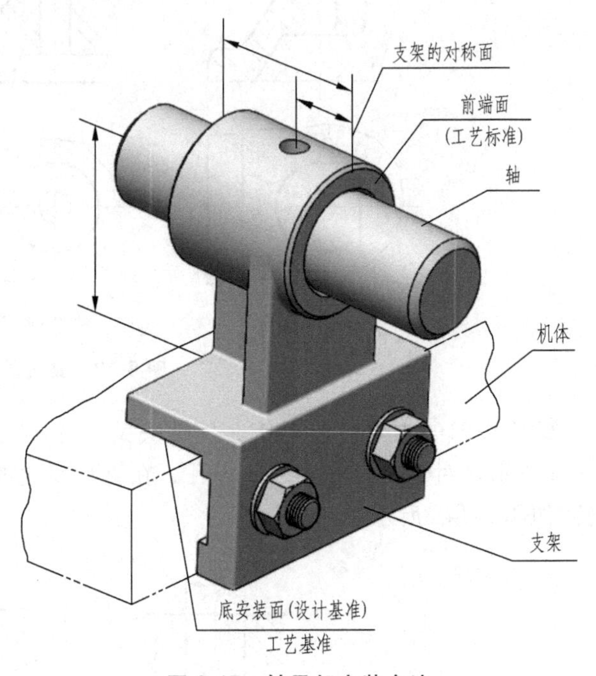

图 8-15　轴承架安装方法

从设计基准出发标注尺寸，能够保证零件的设计要求；从工艺基准出发标注尺寸，则便于加工和测量。因此，在设计工作中，应尽量使设计基准和工艺基准一致，这样可以减少尺寸误差，便于加工。在图 8-15 所示的轴承架中，高度方向和宽度方向的设计基准和工艺基准是一致的。当设计基准和工艺基准不重合时，应在保证设计要求的前提下，满足工艺要求，即选择该方向的设计基准作为主要尺寸基准，而将该方向的工艺基准作为辅助尺寸基准，主要基准和辅助基准应用尺寸联系起来。如图 8-15 中轴承架的侧安装面为长度方向的主要基准（设计基准），前端面为辅助基准（工艺基准）。图 8-16c 中的侧板宽度尺寸 “12” 为联系尺寸。

二、合理标注尺寸应注意的问题

1. 主要尺寸必须直接注出

主要尺寸是指那些影响产品的工作性能、精度及互换性的重要尺寸。一般说来，零件的主要尺寸应从设计基准出发直接标注，以保证产品的质量。直接标注主要尺寸，能够直接提出尺寸公差等技术要求，还可以避免加工误差的累积，从而保证零件的质量。

如图 8-16a 所示支架的主要尺寸 “50±0. 2” “25±0. 2” “42±0. 1” 是从设计基准出发直接标注的，而图 8-16b 所示的注法就不能保证产品质量。

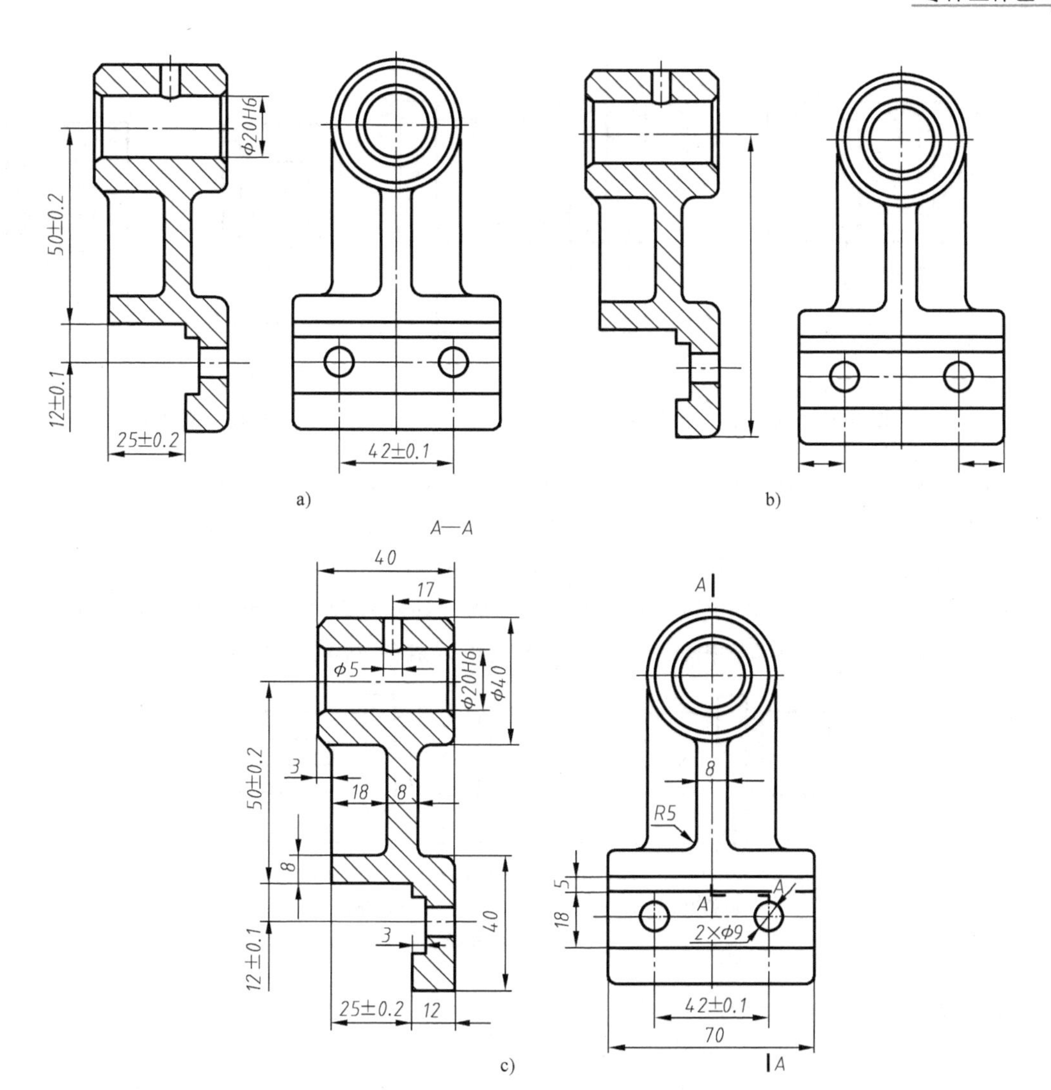

图 8-16　支架的主要尺寸注法

2. 应尽量符合加工工序

加工零件各表面时，有一定的先后顺序。标注尺寸应尽量与加工工序一致，以便于加工和测量，从而保证加工的尺寸精度。

如图 8-17a 中内孔的轴向尺寸是按加工工序标注的（先加工 ϕ20mm 深 37mm 的小孔，再加工 ϕ24mm 深 35mm 的中孔，最后加工 ϕ26mm 深 4mm 的大孔）。而图 8-17b 中的尺寸“2”和“31”则不符合加工工序的要求。

3. 要考虑测量方便

标注尺寸应考虑测量方便，尽量做到用普通的量具就能测量，以减少专用量具的设计和制造。图 8-18a 所示套筒的轴向尺寸标注测量不方便，图 8-18b 所示的尺寸标注测量方便。

4. 零件图上不应出现封闭尺寸链

尺寸链就是同向尺寸中首尾相接的一组尺寸，每个尺寸称尺寸链中的一环。所谓封闭尺寸链是指同一方向上的尺寸，像链条一样，一环扣一环，形成一个封闭的回路，如图 8-19a

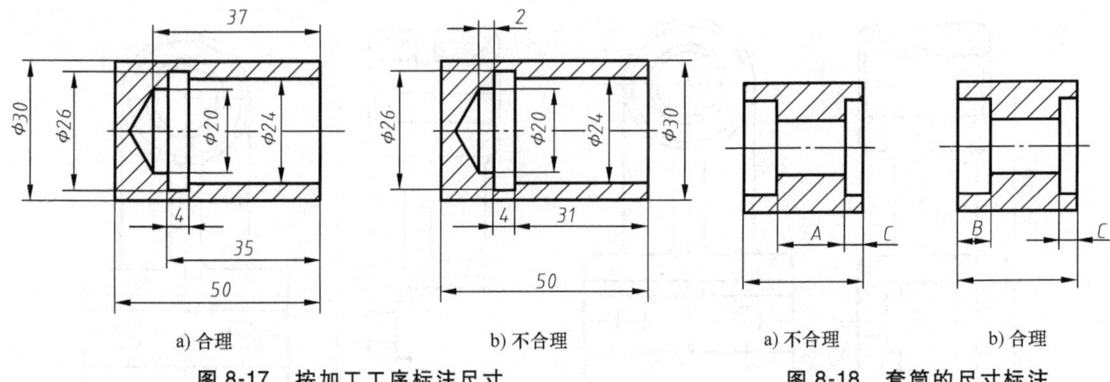

a) 合理　　b) 不合理

图 8-17　按加工工序标注尺寸

a) 不合理　　b) 合理

图 8-18　套筒的尺寸标注

所示的传动轴的尺寸就构成了一个封闭的尺寸链，因为尺寸 A_4 是尺寸 A_1、A_2、A_3 之和，而尺寸 A_4 有精度要求。在加工尺寸 A_1、A_2、A_3 时，产生的误差将累积到尺寸 A_4 上，不能保证尺寸 A_4 的精度要求，所以零件图上是不允许出现这种尺寸链的。零件图的尺寸标注一般都应注有开口环，所谓开口环即对精度要求较低的一环不注尺寸。如图 8-19b 中的 A_2 不注尺寸，使所有的尺寸误差都累积在 A_2 处，这样就可以避免 A_4 的尺寸误差累积。

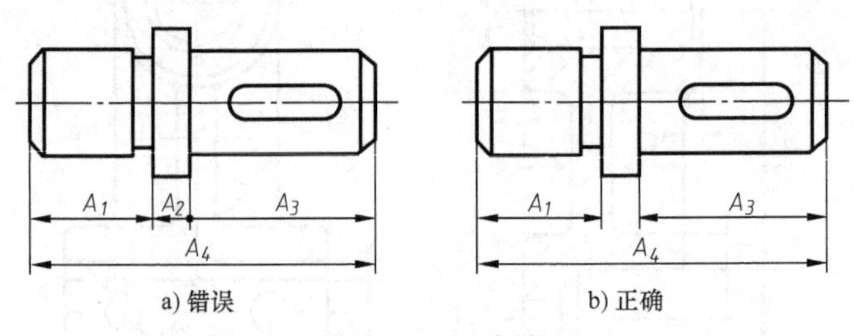

a) 错误　　b) 正确

图 8-19　尺寸链

5. 零件的常见典型结构的尺寸注法

零件的常见典型结构的尺寸注法见表 8-1 和表 8-2。

表 8-1　圆角、倒角、砂轮越程槽的尺寸注法

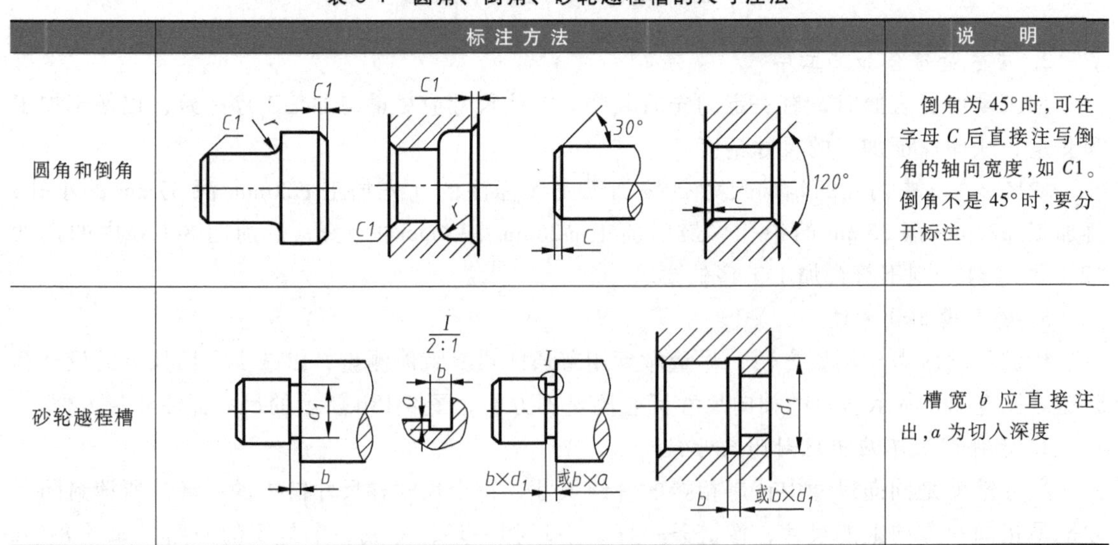

	标 注 方 法	说　明
圆角和倒角		倒角为 45°时，可在字母 C 后直接注写倒角的轴向宽度，如 $C1$。倒角不是 45°时，要分开标注
砂轮越程槽		槽宽 b 应直接注出，a 为切入深度

表 8-2 孔的尺寸注法

特征		标注方法	说明
通孔	螺孔	3×M6　3×M6　3×M6	3×M6 表示直径为 6mm,均匀分布的 3 个螺孔
	锥销孔	锥销孔ϕ4 配作　锥销孔ϕ4 配作　锥销孔ϕ4 配作	ϕ4 为与圆锥孔相配合的圆锥销小端直径
不通孔	光孔	4×ϕ4↧10　4×ϕ4↧10　4×ϕ4　10	4×ϕ4 表示直径为 4mm,均匀分布的 4 个光孔,钻孔深度为 10mm
	螺孔	3×M6–6H↧10　3×M6–6H↧10　3×M6–6H　10	螺孔需精加工至 M6-6H,螺孔深度为 10mm
	钻孔	3×M6–6H↧10 孔↧12　3×M6–6H↧10 孔↧12　3×M6–6H　10　12	需要注出钻孔深度时,应明确标出孔深尺寸,如 12
沉孔	埋头孔	6×ϕ7 ⌵ϕ13×90°　6×ϕ7 ⌵ϕ13×90°　90°　ϕ13　6×ϕ7	锥形埋头孔的直径 ϕ13mm 及锥角 90°需注出
	柱孔	4×ϕ6 ⌴ϕ12↧4　4×ϕ6 ⌴ϕ12↧4　ϕ12　4　4×ϕ6	柱孔的直径 ϕ12mm 及深度均需注出
	锪平孔	4×ϕ10 ⌴ϕ20　4×ϕ10 ⌴ϕ20　⌴ϕ20　4×ϕ10	锪平孔 ϕ20mm 的深度不需注出,一般锪平到不出现毛坯面为止

第五节　零件图上的技术要求

零件图是指导生产和检测零件的重要技术文件，因此，零件图除了有视图和尺寸外，还必须有制造该零件时应该达到的一些质量要求，称为技术要求。技术要求包括表面粗糙度、尺寸公差、几何公差、热处理及表面涂镀、零件材料及零件加工、检验的要求等项目。下面介绍表面粗糙度、尺寸公差、几何公差等技术要求的标注。

一、表面粗糙度

在机械图样上，为保证零件在装配后符合使用要求，除了对零件各部分结构给出尺寸公差、几何公差（后面将会讲到）的要求外，还要根据功能需要对零件的表面质量，即表面结构给出要求。表面结构是表面粗糙度、表面波纹度、表面缺陷、表面纹理和表面几何形状的总称。表面结构的各项要求在图样上的表示法在 GB/T 131—2006《产品几何技术规范（GPS）技术产品文件中表面结构的表示法》中均有具体的规定。

1. 基本概念及术语

（1）表面粗糙度　在零件的制造过程中，经过切削加工或其他方法（铸、锻、喷涂等）所形成的表面，总存在着间距较小的轮廓峰谷。把加工表面上由较小间距的峰谷所组成的微观几何形状特征，称为表面粗糙度。

零件表面粗糙度是评定零件表面质量的一项重要的技术指标，它对零件的耐磨性、耐蚀性、工作精度、装配精度、使用寿命等都有重要影响。零件表面质量的要求越高，其加工成本也越高，因此，在满足零件使用要求的前提下，应尽量选择较大的表面粗糙度值，以降低成本。

（2）波纹度　在机械加工过程中，由于机床、工件和刀具系统的振动，在工件表面所形成的间距比表面粗糙度大得多的表面不平度称为波纹度。零件表面的波纹度是影响零件的使用寿命和引起振动的重要因素。

表面粗糙度、波纹度以及表面几何形状总是同时生成并存在于同一表面。

（3）评定表面结构常用的轮廓参数　对于零件表面结构的状况，可由三类参数加以评定：轮廓参数（由 GB/T 3505—2009 定义）、图形参数（由 GB/T 18618—2009 定义）、支承率曲线参数（由 GB/T 18778. 2—2003 和 GB/T 18778. 3—2006 定义）。其中轮廓参数是我国机械图样中最常用的评定参数。本节仅介绍轮廓参数中评定粗糙度轮廓（R 轮廓）的两个高度参数 Ra 和 Rz。

1）算术平均偏差 Ra。算术平均偏差 Ra 指在一个取样长度 l 内，被测轮廓线上各点至中线距离绝对值的算术平均值，如图 8-20 所示。可用公式表示为

$$Ra = \frac{1}{l}\int_0^l |y(x)|\mathrm{d}x$$

或近似为

$$Ra \approx \frac{1}{n}\sum_{i=1}^{n} |y_i|$$

式中　n——取样长度内被测点的数目。

2）轮廓最大高度 Rz。轮廓最大高度 Rz 指在同一取样长度内，最大轮廓峰高与最大轮廓谷深之和的高度，如图 8-20 所示。

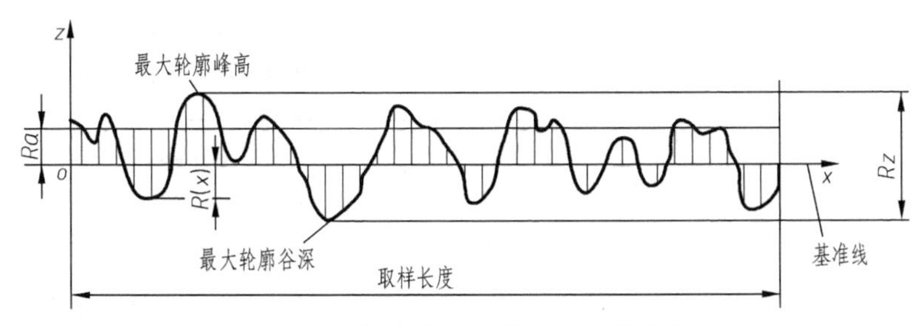

图 8-20　轮廓曲线和表面粗糙度参数

（4）有关检验规范的基本术语　检验评定表面结构的参数值必须在特定的条件下进行。国家标准规定，图样中注写参数代号及其数值要求的同时，还应明确其检验规范。

有关检验规范方面的基本术语有取样长度和评定长度、轮廓滤波器和传输带以及极限判断规则等。

1）取样长度和评定长度。以表面粗糙度高度参数的测量为例，由于表面轮廓的不规则性，测量结果与测量段的长度密切相关。当测量段过短时，各处的测量结果会产生很大的差异；当测量段过长时，测量段的高度值中将不可避免地包含波纹度的幅值。因此，应在 x 轴（即基准线）上选取一段适当的长度进行测量，这段长度称为取样长度。

在每一取样长度内测量的值通常是不等的，为取得表面粗糙度最可靠的值，一般取几个连续的取样长度进行测量，这段长度称为评定长度。

当参数代号后未注明取样长度个数时，评定长度即默认为 5 个取样长度，否则应注明个数。例如，"Ra12. 5""Ra3 3. 2""Rz1 0. 4"分别表示评定长度为 5 个取样长度（默认）、3 个取样长度、1 个取样长度。

2）轮廓滤波器和传输带。粗糙度等三类轮廓各有不同的波长范围，它们又同时叠加在同一表面轮廓上，因此，在测量评定三类轮廓上的参数时，必须先将表面轮廓在特定仪器上进行滤波，以分离获得所需波长范围的轮廓。这种可将轮廓分成长波和短波成分的仪器称为轮廓滤波器。由两个具有不同截止波长的滤波器分离获得的轮廓波长范围则称为传输带。

滤波器的截止波长值按由小到大的顺序排列为 λs、λc 和 λf，粗糙度等三类轮廓就是分别应用这些滤波器修正表面轮廓后获得的：应用 λs 滤波器修正后形成的轮廓称为原始轮廓（P 轮廓）；在 P 轮廓上再应用 λc 滤波器修正后形成的轮廓称为粗糙度轮廓（R 轮廓）；对 P 轮廓连续应用 λf 和 λc 滤波器修正后形成的轮廓称为波纹度轮廓（W 轮廓）。

3）极限判断规则。加工后零件的表面按检验规范测得轮廓参数后，需与图样上给定的极限值比较，以判断其是否合格。极限判断规则有两种：

① 16%规则。运用该规则时，当被检验表面测得的全部参数值中超过极限的个数不多于总个数的 16%时，该表面是合格的。

② 最大规则。运用该规则时，当被检验表面测得的全部参数值中任何一个都没有超过规定的极限值时，该表面是合格的。

2. 标注表面粗糙度的图形符号

标注表面粗糙度要求时的图形符号见表 8-3。

表 8-3 标注表面粗糙度要求时的图形符号

符号名称	符 号	含 义
基本图形符号		未指定加工工艺方法的表面，当通过一个注释解释时可单独使用
扩展图形符号		用去除材料的方法获得的表面，仅当其含义是"被加工表面"时可单独使用
		不去除材料的表面，也可用于保留上道工序的表面，不管这种情况是通过去除或不去除材料形成的
完整图形符号		在以上各种符号的长边上加一横线，以便注写对表面粗糙度的各种要求 在报告和合同文本中用 APA、MRR 和 NMR 表示左、中和右符号

当图样中某个视图上构成封闭轮廓的各个表面有相同的表面粗糙度要求时，在完整图形符号上加一圆圈，标注在封闭轮廓线上，如图 8-21 所示，图中的表面粗糙度符号是指对图形中封闭轮廓的六个面的共同要求（不包括前面和后面）。

表面粗糙度符号的尺寸如图 8-22 所示，图中尺寸 d'、H_1、H_2 见表 8-4。

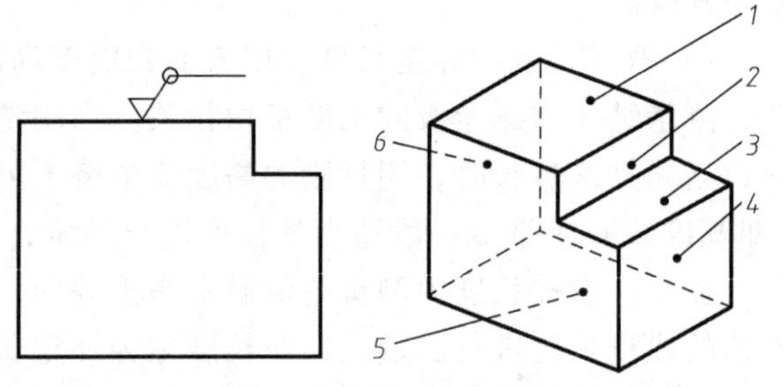

图 8-21 对周边各面有相同的表面粗糙度要求的标注

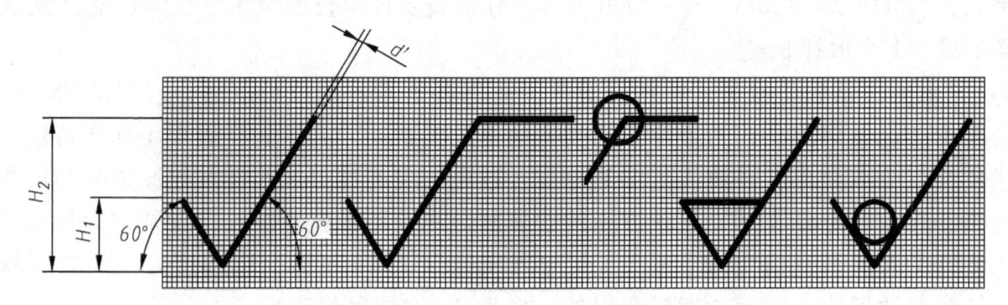

图 8-22 表面粗糙度符号的尺寸

表 8-4 表面粗糙度符号的尺寸 （单位：mm）

数字和字母高度 h	2.5	3.5	5	7	10	14	20
符号线宽 d' 字母线宽 d	0.25	0.35	0.5	0.7	1	1.4	2
高度 H_1	3.5	5	7	10	14	20	28
高度 H_2（最小值，取决于标注内容）	7.5	10.5	15	21	30	42	60

3. 表面粗糙度要求在图形符号中的注写位置

为了明确表面粗糙度要求，除了注写表面粗糙度参数和数值外，必要时应注写补充要求，包括传输带、取样长度、加工工艺、表面纹理方向和加工余量等。这些要求在图形符号中的注写位置如图 8-23 所示，加工纹理方向符号的画法如图 8-24 所示。图 8-23 中字母的意义如下：

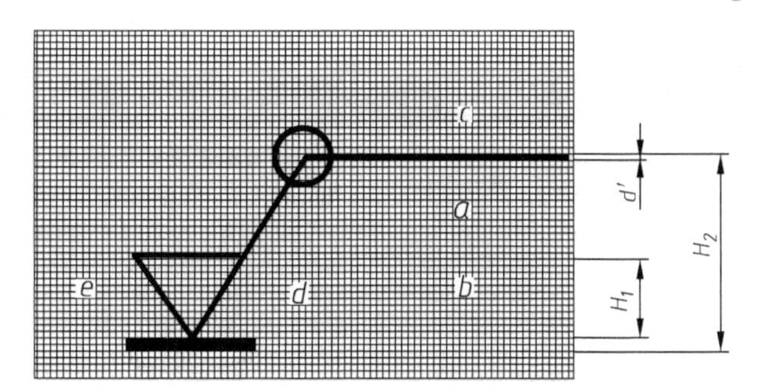

图 8-23　参数值及有关规定的注写位置

（1）位置 a　注写表面结构的单一要求，标注表面结构参数代号、极限值和传输带（或取样长度）。为了避免误解，在参数代号和极限值之间应插入空格。传输带或取样长度后应有一斜线“/”，之后是表面结构参数代号，最后是数值。

示例 1：0. 0025-0. 8/*Rz*6. 3（传输带标注）。

示例 2：-0. 8/*Rz*6. 3（取样长度标注）。

（2）位置 a 和 b　注写两个或多个表面结构要求。在位置 a 注写第一个表面结构要求，方法同（1）。在位置 b 注写第二个表面结构要求。如果要注写第三个或更多个表面结构，图形符号应在垂直方向扩大，以空出足够的空间。扩大图形符号时，a 和 b 的位置随之上移。

（3）位置 c　注写加工方法、表面处理、涂层或其他加工工艺要求等，如车、磨、镀等加工表面。

（4）位置 d　注写所要求的表面纹理和纹理的方向，如“=”“X”“M”等，如图 8-24 所示。

（5）位置 e　注写所要求的加工余量，以毫米为单位给出数值。

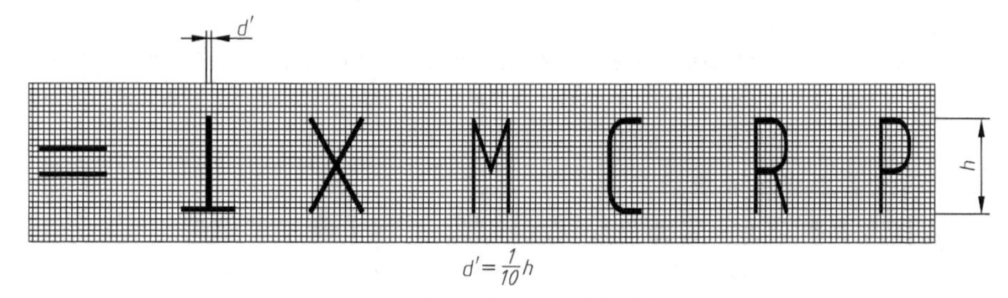

图 8-24　加工纹理方向符号的画法

4. 表面粗糙度代号

表面粗糙度符号中注写了具体参数代号及参数值等要求后，称为表面粗糙度代号。表面粗糙度代号及含义（部分）示例见表 8-5。

表 8-5　表面粗糙度代号及含义（部分）示例

序号	代号示例	含义	补充说明
1	Ra 0.8	表示不允许去除材料，单向上限值，默认传输带，*R* 轮廓，算术平均偏差为 0. 8μm，评定长度为 5 个取样长度（默认），16% 规则（默认）	参数代号与极限值之间应留空格。本例未标注传输带，此时取样长度可在 GB/T 10610—2009 和 GB/T 6062—2009 中查取

（续）

序号	代号示例	含义	补充说明
2	Rz max0.2	表示去除材料，单向上限值，默认传输带，R 轮廓，轮廓的最大高度值为 0.2μm，评定长度为 5 个取样长度（默认），最大规则	示例 1～4 均为单向极限要求，且均为单向上限值，若为单向下限值，则在符号前加注 L
3	0.008-0.8/Ra3.2	表示去除材料，单向上限值，传输带 0.008～0.8mm，R 轮廓，算术平均偏差为 3.2μm，评定长度为 5 个取样长度（默认），16%规则（默认）	传输带“0.008-0.8”中的前后数值分别表示短波和长波滤波器的截止波长（$\lambda s \sim \lambda c$），表示波长范围，此时取样长度等于 λc
4	− 0.8/Ra 3 3.2	表示去除材料，单向上限值，取样长度 0.8mm，R 轮廓，算术平均偏差为 3.2μm，评定长度为 3 个取样长度，16%规则（默认）	传输带仅注出一个截止波长值（本例 0.8 表示 λc 值）时，另一个截止波长 λs 应理解为默认值，由 GB/T 6062—2009 中查得 λs = 0.0025mm
5	U Ramax 3.2 L Ra0.8	表示不允许去除材料，双向极限值，两极限值均使用默认传输带，R 轮廓。上限值：算术平均偏差为 3.2μm，评定长度为 5 个取样长度（默认），最大规则。下限值：算术平均偏差为 0.8μm，评定长度为 5 个取样长度（默认），16%规则（默认）	本例为双向极限值要求，用 U 和 L 分别表示上限值和下限值，在不引起歧义时，可不加注 U 和 L

注：1. 当只标注参数代号、参数值和传输带时，它们默认为参数的上限值（16%规则或最大规则的极限值）；当参数代号、参数值和传输带作为参数的单向下限值（16%规则或最大规则的极限值）标注时，参数代号前应加 L。示例：L　Ra　0.32。

2. 在完整符号中表示双向极限时应标注极限代号，上限值要在上方用 U 表示，下限值在下方用 L 表示，上下限值为 16%规则或最大规则的极限值。如果同一参数具有双向极限要求，在不引起歧义的情况下，可以不加 U 和 L。

5. 表面粗糙度要求在图样中的标注

1）表面粗糙度要求对每一表面一般只注一次，并尽可能注在相应的尺寸及其公差的同一视图上。除非另有说明，所标注的表面粗糙度要求是对加工后零件的表面要求。

2）表面粗糙度的注写和读取方向与尺寸的注写和读取方向一致。表面粗糙度要求可注写在轮廓线上，其符号应从材料外指向并接触表面，如图 8-25 所示。必要时，表面粗糙度也可用带箭头或黑点的指引线引出标注，如图 8-25 和图 8-26 所示。

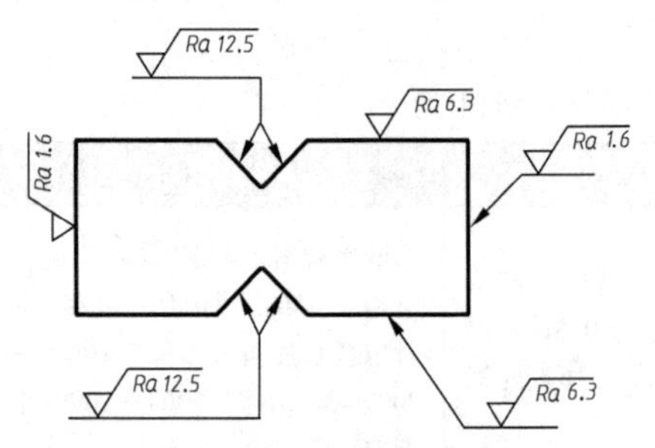

图 8-25　表面粗糙度要求在轮廓线上的标注

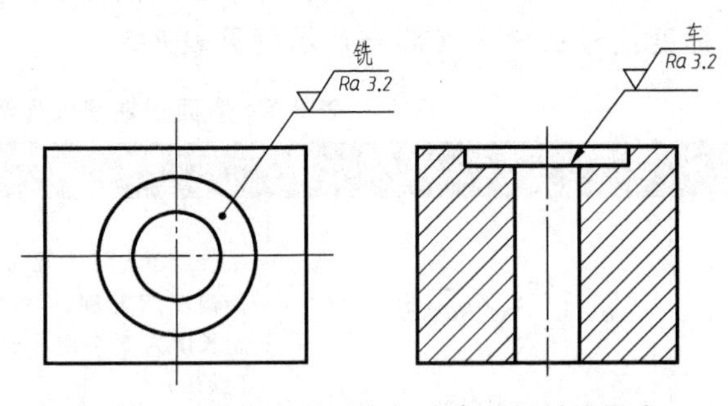

图 8-26　用指引线引出标注表面粗糙度要求

3）在不引起误解时，表面粗糙度要求可以标注在给定的尺寸线上，如图 8-27 所示。

4）表面粗糙度要求可标注在几何公差框格的上方，如图 8-28 所示。

5）圆柱和棱柱的表面粗糙度要求只标注一次，如图 8-29 所示。如果每个棱柱表面有不同的表面粗糙度要求，则应分别标注，如图 8-30 所示。

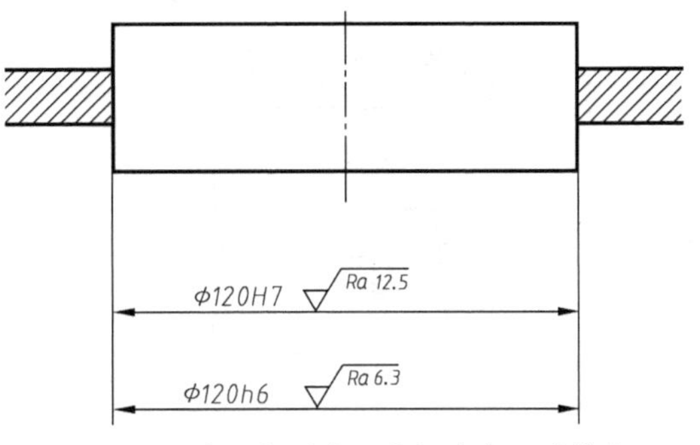

图 8-27　表面粗糙度要求标注在尺寸线上

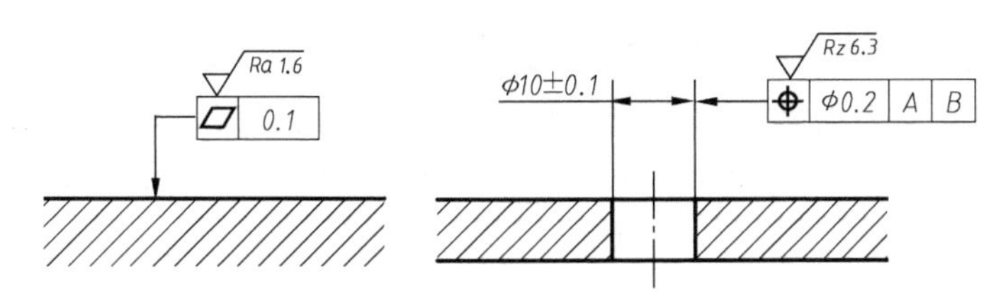

图 8-28　表面精糙度要求标注在几何公差框格的上方

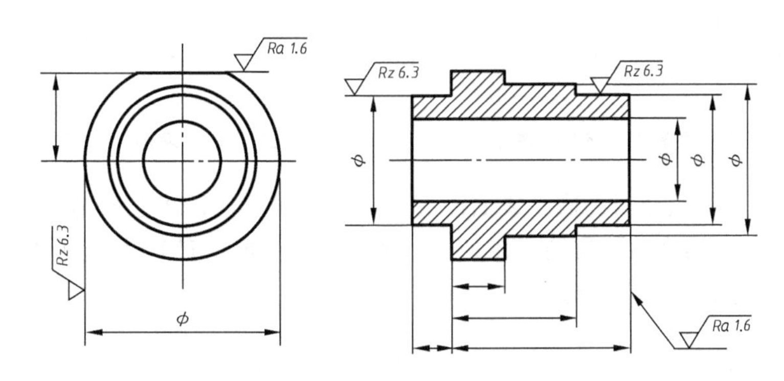

图 8-29　表面粗糙度要求标注在圆柱特征的延长线上

6. 表面粗糙度要求在图样中的简化标注

1）有相同表面粗糙度要求的简化注法。如果在工件的多数（包括全部）表面有相同的表面粗糙度要求时，其表面粗糙度要求可统一标注在图样标题栏附近（不同的表面粗糙度要求直接注写在图形中）。此时，表面粗糙度要求的符号后面应有：

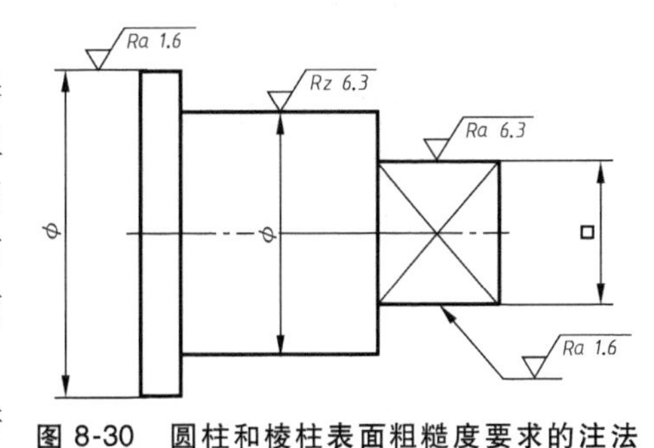

图 8-30　圆柱和棱柱表面粗糙度要求的注法

① 在圆括号内给出无任何其他标注的基本符号，如图 8-31a 所示。

② 在圆括号内给出不同的表面粗糙度要求，如图 8-31b 所示。

2）多个表面有共同要求的标注。

① 用带字母的完整符号简化标注。用带字母的完整符号以等式的形式，在图形或标题栏附近对有相同表面粗糙度要求的表面进行简化标注，如图 8-32 所示。

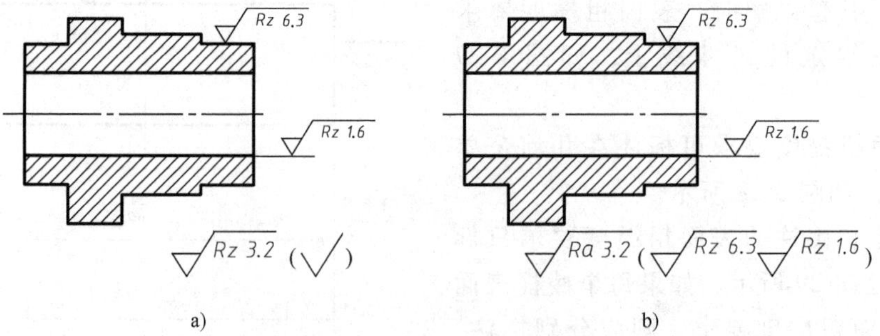

a) b)

图 8-31 大多数表面有相同表面粗糙度要求的简化注法

② 只用表面粗糙度符号的简化标注。如图 8-33 所示，用表面粗糙度符号以等式的形式给出多个表面共同的表面粗糙度要求。图中的三个简化注法分别表示未指定工艺方法（图 8-33a）、要求去除材料（图 8-33b）和不允许去除材料（图 8-33c）的表面粗糙度代号。

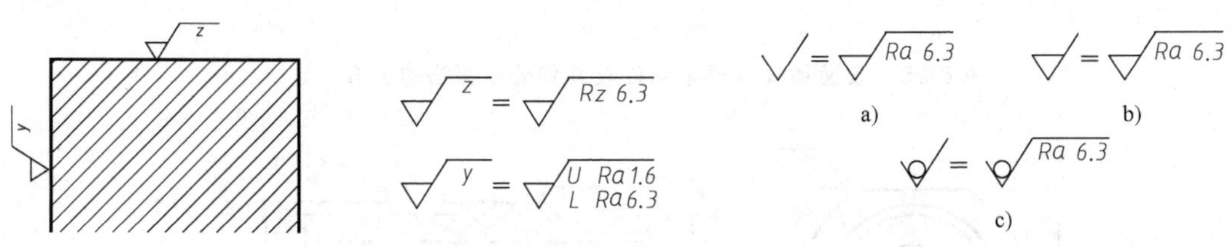

图 8-32 在图纸空间有限时的简化标注

图 8-33 多个表面粗糙度要求的简化标注

3）两种或多种工艺获得的同一表面的标注。由几种不同的工艺获得的同一表面，当需要明确每种工艺方法的表面粗糙度要求时，可按图 8-34a 所示进行标注（图中 Fe 表示基体材料为钢，Ep 表示加工工艺为电镀）。

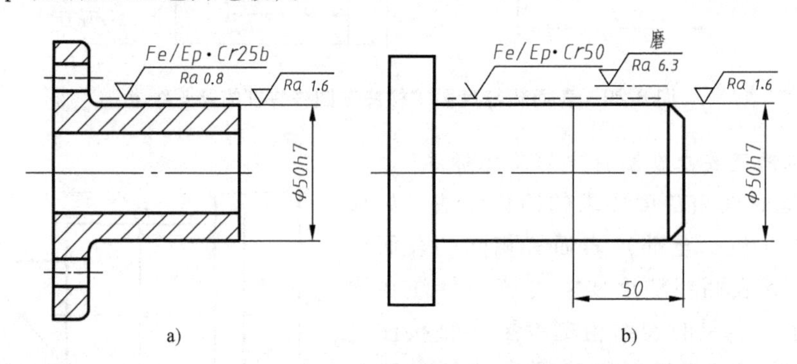

图 8-34 多种工艺获得同一表面的标注

图 8-34b 所示为三个连续的加工工序的表面粗糙度、尺寸和表面处理的标注。

第一道工序：单向上限值，Ra=1.6μm，“16%规则”（默认），默认评定长度，默认传输带，表面纹理没有要求，去除材料的工艺。

第二道工序：镀铬，无其他表面粗糙度要求。

第三道工序：一个单向上限值，仅对长为 50mm 的圆柱表面有效，Ra=6.3μm，“16%规则”（默认），默认评定长度，默认传输带，表面纹理没有要求，磨削加工工艺。

二、公差与配合

1. 零件的互换性

互换性是指当零件或部件在装配或更换时，从一批规格相同的零件或部件中任取一件，事先不必经过挑选，装配时也无须进行任何加工及修配就能装配在机器上，并能满足预定的使用性能要求。零件具有互换性，不仅便于采用先进的设备和流水线作业，而且大大简化了零件的设计和制造过程，有利于各企业间的相互合作，缩短生产周期，提高劳动生产率，降低生产成本，便于装配和维修，保证产品质量。为了满足互换性要求，图样上必须标注公差与配合等技术要求，如图 8-35 所示便是一个简单的孔、轴装配图及零件图上的公差与配合标注示例。

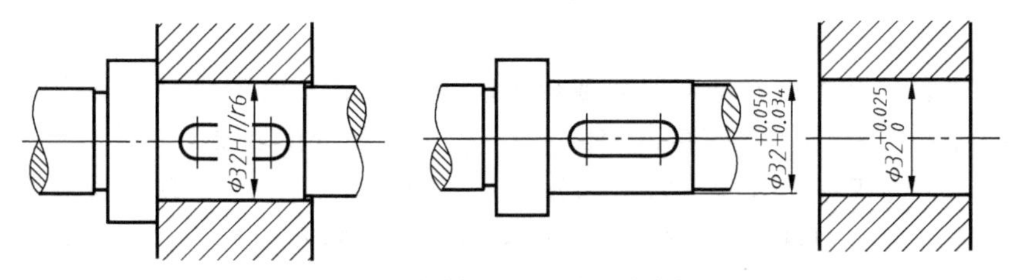

图 8-35 轴、孔公差尺寸举例

2. 尺寸公差

制造零件时，由于机床的精度、刀具的磨损、测量误差等因素的影响，零件的尺寸不可能做得绝对精确。为了使零件具有互换性，必须对零件的尺寸规定一个允许的变动量，这个变动量称为尺寸公差，简称公差。下面介绍一些有关的术语和定义，如图 8-36 所示。

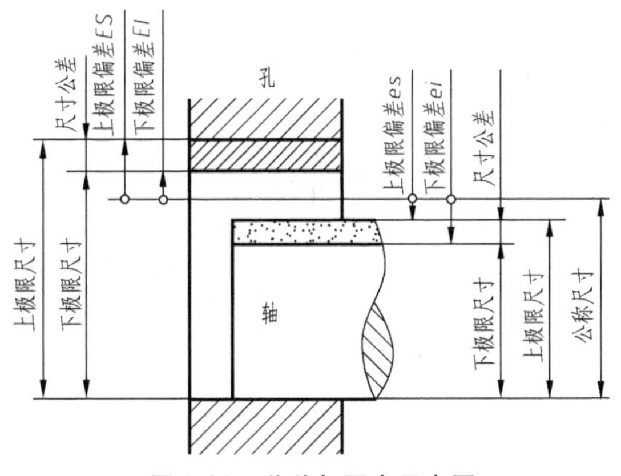

图 8-36 公差与配合示意图

（1）公称尺寸　公称尺寸指设计给定的尺寸。它是根据使用要求，通过强度、刚度等的计算，并考虑结构和工艺方面的因素，参照经验或试验数据而确定的尺寸。公称尺寸是计算偏差的起始尺寸，孔用 D 表示，轴用 d 表示。如图 8-35 中的“$\phi32$”。

（2）实际尺寸　实际尺寸指通过测量加工后的零件所得到的尺寸。由于存在测量误差，因而实际尺寸并非真实尺寸。

（3）极限尺寸　极限尺寸指允许尺寸变化的两个极限值。其中较大者称为上极限尺寸，孔用 D_{max} 表示，轴用 d_{max} 表示，如图 8-35 所示的孔为 $\phi32.025$，轴为 $\phi32.050$；其中较小者称为下极限尺寸，孔用 D_{min} 表示，轴用 d_{min} 表示，如图 8-35 所示的孔为 $\phi32$，轴为 $\phi32.034$。极限尺寸是根据零件的使用要求确定的，它可能大于、等于或小于公称尺寸。

（4）尺寸偏差　尺寸偏差指某一尺寸减其公称尺寸的代数差，简称为偏差。极限尺寸减其公称尺寸所得的代数差称为极限偏差。极限偏差分为上极限偏差和下极限偏差。上极限偏差孔用 ES 表示，轴用 es 表示；下极限偏差孔用 EI 表示，轴用 ei 表示。其中 $ES=D_{max}-$

D，$EI=D_{min}-D$，$es=d_{max}-d$，$ei=d_{min}-d$。如图 8-35 的"$\phi 32^{+0.050}_{+0.034}$"中，+0.050 称为上极限偏差，+0.034 称为下极限偏差。

（5）尺寸公差　允许尺寸的变动量称为尺寸公差。它等于上极限尺寸与下极限尺寸之差，或等于上极限偏差与下极限偏差之差，尺寸公差用 T_D（孔）和 T_d（轴）表示。公差仅表示尺寸的变动范围，所以是绝对值，不是代数差。在 $\phi 32^{+0.050}_{+0.034}$ 中，其公差值等于 $(0.050-0.034)mm=0.016mm$。

（6）标准公差　标准公差是国家标准规定的，用以确定公差带大小的任一公差。标准公差分 20 个公差等级，即 IT01、IT0、IT1～IT18。IT 表示公差，阿拉伯数字表示公差等级，它用来反映尺寸精度的等级。数字越小，精度越高；数字越大，精度越低。通常 IT01～IT4 用于块规和量规，IT5～IT12 用于配合尺寸，IT13～IT18 用于非配合尺寸。各级标准公差的数值可查阅附录 E 中的表 E-1。

（7）基本偏差　基本偏差是国家标准规定的用以确定公差带相对于零线位置的上极限偏差或下极限偏差，一般指靠近零线的那个偏差。当公差带在零线上方时，基本偏差为下极限偏差；当公差带在零线下方时，基本偏差为上极限偏差。图 8-37 表示的是孔和轴的基本偏差系列。国家标准分别对孔和轴各规定了 28 个不同的基本偏差，其代号分别用大、小写的拉丁字母表示。大写表示孔，小写表示轴。轴和孔的基本偏差数值可查阅附录 E 中的表 E-2、表 E-3。

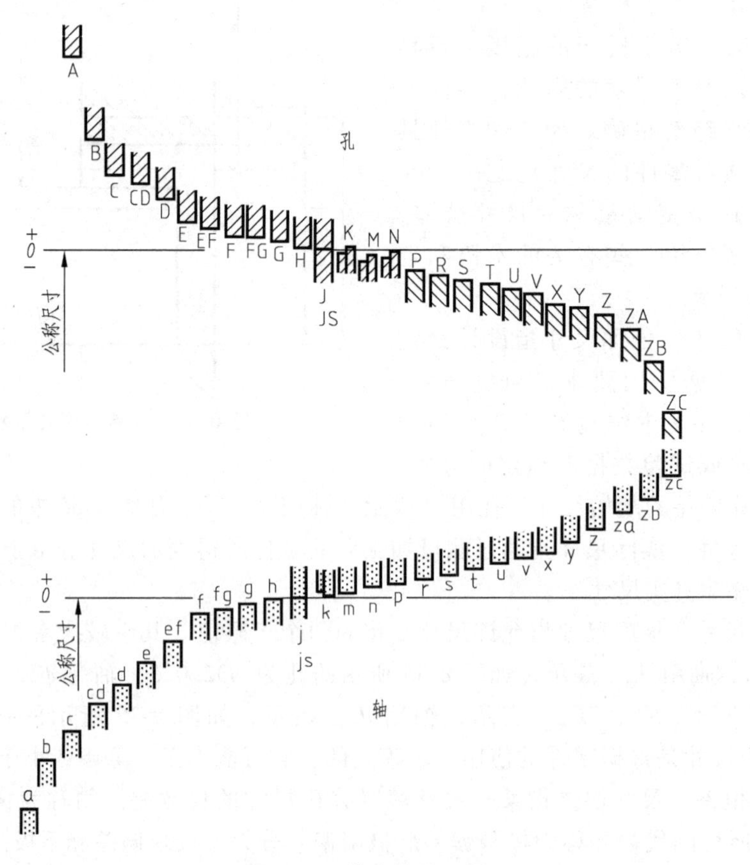

图 8-37　基本偏差系列

（8）尺寸公差带　由代表两极限偏差或极限尺寸的两条平行线所限定的区域称为尺寸公差带，简称公差带。取公称尺寸为零线（偏差为零，零线上方的称正偏差，零线下方的称负偏差），用适当的比例画出的两条代表上、下极限偏差的直线所限定的区域，称为公差带图，如图 8-38 所示。

3. 配合

公称尺寸相同的相互结合的孔和轴的公差带之间的关系称为配合。根据使用要求的不同，孔和轴之间的配合有松有紧，因而国家标准规定配合分为三类，即间隙配合、过盈配合和过渡配合。

（1）间隙配合　孔与轴装配时保证具有间隙（包括最小间隙为零）的配合，称为间隙配合。间隙配合时，孔的公差带在轴的公差带之上，如图 8-39 所示。

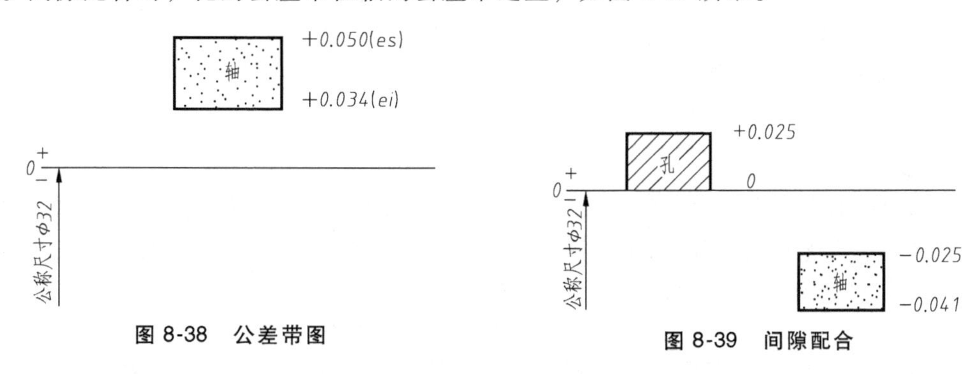

图 8-38　公差带图

图 8-39　间隙配合

（2）过盈配合　孔与轴装配时保证具有过盈（包括最小过盈为零）的配合，称为过盈配合。过盈配合时，孔的公差带在轴的公差带之下，如图 8-40 所示。

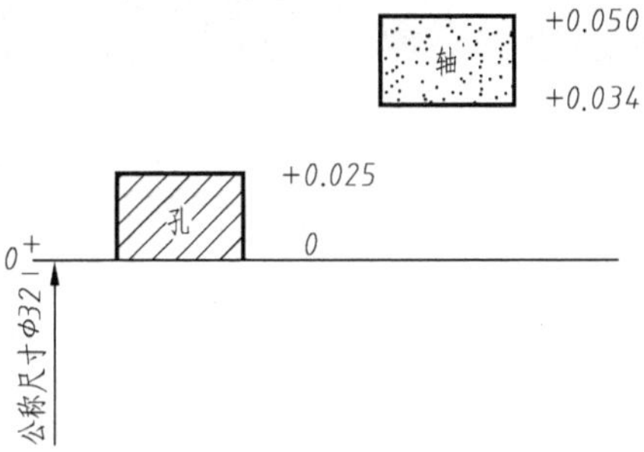

（3）过渡配合　孔与轴装配时，可能有间隙也可能有过盈的配合，称为过渡配合。过渡配合时，孔的公差带与轴的公差带互相重叠，如图 8-41 所示。

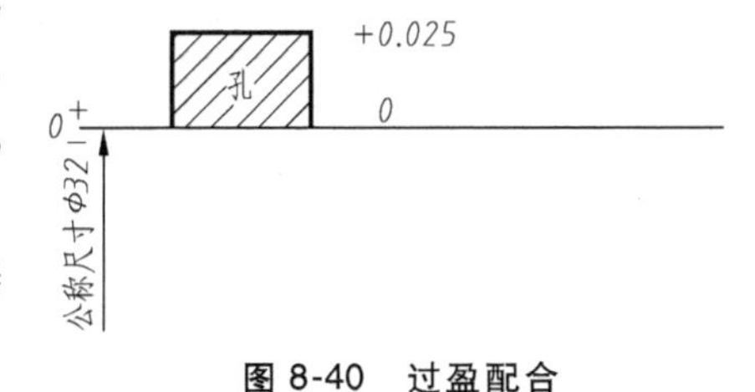

图 8-40　过盈配合

4. 配合制

国家标准规定了两种配合制，即基孔制和基轴制。

（1）基孔制　基本偏差为一定的孔的公差带与基本偏差不同的轴的公差带形成各种配合的一种制度，如图 8-42a 所示，称为基孔制。在基

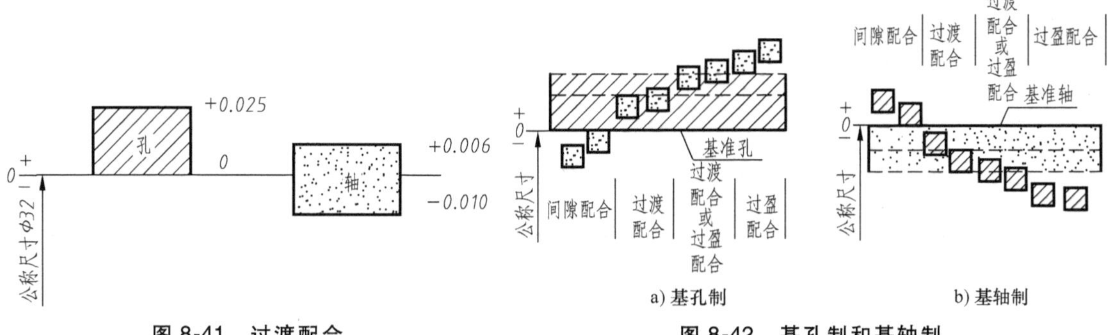

图 8-41　过渡配合

图 8-42　基孔制和基轴制

孔制中，孔是基准件，轴为非基准件，称为配合轴。基准孔的下极限偏差为零，并用 H 表示。

（2）基轴制　基本偏差为一定的轴的公差带与基本偏差不同的孔的公差带形成各种配合的一种制度，如图 8-42b 所示，称为基轴制。在基轴制中，轴是基准件，孔为非基准件，称为配合孔。基准轴的上极限偏差为零，并用 h 表示。

一般情况下，应优先采用基孔制。因为从工艺上看，加工公差等级较高的中、小尺寸的孔，通常用价格昂贵的钻头、铰刀、拉刀等，每一刀具只能加工一种尺寸的孔；而加工尺寸不同的轴，可用同一车刀或砂轮。因此，采用基孔制，对不同的配合要求，例如 ϕ30H7/f6、ϕ30H7/g6、ϕ30H7/n6 等，能减少“定制刀具”的规格数量（只用一种 ϕ30H7 的孔用定值刀具）。另外也可减少量具的规格数量。但在下列情况下，最好采用基轴制：

1）当使用不需加工的冷拉轴时。

2）当与轴型标准件配合时。

3）在同一公称尺寸的轴上装有不同配合要求的几个孔件时。

5. 优先、常用配合

国家标准根据产品生产使用的需要，考虑到产品的不同特点，制定了优先及常用配合，使用时应尽量选用优先配合和常用配合。基孔制和基轴制的优先、常用配合见表 8-6 和表 8-7。具体数值可到附录 E 中的表 E-4、表 E-5 中查阅。

表 8-6　基孔制的优先、常用配合

基准孔	轴																				
	a	b	c	d	e	f	g	h	js	k	m	n	p	r	s	t	u	v	x	y	z
	间隙配合								过渡配合			过盈配合									
H6						H6/f5	H6/g5	H6/h5	H6/js5	H6/k5	H6/m5	H6/n5	H6/p5	H6/r5	H6/s5	H6/t5					
H7						H7/f6	◤H7/g6	◤H7/h6	H7/js6	◤H7/k6	H7/m6	◤H7/n6	◤H7/p6	H7/r6	◤H7/s6	H7/t6	◤H7/u6	H7/v6	H7/x6	H7/y6	H7/z6
H8					H8/e7	◤H8/f7	H8/g7	◤H8/h7	H8/js7	H8/k7	H8/m7	H8/n7	H8/p7	H8/r7	H8/s7	H8/t7	H8/u7				
				H8/d8	H8/e8	H8/f8		H8/h8													
H9			H9/c9	◤H9/d9	H9/e9	H9/f9		◤H9/h9													
H10			H10/c10	H10/d10				H10/h10													
H11	H11/a11	H11/b11	◤H11/c11	H11/d11				◤H11/h11													
H12		H12/b12						H12/h12	其中，常用 59 种，优先 13 种												

注：1. $\frac{H6}{n5}$、$\frac{H7}{p6}$在公称尺寸小于或等于 3mm 和$\frac{H8}{r7}$在公称尺寸小于或等于 100mm 时，为过渡配合。

2. 标注◤的配合为优先配合。

表 8-7　基轴制的优先、常用配合

基准轴	孔																				
	A	B	C	D	E	F	G	H	JS	K	M	N	P	R	S	T	U	V	X	Y	Z
	间隙配合								过渡配合				过盈配合								
h5						F6/h5	G6/h5	H6/h5	JS6/h5	K6/h5	M6/h5	N6/h5	P6/h5	R6/h5	S6/h5	T6/h5					
h6						F7/h6	◤G7/h6	◤H7/h6	JS7/h6	◤K7/h6	M7/h6	◤N7/h6	◤P7/h6	R7/h6	◤S7/h6	T7/h6	◤U7/h6				
h7					E8/h7	◤F8/h7		◤H8/h7	JS8/h7	K8/h7	M8/h7	N8/h7									
h8				D8/h8	E8/h8	F8/h8		H8/h8													
h9				◤D9/h9	E9/h9	F9/h9		◤H9/h9													
h10				D10/h10				H10/h10													
h11	A11/h11	B11/h11	◤C11/h11	D11/h11				◤H11/h11													
h12		B12/h12						H12/h12	其中，常用 47 种，优先 13 种												

注：标注◤的配合为优先配合。

6. 公差与配合在图样上的标注

（1）在装配图中标注　在装配图中标注公差与配合，其配合代号由两个相互结合的孔和轴的公差带代号组成，用分数形式表示，分子表示孔的公差带代号，分母表示轴的公差带代号，在分数形式之前注写公称尺寸数值，如图 8-43a 中的 $\phi30\,\frac{\mathrm{H8}}{\mathrm{p7}}$，也可以标注成 ϕ30H8/p7 的形式。

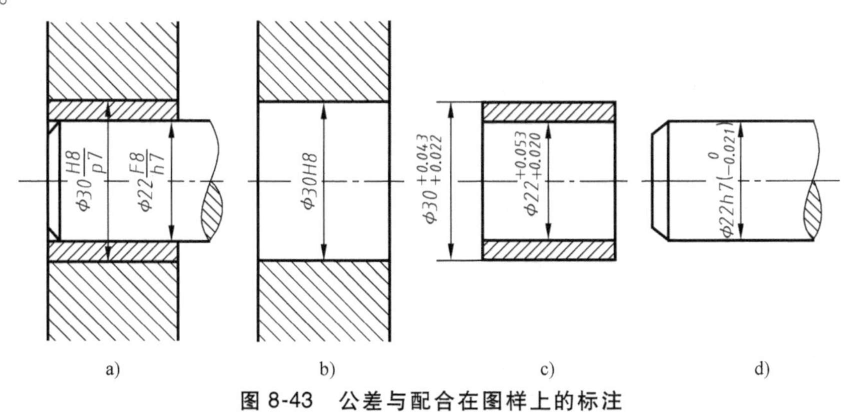

a)　b)　c)　d)

图 8-43　公差与配合在图样上的标注

（2）在零件图上标注　在零件图中标注公差常用下面的三种形式：只注公差带代号，如图 8-43b 所示；只注极限偏差数值，如图 8-43c 所示；注出公差带代号及极限偏差数值，如图 8-43d 所示。

7. 公差与配合的查表

互相配合的轴和孔，可通过公称尺寸和公差带代号查表获得极限偏差数值。一般步骤是：先查出轴和孔的标准公差，然后查出轴和孔的基本偏差，最后由标准公差和基本偏差，算出另一偏差。但通常优先及常用配合的极限偏差可直接由表查得。

例 3　查表写出 ϕ32H7/r6：

1）采用何种基准制？

2）查出孔和轴的极限偏差数值。

3）代表什么性质的配合？

解　1）由于孔的基本偏差代号为 H，轴为 r，所以它代表基孔制。

2）由轴和孔的基本偏差代号 r6 和 H7，查得轴和孔的标准公差为 IT6 = 0.016mm 和 IT7 = 0.025mm。所以孔的上极限偏差 ES = 0.025mm，下极限偏差 EI = 0；再由轴的基本偏差代号 r 查得轴的基本偏差为下极限偏差，其数值为 ei = 0.034mm，由此算得轴的上极限偏差为 es = ei+IT6 = (0.034+0.016) mm = 0.050mm，即孔为 $\phi 32^{+0.025}_{0}$mm、轴为 $\phi 32^{+0.050}_{+0.034}$mm。

3）画出公称尺寸为 ϕ32mm 的孔、轴的公差带图，如图 8-40 所示，由公差带图得知，它们的配合是过盈配合。

三、几何公差简介

在零件的加工过程中，由于各种原因，除了产生尺寸误差外，零件的几何形状和相对位置也会产生误差。几何公差规定了形状、方向、位置和跳动公差。

零件的形状、方向、位置和跳动误差（简称几何误差）对零件的安装和使用性能有很大的影响，因此，对零件的几何误差必须加以限制，即要规定几何公差。

1. 几何公差的种类和符号

GB/T 1182—2018 中规定了几何公差的种类及各种符号，具体内容见表 8-8。

表 8-8　几何公差的种类及各种符号

公差类型	几何特征	符号
形状公差	直线度	—
	平面度	⏥
	圆度	○
	圆柱度	⌭
	线轮廓度	⌒
	面轮廓度	⌓
方向公差	平行度	//
	垂直度	⊥
	倾斜度	∠
	线轮廓度	⌒
	面轮廓度	⌓

公差类型	几何特征	符号
位置公差	位置度	⌖
	同心度（用于中心点）	◎
	同轴度（用于轴线）	◎
	对称度	⌯
	线轮廓度	⌒
	面轮廓度	⌓
跳动公差	圆跳动	↗
	全跳动	⌰

2. 几何公差的标注

在零件图中如果对几何公差有特殊的要求，均应在图样中按 GB/T 1182—2018 所规定的方法进行标注。图样中未注出的几何公差应符合国家标准几何公差未注公差的规定。

国家标准规定：

1）几何公差要求在矩形框中给出，该框由两格或多格组成。框格的高度推荐为图内尺寸数字高度的 2 倍，框格中的内容必须从左到右分别填写公差符号、公差数值（如果公差带是圆形或圆柱形，则在公差数值前加注“ϕ”，如果是球形，则在公差数值前加注“Sϕ”），第三格和以后各格为基准符号的字母和有关符号。公差框格应水平或垂直放置，如图 8-44a 所示。

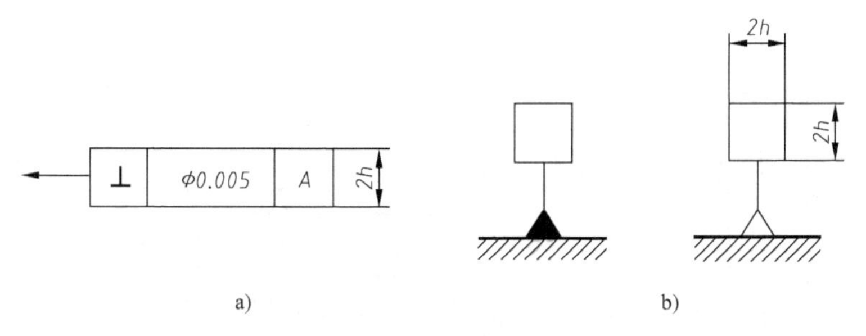

图 8-44　几何公差框格及基准符号

2）用带箭头的指引线将框格与被测要素相连。当公差涉及线或面时，将箭头垂直指向被测要素的轮廓线或其延长线上，且必须与相应的尺寸线明显错开，如图 8-45 所示；当公差涉及轴线、中心平面或由带尺寸要素确定的点时，则带箭头的指引线应与尺寸线的延长线相重合，如图 8-46a 所示；当对几个要素有同一数值的公差要求时，其表示方法如图 8-46b 所示。

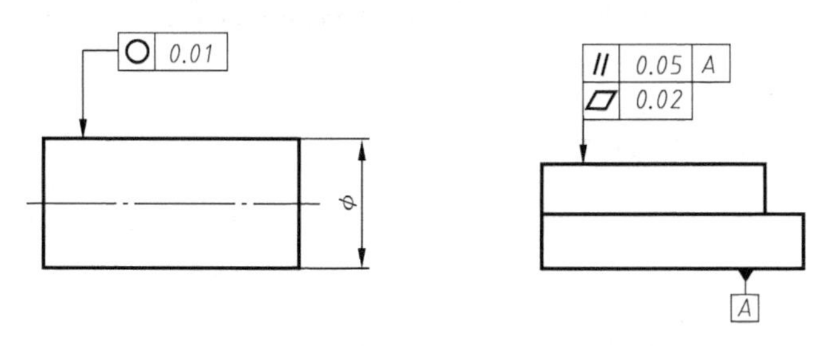

图 8-45　几何公差标注示例（一）

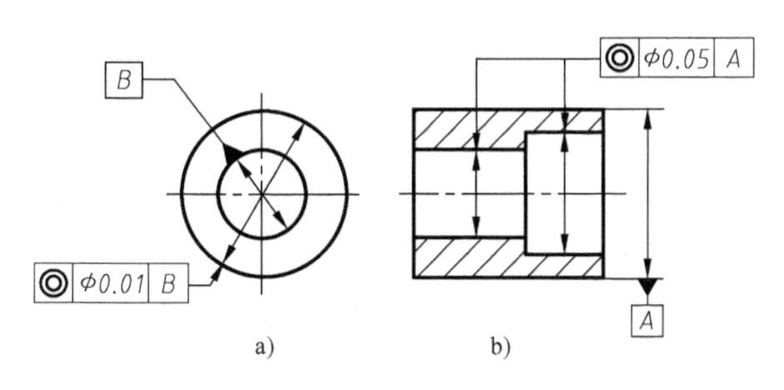

图 8-46　几何公差标注示例（二）

3）标注带基准要素的几何公差时，基准符号用带方框（边长为图内尺寸数字的 2 倍）的大写字母以细实线与涂黑或空白的三角形相连，表示基准的字母也应注写在框格内，如图 8-44b 所示。当基准要素是轮廓线或表面时，基准符号应放在靠近标注要素的轮廓线上或在它的延长线上，并应与尺寸线明显错开；当基准要素是轴线或中心平面或带尺寸要素确定的点时，则基准符号应与尺寸线对齐，如图 8-45～图 8-47 所示。

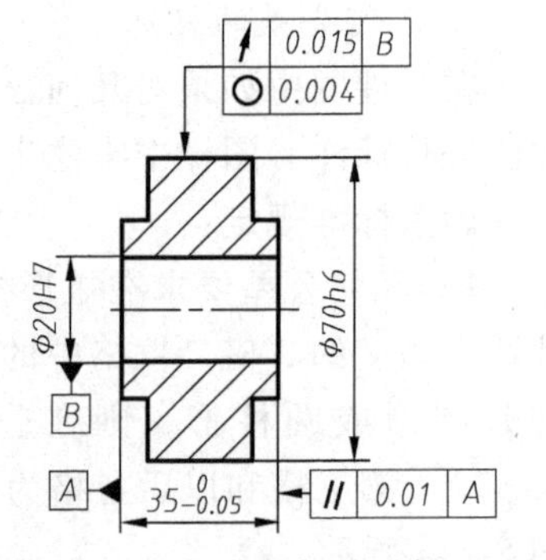

图 8-47　几何公差标注示例（三）

几何公差标注综合举例如图 8-48 所示。

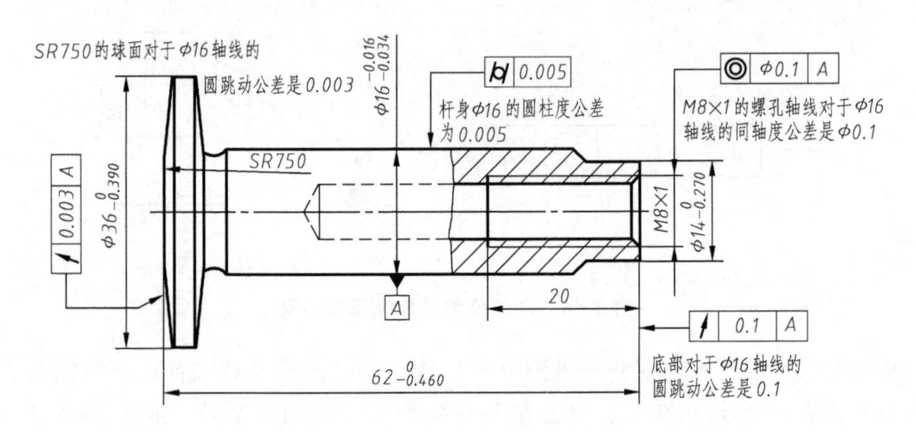

图 8-48　几何公差标注综合举例

第六节　画零件图的方法

一、徒手绘制零件图的方法和步骤

在实际工作中经常按照实际零件徒手画零件图（零件草图），其中包括测量零件的尺寸、制定技术要求和徒手画图。徒手画图是非常重要的一项工作，如仿制新产品必须通过测绘来获得生产图样。又如维修旧设备，当破损的零件缺少配套图样时，也必须测绘零件。徒手画的零件图是绘制零件工作图和装配图的原始资料，应认真细致绘制，其内容与正规零件图一样。绘制方法和步骤如下：

（1）分析零件　首先对零件进行结构和工艺分析，了解零件的用途、结构特点、性能要求及主要的加工方法等。

（2）确定表达方案　在分析零件的基础上选择一组图形把零件的内外形状表达清楚，主要是确定主视图和与主视图相配合的其他视图。

（3）测绘零件并徒手画零件图　根据零件的大小、视图的数量以及目测的比例，选择适当的图纸幅面，布置各视图的位置。画出中心线、轴线和基准线，并画出右下角标题栏的位置，如图 8-49a 所示。

用适当的表达方法详细画出零件的内外结构形状，如图 8-49b 所示。

画出尺寸线、尺寸界线及箭头。经过校核后，将全部可见轮廓线描深，画出剖面线，如图 8-49c 所示。

测量尺寸，选择技术要求，将尺寸数字、技术要求标注在零件草图上，并填写标题栏，如图 8-49d 所示。

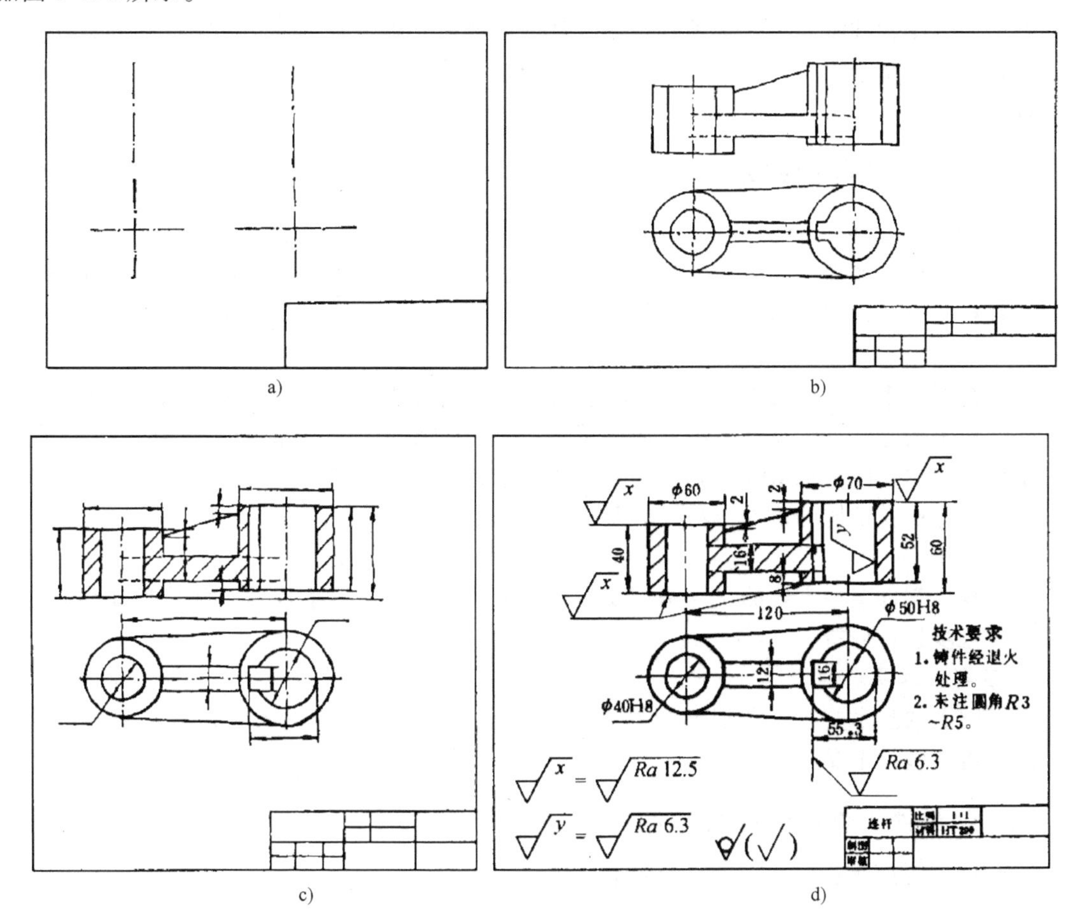

图 8-49　徒手画零件图

二、画零件工作图的方法和步骤

徒手画零件图是在现场测绘时进行的，只要表达清楚就可以了，并不一定很完善。因此，在整理正规零件工作图时，需要再进行审核，有哪些结构和尺寸需要修改，经过复查、补充、修改后，才开始画正规零件图。其绘制方法和步骤如下：

（1）对零件草图进行审查校核　看表达方案是否完整、清晰、简便，零件的结构形状是否需要修改，尺寸标注得是否正确、完整、清晰、合理等。

（2）方法和步骤

1）确定比例、选择图幅。

2）画底稿，定出各视图的基准线，画出图形，标注尺寸和技术要求等。

3）校核。

4）描深，填写标题栏。

5）最后审核。

第七节　读零件图

作为一名工程技术人员，必须具备读零件图的能力。本节着重讨论读零件图的方法和步骤，通过实例，结合零件的结构分析、视图选择、尺寸标注和技术要求，具体阐述读零件图的过程。

一、读零件工作图的方法

1. 初步了解零件

通过标题栏了解零件的名称、材料、画图的比例、零件的重量。必要时结合装配图或其他设计资料了解零件在机器或部件中的作用。

2. 视图分析

从主视图入手，分析其他视图的名称和位置，了解各视图之间的相互联系。读零件图的内、外结构是读零件图的重点。组合体的读图方法（包括视图、剖视图、断面图等），仍然适用于读零件图，同时也从设计和加工方面的要求，了解零件的一些结构的作用。通过形体分析、线面分析、结构分析等方法，想象出零件的形状。

3. 尺寸分析

首先找出零件图中主要的尺寸基准及主要尺寸，然后按照定形尺寸、定位尺寸和总体尺寸的步骤逐步进行分析。

4. 了解技术要求

对于图上的技术要求，如表面粗糙度、尺寸公差、几何公差等内容，应了解其具体含义，并分析这些技术要求是否恰当。

二、读零件工作图的综合举例

现以泵体零件图为例说明，如图 8-50 所示。

从标题栏中知道该零件的名称为泵体，是齿轮泵上的主要零件，比例为 1∶2，材料牌号为 HT150，表示该零件是采用灰铸铁经翻砂浇注成型，再进行机械加工而成。

该零件共采用了五个视图，主视图采用两相交平面剖切后所得的 *A—A* 旋转全剖视图，主要表示泵体的内部结构和肋板的形状；俯视图主要表达泵体的外形结构；左视图采用局部剖视图，突出表达泵体的左端面的形状，同时表达左端面上的六个螺孔及两个定位销孔的位置；局部剖视图用于表达进出油口的内部结构；右视图主要表达泵体右端面的外部形状和肋板的厚度；*B—B* 剖视图用于补充表达肋板的断面形状和底板安装孔的位置。

泵体的上部分主要为回转体结构，内部的空腔也为回转体，用来安装齿轮。底板和主体之间由肋板连接。前后各有一个圆柱形凸台，内部有 G1/4 的管螺纹，底板上有四个安装孔，底板下部有凹槽。

泵体的左端面是设计基准面，它是长度方向的主要尺寸基准，其中主要的尺寸——齿轮空腔深 30 是从主要尺寸基准出发标注的。泵体的右端面是工艺基准面，它作为长度方向的辅助尺寸基准，螺纹 M36 的长度 24 及孔深 22 都是从辅助尺寸基准出发标注的。宽度方向

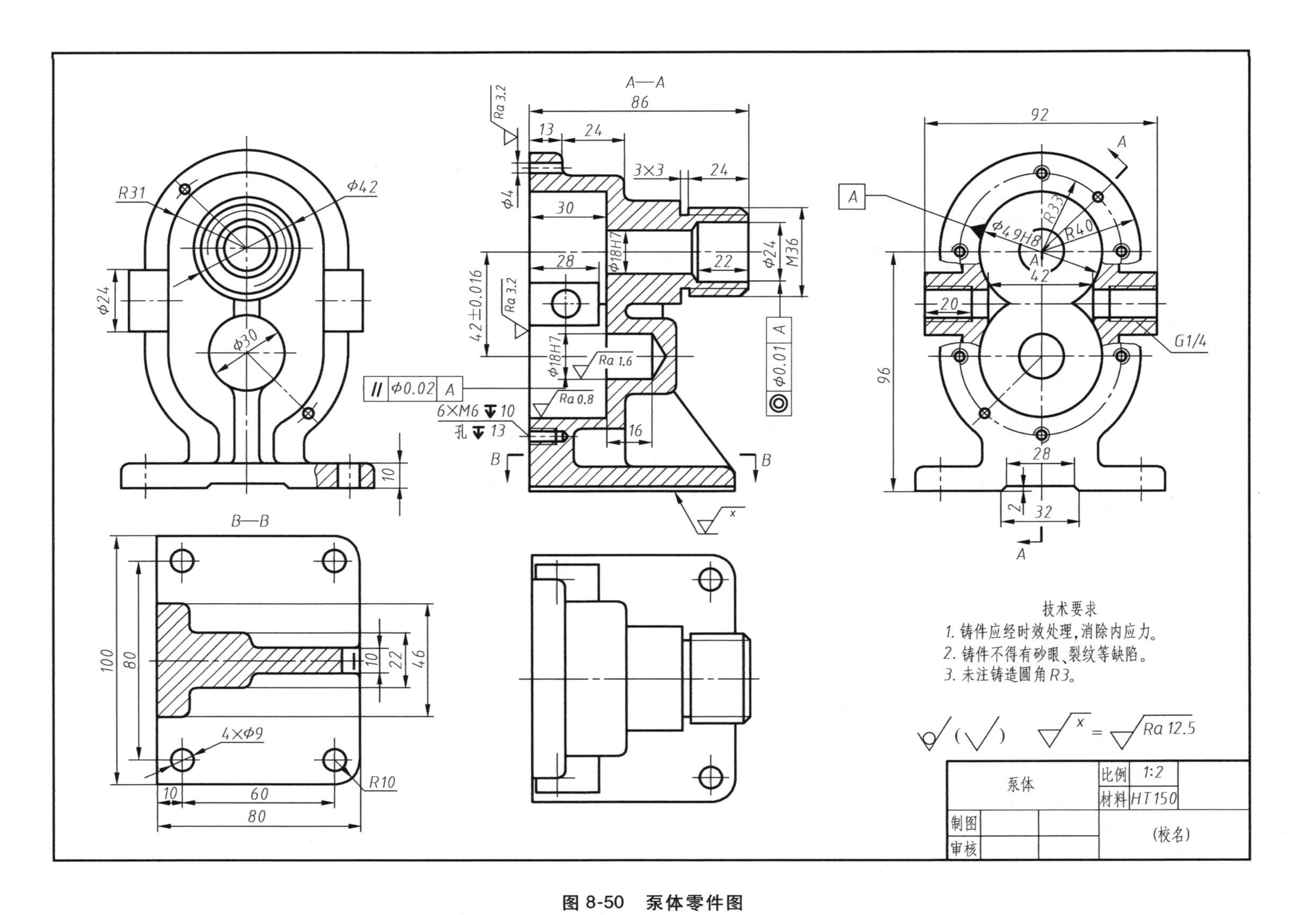
A—A
86
13
24
3×3
24
Ra 3.2
φ4
30
28
φ18H7
22
φ24
M36
42±0.016
Ra 3.2
φ18H7
Ra 1.6
Ra 0.8
φ0.02 A
6×M6 ▼10
孔 ▼13
16
φ0.01 A
B
R31
φ42
φ24
φ30
10
B—B
100
80
4×φ9
10
60
80
R10
10
22
46
92
A
R33
φ49H8
R40
42
20
G1/4
96
28
2
32
技术要求
1. 铸件应经时效处理，消除内应力。
2. 铸件不得有砂眼、裂纹等缺陷。
3. 未注铸造圆角R3。
Ra 12.5
泵体
比例 1:2
材料 HT150
制图
审核
(校名)

图 8-50　泵体零件图

的尺寸基准是泵体的前后对称面，以此为基准标注宽度方向的相关尺寸，如底板的宽度尺寸 100、80，泵体的总宽 92 等。高度方向的设计基准是泵体上部回转体的轴线，该轴线是高度方向的主要基准，由此标注出两轴孔的中心距尺寸 42±0.016，42±0.016 是一个重要的尺寸。泵体的底面是高度方向的工艺基准，它作为高度方向的辅助基准，由此标出底板厚 10、槽深 2 等尺寸。它们的关联尺寸是 96。同时，泵体下部回转体的轴线也是高度方向的辅助基准，由此标出 ϕ18H7、ϕ30 等尺寸。

表面粗糙度内圆柱孔壁为 $\sqrt{Ra\,0.8}$，左侧端面和定位销孔的表面为 $\sqrt{Ra\,3.2}$，底板安装面为 $\sqrt{Ra\,12.5}$，剩余为铸造表面，其表面粗糙度表示为 $\sqrt{}$（○）。从中可以看出，除了安装齿轮的内腔对表面粗糙度要求较高外，其余表面对表面粗糙度的要求不高。图中的尺寸公差有 ϕ18H7 和 42±0.016；几何公差有两处，一处是 | // | ϕ0.02 | A |，表明 ϕ18H7 孔的轴线对 ϕ49H8 孔的轴线的平行度公差为 0.02mm，另一处是 | ◎ | ϕ0.01 | A |，表明 ϕ24 孔的轴线对 ϕ49H8 孔的轴线的同轴度公差为 0.01mm。

用文字叙述的技术要求是：铸件要经过时效处理后，才能进行切削加工；铸件不得有砂眼、裂纹等缺陷；图中未注尺寸的铸造圆角为 R3mm。

复习思考题

1. 零件图在生产中的作用是什么？它有哪些内容？
2. 零件图视图选择的原则是什么？怎样确定主视图？怎样选择与主视图配套的其他视图？
3. 常见的零件工艺结构有哪些？
4. 零件尺寸标注合理性的要求有哪些？
5. 表面粗糙度有哪些符号？分别代表什么意义？
6. 什么是公差？什么是标准公差？什么是偏差？什么是基本偏差？
7. 什么是配合？配合分几类？分别是什么配合？配合制规定了哪两种基准制？
8. 试述读零件图的方法及步骤。

第九章

装　配　图

第一节　概　　述

一、装配图的作用

表达机器或部件的装配关系和工作原理的图样称为装配图。在进行设计、装配、调整、检验、使用和维修机器时都需要装配图，它是生产中重要的技术文件。在设计、测绘机器时，首先要绘制装配图，然后再拆画零件图。装配图要反映出设计者的意图，表达出机器或部件的工作原理、性能要求、零件间的装配关系和零件的主要结构，以及在装配、检验和安装时所需要的尺寸数据和技术要求。

本章将介绍装配图的内容、常用的表达方法、部件测绘及装配图的画法，读装配图和由装配图画零件图的方法等内容。

在阅读或绘制部件装配图时，必须了解部件的装配关系和工作原理，部件中主要零件的形状、结构与作用，以及各个零件间的相互关系等，下面对图 9-1、图 9-2 所示的折角阀做简要介绍。

在管道系统中，阀是用于启闭和调节流体流量的部件，折角阀是阀的一种，其工作原理是：逆时针旋转手轮 14 时，靠阀杆和阀盖上的矩形螺纹副使阀杆 9 向上运动。由于阀瓣 3 用销 4 铰接在阀杆 9 末端的槽上，阀瓣 3 也同时向上运动，则折角阀开启，管道开通。根据阀瓣 3 上移的高低，调整管路流体流量的大小。当顺时针旋转手轮 14 时，则阀杆 9 带动阀瓣 3 向下运动，阀瓣 3 与阀座 2 结合，阀门全部关闭，管道断流。折角阀的装配关系是：在阀体 1 上安装阀座 2，目的是与阀瓣 3 保持良好的密闭性。阀体 1 与阀盖 8 是用四个螺栓 6 和螺母 5 连接，并用垫片 7 密封。为了防止液体外漏，在阀杆 9 的上端用盖螺母 13、压盖 12 和填料 11 密封。手轮 14 上的方孔套进阀杆 9 上端的方轴上，并用螺母 15 连接。

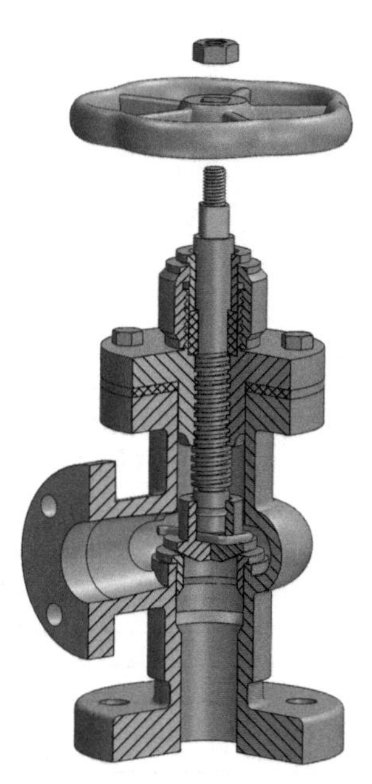
图 9-1　折角阀轴测装配图

二、装配图的内容

现以折角阀为例说明装配图的内容，如图 9-2 所示，一张完整的装配图应具有如下内容：

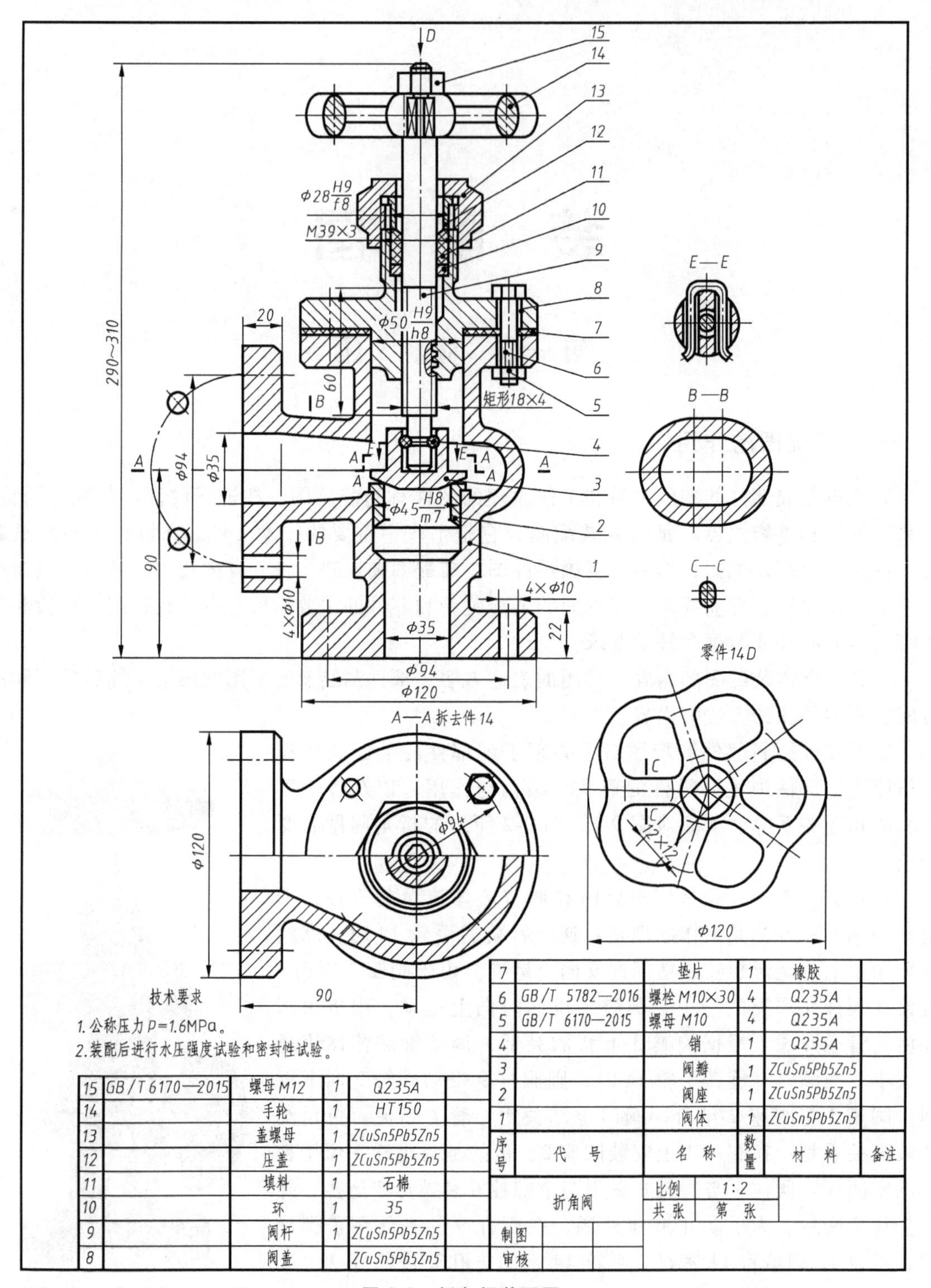

序号	代号	名称	数量	材料	备注
15	GB/T 6170—2015	螺母 M12	1	Q235A	
14		手轮	1	HT150	
13		盖螺母	1	ZCuSn5Pb5Zn5	
12		压盖	1	ZCuSn5Pb5Zn5	
11		填料	1	石棉	
10		环	1	35	
9		阀杆	1	ZCuSn5Pb5Zn5	
8		阀盖	1	ZCuSn5Pb5Zn5	
7		垫片	1	橡胶	
6	GB/T 5782—2016	螺栓 M10×30	4	Q235A	
5	GB/T 6170—2015	螺母 M10	4	Q235A	
4		销	1	Q235A	
3		阀瓣	1	ZCuSn5Pb5Zn5	
2		阀座	1	ZCuSn5Pb5Zn5	
1		阀体	1	ZCuSn5Pb5Zn5	

折角阀	比例	1:2
	共 张	第 张
制图		
审核		

图 9-2　折角阀装配图

（1）一组视图　运用前面所学过的各种表达方法，正确、完整地表达出机器（或部件）的工作原理，各零件间的装配关系和零件的主要结构形状。在图 9-2 中，主视图采用了全剖视图，主要表达折角阀的工作原理和装配关系；俯视图采用 $A—A$ 半剖视图，主要表达折角阀的内腔与外形，同时也表达螺栓的位置；用 $E—E$ 断面图补充表达销 4、阀杆 9 与阀瓣 3 的装配连接情况；用 $B—B$ 断面图表达阀口管壁的结构；用 $C—C$ 断面图表达手轮轮辐的断面形状；用 D 向视图补充表达手轮的结构形状。

（2）必要的尺寸　装配图不同于零件图，根据装配、检验、安装、使用与拆画零件图的需要，装配图仅注出反映机器（或部件）的性能、规格、装配、检验、安装和总体外形等所需要的一些尺寸，如折角阀装配图中的尺寸 $\phi35$、$\phi45H8/m7$、M39×3、$\phi94$、4×$\phi10$ 和 290~310 等。

（3）技术要求　用文字或符号说明机器（或部件）在装配、调试、检测、安装及维修和使用等方面所必须满足的要求。

（4）标题栏，零、部件序号和明细栏　为了便于生产的组织与管理，在装配图上需对零、部件进行编号，并将各零件的序号、名称、材料、数量等有关内容填写在明细栏内。标题栏内应写出机器（或部件）的名称、比例、图号以及设计、审核者的签名。

第二节　装配图的表达方法

装配图的表达重点是机器（或部件）的工作原理和零件之间的装配关系，所以装配图除采用以前所学过的各种表达方法外，还采用了一些规定画法、特殊画法及简化画法。

一、规定画法

1. 零件间的接触面和配合面的画法

在装配图中，两零件的接触表面和配合表面只用一条轮廓线表示。对于非接触表面或不配合表面，即使间距很小，也应画出两条轮廓线，如图 9-3 所示。

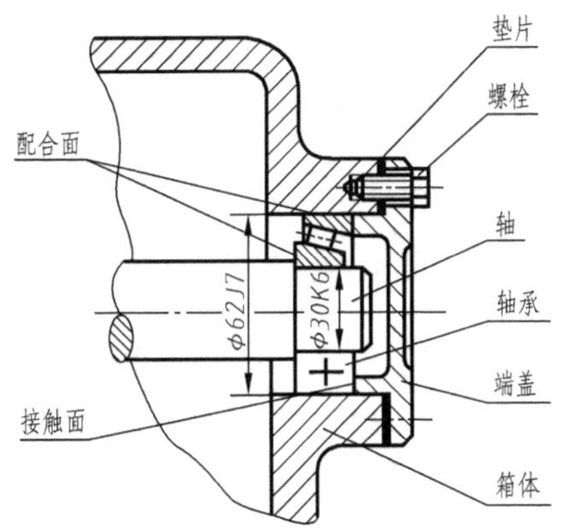

图 9-3　画装配图的基本规定

2. 相接触零件剖面线画法

为了区分相接触的零件，在剖视图中相接触零件的剖面线，其倾斜方向应相反，或方向相同但间隔不等并错开，如图 9-3 所示。

在装配图中，同一零件的剖面线的方向、间隔应保持一致。如宽度小于或等于 2mm 的剖面，允许将剖面涂黑，如图 9-3 中的垫片。

3. 剖视图中实心杆件和一些标准件的画法

为了简化作图，在剖视图中，对于一些实心零件（如轴、杆等）和一些标准件（如螺栓、螺母、键、销等），若剖切平面通过其轴线或对称面剖切，可按不剖切表示，只画出零件的外形，如图 9-3 中的轴与螺栓。

二、特殊画法

1. 沿结合面剖切画法

为了表达装配体的内部结构，可沿装配体的结合面剖切，然后将剖切平面与观察者之间的零件拿去，画出剖视图。此方法的优点是：既能表达内部装配的情况，又能省略剖面线，使图形清晰，重点突出。如图 9-4 转子油泵中的右视图就是沿泵盖和泵体的结合面剖切画出的，此时结合面不画剖面线。

2. 单独表示某个零件

在装配图中，当某个零件的某些结构未表达清楚而且对理解装配关系又有影响时，可以单独画出该零件的视图，并用箭头指明投射方向并标注件号，如图 9-2 中零件 14（手轮）的 D 向视图。

3. 拆卸画法

在装配图的某一视图中，如果所要表达的部分被某个零件遮住而无法表达清楚，或某个零件无须重复表达时，可假想将其拆去，只画出所要表达部分的视图。采用拆卸画法时，在该视图上方需注明“拆去××”等字样，如图 9-2 中的俯视图。

4. 夸大画法

在画装配图时，常遇到一些薄片零件、细丝弹簧、微小间隙等，若无法按实际尺寸或比例画出，可采用夸大画法，如图 9-4 转子油泵中垫片的画法。

5. 假想画法

为了表示与部件有装配关系但又不属于本部件的其他相邻零件，或为了表示运动零件的运动范围或极限位置时，可采用假想画法。运动件的运动极限位置或与本部件有关系的相邻零件均可用双点画线来表示。如图 9-5 用双点画线假想画出主轴箱，以表示交换齿轮架装在主轴箱上，图 9-6 用双点画线画出手柄运动的极限位置。

6. 展开画法

为了表示部件传动机构的传动路线及各轴间的装配关系，可按传动顺序沿轴线剖切（即复合剖），并将其展开摊平画出，这种画法称为展开画法。采用展开画法时，应在剖视图的上方注明“×—×展开”。图 9-5 所示的交换齿轮架装配图就是采用了展开画法。

三、简化画法

1）在装配图中，零件的工艺结构，如小圆角、倒角、退刀槽等允许省略不画。

2）在装配图中，螺栓头部和螺母可采用简化画法，如图 9-2 中件 5、件 6 的画法，在剖视图中，表示滚动轴承时，允许一半画剖视，另一半用简化画法，如图 9-3 所示。

3）在装配图中，对几组相同的螺纹连接件，在不影响理解的前提下，允许只画一组，其余用点画线表示其中心位置，如图 9-2 所示。又如锅炉、化工设备等装配图中，对密集的管子，可只画一处或几处，其余都可用点画线表示，如图 9-7 所示。

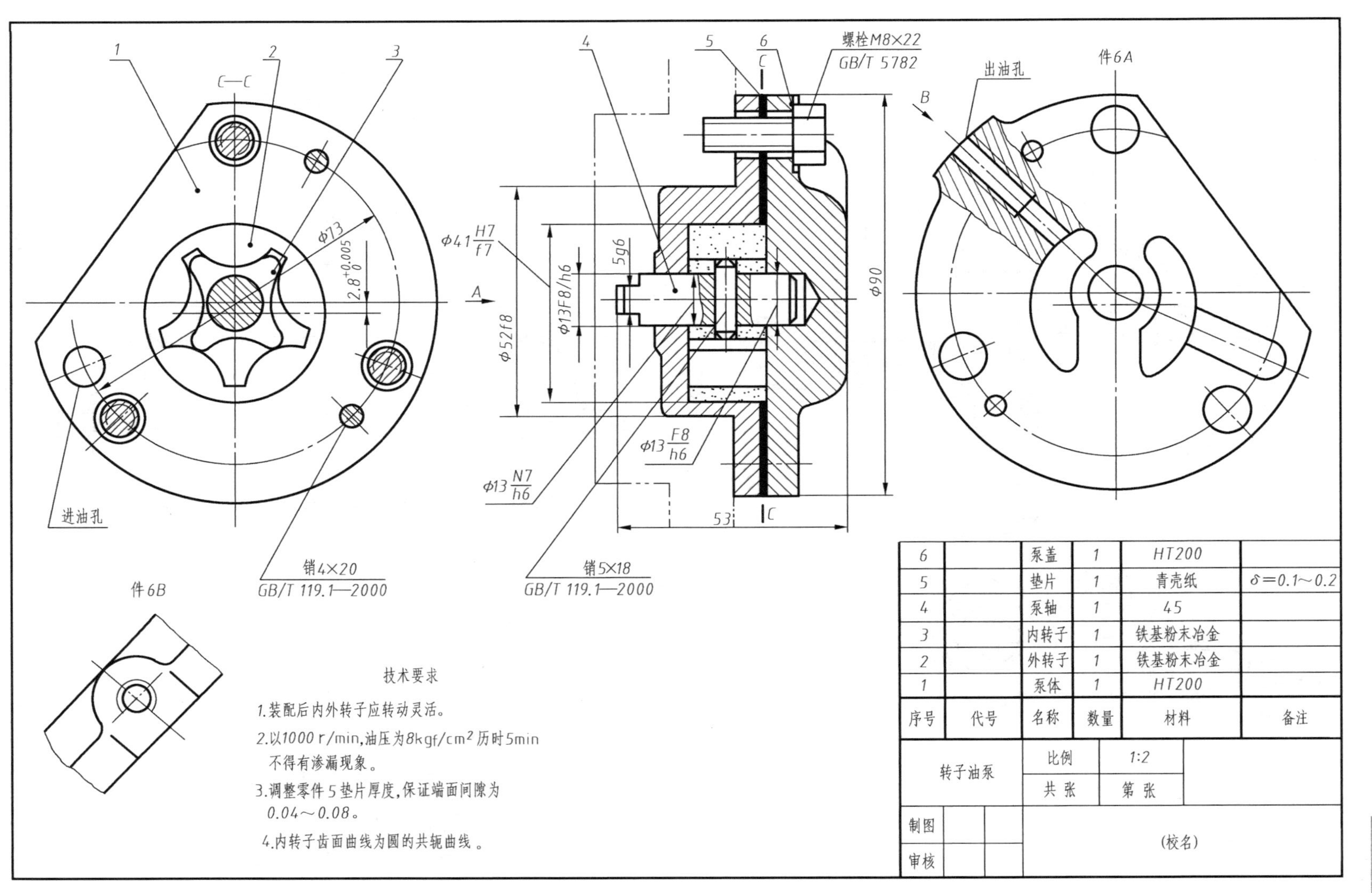
1
2
3
C—C
φ73
2.8+0.005 0
A
进油孔
销4×20
GB/T 119.1—2000
件6B
4
5
6
C
螺栓M8×22
GB/T 5782
φ41 H7/f7
5g6
φ13F8/h6
φ52f8
φ90
φ13 F8/h6
φ13 N7/h6
53
C
销5×18
GB/T 119.1—2000
出油孔
件6A
B
技术要求
1.装配后内外转子应转动灵活。
2.以1000 r/min,油压为8kgf/cm²历时5min
不得有渗漏现象。
3.调整零件5垫片厚度,保证端面间隙为
0.04～0.08。
4.内转子齿面曲线为圆的共轭曲线。
6 泵盖 1 HT200
5 垫片 1 青壳纸 δ=0.1～0.2
4 泵轴 1 45
3 内转子 1 铁基粉末冶金
2 外转子 1 铁基粉末冶金
1 泵体 1 HT200
序号 代号 名称 数量 材料 备注
转子油泵
比例 1:2
共 张 第 张
制图
审核
(校名)

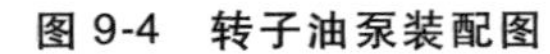
图 9-4 转子油泵装配图

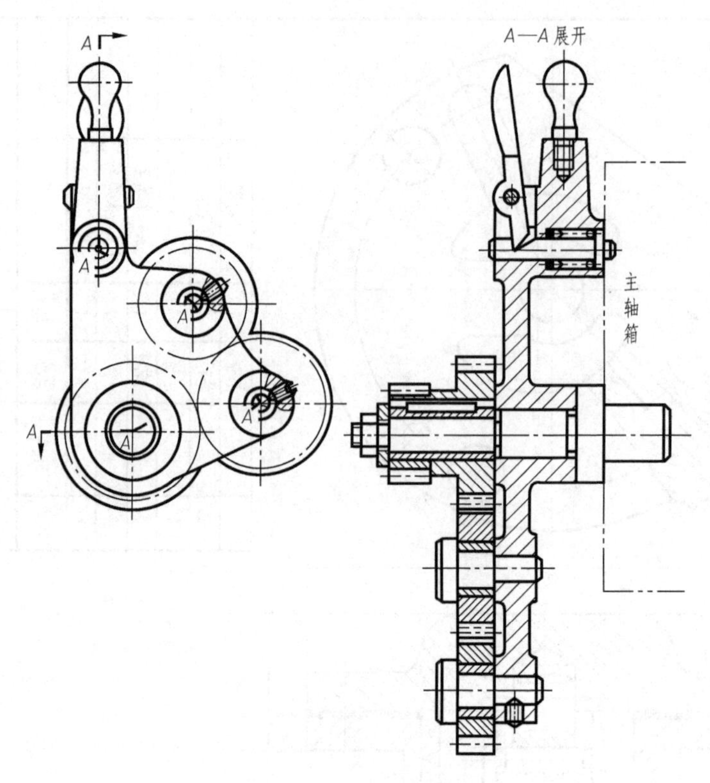

图 9-5 交换齿轮架装配图

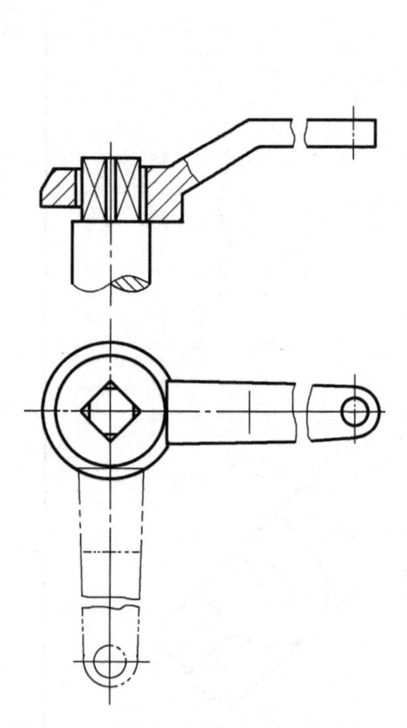

图 9-6 手柄运动极限位置假想画法

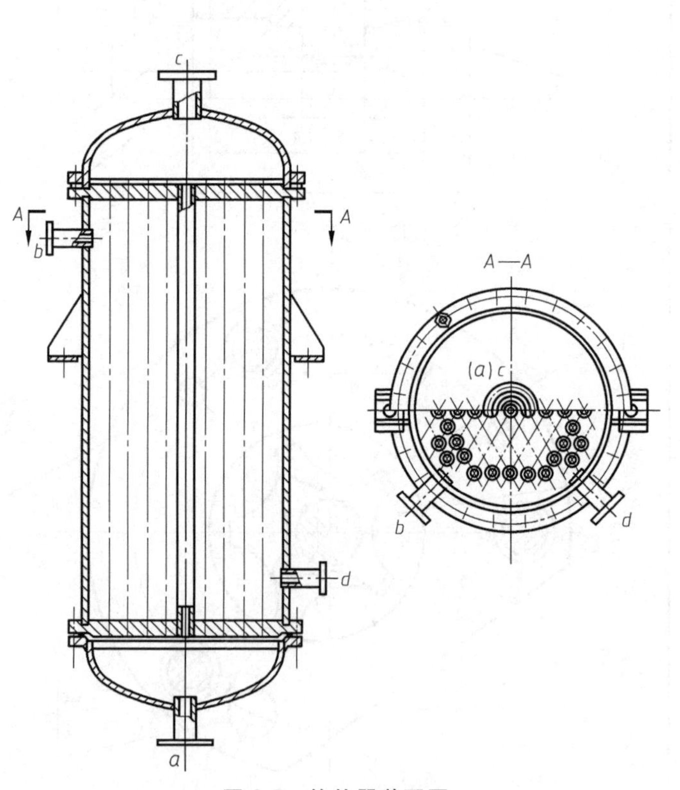

图 9-7 换热器装配图

第三节　装配图的尺寸注法

装配图主要用于产品的设计与装配，它不需要注出所有零件的全部尺寸，而只需注出一些必要的尺寸，这些尺寸按其作用不同，大致可以分为以下几种。

一、规格和性能尺寸

说明机器或部件的规格和性能的尺寸，在设计时就已确定，它是设计和选用产品时的主要依据，如图 9-2 中的 ϕ35 即为折角阀的规格尺寸。

二、装配尺寸

装配尺寸包括配合尺寸和相对位置尺寸。

（1）配合尺寸　凡两个相邻零件有配合要求的尺寸都应该用配合代号注出，如图 9-2 中的 ϕ50H9/h8、ϕ45H8/m7 等。

（2）相对位置尺寸　它是相关联的零件或部件之间较重要的相对位置尺寸，如图 9-2 中的 ϕ94、90 等。

三、外形尺寸

表示机器或部件的外形轮廓尺寸，即总长、总宽和总高等。如图 9-2 中的 ϕ120、290~310。

四、安装尺寸

表示机器或部件安装在地基上或与其他机器或部件相连接时所需要的尺寸，如图 9-2 中的 ϕ94。

五、其他重要尺寸

在设计时经过计算确定或选定的尺寸，运动零件的极限尺寸，以及为拆画零件图与相关零件协调的尺寸，如图 9-2 中矩形螺纹的 18×4、290~310 等。

上述五种尺寸在一张装配图上不一定同时存在，有时一个尺寸可兼有几种含义。在装配图上标注尺寸时，必须根据机器或部件的特点来确定。

第四节　装配图的零部件序号、明细栏和标题栏

装配图上所有的零、部件都必须编写序号或代号，并填写明细栏，目的是便于统计零件数量，进行生产的准备工作，同时看装配图时，可以根据序号查阅明细栏，以便了解零件的名称、材料和数量等，有助于看图和图样管理。

一、零、部件序号

1）装配图中所有零、部件均需编写序号，相同规格尺寸的零、部件应只编一个序号。

编号时，在零、部件可见轮廓线内画一小实心圆，用细实线引出到该视图最外端轮廓线的外面，终端画一横线或圆圈（采用细实线），序号填写在指引线的横线上或圆圈内，序号数字要比尺寸数字大一号，如图 9-8a、b 所示。在较大幅面的图样中，编号的字高可比其尺寸数字高度大两号。若零件很薄（或已涂黑）不便画圆点，可用箭头代替，如图 9-8a 中序号 5 所示。另外也可以不画水平线和圆，在指引线另一端附近注写序号，序号字高比尺寸数字高度大两号，如图 9-8a 中序号 4 所示。

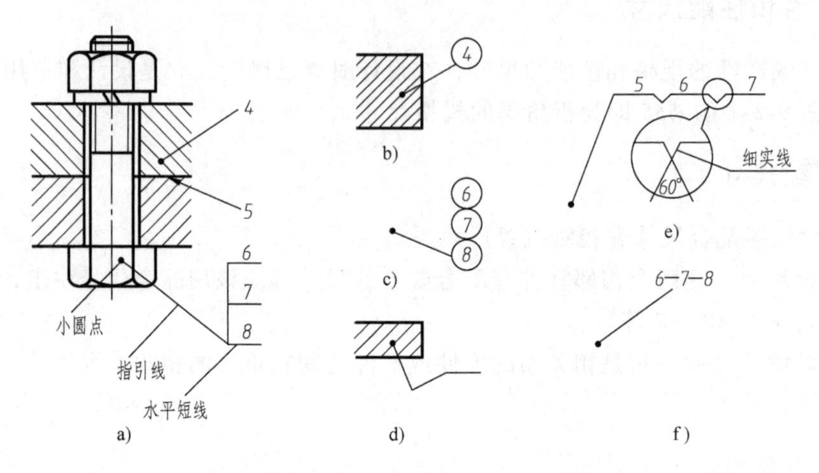

图 9-8　零件序号表示方法

2）指引线尽量分布均匀，不要彼此相交，也不要过长。当通过有剖面线的区域时，指引线不应与剖面线平行。指引线可以画成折线，但只能弯折一次，如图 9-8d 所示。对于一组紧固件（如螺栓、螺母、垫圈等）以及装配关系清楚的零件组，可以采用公共指引线，如图 9-8a、c、e、f 所示。

3）装配图中的编号，应按水平或垂直方向排列整齐，并且按顺时针或逆时针方向顺次排列，尽可能均匀分布，如图 9-2 所示。

4）装配图中的标准化零、部件（如滚动轴承、电动机等）看作一个整体，只编写一个序号，与一般零件一同填写在明细栏内。还可以将标准件的名称、规格、数量和国际代号直接注写在图上而不再编写在序号之内。

二、标题栏和明细栏

标题栏和明细栏的格式国家标准中虽然有统一规定，但一些企业根据产品也可以自行确定适合本企业的标题栏。在第一章中已有标题栏的图例格式。明细栏是说明图中各零件的名称、数量、材料等内容的清单，是制订生产计划、组织生产的重要资料，明细栏的格式如图 9-9 所示。

1）明细栏中所填写的序号应和图中所编零件的序号一致。序号在明细栏中应自下而上按顺序填写，如位置不够，可将明细栏紧接标题栏左侧画出，仍是自下而上按顺序填写。

2）对于标准件，在明细栏内还应注出规定标记及主要参数，并在备注中写明所依据的标准代号，如图 9-2 所示。

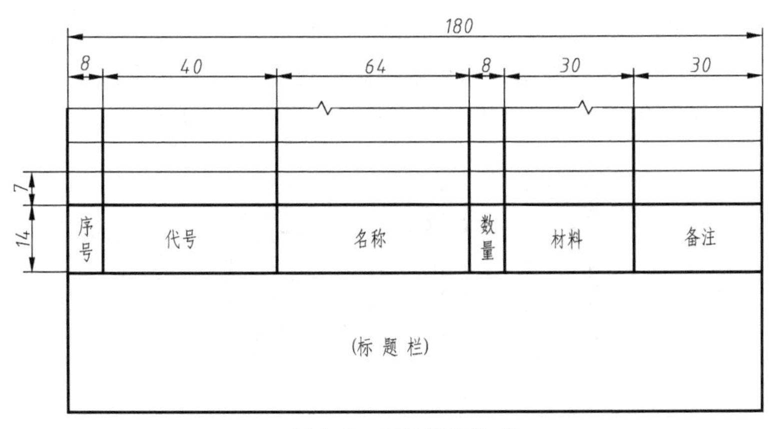

图 9-9 明细栏的格式

第五节 装配结构的合理性

在设计和绘制装配图的过程中，应考虑到装配结构的合理性，以保证机器和部件的性能，并便于零件的加工和装拆。确定合理的装配结构，需具有丰富的实践经验，下面介绍一些常见的装配结构供初学者参考：

1）当轴和孔配合，且轴肩与孔的端面需相互接触时，应在孔的接触端面上制成倒角或在轴肩根部切槽，以保证端面接触良好，如图 9-10 所示。

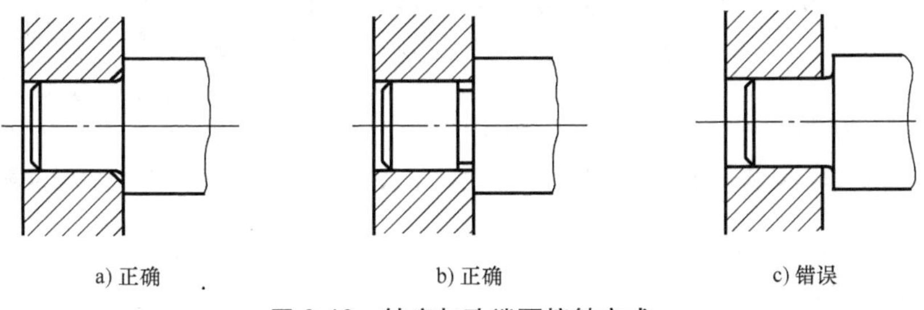

图 9-10 轴肩与孔端面接触方式

2）当两个零件接触时，在同一方向的接触面或配合面应只保障一组接触，这样既可满足装配要求，又可使制造方便。若多于一组，必然要提高工艺精度，增加成本，甚至无法做到，如图 9-11 所示。

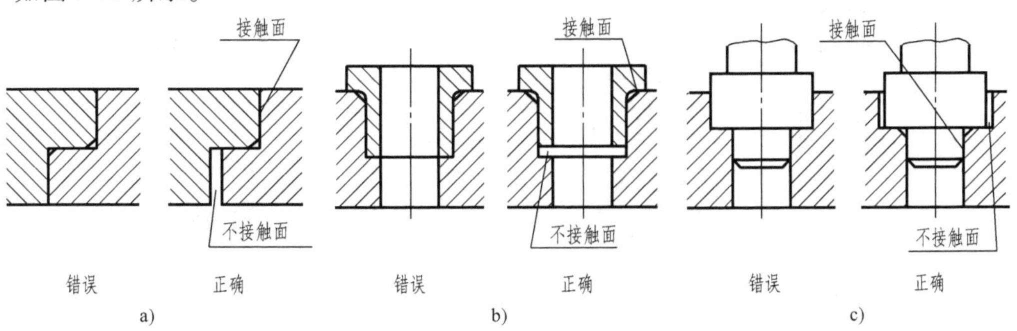

图 9-11 两零件接触时同一方向接触面或配合面方式

3）装配结构应考虑拆装和维修方便。如图 9-12 所示的滚动轴承装配结构，其箱体孔径和轴肩直径都应使滚动轴承拆装方便。如果采用螺栓连接，应考虑留有扳手的活动空间，如图 9-13a 所示，另外如图 9-13b 所示，安装间隙过小将无法进行装配。

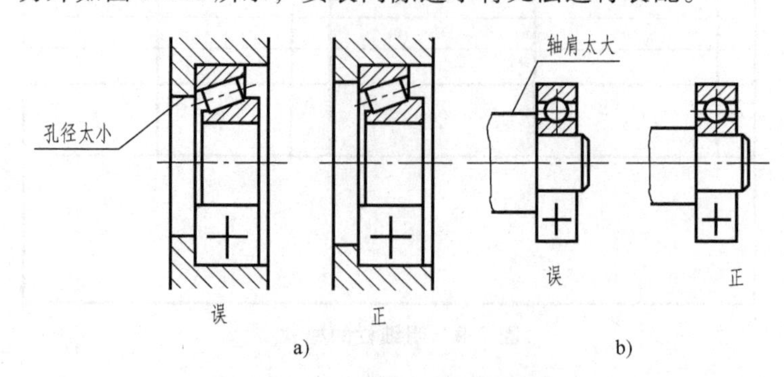

图 9-12　滚动轴承装配结构

4）为了保证两零件在拆装前后不致降低装配精度，通常用圆柱销或圆锥销将两零件定位，如图 9-14 所示。为了加工和拆装方便，在可能的条件下，最好将销孔做成通孔。

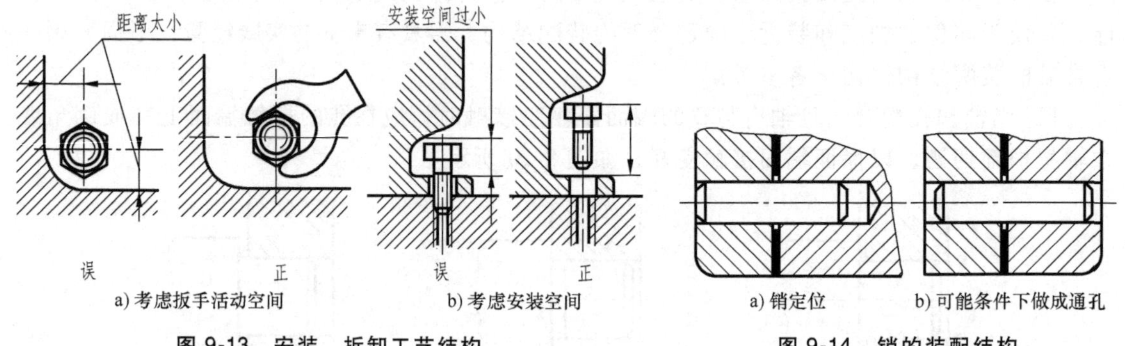

a) 考虑扳手活动空间　b) 考虑安装空间

图 9-13　安装、拆卸工艺结构

a) 销定位　b) 可能条件下做成通孔

图 9-14　销的装配结构

5）由于机器振动，有些紧固件常会逐渐松动。为了避免松动，经常采用各种防松锁紧装置，如图 9-15 所示。

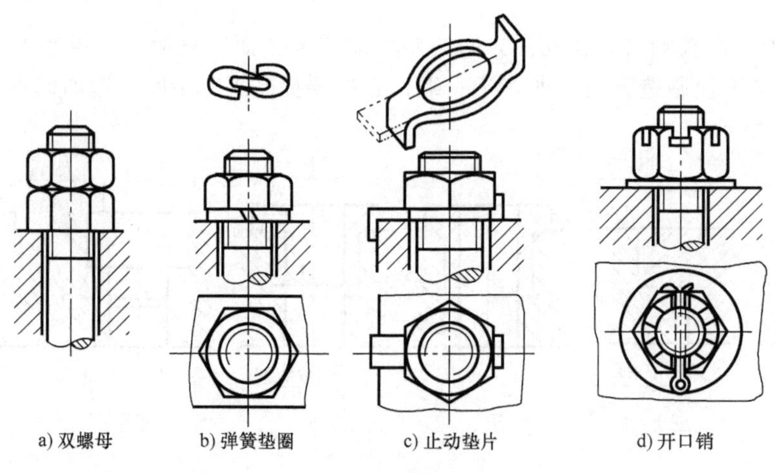

a) 双螺母　b) 弹簧垫圈　c) 止动垫片　d) 开口销

图 9-15　防松方法

6）为了防止机器内部的液体或气体向外渗漏并防止外面的灰尘等物质侵入机器内部，常使用密封装置，如图 9-16 所示。密封装置已标准化，可查阅有关设计手册。

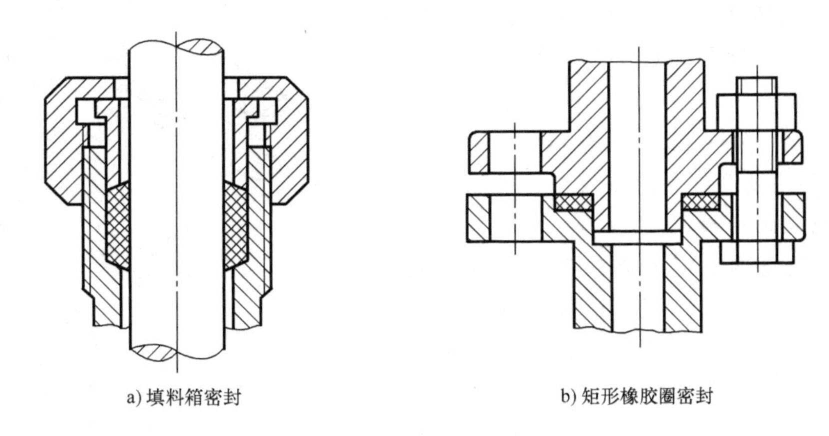

a) 填料箱密封　　b) 矩形橡胶圈密封

图 9-16　密封装置

第六节　画装配图的方法和步骤

设计、绘制机器或部件时都要画出装配图。设计时先画出装配图，再依据装配图拆画零件图。测绘时通常先画出零件草图，再依据装配关系画出装配图。画装配图的方法和步骤如下。

一、了解机器或部件的工作原理与装配关系

画装配图前，必须对所画机器或部件进行全面了解。设计时，通常根据对机器或部件的用途和性能要求等原始数据，参考有关资料，进行调查研究，确定结构设计方案。测绘时，通过现场观察，对机器或部件分解结合，测绘出所有零件的零件草图，必要时还应画出装配示意图，再根据零件草图和装配示意图画出装配图。

为保证顺利地进行部件测绘，拆卸部件时首先要有相应的工具和正确的方法，对不可拆连接或过盈配合的零件尽量不拆，以免损坏零件，保证部件原有的完整性、精确性和密封性。其次要周密制定拆卸顺序，把部件划分成几个组成部分，并用贴标签或写件号等方法对零件编号及分组放置，避免损坏、丢失、生锈和乱放，以便测绘后能重新装配。

图 9-17 所示为成型塑料薄膜挤出机的下吹十字机头部件的分解轴测图，图 9-18 所示为主要零件的零件图与装配示意图。将两者对照，可看出下吹十字机头由九种零件组成。当溶解的塑料进入膜体接头，经过分流梭逐步到达口模时，被挤成管状，再经模套输入的压缩空气吹制成管状薄膜。

二、确定表达方案

在对机器或部件全面了解的基础上，确定装配图的表达方案，其主要内容包括选择主视图及确定其他视图的数量和表达方法。

1. 选择主视图

一般按部件的工作位置放置，其投射方向能够表示机器（或部件）的工作原理、传动系统及零件间主要相对位置和装配关系。因此，选择主视图的原则是：

1）尽量符合部件的工作位置。

2）能表达主要装配干线或较多的装配关系。

2. 其他视图的选择

在选择主视图时，需要同时考虑到除主视图所表达部件装配干线外，还应选择哪些视图和剖视等表达方法，把其余的装配关系和主要零件的结构形状完全表达清楚。也就是说选择适当数量的视图和恰当的表达方法，来补充主视图中未能表达清楚的有关工作原理、装配关系和主要结构形状等内容。选择每个视图或每种表达方法，都应有明确的目的，整个表达方案应力求简练、清晰和正确。

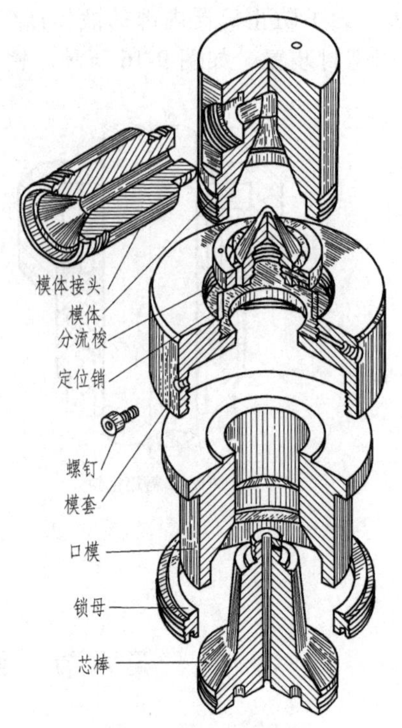

图 9-17　下吹十字机头部件的分解轴测图

成型塑料薄膜挤出机下吹十字机头部件的表达方案如图 9-19 所示。主视图按工作位置放置，为了清楚地表达零件间的装配关系及工作原理，主视图采用全剖视图。由于分流梭的压缩空气入口与安装定位销的销孔不在同一平面上，为表示分流梭的十字架结构，除采用 K 向和 $A—A$ 断面图单独表示分流梭某些结构外，还在主视图中对分流梭以 $B—B$ 剖切表示。

三、画装配图的步骤

根据下吹十字机头的零件图，拼画装配图，其步骤如下。

1）选比例、定图幅、画图框、标题栏和明细栏的外框。

2）布置视图，根据选定的视图方案，画出各视图的中心线和主要基准线，各视图的摆放位置尽可能符合投影关系，并留有足够标注尺寸、编写零件序号和注写技术要求的位置，如图 9-20a 所示。

3）画底稿，常见的画图顺序有两种：一种是沿主要装配干线先依次画出内部实心零件和其附近有装配关系的其他零件，然后画壳体或较大的零件；另一种是先画壳体或较大的零件，然后沿主要装配干线依次画出内部实心零件和其他零件。无论采用哪种顺序，画图时一般先画前面看得见的零件，被遮挡住的就不必画了，同时应注意相邻两零件表面的接触关系，如图 9-20b、c 所示。

4）校核加深，画完底稿后应标注尺寸、画剖面线、对零件进行编号，并对底稿逐项进行检查，擦去多余的作图线，按线型规定加深，如图 9-20d、图 9-19 所示。

5）填写明细栏、标题栏和技术要求。经校核后在标题栏内签名完成装配图。图 9-19 所示为下吹十字机头完成后的部件装配图。

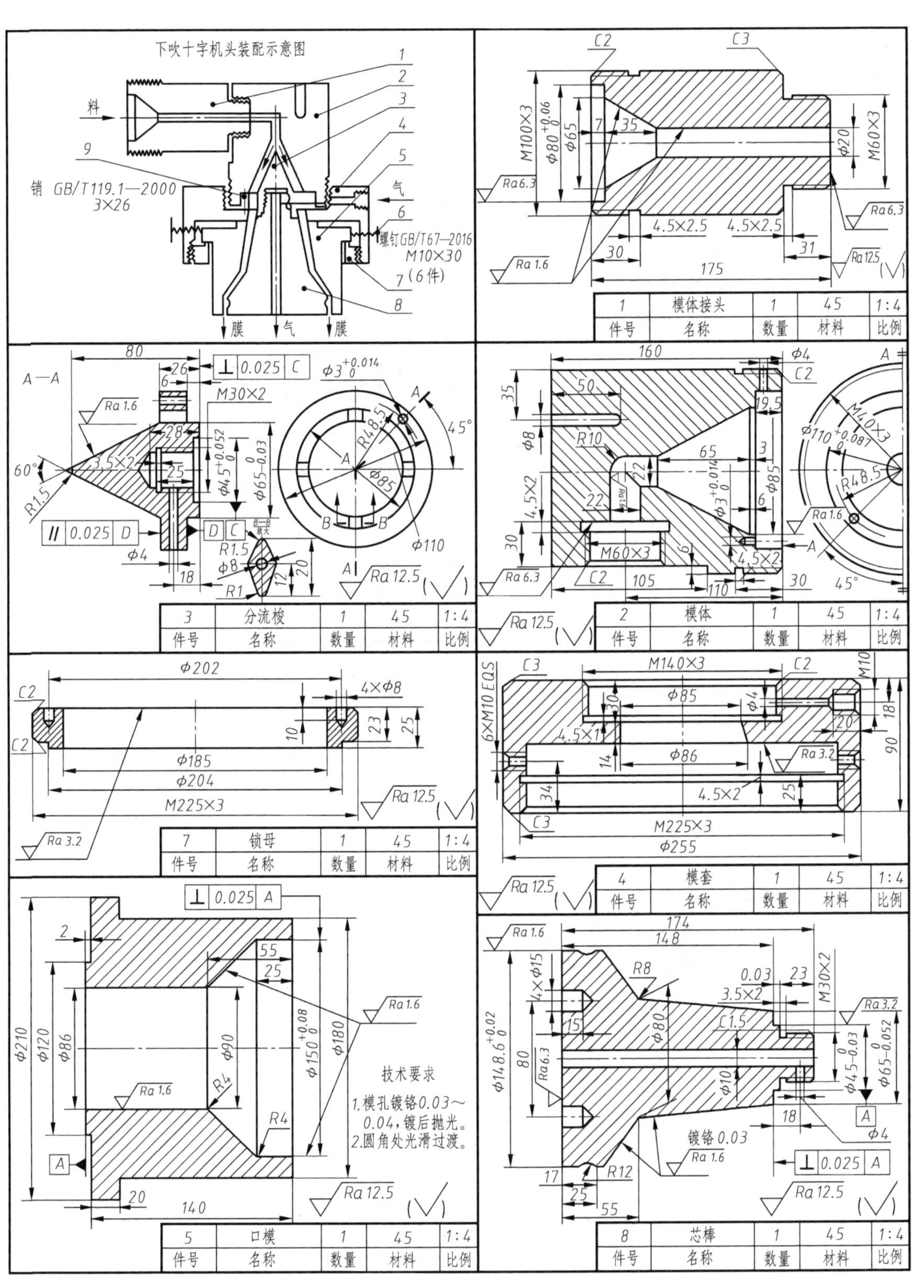

图 9-18　下吹十字机头主要零件的零件图与装配示意图

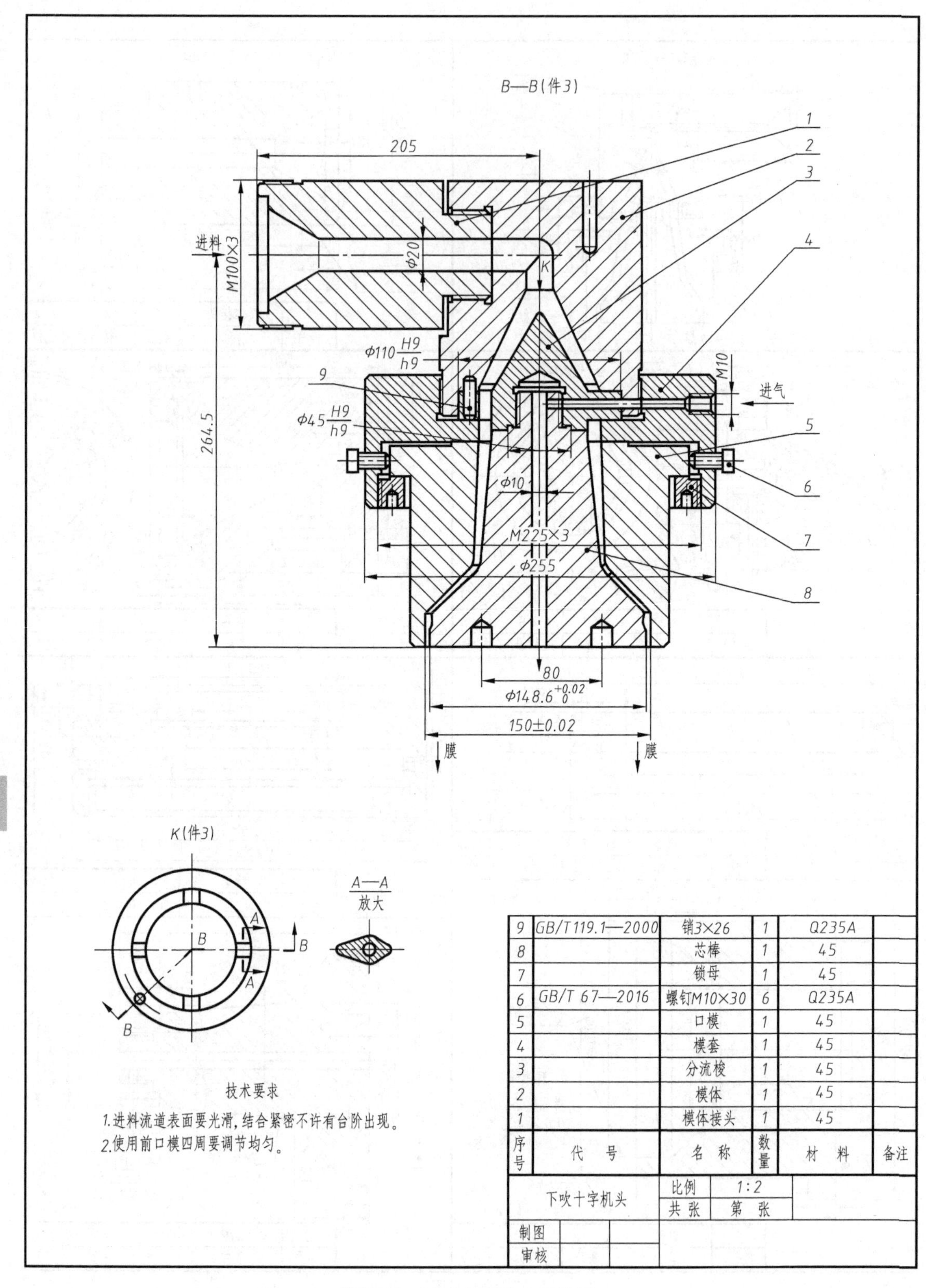

技术要求

1.进料流道表面要光滑,结合紧密不许有台阶出现。
2.使用前口模四周要调节均匀。

序号	代号	名称	数量	材料	备注
9	GB/T119.1—2000	销3×26	1	Q235A	
8		芯棒	1	45	
7		锁母	1	45	
6	GB/T 67—2016	螺钉M10×30	6	Q235A	
5		口模	1	45	
4		模套	1	45	
3		分流梭	1	45	
2		模体	1	45	
1		模体接头	1	45	

下吹十字机头	比例	1:2
	共 张	第 张
制图		
审核		

图 9-19 下吹十字机头装配图

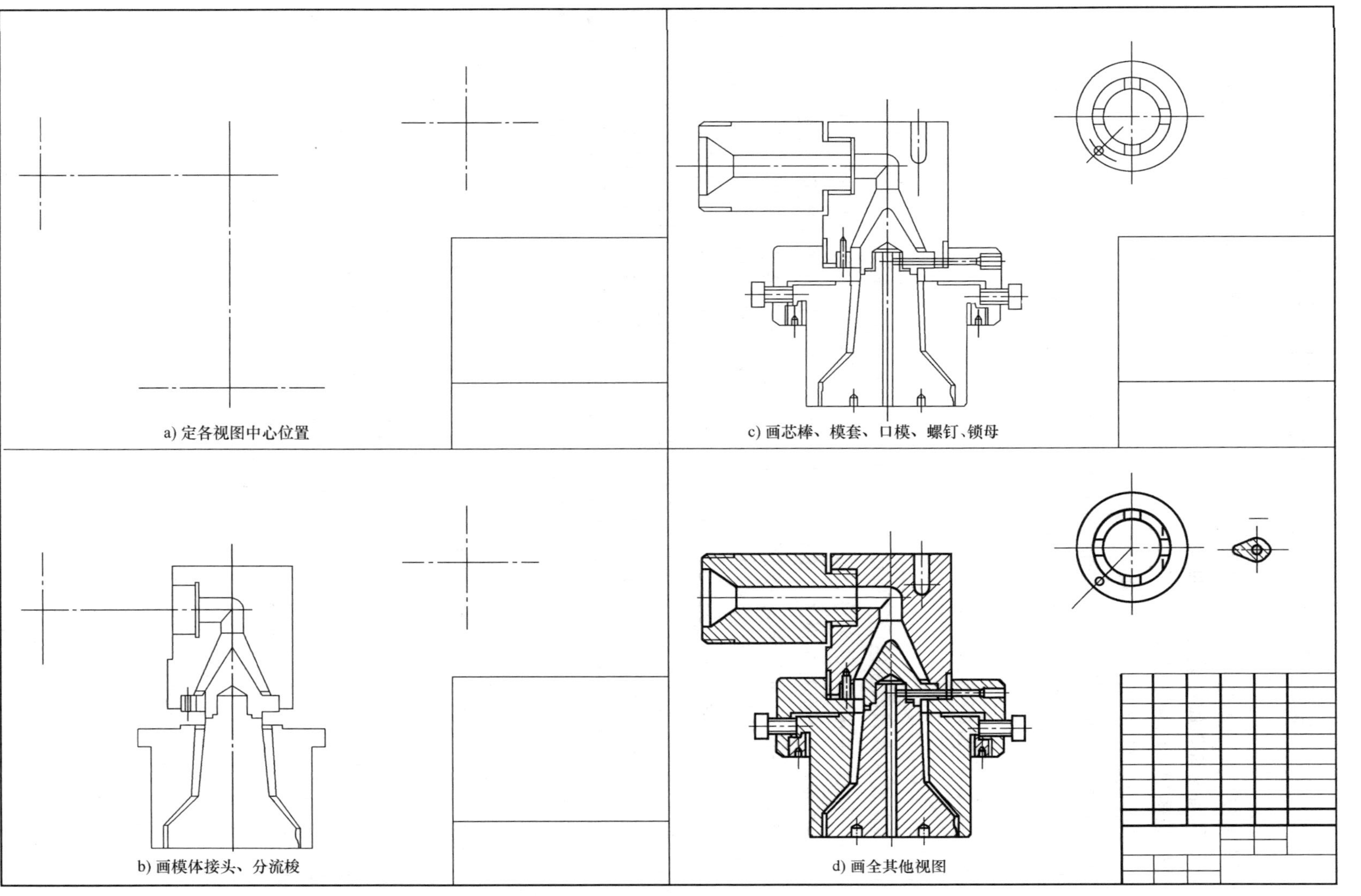

图 9-20 画下吹十字机头装配图的步骤

第七节　读装配图的方法和拆画零件图

在工业生产中，从机器的设计制造到使用维修，都经常需要阅读装配图。因此工程技术人员必须具备熟练地阅读装配图的能力。

读装配图的目的和要求是：

1）了解该部件的用途、性能和工作原理。

2）掌握各零件的作用、相对位置、结构形状及装配关系。

下面以图 9-21 所示的齿轮油泵装配图为例，说明怎样阅读装配图，以及怎样根据装配图拆画零件图。

一、读装配图的方法

1. 概括了解

1）从有关资料和标题栏中了解部件的名称、用途及工作情况。

2）从明细栏中各零件的名称、数量及其在装配图中的位置，初步了解各零件的作用。

3）分析视图，弄清楚各视图、剖视、断面等表达方法的投影关系及其表达意图。

如图 9-21 所示的齿轮油泵是机器中用以输送润滑油的一个部件。根据外形尺寸知道齿轮油泵的实际大小，进一步找到 24 种零件的名称、数量和它们在图中的位置。主视图采用全剖视图，重点表达该油泵齿轮的啮合和传动情况，以及各个零件间的装配关系；俯视图画出泵体外形，采用局部剖视图表达清楚泵体的调压结构，带轮在其他视图中已表达清楚，所以断掉不画；左视图采用沿泵盖结合面 *A—A* 位置剖切的全剖视图，其中采用局部剖视图反映进、出油孔的情况和泵体上的安装孔的机构；右视图沿带轮处画半剖视图，并把件 11 泵盖单独画一个 *B* 向视图表达。通过上述表达，清楚地反映了该齿轮油泵的工作原理、内部结构及外形。

2. 分析装配关系和工作原理

在概括了解的基础上，再进一步从主视图入手，沿着各装配干线，对照投影图，分析各零件间的配合性质、连接方法、相互关系和工作原理。

图 9-21 中主视图较完整地表达了零件间的装配关系：泵体 16 是齿轮油泵的主要零件之一，它的内腔正好容纳一对齿轮；泵盖 11 是支撑齿轮轴 10 和传动齿轮轴 12 旋转运动的构件；泵盖与泵体先由销 13 定位后，再由螺栓 7 连成整体；垫圈 6、填料 17、填料压盖 19 和压紧螺母 20 都是为了防止油泵漏油所采用的零件或密封装置。

从泵体的一对齿轮啮合传动中，可以了解其工作原理：如图 9-22 所示，当齿轮做啮合运动时，啮合区一边压力降低而产生局部真空，油池内油在大气压力的作用下，进入油泵低压区的进油口，随着齿轮的运动，齿槽中的油不断沿箭头方向被带至右边的出油口把油压出，送至机器中需要润滑的部位。

3. 分析零件

分析零件的主要目的是弄清楚组成部件的所有零件的类型、作用及其主要的结构形状，并为拆画零件图打下必要的基础。

分析零件的主要方法是将零件的有关视图从装配图中分离出来，再用读零件图的方法读

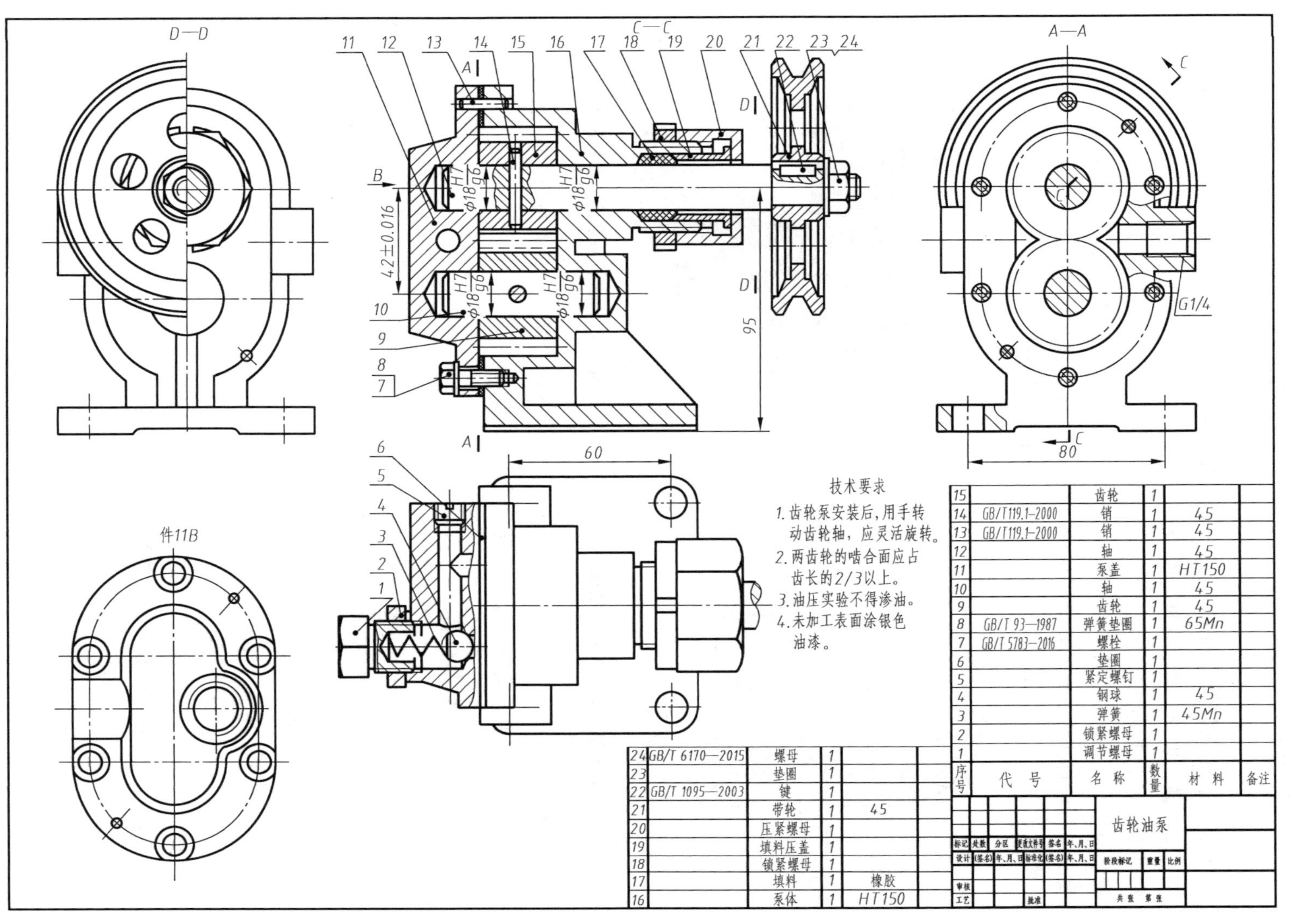

图 9-21　齿轮油泵装配图

懂零件的结构形状。具体步骤是：读零件的序号和明细栏，序号不同就一定不是一个零件；看剖面线的方向和间隔，相邻两零件剖面线的方向或间隔不同，按照各视图间的投影关系区分轮廓范围。

在读懂和分析零件结构的同时，还要了解各零件的尺寸关系，尤其对重要尺寸和配合尺寸，要重点读懂，以便了解零件间的配合性质等。

4. 综合归纳，想象整体

在读懂每个零件的结构形状及装配关系和了解了每条装配干线之后，还要对全部尺寸和技术要求进行分析研究。最后对装配体的运动情况、工作原理、装配关系和拆装顺序等综合归纳，想象出总体形状。图 9-23 所示为齿轮油泵的轴测装配图。

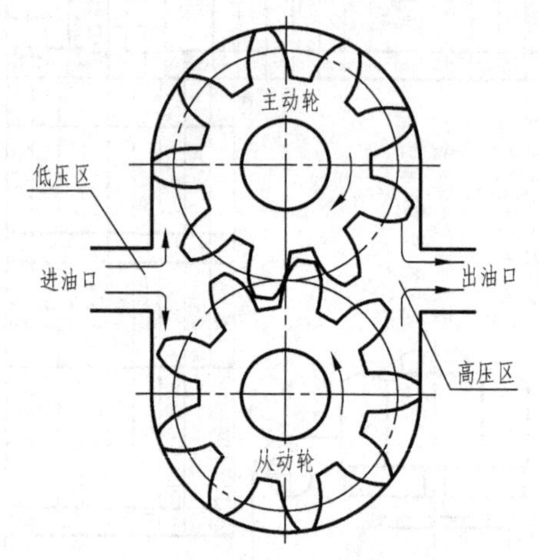

图 9-22　齿轮油泵工作原理示意图

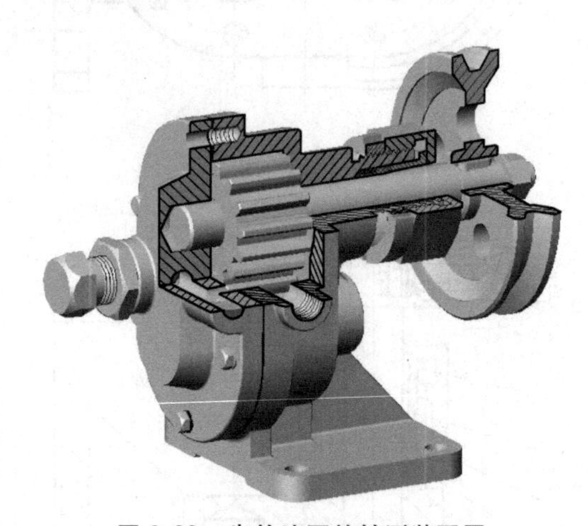

图 9-23　齿轮油泵的轴测装配图

上述步骤并非一成不变，而是重叠交错、互相渗透的。对于一张复杂的装配图，还要依靠完整的零件图和齐全的资料，经过反复分析才能读懂。

二、由装配图拆画零件图

根据装配图拆画零件图（简称拆图），是产品设计过程中的一项重要工作。拆图时首先要在看懂图的基础上，将零件的轮廓投影分离出来。分析出该零件的结构形状，再选择适当的表达方案，按照零件图的表达要求，画出零件图。

1. 拆图时应注意的问题

（1）零件的视图和结构处理

1）由于装配图的视图选择是从装配体的整体出发，并以表达装配关系为主来考虑的，所以不可能按每个零件的结构特征来选择主视图。因此在拆图时。各零件的主视图要根据零件的特征重新考虑。其视图数量也不能简单照抄装配图上的表达方式，而应以能完整、清晰地表达零件各部分的形状和相对位置为原则。如装配体中的轴套类零件，根据装配体的工作位置不同，在装配图中可能有各种位置。如图 9-2 中的阀杆零件的轴线垂直放置，但是在画阀杆的零件图时，通常以轴线水平放置为主视图的位置，以便符合其加工位置，方便看图。

2）由于装配图的局限性及其运用简化画法，在装配图上不可能把所有零件的结构形状都表达完整。因此拆图时，对未表达清楚的结构应根据零件的作用和工艺要求进行合理的补充设计。如图 9-24 所示的凸台结构，在装配图上可能只给出图 9-24a 所示的视图，画零件图时，可以根据使用要求设计成图 9-24b、c、d 等形状。

（2）零件的尺寸处理　零件图上的尺寸数值，应根据装配图及有关知识确定，其方法通常有：

1）抄注。在装配图上已标出的尺寸数，可直接抄录。配合尺寸，需查出偏差数值，注在相应的零件图上。注配合尺寸时，要注意互相协调，例如，配合尺寸的公称尺寸应相同，并注意其他有关系的尺寸，要互相对应，不致在零件装配或运动时，产生尺寸矛盾，或产生干扰、咬卡等现象。

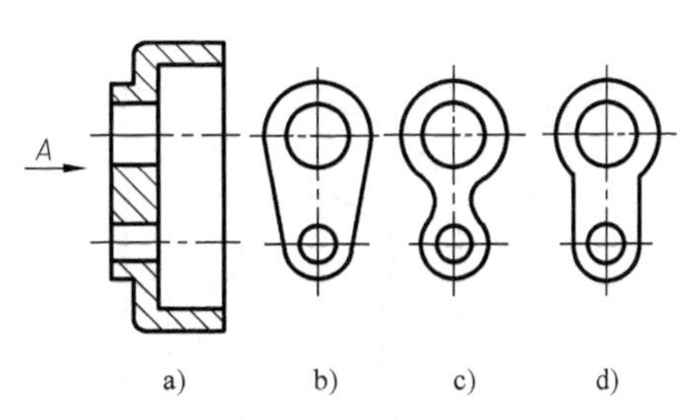

图 9-24　合理补充设计零件图

2）查阅。零件上某些已标准化和规格化的结构尺寸，如螺纹、键槽、倒角和退刀槽等尺寸，应从明细栏及有关的手册中查出标准数值，按标准数值标注。

3）计算。某些零件的结构尺寸数值，应根据装配图上所给定的尺寸，经过计算而定，如齿轮中齿轮部分的分度圆直径、齿顶圆直径等，是根据齿轮模数 m、齿轮齿数 z 计算而来的。

4）量取。零件上的一般结构尺寸，装配图上若没有直接标注，可按装配图的比例直接从图中量取。量不出的则可自行合理确定，数值可取整数或相近的标准数值。

（3）技术要求和材料的确定　对于零件图上的表面粗糙度、尺寸公差、几何公差、热处理条件、材料及其他技术要求可根据零件的作用、工作条件、加工方法、检验和装配要求等，查阅有关手册或参考图样资料来确定。应注意：零件图中的材料必须与装配图明细栏中的材料一致。

在拆图过程中，必须加强图样的校核，特别要把相关零件联系起来校核，以检查它们的有关结构形状和尺寸是否一致。

2. 拆画零件图的过程

现以拆画图 9-21 中泵盖 11 为例，说明拆画零件图的过程。

在读懂装配图的基础上，首先通过对线条、找投影和分辨剖面线等方法，分析泵盖在各视图中的投影轮廓，然后把它从装配图中分离出来。如图 9-25 是分离泵盖过程的两个视图。但装配图并没有完整地表达出泵盖的形状，尤其是装配图的左视图中，其螺钉孔、销孔、轴孔都被泵体挡住而不能完整地表达出来。因此这些缺少的结构形状，可以通过对装配体整体的理解和工作情况，进行补充表达和设计，补充表达后的泵盖零件图如图 9-26 所示。

三、读装配图及拆画零件图举例

读手压阀装配图，如图 9-27 所示。

1. 概括了解

从标题栏中了解部件的名称为手压阀，从序号与明细栏中可以看出该阀共由 13 种零件组成。装配图由两个基本视图和 A 向局部视图表示，主视图按工作位置采用了全剖视图表示手压阀的工作位置及主要的装配关系；左视图采用了局部剖视图表达支架与阀体、支架与

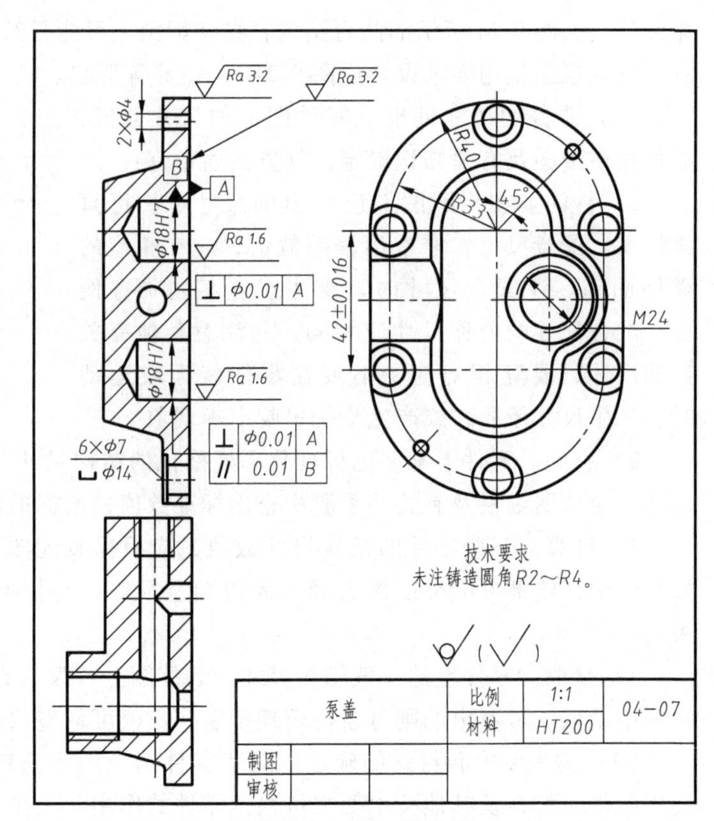

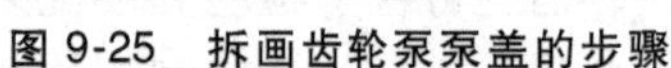

图 9-25　拆画齿轮泵泵盖的步骤　　图 9-26　泵盖零件图

把手的连接情况；A 向视图反映了螺钉的装配位置，把手采用了断裂图画法。

2. 分析装配关系

从装配图中可看出该部件共有两条装配线，从主视图可以看出以竖直的轴线为主要装配干线。阀体下部与底座用螺纹连接，中间装有支撑阀杆的弹簧，而阀杆与阀体通过锥面密合。阀体上部装有填料和压盖，由螺盖压紧。阀体左侧装有支架，与阀体间隙配合并由四个螺钉固定在阀体上。另一装配干线为左视图中的把手通过小轴连接在支架上，而小轴靠开口销固定。

3. 分析工作原理

在充分了解手压阀装配关系的基础上，可进一步分析其工作原理。手压阀是用手控制流体在管路中流动的一种部件。从装配图中可以看出，阀在自然状态是截断通路的，当把手下压阀杆时，阀杆与阀体密合面脱开，此时流体即可通过出口流出。而填料、压盖、螺盖是手压阀的密封装置，防止流体泄漏。

4. 分析零件与拆画零件图

手压阀的主要零件是阀体和支架，其余零件较简单或是标准件。利用零件序号和剖面线的方向与间隔，可把各零件的视图范围划分出来，再根据各视图的投影关系，想象出各零件的形状并了解它们的作用。

例如，手压阀装配图中的阀体零件，从明细栏中了解到序号 3 为阀体，由剖面线的方向和间隔可将阀体的大概轮廓分离出来。阀体下部有螺纹与底座连接；上部的里面与阀杆和压

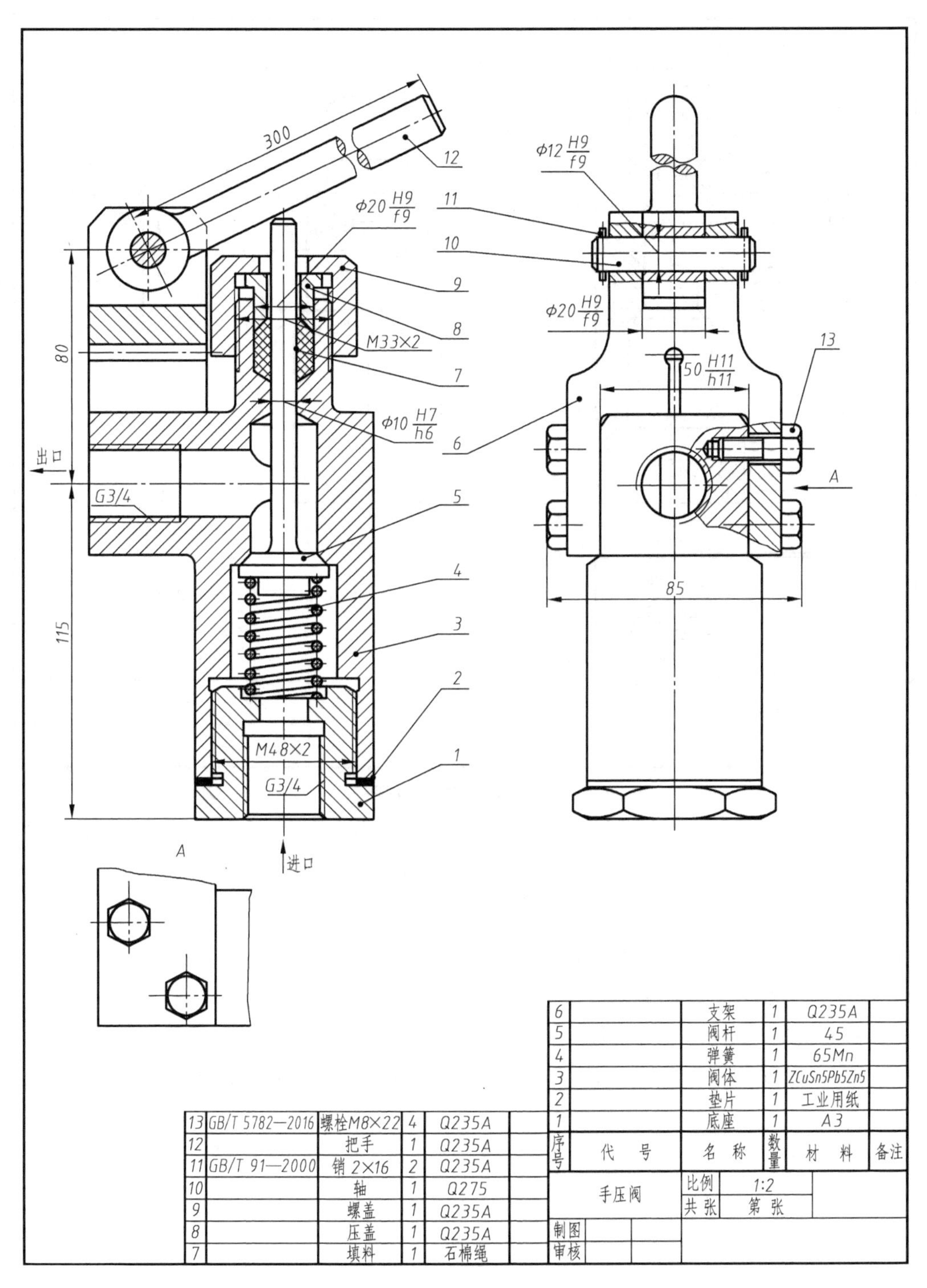

图 9-27　手压阀装配图

盖的配合分别为 ϕ10H7/h6 和 ϕ20H9/f9，上部的外面有细牙普通螺纹与螺盖相连；中间有夹角 90°的圆锥台与阀杆圆锥台密合。在读懂阀体零件的基础上将分离后的阀体零件补画出应当画的图线，再按零件图的表达方法，画出零件图，如图 9-28 所示。

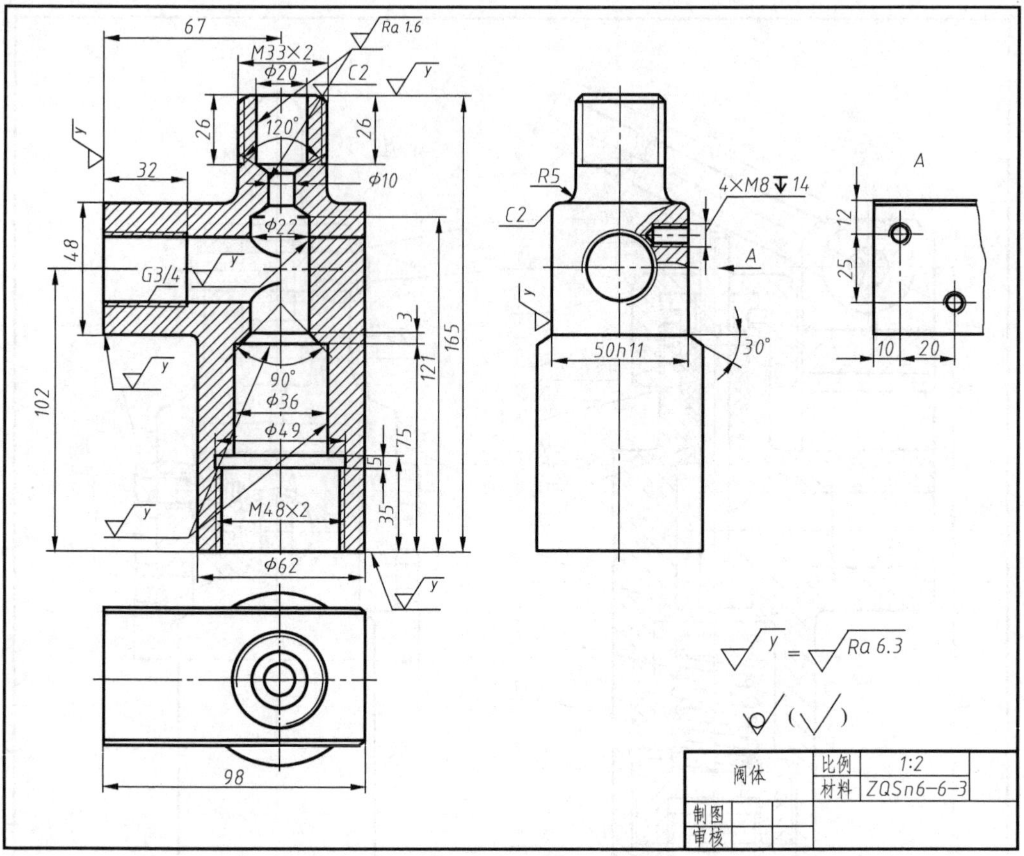

图 9-28　阀体零件图

复习思考题

1. 什么叫装配图？装配图包括哪些内容？
2. 装配图有哪些特殊的表达方法？
3. 在装配图中编注零、部件序号时应该注意什么？
4. 在设计和绘制装配图的过程中，为什么要考虑装配结构的合理性？

立体表面的展开

将物体表面按其真实形状和大小摊平在一个平面上称为物体的表面展开。由展开得到的图形称为展开图，如图 10-1 所示。

在工业生产中，经常会遇到用金属板材制成的零件——钣金件。制作这类零件时，必须先在金属板上画出展开图（又称放样），然后下料成形，最后经焊接等工序制成零件或设备。图 10-2 所示为工厂吸尘设备中的吸尘罩，它就是按上述方法制成的钣金件。

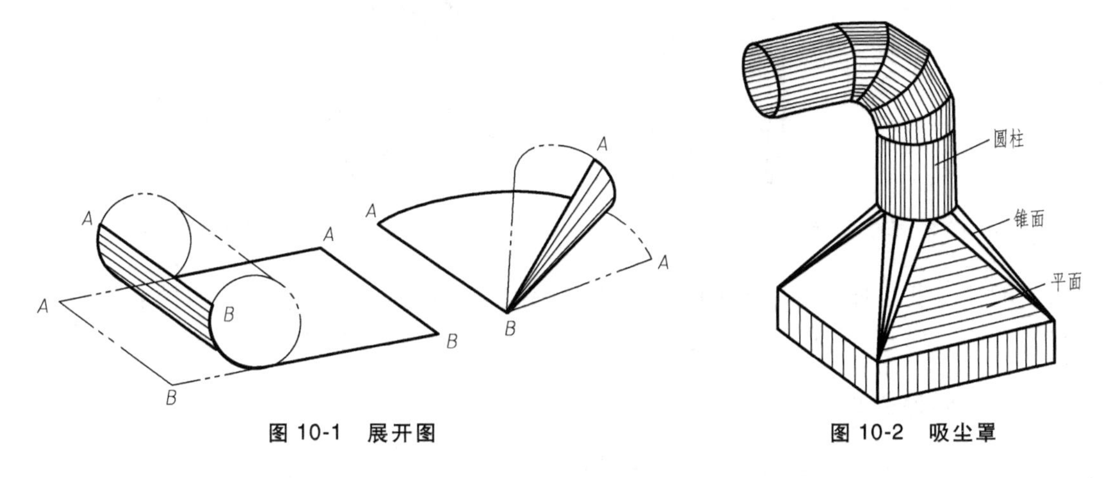

图 10-1　展开图　　图 10-2　吸尘罩

在生产中绘制表面展开图有两种方法：图解法和计算法。本章着重介绍图解法。

立体表面可分为可展与不可展两种。可展面包括平面立体和直纹曲面中相邻两素线相互平行或相交的单曲面，如柱面、锥面等。直纹曲面中的扭曲面和全部曲纹曲面都是不可展曲面，如正螺旋面、球面等。

第一节　平面立体表面的展开

平面立体的各个表面都是平面多边形，因此，画平面立体的展开图可归结为求多边形实形的问题，并将这些实形按顺序连续地画在一个平面上。

一、棱柱表面的展开

图 10-3 所示为斜口五棱柱管的两面投影图，右图为其展开图。由于五条棱线都与水平

面垂直，因此各棱线的正面投影均反映实长，据此可作出各棱面的实形。

作图过程：

1）将棱柱底边展开成一直线Ⅰ-Ⅰ，在其上分别量取ⅠⅡ=12，ⅡⅢ=23…ⅤⅠ=51。

2）通过点Ⅰ、Ⅱ、Ⅲ、Ⅳ、Ⅴ、Ⅰ分别作直线Ⅰ-Ⅰ的垂线，并依次量取Ⅰ$A=1'a'$，Ⅱ$B=2'b'$，Ⅲ$C=3'c'$…Ⅰ$A=1'a'$，得到 A、B、C、D、E、A 各点。

3）顺次连接这些端点，即得到斜口五棱柱管的展开图。

图 10-4 所示的斜三棱柱管，其展开只需用正垂面 P_V 将它截割为上下两个直棱柱。这样，展开图的画法就和斜口五棱柱管的展开图相同。这种方法称为正截面法，其作图步骤如下：

1）用换面法求出正截面ⅠⅡⅢ的实形 123。

2）将正截面的各边实长展成一直线Ⅰ-Ⅰ，并在线上确定Ⅱ、Ⅲ点。

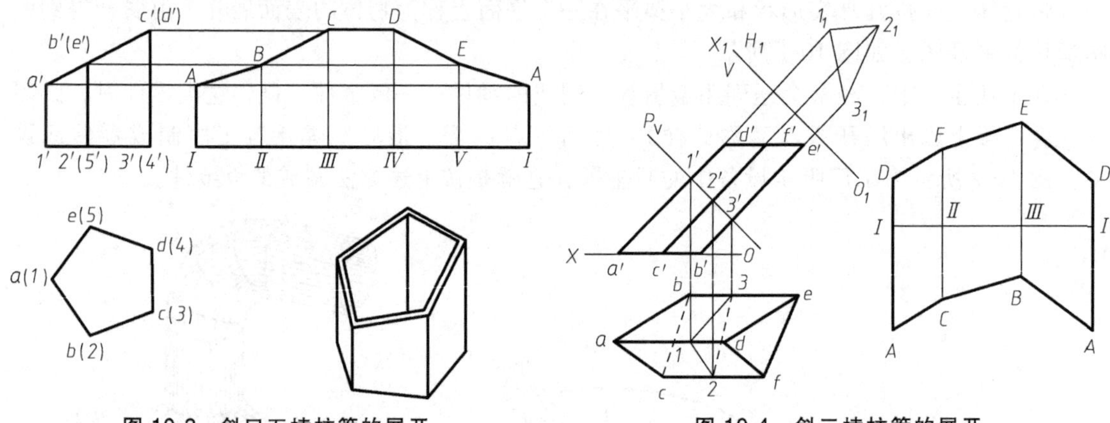

图 10-3　斜口五棱柱管的展开　　　图 10-4　斜三棱柱管的展开

3）过Ⅰ、Ⅱ、Ⅲ、Ⅰ各点作直线Ⅰ-Ⅰ的垂线，并在其上量取相应棱线的实长，得到 A、B、C、D、E、F 各点。依次连接各点即得到斜三棱柱管的展开图。

二、矩形接头的展开

图 10-5 所示为矩形接头的两面投影图，这个接头的上口为正方形，下口为矩形。上、下口的中心不在一条铅垂线上，这个矩形接头由四块梯形板焊接而成，其中前后两块为全等的不等腰梯形，而左右两块为不相等的两等腰梯形。

作图时，可将前后及左右的梯形，用对角线划分成两个三角形，并用直角三角形法（或绕垂直轴旋转法）求出在两面投影中不反映实长的边长。然后在图上根据实长依次画出各三角形的实形，即得到所求的展开图。左边的等腰梯形可根据正投影图直接作出其展开图。

作图过程：

1）作线段 $GD=gd$，画其中垂线ⅠⅡ，并量取ⅠⅡ$=a'b'$。

2）过点Ⅱ作线段 $HA//GD$ 并量取 HⅡ = Ⅱ$A=ha/2$，从而得左侧面等腰梯形的实形。

3）以 AD 为一边，以 $AB=ab$、$BD=B_1D_1$ 为另外两边作 $\triangle ABD$，再以 BD 为一边，以 $BC=B_1C_1$，$CD=cd$ 为另外两边作 $\triangle BCD$，从而得到梯形 $ABCD$ 的实形。

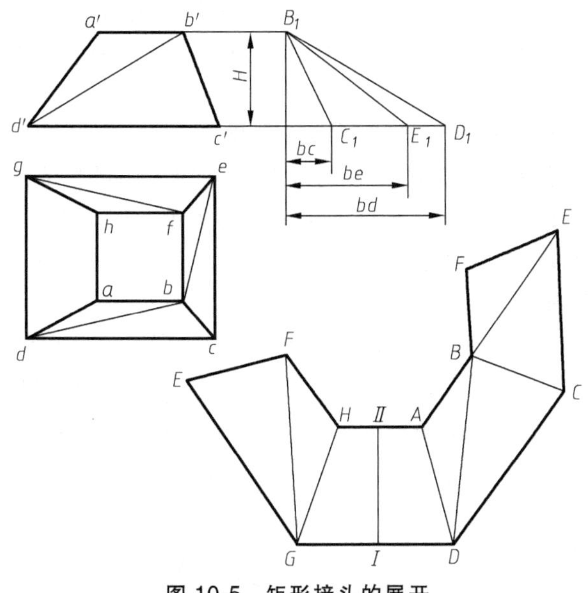

图 10-5　矩形接头的展开

4）同法可作梯形 $HGEF$、$BCEF$ 的实形，从而得到矩形接头的展开图。

第二节　可展曲面的展开

柱面和锥面都是常见的可展曲面。作这些曲面的展开图时，可以把相邻的两素线间很小的一部分曲面看成平面进行展开，于是柱面和锥面的展开方法就与棱柱、棱锥的展开方法相同了。

一、圆柱面的展开

1. 斜口圆管的展开

如图 10-1 所示，平口圆管的表面是正圆柱面，其展开后一定为一个矩形，矩形的长等于底圆周长 πD，宽等于正圆柱的高。

图 10-6 所示为斜口圆管，其展开图的作图方法与平口圆管基本相同，只是斜口部分展开成曲线。

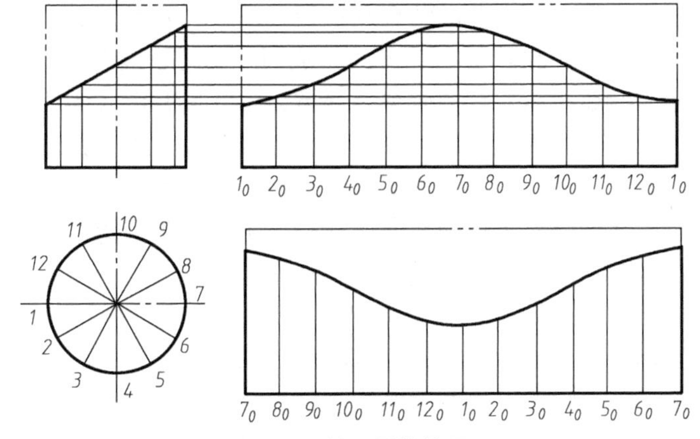

图 10-6　斜口圆管的展开

作图过程：

1）作出正圆柱的两面投影，在水平投影图上，将底圆分为若干等份，例如 12 等份，并过各等分点在正面投影图中画出圆柱的各素线。

2）将底圆展开成直线 1_0-1_0，

使其长度等于圆周长 πD，并将它分为 12 等份，其间距等于底圆上相邻两点间的弧长。

3）在 1_0-1_0 线上，自各分点引垂线即为圆柱展开后各点素线的位置，并在其上量取各素线在正投影图中的实长。

4）把各端点圆滑地连接起来，即得所求的展开图。

图 10-6 中的下图，也是该斜口圆柱管的展开图，与上图的区别在于画展开图时起点不同，因而展开后接缝位置不同。在钣金件加工中，为了节约时间并考虑到焊接或铆钉，通常是将接缝设计在最短的素线或棱线上。

2. 等径直角弯管的展开

图 10-7a 所示为工程上广泛使用的各种通风管道中的等径直角弯管，它用来连接两根垂直相交的等径圆管，如图 10-2 所示的应用。该弯管由两对形状相同的管子组成。展开时只需展开其中的两节，每一节都是斜截的正圆柱。Ⅰ、Ⅱ两节用正截面法，以垂直于圆柱轴线的正截面圆的展开线为基准，上、下量取各节圆柱各素线长度，连接即得其展开图，如图 10-7b 所示。

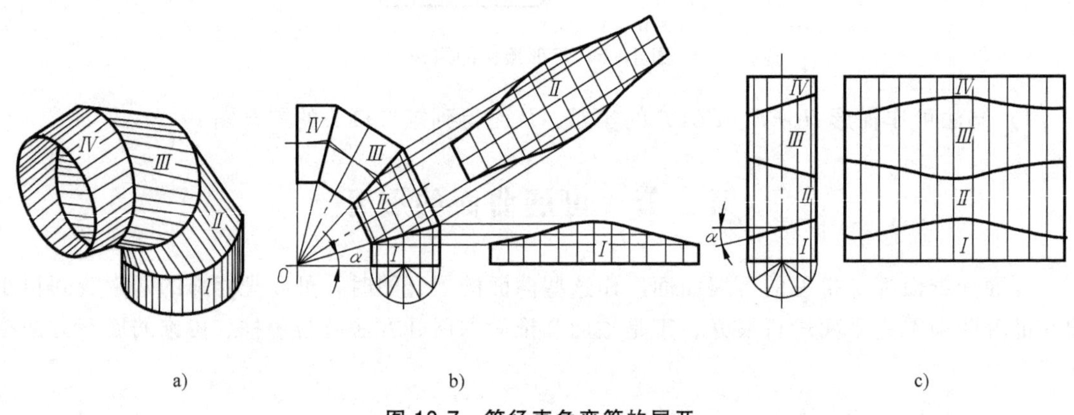

图 10-7 等径直角弯管的展开

从图 10-7 中可以看出，该直角弯管中间两段为全节，其余两段为半节，每个全节可以看作是由两个半节组成的。因此，四节等径直角弯管共有六个半节，每个半节所对的角度为 $\alpha=90°/6=15°$。如果弯管进出口之间的夹角为 θ（夹角可为直角、钝角或锐角），由 n 节组成，则有（$n-1$）个全节，2（$n-1$）个半节，每半节所对的角度 $\alpha=\theta/[2(n-1)]$。

由于管Ⅰ和管Ⅱ的结合线在展开图中的形状相同，为了下料方便，接口准确，可将Ⅱ、Ⅳ管绕其轴线旋转 180°，各段拼成同一圆柱，展开在同一矩形内，如图 10-7c 所示。实际生产中，只要按照斜口圆管展开半节，将其展开图作为样板在钢板上划线下料，就可充分利用材料。也可将现成的圆柱管截割成所需节数，再焊接成所需弯管。

在管道设计中一般都不采用圆环管作为连接两个等径圆管的过渡接头，而是用很多段圆柱管组成的弯头近似地代替圆环管接头。这是因为圆环面为不可展曲面，只能用若干个外切于环的斜截圆柱面近似地代替圆环面。

3. 异径三通管的展开

图 10-8 所示为一异径三通管，它是由不同直径的圆管垂直相交而成的。根据异径三通管的主、左视图作展开图时，必须先求相贯线，然后分别作出大、小圆管的展开图。

为求相贯线，在正面、侧面投影图上方各作半圆并等分（相当于作直立小圆管的水平

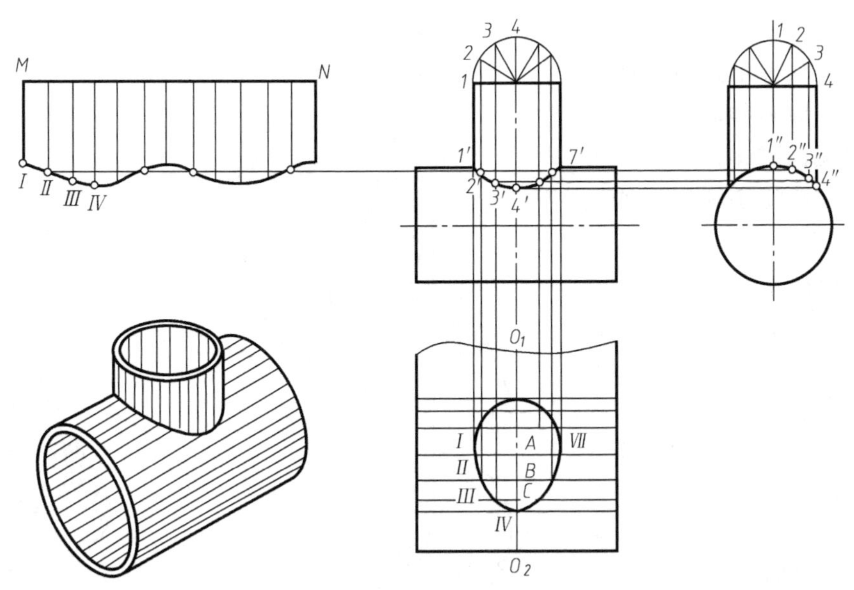

图 10-8 异径三通管的展开

投影)，然后求出相贯线。

直立小圆管展开图的画法：

先画出小圆管上端面圆周的展开线 MN，并分成若干等份（与求相贯线相符，分成 12 等份)，再从各等分点作垂线，在各垂线上分别量取对应素线的长度，则得 Ⅰ、Ⅱ、Ⅲ 等点，然后光滑地连接这些点，即得直立小圆管的展开图。

水平大圆管展开图的画法：

先画出大圆管的展开图，然后再画出相贯线的展开图。在画相贯线的展开图时，可先作出对称轴线 O_1-O_2 及相贯线对称线 Ⅰ-Ⅶ，在 O_1-O_2 上取 A、B、C…各点，使 $AB=\frown 1''2''$、$BC=\frown 2''3''$、CⅣ$=\frown 3''4''$，并向对称方向作延长线。然后过 A、B、C 等点作水平素线，并相应地从正面投影 1′、2′、3′、4′各点引铅垂线与这些素线相交，依次得 Ⅰ、Ⅱ、Ⅲ、Ⅳ 等点，连接这些点就得到相贯线的展开图。

在实际生产中，常将小圆管放样，弯成圆管后，放在大圆管上划线开口，最后把两圆管焊接起来。

二、圆锥面的展开

正圆锥面的展开图是一扇形，扇形的半径等于圆锥面的素线的长度 L，扇形的圆心角为

$$\alpha=(D/L)\times180^{\circ}$$

式中，D 为圆锥底圆直径。正圆锥面的展开图如图 10-9 所示。

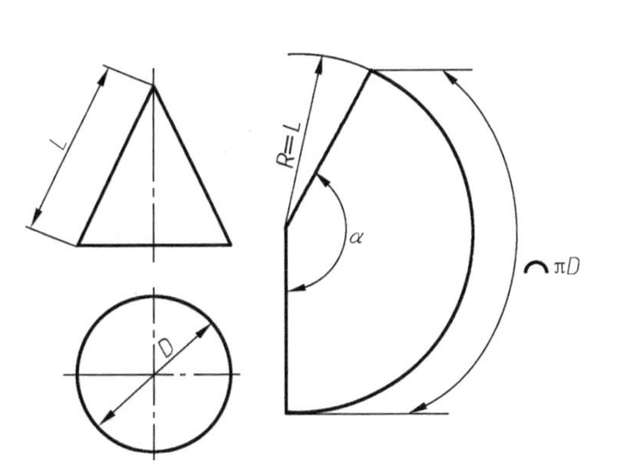

图 10-9 正圆锥面的展开

图 10-10 所示为斜口圆锥管，可以把它看作是由正圆锥斜切去一部分得到的。其展开可先按正圆锥展开成扇形，然后利用锥面上的素线在扇形上定出斜截后截交线上的点，除去被截

部分即可。

作图时，也可用近似作图法画其展开图，即圆锥面可看作是棱锥的棱数无限增多的结果，展开方法是以内接正多棱锥近似地代替圆锥面。

作图过程：

1）展开正圆锥面的表面。以锥顶 s' 为圆心，以圆锥素线的实长 L 为半径作一圆弧，然后在水平投影上分锥底圆周为 12 等份，并以每份弦长代替弧长，在所画圆弧上截取 12 等份，得一扇形，即为正圆锥的展开图。

2）作截交线的展开图。正圆锥被正垂面斜截后，各素线被截去部分的实长，可用旋转法求

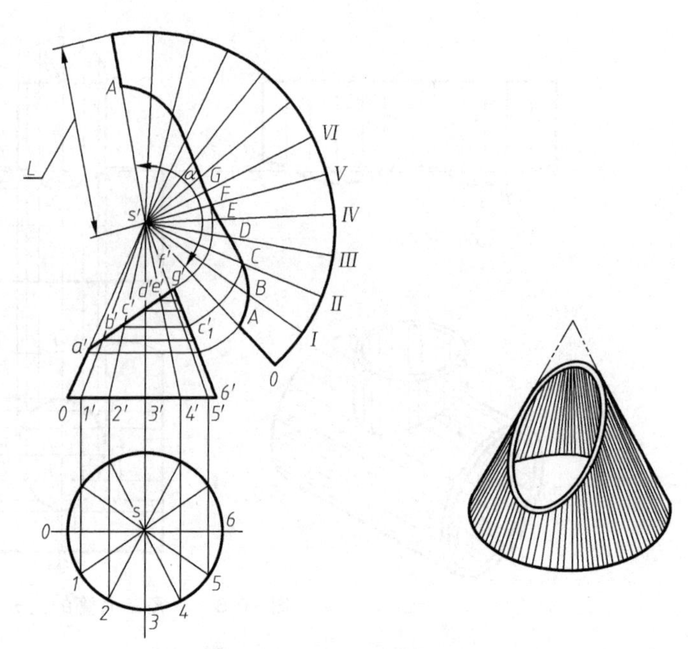

图 10-10 斜口圆锥管的展开

得。例如求素线 s'Ⅱ上 $s'C$ 的实长，可从 c' 作水平线与 $s'6'$ 相交得 c'，$s'c'_1$ 即为 $s'C$ 的实长，然后在展开图中 s'Ⅱ的素线上截取 $s'C$ 等于 $s'c'_1$ 得 C 点，用同样的方法在各条素线上求出 A、B、D…A 各点，圆滑连接这些点，即得截交线的展开图。

三、变形接头的展开

图 10-11 所示为一个“天圆地方”的变形接头。它的上端面是圆形，用以连接圆管，下端面是正方形（也可以是矩形），用以连接方形管。因为两端面的形状不一样，所以称为变形接头。

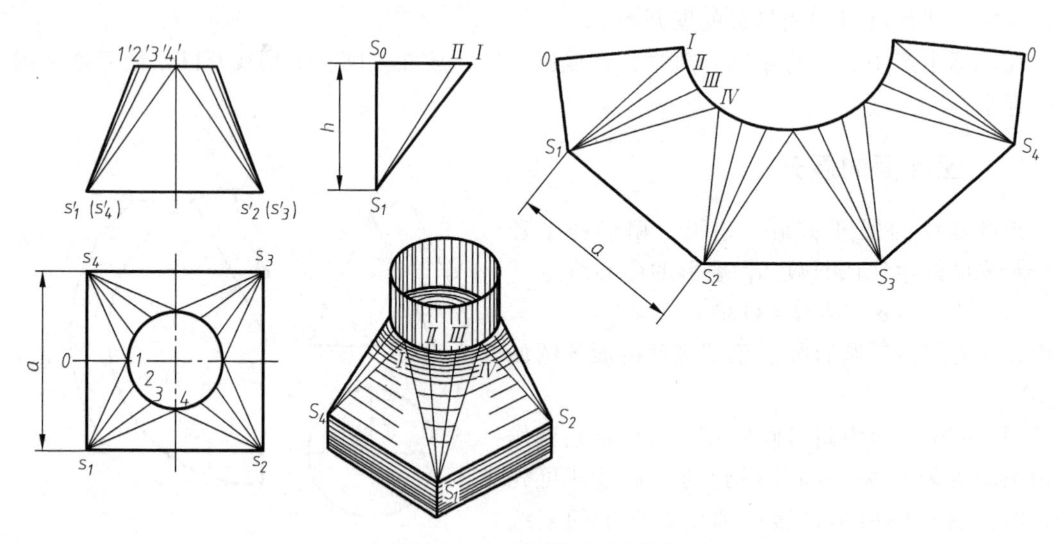

图 10-11 变形接头的展开

画变形接头的展开图时，首先应对它进行形体分析。它是由四个相同的等腰三角形和四个相同的局部斜锥面组成的，三角形平面与相邻斜锥面的分界线 S_1 Ⅰ、S_1Ⅳ实质上就是三角形平面与相邻两锥面的切线。对于等腰三角形来说，方头的一边为三角形的底边，顶点Ⅰ、Ⅳ就是三角形与顶圆的切点。

作图过程：

1）将 1/4 圆弧ⅠⅣ分为若干等份，例如三等份，得分点Ⅱ、Ⅲ，把Ⅰ、Ⅱ、Ⅲ、Ⅳ各点与方形的顶点 S_1 相连，这样就把锥面 S_1ⅠⅣ分为三个小三角形。

2）由于 S_1Ⅰ=S_1Ⅳ，S_1Ⅱ=S_1Ⅲ，可利用直角三角形法或旋转法求出 S_1Ⅰ、S_1Ⅱ的实长。

3）画出一个等腰三角形的实形，其中底边长为 a，两腰长为 S_1Ⅰ，$\triangle S_1$ⅣS_2 即为一个等腰三角形的实形。

4）以 S_1 为圆心，S_1Ⅱ为半径作弧，再以Ⅳ为圆心，以 34 之间的弦长为半径作弧，两弧相交得Ⅲ点，同法可得点Ⅱ、Ⅰ，于是求得锥面 S_1ⅣⅠ的展开图。

5）用相同的方法依次展开其余各部分，即得整个变形接头的展开图。接缝线要开在等腰三角形底边中线处。

第三节　不可展曲面的近似展开

球面、正螺旋面等曲面不可能按其实际形状和大小不变形地依次摊成平面，理论上是不可展曲面。但是由于生产需要，也常常要画出它们的展开图，这时只能采取近似方法作图。

近似展开法的实质是把不可展曲面分为若干较小的部分，将每一小部分表面看成是可展的平面、柱面或锥面来进行展开。

一、球面的近似展开

近似地展开球面的方法很多，这里只介绍其中的一种方法——近似变形法。

图 10-12 所示为用近似变形法画出的半球形贮罐封头的展开图。

作图时将半球面分解成为一块顶板和八块侧板，再分别作出一块顶板和一块侧板的展开图即可。

作图过程：

1）用一水平面将球顶截开，使所得截交线圆的直径等于球上大圆周的半径，即 $r=D/4$，然后将球腰带部分分成八等份，作出各块之间结合线的两面投影。

2）作顶板的近似展开图，考虑到用钢板制造球形容器时，一般要将下料得到的钢板加热压弯，使钢板产生塑性变形，然后再焊接，则顶板的展开图是一个圆形，其直径 $d\approx 2r$。

3）侧板的近似展开

① 在正面投影图上将侧板 $AEEA$ 的轮廓线分成四等份，得分点 $1'$、$2'$、$3'$、$4'$、$5'$，并作各点的水平投影 1、2、3、4、5，过点 1、2、3、4、5 作同心弧 aa、bb、cc 等。

② 把圆弧 $0'5'$展成直线 0_05_0，并在线上量取 $0_01_0=0'1'$、$1_02_0=1'2'$等。以 0_0 为圆心，过点 1_0、2_0、3_0…作同心弧。

③ 在相应的弧上对称地量取 $1_0a_0=1a$、$2_0b_0=2b$…。

④ 把 a_0、b_0、c_0…各点圆滑地连接起来，得一块侧板的展开图。其余各块相同。

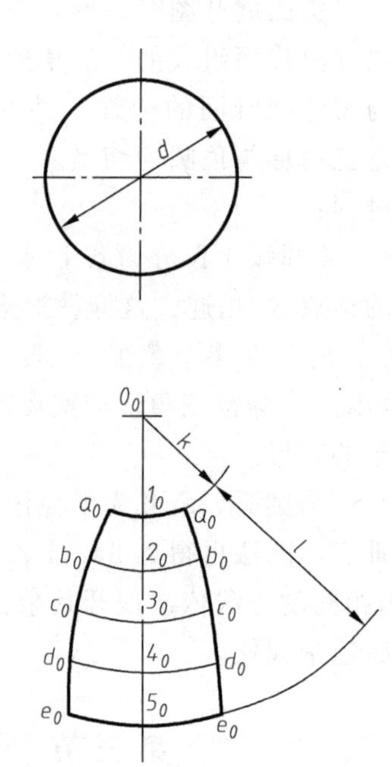

图 10-12　球面的近似展开

二、圆柱正螺旋面的近似展开

圆柱正螺旋面在轻化工机械、农业机械和矿山机械中应用很广，常用它作为原料运输器，俗称绞龙。制造时要按每一导程间的一圈曲面展开下料，再焊接起来。

圆柱正螺旋面是不可展曲面，它的近似展开方法很多，这里只介绍生产中常用的简便展开方法和计算法。

1. 简便展开法

如果已知圆柱正螺旋面的基本参数，即外径 D、内径 d、导程 S 和宽度 b，一个导程圆柱正螺旋面的展开图作法如图 10-13b、c 所示。

作图过程：

1）以 S 及 πd 为两直角边作直角三角形 ABC，斜边 AC 即为一个导程圆柱正螺旋面的内缘长度。

2）以 S 及 πD 为两直角边作直角三角形 ABD，斜边 AD 即为一个导程圆柱正螺旋面的外缘长度。

3）以 AC、AD 为上、下底，以 $b=(D-d)/2$ 为高作等腰梯形（图中只画了一半），延长 DC 和ⅡⅠ交于点 O。

4）以 O 为圆心，OⅠ、OⅡ为半径画圆弧，在外圆上取弧长ⅡⅣ$=AD$，得点Ⅳ，在内圆上取弧长ⅠⅢ$=AC$ 得点Ⅲ，连接点Ⅲ、Ⅳ即成。

环形ⅠⅡⅢⅣ即为一个导程圆柱正螺旋面的近似展开图。

2. 计算法

如图 10-13d 所示，一个导程圆柱正螺旋面的近似展开图为环形，如果已知 R、r 和 α，

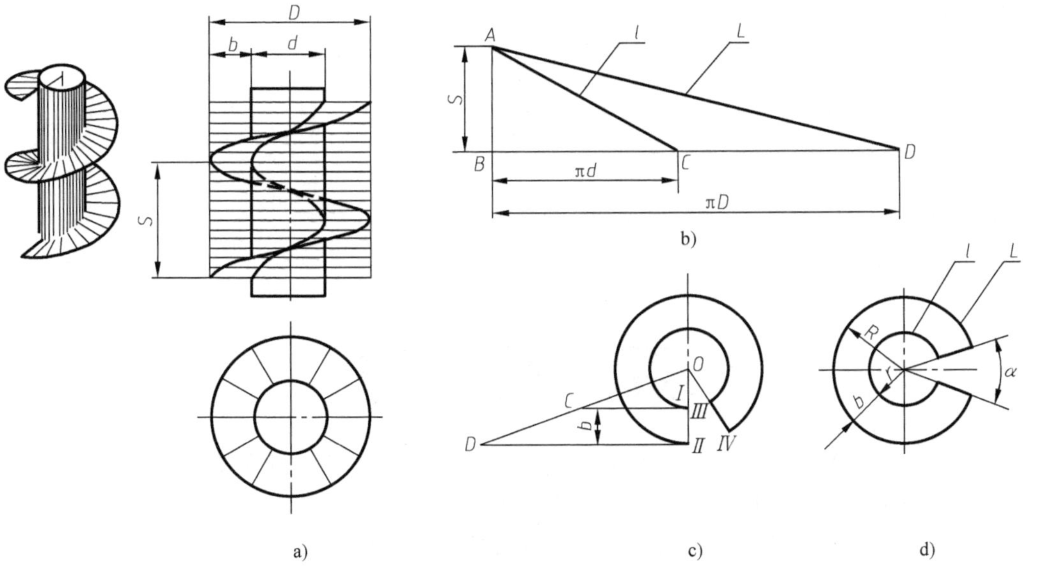

图 10-13 圆柱正螺旋面的展开

则此环形即可画出。

已知圆柱正螺旋面的导程为 S，螺旋的内、外径为 d、D，则内缘和外缘每一圈螺旋线的展开长度可用下式求出：

内缘展开长度 $l=\sqrt{S^2+(\pi d)^2}$

环形宽度 $b=(D-d)/2$

外缘展开长度 $L=\sqrt{S^2+(\pi D)^2}$

在图 10-13d 中：

$$R/r=L/l \quad (1)$$

$$R=r+b \quad (2)$$

将式（2）代入式（1）得

$$(r+b)/r=L/l \quad (3)$$

由式（3）得 $r=bl/(L-c)$

按圆心角关系式求出

$$\alpha=(2\pi R-L)/(2\pi R)\times360°=(2\pi R-L)/(\pi R)\times180°$$

根据 D、d、S 计算出 R、L、r、l、α 之后，即可以画出圆柱正螺旋面的近似展开图。

在实际制作时，不必剪出 α 角，即在剪缝处直接卷绕成螺旋面，这样既可以节省材料，又能使各圈焊缝错位而均匀分布。

复习思考题

1. 什么叫立体表面的展开和展开图？
2. 哪些立体的表面是可展的？哪些立体的表面是不可展的？
3. 如何作变形接头的展开图？

第十一章

11

焊 接 图

焊接是利用局部加热填充熔化金属或用加压等方法将需要连接的金属零件熔合在一起。焊接的优点是施工简单、连接可靠，所以在生产中得到广泛的应用，大多数板材制品采用焊接连接的方法。由于拆开焊接件时要损坏被连接零件，因而焊接是一种不可拆连接。

第一节 焊 缝 符 号

两零件焊接的结合处称为焊缝，如图 11-1 所示。按焊缝结合形式分为对接焊缝、角焊缝和点焊缝三种，如图 11-2 所示。

在 GB/T 324—2008《焊缝符号表示法》中，规定了在图样上标注焊缝符号的规则。焊缝符号主要由基本符号、补充符号、指引线和尺寸符号等组成。

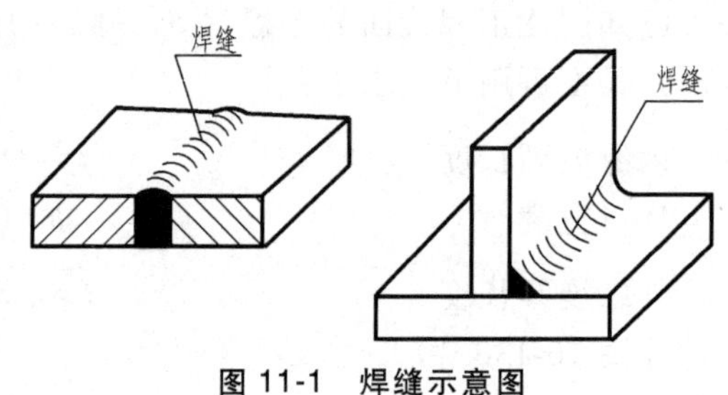

图 11-1 焊缝示意图

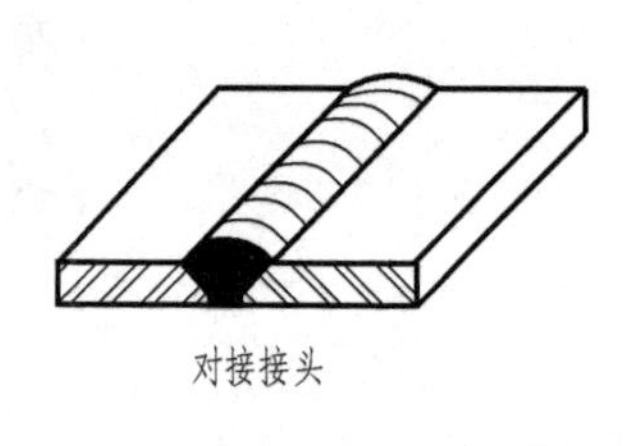

a) 对接焊缝

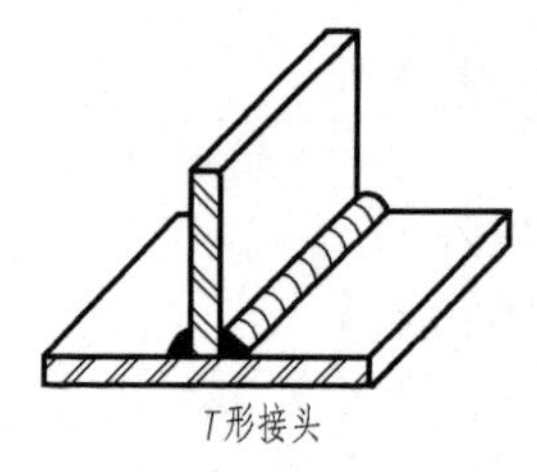

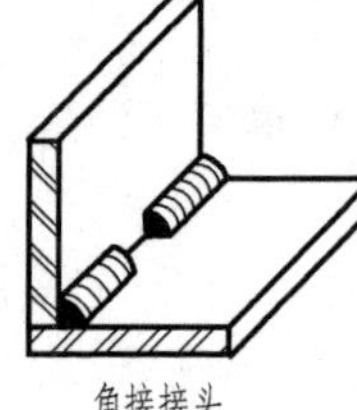

b) 角焊缝

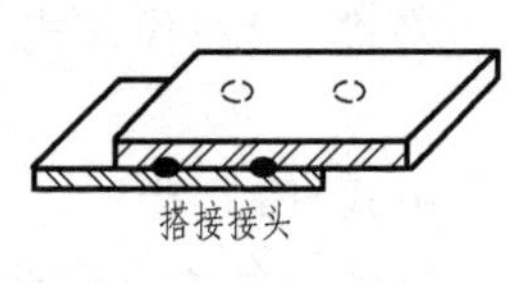

c) 点焊缝

图 11-2 焊接接头及焊缝形式

一、基本符号

基本符号是表示焊缝横截面形状的符号，它采用近似焊缝横截面形状的符号来表示。基本符号用粗实线绘制，见表 11-1。

二、基本符号的组合

标注双面焊缝或接头时，基本符号可以组合使用，见表 11-2。

表 11-1 基本符号（GB/T 324—2008）

序号	名称	示意图	符号
1	卷边焊缝		
2	I 形焊缝	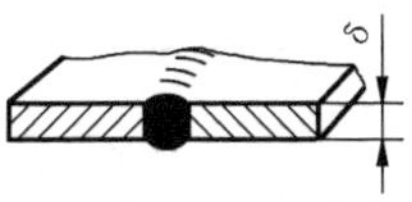	
3	V 形焊缝	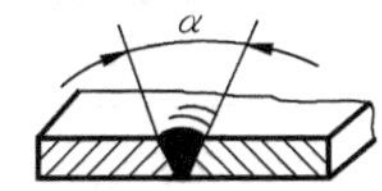	
4	单边 V 形焊缝		
5	带钝边 V 形焊缝		
6	带钝边单边 V 形焊缝		
7	带钝边 U 形焊缝	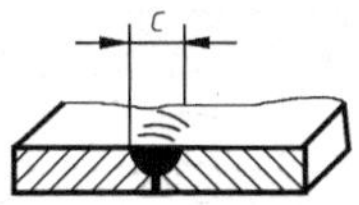	
8	带钝边 J 形焊缝		
9	封底焊缝	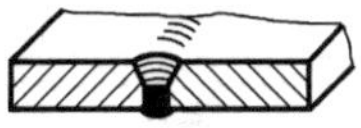	
10	角焊缝	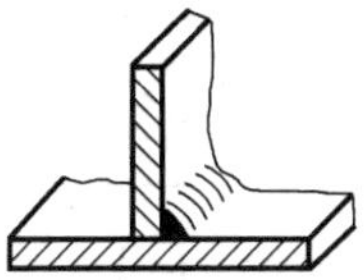	
11	塞焊缝或槽焊缝	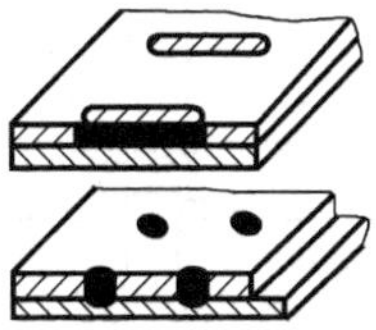	
12	点焊缝	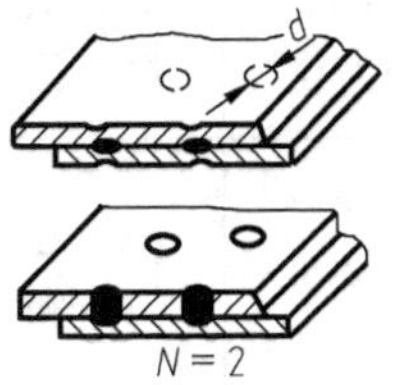	
13	缝焊缝	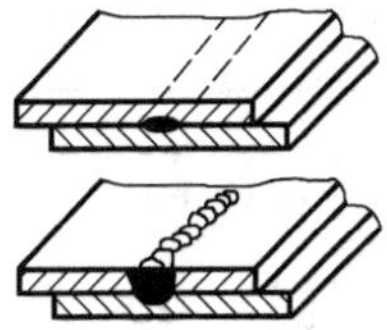	
14	陡边 V 形焊缝		
15	陡边单 V 形焊缝	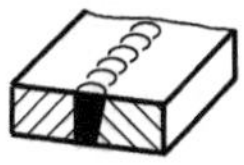	
16	端焊缝		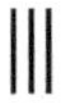
17	堆焊缝		
18	平面连接（钎焊）	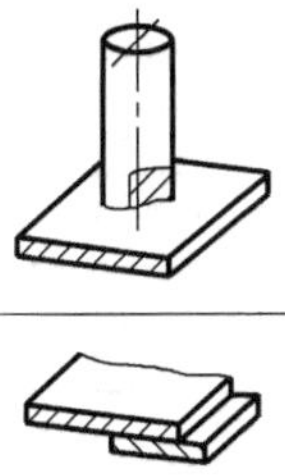	
19	斜面连接（钎焊）	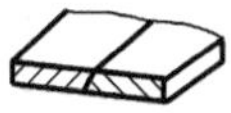	
20	折叠连接（钎焊）		

三、补充符号

补充符号是为了补充说明有关焊缝或接头的某些特征（诸如表面形状、衬垫、焊缝分

表 11-2　基本符号的组合（GB/T 324—2008）

序号	名称	示意图	符号
1	双面 V 形焊缝（X 焊缝）		
2	双面单 V 形焊缝（K 焊缝）		
3	带钝边的双面 V 形焊缝		
4	带钝边的双面单 V 形焊缝		
5	双面 U 形焊缝		

布、施焊地点等）而采用的符号，见表 11-3。

四、指引线

指引线由箭头线和基准线（实线和虚线）组成，如图 11-3 所示。

箭头线的箭头直接指向的接头侧为“接头的箭头侧”，与之相对的则为“接头的非箭头侧”，如图 11-4 所示。

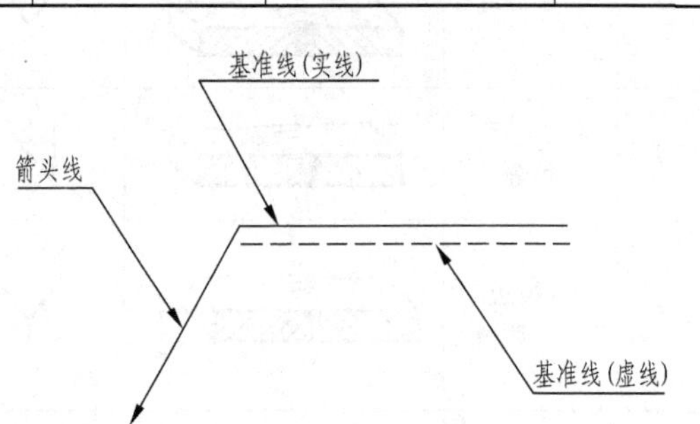

图 11-3　指引线

表 11-3　补充符号（GB/T 324—2008）

序号	名称	符号	说明
1	平面		焊缝表面通常经过加工后平整
2	凹面		焊缝表面凹陷
3	凸面		焊缝表面凸起
4	圆滑过渡		焊趾处过渡圆滑
5	永久衬垫	M	衬垫永久保留
6	临时衬垫	MR	衬垫在焊接完成后拆除
7	三面焊缝		三面带有焊缝
8	周围焊缝		沿着工件周边施焊的焊缝 标注位置为基准线与箭头线的交点处
9	现场焊缝		在现场焊接的焊缝
10	尾部		可以表示所需的信息

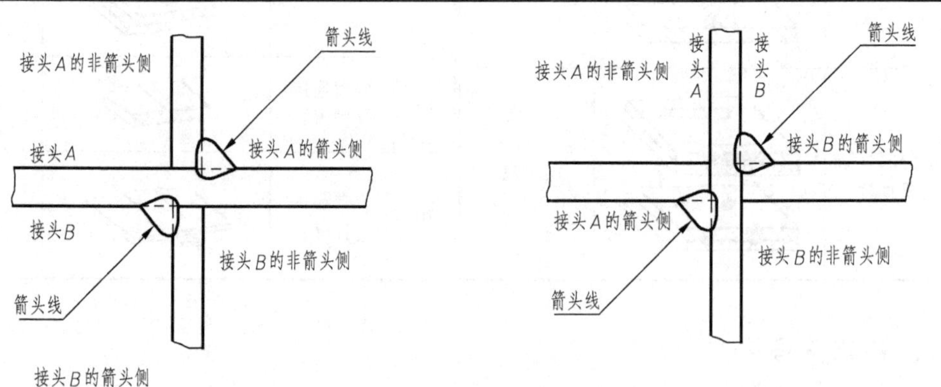

图 11-4　接头的“箭头侧”和“非箭头侧”示例

基准线一般应与图样的底边平行，必要时也可以与底边垂直。实线与虚线的位置可根据需要互换。基本符号在实线侧时，表示焊缝在箭头侧，如图 11-5a 所示；基本符号在虚线侧时，表示焊缝在非箭头侧，如图 11-5b 所示；对称焊缝允许省略虚线，如图 11-5c 所示；在明确焊缝分布位置的情况下，有些双面焊缝也可以省略虚线，如图 11-5d 所示。

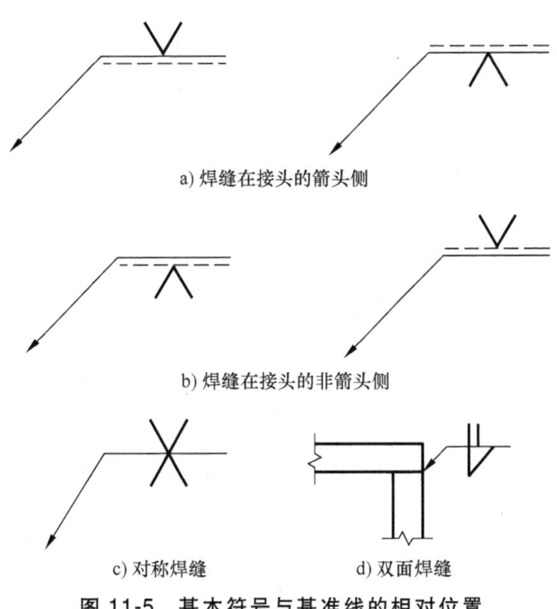
a) 焊缝在接头的箭头侧
b) 焊缝在接头的非箭头侧
c) 对称焊缝　d) 双面焊缝

图 11-5　基本符号与基准线的相对位置

焊缝标注示例见表 11-4。

五、尺寸及标准

必要时可以在焊缝符号中标注尺寸，尺寸符号见表 11-5。尺寸标注的方法是横向尺寸标注在基本符号的左侧；纵向尺寸标注在基本符号的右侧；坡口角度、坡口面角度和根部间隙标注在基本符号的上侧或下侧；相同焊缝数量标注在尾部；当尺寸较多不易分辨时，可在尺寸数据前标注相应的尺寸符号。当箭头方向改变时，上述规则均不变。确定焊缝位置的尺寸不在焊缝符号中标注，应将其标注在图样上。

表 11-4　焊缝标注示例

焊缝形式	标注示例	说　明
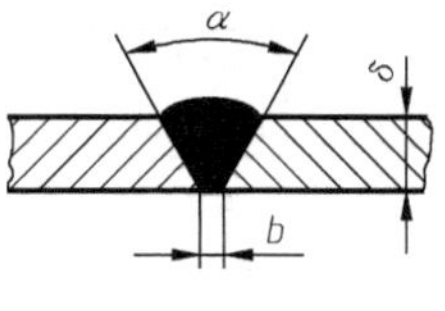	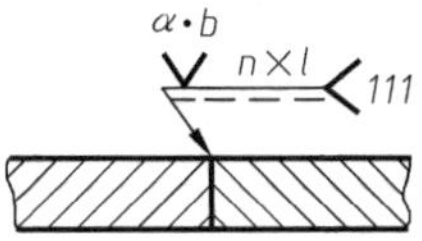	表示焊条电弧焊，V 形焊缝，坡口角度为 α，对接间隙为 b，有 n 条焊缝，焊缝长度为 l。用数据表示为：α60°·b V4×50 111 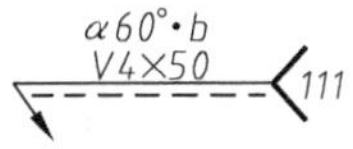
		表示在现场装配时进行焊接 表示双面角焊缝，焊角为 K
		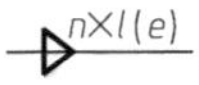 $n\times l(e)$ 表示有 n 条断续双面链状角焊缝。l 表示焊缝的长度。e 表示断续焊缝的间距
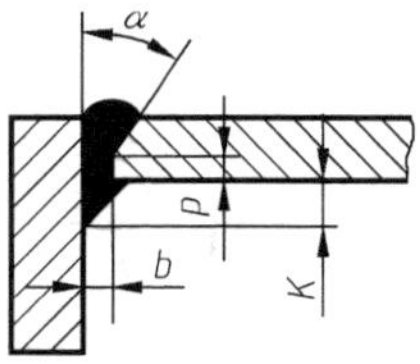	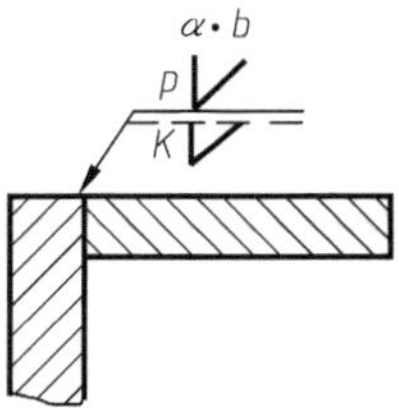	表示双面焊缝，上面为单边 V 形焊缝，坡口角度为 α，对接间隙为 b，钝边为 p。下面为角焊缝，焊角尺寸为 K

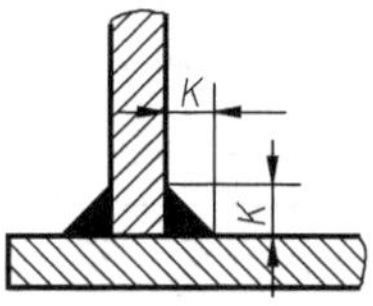

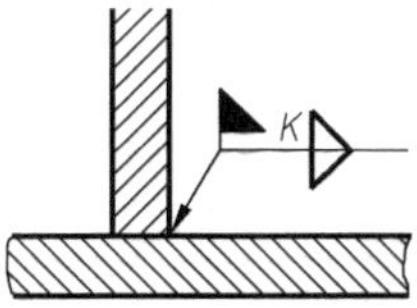

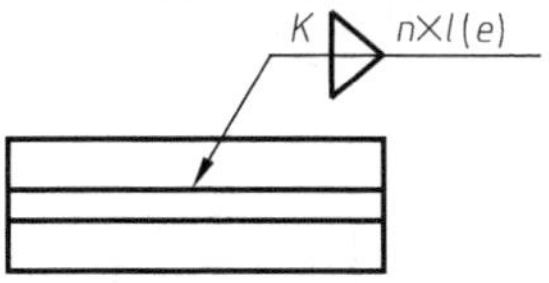

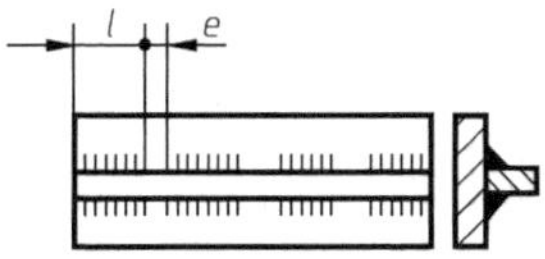

（续）

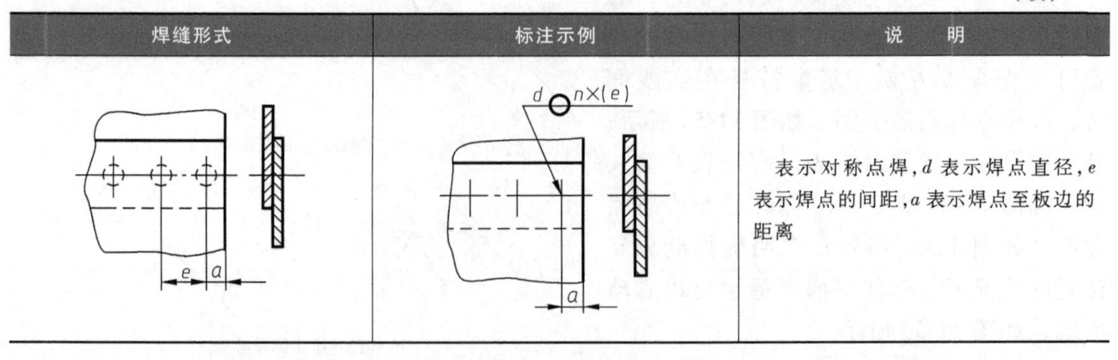

焊缝形式	标注示例	说　明
		表示对称点焊，d 表示焊点直径，e 表示焊点的间距，a 表示焊点至板边的距离

表 11-5　尺寸符号

符号	名称	示意图	符号	名称	示意图
δ	工作厚度		c	焊缝宽度	
α	坡口角度		K	焊脚尺寸	
β	坡口面角度		d	点焊：熔核直径 塞焊：孔径	
b	根部间隙		n	焊缝段数	
p	钝边		l	焊缝长度	
R	根部半径		e	焊缝间距	
H	坡口深度		N	相同焊缝数量	
S	焊缝有效厚度		h	余高	

当基本符号的右侧无任何尺寸又无任何其他说明时，意味着焊缝在工件的整个长度方向上是连续的，在基本符号的左侧无任何尺寸又无任何其他说明时，意味着焊缝应完全焊透；塞焊缝、槽焊缝带有斜边时，应标注其底部的尺寸。

六、焊接方法在图样上的标注

在图样上标注焊接方法是与焊缝符号同时配合使用的，GB/T 5185—2005《焊接及相关工艺方法代号》中规定用数字代号表示焊接方法，见表 11-6。焊接方法在其焊缝符号的指引线的尾部加注，如图 11-6 所示。

表 11-6　常用焊接方法及数字代号示例

焊接方法	代号	焊接方法	代号
焊条电弧焊	111	MIG 焊（熔化极惰性气体保护电弧焊）	131
埋弧焊	12	MAG 焊（熔化极非惰性气体保护电弧焊）	135
单丝埋弧焊	121	非惰性气体保护的药芯焊丝电弧焊	136
带极埋弧焊	122	TIG 焊（钨极惰性气体保护电弧焊）	141
氧乙炔焊	311	等离子弧焊	15
电渣焊	72		

第一位数字表示焊接方法的分类代号，如“1”表示电弧焊；“2”表示电阻焊；“3”表示气焊；“4”表示压焊；“5”表示高能束焊；“7”表示其他焊接方法；“8”表示切割和气刨；“9”表示钎焊。第二位及第三位数字为细分类号，如“11”表示无气体保护的电弧焊；“12”表示埋弧焊；“111”表示焊条电弧焊等，详见 GB/T 5185—2005《焊接及相关工艺方法代号》。

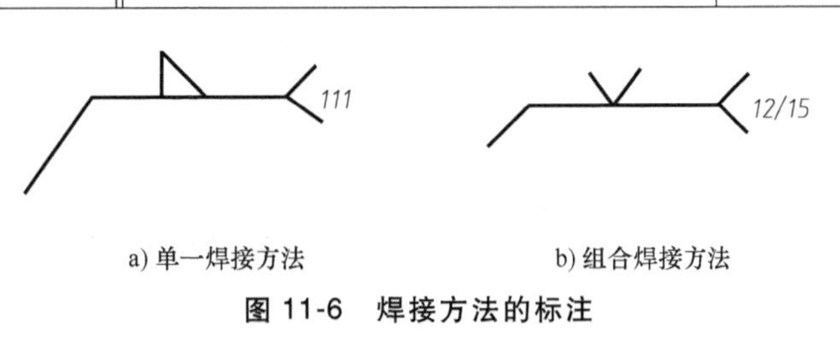

a) 单一焊接方法　b) 组合焊接方法

图 11-6　焊接方法的标注

第二节　金属焊接件图举例

金属焊接件图除了应把构件的形状、尺寸和一般要求表达清楚外，还必须把焊接有关的内容表达清楚。根据焊接件结构复杂程度的不同，大致有两种画法。

一、整体式

整体式画法的特点是：图上不仅表达了各零件的装配、焊接要求，而且还表达了每个零件的形状和尺寸及加工要求，因此不必再画零件图了，如图 11-7 所示。

二、组合式

组合式画法的特点是：焊接图着重表达装配连接关系和焊缝要求等，而每个零件要另画零件图表示。即焊接图相当于一张组件图，零件图补充说明各零件的具体情况。它适用于结构比较复杂的焊接件，如图 11-8 所示。

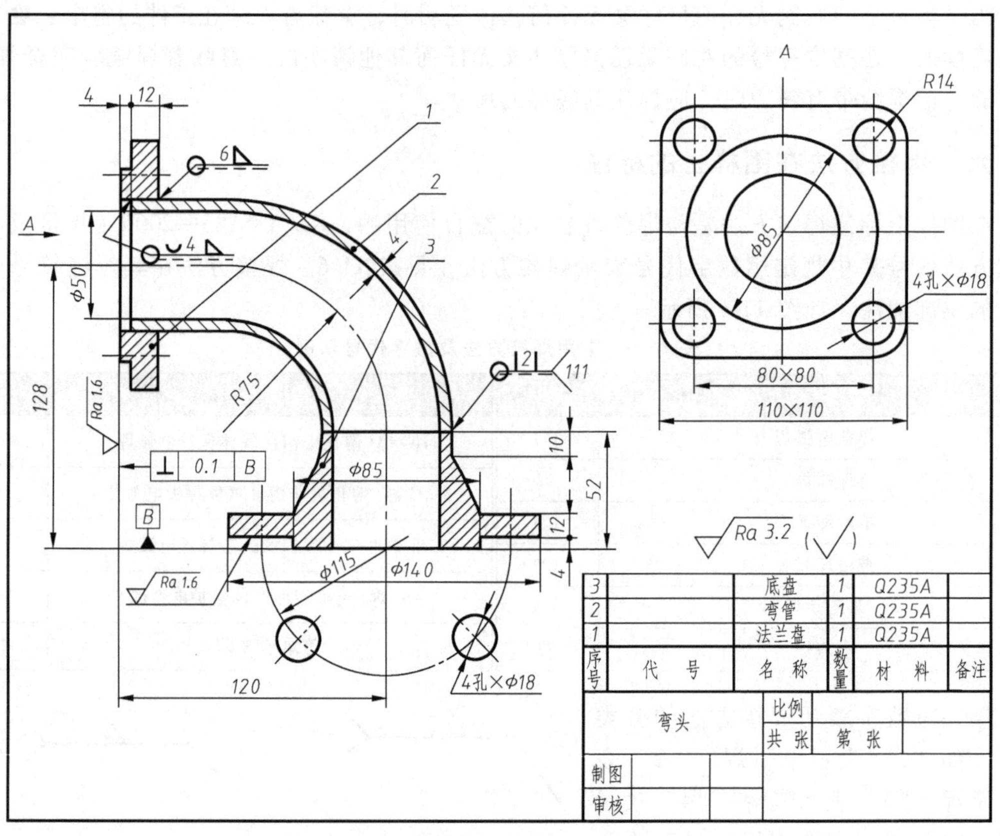

图 11-7　整体式焊接图（弯头）

三、举例

1. 弯头

图 11-7 所示的弯头为化工设备上的一个焊接件，它由法兰盘、弯管和底盘三个零件组成。法兰盘和弯管的外焊缝符号为 ，焊缝代号中的“O”表示环绕工件周围焊接，“ ”表示角焊缝，焊脚尺寸为 6mm。

法兰盘和弯管的内焊缝符号为 ，其中“ ”表示焊缝表面凹陷。弯管和底盘间焊缝代号为 ，其中“||”表示该焊缝为 I 形焊缝，对接间隙 $b=2$mm，“111”表示全部焊缝均采用焊条电弧焊。

2. 进料管

图 11-8 所示为进料管的总图。

进料管是化工精馏过程中常压精馏塔的一个部件。被加热成汽-液混合物状态的料液经泵送入塔内，在精馏塔内被精馏。为防止汽-液混合物液流冲击塔壁，进料管的形状做成下倾式，并使防冲板 4 延长，使料液在出口处呈曲线流出。此部件由六个零件组成。其中平焊法兰 1 和接管 2 先焊接在一起，做成进口，内侧板 3、防冲板 4 和上、下护板 5 焊接在一起，

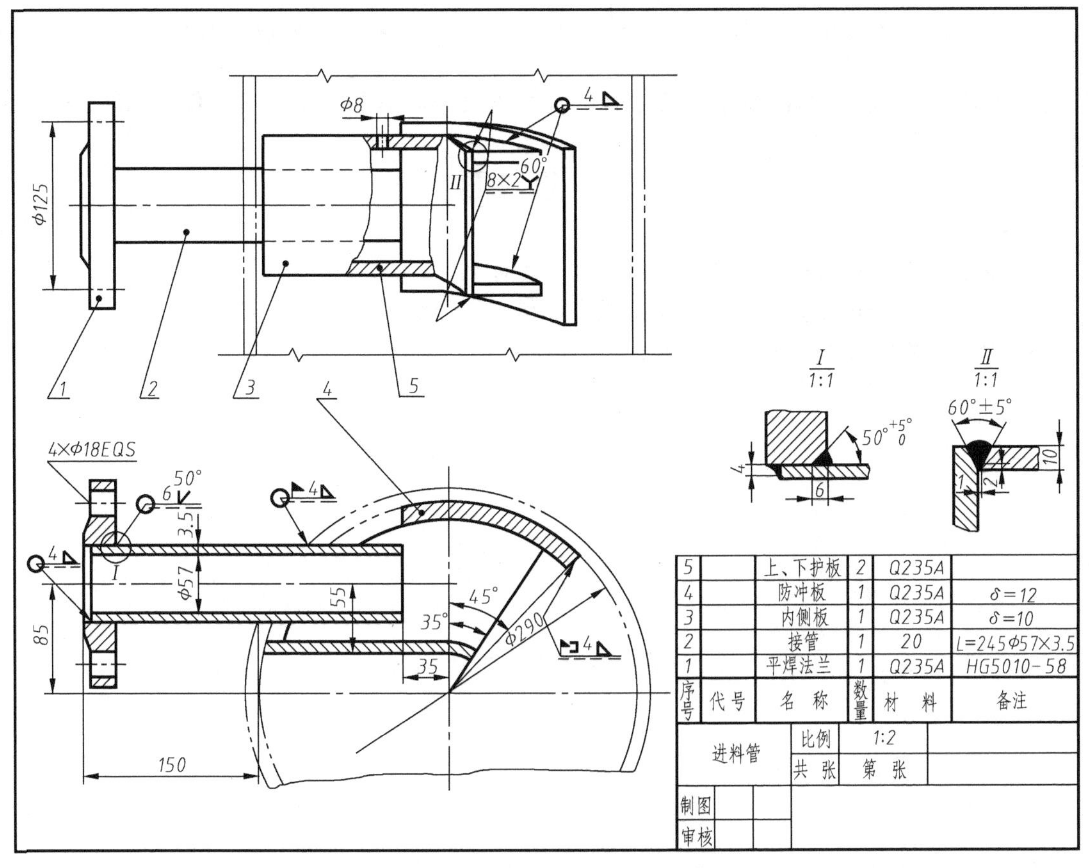

图 11-8 组合式焊接图（进料管）

做成出口。然后将出口先放入塔内，焊在塔体上，再将进口的接管由塔体外穿入塔体内，焊在塔体上。

在主视图上的焊缝符号 中，两条斜向指引线所指处的上、下两块护板的焊接要求相同。“◺”表示角焊缝，焊脚尺寸为 4mm。“○”表示环绕上、下护板的周围均需进行焊接。

主视图上的焊缝符号 及局部放大图Ⅱ，共同表达了上、下护板和内侧板的焊接情况。其中“Y”表达钝边 V 形焊缝，焊缝有效厚度 $S=8$mm，钝边高度 $p=2$mm，根部间隙 $b=1$mm，坡口角度 $\alpha=60°$。

俯视图中的焊缝符号 及局部放大图 I，共同表示平焊法兰 1、接管 2 的焊接情况。其中“V”表示单边 V 形焊缝，坡口角度 $\alpha=50°$，焊缝有效厚度 $S=6$mm。

俯视图中的焊缝符号 中，“▶”是现场符号，表示进料管出口部分焊好后，放入塔体内在现场焊接在塔体内壁上。“コ”是三面焊缝符号，表示防冲板的四周有三条边需要焊在塔壁上。俯视图中的焊缝符号中的“▶”表示由平焊法兰 1 和接管 2 组成的进口先焊好后，在现场再焊接在塔体上。图 11-8 为进料管的总图，各零件图从略。

复习思考题

1. 常用的焊接方法有哪几种？它们的代号是什么？
2. 常见的焊缝形式有哪几种？在图样中如何表达焊缝？
3. 常用焊缝的基本符号有几种？

化工制图

轻、化工类企业在设计、设备制造、安装和生产过程中，都经常用到工艺流程图、设备布置图、管道布置图和化工设备图等专业图样。研究这些图样的表达、绘制和阅读方法，即为化工制图。

化工制图是化工企业设计中的共同技术语言，它的投影原理与机械制图相同，但化工设备的具体表达方法又根据化工设备的特点，规定其特殊的画法。化工制图是设备制造、施工和开车生产等各个环节的技术指导文件。化工类企业的设计，一般分为初步设计和施工图设计两个阶段：

（1）初步设计　初步设计是在接到设计任务书后进行的。这时需要对设计项目进行全面的研究，确定设计方案，使设计在技术上是先进的和可以实现的，并且在经济上是合理的。此阶段要绘制出反映具体设计方案的工艺流程图、设备布置图、主要设备总图、土建图、电气和自动控制图等，编制出设计说明书、设备一览表和材料表等。

（2）施工图设计　经审查初步设计通过后，便进行施工图设计。它包括绘制设备制造和安装、管道布置、管件预制和安装、自控、土建、电气、给排水、供热等方面的施工图样，作为施工和生产的依据。同时编制施工说明书、材料汇总表、预算书、生产操作规程和开车报告等技术资料。

第一节　工艺流程图

用来表达轻化工生产过程和工艺物料走向的图样称为工艺流程图。工艺流程图按其作用及内容，可分为初步设计流程图和施工阶段的工艺流程图。

一、初步设计流程图

初步设计流程图又称流程简图，是表达工厂、车间或工段生产过程概况的图样，多为一种示意性的展开图。它既表明生产过程及所需的机器和设备，又说明工艺流程顺序。它将为设计和绘制工艺施工流程图提供依据。

在化工工艺设计中，工艺过程确定后，即可设计和绘制工艺流程图，并依据此图进行物料衡算。图 12-1 所示为甜菜糖厂加灰、饱充工段的工艺流程图。

初步设计流程图应包括：

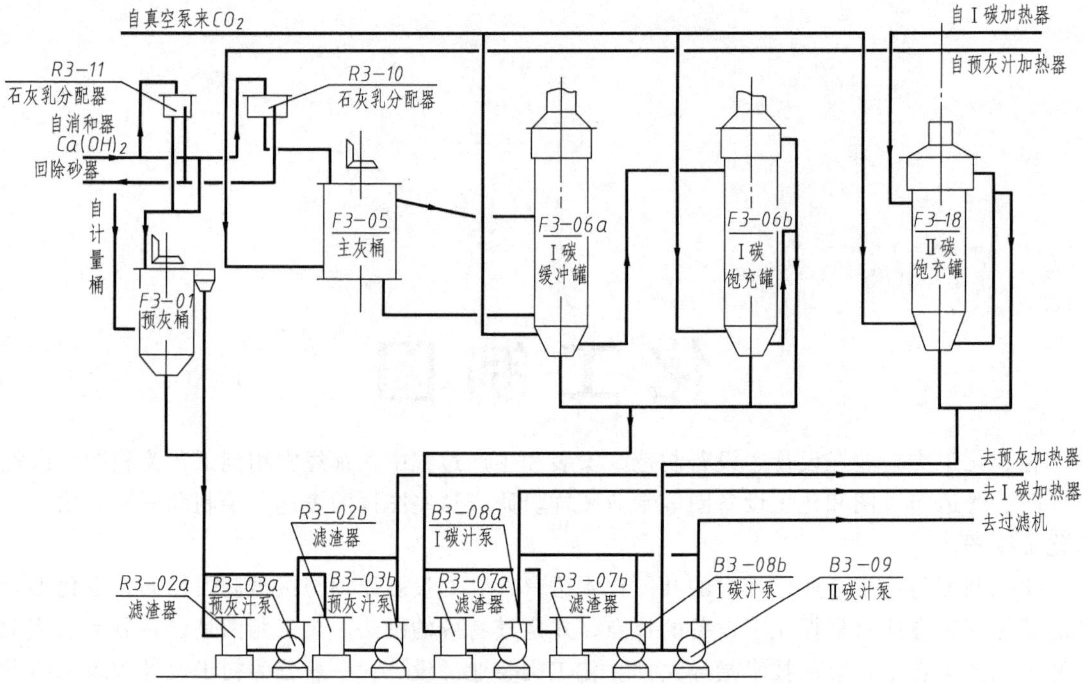

图 12-1 甜菜糖厂加灰、饱充工段的工艺流程图

1）原料转变为半成品或成品的流程线。

2）生产过程中使用的机器和设备。

二、施工阶段的工艺流程图

施工阶段的工艺流程图也称为带控制点的工艺流程图。现以图 12-2 所示的糖厂加灰、饱充工段带控制点工艺流程图为例，说明该图的内容、读图和绘图方法。

1. 内容

工艺设计中，当物料衡算、热量衡算和设备设计完成后，就可在初步设计流程图的基础上，绘制施工阶段的工艺流程图。此图可作为设备布置图和管道布置图设计的依据，通常包括下列内容：

1）一组图形。将各设备的简单形状按工艺流程次序，绘制在同一平面上，配以连接的主辅管线及管件、阀门和仪表控制点符号等。

2）标注。注写设备位号及名称、管段编号、控制点代号、必要的尺寸和数据等。

3）图例。代号、符号及其他标注的说明，有时还有设备位号的索引等。

4）标题栏。注写图名、图号和设计阶段等。

2. 读图

读图的目的是了解和掌握物料的流程；设备和机器的名称、数量和位号；管件、阀门、控制点的部位和名称。现以图 12-2 为例，说明读图方法。

1）流程线上的设备和机器。由图可知，此工段共有设备 11 台，泵 5 台。

2）流程线及自控系统。渗出汁进入预灰桶 F3-01 同由石灰乳分配器 R3-11 来的石灰乳

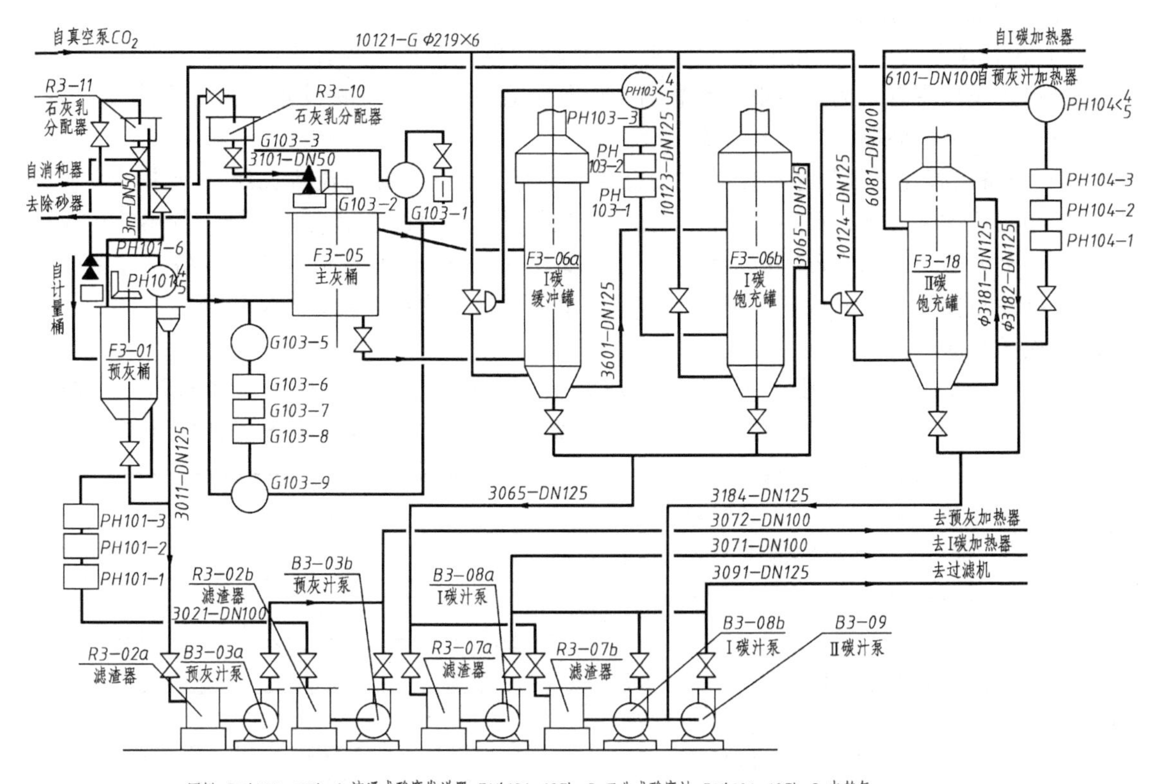

图例：PH(101−105)−1：流通式酸度发送器；PH(101−105)−2：工业式酸度计；PH(101−105)−3：电转气换器；PH(101−105)−4：自动记录调节仪；PH(101−105)−5：比例积分器；PH(106)−6：气动薄膜器；G103−1：气动压差器；G103−2：转子流量计；G103−3：隙缝流量计；G103−4：差压变送器；G103−5：靶式流量器；G103−6：气动乘除器；G103−7：遥控板；G103−8：比值器；G103−9：比例积分器

图 12-2　糖厂加灰、饱充工段带控制点工艺流程图

反应，通过自控系统，使 pH 达到给定值。预灰汁经除渣、加热后进入主灰桶 F3-05，并由控制系统调节最佳碱度。主灰汁进入Ⅰ碳缓冲罐 F3-06a、饱充罐 F3-06b 后同来自真空泵的 CO_2 反应，Ⅰ碳汁经过过滤、加热后进入Ⅱ碳饱充罐 F3-18 同 CO_2 反应，进入Ⅰ碳、Ⅱ碳饱充罐的碳汁由自控系统调节 pH 值。

3）本系统中共使用截止阀、直通阀和调节阀三种阀门。

4）本系统使用了多种形式的仪表，组成预灰、主灰、Ⅰ碳和Ⅱ碳四个控制单元。

3. 绘图方法

通常按下列步骤绘制：

（1）比例和图幅　带控制点工艺流程图一般以车间或工段为单位进行绘制，原则上一个单位绘一张图样，并且要使用同一个图号，必要时也可适当缩小比例进行绘制。

1）比例。图上的设备图形及其高低间相对位置大致按 1∶100 或 1∶200 的比例进行绘制，流程简单时也可用 1∶50 的比例，整个图形按展开式绘制。有的设备很大，有的设备很小，实际上并不能完全按比例绘制，因此在标题栏中的比例一栏不予注明。

2）图幅。由于图样采用展开图形式，图样多呈长条形，因而幅面也常用标准幅面加长的规格。但加长后的长度不应过长，以便读图。

（2）设备的表示方法

1）设备图形的画法。化工设备在图上一般按比例，采用细实线绘制。根据流程，由左向右，依次画出带管口的各种设备示意图，设备示意图应尽量反映设备的尺寸和高低位置。各设备应留有一定间隔，以便布置流程线。

2）设备的标注。根据流程依次引出设备的编号和名称，并与流程图统一起来。设备编号一般用三位数字表示，如 3-01，前一位表示工段号，后两位表示设备位号。备用的相同设备只用一个编号，后加字母或数字表示台数，如 3-06a，3-06b，表示有两台设备。设备的位号和名称注写在设备上方或下方图样空白处，也可用指引线在设备旁的空白处标注。所有标注线都应成行成列。

（3）管道表示方法　图上一般应画出所有工艺物料管道和辅助物料（如蒸汽、冷却水等）管道。当辅助管道系统比较简单时，将其总管道绘制在流程图上方。其支管道则下引至有关设备。当辅助管道系统比较复杂时，待工艺管道布置设计完成后，另绘辅助管道系统图予以补充，此时流程上只绘出与设备相连接的一般辅助管道（包括操作所需的阀门）。

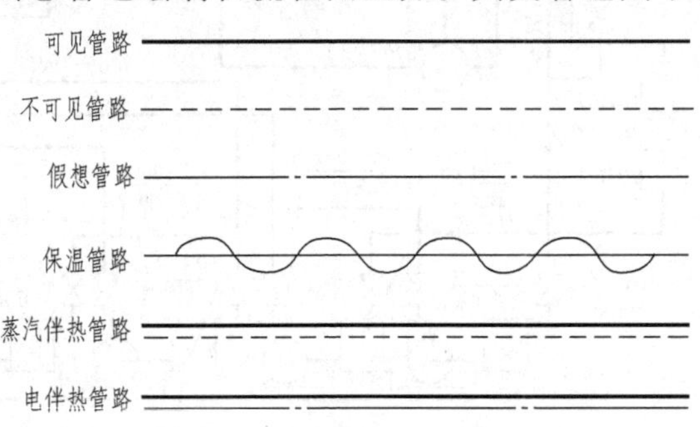

图 12-3　常用管道的规定线型

1）连接管道要按 GB/T 6567.2—2008 规定的线型画出。常用管道的规定线型如图 12-3 所示。绘制管道时，尽量注意避免穿过设备或使管道交叉。在不能避免时，应将横向管道断开一段，管道要画成水平或垂直，不用斜线。若斜线不可避免时，应只画出一小段，以保持图面整齐。图上管道转弯处，一般应画成直角。粗实线上的箭头表示管道中的物料流向，如图 12-2 所示。

2）有时根据实际需要及技术需要，对特殊要求的管道标志所要求的内容，例如液封管的长度、管道坡度、异径管等可单独进行标注。图 12-4 是坡度为 3/1000，两端公称直径为 DN65 和 DN50 的异径管的标注示例。

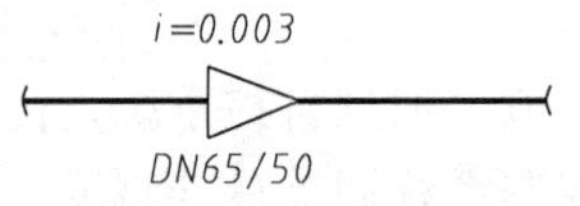

图 12-4　异径管标注方法

3）每段管道都应标注其公称直径、物料代号、流向、保温代号、管材代号及管段序号等内容。管段序号可按工艺流程序号编写，其中第一位数字为工段号，若工段有 10 个以上，可以用两位数字表示，后面数字为每根管道的编号，如“3001”为第三个工段中第一根管道。也可将管段序号的前三位数字写成设备位号，第四位以后才为管段号，如图 12-2 中的“3011”表示与预灰桶连接的第一根管道。同一设备中，凡是出料管都编在此设备所属管道中，凡是入料管都编入来料设备中。

4）辅助管道中包含蒸汽管道、水系统管道等，可单独绘制管道系统图作为流程图的补充图。这样既可使流程图图面清晰，又便于了解辅助管道。图 12-5 所示为蒸汽及凝结水部分系统图。绘制时总管和支管都用粗实线绘制，阀门及控制点用细实线按规定符号画出并说明。管道上的管件、阀门和控制点等除与设备或工艺物料管道连接处需画在带控制点的工艺流程图上外，其余均画在本图上。

5）本流程图与其他流程图（或系统图）连接的物料管道（即在图上的始端与末端）应

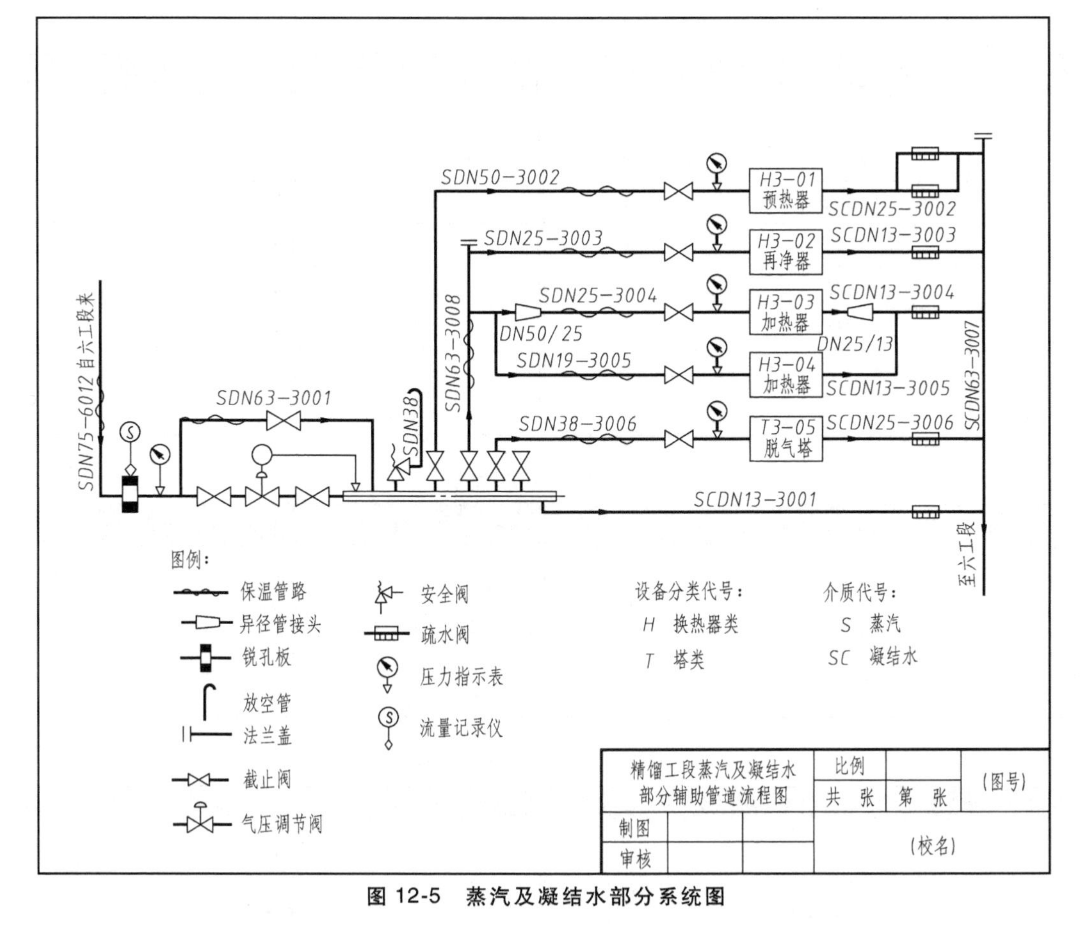

图 12-5 蒸汽及凝结水部分系统图

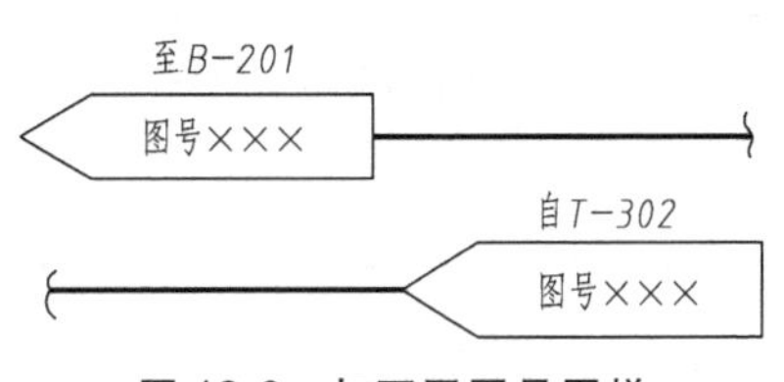

图 12-6 与不同图号图样上设备连接来、去向图

引至近图框处。与其他不同图号的图样上的设备连接时，在管道端部画一个由实线构成的空心箭头，如图 12-6 所示。箭头框中写出来向或去向的设备图号，上方则注明物料来向或去向的设备位号。与相同图号另一张图样上的设备连接时，则在管道端部画一个如图 12-7 所示的符号，外圆由细实线绘制。通常来向集中在图样左侧，去向集中在图样右侧。

6）管道上的连接件，如法兰、三通和弯头等，无特殊要求，可不予画出。

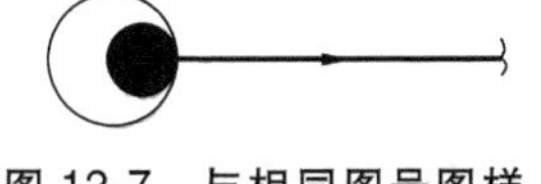

图 12-7 与相同图号图样上设备连接来、去向图

（4）控制点的表示法　控制点（侧压点、测温点、取样点）大致在安装位置上用规定符号表示。常用的符号如下：

1）参量代号——见表 12-1。

2）功能代号——见表 12-2。

3）仪表控制点符号——用细实线绘制，见表 12-3。

（5）楼板和地板表示法　地面线在图上可用细实线绘制，也可不画。有时在图上用细实线画出楼板及其剖面图并与地面一起注上标高，以帮助表达设备及设备间的高低位置，具体标注方式见第二节设备布置图。

表 12-1 参量代号

序号	参量	代号	序号	参量	代号
1	温度	T	9	重度	γ
2	温差	ΔT	10	湿度	φ
3	压力(或真空)	P	11	厚度	δ
4	压差	ΔP	12	频率	f
5	流量	G	13	位移	S
6	液位	H	14	长度	L
7	重量流量	W	15	热量	θ
8	浓度	C	16	氢离子浓度	pH

表 12-2 功能代号

序号	功　能	代号	序号	功　能	代号
1	指示	Z	5	信号	X
2	记录	J	6	手动遥控	K
3	调节	T	7	联锁	L
4	积算	S	8	变送	B

表 12-3 仪表控制点符号

序号	名称	符号	序号	名称	符号
1	变送器		5	孔板	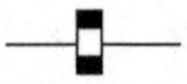
2	就地安装仪表	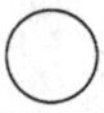	6	转子流量计	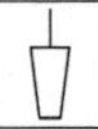
3	控制室表盘安装表		7	靶式流量计	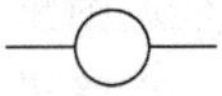
4	检测点	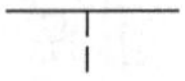	8	电磁流量计	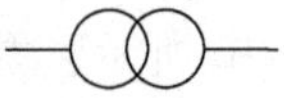

（6）图例和索引　若流程图较简单，图上有关代号、符号等图例说明一般放在图样的右上方，若流程图较复杂，图样可分成数张绘制，这时代号、符号的图例说明及需要编制的设备位号索引等常单独绘制，作为工艺流程图的第一张。目前有关部门将化工专业经常使用的代号、符号等图例说明，统一印在一定规格的描图纸上，并留有空间，各工程设计只需要补充填入本设计另外所需的图例说明，即可作为带控制点的工艺流程图的第一张图。

（7）标题栏　工艺流程图所使用的标题栏有大小两种，大的用于 A2 幅面以上的图纸，小的用于 A3 幅面以下的图纸。具体内容和格式见表 12-4、表 12-5。标题栏上空格（1）用来填写设计单位名称；空格（2）填写图名，分三行填写：第一行填写设备名称，第二行填写设备主要规格，第三行填写图样或技术文件名称；空格（3）填写该图图号，称为图号栏；空格（4）为工程名称栏，一般不填写，初步设计的总图需注出工程名称；空格（5）为项目名称栏，一般不填写；空格（6）为设计阶段栏，填写初步设计或施工图设计；空格（7）为修改标记栏，在修改图样时填写修改标记；比例栏中填写总图、装配图中主要视图的比例；零部件图的比例栏不填写。

表 12-4 大主标题栏

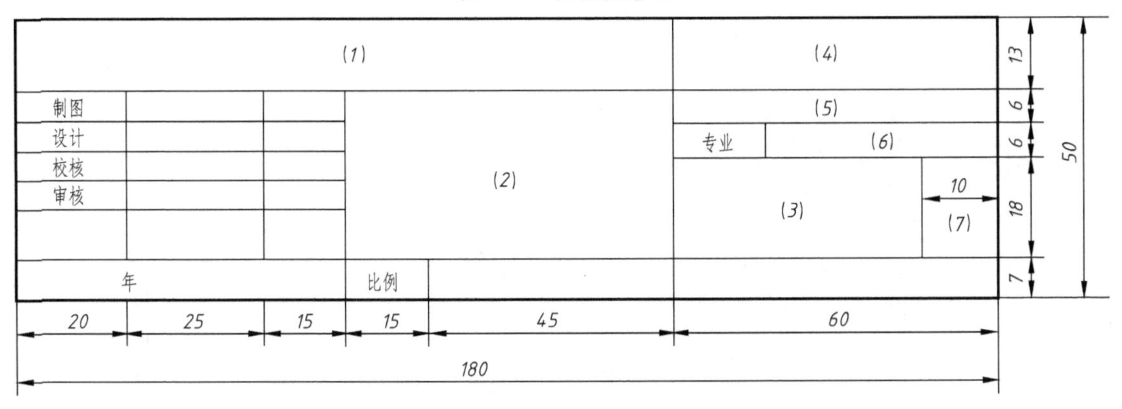

表 12-5 小主标题栏

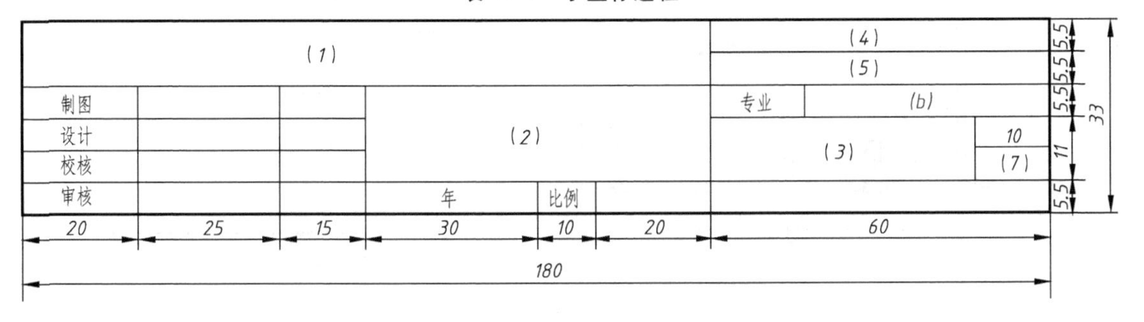

第二节 设备布置图

设备布置图是表达车间或工段内外的设备之间、设备与建筑物之间的相对位置的图样，也就是简化的建筑图加上设备布置的内容。图中建筑图部分按 GB/T 50001—2017 等有关房屋建筑制图统一标准的规定绘制。

设备布置图常用平面图（即机械制图的俯视图或剖开的俯视图）、剖面图（即机械制图剖开的主、左视图）等方法表达。

一、设备布置图的内容

图 12-8 所示为某合成氨厂脱硫工段设备布置图，先以此图为例来说明设备布置图的内容。

1. 图形

该图采用了±0.00 平面图和 *C*—*C* 剖面图表达。为了突出设备轮廓及其管口方位，使用粗实线绘制设备的轮廓，并在图中注出所有设备的位号和名称，位号与名称应和工艺流程图中的标注一致。

厂房及其构件的轮廓使用中实线（线宽 *b*/2）绘制，建筑定位轴线用细点画线（线宽 *b*/3）绘制。

2. 尺寸及标注

设备布置图中要标注出与设备安装定位有关的建筑物、构筑物的尺寸，定位轴线的编

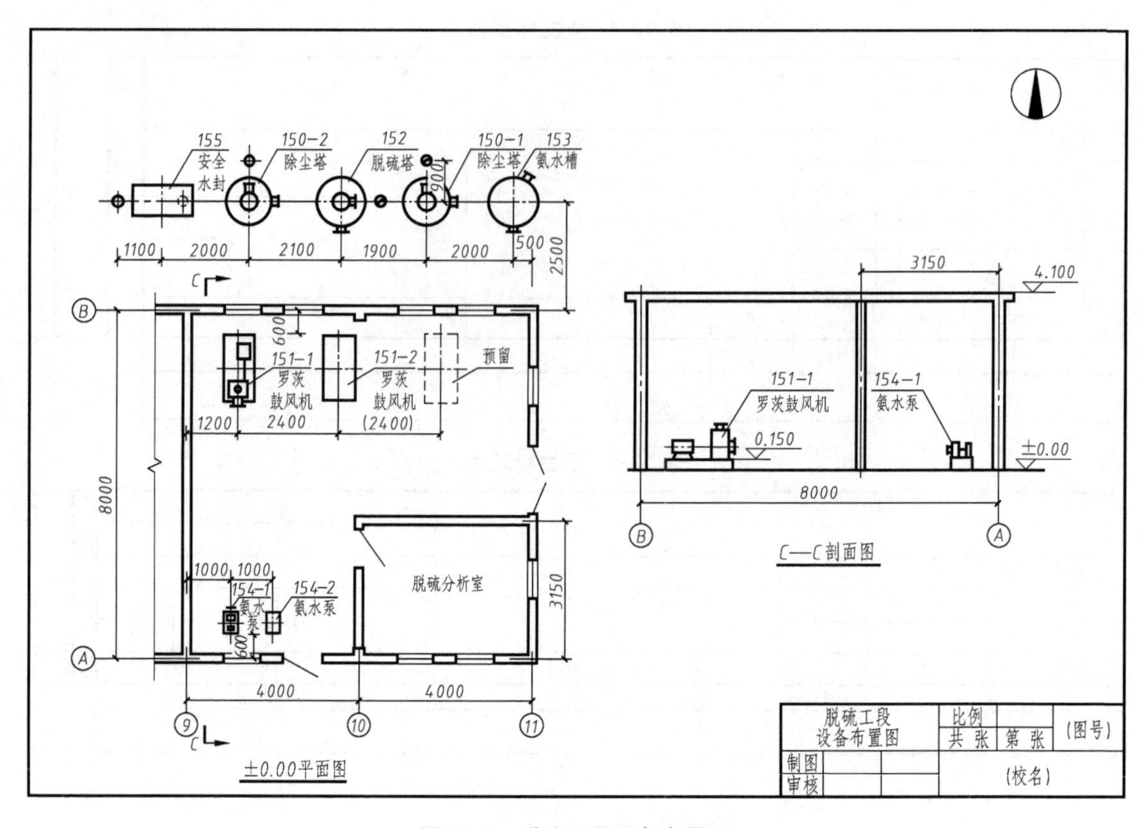

图 12-8　脱硫工段设备布置图

号，建筑物与设备之间，设备与设备之间的定位尺寸，同时还应标注设备基础标高和厂房标高等尺寸。

尺寸数字的单位除标高及总平面图以 m 为单位外，其他图样尺寸应以 mm 为单位。个体建筑图样上的标高符号，应按图 12-9a 所示形式用细实线绘制，若标注尺寸位置不够，可按图 12-9b 所示形式绘制。标高的具体画法如图 12-9c、d 所示。标高符号的尖端应指至被注的高度，尖端可向上，也可向下，如图 12-9e、f 所示。标高数字以 m 为单位，注写到小数点后第三位。在总平面图中，可注写到小数点后第二位，零点标高应注写成±0.000，正数标高不注写“+”，负数标高应注“-”，例如：3.000、-0.600。

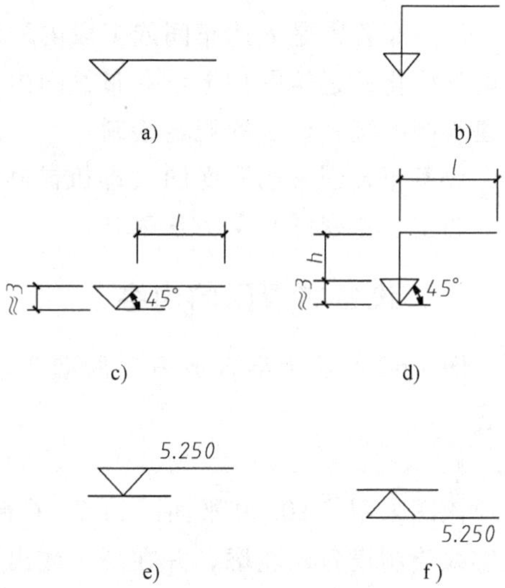

图 12-9　个体建筑标高符号

3. 方向标

方向标是指示安装方位基准的图标，如图 12-10 所示，圆的直径宜为 24mm，指北针的尾部宽度宜为 3mm，需要较大直径绘制指北针时，指针尾部宽度宜为其直径的 1/8。方向标一般画在图的右上角。

4. 标题栏

注写图名、图号、比例及设计阶段等。

二、设备布置图的绘制与阅读

1. 绘图

1）根据设备布置的复杂程度，适当地选择视图的配置。

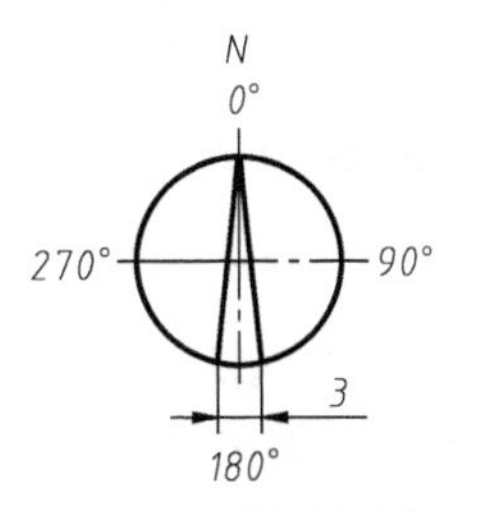

图 12-10　方向标

2）选定视图的比例和图幅。

3）绘制平面图，从底层平面图起逐层绘制，可按下列顺序绘制：

① 绘制建筑定位轴线。

② 绘出与设备安装定位有关的厂房建筑基本结构。

③ 绘出设备中心线。

④ 绘出设备、支架、基础和操作平台等轮廓形状。

⑤ 标注尺寸、建筑定位轴线编号、设备位号及名称。

⑥ 填写标题栏。

4）绘制剖面图，其绘制方法与绘制平面图相同。

5）绘制方向标。

6）编制设备一览表，注写有关的技术说明。

2. 读图

阅读设备布置图的主要目的是要了解和掌握设备在厂房内外布置的情况。现以图 12-8 为例，先做概括了解：从图中可知，该工段厂房为单层，设备也较少，因此只采用了一个平面图和一个剖面图来表达。

在概括了解的基础上可按厂房、设备布置、尺寸等顺序详细阅读。

（1）厂房　从平面图和剖面图中可以看出：该工段厂房长 8000mm、宽 8000mm、高 4.100m。厂房内东南角有一长 4000mm、宽 3150mm 的脱硫分析室，分析室西面有个向内开的单扇门。北面有四个窗，西面与其他工段厂房相连（图中用双折断线表示）。

（2）设备布置　从平面图中可知该工段共有 9 台设备（位号 150~155），其中 5 台设备（安全水封、脱硫塔、氨水槽和 2 台除尘塔）放在厂房外北面，4 台设备放在厂房内，放在厂房内的有 2 台罗茨鼓风机靠北放置，2 台氨水泵在西南角放置。

从剖面图中可知厂房内的设备与厂房的高度关系。

（3）尺寸　图中尺寸分三类，第一类如 4000、8000、3150 等尺寸给出了厂房定位轴线之间的尺寸。第二类属设备定位尺寸，如以厂房定位轴线为基准的 2500、500、1200、600、1000 等，以已标出定位尺寸的设备中心线为基准的 2000、1900、2100、2400 等尺寸。第三类是标高尺寸，如图中给出的厂房标高 4.100m 和罗茨鼓风机安装基础标高 0.150m 等。

第三节　管道布置图

管道布置图又称管道安装图或配管图，是在工艺设计最后阶段完成的，它是以带控制点工艺流程图及设备布置图、设备图为依据进行设计和绘制的。它表达了管道与设备、管道与建筑物的相对位置关系，用以指导管道安装。

一、管道布置图的内容

1. 一组视图

按正投影原理，用一组平面图、向视图、剖面图等表达联合布置的装置或按正投影原理，用一组平面图、立面图和断面图等表达方法表示厂房内外设备（或机器）间管道走向，建（构）筑物的简单轮廓以及管道、管件、阀门和仪表控制点的布置情况。

2. 尺寸标注

1）注写该管道图所在平面的标高。

2）注写设备位号及名称、管道编号及规格尺寸、阀门和控制点代号及物料流向箭头等。

3）注写建筑物轴线及与管道间的距离。

3. 方向标

表示管道安装方位基准，用设备布置图的方向标。

4. 标题栏

标题栏中填写图名、图号、比例、项目名称、设计阶段等。

二、管道布置图的视图表达方法

1. 比例和图幅

一般采用M1∶20、M1∶25、M1∶50和M1∶100，图幅应尽量采用A0，比较简单的也可采用A1或A2。

2. 视图的配置及名称

（1）平面图的配置　平面图按建筑标高平面分层绘制，各层平面图是将楼板以下的全部管道及有关的建筑和设备画出。当某层管道上、下重叠过多，布置比较复杂时，可再分上、下两层绘制。

（2）剖面图的配置　平面图上不能表达的部位，应采用剖面图补充表示。剖面图应尽量与所剖切的平面图在一张图样上，并符合投影关系布置。若图幅有限，也可把剖视图单独画在其他图样上，但应注明剖切平面所在平面图的符号。剖切时要用Ⅰ—Ⅰ、Ⅱ—Ⅱ等数字标记表示剖切位置及投射方向。剖面图上，在图下方标注如“±0.00平面”、“Ⅰ—Ⅰ”剖面图、图号等项，以便读图。如图12-11所示，该图表达出围绕结晶罐的管道的来龙去脉和管道上的阀门、管架等件。

（3）视图表达方法　管道布置图的视图由建筑物、构筑物、各种设备、管道及配件、阀门、仪表控制点和管架等图形组成，这些图形的画法标准中都有明确的规定，因此在绘制管道布置图时，应熟悉各组成部分的规定画法，并严格按标准执行。

1）建筑物的画法。在管道布置图中，应将与管道布置有关的建筑物用细实线绘制出轮廓线，其画法与设备图相同。

2）设备的表达。用细实线绘制出设备的简单外形轮廓、全部接管口以及基础、支架、操作平台等。需要预留安装、检修区域的设备用双点画线按比例画，对简单的定型设备可简化其外形，如泵、鼓风机等设备，有时只画出设备和电动机位置。对复杂的定型设备，可按

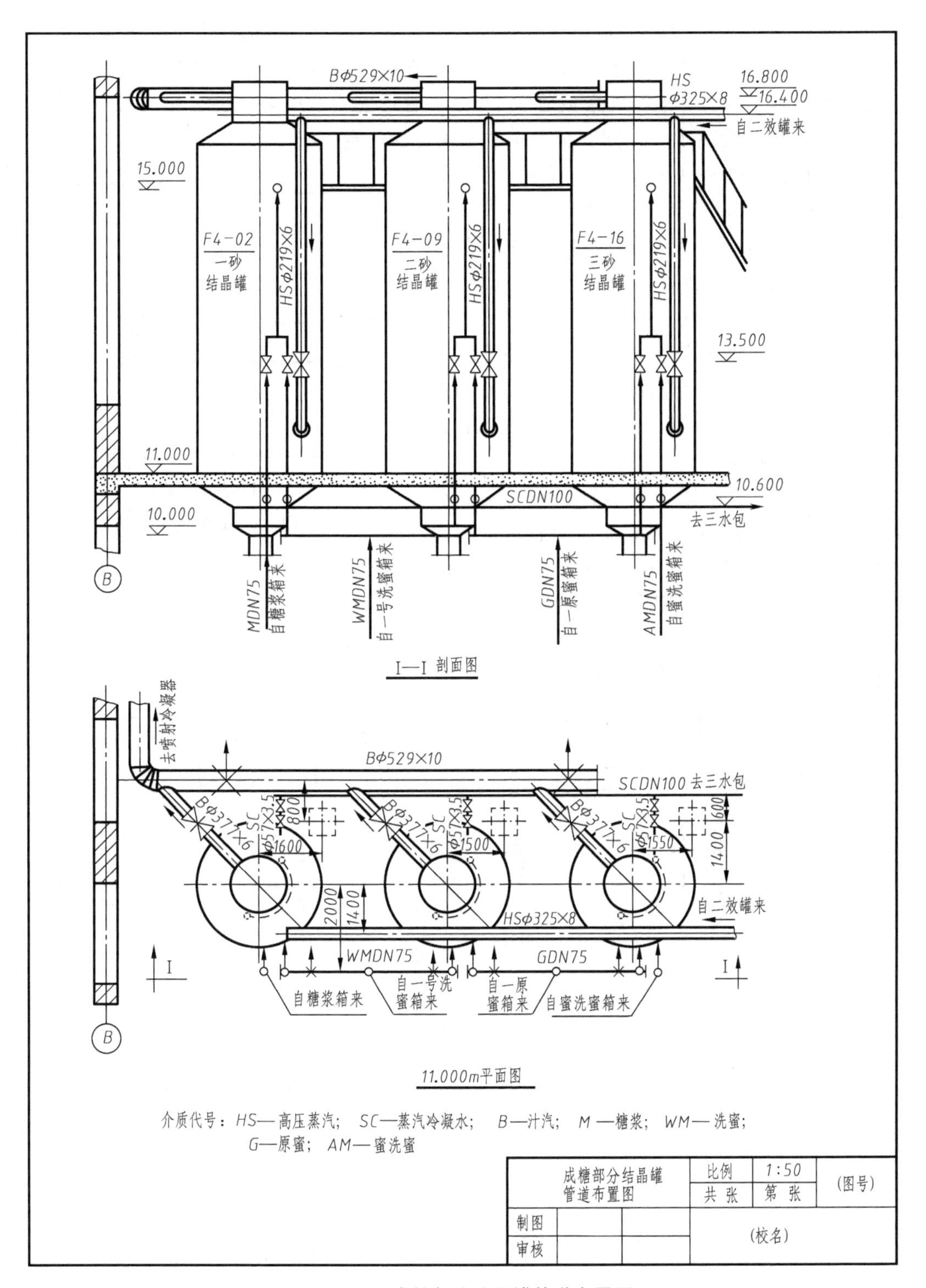

图 12-11　成糖部分结晶罐管道布置图

需要画出设备的全部或与配管有关的局部外形。

3）管道的表示。在图中应画出全部工艺物料管道和辅助管道，管道布置图中的管道应根据公称通径（DN）的大小画成单线或双线。一般情况下，公称通径大于或等于 400mm 的管道用双线表示，公称通径小于或等于 350mm 的管道用单线表示。如果管道布置图中，大口径的管道不多，则公称通径大于或等于 250mm 的管道用双线表示，公称通径小于或等于 200mm 的管道用单线表示。在同一套图样中，执行的规定应统一。

大、小直径管画法如图 12-12a 所示。管道连接的画法如图 12-12b 所示。管道转弯时，向下转弯 90°，如图 12-13a 所示；向上转弯 90°，如图 12-13b 所示；大于 90°转弯，如图 12-13c 所示。

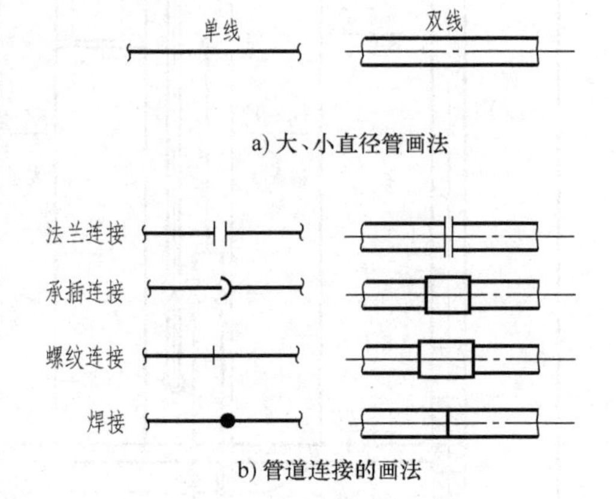

a) 大、小直径管画法

b) 管道连接的画法

图 12-12　管道的表示方法

4）管道交叉的画法。管道在空间交叉以至投影重合时，可以断开被遮住部分，如图 12-13d 所示，也可以将上面或前面的管道断开，露出被遮住部分，如图 12-13e 所示。在绘图和读图时，应注意区别两种画法。

5）管道重叠的画法。管道投影重叠时，将上面或前面的管道断开，下面或后面管道的投影在两断裂符号中间画出一段，如图 12-14 所示；当多根管道重叠时，可采用多重断裂方法表示，处在中间部分的管道为最下（后）部，两

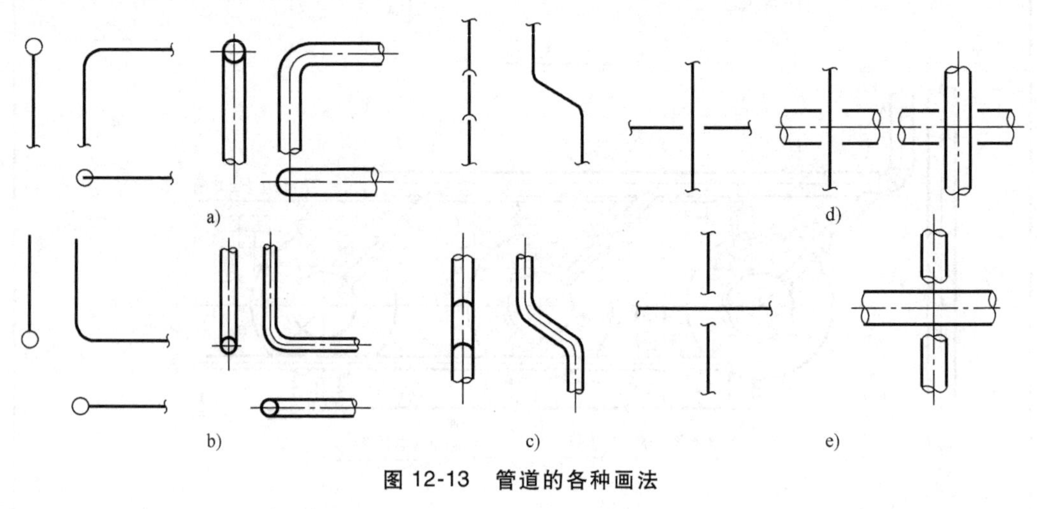

图 12-13　管道的各种画法

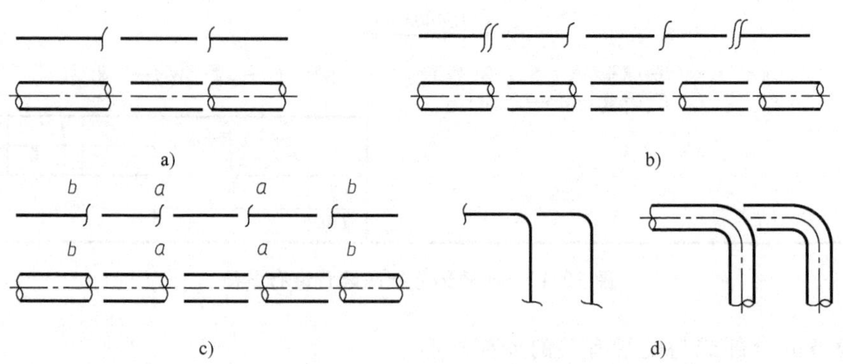

图 12-14　管道重叠的画法

端部分的管道为最上（前）部，如图 12-14b 所示；多根管子重叠时，也可在断裂处标上 a、a 和 b、b 等小写字母，以便于读图，如图 12-14c 所示；当管道转折后投影发生重叠时，把下（后）面管道画至重影处断开表示，如图 12-14d 所示。

6）管道三通的画法，如图 12-15 所示。

7）异径接头画法。同心异径接头和偏心异径接头，如图 12-16 所示。

8）管道标注。图中应标注每根管道的编号、规格和管材代号，管道图简单时，也可不编号。

9）阀门、管件和控制点。管道上的阀门、管件和控制点按规定符号用细实线画出。阀门手柄按安装方位在视图上画出，如图 12-17 所示，其中图 12-17a 为闸阀，b 为截止阀。

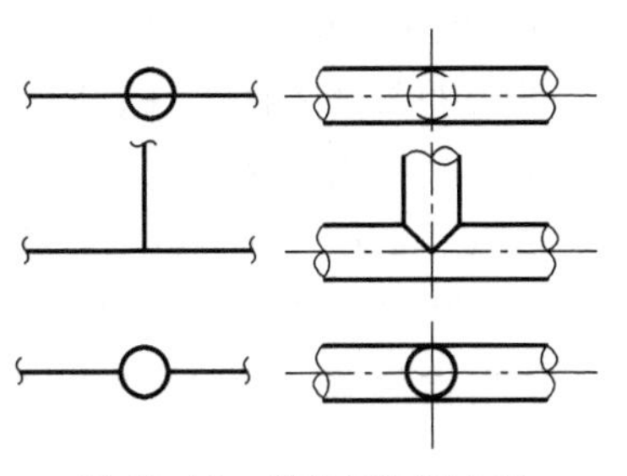

图 12-15　管道三通的画法

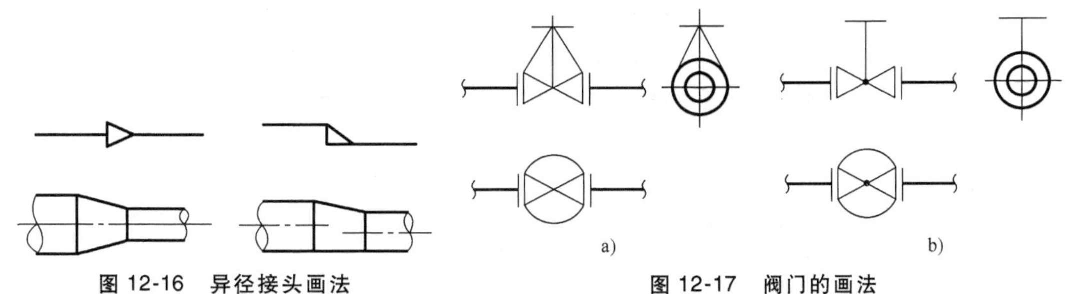

图 12-16　异径接头画法

图 12-17　阀门的画法

管道上的仪表控制点（压力、温度、流量、分析、取样、测温点、测压点等）在管道布置图上用 ϕ10mm 的细实线圆表示。圆内按管道及仪表流程图上仪表控制点的符号和编号填写，在仪表控制点的平面位置用细实线和圆圈连接，如图 12-18 所示。

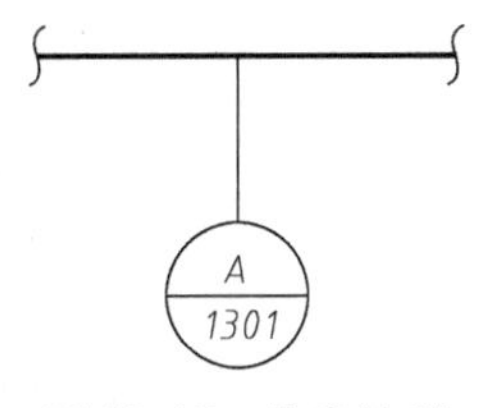

图 12-18　仪表控制点的表示法

三、管道布置图的尺寸标注

管道布置图上要标注尺寸、位号、代号、编号以及某些文字说明等内容。

1. 建筑物

在管道布置图中，建筑物常作为管道布置图中的定位基准。但由于在设备布置图中已详细标注了尺寸，因此在管道布置图的各平面图和剖面图上只标注建筑定位轴线的编号。

2. 设备

在管道布置图中设备是管道布置的主要定位基准。因在设备布置图中已详细标注了定位尺寸，所以在管道布置图中只标注设备的位号及名称。

3. 管道

管道图以平面图为主，标注管道定位尺寸及安装标高，如图 12-11 所示。管道定位尺寸可以用设备中心线、建筑物定位轴线为基准。管道安装标高均以室内地面标高为基准。管道按地面即管外表面标注安装高度时，标注“0.600”；按管中心标注安装高度时，标注“0.500z”。对安装坡度有严格要求的管道，应指出坡向，并注上坡度数字，如图 12-19 所示。管道上通常标注公称通径、物料代号、管段序号等，如图 12-2 所示。管道上如有套管或蒸汽伴管，其直径可标注在主管直径后面，并加斜线隔开。如主管公称通径为 200mm，伴管公称通径为“2”，则标注形式为“DN200/2”。

4. 管件、阀门及仪表控制点

管道布置图中的管件、阀门及控制点按所在位置用规定符号画出后，除需严格按规定尺寸安装外，一般不标注尺寸，如图 12-20、图 12-21 所示。竖管上的阀门在剖面图中应标注安装高度，如图 12-11 所示。管道上管件和阀门较多时，应分别标注型号、公称通径等，如图 12-21 所示。对于非 90°角的弯头和 Y 形接头应标注角度，异径应标注两端公称通径，补偿器有时注出中心线位置尺寸及预拉量等，如图 12-22 所示。

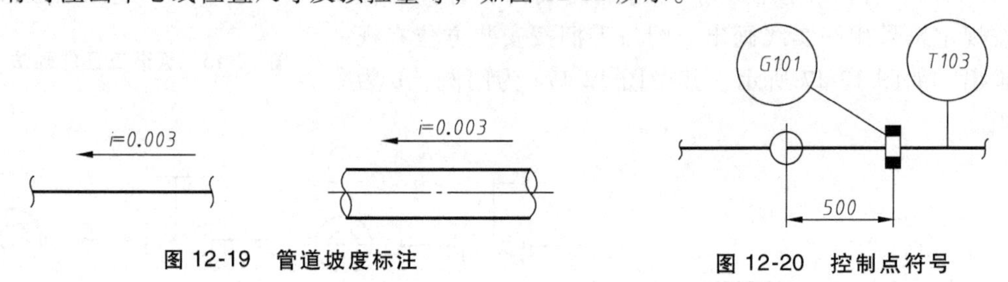

图 12-19　管道坡度标注　　图 12-20　控制点符号

5. 管架

在管道布置图中每个管架均应编一个独立的管架号，如图 12-23 所示，管架号由五个部分组成。管架类别代号和管架生根部位的结构代号见表 12-6。

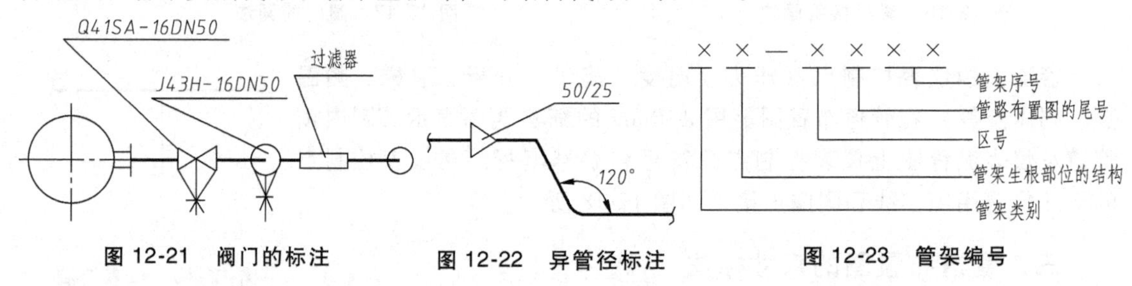

图 12-21　阀门的标注　　图 12-22　异管径标注　　图 12-23　管架编号

表 12-6　管架类别代号和生根部位的结构代号

序号	管架类别	代号	序号	管架生根部位的结构	代号
1	固定架	A	8	轴向限位架	T
2	导向架	G	9	混凝土结构	C
3	滑动架	R	10	地面基础	F
4	吊架	H	11	钢结构	S
5	弹架	S	12	设备	V
6	弹簧支架	P	13	墙	W
7	特殊架	E			

四、管道布置图的读图

阅读管道图，主要是为了通过图样了解该项工程的设计意图，弄清各个管道与建筑物、设备之间的相对位置以及管件、阀门、仪表控制点等在管道上的具体布置情况。现以图 12-11 为例，讨论读图的步骤。

1. 前期准备

管道布置设计是在带控制点工艺流程图、设备布置图等基础上进行的。因此，在读管道布置图之前，应从有关的工艺流程图中了解生产工艺过程和流程中的设备、管道等的配置情况。

2. 概括了解

首先从图样目录中了解该设计项目中管道布置图样的类型、图样数量和视图数量。然后初步浏览不同标高的平面图。从图 12-11 可知，此图是整个成糖部分图样中的第二张，所用比例为 M1∶50，只包括 11.000m 平面图和 Ⅰ—Ⅰ 剖面图，图样主要是表示结晶罐的配管情况。

3. 详细分析

1）了解厂房构造。由图中可知，在 11.000m 平面有楼板，并用三个柱支承和加固，设备安装在楼板上，在 15.000m 处，有操作平台一个，用板焊接而成。

2）了解设备编号、名称、定位尺寸、接管方位及标高。由图中可知，此成糖部分共有三台结晶罐，位号分别为：一台一砂结晶罐，为 F4-02；一台二砂结晶罐，为 F4-09；一台三砂结晶罐，为 F4-16。罐与三个柱的轴线距离已在图中注出。每台结晶罐前面，在 11.000m 平面上有各种物料入口管，下面有凝结水排出管。结晶罐后面，在 15.000m 平面上面，有煮糖时产生的汁气出口管与喷射冷凝器相连，可知此系统为真空操作。

3）了解各种介质管道走向、编号、规格、平面定位尺寸、标高及阀门位置。现以位号 F4-02 结晶罐汁气管和煮一砂原料洗蜜管为例说明如下：

汁气管的管径是 Bϕ529×10，连接三个罐，煮糖汁汽由此管被喷射冷凝器抽出，使罐产生真空，管标高为 16.800m，与柱的轴线距离为 800mm。

煮糖原料——洗蜜，由一号洗蜜箱通过 DN75 管送入结晶罐，标高为 9.60m。此管在 9.60m 处垂直向上，至 10.00m 处拐向结晶罐，并在罐前面拐弯向上同罐入料口相接。

4. 总结检查

根据平面图和立面图将所有管道分析完毕后，综合性地全面了解管道及附件的安装布置情况，检查有无差错及遗漏。

按上述方法，读者可自行阅读图 12-11 中其他管道及所有阀门的布置情况。

五、管道布置图的绘制

管道布置图通常按下列步骤绘制：

1. 选定比例和表达方案，确定图幅

比例常取 1∶50 或 1∶100，当管道复杂时可取 1∶20 或 1∶25. 图纸规格为 A0、A1 或 A2，常用 A1 幅面。

2. 画平面图

画图时一般先画平面图。

1）用中实线或细实线画出厂房建筑的平面图和设备布置的平面图，标出设备位号和名称。

2）画出管道布置的平面图，标出管道介质流向的箭头、介质代号和管径。

3）画出阀门及其他管件图形。

4）画出管架的符号。

5）标注出厂房定位轴线尺寸、设备定位尺寸和管道定位尺寸。

6）绘制方向标。

7）填写标题栏。

3. 画剖面图

1）用中实线或细实线画出所剖部分的厂房和地面（或楼板）以上的设备，注出设备位号和名称。

2）布置管道，标出管道介质流向的箭头、介质代号、管径和标高。

3）标注地面（或楼板）、设备管口等的标高。

4）布置阀门，并标出阀门安装位置的标高。

5）标注尺寸。

6）检查，确定无误后，填写标题栏。

六、轴测管道示意图

轴测管道示意图也称管段图，它是用轴测图表达管道布置的图样。轴测管道示意图在上、下水道、采暖和通风等工程中应用较多。

图 12-24 所示为轴测管道示意图。

轴测管道示意图在绘制时，按 HG 20519.13—1992 规定有如下要求：

1）各种管道、管件、阀门、仪表控制元件一律用粗实线绘制。设备的轮廓用双点画线（线宽 $b/3$）绘制。

2）曲折的空间管道，当管段是水平管段时，需要画与 Y 轴平行的细实线；当管段是正平管段或侧平管段时，需要画与 Z 轴平行的细实线；当管段是一般位置管段时，需要同时画出与 Y 轴和 Z 轴分别平行的细实线，如图 12-24 所示。曲折的空间管道也可用长方形或长方体表示，如图 12-25 所示。

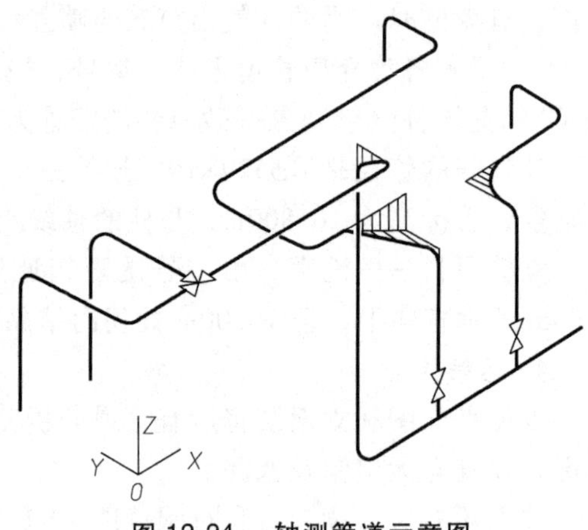

图 12-24 轴测管道示意图

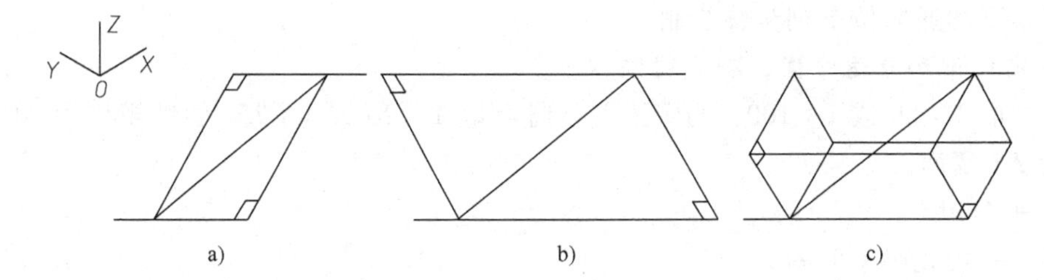

图 12-25 不同位置管道的允许画法

3）曲率半径较大的弯管，可按图 12-26 所示的方法绘制。

4）交叉的空间管道在图中相交时，被遮住的管道应断开绘制。

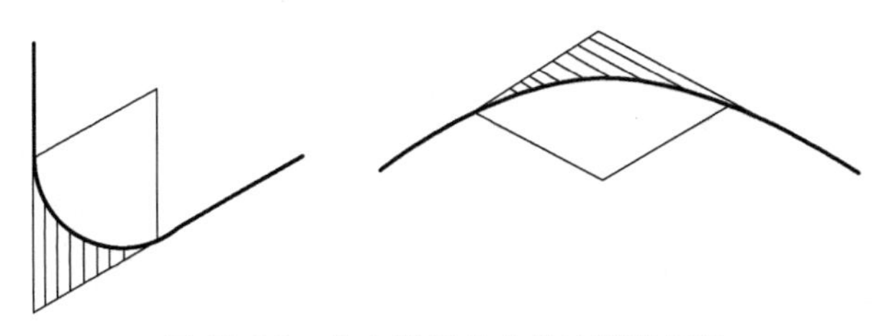

图 12-26　曲率半径较大的弯管的画法

5）轴测管道示意图的管道连接形式、管件、阀门、仪表控制元件等附件均按 HG 20519.13—1992 的规定绘制。

复习思考题

1. 什么叫化工制图？
2. 什么叫工艺流程图？
3. 什么叫设备布置图？它包含哪些内容？
4. 什么叫管道布置图？它包含哪些内容？

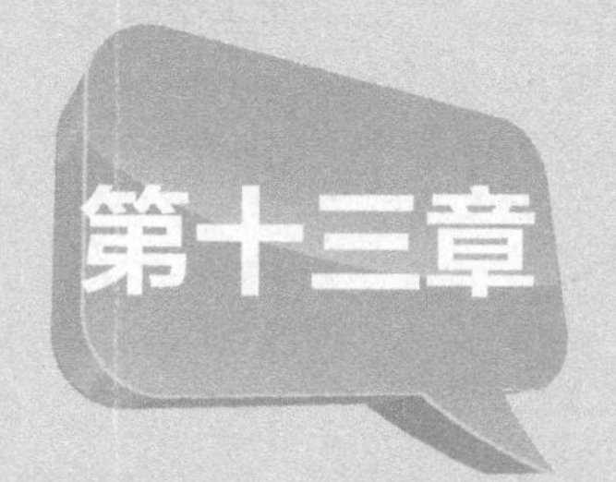

13

AutoCAD绘图基础

AutoCAD 是 Autodesk 公司研发的计算机辅助设计软件，是集绘图、辅助制造、参数化设计、协同设计及通用数据库管理等功能为一体的计算机辅助绘图软件包，因其具有易操作、功能强、可兼容、便于扩展等优点而被广泛地应用于机械、电气、建筑、食品、通信等学科及设计领域。此外，在军事、地理、气象、航海等方面特殊图形的绘制中，AutoCAD 软件也得到了较为普遍的应用，它是目前在设计制造领域中应用最为广泛的图形软件之一。

随着版本的不断更新升级，AutoCAD 的功能也在不断地增强和扩展，其操作和应用将更深入地向交互式和多元化方向迈进。AutoCAD 2021 是当前较流行的版本，本章将主要介绍该版本在绘制二维工程图中的应用。

第一节　操作环境

一、操作界面

操作界面是进入 AutoCAD 2021 后显示的首个画面，也是系统显示、编辑图形的区域。一个完整的 AutoCAD 2021 用户操作界面如图 13-1 所示，包括标题栏、菜单栏、绘图区、十字光标、功能区、导航栏、坐标系图标、快速访问工具栏、布局标签、命令行窗口、状态栏等。

注意：运行 AutoCAD 2021 后，在绘图区右击，打开快捷菜单，选择“选项”命令，如图 13-2 所示。

在打开如图 13-3 所示的“选项”对话框之后，选择“显示”选项卡，将“窗口元素”选项组中的“颜色主题”设置为“明”，单击“确定”按钮，退出对话框，设置完成的“明”用户界面如图 13-4 所示。

1. 标题栏

中文版 AutoCAD 2021 操作界面的最上端部分即为标题栏。标题栏主要显示快速工具栏、工作空间及用户正在使用的图形文件名称等。在首次启动 AutoCAD 2021 时，标题栏中将显示在启动时创建并打开的图形文件 Drawing1. dwg，右侧显示“最小化”“窗口”和“关闭”按钮。

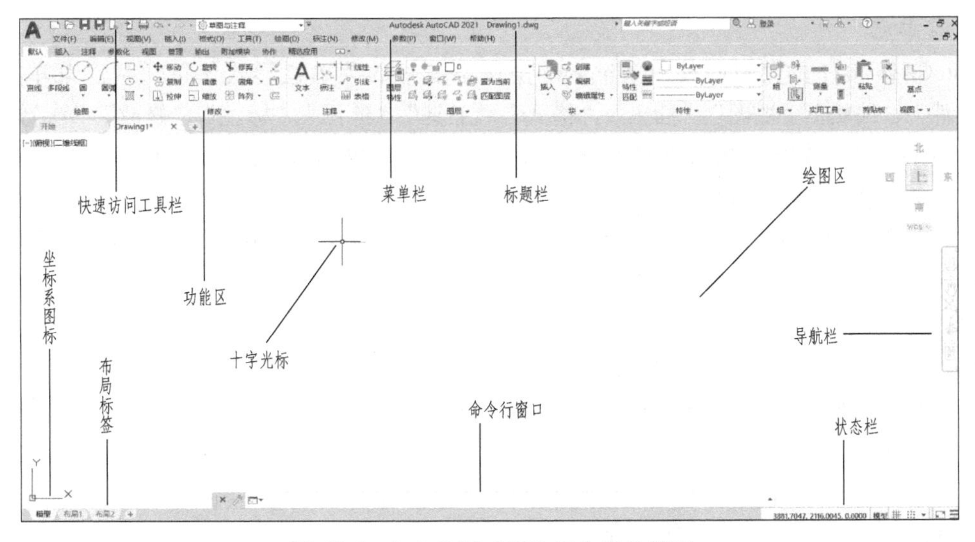

图 13-1　AutoCAD 2021 用户操作界面

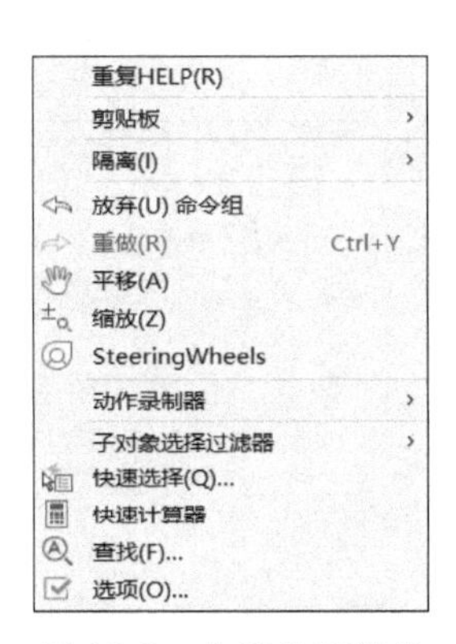

图 13-2　右键快捷菜单

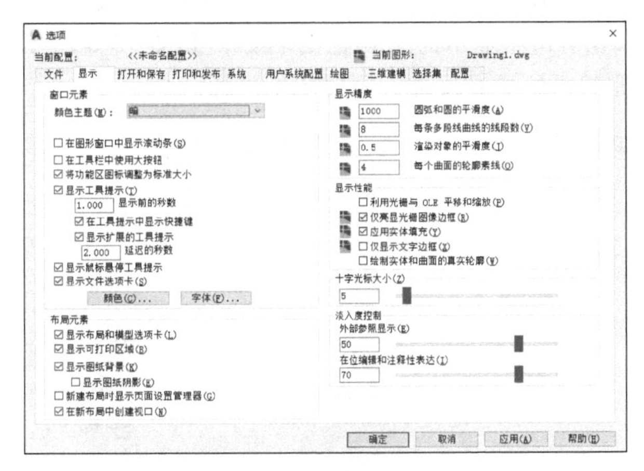

图 13-3　“选项”对话框

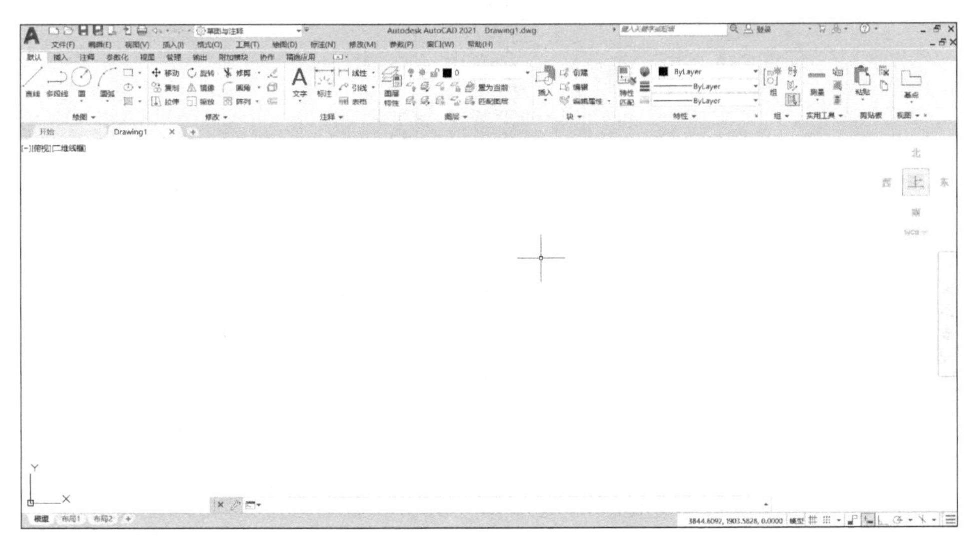

图 13-4　“明”用户界面

2. 菜单栏

AutoCAD 2021 的菜单同其他 Windows 操作系统中的菜单栏形式保持一致。菜单栏中包含“文件”“编辑”“视图”“插入”“格式”“工具”“绘图”“标注”“修改”“参数”“窗口”“帮助”12 个菜单，这些菜单几乎包含了 AutoCAD 2021 的所有操作命令，后续部分将对这些菜单功能进行详细讲述，这里不再赘述。

注意：有时菜单栏不会直接显示在操作界面中，需要进行调用操作，具体步骤如下：

1）单击 AutoCAD 2021 快速访问工具栏右方下三角按钮，在打开的下拉菜单中选择“显示菜单栏”按钮。

2）调出的菜单栏位于窗口的上方。

3）单击快速访问工具栏右侧下三角按钮，在打开的下拉菜单中选择“隐藏工具栏”选项，即可关闭菜单栏。

3. 工具栏

工具栏是一系列工具按钮的集合。

（1）设置工具栏　选择菜单栏中的“工具”→“工具栏”→“AutoCAD”命令，单击某一个未在窗口中显示的工具栏的名称，如图 13-5 所示，系统将自动在窗口中打开该工具栏，如图 13-6 所示；反之，则关闭工具栏。

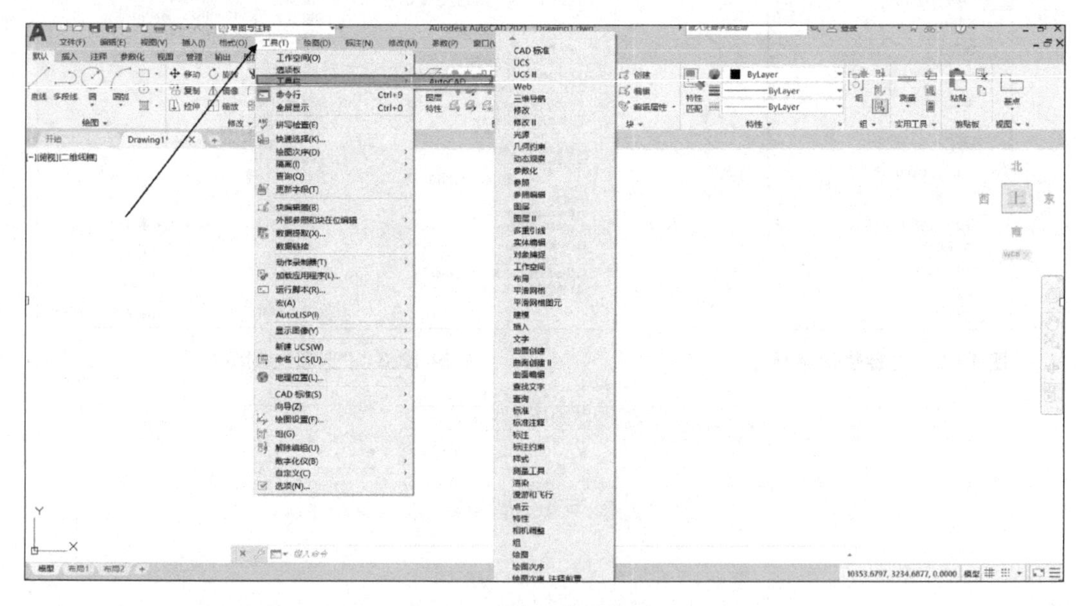

图 13-5　设置工具栏

（2）工具栏的固定与浮动　工具栏能够在绘图区浮动，如图 13-7 所示。此时显示该工具栏标题，并可关闭该工具栏，用鼠标可以拖拽浮动工具栏到图形区边界，令其变为固定工具栏，此时该工具栏标题隐藏。该过程可逆，可把固定工具栏拖出，使其成为浮动工具栏。

注意：有些工具栏按钮的右下角带有一个小三角，单击该工具栏图标会打开相应的工具栏，如图 13-8 所示；按住鼠标左键，将光标移动到某一图标上然后松开左键，就可执行相应的命令，且该图标成为当前图标。

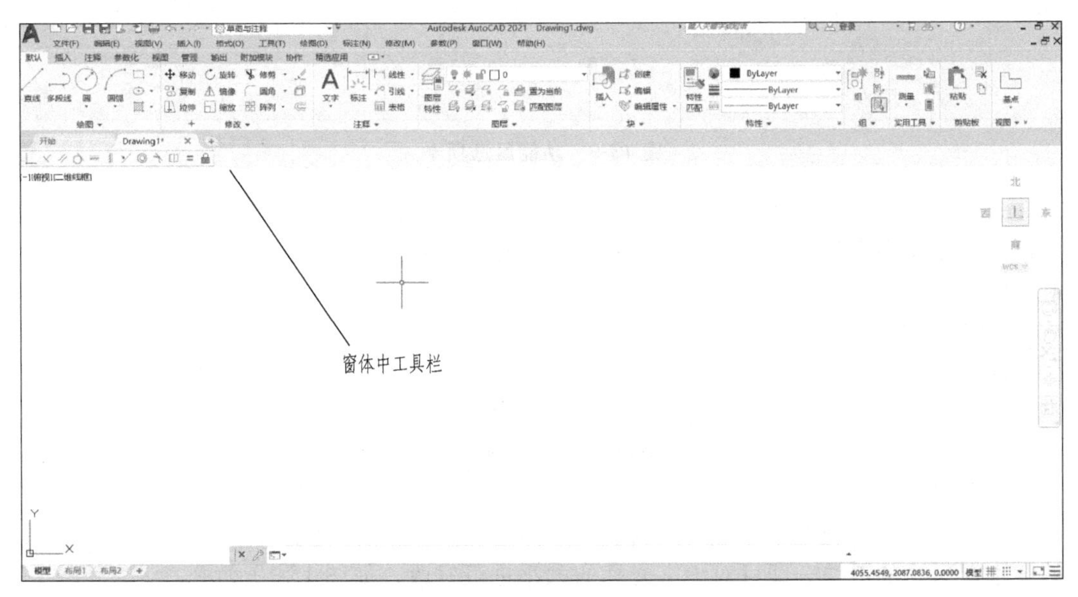

图 13-6　显示工具栏

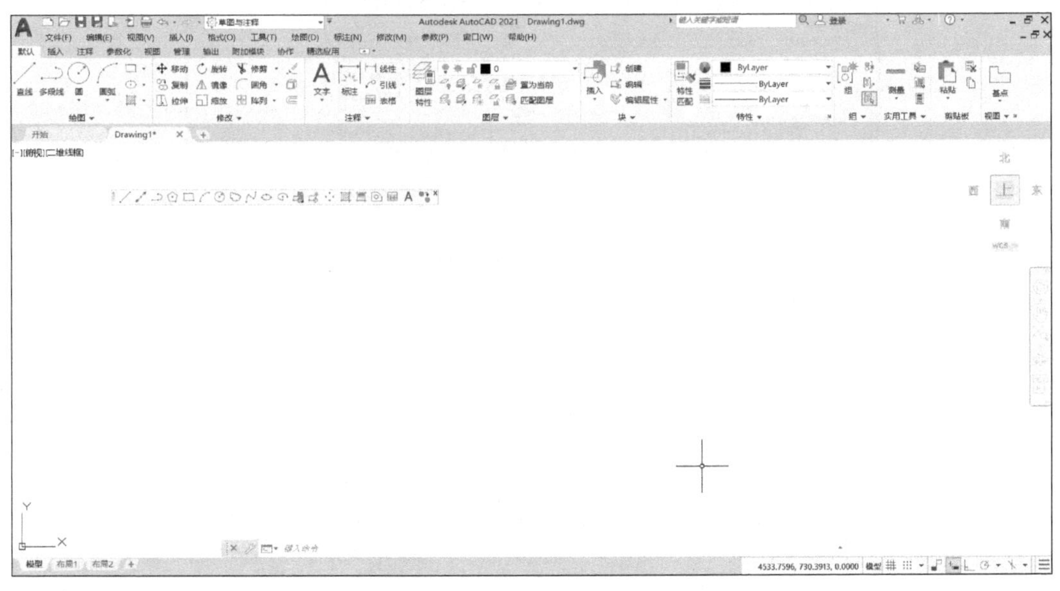

图 13-7　浮动工具栏

4. 功能区

在系统默认情况下，功能区包括“默认”“插入”“注释”“参数化”“视图”“管理”“输出”“附加模块”“协作”“精选应用”选项卡，如图 13-9 所示。每个选项卡集成了相关的操作面板，每个面板又集成的相应的命令按钮，用户可以单击功能区选项后面的按钮控制功能区的展开与回收。

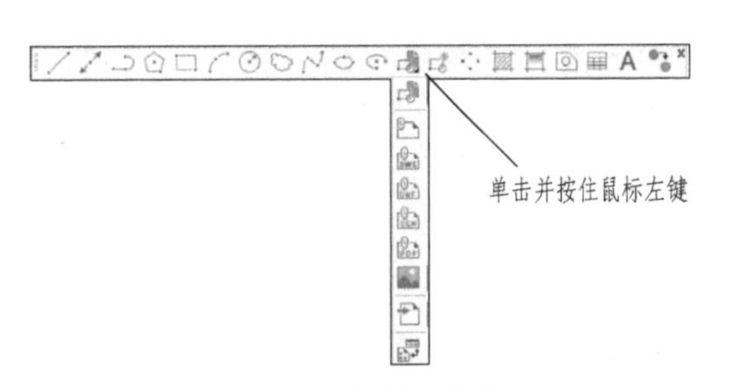

图 13-8　折叠工具栏

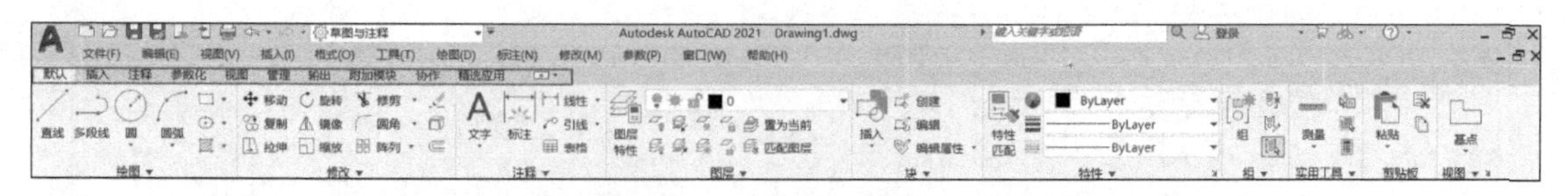

图 13-9　功能区选项卡

5. 绘图区

绘图区是指在操作界面中的空白区域，用于绘制图形，用户的绘图操作主要是在该区域内进行的。

6. 十字光标

在绘图区中，有一个类似汉字“十”字的图标，即为系统的十字光标，其交点反映光标在当前坐标系中的位置。光标的方向与当前用户坐标系的 X、Y 轴方向平行，系统预设光标长度为屏幕大小的 5%，用户可以根据实际需要修改光标大小。

（1）设置十字光标的大小　选择菜单栏中的“工具”→“选项”命令，打开“选项”对话框，选择“显示”选项卡，在“十字光标大小”选项组的文本框中直接输入数值，或者拖拽文本框后面的滑块，即可对十字光标的大小进行修改，如图 13-10 所示。

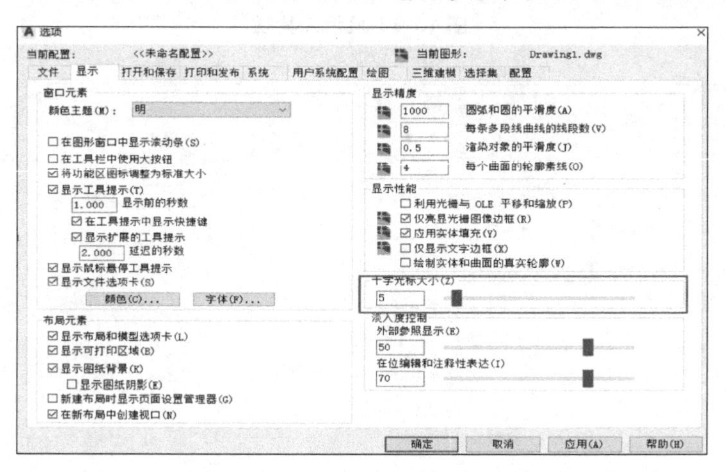

图 13-10　设置“十”字光标

（2）修改绘图窗口颜色　在系统默认情况下，AutoCAD 2021 的绘图区是黑色背景、白色线条。如果不符合部分用户的视觉习惯，可以对绘图区颜色进行修改。

1）选择菜单栏中的“工具”→“选项”命令，打开“选项”对话框，选择“显示”选项卡，单击“窗口元素”选项组中的“颜色”按钮，打开如图 13-11 所示的“图形窗口颜色”对话框。

2）在“颜色”下拉列表中选择需要的窗口颜色，如图 13-12 所示，然后单击“应用并关闭”按钮，即可完成颜色的变换。

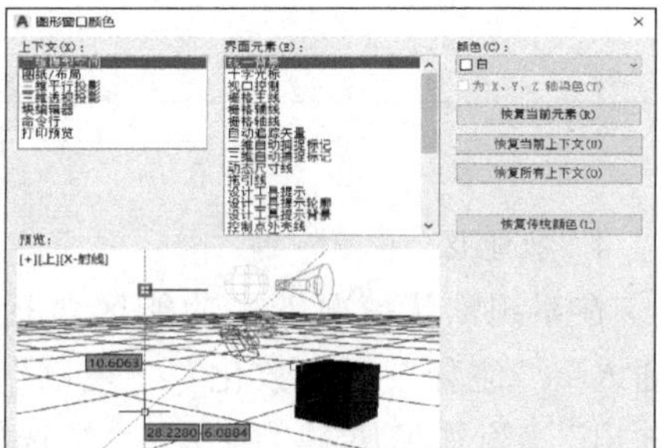

图 13-11　设置绘图区背景颜色

7. 命令行窗口

命令行窗口是输入命令和显示命令提示的区域，默认命令行窗口位于绘图区下方，由若干文本行组成。对于命令行窗口，有以下几点需要说明：

1）移动拆分条，可以缩放命令行窗口。

2）可拖拽，将其布置在绘图区其他位置。

3）选择菜单栏中的“工具”→“命令行”命令，打开如图 13-13 所示的对话框，可以实现命令行窗口的开启和关闭。

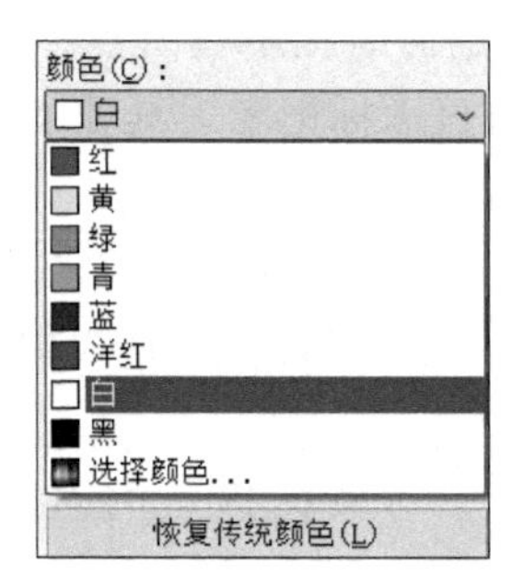

图 13-12　选择颜色对话框

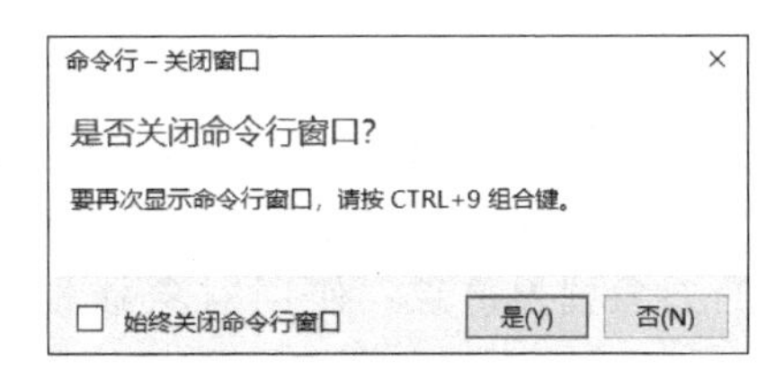

图 13-13　命令行窗口设置对话框

4）系统通过命令行窗口反馈各种信息，包括出错信息。因此，绘图时要时刻关注命令行窗口中出现的提示信息。

8. 状态栏

状态栏位于屏幕底部，依次有“坐标显示区”“模型空间”“栅格”“捕捉模式”“推断约束”“动态输入”“正交模式”“极轴追踪”“等轴测草图”“对象捕捉追踪”“二维对象捕捉”“线宽”“透明度”“选择循环”“三维对象捕捉”“动态 UCS”“选择过滤”“小控件”“注释可见性”“自动缩放”“注释比例”“切换工作空间”“注释监视器”“单位”“快捷特性”“锁定用户界面”“隔离对象”“图形性能”“全屏显示”“自定义”30 个功能按钮。单击部分功能按钮，即可实现对应功能的启闭。

默认设置下，不会显示所有工具，可以通过状态栏最右侧的按钮，选择要在“自定义”菜单显示的工具。状态栏上显示的工具可能会发生变化，具体取决于当前的工作空间以及当前显示的是“模型”空间还是“布局”空间。

下面对状态栏上的部分按钮做简单介绍，如图 13-14 所示。

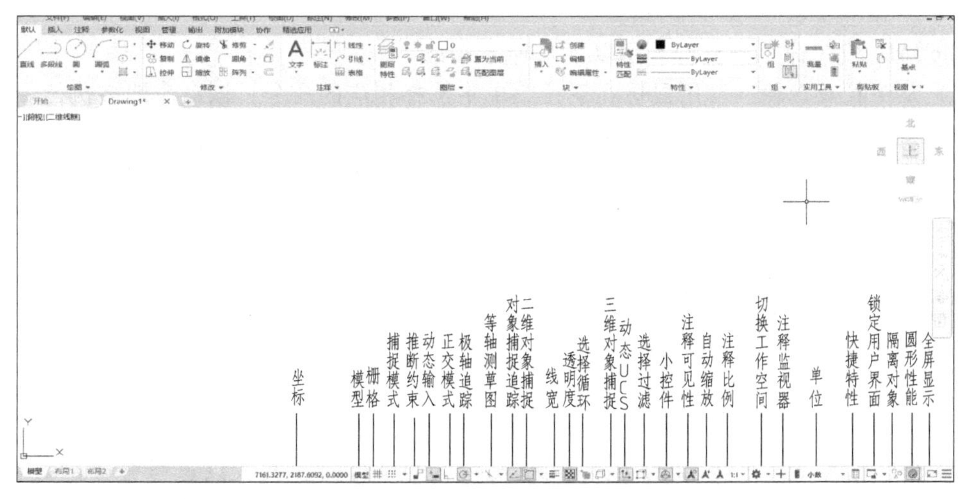

图 13-14　状态栏按钮

1）坐标：显示工作区十字光标点的坐标。

2）模型：在模型空间与布局空间之间进行转换。

3）栅格：它是覆盖整个用户坐标系（User Coordinate System，UCS）*XY* 平面的直线或点组成的矩形图案。利用栅格可以对齐对象并直观显示对象之间的距离。

4）捕捉模式：对于精确位置的确定具有重要意义。不论何时提示输入点，都可以指定对象捕捉。默认情况下，当光标移到对象的捕捉位置时，将显示标记和工具提示。

5）推断约束：在创建或编辑几何图形时自动应用几何约束。

6）动态输入：在光标附近显示一个提示框，提示当前命令与光标的当前坐标值。

7）正交模式：限制光标在水平或者垂直方向上移动，便于精确创建和修改对象。

8）极轴追踪：光标可按指定角度进行移动。

9）对象捕捉追踪：使用对象捕捉追踪，可以沿着基于对象捕捉点的对齐路径进行追踪。

10）线宽：显示对象在不同图层中的宽度，不是统一线宽。

11）选择循环：当一个对象与其他对象彼此接近或者重叠时，准确地选择某一个对象是非常困难的，使用选择循环命令，单击，会弹出选择集列表框，其中列出了单击处周围的图形，然后在列表中选择所需的对象。

12）选择过滤：根据对象特性或者对象类型对选择集进行过滤。

13）小控件：辅助用户沿三维轴或平面移动、旋转或缩放一组对象。

14）自动缩放：注释比例更改时，自动将比例添加到注释对象。

15）切换工作空间：进行工作空间的转换。

16）自定义：状态栏可以提供重要信息。使用该系统变量的计算、判断和编辑功能可以完全按照自己的要求构造状态栏。

二、基本输入操作

AutoCAD 2021 有一些基本的输入操作方法，这些基本方法是进行 AutoCAD 2021 绘图必备的知识基础，也是深入学习 AutoCAD 2021 功能的前提。

1. 命令输入方式

AutoCAD 2021 命令的执行常用以下几种方式：

（1）从下拉菜单输入　用鼠标在下拉菜单中选择相应的命令，该命令即被执行。

（2）从选项卡面板按钮输入　单击相应的面板按钮，该命令即被执行。

（3）从命令提示行用键盘输入　在命令提示行直接输入命令的全称或简称然后按<Spacebar>或<Enter>键。

（4）命令的透明使用　很多命令可以透明使用，即在运行某个命令的过程中执行其他命令，当第二个命令完成后再接着执行前一个命令（例如，SNAP、GRID 或 ZOOM 等）。

2. 数据输入方式

（1）坐标的输入

1）绝对坐标。绝对坐标相对于原点。在 AutoCAD 2021 中，默认时原点（0，0）在图形的左下角。当在 AutoCAD 2021 中需要输入一点的坐标时，输入以逗号分隔的数值“X，Y，Z”就可以确定一点的坐标，这些坐标可以是小数、分数或科学计数法表示的数。

2）相对坐标。相对坐标是指定相对于前一点的坐标，输入格式为：“@X，Y，Z”，其中 X、Y、Z 为相对于前一坐标点的距离值。

3）极坐标。极坐标是用相对于前一点的距离和角度来定义一点，其格式为：“@距离<角度”。

4）鼠标定点。AutoCAD 2021 允许使用指点设备来指定一点，这时只需移动绘图区的十字光标至需要位置，然后单击，则该点的坐标值即被输入。

（2）数值的输入　AutoCAD 2021 有许多处提示需要输入一个数值，例如：“指定高度:”“指定圆的半径:”“指定端点的宽度:”。

当出现这类提示时可以用键盘直接输入一个十进制数值；或用鼠标指定两点，则该两点之间的距离作为所需要的数值。

（3）角度的输入　AutoCAD 2021 有许多提示需要输入一个角度，例如：“指定包含角:”“指定旋转角度:”“指定文字的旋转角度:”。

当出现这类提示时可以用键盘直接输入一个十进制数值；或用鼠标指定两点，则该两点之间连线与水平方向的夹角即为输入的角度数值。

3. 命令的重复、撤销和重做

在绘图的过程中经常会重复使用相同命令或者用错命令，下面介绍命令的重复、撤销和重做操作。

（1）命令的重复　按<Enter>键或<Spacebar>键，可重复调用上一个命令，无论上一个命令是完成了还是被取消了。

（2）命令的撤销　在命令执行的任何时刻都可以取消或终止命令。

撤销命令的方式有以下四种。

1）命令行：UNDO。

2）菜单栏：编辑→放弃。

3）工具栏：快速访问→放弃。

4）快捷键：<Ctrl+Z>。

（3）命令的重做　已被撤销的命令要恢复重做，可以恢复撤销的最后一个命令。重做命令的方式有以下四种。

1）命令行：REDO。

2）菜单栏：编辑→重做。

3）工具栏：快速访问→重做。

4）快捷键：<Ctrl+Y>。

AutoCAD 2021 可以一次执行多重放弃和重做操作。

三、命令执行方式

一般来说，命令有两种执行方式，即通过对话框或命令行输入命令。如果指定使用命令行方式，就可以在命令名前加短划线来表示，如 LAYER 表示用命令行方式执行“图层”命令。而如果在命令行输入“LAYER”，系统则会打开“图层特性管理器”对话框。

另外，有些命令同时存在命令行、菜单栏、工具栏和功能区 4 种执行方式，这时如果选择菜单栏、工具栏或功能区方式，命令行就会显示该命令，并在前面加下划线。

四、文件管理

这里介绍有关文件管理的一些基本操作方法，包括新建文件、保存文件、另存文件、打开文件等。

1. 新建文件

当启动 AutoCAD 2021 的时候，软件会自动新建一个文件 Drawing 1，如果想绘制一张新图，可以再新建一个文件。执行方式有以下四种。

1）命令行：NEW。

2）菜单栏：文件→新建或主菜单→新建。

3）工具栏：快速访问→新建 □。

4）快捷键：<Ctrl+N>。

执行“NEW”命令后 AutoCAD 2021 将显示“选择样板”对话框，如图 13-15 所示。

注意：启动对话框被关闭时（系统变量 Startup 的值为 2 或 3 时），调出“选择样板”对话框，当启动对话框被打开时（系统变量 Startup 的值为 1 时），调出“启动”对话框。

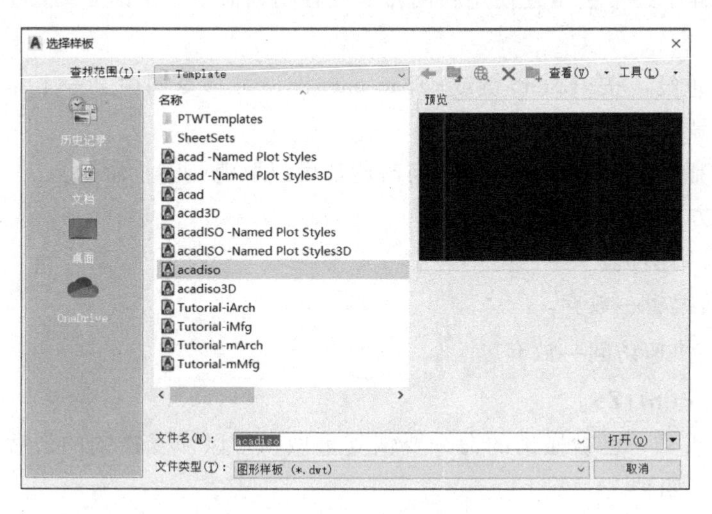

图 13-15　新建文件对话框

对话框中各选项的含义如下。

1）查找范围：显示图形文件目录，刚开始时显示样板图形（Template）目录。

2）文件名：显示要打开的样板图形文件名或已经存在的文件名。

3）文件类型：图形样板（＊.dwt）、图形（＊.dwg）、标准（＊.dws）。

4）打开：确定要打开的样板图形文件或已经存在的旧文件。

“▼”按钮显示有三个选项：

1）打开样板图形文件。

2）无样板打开—英制。

3）无样板打开—米制。

2. 保存文件

在完成绘图后或绘图过程中都可以保存文件。执行方式有以下四种。

1）命令行：QSAVE 或 SAVE。

2）菜单栏：文件→保存或主菜单→保存。

3）工具栏：快速访问→保存 。

4）快捷键：<Ctrl+S>。

如果当前正在编辑的图形未命名，AutoCAD 2021 将显示如图 13-16 所示的“图形另存为”对话框，在该对话框中选择存盘文件夹并输入图形文件名，再单击“保存”按钮，则 AutoCAD 2021 以所给的文件名存盘；若正在编辑的图形已命名，则 AutoCAD 2021 直接存盘而不要求提供文件名。

若要将当前图形文件换名存盘，需执行 SAVEAS 或 SAVE 命令，也可以在“文件”下拉菜单中选择“另存为”选项。

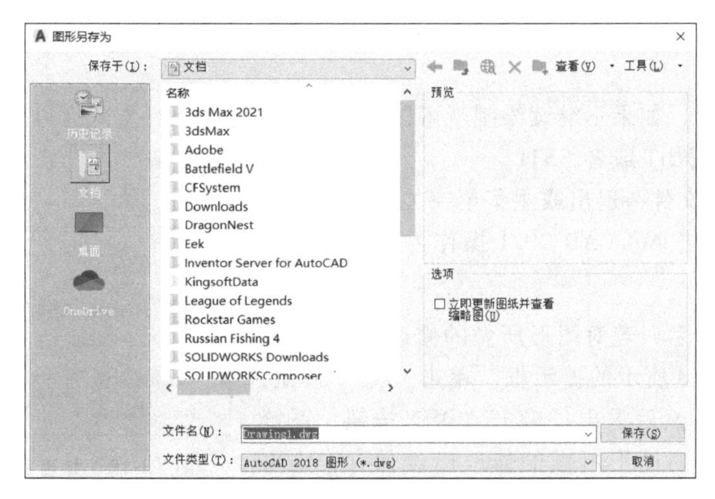

图 13-16 “图片另存为”对话框

注意：为了能让使用低版本软件的用户能够正常打开文件，也可以保存成低版本。

3. 另存文件

已经保存的文件也可以另存为新的文件名。执行方式有以下三种。

1）命令行：SAVEAS。

2）菜单栏：文件→另存为或主菜单→另存为。

3）工具栏：快速访问→另存为 。

4. 打开文件

可以打开之前保存的文件继续编辑。执行方式有以下四种。

1）命令行：OPEN。

2）菜单栏：文件→打开或主菜单→打开。

3）工具栏：快速访问→打开 。

4）快捷键：<Ctrl+O>。

执行上述操作后，系统会打开“选择文件”对话框，如图 13-17 所示。

图 13-17　“选择文件”对话框

5. 退出

绘制完图形后，如果不继续绘制就可以直接退出软件。执行方式有以下三种。

1）命令行：QUIT 或者 EXIT。

2）菜单栏：文件→退出或主菜单→关闭。

3）按钮：单击 AutoCAD 2021 操作界面右上角的“关闭”按钮×。

执行上述操作后，若对图形所做的修改尚未保存，则会出现如图 13-18 所示的提示框。单击“是”按钮，系统将保存文件，然后退出；单击“否”按钮，系统将不保存文件；若对图形所做的修改已经保存，则可以直接退出。

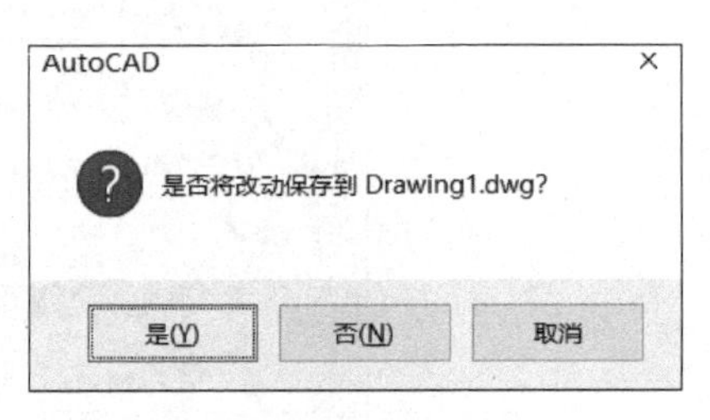

图 13-18　是否保存文件提示框

第二节　基本绘图设置

一、基本绘图参数

绘制一幅图样时，需要事先设置一些基本参数，如图形单位、图形界限等。

1. 图形单位设置

在 AutoCAD 2021 中对于任何图形而言，总有其大小、精度和单位。屏幕上显示的仅为屏幕单位，但屏幕单位应该对应一个真实的单位，不同的单位其显示格式也不同。执行方式有以下两种。

1）命令行：DDUNITS（或 UNITS，快捷命令：UN）。

2）菜单栏：格式→单位。

执行“UNITS”命令后将显示“图形单位”设置对话框，如图 13-19 所示。

各个选项的含义如下。

1）“长度”与“角度”选项组：指定当前单位测量的长度与角度及当前单位的精度。

2）“插入时的缩放单位”选项组：控制插入当前图形中的块和图形的比例。如果块或图形创建时使用的单位与该选项指定的单位不同，则在插入这些块或图形时将对其按比例缩放。插入比例是源块或图形使用的单位与目标图形使用的单位之比。如果插入块时不按指定单位缩放，选择“无单位”选项。

3）“输出样例”选项组：显示用当前单位和角度设置的例子。

4）“光源”选项组：控制当前图形中光度控制光源的强度的测量单位。为创建和使用光度控制光源，必须从下拉列表框中指定非“常规”的单位。

5）“方向”按钮：单击该按钮，系统打开“方向控制”对话框，如图 13-20 所示，可进行方向控制设置。

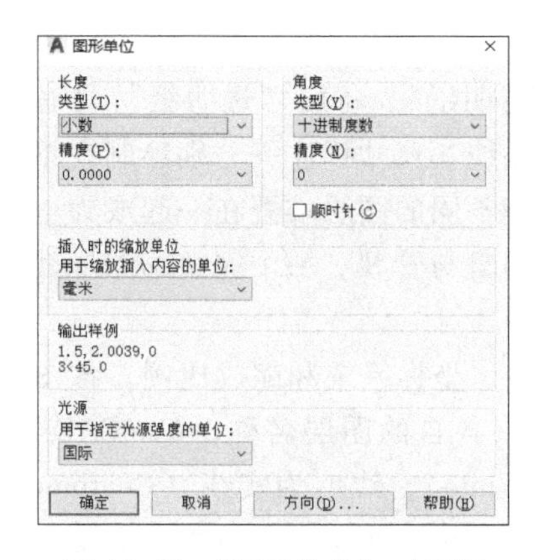

图 13-19 “图形单位”对话框

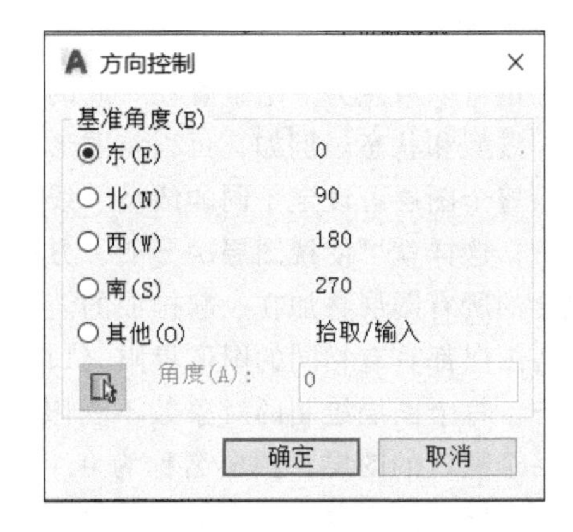

图 13-20 “方向控制”对话框

2. 图形界限设置

绘图界限用于表明用户的工作区域和图纸边界，为了便于准确的绘制和输出图形，避免绘制的图形超出某个范围，就可以使用软件的绘图界限功能。执行方式有以下两种。

1）命令行：LIMITS。

2）菜单栏：格式→图形界限。

图形界限是由世界坐标系中的一对二维点确定的，即图形的左下角和右上角。

例如，设置 A2 图纸的操作如下。

```
命令:LIMITS ↙
重新设置模型空间界限:
指定左下角点或 [开(ON)/关(OFF)] <0.0000,0.0000>:↙
指定右上角点 <420.0000,297.0000>:594,420 ↙
```

选项说明：

1）选项“开”，打开界限检查。当界限检查打开时，不能在图形界限外绘图。

2）选项“关”，关闭界限检查，可以在任意范围内绘图，直到下一次界限检查被打开为止。

3）动态输入角点坐标，可以直接在绘图区的动态文本框中输入角点坐标，输入了横坐标后，按<，>键，接着输入纵坐标，如图 13-21 所示；也可以按光标位置直接单击，确定角点位置。

图 13-21　坐标输入

注意：①在命令行中输入坐标时，请检查此时的输入法是否为英文输入状态。如果是中文输入状态，例如输入“30，20”，则由于逗号“，”的原因，系统会认定该坐标输入无效。这时，只需要将输入法切换为英文输入状态重新输入即可。②在绘制图形之前，需要先设置绘图环境。

二、图层

图层可以假想为一组重叠在一起的没有厚度的“透明纸”，每层“透明纸”具有相同的颜色、线型和状态。例如，可以将图形的轮廓线、中心线、尺寸标注等分别绘制在不同的图层上，每个图层可设定不同的线型、线条颜色，然后把不同的图层堆叠在一起成为一张完整的视图，这样就可使视图层次分明，方便图形对象的编辑与管理。一个完整的图形就是由它所包含的所有图层叠加在一起构成的。

各图层都具有相同的图形界限（LIMITS 命令设置）、坐标系统和缩放比例，各图层间精确对齐，每个图层绘制的对象数不受限制。每个图层有各自的图层名称，AutoCAD 2021 提供了一个默认的图层，图层名称为 0，颜色为白色（White），线型为实线（Continuous）。0 图层不可以被改变名称，也不可以被删除，但可以改变颜色和线型。可以根据需要定义新的图层，给新图层命名并设置相应的颜色、线型和状态等。

1. 图层的相关内容介绍

（1）图层名　AutoCAD 2021 支持长达 255 个字符组成的图层名。图层名中可以有字母、数字、特殊符号“$”、连字符“-”和下划线“_”，但不能有空格。图层的取名原则应简单易记且与对象有关联意义，如点画线、细实线、尺寸标注等。

（2）图层颜色　每个图层都应有一种特定的颜色，通常该颜色为图层上绘制的对象颜色。图层的颜色用颜色号来表示，颜色号是 1~255 的整数。对于不同的图层可以设置相同的颜色，也可以设置不同的颜色。对于一个图层，只能赋予一种颜色。在图形输出时，图层的颜色号也是绘图机的逻辑笔号。

（3）图层线型　图样是由各种图线组成的，而图线又有实线、点画线、双点画线、虚线等线型。图层中线型是指在图层中绘图时所用的线型，每一个图层都应有一个相应的线型。不同的图层可以设置为相同或不同的线型。AutoCAD 2021 提供了 acad. lin 和 acadiso. lin 两个线型文件，可以用文字编辑器修改这两个线型文件或单独创建一个线型文件。

（4）图层线宽　图样除了有线型区分外还有线宽的区分，如图样中的粗实线和细实线。图层的线宽特性是在图层绘图时的图线宽度，可以给图层设定一个图线宽度，也可以不设定宽度。当设定图层线宽时，可以在图形输出时使用该线宽；当不设定图层线宽时，可以在图形输出时设置。

（5）图层打印样式　控制某个图层中的图形输出时的外观。

2. 图层——LAYER 命令

执行方式有以下四种。

1）命令行：LAYER。

2）菜单栏：格式→图层。

3）工具栏：图层→图层特性管理器。

4）功能区：默认→图层→图层特性管理器。

执行“图层”命令后将显示“图层特性管理器”对话框，如图 13-22 所示，各个选项的含义如下。

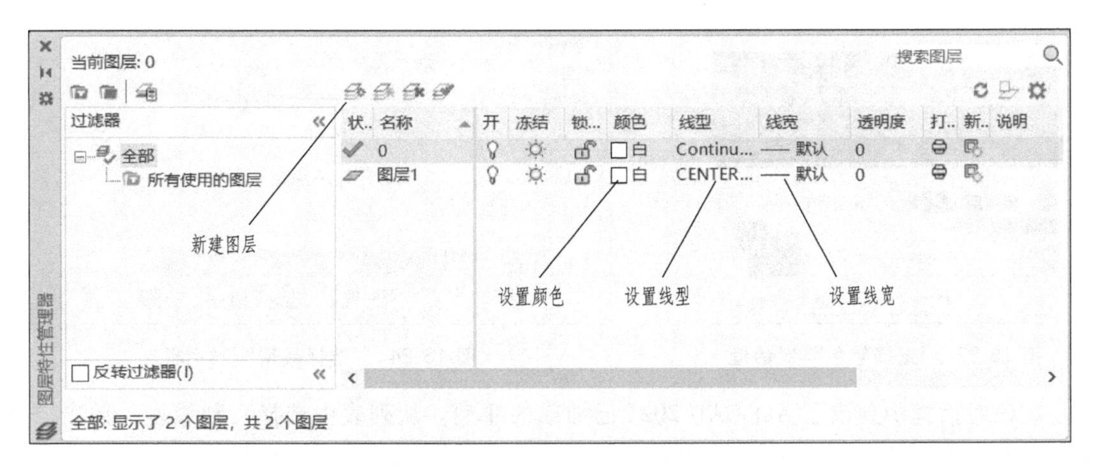

图 13-22 “图层特性管理器”对话框

1）“图层过滤器”区。位于该对话框的左侧区域，用于控制在列表中显示哪些图层，还可用于同时对多个图层进行修改。

2）“图层列表”区。位于该对话框的右侧区域，显示符合“图层过滤器”设置条件的图层名称及状态。该区域提供了“新建图层”“删除图层”和“置为当前”三个图标按钮，用来进行建立新图层、删除已有的图层、设置当前图层操作。

下面对各种图层操作进行简要介绍。

（1）建立新图层　单击“图层特性管理器”的“新建图层”按钮，AutoCAD 2021 将会创建一个名为“图层 1”的新图层，可以立即对“图层 1”进行编辑，也可以以后修改。如果在此之前没有选择其他图层，AutoCAD 2021 将把 0 层的所有特性赋给新图层；如果在此之前已经选择了某个图层，AutoCAD 2021 则根据所选图层的特性来生成新图层。如果“图层 1”已经存在，则新建的图层名为“图层 2”，以此类推。

新建图层时可以连续创建多个图层。单击“新建图层”按钮后，直接输入图层名称并输入一个“，”号，就可以再生成另一个图层。

当定义了新的图层后，系统会提供默认的颜色、线型和状态，可根据图形的需要重新设置。

（2）设置图层颜色　在“图层特性管理器”管理器中可以对图层设置不同的颜色。单击“图层特性管理器”对话框图层列表区的颜色一列，AutoCAD 2021 将打开“选择颜色”对话框，如图 13-23 所示。

可以在索引颜色、真彩色和配色系统的颜色中选择颜色。在“索引颜色”选项卡中可以选择标准色 1~7 号颜色（8、9 及灰度 250~255 号颜色无法打印不选）或在调色板（10~249）中选择一种颜色。如果选择了一种颜色，此颜色的名称或代号将显示在“颜色”框中作为当前颜色。也可以在颜色编辑框中直接输入颜色的颜色号。单击“确定”按钮，AutoCAD 2021 将把所选择的颜色赋予选择的图层，并关闭“选择颜色”对话框。

（3）设置图层线型　在“图层特性管理器”管理器中可以对图层设置不同的线型。单击“图层特性管理器”对话框图层列表区的线型一列，AutoCAD 2021 将打开“选择线型”对话框，如图 13-24 所示。

图 13-23　“选择颜色”对话框

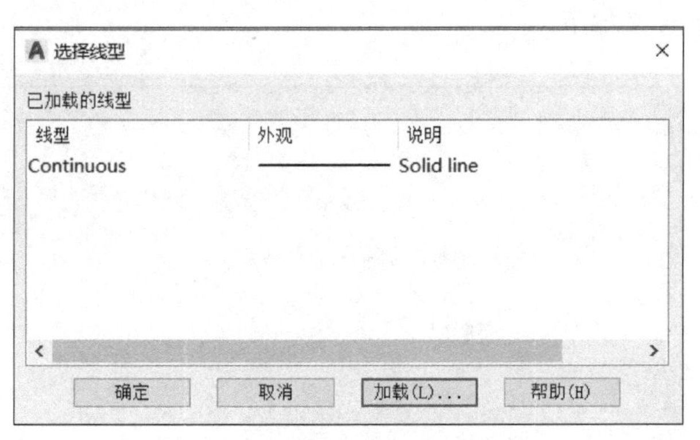

图 13-24　“选择线型”对话框

在该对话框中列出了 AutoCAD 2021 已加载的线型。从列表中选择一种线型，单击“确定”按钮，则 AutoCAD 2021 把选择的线型赋予选择的图层并关闭“选择线型”对话框。

如果在“选择线型”对话框的线型列表中没有所需的线型，可以单击“加载”按钮，AutoCAD 2021 将打开“加载或重加载线型”对话框，如图 13-25 所示。在该对话框的线型列表中列出了当前的线型文件（acad. lin 或 acadiso. lin）的所有线型，从中选择一种或几种所需的线型，单击“确定”按钮，AutoCAD 2021 将把选择的线型加入“选择线型”对话框，并关闭“加载或重载线型”对话框。

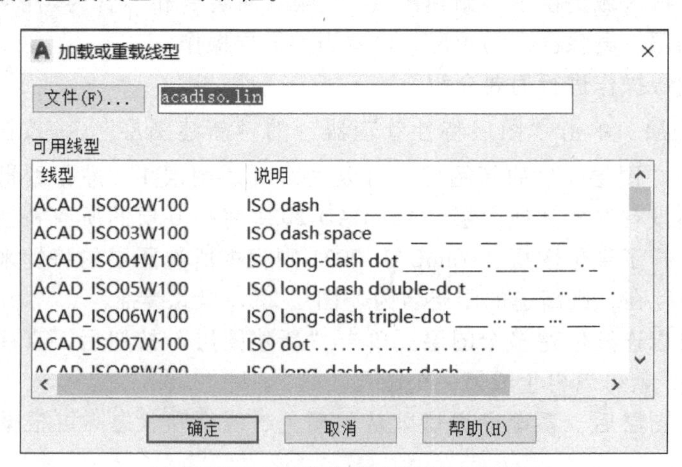

图 13-25　“加载或重载线型”对话框

（4）设置图层状态　在“图层特性管理器”选项板的图层列表中有一列图标，单击这些图标，可以开闭图标的功能，各个图标功能及含义见表 13-1。

表 13-1 各个图标功能及含义

图　标	名　称	说　明
/	打开/关闭	改变图层的可见性，可以单击图名列表区“开”列的“灯泡”图标，当“灯泡”点亮时，则该图层为“开”状态（可见）；当“灯泡”变暗时，则该图层为“关”状态（不可见）。图层的可见状态就是指该图层上的所有对象都是可见的；当关闭某一图层后，则该层上所有对象都看不到，也不打印输出。这些对象仍然存在于图形当中，并且可以在关闭的图层绘图，只有当打开图层时，所绘图形才能被看到
/	解冻/冻结	改变图层的冻结与解冻状态，可以单击图名列表区“在所有视口冻结”列的“太阳”图标，当图标为“太阳”时，则该图层为“解冻”状态（可见）；当图标为“雪花”时，则该图层为“冻结”状态（不可见）。图层的冻结状态就是指该图层上的所有对象都是不可见的，不能被编辑，不能进行重生成和打印
/	解锁/锁定	改变图层的锁定与解锁状态，可以单击图名列表区“锁定”列的“锁”形图标，当“锁”为打开时，则该图层为“解锁”状态（可见）；当“锁”为关闭时，则该图层为“锁定”状态（可见）。图层的锁定状态就是指该图层上的所有对象都是可见的，但不能被编辑。当被锁定的图层设置为当前层后，仍然可以在该层绘图；该图层上的所有对象的特征点仍然可以使用对象捕捉命令捕捉到
/	新视口冻结/视口解冻	仅在当前布局视口中冻结选定的图层。如果图层在图形中已冻结或关闭，则无法在当前视口中解冻该图层
/	打印/不打印	指定图层是否可以打印

（5）删除图层　如果要删除不需要的图层，可以先选择要删除的图层，再单击“图层特性管理器”的“删除图层” 按钮，AutoCAD 2021 将在该图层的“状态”上显示删除标记 ，最后单击“图层特性管理器”的“应用”按钮，即可删除该图层。也可以在图层列表区选择要删除的图层，再右击，在弹出的快捷菜单中选择删除图层。

（6）设置当前层　在“图层特性管理器”中单击“置为当前” 按钮，可将选定的图层高置为当前图层。

（7）图层面板　AutoCAD 2021 提供了一个图层面板，如图 13-26 所示。图层的设置和使用都可以在该面板中进行。

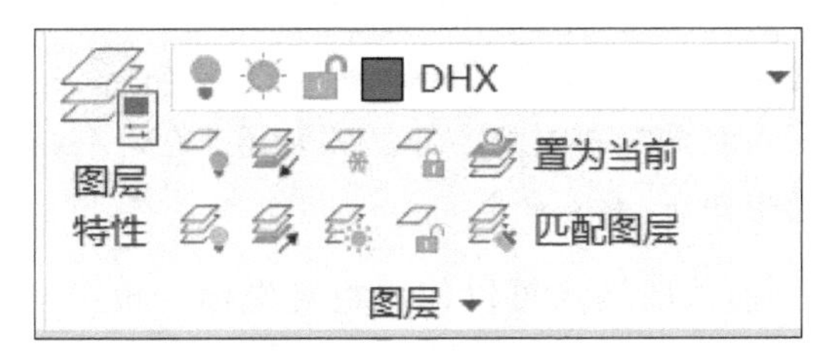

图 13-26　图层面板

1）设置当前层。在 AutoCAD 2021 中只能在当前图层中绘图，使用图层面板可以方便地把已有图层设置为当前层或选择某一对象所在的图层为当前层。

2）将已有图层设置为当前层。单击图层面板的图层名列表区，在展开的图层名下拉列表中选择一种图层单击，则 AutoCAD 2021 把选中的图层置为当前层。

3）选择对象所在图层为当前层。选择将使其图层成为当前图层的对象，再单击图 13-26 中的“置为当前”按钮。

4）设置图层状态。在图13-26所示的图层工具栏下拉列表中单击图层状态图标（开/关、锁定/解锁、冻结/解冻）即可以设置图层状态。

5）改变对象的图层。如果要改变对象的图层，可以进行如下操作：

① 选择要改变图层的对象（可以用单选、窗口或交叉窗口方式选择对象）。

② 单击“图层面板”的图层名列表，从中选择目标图层。

③ 按两次<Esc>键取消屏幕上的夹点。

第三节　常用二维绘图命令

二维图形是指在二维平面内绘制的图形，主要由一些图形元素组成。AutoCAD 2021提供了丰富的绘图命令，如点、直线、圆弧、圆、椭圆、文本等基本绘图命令，利用这些命令可以绘制出各种基本图形对象，本节主要介绍常用的AutoCAD 2021的基本绘图命令。

一、直线类命令

直线类命令包括直线段命令、射线命令和构造线命令。

1. 直线段命令

直线是绘图中最基本的一种图形单元。直线段命令的执行方式有以下四种。

1）命令行：LINE（快捷命令：L）。

2）菜单栏：绘图→直线。

3）工具栏：绘图→直线╱。

4）功能区：默认→绘图→直线╱。

操作步骤如下。

命令:LINE ↙

指定第一点:(输入直线段的起点,用鼠标指定点或者给定点的坐标)

指定下一点或［放弃(U)］:(输入直线段的端点,也可以用鼠标指定一定角度后,直接输入直线的长度)

指定下一点或［退出(E)/放弃(U)］:(输入下一直线段的端点。输入U表示放弃前面的输入;右击或按<Enter>键,结束命令)

指定下一点或［闭合(C)/退出(X)/放弃(U)］:(输入下一直线段的端点,或输入C使图形闭合,结束命令)

直线的端点可以使用绝对坐标、相对坐标（第一点不可以）、极坐标或鼠标指定点。AutoCAD 2021命令有不同的选项，对于“LINE”命令，有三个选项：“闭合”“放弃”和“连续”。

（1）“闭合（C）”选项　在绘出两条或两条以上的直线后，“闭合”选项就可以使用了（注意命令行的提示信息）。在“指定下一点或［闭合（C）/放弃（U）］:”提示符下输入“C”并按<Enter>键，AutoCAD 2021将画出一个封闭多边形，画线命令结束。

命令操作如下（图13-27）。

```
命令:LINE ↙
指定第一点:135,25 ↙
指定下一点或[放弃(U)]:241,77 ↙
指定下一点或[放弃(U)]:108,284 ↙
指定下一点或[闭合(C)/放弃(U)]:187,339 ↙
指定下一点或[闭合(C)/放弃(U)]:C ↙
```

(2)"放弃(U)"选项　当要绘制一系列相连的直线时，有时可能要删去最后一段并从前一段直线的末端开始继续画线。这时可通过"放弃"选项来实现而不必退出"LINE"命令。当需要删除最后一段线时，在"指定下一点或[闭合(C)/放弃(U)]:"提示符下输入"U"并按<Enter>键，就可以删除最后一段线，可以连续多次使用，直到起点。

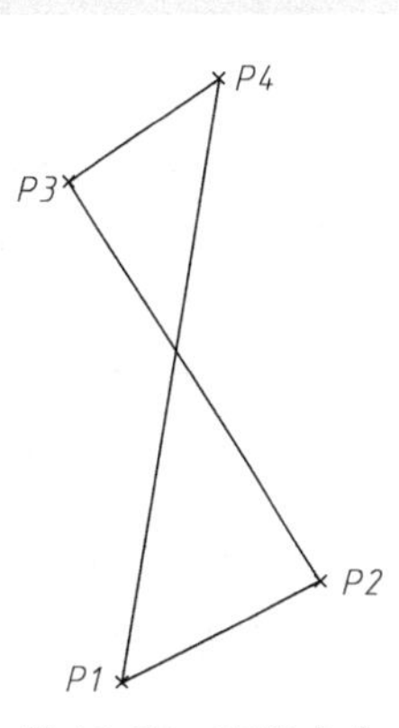

图 13-27　直线命令

2. 构造线命令

构造线就是无线长度的直线，用于模拟手工作图中的辅助作图线。应用构造线作为辅助线绘制工程图中的三视图是构造线的主要用途，构造线的应用可以保证三视图之间符合三等规律的对应关系。构造线命令的执行方式有以下四种。

1）命令行：XLINE（快捷命令：XL）。

2）菜单栏：绘图→构造线。

3）工具栏：绘图→构造线 。

4）功能区：默认→绘图→构造线 。

操作步骤如下。

```
命令:XLINE ↙
指定点或[水平(H)/垂直(V)/角度(A)/二等分(B)/偏移(O)]:(指定一点或选择)
```

选项说明如下。

1）"指定点"选项：该项用来绘制通过两点的构造线，为默认项。当在"指定点或[水平(H)/垂直(V)/角度(A)/二等分(B)/偏移(O)]:"提示下输入一点时，AutoCAD 2021 提示："指定通过点:"，在此提示下再输入一点，则绘出通过这两点的构造线，同时 AutoCAD 2021 继续提示："指定通过点:"。直到在"指定通过点:"提示下按<Spacebar>键或<Enter>键结束命令。利用该功能可以绘制通过一点的多条构造线，如图 13-28a 所示。

2）"水平(H)"选项：该选项绘制水平构造线，可绘制一条或多条，如图 13-28b 所示。

3）"垂直(V)"选项：该选项绘制垂直构造线，可绘制一条或多条，如图 13-28c 所示。

4）"角度(A)"选项：该选项绘制指定角度的构造线，如图 13-28d 所示。

5）"二等分(B)"选项：该选项绘制一角的平分线，如图 13-28e 所示。

6）"偏移(O)"选项：该选项在指定距离处画一条平行于指定直线的构造线，如图 13-28f 所示。

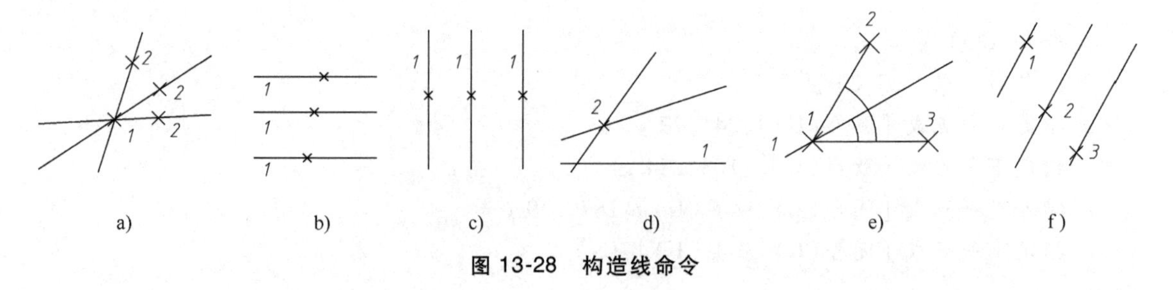

图 13-28　构造线命令

3. 射线命令

射线是单向的无限长直线，相当于光线从某一点单向发射出去。射线可以取代构造线作为绘图辅助线，也可以在某些场合替代直线段使用。射线命令的执行方式有以下四种。

1）命令行：RAY。

2）菜单栏：绘图→射线。

3）工具栏：绘图→射线。

4）功能区：默认→绘图→射线。

操作步骤如下。

```
命令:RAY ↙
指定起点:(给出起点)
指定通过点:(给出通过点,画出射线)
指定通过点:(过起点画出另一射线,按<Enter>键结束命令)
```

射线开始于第一点，通过第二、第三点向无限远处延伸。AutoCAD 2021 不断提示："指定通过点:"，直到按<Spacebar>键或<Enter>键结束命令。

二、圆类命令

圆类命令主要包括"圆""圆弧""椭圆""椭圆弧"命令，这些命令是 AutoCAD 2021 中较为常用的曲线命令。

1. 绘制圆

圆是一种简单的封闭曲线，也是绘制工程图形时经常用到的图形单元。圆命令的执行方式有以下四种。

1）命令行：CIRCLE（快捷命令：C）。

2）菜单栏：绘图→圆。

3）工具栏：绘图→圆。

4）功能区：默认→绘图→圆，在弹出的下拉列表中选择一种绘制圆的方式，如图 13-29 所示。

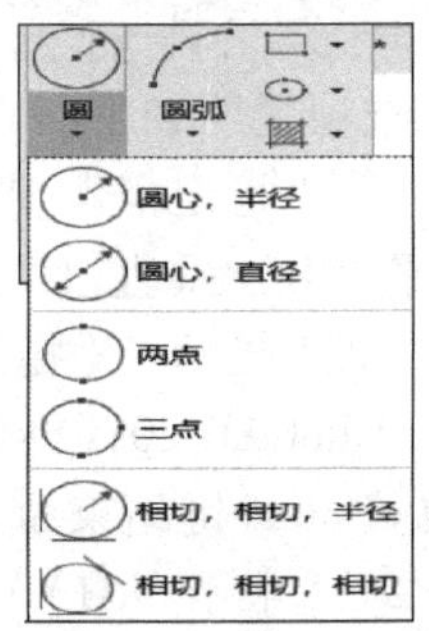

图 13-29　圆命令选项

绘制圆有多种方法可供选择。下面仅对几种常用方法进行介绍。

(1) 圆心、半径法或直径法（图 13-30a）

```
命令:CIRCLE ↙
指定圆的圆心或[三点(3P)/两点(2P)/相切、相切、半径(T)]:P1(圆心)
指定圆的半径或[直径(D)]:R ↙(输入半径值)
```

（2）两点（直径的两端点）法（图 13-30b）

```
命令:CIRCLE ↙
指定圆的圆心或［三点(3P)/两点(2P)/相切、相切、半径(T)］:_2p
指定圆直径的第一个端点:P2(指定第一点)
指定圆直径的第二个端点:P3(指定第二点)
```

（3）三点（圆周上三点）法（图 13-30c）

```
命令:CIRCLE ↙
指定圆的圆心或［三点(3P)/两点(2P)/相切、相切、半径(T)］:_3p
指定圆上的第一点:P4(指定第一点)
指定圆上的第二点:P5(指定第二点)
指定圆上的第三点:P6(指定第三点)
```

（4）相切、相切、半径法（图 13-30d、e）

```
命令:CIRCLE ↙
指定圆的圆心或［三点(3P)/两点(2P)/相切、相切、半径(T)］:T
在对象上指定一点作圆的第一条切线:(选择圆或直线)
在对象上指定一点作圆的第二条切线:(选择圆或直线)
指定圆的半径 <10>:15 ↙(输入圆的半径)
```

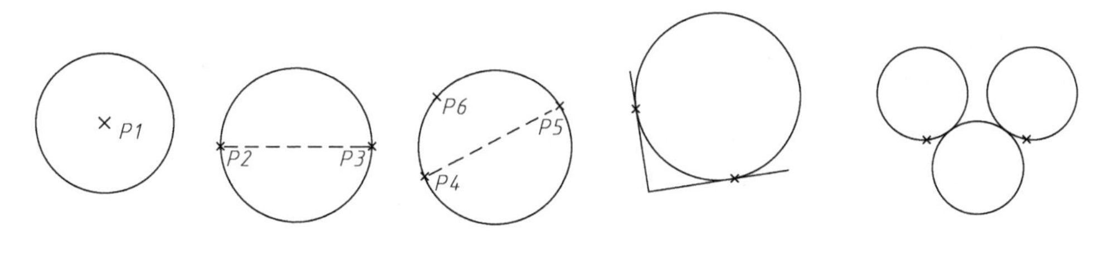

a) 圆心、半径法　　b) 两点法　　c) 三点法　　d) 相切、相切、半径法　　e) 相切、相切、半径法

图 13-30　圆命令

注意：有时图形经过缩放或 ZOOM 后，绘制的圆边显示有棱边，圆形会变得粗糙。在命令行中输入 RE（REGEN）命令，重新生成模型，圆边会变得光滑。也可以在“选项”对话框的“显示”选项卡中调整“圆弧和圆的平滑度”。

2. 绘制圆弧

圆弧是圆的一部分。在工程实际中，圆弧的使用比圆更普遍。通常所说的“流线型”造型或者圆润造型实际上就是圆弧造型。圆弧命令的执行方式有以下四种。

1）命令行：ARC（快捷命令：A）。

2）菜单栏：选择菜单栏中的绘图、圆弧命令。

3）工具栏：绘图→圆弧 。

4）功能区：默认→绘图→圆弧 。

在弹出的下拉列表中选择一种绘制圆弧的方式，如图 13-31 所示。

绘制圆弧有 11 种方法可供选择。下面仅介绍几种常用的绘制圆弧方法。

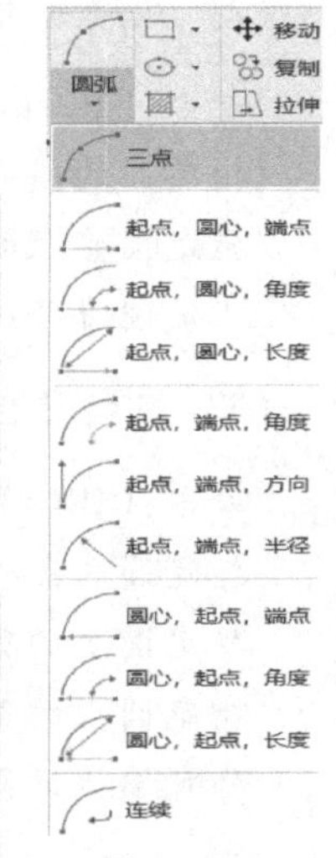

图 13-31 圆弧命令选项

（1）三点（圆弧通过的三点）法（图 13-32a）

```
命令:ARC ↙
指定圆弧的起点或[圆心(C)]:P1(指定起点)
指定圆弧的第二个点或[圆心(C)/端点(E)]:(指定第二点)
指定圆弧的端点:(指定末端点)
```

（2）起点、圆心、端点法（图 13-32b）

```
命令:ARC ↙
指定圆弧的起点或[圆心(C)]:P1(指定起点)
指定圆弧的第二点或[圆心(C)/端点(E)]:CE ↙
指定圆弧的圆心:P2(指定圆心)
指定圆弧的端点或[角度(A)/弦长(L)]:P3(确定圆弧的末点,该点不一定是弧的端点)
```

（3）连续法（图 13-32c）

如果对 ARC 命令的第一个提示用<Enter>键响应，AutoCAD 2021 会用上次绘制的直线或圆弧的端点作为新圆弧的起点，最后画的对象（直线或圆弧）的结束方向作为新圆弧的起始方向。

```
命令:LINE ↙
指定第一点:P1(指定一点)
指定下一点或[放弃(U)]:P2(指定第二点)
指定下一点或[闭合(C)/放弃(U)]:↙
命令:ARC ↙
指定圆弧的起点或[圆心(CE)]:↙
指定圆弧的端点:P3(指定第三点)
```

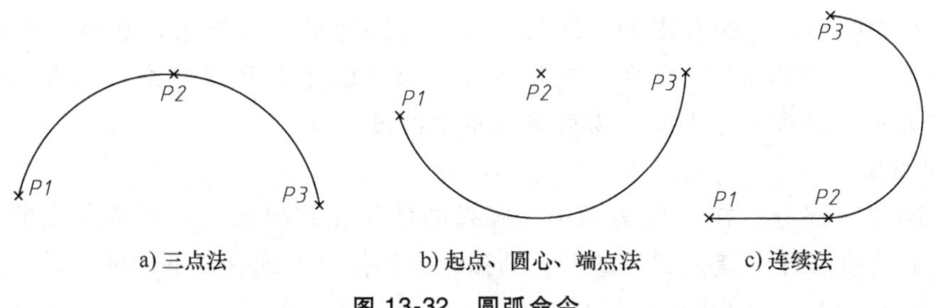

a) 三点法　　b) 起点、圆心、端点法　　c) 连续法

图 13-32 圆弧命令

注意：1）绘制圆弧时，注意圆弧的曲率是遵循逆时针方向的，所以在选择指定圆弧两个端点和半径模式时，需要注意端点的指定顺序，否则有可能导致圆弧的凹凸形状与预期方向相反。

2）绘制圆弧时，注意指定合适的端点或圆心，指定端点的时针方向也即为绘制圆弧的方向。例如，要绘制下半圆弧，则起始点应在左侧，终点应在右侧，此时端点的时针方向为逆时针，则得到相应的逆时针圆弧。

3. 绘制椭圆

椭圆也是一种典型的封闭曲线图形，圆在某种意义上可以看成是椭圆的特例。椭圆命令的执行方式有以下四种。

1）命令行：ELLIPSE（快捷命令：EL）。

2）菜单栏：绘图→椭圆。

3）工具栏：绘图→椭圆。

4）功能区：默认→绘图→椭圆。

在弹出的下拉列表中选择一种绘制圆弧的方式，如图 13-33 所示。

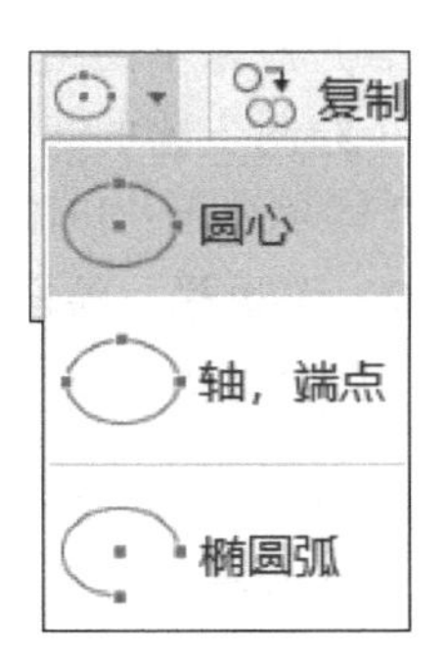

图 13-33　椭圆命令选项

绘制椭圆有多种方式，下面分别介绍。

（1）轴、端点法（图 13-34a）

```
命令:ELLIPSE ↙
指定椭圆的轴端点或[圆弧(A)/中心点(C)]:P1(指定椭圆轴端点)
指定轴的另一个端点:P2
指定另一条半轴长度或[旋转(R)]:P3(该点到已定义轴中点的距离为另一条半轴长)
```

（2）中心点法（图 13-34b）

```
命令:ELLIPSE ↙
指定椭圆的轴端点或[圆弧(A)/中心点(C)]:C ↙
指定椭圆的中心点:P1
指定轴的端点:P2
指定另一条半轴长度或[旋转(R)]:P3
```

（3）旋转角法（图 13-34c）

```
命令:ELLIPSE ↙
指定椭圆的轴端点或[圆弧(A)/中心点(C)]:P1
指定轴的另一个端点:P2
指定另一条半轴长度或[旋转(R)]:R ↙
指定绕长轴旋转角:30 ↙
```

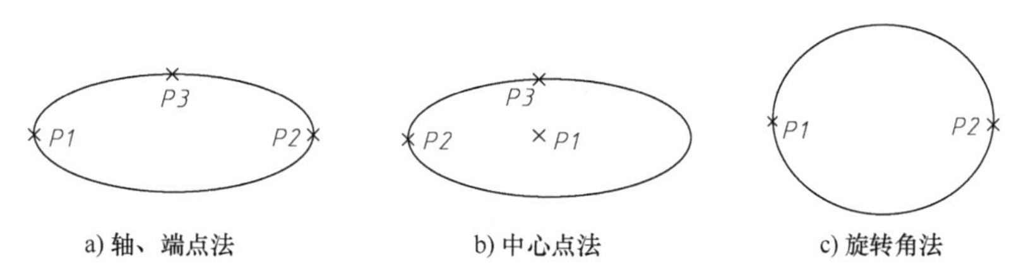

图 13-34　椭圆命令

三、点命令

点是最基本的图形单元。在工程实际中，点通常用来标定某个特殊的坐标位置，或者作为某个绘制步骤的起点和基础。点类命令的执行方式有以下四种。

1）命令行：POINT（快捷命令：PO）。

2）菜单栏：绘图→点→多点。

3）工具栏：绘图→点 ⁛ 。

4）功能区：默认→绘图→多点 ⁛ 。

操作步骤如下。

```
命令:POINT ↙
当前点模式：  PDMODE＝0    PDSIZE＝0.0000
指定点:(指定点所在的位置)
```

注意：可以在“指定点:”提示符后输入点的绝对坐标，也可以用鼠标拾取点。

说明：

1）通过菜单方法操作时（图 13-35），“单点”命令表示只输入一个点，“多点”命令表示可输入多个点。

2）可以单击状态栏中的“对象捕捉”按钮，设置点的捕捉模式，帮助选择点。

3）点在图形中的表示样式共有 20 种，可通过 DDPTYPE 命令或者选择菜单栏中的“格式”→“点样式”命令，通过打开的“点样式”对话框来设置，如图 13-36 所示。

设置点的显示大小，可以相对于屏幕设置点的尺寸，也可以用绝对单位设置点的尺寸确定。

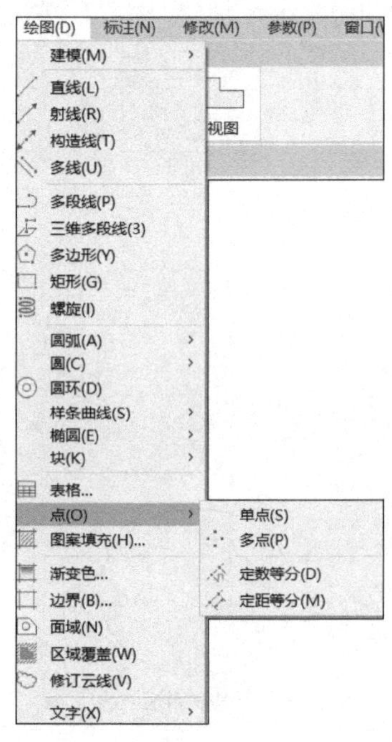

图 13-35　绘图下拉菜单“点”命令

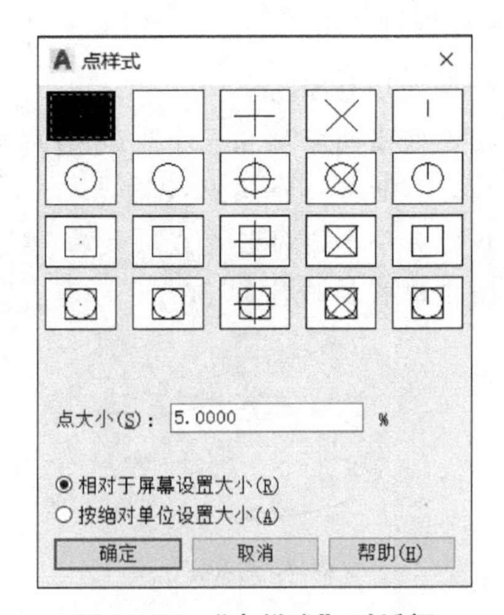

图 13-36　“点样式”对话框

四、平面图形命令

简单的平面图形命令包括“矩形”命令和“多边形”命令。

1. 绘制矩形

矩形是最简单的封闭直线图形，在机械制图中常用来表达平行投影平面的面，在建筑制图中常用来表达墙体平面。矩形命令的执行方式有以下四种。

1）命令行：RECTANGLE（快捷命令：REC）。

2）菜单栏：绘图→矩形。

3）工具栏：绘图→矩形。

4）功能区：默认→绘图→矩形。

操作步骤如下。

```
命令:RECTANGLE ↙
指定第一个角点或[倒角(C)/标高(E)/圆角(F)/厚度(T)/宽度(W)]:(指定角点)
指定另一个角点或[面积(A)/尺寸(D)/旋转(R)]:
```

选项说明：

1）第一个角点/另一个角点：通过指定两个角点确定矩形。

2）“倒角（C）”选项：在绘制矩形时直接在矩形的四个角点处倒角。

3）“标高（E）和厚度（T）”选项：主要用于三维绘图。

4）“圆角（F）”选项：在绘制矩形时直接在矩形的四个角点处倒圆角。

5）“厚度（T）”选项：主要用于三维绘图。

6）“宽度（W）”选项：用于设定矩形四条边的线宽。

7）“面积（A）”选项：指定面积和长或宽创建矩形。在指定长度或者宽度后，系统会自动计算另一个边长，绘制出矩形。如果矩形被倒角或圆角，则长度或面积计算中也会考虑此设置。

8）“尺寸（D）”选项：使用长和宽创建矩形，第二个指定点将矩形定位在与第一角点相关的 4 个位置之一。

9）“旋转（R）”选项：使所绘制的矩形旋转一定角度。

2. 绘制正多边形

正多边形是比较复杂的一种平面图形，在过去人们曾经为准确手工绘制正多边形而长期求索，现在利用 AutoCAD 2021 可以轻松地绘制任意边的正多边形。多边形命令的执行方式有以下四种。

1）命令行：POLYGON（快捷命令：POL）。

2）菜单栏：绘图→多边形。

3）工具栏：绘图→多边形。

4）功能区：默认→绘图→多边形。

操作步骤如下。

```
命令:POLYGON ↙
输入侧面数 <4>:(指定多边形的边数,默认值为 4)
指定正多边形的中心点或[边(E)]:(指定中心点)
```

```
输入选项［内接于圆(I)/外切于圆(C)］<I>:(指定是内接于圆或外切于圆)
指定圆的半径:(指定外接圆或内切圆的半径)
```

选项说明如下。

1）“内接于圆（I）”选项：选择该选项，绘制的多边形内接于圆。

2）“外切于圆（C）”选项：选择该选项，绘制的多边形外切于圆。

3）边选项：选择该选项，则只要指定多边形的一条边，系统就会按逆时针方向创建该正多边形。

操作实例如下。

例如，用内接于圆法作正六边形（图 13-37a）。

```
命令:POLYGON ↙
输入边的数目 <4>:6 ↙
指定多边形的中心点或［边(E)］:P1
输入选项［内接于圆(I)/外切于圆(C)］<I>:↙
指定圆的半径:P2
```

例如，用外切于圆法作正六边形（图 13-37b）。

```
命令:POLYGON ↙
输入边的数目 <6>:↙
指定多边形的中心点或［边(E)］:P1
输入选项［内接于圆(I)/外切于圆(C)］<I>:C ↙
指定圆的半径:P2
```

例如，用边长法作正六边形（图 13-37c）。

```
命令:POLYGON ↙
输入边的数目 <6>↙
指定多边形的中心点或［边(E)］:E ↙
指定边的第一端点:P1
指定边的第一端点:P2
```

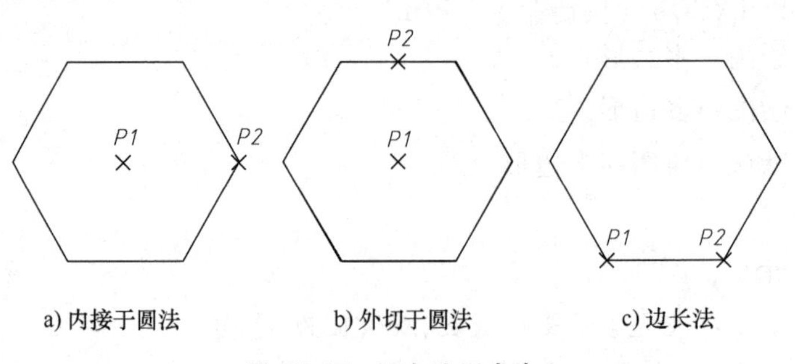

图 13-37　正多边形命令

五、多段线命令

多段线是由直线段和（或）圆弧相连成的单一实体。多段线命令可以用来绘制直线箭头和弧形箭头。执行方式有以下四种。

1）命令行：PLINE（快捷命令：PL）。

2）菜单栏：绘图→多段线。

3）工具栏：绘图→多段线。

4）功能区：默认→绘图→多段线。

操作步骤如下。

```
命令:PLINE ↙
指定起点:(指定多段线的起点)
当前线宽为 0.0000
指定下一点或[圆弧(A)/半宽(H)/长度(L)/放弃(U)/宽度(W)]:
```

选项说明如下。

1）“指定下一点”选项：给定直线的下一点，画出一条直线。此为默认选项。

2）“半宽（H）”选项：指定多段线线段的半线宽。

3）“宽度（W）”选项：指定下一条多段线线段的宽度，

4）“放弃（U）”选项：删除最近一次添加到多段线上的线段。

5）“长度（L）”选项：以前一线段相同的角度并按指定长度绘制直线段。如果前一线段为圆弧，AutoCAD 2021 将绘制一条直线段与弧线段相切。

6）“圆弧（A）”选项：绘制圆弧的方法与“圆弧”命令相似，从画直线方式切换到画圆弧方式，会出现下述提示行。

```
指定圆弧的端点(按住<Ctrl>键以切换方向)或[角度(A)/圆心(CE)/闭合(CL)/方向(D)/半宽(H)/直线(L)/半径(R)/第二点(S)/放弃(U)/宽度(W)]:
```

①“指定圆弧的端点”选项：指定一点，该点将作为圆弧的终点，画出一段圆弧。此为默认选项。

②“角度（A）”选项：指定圆弧的包含角度。

③“圆心（CE）”选项：指定圆弧的圆心。

④“方向（D）”选项：指定圆弧起始方向。

⑤“直线（L）”选项：返回画直线状态。

⑥“半径（R）”选项：指定圆弧的半径。

⑦“第二点（S）”选项：指定圆弧上的第二点。

⑧“闭合（CL）”选项：该选项作弧使多段线闭合，即回到起始点。

操作实例（图 13-38）如下。

```
命令:PLINE ↙
指定起点:0,0 ↙
当前线宽为 0.0000
```

指定下一个点或［圆弧(A)/闭合(C)/半宽(H)/长度(L)/放弃(U)/宽度(W)］：50,0↙

指定下一点或［圆弧(A)/闭合(C)/半宽(H)/长度(L)/放弃(U)/宽度(W)］：50,50↙

指定下一点或［圆弧(A)/闭合(C)/半宽(H)/长度(L)/放弃(U)/宽度(W)］:0,50↙

指定下一点或［圆弧(A)/闭合(C)/半宽(H)/长度(L)/放弃(U)/宽度(W)］:C↙

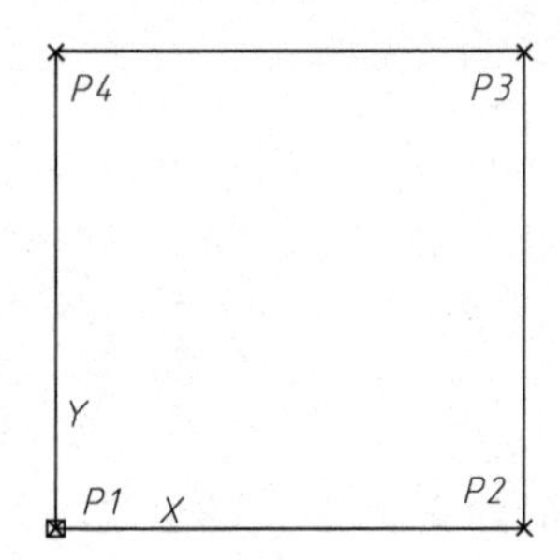

图 13-38　多段线命令“等宽线”

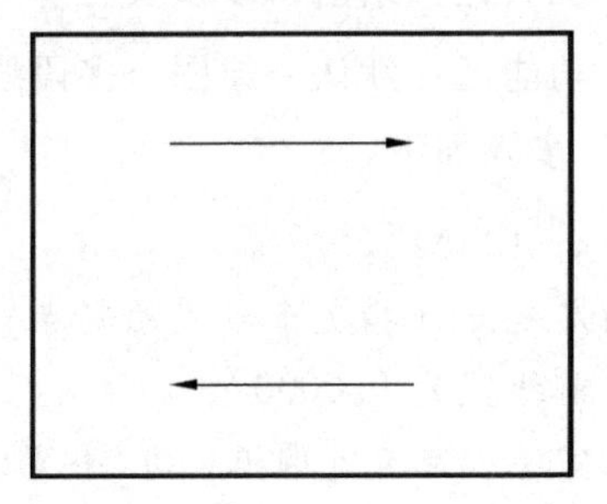

图 13-39　多段线命令“变宽线”

在工程图中，多段线也有绘制箭头的功能。以图 13-38 为基础，在其中绘制箭头。命令操作如下，结果如图 13-39 所示。

命令:PLINE↙

指定起点:10,38↙

当前线宽为 0.0000

指定下一个点或［圆弧(A)/半宽(H)/长度(L)/放弃(U)/宽度(W)］:@20,0↙

指定下一点或［圆弧(A)/闭合(C)/半宽(H)/长度(L)/放弃(U)/宽度(W)］:W↙

指定起点宽度<0.0000>:4↙

指定端点宽度<4.0000>:0↙

指定下一点或［圆弧(A)/闭合(C)/半宽(H)/长度(L)/放弃(U)/宽度(W)］:@10,0↙

指定下一点或［圆弧(A)/闭合(C)/半宽(H)/长度(L)/放弃(U)/宽度(W)］:↙

命令:PLINE↙

指定起点:10,12↙

当前线宽为 0.0000

指定下一个点或［圆弧(A)/半宽(H)/长度(L)/放弃(U)/宽度(W)］:W↙

指定起点宽度<0.0000>:↙

指定端点宽度<4.0000>:4↙

指定下一个点或［圆弧(A)/半宽(H)/长度(L)/放弃(U)/宽度(W)］:@10,0↙

指定下一点或［圆弧(A)/闭合(C)/半宽(H)/长度(L)/放弃(U)/宽度(W)］:W↙

指定起点宽度<4.0000>:0↙

指定端点宽度<0.0000>:↙

指定下一点或［圆弧(A)/闭合(C)/半宽(H)/长度(L)/放弃(U)/宽度(W)］:@20,0↙

指定下一点或［圆弧(A)/闭合(C)/半宽(H)/长度(L)/放弃(U)/宽度(W)］:↙

六、文本命令

文字内容是图形中很重要的组成部分，进行各种设计时，通常不仅要绘出图形，还要在图形中标注一些文字，如技术要求、标题栏、明细栏等，用于对图形对象进行解释。

1. 文本样式

文本样式是用来控制文字基本形状的一组设置。系统提供“文字样式”对话框，通过该对话框可方便直观地定制需要的文本样式，或者对已有的样式进行修改。AutoCAD 2021 图形中的文字都有和其相对应的文本样式。输入文字对象时，AutoCAD 2021 使用当前设置的文本样式。模板文件 ACAD. DWT 和 ACADISO. DWT 定义了名为 STANDARD 的默认文本样式。执行方式有以下四种。

1）命令行：STYLE（快捷命令：ST）或 DDSTYLE。

2）菜单栏：格式→文字样式。

3）工具栏：文字→文字样式 A。

4）功能区：默认→注释→文字样式 A。

执行“STYLE”命令后，AutoCAD 2021 将打开“文字样式”对话框，如图 13-40 所示。

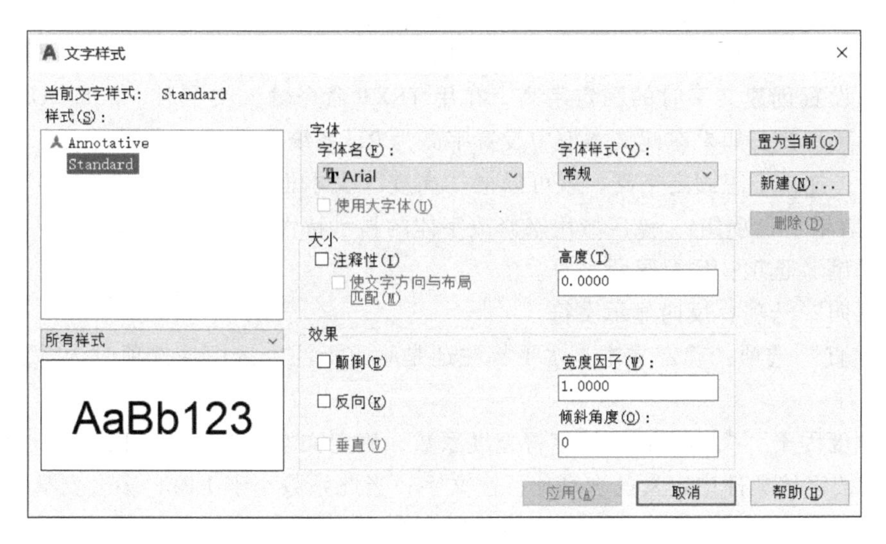

图 13-40 “文字样式”对话框

对话框中各个选项的说明如下。

（1）“样式”列表框　列出所有已设定的文字样式名或对已有样式名进行的相关操作。单击“新建”按钮，系统打开如图 13-41 所示的“新建文字样式”对话框。在该对话框中可以为新建的文字样式输入名称。从“样式”列表框中选中要改名的文本样式，右击，在弹出的快捷菜单中选择“重命名”命令，如图 13-42 所示，可以为所选文本样式输入新的名称。

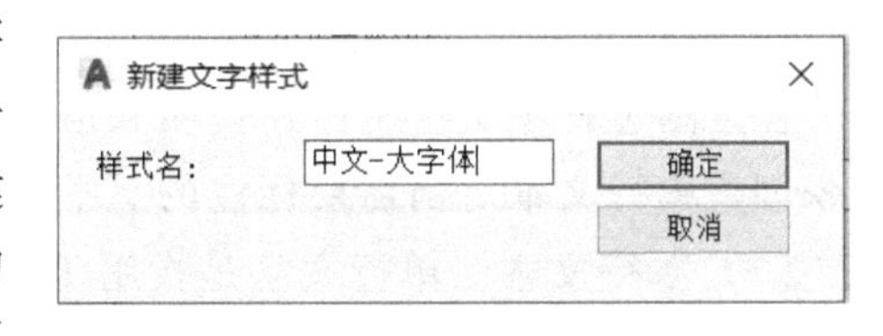

图 13-41 “新建文字样式”对话框

（2）“字体”选项组　用于确定字体样式。在 AutoCAD 2021 中，除了固有的 SHX 形状

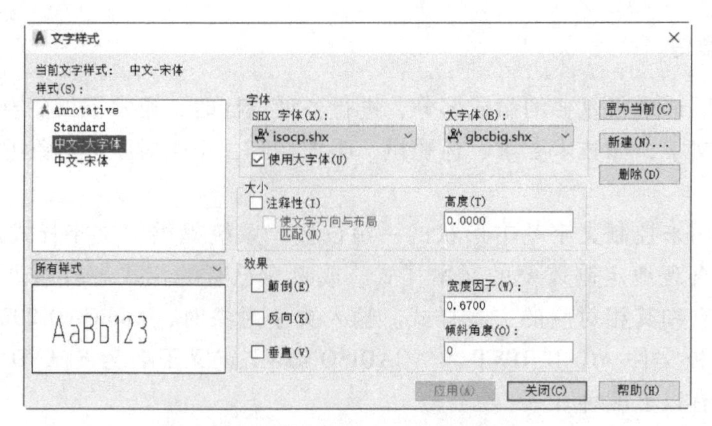

图 13-42　中文大字体样式设置

文字外，还可以使用 TrueType 字体。一种字体可以被设置成不同的效果，从而被多种文本样式使用。

中文—大字体使用字体：（选择使用大字体）SHX 字体为“isocp. shx”，大字体为“gbcbig. shx”。

中文—宋体使用字体：（不选择使用大字体）字体名列表选择“T 宋体”。

（3）“大小”选项组　用于确定文本样式使用的字体文件、字体风格及字高。“高度”文本框用来设置创建文字时的固定字高，在用 TEXT 命令输入文字时，AutoCAD 2021 不再提示输入字高参数。如果在此文本框中设置字高为 0，系统会在每一次创建文字时提示输入字高，所以，如果不想固定字高，就可以把“高度”文本框中的数值设置为“0”。

（4）“效果”选项组　该区域用来修改字体的显示特性。

1）“颠倒”选项：倒置显示字符。

2）“反向”选项：反向显示字符。

3）“垂直”选项：确定文本是水平标注还是垂直标注。选中该选项时为垂直标注，否则为水平标注。

4）“宽度因子”文本框：设置字符宽度系数，确定文本字符的宽高比。当比例系数为 1 时，表示将按字体文件中定义的宽高比标注文字；当此系数小于 1 时，字会变窄；当此系数大于 1 时，字会变宽（中文大字体及宋体设置为 0.67）。

5）“倾斜角度”选项：设置文字的倾斜角度，输入在-85～85 之间的一个值。

（5）“应用”按钮　用于确认对文字样式的设置。

2. 文本标注

在绘图过程中文字可传递说明和信息。当需要标注的文本比较简短时，可以利用 TEXT 命令创建单行文本。当需要标注的文本较长时，可以利用 MTEXT 命令创建多行文本。

（1）单行文本　单行文字是指用 TEXT 和 DTEXT 命令输入的文字每一行都是一个单独的对象，可以对每一行文字进行单独编辑。这两个命令的功能和用法完全一样。执行方式有以下四种。

1）命令行：TEXT。

2）菜单栏：绘图→文字→单行文字。

3）工具栏：文字→单行文字 A 单行文字(S) 。

4）功能区：默认→注释→单行文字 A 单行文字(S) 或注释→文字→单行文字 A 单行文字(S) 。

操作步骤如下。

```
命令:TEXT↙
当前文字样式:中文—大字体  文字高度:2.5000
指定文字的起点或［对正(J)/样式(S)］:(指定文字的起点或选择一个选项)
```

使用 TEXT 或 DTEXT 命令在“输入文字:”提示下就可以输入文字。在输入文字的同时 AutoCAD 2021 会在屏幕上动态显示输入的内容，当输入一行文字并按<Enter>键后，光标将自动移至第二行等待用户输入第二行文字，只有在“输入文字:”提示下直接按<Enter>键（不能使用<Spacebar>键，AutoCAD 2021 将把空格作为文字的一部分）才能结束 TEXT 或 DTEXT 命令。

选项说明如下。

1）“指定文字的起点”选项。在此提示下直接在绘图区选择一点作为输入文本的起始点，执行上述命令后，即可在指定位置输入文本文字，输入后按<Enter>键，文本文字另起一行，可继续输入文字，待全部输入完后按两次<Enter>键，退出 TEXT 命令。可见，TEXT 命令也可创建多行文本，只是这种多行文本每一行是一个对象，但它不能对多行文本同时进行操作。当指定一点后，AutoCAD 2021 提示：

```
指定高度 <2.5000>:(输入文字高度)
指定文字的旋转角度 <0>:(输入文字旋转角)
输入文字:(输入文字)
```

如果在“指定文字的起点”提示下直接按<Enter>键或<Spacebar>键，AutoCAD 2021 将跳过高度和旋转角的提示，直接显示“输入文字”提示。文字的起点是上一次文字起点的下一行。

2）“样式”选项。该选项用于指定文字样式，图 13-43 所示为不同的文字样式输入的字体效果。

仿宋_GB2312:AutoCAD2021 中文版
宋体：AutoCAD 2021 中文版
大字体：AutoCAD 2021 中文版
txt：AutoCAD 2021

图 13-43 字体效果

3）“对正”选项。该选项用来控制文字的对齐点。选择该项后，AutoCAD 2021 提示：

```
输入选项［左(L)/居中(C)/右(R)/对齐(A)/中间(M)/布满(F)/左上(TL)/中上(TC)/右上(TR)/左中(ML)/正中(MC)/右中(MR)/左下(BL)/中下(BC)/右下(BR)］:
```

在此提示下选择一个选项作为文本的对齐方式。

当选择“对齐（A）”选项，要求指定文本行基线的起始点与终止点的位置，提示如下：

指定文字基线的第一个端点:(指定文本行基线的起点位置)
指定文字基线的第二个端点:(指定文本行基线的终点位置)
输入文字:(输入一行文本后按<Enter>键)
输入文字:(继续输入文本或直接按<Esc>键结束命令)

输入的文本文字均匀地分布在指定的两点之间，如果两点间的连线不水平，则文本行倾斜放置，倾斜角度由两点间的连线与 X 轴的夹角确定；字高、字宽根据两点间的距离、字符的多少以及文本样式中设置的宽度系数自动确定。指定了两点之后，每行输入的字符越多，字宽和字高越小。其他选项与“对齐”类似，此处不再赘述。

（2）多行文本　多行文字是指用 MTEXT 命令输入的文字，是一段文字。不论这段文字有几行，只能作为一个对象处理。虽然 TEXT 命令和 DTEXT 命令也能一次输入多行文字，但每一行是一个对象。执行方式有以下四种。

1）命令行：MTEXT。

2）菜单栏：绘图→文字→多行文字。

3）工具栏：绘图→多行文字 A 或文字→多行文字 A。

4）功能区：默认→注释→多行文字 A。

操作步骤如下。

命令:MTEXT↙
当前文字样式:“中文—大字体”　当前文字高度:2.5　注释性:否
指定第一角点:(指定矩形框的第一个角点)
指定对角点或[高度(H)/对正(J)/行距(L)/旋转(R)/样式(S)/宽度(W)/栏(C)]:(指定矩形边界的第二角或选择一个选项)

选项说明如下。

1）“指定对角点”选项：直接在屏幕上点取一个点作为矩形框的第二个角点，AutoCAD 2021 以这两个点为对角点形成一个矩形区域，其宽度作为将来要标注的多行文本的宽度，而且第一个点作为第一行文本顶线的起点。响应后 AutoCAD 2021 打开如图 13-44 所示的“多行文字编辑器”面板，可利用此选项卡与编辑器输入多行文本并对其格式进行设置。

图 13-44　“多行文字编辑器”面板

2）“对正（J）”选项：确定所标注的文本对齐方式。选择此选项，AutoCAD 2021 提示：

输入对正方式[左上(TL)/中上(TC)/右上(TR)/左中(ML)/正中(MC)/右中(MR)/左下(BL)/中下(BC)/右下(BR)]:

这些对齐方式与 TEXT 命令中的各对齐方式相同，这里不再赘述。选取一种对齐方式后按<Enter>键，AutoCAD 2021 返回上一级提示。

3）“行距（L）”选项：确定多行文本的行间距，这里所说的“行间距”是指相邻两文本行基线之间的垂直距离。执行此选项，AutoCAD 2021 提示：

输入行距类型[至少(A)/精确(E)]<至少(A)>:

在此提示下有两种方式确定行间距："至少"方式和"精确"方式。在"至少"方式下，AutoCAD 2021 根据每行文本中最大的字符自动调整行间距；在"精确"方式下，AutoCAD 2021 为多行文本赋予一个固定的行间距。可以直接输入一个确切的间距值，也可以输入"nx"的形式，其中 n 是一个具体数，表示行间距设置为单行文本高度的 n 倍，而单行文本高度是本行文本字符高度的 1.66 倍。

4）"旋转（R）"选项：确定文本行的倾斜角度。执行此选项，AutoCAD 2021 提示：

指定旋转角度<0>:(输入倾斜角度)

输入角度值后按<Enter>键，AutoCAD 2021 返回"指定对角点或［高度（H）/对正（J）/行距（L）/旋转（R）/样式（S）/宽度（W）/栏（C）］:"提示。

5）"样式（S）"选项：确定当前的文字样式。

6）"宽度（W）"选项：指定多行文本的宽度。可在屏幕上选取一点与由前面确定的第一个角点组成的矩形框的宽作为多行文本宽度。可以输入一个数值，精确设置多行文本的宽度。

在创建多行文本时，只要给定文本行的起始点和宽度，AutoCAD 2021 就会打开"文字编辑器"选项卡，这时就可以在编辑器中输入和编辑多行文本，包括字高、文本样式及倾斜角等。

7）"栏（C）"选项：根据栏宽、栏间距宽度和栏高组成矩形框。

注意：单行文字和多行文字的区别：

1）单行文字中每行文字是一个独立的对象，当不需要多种字体或多行的内容时，可以创建单行文字。

2）多行文字可以是一组文字，对于较长、较为复杂的内容，可以创建多行或段落文字。多行文字中，无论行数是多少，单个编辑任务中创建的每个段落将构成单个对象，这样就可对其进行移动、旋转、删除、复制、镜像或缩放等操作。

单行文字和多行文字之间的互相转换：多行文字用"分解"命令可分解成单行文字；选中单行文字后输入"text2mtext"命令，即可将单行文字转换为多行文字。

3. 文本编辑

系统提供"文字样式"编辑器，通过这个编辑器可以方便直观地设置需要的文本样式，或者是对已有样式进行修改。执行方式有以下三种。

1）命令行：TEXTEDIT。

2）菜单栏：修改→对象→文字→编辑 A。

3）工具栏：文字→编辑 A。

操作步骤如下。

命令:TEXTEDIT↙
当前设置:编辑模式=Multiple
选择注释对象或[放弃(U)/模式(M)]:

选项说明如下。

1）“选择注释对象”选项：选取要编辑的文字、多行文字或标注对象。要求选择想要修改的文本，同时光标变成拾取框。用拾取框选择对象时：

① 如果选择的文本是用 TEXT 命令创建的单行文本，则系统会深显该文本，可对其进行修改。

② 如果选择的文本是用 MTEXT 命令创建的多行文本，选择对象后系统则打开“文字编辑器”选项卡和多行文字编辑器，可根据前面的介绍对各项设置或内容进行修改。

2）“放弃（U）”选项：放弃对文字对象的上一个更改。

3）“模式（M）”选项：控制是否自动重复命令。选择此选项，命令行提示如下。

```
输入文本编辑模式选项[单个(S)/多个(M)]<Multiple>:
```

①“单个（S）”选项：修改选定的文字对象一次，然后结束命令。

②“多个（M）”选项：允许在命令持续时间内编辑多个文字对象。

第四节　绘图辅助工具

为了快捷准确地绘制图形和方便高效地管理图形，系统提供多种必要和辅助的绘图工具。利用这些工具，可以方便、迅速、准确地实现图形的绘制和编辑，不仅可以提高工作效率，也可以更好地保证图形的质量。

一、精确定位工具

在绘图过程中需要在屏幕上拾取指定的点或对象，为了能够快速、准确地定点，AutoCAD 2021 提供了系列的精确定位工具。

1. 正交模式

在用 AutoCAD 2021 绘图的过程中，经常需要绘制水平直线和垂直直线，但是用鼠标拾取线段的端点时很难保证两个点严格地处于水平或垂直方向上。为此，可以用正交 ORTHO 命令设置正交模式。设置正交模式后，将强迫所画的线平行于 X 轴或 Y 轴。该命令在画水平线或垂直线时非常有用。执行方式有以下三种。

1）命令行：ORTHO。

2）状态栏：单击状态栏中的“正交模式”。

3）快捷键：<F8>。

操作步骤如下。

```
命令:ORTHO ↙
输入模式 [开(ON)/关(OFF)] <开>:(设置开或关)
```


选项说明：选项“开”为打开正交模式；选项“关”为关闭正交模式。功能键<F8>是正交模式的开关键。当正交方式打开后，状态栏上的“正交”按钮显示为选中状态。

注意：打开正交模式后，只能在水平或垂直方向画线或指定距离。画线的方向取决于光标在水平方向和垂直方向上的位移变化，当光标水平移动的距离大于垂直方向移动的距离时，则画水平线；反之则画垂直线。绘图时，如果使用坐标输入或对象捕捉时则不受正交方式的影响。

2. 栅格工具

栅格显示工具使绘图区显示网格，类似于传统的坐标纸，这样在绘图时可以作为一个参照。执行方式有以下三种。

1）菜单栏：工具→绘图设置。

2）状态栏：单击状态栏中的“栅格”（仅限于打开与关闭）。

3）快捷键：<F7>（仅限于打开与关闭）。

按上述操作步骤打开“草图设置”对话框，选择“捕捉和栅格”选项卡，如图 13-45 所示。各选项的含义如下。

1）“启用栅格”复选框：用于控制是否显示栅格。

2）“栅格样式”选项组：用于在二维空间中设定栅格样式。

3）“栅格间距”选项组：“栅格 X 轴间距”和“栅格 Y 轴间距”文本框分别用于设置栅格在水平与垂直方向的间距。

4）“栅格行为”选项组：其中，自适应栅格在缩小时，限制栅格密度；显示超出界限的栅格能够显示超出指定的栅格；遵循动态 UCS 可以更改栅格平面以跟随动态 UCS 的 XY 平面。

图 13-45 “草图设置”对话框

3. 捕捉模式

为了准确地在绘图区捕捉点，AutoCAD 2021 提供了捕捉工具，可以在绘图区生成一个隐含的栅格，这个栅格能够捕捉光标，限制光标落在栅格的某一个节点上，这样就能够高精度地捕捉和选择这个栅格上的点。执行方式有以下三种。

1）菜单栏：工具→绘图设置。

2）状态栏：单击状态栏中的“捕捉模式”（仅限于打开与关闭）。

3）快捷键：<F9>（仅限于打开与关闭）。

按上述操作步骤打开“草图设置”对话框，选择“捕捉和栅格”选项卡，各项含义如下。

1）“启用捕捉”复选框：控制捕捉功能的开关，与按<F9>键或单击状态栏中的“捕捉模式”按钮功能相同。

2）“捕捉间距”选项组：设置捕捉参数，其中，“捕捉 X 轴间距”和“捕捉 Y 轴间距”文本框分别用于确定捕捉栅格点在水平和垂直两个方向上的间距。

3）“极轴间距”选项组：该选项组只有在选择 PolarSnap 捕捉类型时才可用。“栅格 X 轴间距”和“栅格 Y 轴间距”文本框分别用于设置栅格在水平与垂直方向的间距。

4）“捕捉类型”选项组：确定捕捉类型和样式。AutoCAD 2021 提供“栅格捕捉”和“PolarSnap”两种捕捉栅格的方式。

二、对象捕捉

在绘图时经常要用到一些几何要素的特征点，如圆心、切点、线段或圆弧的端点、中点等。如果只利用光标在图形上选择，要准确地找到这些点是非常困难的。因此，AutoCAD 2021 提供了一批识别这些点的工具，通过这些工具可以更好地构造新的几何体，这种功能被称为对象捕捉功能。

1. 对象捕捉设置

在绘图之前，可以根据需要事先设置开启一些对象捕捉模式，绘图时这些功能就能自动开启，从而加快绘图效率，提高绘图质量。执行方式有以下六种。

1）命令行：DDOSNAP。

2）菜单栏：工具→绘图设置。

3）工具栏：对象捕捉→“对象捕捉设置”按钮。

4）状态栏：单击状态栏中的“对象捕捉”按钮（仅限于打开与关闭）。

5）快捷菜单：按住<Shift>键右击，在弹出的快捷菜单中选择“对象捕捉设置”命令。

6）快捷键：<F3>（仅限于打开与关闭）。

按上述操作步骤打开“草图设置”对话框，选择“对象捕捉”选项卡，如图 13-46 所示，各项含义如下。

1）“启用对象捕捉”复选框：打开或关闭对象捕捉方式。选中此复选框时，在“对象捕捉模式”选项组中选中的捕捉模式处于激活状态。

2）“启用对象捕捉追踪”选项组：打开或关闭自动追踪功能。

3）“对象捕捉模式”选项组：该选项组列出各种捕捉模式的复选框，选中则该模式被激活。单击“全部清除”按钮，则所有模式均被清除；单击“全部选择”按钮，则所有模式均被选中。

注意：有时无法按预定的想法捕捉到相应的特殊位置点，这是因为没有设置这些点作为捕捉的特殊位置点。只要重新进行设置即可解决此问题。

2. 特殊位置点捕捉

在绘制图形时，有时需要指定一些特殊位置的点，如圆心、端点、中点等，可以通过对象捕捉功能来捕捉这些点，特殊位置点捕捉命令及功能见表 13-2。

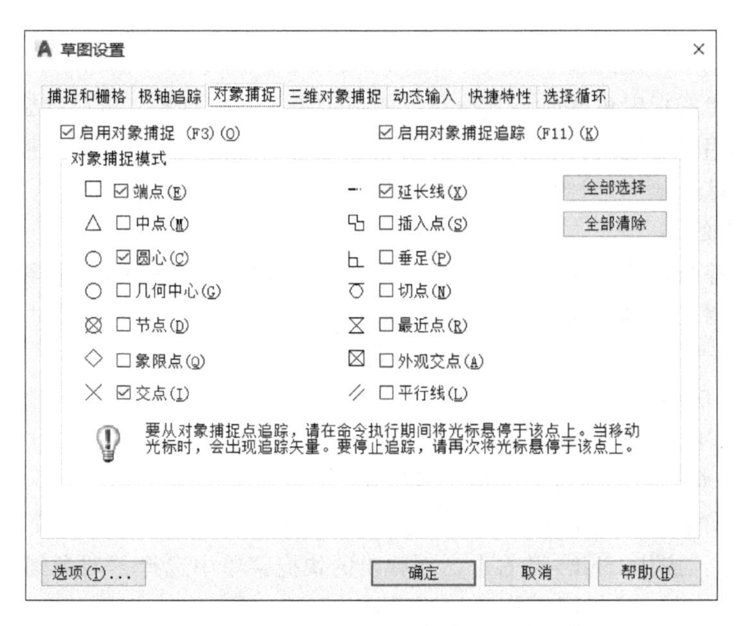

图 13-46 草图设置“对象捕捉”选项卡

表 13-2 特殊位置点捕捉命令及功能

捕捉模式	快捷命令	功能
临时追踪点	TT	建立临时追踪点
两点之间的中点	M2P	捕捉两个独立点之间的中点
自	FRO	与其他捕捉方式配合使用，建立一个临时参考点作为后继点的基点
中点	MID	用来捕捉对象（如线段或圆弧等）的中点
圆心	CEN	用来捕捉圆、圆弧、椭圆或圆环的圆心
节点	NOD	捕捉用 POINT 或 DIVIDE 等命令生成的点
象限点	QUA	用来捕捉距光标最近的圆或圆弧上可见部分的象限点
交点	INT	用来捕捉对象（如线、圆弧或圆等）的交点
延长线	EXT	用来捕捉对象延长路径上的点
插入点	INS	用来捕捉块、形、文字、属性、属性定义等对象的插入点
垂足	PER	在线段、圆、圆弧或其延长线上捕捉一个点，与最后生成的点形成连线，与该线段、圆、圆弧正交
切点	TAN	最后生成的一个点到选中的圆或圆弧上引切线，切线与圆或圆弧的交点
最近点	NEA	用于捕捉离拾取点最近的线段、圆、圆弧等对象上的点
外观交点	APP	用来捕捉两个对象在视图平面上延长后的交点
平行线	PAR	用于捕捉与指定对象平行方向上的点
无	NON	关闭对象捕捉模式
对象捕捉设置	OSNAP	设置对象捕捉

AutoCAD 2021 提供了命令行、工具栏和鼠标右键快捷菜单 3 种执行特殊点对象捕捉的方法。在使用特殊位置点捕捉的快捷命令前，必须先选择绘制或编辑对象的命令。

三、自动追踪

对象追踪是指按指定角度或与其他对象的指定关系绘制对象。可以结合对象捕捉功能进行自动追踪，利用自动追踪功能可以对齐路径，有助于以精确地位置和角度创建对象。自动追踪包括两种追踪选项："对象捕捉追踪" 和 "极轴追踪"。

1. 对象捕捉追踪

对象捕捉追踪是以捕捉到的特殊位置点为基点，按指定的极轴角或极轴角的倍数对齐要指定点的路径。对象捕捉追踪必须配合对象捕捉功能一起使用，即同时打开状态栏上的 "对象捕捉" 和 "对象捕捉追踪" 开关。执行方式有以下六种。

1）命令行：DDOSNAP。

2）菜单栏：工具→绘图设置。

3）工具栏：对象捕捉→对象捕捉设置按钮。

4）状态栏：单击状态栏中的 "对象捕捉" 和 "对象捕捉追踪" 按钮（仅限于打开与关闭）。

5）快捷菜单：按住<Shift>键右击，在弹出的快捷菜单中选择 "对象捕捉设置" 命令。

6）快捷键：<F11>（仅限于打开与关闭）。

按上述操作步骤打开 "草图设置" 对话框，选择 "对象捕捉" 选项卡，选中 "启用对象捕捉追踪" 复选框，即可完成对象捕捉追踪设置。

2. 极轴追踪

极轴追踪是指按指定的极轴角或极轴角的倍数对齐要指定点的路径。极轴追踪必须配合对象捕捉追踪功能一起使用，即同时打开状态栏上的 "极轴追踪" 和 "对象捕捉追踪" 开关。执行方式有以下五种。

1）命令行：DDOSNAP。

2）菜单栏：工具→绘图设置。

3）工具栏：对象捕捉→对象捕捉设置按钮。

4）状态栏：单击状态栏中的 "对象捕捉" 和 "极轴追踪" 按钮。

5）快捷键：<F10>。

操作步骤：按照上面的执行方式或者在 "极轴追踪" 开关上右击，在弹出的快捷菜单中选择 "正在追踪设置" 命令，系统打开如图 13-47 所示的 "草图设置" 对话框，选择 "极轴追踪" 选项卡。

选项说明如下。

1）"启用极轴追踪" 复选框：选中该复选框，即启用极轴追踪功能。

2）"极轴角设置" 选项组：设置极轴角的值。可以在 "增量角" 下拉列表框中选择一种角度值，也可选中 "附加角" 复选框，单击 "新建" 按钮设置任意附加角。系统在进行极轴追踪时，同时追踪增量角和附加角，可以设置多个附加角。

3）"对象捕捉追踪设置" 和 "极轴角测量" 选项组：按界面提示设置相应单选按钮。

四、动态输入

动态输入功能可以在绘图平面上直接动态地输入绘制对象的各种参数，使绘图变得直观简捷。执行方式有以下六种。

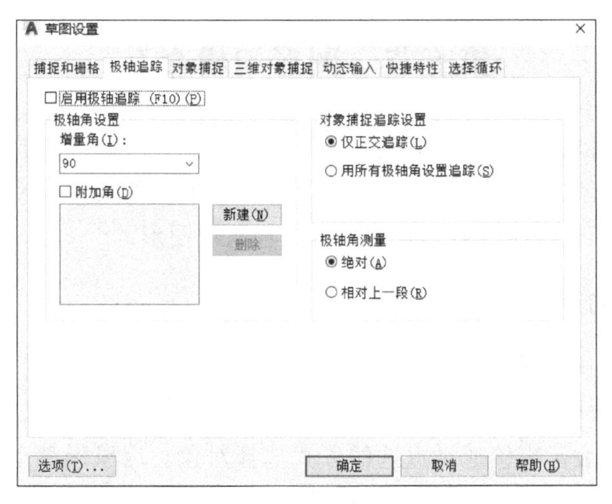

图 13-47　草图设置“极轴追踪”选项卡

1）命令行：DSETTINGS。

2）菜单栏：工具→绘图设置。

3）工具栏：对象捕捉→对象捕捉设置按钮。

4）状态栏：“动态输入”。

5）快捷键：<F12>。

6）快捷菜单：对象捕捉设置。

操作步骤：按照上面的执行方式或者在“动态输入”开关上右击，在弹出的快捷菜单中选择“动态输入设置”命令，系统打开如图 13-48 所示的“草图设置”对话框的“动态输入”选项卡。其中，“指针输入”选项功能如下。

1）“启用指针输入”：打开动态输入的指针输入功能。

2）“设置”：单击该按钮，打开“指针输入设置”对话框，可以设置指针输入的格式和可见性，如图 13-49 所示。

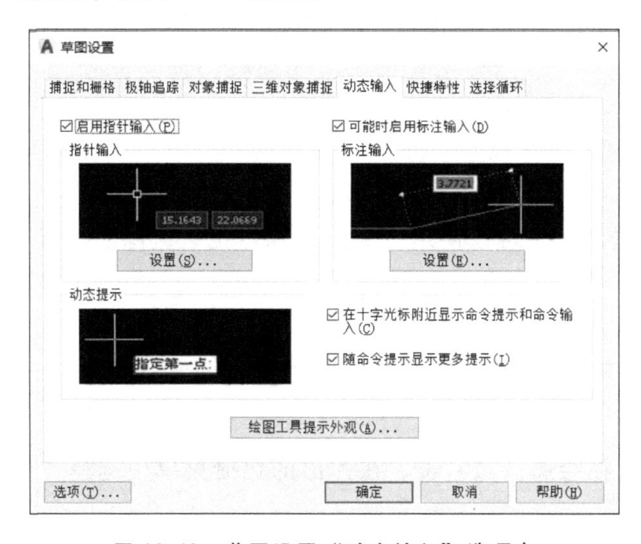

图 13-48　草图设置“动态输入”选项卡

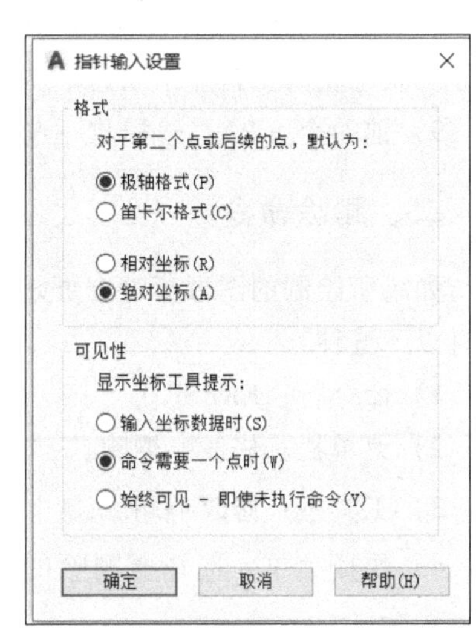

图 13-49　“指针输入设置”对话框

第五节　图形编辑命令

图形的编辑是指对已有的图形对象进行删除、复制、移动、缩放、参数修改等编辑操作。AutoCAD 2021 具有强大的图形编辑功能，提供了丰富的编辑命令，如删除、复制、剪切、倒角等命令，利用这些命令可以合理地构造与组织图形。

一、实体对象的选择

选择对象是进行编辑的前提。为图形编辑而选择的一组对象称为“选择集”，系统有多种选择对象的方法，常用的选择方式如下。

1）点选：该选项表示直接通过点选的方式选择对象。用鼠标移动拾取框，使其框住要选取的对象，然后单击，就会选中该对象并以高亮度显示。

2）窗口（W）：用由两个对角顶点确定的矩形窗口选取位于其范围内部的所有图形，与边界相交的对象不会被选中。在指定对角顶点时，按照从左向右的顺序时默认为窗口。

3）窗交（C）：该方式与上述“窗口”方式类似，区别在于它不但选中矩形窗口内部的对象，也选中与矩形窗口边界相交的对象。在指定对角顶点时，按照从右向左的顺序时默认为交叉窗口。

4）框（BOX）：使用时，系统会根据用户在屏幕上给出的两个对角点的位置而自动引用“窗口”或“交叉窗口”方式。若从左向右指定对角点，则为“窗口”方式；反之，则为“窗交”方式。

5）全部（ALL）：选取图中所有对象。

6）圈交（CP）：在“选择对象”提示后输入“CP”，绘制一个多边形窗口，边界内及与边界相交的对象也会被选中。

7）添加（A）：添加下一个对象到选择集。

8）删除（R）：按住<Shift>键选择对象，可以从当前选择集中移走该对象。对象由高亮度显示状态变为正常显示状态。

9）前一个（P）：选择前一选择集。

二、删除命令

如果所绘制的图形不符合要求或绘错图形，可以使用“删除”命令把它删除。执行方式有以下五种。

1）命令行：ERASE。

2）菜单栏：修改→删除。

3）工具栏：修改→删除 。

4）快捷菜单：选择要删除的对象，在绘图区域右击，在弹出的快捷菜单中选择“删除”命令。

5）功能区：默认→修改→删除 。

操作步骤：可以先选择对象后调用“删除”命令，也可以先调用“删除”命令然后再选择对象，再执行。

三、复制类命令

1. 复制命令

该命令可以从原对象以指定的角度和方向创建对象副本。执行方式有以下五种。

1）命令行：COPY。

2）菜单栏：修改→复制。

3）工具栏：修改→复制。

4）快捷菜单：选择要复制的对象，在绘图区域右击，在弹出的快捷菜单中选择“复制选择”命令。

5）功能区：默认→修改→复制。

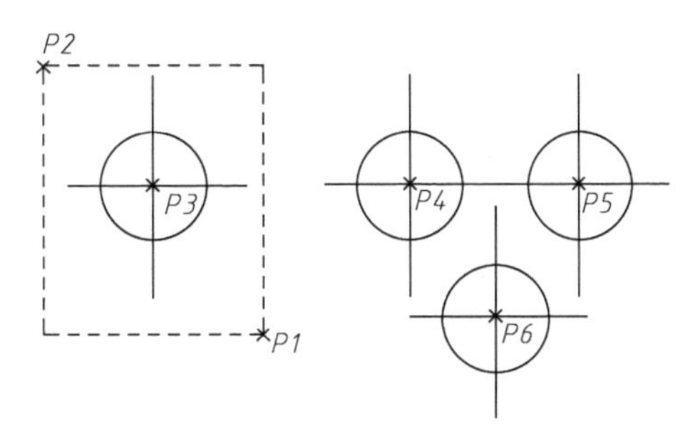

图 13-50　复制对象

操作实例（图 13-50）如下。

```
命令:COPY ↙
选择对象:P1(选择要复制的对象,用交叉窗口方式)
指定对角点:P2(指定交叉窗口第二点)
选择对象:↙
当前设置:  复制模式 = 多个
指定基点或[位移(D)/模式(O)]<位移>:指定基点:P3(捕捉交点)
指定位移的第二点或<使用第一个点作为位移>:P4
指定第三个点或[退出(E)/放弃(U)]<退出>:P5
指定第四个点或[退出(E)/放弃(U)]<退出>:P6
指定第五个点或[退出(E)/放弃(U)]<退出>:↙
```

2. 镜像命令

镜像对象是指把选择的对象以一条镜像线为对称轴进行镜像后的对象。镜像操作完成后可以保留原对象，也可以将其删除。执行方式有以下四种。

1）命令行：MIRROR。

2）菜单栏：修改→镜像。

3）工具栏：修改→镜像。

4）功能区：默认→修改→镜像。

操作实例（图 13-51）如下。

```
命令:MIRROR ↙
选择对象:P1(选择要镜像的对象,用交叉窗口方式)
指定对角点:P2(指定交叉窗口的第二点)
选择对象:↙
指定镜像线的第一点:P3(在镜像线上指定一点)
```

```
指定镜像线的第二点:P4(在镜像线上指定一点)
是否删除源对象?[是(Y)/否(N)] <N>:↙
```

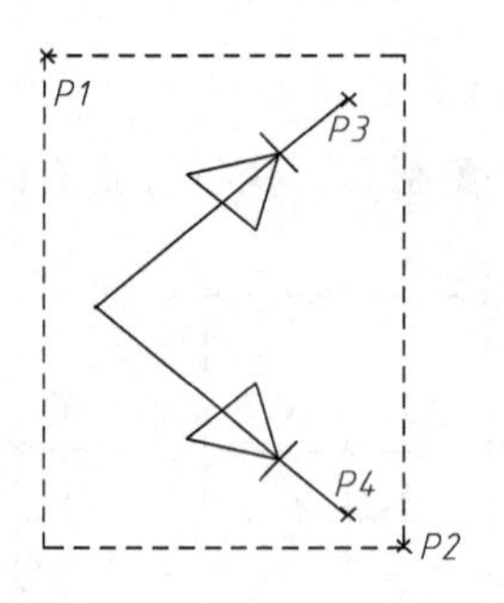

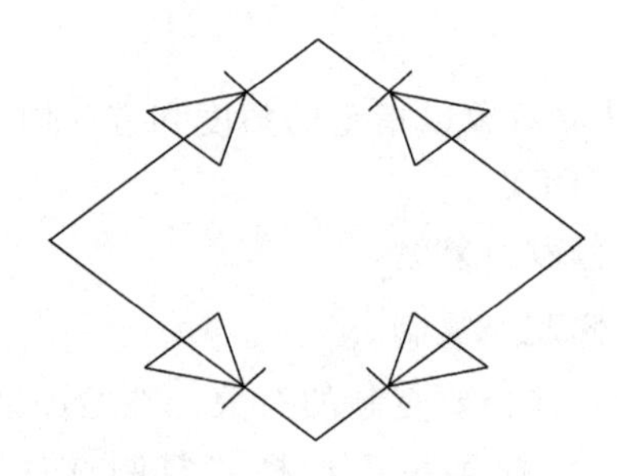

图 13-51 镜像

注意：如果要镜像的对象中有文字，需将系统变量 MIRRTEXT 的值改为“0”。

3. 偏移命令

偏移对象是指保持所选择对象的形状，在不同位置创建一个新对象。执行方式有以下四种。

1）命令行：OFFSET。

2）菜单栏：修改→偏移。

3）工具栏：修改→偏移。

4）功能区：默认→修改→偏移。

操作步骤如下。

```
命令:OFFSET ↙
当前设置:删除源=否  图层=源  OFFSETGAPTYPE=0
指定偏移距离或[通过(T)/删除(E)/图层(L)] <通过>:(指定距离值)
选择要偏移的对象,或[退出(E)/放弃(U)] <退出>:(选择要偏移的对象,按<Enter>键结束操作)
指定要偏移的那一侧上的点,或[退出(E)/多个(M)/放弃(U)] <退出>:(指定偏移方向)
选择要偏移的对象,或[退出(E)/放弃(U)] <退出>:
```

选项说明如下。

1）“指定偏移距离”：输入一个距离值，或者按<Enter>键使用当前的距离值，系统把该距离值作为偏移距离，结果如图 13-52 所示。

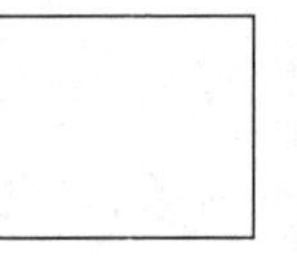
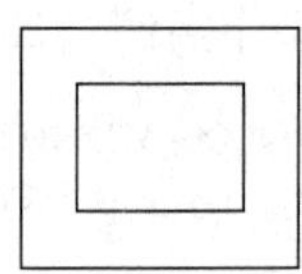

图 13-52 偏移

2）“通过（T）”：指定偏移的通过点，选择该选项后出现如下提示。

选择要偏移的对象,或［退出(E)/放弃(U)］<退出>:(选择要偏移的对象,按<Enter>键结束操作)

指定通过点:(指定偏移对象的一个通过点)

3）“图层（L）”：确定将偏移对象创建在当前图层上还是源对象所在的图层上。选择该项后出现如下提示。

输入偏移对象的图层选项[当前(C)/源(S)]<源>:

注意：一般在绘制结构相同并且要求保持恒定的相对位置时，可以采用“偏移”命令实现。

4. 阵列命令

阵列是指多重复制选择的对象并把这些副本按矩形、路径或环形排列。把副本按矩形排列称为矩形阵列，把副本按路径排列称为路径阵列，把副本按环形排列称为环形阵列。建立矩形阵列时，应控制行和列的数量及对象副本之间的距离；建立环形阵列时，应该控制复制对象的个数和对象是否被旋转。

执行方式有以下四种。

1）命令行：ARRAY。

2）菜单栏：修改→阵列。

3）工具栏：修改→阵列（ / / ）。

4）功能区：默认→修改→阵列（ / / ）。

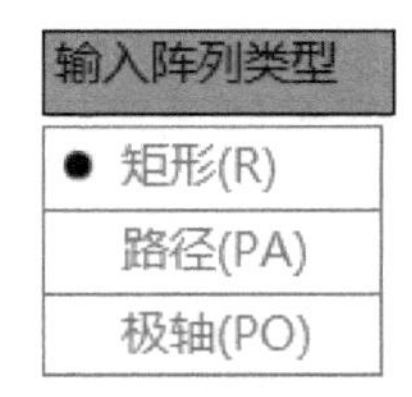

图 13-53 阵列类型选择对话框

本节只介绍矩形阵列与环形阵列。执行“ARRAY”命令后，提示选择对象，选择完阵列的对象后，AutoCAD 2021 将显示如图 13-53 所示的阵列类型选择对话框。

（1）矩形阵列 矩形阵列是以行和列的方式进行阵列，如图 13-54 所示。该对话框中各选项含义如下。

类型	列		行		层级		特性		关闭
矩形	列数:	4	行数:	3	级别:	1	关联	基点	关闭阵列
	介于:	411.4555	介于:	812.2257	介于:	1			
	总计:	1234.3664	总计:	1624.4513	总计:	1			

图 13-54 矩形阵列对话框

1）行：指定阵列中的行数。如果只指定了一行，则必须指定多列。默认情况下，可以生成的最大行数为 100 000。

2）列：指定阵列中的列数。如果只指定了一列，则必须指定多行。默认情况下，可以生成的最大列数为 100 000。

3）行介于：指定行间距。正值向上偏移；负值向下偏移。

4）列介于：指定列间距。正值向右偏移；负值向左偏移。

图 13-55 所示为选择圆对象、行数为 3、列数为 3、行间距为 30、列间距为 40 时的矩形阵列。

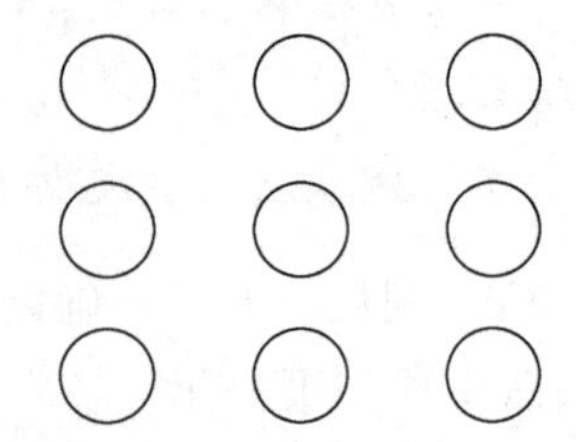

图 13-55 矩形阵列

（2）环形阵列 环形阵列是在指定的圆周上进行阵列，如果选中“环形阵列”单选按钮，则显示如图 13-56 所示的对话框。

图 13-57 所示为环形阵列的实例。其中 P1、P2 为选择对象时的拾取点，P3 为指定中心点时的拾取点，阵列项目数为 6，填充角度为 360。

类型	项目		行		层级		特性	关闭
极轴	项目数:	6	行数:	1	级别:	1	关联 基点 旋转项目 方向	关闭阵列
	介于:	60	介于:	98.6717	介于:	1		
	填充:	360	总计:	98.6717	总计:	1		

图 13-56 环形阵列对话框

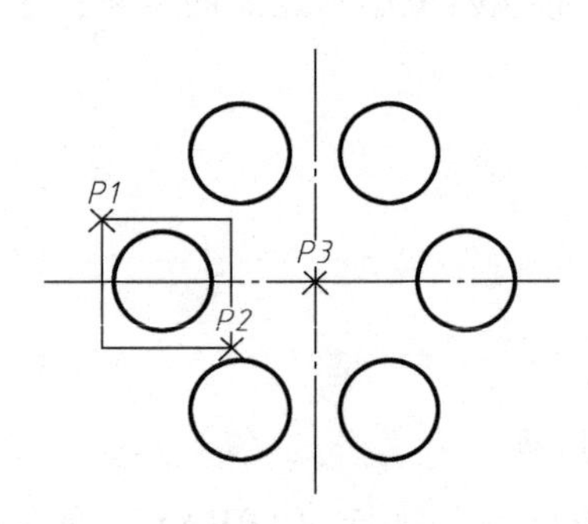

图 13-57 环形阵列的实例

四、改变位置类命令

1. 移动命令

该命令指对象的重新定位，可以在指定方向上按指定距离移动对象。执行方式有以下四种。

1）命令行：MOVE。

2）菜单栏：修改→移动。

3）工具栏：修改→移动 ✥。

4）功能区：默认→修改→移动 ✥。

操作实例（图 13-58）如下。

```
命令:MOVE ↙
选择对象:选择圆
选择对象:↙
指定基点或 [位移(D)] <位移>:选取圆的圆心
指定第二个点或 <使用第一个点作为位移>:@6.25,0 ↙
```

图 13-58　移动对象

2. 旋转命令

在保持原形状不变的情况下，以一定点为中心且以一定角度为旋转角将对象旋转以得到图形。执行方式有以下五种。

1）命令行：ROTATE。

2）菜单栏：修改→旋转。

3）工具栏：修改→旋转。

4）功能区：默认→修改→旋转。

5）快捷菜单：选择要旋转的对象，在绘图区右击，在弹出的快捷菜单中选择“旋转”命令。

操作步骤如下。

```
命令:ROTATE ↙
UCS 当前的正角方向:ANGDIR=逆时针　ANGBASE=0
选择对象:(选择要旋转的对象,可以用任意的对象选择方式)
选择对象:↙
指定基点:(指定旋转的基准点)
指定旋转角度,或 [复制(C)/参照(R)] <0>:(指定旋转角或选择“复制(C)”方式或选择“参照(R)”方式)
```

1）“指定旋转角度”方式。指定对象的旋转角。正角度按逆时针方向旋转对象；负角度按顺时针方向旋转对象。

利用 ROTATE 命令按指定旋转角旋转对象，如图 13-59 所示。

```
命令:ROTATE ↙
UCS 当前的正角方向:ANGDIR = 逆时针 ANGBASE=0
选择对象:P1(用交叉窗口方式选择对象)
指定对角点:P2
选择对象:↙
指定基点:P3
指定旋转角度,或 [复制(C)/参照(R)] <0>:45 ↙
```

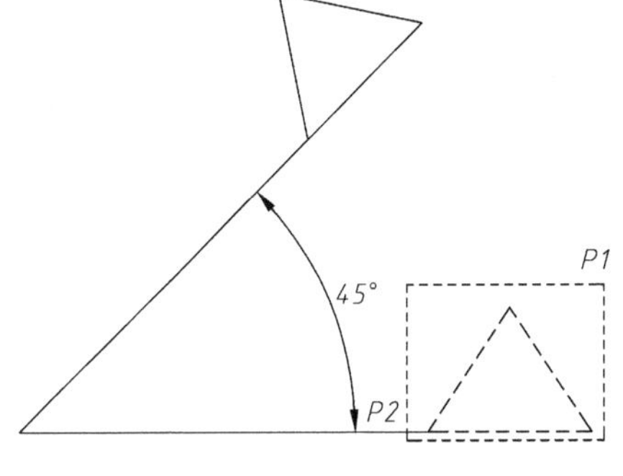

图 13-59　旋转对象

2）“复制（C）”方式。此方式是对象旋转后源对象仍保留。

3）“参照（R）”方式。指定当前参照角度和所需的新角度，旋转角=新角度-参照角。

3. 缩放命令

缩放命令是将已有图形对象以基点为参照进行等比例缩放，它可以调整对象的大小，使其在一个方向上按照要求增大或缩小一定的比例。执行方式有以下五种。

1）命令行：SCALE。

2）菜单栏：修改→缩放。

3）工具栏：修改→缩放。

4）功能区：默认→修改→缩放。

5）快捷菜单：选择要缩放的对象，在绘图区右击，在弹出的快捷菜单中选择“缩放”命令。

操作步骤如下。

```
命令:SCALE ↙
选择对象:(选择要缩放的对象)
指定基点:(指定缩放基点)
指定比例因子或 [复制(C)/参照(R)] <1.0000>:
```

选项说明如下。

1）“指定比例因子”。给定图形缩放的比例系数。当比例系数大于 1 时将放大对象；当比例系数小于 1 时缩小对象。

2）“复制（C）”。此方式是对象缩放后源对象仍保留。

3）“参照（R）”。以指定参考长度和新长度的方式来确定比例系数。

利用 SCALE 命令的参照方式缩放对象，如图 13-60 所示。

```
命令:SCALE ↙
选择对象:P1(用交叉窗口方式选择对象)
指定对角点:P2
选择对象:↙
指定基点:P3
指定比例因子或 [复制(C)/参照(R)] <1.0000>:R ↙
指定参考长度 <1>:P3
指定第二点:P4(P3 和 P4 之间的长度是参考长度)
指定新长度:P5(P3 和 P5 之间的长度是新长度)
```

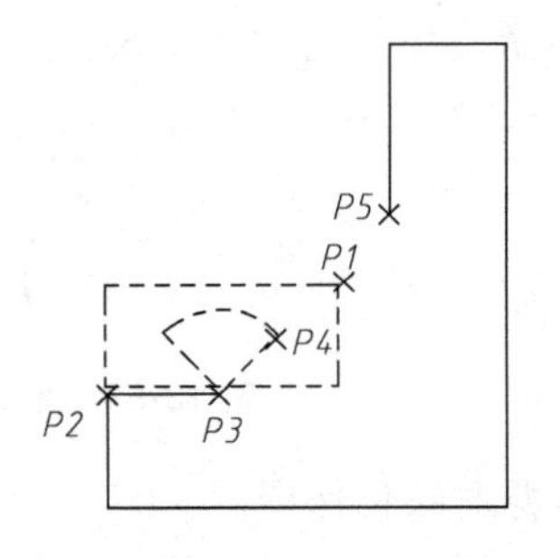

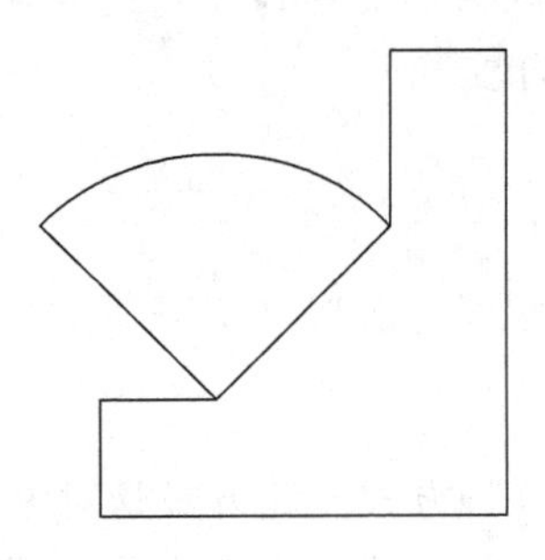

图 13-60 缩放对象

五、改变图形特性

改变图形特性这一类编辑命令在对指定对象进行编辑后，使编辑对象的几何特性发生改变。

1. 修剪命令

该命令可将超出边界的多余部分修剪删除掉。执行方式有以下四种。

1）命令行：TRIM。

2）菜单栏：修改→修剪。

3）工具栏：修改→修剪。

4）功能区：默认→修改→修剪。

操作步骤如下。

命令:TRIM ↙

当前设置:投影=UCS,边=无

选择剪切边...

选择对象或 <全部选择>:(选择剪切边,可以用任意的对象选择方式多次选择)

选择对象:↙(结束选择剪切边)

选择要修剪的对象,或按住<Shift>键选择要延伸的对象,或

[栏选(F)/窗交(C)/投影(P)/边(E)/删除(R)/放弃(U)]:(选择要修剪的对象,可以用任意的对象选择方式多次选择)

选择要修剪的对象,或按住<Shift>键选择要延伸的对象,或

[栏选(F)/窗交(C)/投影(P)/边(E)/删除(R)/放弃(U)]:↙(结束命令)

选项说明如下。

1）“投影（P）”选项：指定修剪对象时 AutoCAD 2021 使用的“投影”模式。当选择该项后 AutoCAD 2021 提示：

输入投影选项［无（N）/UCS（U）/视图（V）］<UCS>：（输入一个选项或按<Enter>键）

无：AutoCAD 2021 只修剪在三维空间中与剪切边相交的对象。

UCS：修剪在当前用户坐标系“XY”平面上投影相交的对象。

视图：沿当前视图方向指定投影。

2）“边（E）”选项：确定修剪的对象是与剪切边相交还是与剪切边延伸后相交，当选择该项后 AutoCAD 2021 提示：

输入隐含边延伸模式［延伸（E）/不延伸（N）］<N>：（输入一个选项或按<Enter>键）

延伸：沿自身路径延伸剪切边使它与修剪对象相交。

不延伸：指定只修剪与剪切边相交的对象。

3）“放弃（U）”选项：放弃由 TRIM 所做的最近一次修改。

4）“栏选（F）”选项：用栏选方式选择要修剪的对象。

5）“窗交（C）”选项：用窗交方式选择要修剪的对象。

6）“删除（R）”选项：删除要修剪的对象。

图 13-61 所示为 TRIM 命令修剪对象的例子。

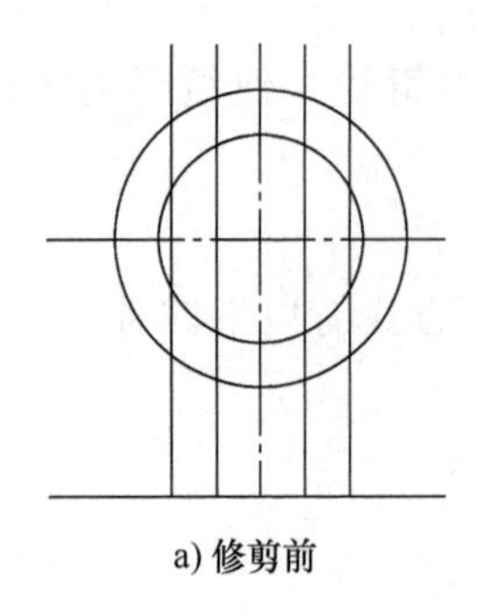

a) 修剪前

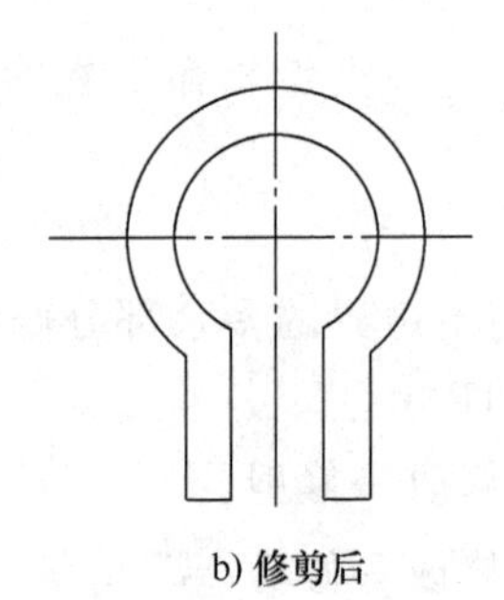

b) 修剪后

图 13-61 修剪对象

注意：修剪边界对象支持常规的各种选择，也可以在出现选择修剪边界时直接按 <Spacebar>键或按<Enter>键，此时系统将把图中所有图形作为修剪边界，这时就可以修剪图中的任意对象。

2. 延伸命令

该命令是指延伸一个对象直至另一个对象的边界线。执行方式有以下四种。

1） 命令行：EXTEND。

2） 菜单栏：修改→延伸。

3） 工具栏：修改→延伸 。

4） 功能区：默认→修改→延伸 。

操作步骤如下。

```
命令:EXTEND ↙
当前设置:投影=UCS,边=无
选择边界的边...
选择对象或 <全部选择>:(选择延伸边界,可以用任意的对象选择方式多次选择)
选择对象:↙(结束选择延伸边界)
选择要延伸的对象,或按住<Shift>键选择要修剪的对象,或
[栏选(F)/窗交(C)/投影(P)/边(E)/放弃(U)]:(选择要延伸的对象,可用以任何方法选择)
选择要延伸的对象,或按住<Shift>键选择要修剪的对象,或
[栏选(F)/窗交(C)/投影(P)/边(E)/放弃(U)]:↙(结束命令)
```

选项说明：各选项含义与修剪命令对应各选项类似，图 13-62 所示为命令延伸对象的例子。

3. 拉伸命令

该命令按指定的位置拉伸对象的局部或移动对象。用交叉方式选择对象且最后一次选择有效。执行方式有以下四种。

1） 命令行：STRETCH。

2） 菜单栏：修改→拉伸。

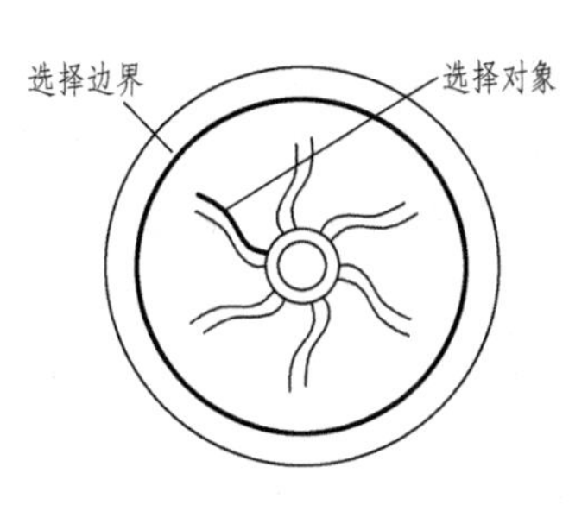

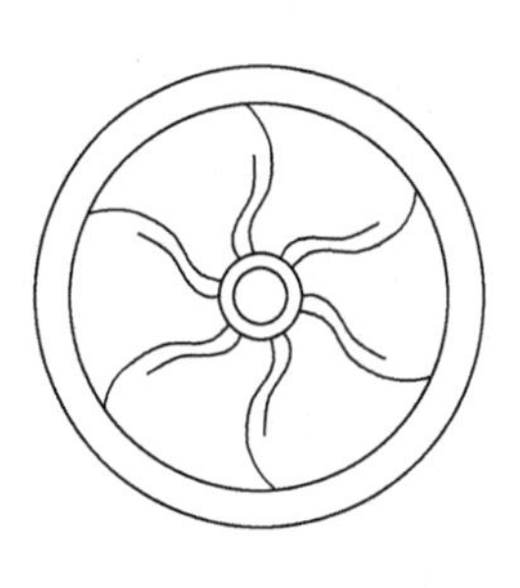

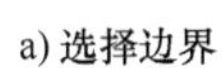

a) 选择边界　　b) 选择延伸对象　　c) 结果

图 13-62　延伸

3）工具栏：修改→拉伸 。

4）功能区：默认→修改→拉伸 。

操作实例（图 13-63）如下。

```
命令:STRETCH ↙
以交叉窗口或交叉多边形选择拉伸的对象...
选择对象:P1
指定对角点:P2
选择对象:↙
指定基点或［位移(D)］<位移>:P3
指定第二个点或<使用第一个点作为位移>:P4
```

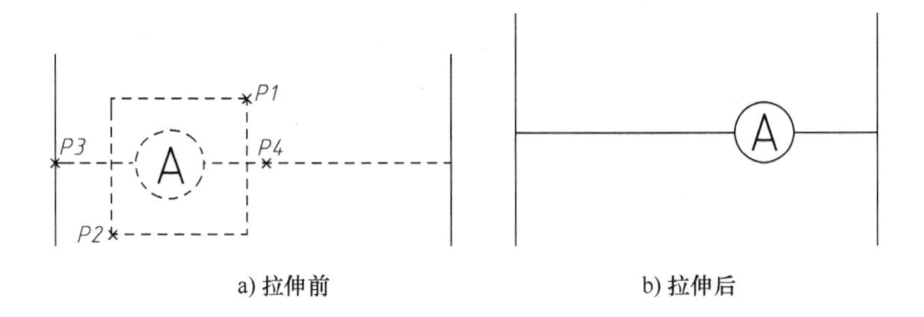

a) 拉伸前　　b) 拉伸后

图 13-63　拉伸对象

4. 拉长命令

该命令可以更改对象的长度和圆弧的包含角。执行方式有以下三种。

1）命令行：LENGTHEN。

2）菜单栏：修改→拉长。

3）功能区：默认→修改→拉长 。

操作步骤如下。

```
命令:LENGTHEN ↙
选择要测量的对象或［增量(DE)/百分比(P)/总计(T)/动态(DY)］:
```

选项说明如下。

1）“选择要测量的对象”选项：在执行 LENGTHEN 命令后，可以直接选择对象。

2）“增量（DE）”选项：用指定增量的方法来改变对象的长度或角度。

3）“百分比（P）”选项：用指定要修改对象的长度占总长度百分比的方法来改变圆弧或直线段的长度。

4）“总计（T）”选项：用指定新的总长度值或总角度值的方法来改变对象的长度或角度。

5）“动态（DY）”选项：在该模式下，可以使用拖拉鼠标的方法来动态地改变对象的长度或角度。

六、圆角

该命令是指用指定的半径的圆弧连接两个对象。执行方式有以下四种。

1）命令行：FILLET。

2）菜单栏：修改→圆角。

3）工具栏：修改→圆角。

4）功能区：默认→修改→圆角。

操作实例如下。

```
命令:FILLET↙
当前模式:模式 = 修剪,半径 = 0.0000
选择第一个对象或[放弃(U)/多段线(P)/半径(R)/修剪(T)/多个(M)]:R↙
指定圆角半径 <0.0000>:5↙
选择第一个对象或[放弃(U)/多段线(P)/半径(R)/修剪(T)/多个(M)]:P3(选择圆弧连接的第一个对象
选择第二个对象,或按住<Shift>键选择对象以应用角点或[半径(R)]:P4(选择圆弧连接的第二个对象)
```

结果如图 13-64 所示。

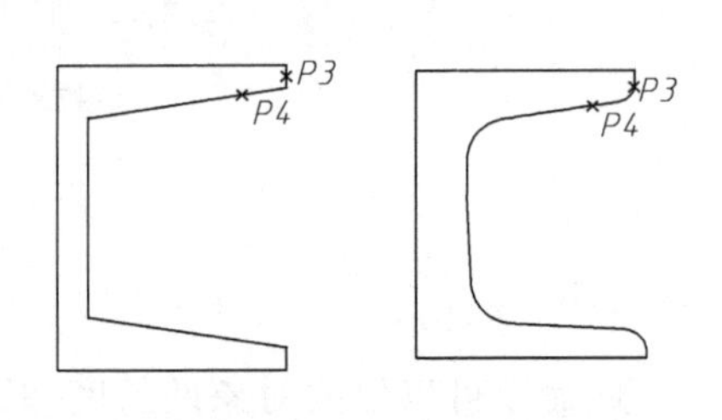

图 13-64　圆角

选项说明如下。

1）“多段线（P）”选项：在多段线的两段直线段交点处插入圆弧。选择多段线后，系统会根据指定的圆弧的半径把多段线各顶点用圆弧连接起来。

2）“修剪（T）”选项：决定在圆角连接两条边时，是否修剪这两条边。

3）“多个（M）”选项：可以同时对多个对象进行圆角。

4）按住<Shift>键并选择两条直线，可以快速创建零距离倒角或零半径圆角。

七、倒角

该命令是指用斜线连接两个不平行的线型对象。可以用斜线连接直线段、双向无限长线、射线和多段线。倒角的形式如图 13-65 所示。

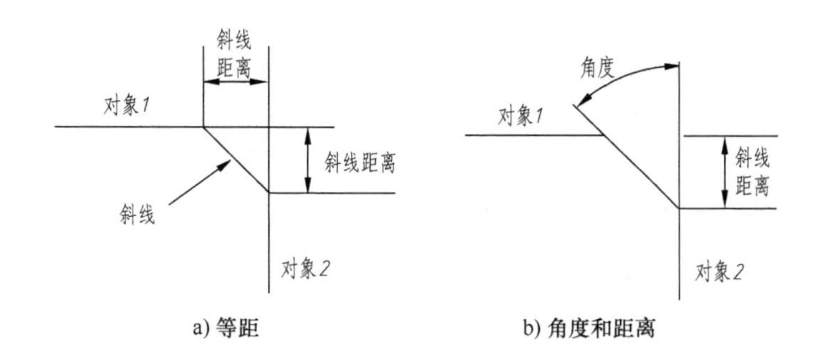

图 13-65　倒角的形式

执行方式有以下四种。

1）命令行：CHAMFER。

2）菜单栏：修改→倒角。

3）工具栏：修改→倒角。

4）功能区：默认→修改→倒角。

操作实例如下。

命令:CHAMFER ↙

（“修剪”模式）当前倒角距离<当前值>,距离<当前值>

选择第一条直线或［放弃(U)/多段线(P)/距离(D)/角度(A)/修剪(T)/方式(E)/多个(M)］:D ↙

指定第一个倒角距离 <当前值>:0 ↙

指定第二个倒角距离 <0.0000>:↙

选择第一条直线或［放弃(U)/多段线(P)/距离(D)/角度(A)/修剪(T)/方式(E)/多个(M)］:↙

命令:↙

CHAMFER（“修剪”模式）当前倒角距离 <0.0000>,距离 <0.0000>

选择第一条直线或［放弃(U)/多段线(P)/距离(D)/角度(A)/修剪(T)/方式(E)/多个(M)］:P1

选择第二条直线,或按住<Shift>键选择要应用角点的直线:P2

命令:CHAMFER ↙

（“修剪”模式）当前倒角距离 <0.0000>,距离 <0.0000>

选择第一条直线或［多段线(P)/距离(D)/角度(A)/修剪(T)/方法(M)］:D ↙

指定第一个倒角距离 <0.0000>:5 ↙

指定第二个倒角距离 <5.0000>:↙

选择第一条直线或［放弃(U)/多段线(P)/距离(D)/角度(A)/修剪(T)/方式(E)/多个(M)］:P3

选择第二条直线,或按住<Shift>键选择要应用角点的直线:P4

命令:CHAMFER ↙

("修剪"模式) 当前倒角距离 <5.0000>,距离 <5.0000>

选择第一条直线或[放弃(U)/多段线(P)/距离(D)/角度(A)/修剪(T)/方式(E)/多个(M)]:A ↙

指定第一条直线的倒角长度 <当前值>:5 ↙

指定第一条直线的倒角角度 <0>:30 ↙

选择第一条直线或[放弃(U)/多段线(P)/距离(D)/角度(A)/修剪(T)/方式(E)/多个(M)]:P5

选择第二条直线,或按住<Shift>键选择要应用角点的直线:P6

结果如图 13-66 所示。

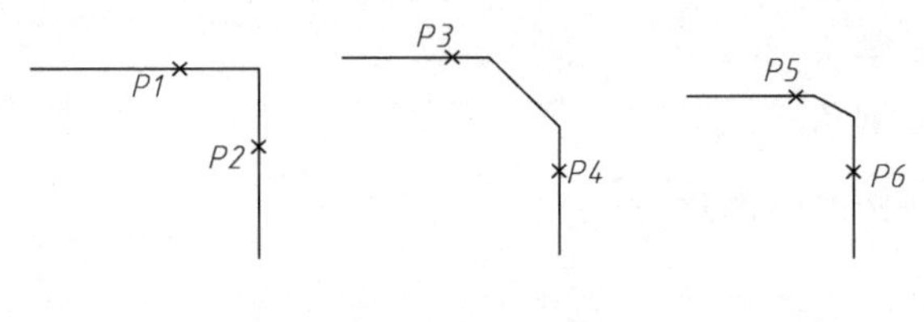

图 13-66　倒角

选项说明如下。

1）“距离（D）”选项：选择倒角的距离。距离是指从被连接的对象与斜线的交点到被连接的两对象交点之间的距离。这两个距离可以相同也可以不相同，若二者均为 0，则系统不绘制连接的斜线，而是把两个对象延伸至相交，并修剪超出的部分。

2）“方式（E）”选项：决定采用“距离”方式还是“角度”方式来倒角。

3）“多个（M）”选项：同时对多个对象进行倒角。

4）“角度（A）”选项：选择第一条直线的斜线距离和角度。

5）“多段线（P）”选项：对多段线的各个交点进行倒角。

6）“修剪（T）”选项：与圆角连接命令 FILLET 相同，该选项决定连接对象后，是否剪切原对象。

7）“放弃（U）”选项：恢复在命令中执行的上一个操作。

八、打断命令

打断是在两个点之间创建间隔，也就是说明在打断之处存在间隙。执行方式有以下四种。

1）命令行：BREAK。

2）菜单栏：修改→打断。

3）工具栏：修改→打断。

4）功能区：默认→修改→打断。

操作实例（图 13-67）如下。

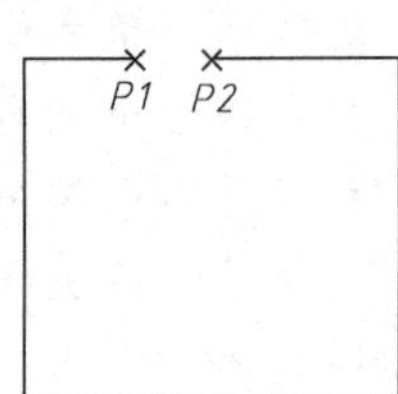

图 13-67　打断对象

```
命令:BREAK ↙
选择对象:P1(选择对象,选择点为打断的第一点,只能用点选方式选择对象)
指定第二个打断点 或 [第一点(F)]:P2(指定打断的第二点,只能用点选方式选择对象)
```

九、合并命令

该命令可将直线、圆弧和样条曲线等独立的对象合并为一个对象。执行方式有以下四种。

1）命令行：JOIN。

2）菜单栏：修改→合并。

3）工具栏：修改→合并 。

4）功能区：默认→修改→合并 。

操作步骤如下。

```
命令:JOIN ↙
选择源对象或要一次合并的多个对象:(选择一个对象)
选择要合并的对象:(选择另一个对象)
选择要合并的对象:↙
```

十、分解命令

选择一个对象后，该对象会被分解。系统继续提示该行信息，允许分解多个对象。执行方式有以下四种。

1）命令行：EXPLODE。

2）菜单栏：修改→分解。

3）工具栏：修改→分解 。

4）功能区：默认→修改→分解 。

操作步骤如下。

```
命令:EXPLODE ↙
选择对象:(选择要分解的对象,可以用任意的对象选择方式)
选择对象:↙
```

第六节　显示控制

改变视图大小和位置最常用的方法就是利用缩放和平移命令。这些命令可以在绘图区放大或缩小图像显示，或改变图形位置，这样方便于绘图和看图。

一、缩放

缩放命令可将图形放大或缩小显示，以便观察和绘制图形。该命令并不改变图形实际位置和大小，只是改变视图的比例。执行方式有以下四种。

1）命令行：ZOOM。

2）菜单栏：视图→缩放→实时。

3）工具栏：单击标准工具栏中的“实时缩放”。

4）功能区：视图→导航→实时。

操作步骤如下。

```
命令:ZOOM↙
指定窗口的角点,输入比例因子(nX 或 nXP),或者[全部(A)/中心(C)/动态(D)/范围(E)/上一个(P)/比例(S)/窗口(W)/对象(O)]<实时>:
```

选项说明如下。

1）“输入比例因子”：根据输入的比例因子以当前的视图窗口为中心，将视图窗口显示的内容放大或缩小输入的比例倍数。nX 是根据当前视图指定比例，nXP 是指定相对于图纸空间单位的比例。

2）“全部（A）”：显示图形界限内的所有可见对象。

3）“中心（C）”：缩放以显示由中心点和比例值/高度所定义的视图。高度值较小时增加放大比例，高度值较大时减小放大比例。

4）“动态（D）”：使用矩形视图框进行平移和缩放。视图框表示视图，可以更改它的大小，或在图形中移动。移动视图框或调整它的大小，将其中的视图平移或缩放，以充满整个视口。

5）“范围（E）”：缩放以显示所有对象。

6）“上一个（P）”：缩放显示上一个视图。

7）“窗口（W）”：缩放显示矩形窗口指定的区域。

8）“对象（O）”：缩放以便尽可能大地显示一个或多个选定的对象并使其位于视图的中心。

9）“实时”：交互缩放更高比例的视图，光标将变为带有加号和减号的放大镜。

操作实例如下。

```
命令:ZOOM↙
指定第一个角点:P1(用鼠标指定一点)
指定对角点:P2(用鼠标指定另一点)
```

结果如图 13-68 所示。

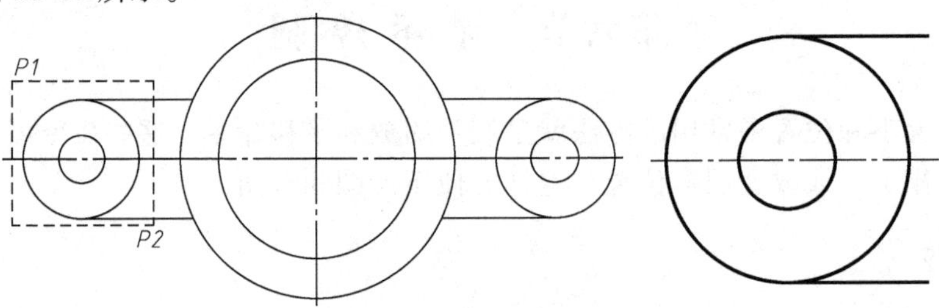

图 13-68 缩放对象

二、平移

利用平移，可通过单击和移动光标重新放置图形。执行方式有以下四种。

1）命令行：PAN。

2）菜单栏：选择菜单栏中的“视图”“平移”“实时”命令。

3）功能区：单击“视图”选项卡“导航”面板中的“平移”，如图 13-69 所示。

4）工具栏：单击标准工具栏中的“实时平移”。

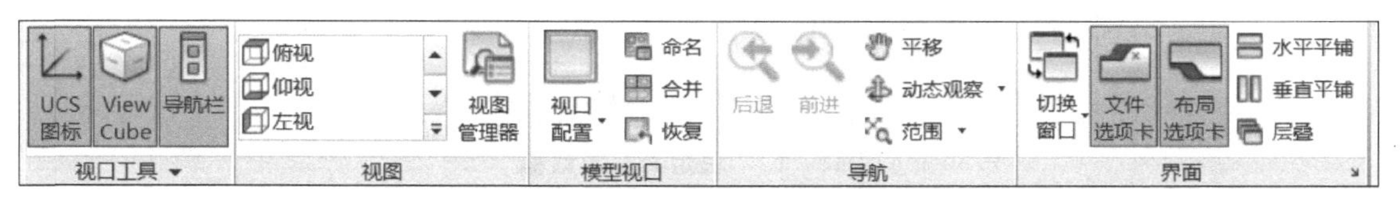

图 13-69 “视图”选项卡

执行上述命令后，单击“实时平移”按钮，然后移动手形光标即可平移图形。另外，在执行显示控制命令时右击，会弹出快捷菜单，如图 13-70 所示。在该菜单中，可以在各个缩放、平移命令间进行切换。

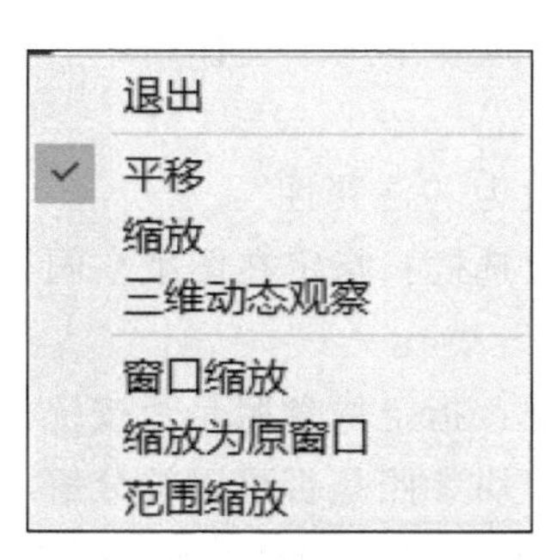

图 13-70 显示控制快捷菜单

第七节 图块及其属性

AutoCAD 2021 把一个图块作为一个对象进行编辑修改等操作，用户可根据绘图需要把图块插入图中任意指定位置，而且在插入时还可以指定不同的缩放比例和旋转角度。

一、定义图块

在使用图块前，首先要定义图块，下面讲述定义图块的具体方法。执行方式有以下四种。

1）命令行：BLOCK 或 BMAKE（快捷命令：B）。

2）菜单栏：绘图→块→创建。

3）功能区：默认→块→创建。

4）工具栏：绘图→创建块。

执行上述操作后，在打开的如图 13-71 所示的“块定义”对话框中可定义图块并为之命

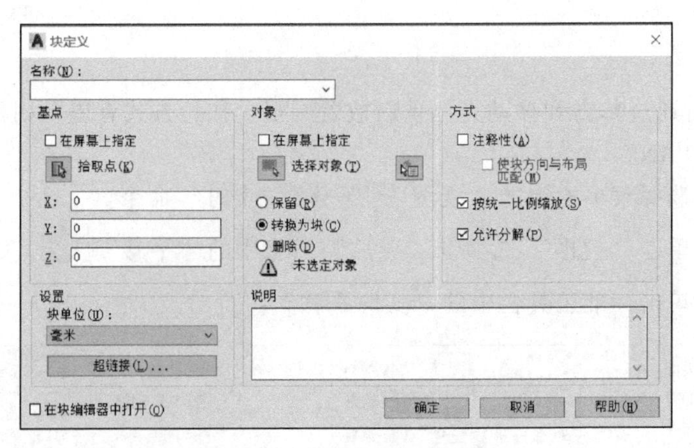

图 13-71　“块定义”对话框

名。下面对各选项进行说明。

1）“基点”选项组：确定图块基点，默认值是（0，0，0）。可以在下面的 X、Y、Z 文本框中输入块的基点坐标值。单击“拾取点”按钮，AutoCAD 2021 临时切换到绘图屏幕，用鼠标在图形中拾取一点后，返回“块定义”对话框，把所拾取的点作为图块的基点。

2）“对象”选项组：“对象”选项组用于选择制作图块的对象。

3）“方式”选项组。

①“注释性”复选框：指定块为“注释性”。

②“使块方向与布局匹配”复选框：指定在图纸空间视口中块参照的方向与布局的方向匹配。

③“按统一比例缩放”复选框：指定块参照是否按统一比例缩放。

④“允许分解”复选框：指定块参照是否可以被分解。

4）“设置”选项组：指定从 AutoCAD 2021 设计中心拖动图块时用于测量图块的单位和超链接等设置。

5）“在块编辑器中打开”复选框：选中该复选框，系统打开块编辑器，可以定义动态块。

当完成所有设置后，单击“确定”按钮，AutoCAD 2021 将完成块定义。

将图 13-72a 所示的螺母定义成块，块名为“螺母”。

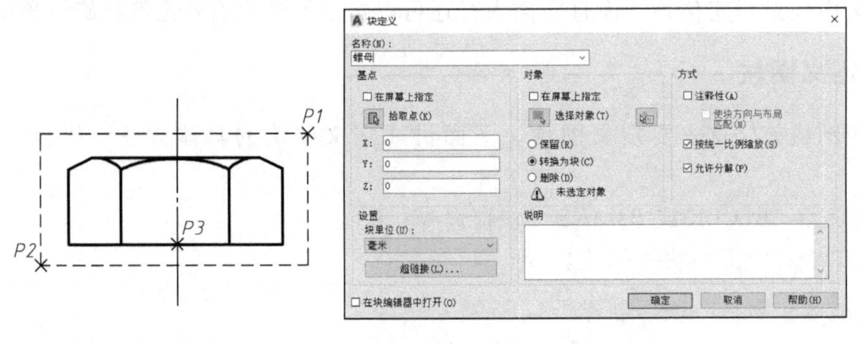

a) 螺母主视图　　　　b) “块定义”对话框

图 13-72　定义图块

操作步骤如下。

1）绘制 M10 的螺母。

2）打开“块定义”对话框。

3）在“名称”编辑框输入块名“螺母-主视图”。

4）单击“对象”区的“选择对象”按钮，AutoCAD 2021 将返回绘图窗口。

5）用交叉窗口方式选择对象，即指定第一点 P1 和第二点 P2，按<Enter>键返回“块定义”对话框。

6）单击“基点”区的“拾取点”按钮，在绘图编辑区中选择 P3 点。

7）选择“块定义”对话框“对象”区的“转换为块”选项。

8）从“块单位”下拉列表中选择“毫米”。

9）选择“按统一比例缩放”和“允许分解”选项（图 13-72b）。

10）单击“确定”按钮。

二、图块的保存

用 BLOCK 命令定义的图块保存在其所属的图形当中，该图块只能在该图中插入，而不能插入其他的图中，但是有些图块在许多图中要经常用到，这时可以用 WBLOCK 命令把图块以图形文件的形式（后缀为 .dwg）写入磁盘，图形文件可以在任意图形中用 INSERT 命令插入。

执行方式有以下两种。

1）命令行：WBLOCK。

2）功能区：插入→块定义→写块。

操作步骤如下。

命令:WBLOCK↙

在命令行中输入 WBLOCK 后按<Enter>键，在打开的如图 13-73 所示的“写块”对话框中可把图形对象保存为图形文件或把图块转换成图形文件。

选项说明如下。

1）“源”选项组：确定要保存为图形文件的图块或图形对象。

①“块”单选按钮：选中此单选按钮，单击右侧的向下箭头，在下拉列表框中选择一个图块，将其保存为图形文件。

②“整个图形”单选按钮：选中此单选按钮，则把当前的整个图形保存为图形文件。

③“对象”单选按钮：选中此单选按钮，则把不属于图块的图形对象保存为图形文件，对象的选取通过“对象”选项组来完成。

2）“目标”选项组：用于指定图形文件的名称、保存路径和插入单位等。

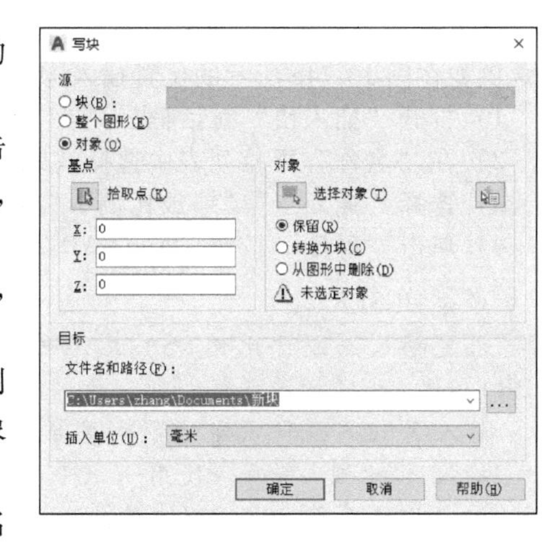

图 13-73 “写块”对话框

三、插入块

在图形中创建了图块后，就可以使用 AutoCAD 2021 提供的 INSERT 命令在图形中引用已创建的图块。

执行方式有以下四种。

1）命令行：INSERT。

2）菜单栏：插入→块选项板。

3）工具栏：绘图→插入块。

4）功能区：默认→块→插入下拉按钮，在弹出的下拉列表中选择相应的选项。

执行上述操作后，AutoCAD 2021 打开“插入块”对话框，该对话框用来指定要插入的块和插入块的位置，如图 13-74a、b 所示，对话框的说明如下。

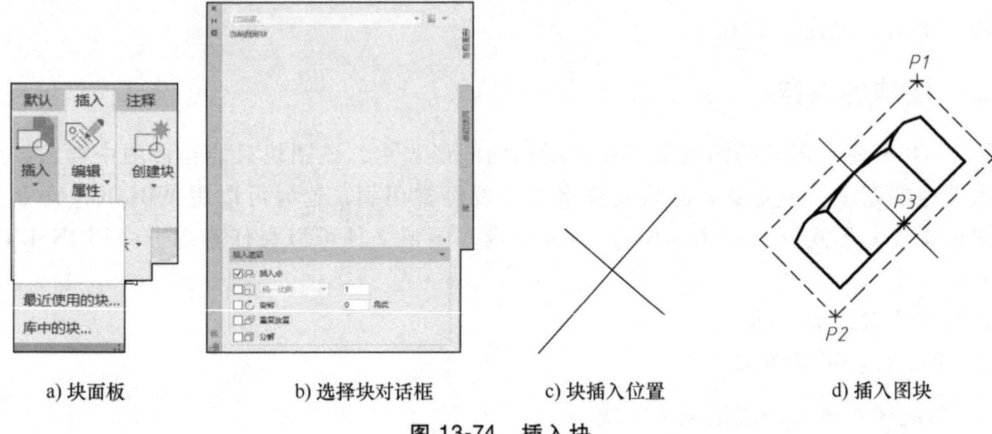

a) 块面板　　b) 选择块对话框　　c) 块插入位置　　d) 插入图块

图 13-74　插入块

1）“插入点”选项组：用于指定块的插入点。可以在屏幕上指定该点，也可通过下面的文本框输入该点坐标值。

2）“比例”选项组：用于指定插入块时的缩放比例。

3）“旋转”选项组：用于指定在插入块时的旋转角度。

4）“分解”选项组：选中此复选框，则在插入块的同时把其分解，插入图形中组成快的对象不再是一个整体，可对每个对象单独进行编辑操作。

例如在图 13-74c 所示的位置插入 M12 的螺母。操作步骤如下。

1）打开“插入块”对话框。

2）在“名称”下拉列表中选择“螺母”。

3）选择“插入点”“缩放比例”“旋转”区的“在屏幕上指定”选项。

4）单击“确定”按钮，AutoCAD 2021 将返回绘图编辑区，并在命令行提示：

```
命令:INSERT↙
指定插入点或［比例(S)/X/Y/Z/旋转(R)/预览比例(PS)/PX/PY/PZ/预览旋转(PR)］:P1(指定插入点)
输入 X 比例因子,指定对角点,或者［角点(C)/XYZ］<1>:1.2(输入 X 比例因子为 1.2)
输入 Y 比例因子或 <使用 X 比例因子>:↙(直接按<Enter>键,使用 X 比例因子)
指定旋转角度 <0>:P2(在基线上捕捉一点)
```

结果如图 13-74d 所示。

四、图块的属性

图块除了包含图形对象以外，还可以具有非图形信息。图块的这些非图形信息称为图块的属性，是图块的一个组成部分，与图形对象构成一个整体，插入图块时 AutoCAD 2021 可以把图形对象连同属性一起插入图形中。

1. 定义图块属性

执行方式有以下三种。

1）命令行：ATTDEF。

2）菜单栏：绘图→块→定义属性。

3）块定义面板→定义属性 。

执行上述操作后，打开“属性定义”对话框，如图 13-75 所示，对话框的说明如下。

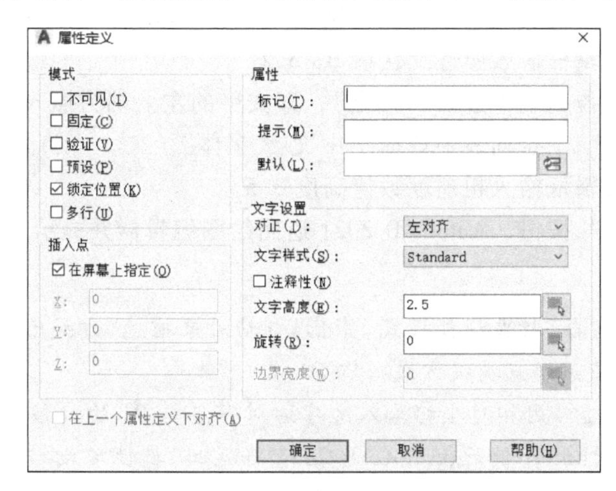

图 13-75 “属性定义”对话框

（1）“模式”选项组

1）“不可见”模式：如果选择此模式，AutoCAD 2021 在插入块时不显示属性值。可以使用 ATTDISP 命令设置“可见”与“不可见”模式。

2）“固定”模式：如果选择此模式，在插入块时 AutoCAD 2021 给属性赋予固定值。

3）“验证”模式：如果选择此模式，在插入块时 AutoCAD 2021 提示验证属性值是否正确。

4）“预设”模式：如果选择此模式，在插入包含预设属性值的块时 AutoCAD 2021 将属性设为默认值。

（2）“属性”选项组　该区域用于设置属性数据。在每个文本框中 AutoCAD 2021 允许输入不超过 256 个字符。

1）“标记”文本框：指定属性标记。属性标记在图形中识别属性，可含有除空格和惊叹号“!”以外的任意字符。AutoCAD 2021 将小写字母变为大写字母。

2）“提示”文本框：指定属性提示。插入包含属性定义的块时将显示属性提示。如果属性提示为空，属性标记将用作属性提示；如果在“模式”中选择了“固定”模式，“属性提示”选项不可用。

3）“默认”文本框：指定默认属性值。

（3）“插入点”选项组　指定作为属性的文本位置。可以在插入时由用户在图形中确定属性文本的位置，也可在 X、Y、Z 文本框中直接输入属性文本的位置坐标。

（4）“文字设置”选项组　用于设置属性文本的对正、样式、高度和旋转角。

（5）“在上一个属性定义下对齐”复选框　该复选框用于在前面所定义的属性下面直接输入属性标记。如果在这之前没有创建属性定义，该选项不可用。

举例：定义两个带属性的粗糙度符号，符号的尺寸如图 13-76a 所示。

操作步骤如下。

1）绘制如图 13-78 所示的表面粗糙度符号。

2）打开“属性定义”对话框。按图 13-77 所示的属性定义对话框填写。

3）在“标记”编辑框输入粗糙度标记“RA-1”。

4）在“提示”编辑框输入属性提示“请输入粗糙度数值:”。

5）在“默认”编辑框输入属性默认值 Ra 3.2。

6）在“对正”下拉列表中选择“左上”，即文字的左上端为插入对齐点。

7）在“文字样式”下拉列表中选择“中文-大字体”。

8）在“高度”编辑框输入粗糙度数值高度 3.5。

9）单击“拾取点”按钮，AutoCAD 2021 返回绘图编辑器并提示：

```
命令:ATTDEF ↙
起点:(选择“捕捉自”对象捕捉模式,并且“自动对象捕捉”方式已打开)
_from 基点:P1(使用端点捕捉方式拾取 P1 点)
<偏移>: @ -1,1 ↙(用相对坐标输入文字右对齐点与 P1 的偏移量)
输入偏移量并按<Enter>键后,AutoCAD 2021 将返回“属性定义”对话框。
```

10）其他选项不选。单击“确定”按钮，AutoCAD 2021 将定义一个标记为“RA-1”的属性。

11）将属性“粗糙度-1”连同粗糙符号一起定义为一个名为“粗糙度-1”的块。块的插入点选择 P2，选择对象时使用交叉窗口方式拾取 P3 和 P4 点，如图 13-76b 所示。

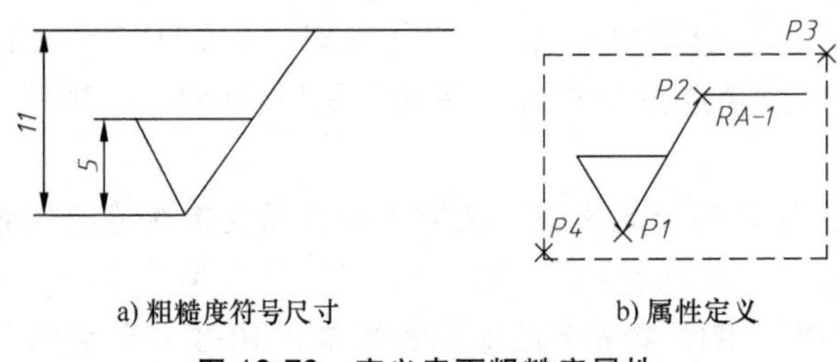

a) 粗糙度符号尺寸　　b) 属性定义

图 13-76　定义表面粗糙度属性

2. 修改属性的定义

在定义图块之前，可以对属性的定义加以修改，不仅可以修改属性标签，还可以修改属性提示和属性默认值。执行方式有以下两种。

1）命令行：DDEDIT。

2）菜单栏：修改→对象→文字→编辑。

操作步骤如下。

```
命令:DDEDIT↙
选择注释对象或[放弃(U)]:
```

在此提示下选择要修改的属性定义，AutoCAD 2021 打开“编辑属性定义”对话框，如图 13-77 所示，该对话框表示要修改的属性标记为“文字”，提示为“数值”，无默认值，可在各文本框中对各项进行修改。

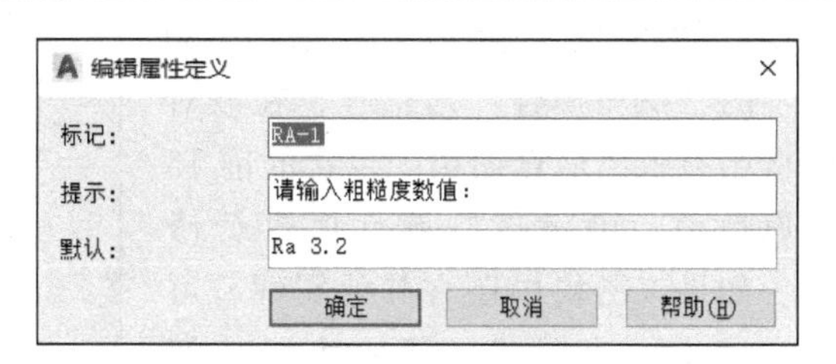

图 13-77 “编辑属性定义”对话框

3. 插入带属性的块

插入一个带属性的块与插入一个不带属性的块操作方法是一样的。只是在插入不是常量的属性块时，AutoCAD 2021 提示输入属性值。图 13-78 所示为在图中插入带属性定义的粗糙度符号。其中，插入点为 P1、P2 时，插入“RA-1”；插入点为 P1 时，旋转角为 0°；插入点为 P2 时，旋转角为 90°。结果如图 13-79 所示。

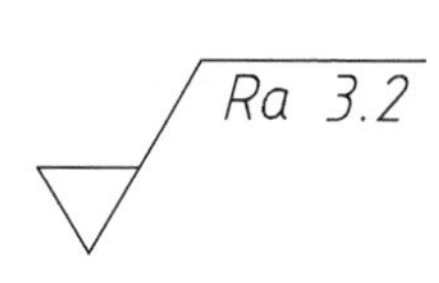

图 13-78 带属性的块

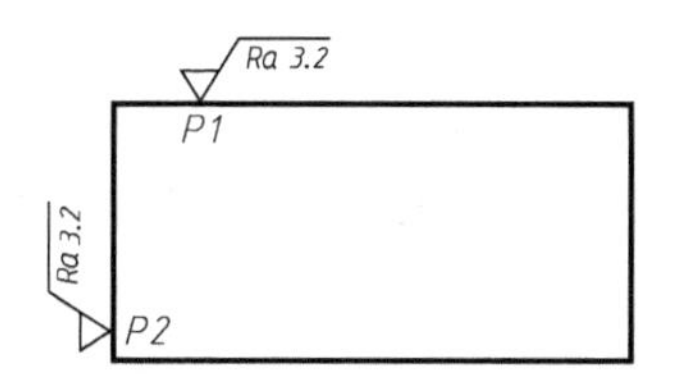

图 13-79 插入带属性的块

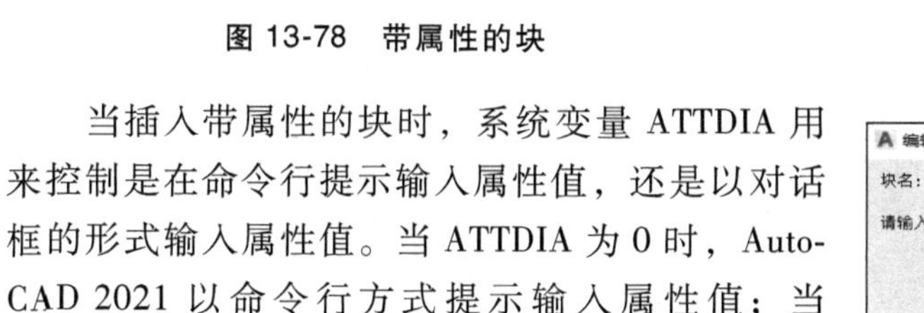

当插入带属性的块时，系统变量 ATTDIA 用来控制是在命令行提示输入属性值，还是以对话框的形式输入属性值。当 ATTDIA 为 0 时，AutoCAD 2021 以命令行方式提示输入属性值；当 ATTDIA 为 1 时，以对话框的形式提示输入属性值，其对话框如图 13-80 所示。

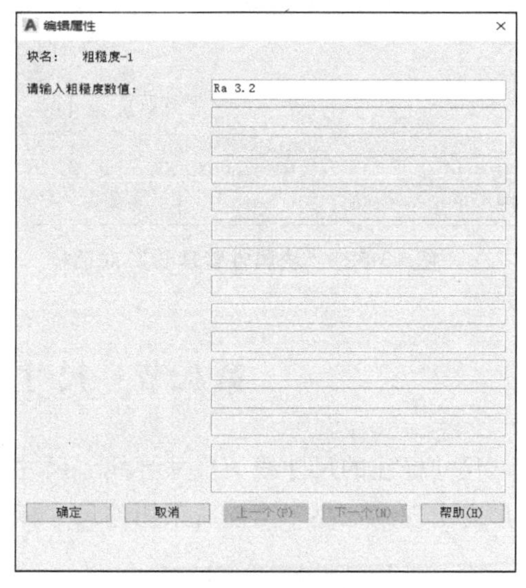

图 13-80 “编辑属性”对话框

4. 编辑图块属性

当属性被定义到图块中，甚至图块被插入图形中之后，还可以对其属性进行编辑。利用 ATTEDIT 命令可以通过对话框对指定的图块的属性值进行修改，利用 ATTEDIT 命令不仅可以修改属性值，而且可以对属性的位置、文本等其他设置进行编辑。执行方式有以下四种。

1）命令行：ATTEDIT。

2）菜单栏：修改→对象→属性→单个。

3）功能区：块面板→编辑属性 。

4）工具栏：修改Ⅱ→编辑属性 。

操作步骤如下。

命令：ATTEDIT↙
选择块参照：

同时光标变为拾取框，选择要修改属性的图块，则系统打开图 13-80 所示的“编辑属性”对话框，在该对话框中显示出所选图块中包含的前 15 个属性值，可对这些属性值进行修改。如果该图块中还有其他属性，可单击“上一个”或“下一个”按钮对它们进行观察和修改。当通过菜单或工具栏执行上述命令时，系统打开“增强属性编辑器”对话框，如图 13-81 所示。该对话框不仅可以编辑属性值，还可以编辑属性的文字选项和图层、线型、颜色等特性值。

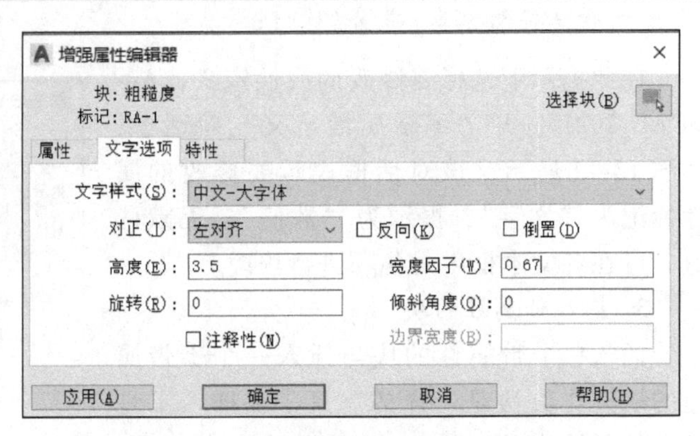

图 13-81　“增强属性编辑器”对话框

另外，还可以通过“块属性管理器”对话框来编辑属性，方法是单击“块定义”面板的“块属性管理器”按钮。系统打开“块属性管理器”对话框，如图 13-82 所示。单击“编辑”按钮，系统打开“编辑属性”对话框，如图 13-83 所示，可以通过该对话框编辑属性。

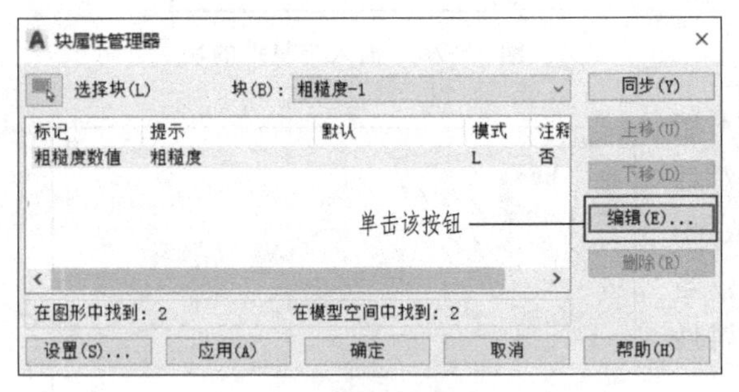

图 13-82　“块属性管理器”对话框

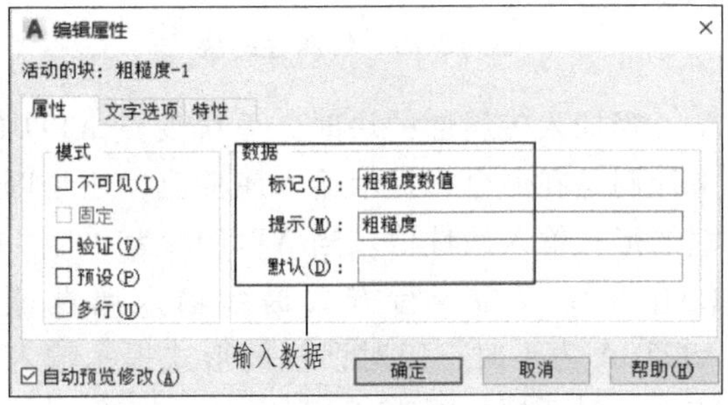

图 13-83　“编辑属性”对话框

第八节　尺寸标注及剖面线的绘制

尺寸标注的尺寸线、尺寸界线、尺寸文本和尺寸箭头可以采用多种形式，尺寸标注以什么形态出现，取决于当前所采用的尺寸标注样式。

一、新建或修改尺寸样式

在进行尺寸标注前，先要创建尺寸标注的样式。如果不建立尺寸样式而直接进行标注，系统会使用默认名称为 STANDARD 的样式。如果认为使用的标注样式某些设置不合适，可以修改标注样式。执行方式有以下四种。

1）命令行：DIMSTYLE（快捷命令：D）。

2）菜单栏：格式→标注样式或标注→标注样式。

3）功能区：默认→注释→标注样式 。

4）工具栏：标注→标注样式 。

执行上述操作后，系统会打开“标注样式管理器”对话框，如图 13-84 所示。下面对各个选项进行说明。

（1）“置为当前”按钮　单击该按钮，可把“样式”列表框中选择的样式设置为当前标注样式。

（2）“新建”按钮　创建新的尺寸标注样式。单击该按钮，系统打开“创建新标注样式”对话框，如图 13-85 所示，利用该对话框可创建一个新的尺寸标注样式，其中部分选项功能说明如下。

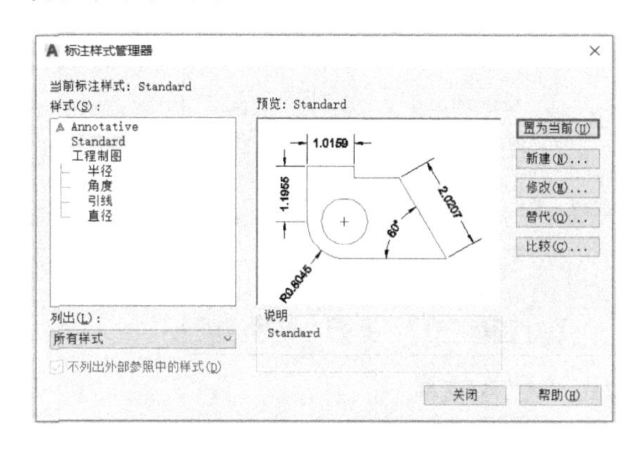

图 13-84　“标注样式管理器”对话框

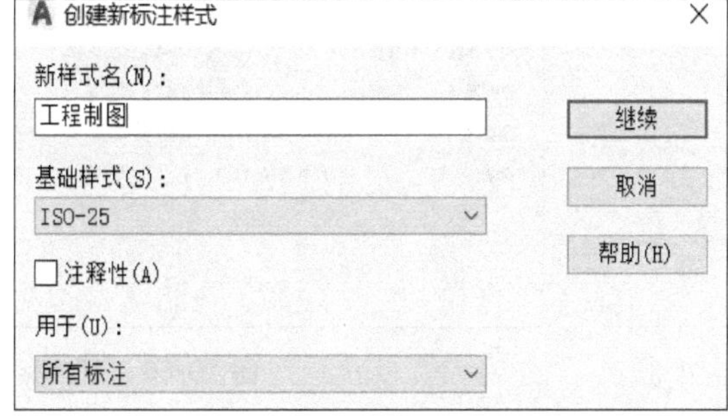

图 13-85　“创建新标注样式”对话框

1）“新样式名”文本框：用于为新的尺寸标注样式命名。

2）“基础样式”下拉列表框：选择创建新样式所基于的标注样式。

3）“用于”下拉列表框：用于指定新样式应用的尺寸类型。单击该下拉列表框，打开尺寸类型列表，如果新建样式应用于所有尺寸，则选择“所有标注”选项；如果新建样式只应用于特定的尺寸标注，则选择相应的尺寸类型。

4）“继续”按钮：各选项设置好以后，单击该按钮，系统打开“新建标注样式：工程制图”对话框，如图 13-86 所示，利用该对话框可对新标注样式的各项特性进行设置。

①“线”选项卡：用于设置尺寸线、尺寸界线的颜色、线宽、尺寸线间的距离、可见性等；尺寸界线超出尺寸线的长度、尺寸界线的起始点与给定的基点之间的距离、可见性等，如图 13-86 所示。

②“符号和箭头”选项卡：设置尺寸终端的形式和大小尺寸等；设置圆心标记的形式和大小尺寸等；设置控制弧长标注中圆弧符号的显示位置；设置控制折弯半径标注的显示，如图 13-87 所示。

③“文字”选项卡：用于设置尺寸文本的文本类型（图 13-88）、颜色、（基本尺寸）文本高度、分数数字的高度比例、是否加入文本方框等；设置尺寸文本与尺寸线的相对位置、尺寸文本与尺寸界线的相对位置、尺寸文本与尺寸线之间的距离等；设置各个方向的尺寸文本对齐方式等，如图 13-89 所示。

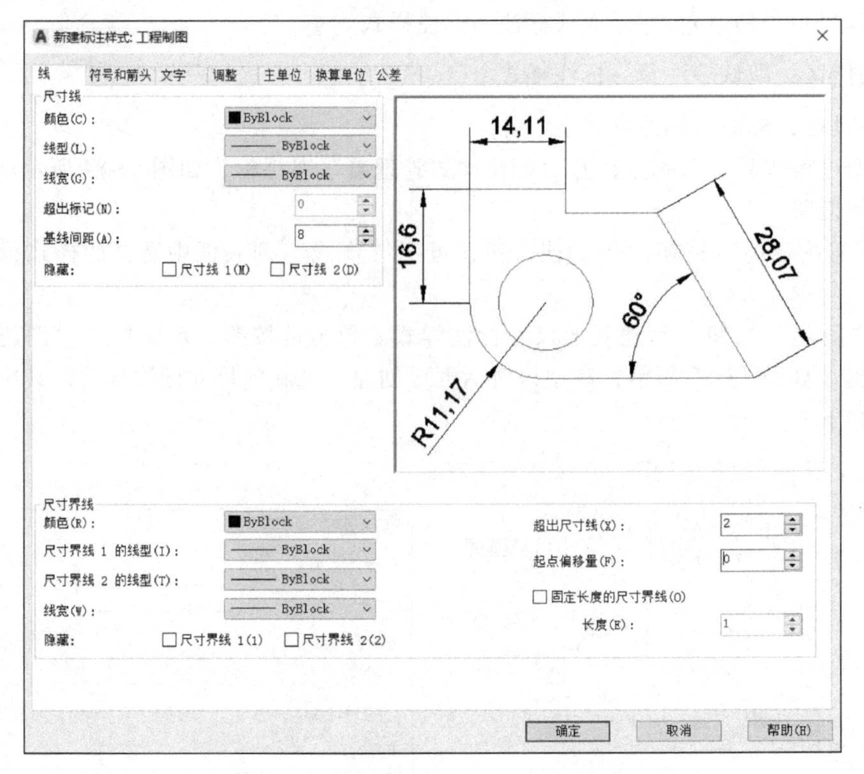

图 13-86　新建标注样式“线”对话框

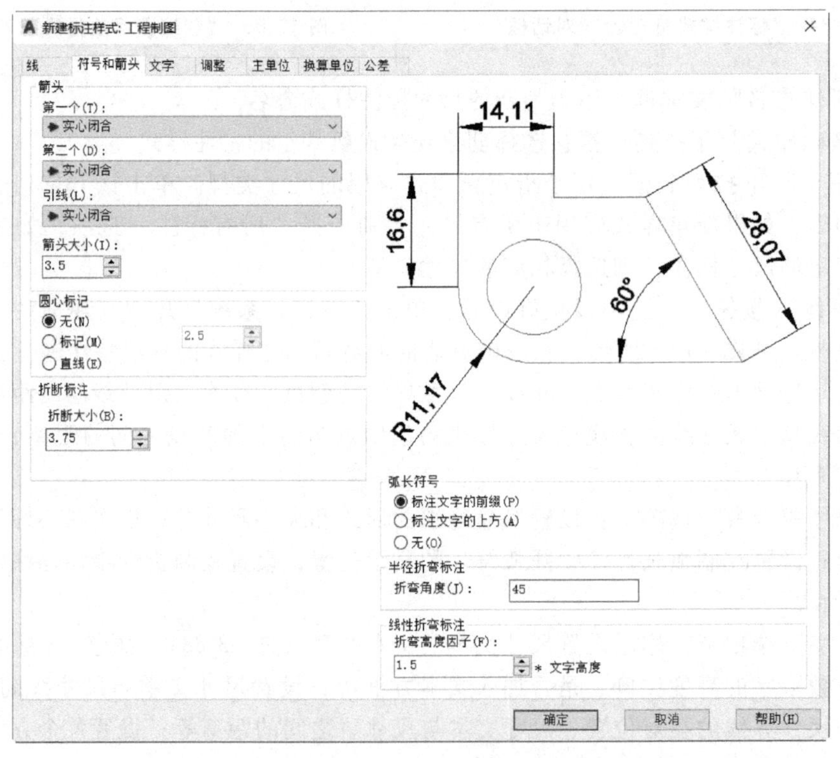

图 13-87　新建标注样式“符号和箭头”对话框

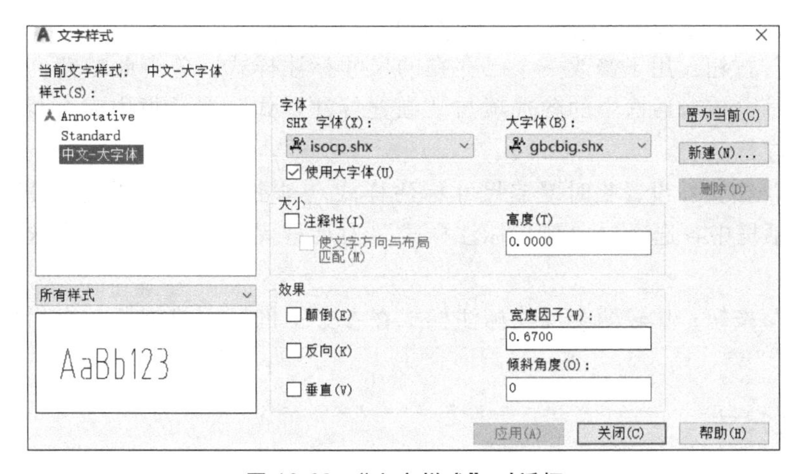

图 13-88 “文字样式”对话框

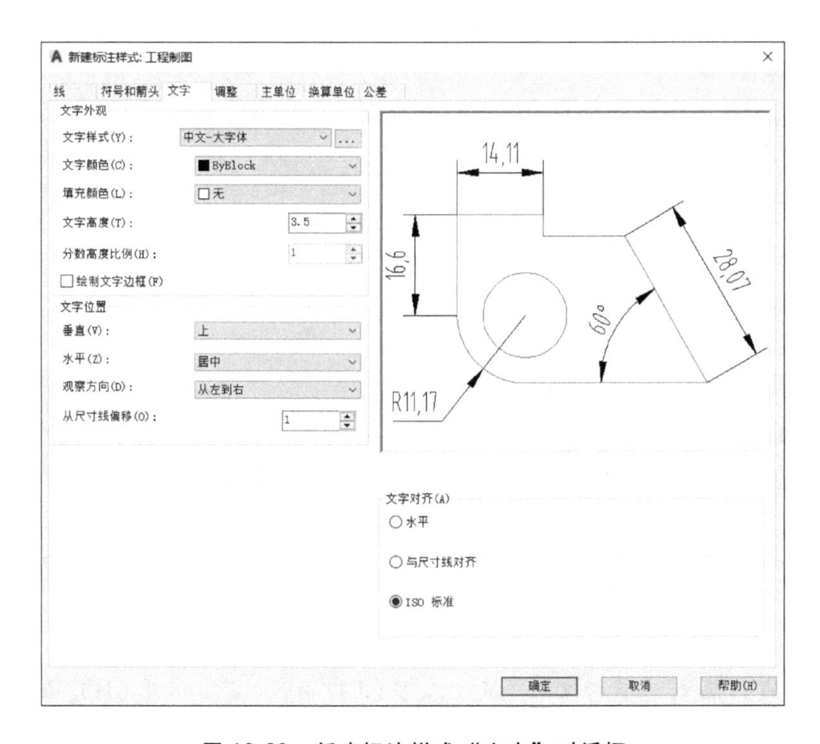

图 13-89 新建标注样式“文字”对话框

④“调整”选项卡：用于设置当尺寸界线的距离较小时尺寸文本和尺寸终端放置位置的规则；设置尺寸标注参数的总体比例；设置尺寸文本的位置是否由用户标注时给定、是否规定尺寸界线之间必须画尺寸线等。

⑤“主单位”选项卡：用于设置尺寸文本中的第一标注的数值和角度采用的单位制、精度、第一标注的前、后缀，数值的比例等。

⑥“换算单位”选项卡：用于设置尺寸文本中是否使用第二标注、第二标注的数值采用的单位制、精度、数值的比例、第二标注的前、后缀、第二标注与第一标注的相对位置等。

⑦“公差”选项卡：用于设置尺寸公差标注的格式、精度、上下偏差的数值、尺寸公差

数字的高度比例、尺寸公差与基本尺寸数字的位置关系等。

a. “修改”按钮：用于修改一个已存在的尺寸标注样式。单击此按钮，弹出“修改标注样式”对话框，该对话框中的各选项与“新建标注样式”对话框中完全相同，可以对已有的标注样式进行修改。

b. “替代”按钮：设置临时覆盖尺寸标注样式。单击此按钮，打开“替代当前样式”对话框，该对话框中各选项与“新建标注样式”对话框完全相同，可改变选项的设置覆盖原来的设置。

c. “比较”按钮：比较两个尺寸标注样式在参数上的区别或浏览一个尺寸标注样式的参数设置。

二、标注尺寸

正确地进行尺寸标注是设计绘图工作中非常重要的一个环节，系统提供了方便快捷的尺寸标注方法。

1. 线性标注

线性标注用于标注图形对象的线性距离或长度。执行方式有以下五种。

1）命令行：DIMLINEAR。

2）菜单栏：标注→线性。

3）功能区：默认→注释→线性 或 注释→标注→线性 。

4）工具栏：标注→线性 。

5）快捷键：<D+L+I>。

操作步骤如下。

```
命令:DIMLINEAR ↙
指定第一条尺寸界线起点或 <选择对象>:(选择垫圈内孔的右上角)
指定第二条尺寸界线起点:(选择垫圈内孔的右下角)
指定尺寸线位置或 [多行文字(M)/文字(T)/角度(A)/水平(H)/垂直(V)/旋转(R)]:T ↙
输入标注文字<30>:%%C30 ↙
指定尺寸线位置或 [多行文字(M)/文字(T)/角度(A)/水平(H)/垂直(V)/旋转(R)]:(指定尺寸线位置)
```

操作结果如图 13-90 所示，做出垂直尺寸标注。水平尺寸标注同理。

其中第三提示行中各选的含义如下。

1）“指定尺寸线位置”：用于确定尺寸线的位置。可移动鼠标选择合适的尺寸线位置，然后按<Enter>键或者单击。

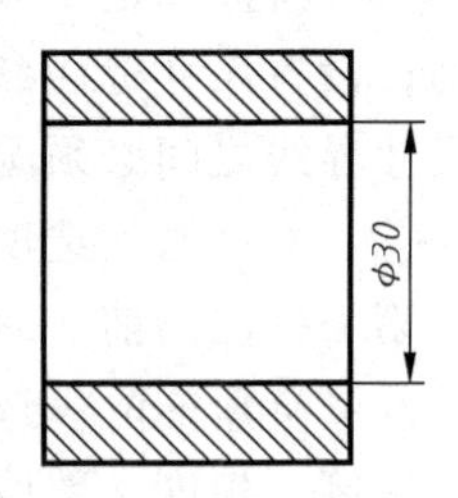

图 13-90　线性尺寸标注

2）“水平（H）”：水平标注尺寸，不论标注什么方向的线段，尺寸线总保持水平放置。

3）“垂直（V）”：垂直标注尺寸，不论标注什么方向的线段，尺寸线总保持垂直放置。

4）“旋转（R）”：输入尺寸线旋转的角度值，用于旋转标注

尺寸，其后续提示为

指定尺寸线的角度<0>:(给定尺寸线与 X 轴的夹角)

5)“角度（A)”：用于确定尺寸文本的倾斜角度。

6)“文字（T)”：用于在命令行提示下输入或编辑尺寸文本。选择该选项后，命令行提示与操作如下。

输入标注文字<默认值>:

7)“多行文字（M)”：用多行文本编辑器确定尺寸文本。

2. 对齐标注

该命令用于所标注尺寸的尺寸线与两条尺寸界线起始点间的连线平行。执行方式有以下四种。

1）命令行：DIMALIGNED。

2）菜单栏：标注→对齐。

3）功能区：默认→注释→对齐或注释→标注→对齐。

4）工具栏：标注→对齐。

操作步骤如下。

命令:DIMALIGNED ↙
指定第一条尺寸界线原点或<选择对象>:
指定第二条尺寸界线原点:
指定尺寸线位置或[多行文字(M)/文字(T)/角度(A)]:

对齐标注命令标注的尺寸线与所标注轮廓线平行，标注起始点到终点之间的距离尺寸，执行操作后出现的各选项含义同前述命令相似。

3. 基线标注

该命令用于产生一系列基于同一尺寸界线的尺寸标注，适用于长度、角度和坐标标注。在使用基线标注前，应先标出一个相关尺寸。执行方式有以下四种。

1）命令行：DIMBASELINE（快捷命令：DBA)。

2）菜单栏：标注→基线。

3）功能区：注释→标注→基线。

4）工具栏：标注→基线。

操作步骤如下。

命令:DIMBASELINE ↙
指定第二条尺寸界线原点或[选择(S)/放弃(U)] <选择>:

选项说明如下。

1)“指定第二条尺寸界线原点”：直接确定另一个尺寸的第二个尺寸界线的起点，系统以上次标注的尺寸为基准标注，标注出相应尺寸。

2)“<选择>”：在上述提示下直接按<Enter>键，系统提示：

选择基准标注:(选取作为基准的尺寸标注)

4. 连续标注

此命令用于进行连续尺寸标注，即把前一尺寸标注的第二尺寸界线基点作为本次尺寸标注的第一尺寸界线基点。此命令操作一般在一个长度尺寸标注命令的后面进行，否则需要在绘图区中选择指定一个尺寸标注作为前一尺寸标注。执行方式有以下四种。

1）命令行：DIMCONTINUE（快捷命令：DCO）。

2）菜单栏：标注→连续。

3）功能区：注释→标注→连续。

4）工具栏：标注→连续。

操作步骤如下。

命令:DIMCONTINUE ↙
选择连续标注:↙
指定第二条尺寸界线原点或[放弃(U)/选择(S)] <选择>:
在此提示下的各选项与基线标注中完全相同,这里不再赘述。

5. 直径标注

该命令用于标注圆或大于半圆弧的尺寸。在绘图过程中，需要事先创建需要的标注样式，并且将直径标注样式选择为需要的样式，如图 13-91、图 13-92 所示。

执行方式有以下四种。

1）命令行：DIMDIAMETER（快捷命令：DDI）。

2）菜单栏：标注→直径。

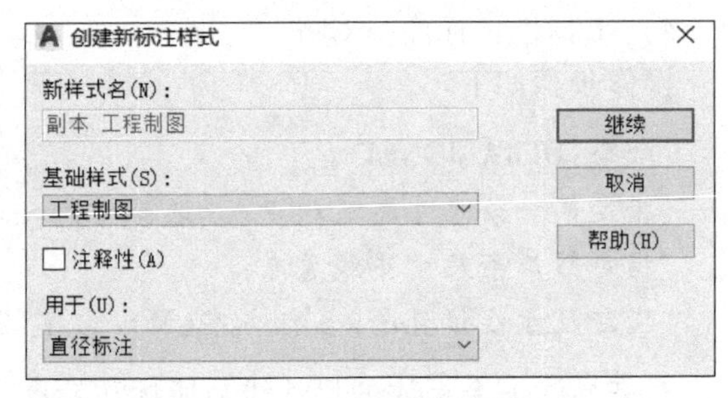

图 13-91　创建直径标注样式

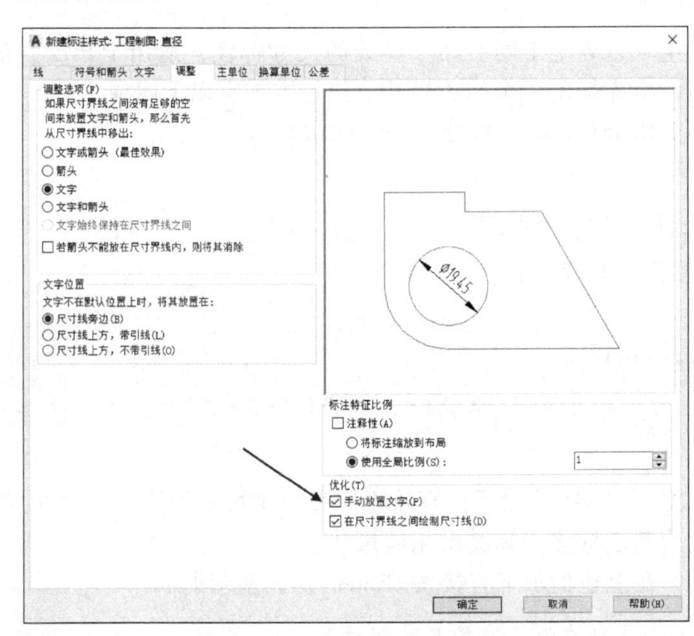

图 13-92　直径标注样式设置

3）功能区：注释→标注→直径⃠或默认→注释→直径⃠。

4）工具栏：标注→直径⃠。

操作步骤如下。

命令:DIMDIAMETER ↙

选择圆弧或圆:(选择要标注直径的圆或圆弧)

指定尺寸线位置或[多行文字(M)/文字(T)/角度(A)]:(确定尺寸线的位置或选择某一选项)

选择这些选项来输入、编辑尺寸文本或确定尺寸文本的倾斜角度，也可以直接确定尺寸线的位置，以标注指定圆或圆弧的直径，操作结果如图 13-93 所示。其他选项的含义同前述命令类似。

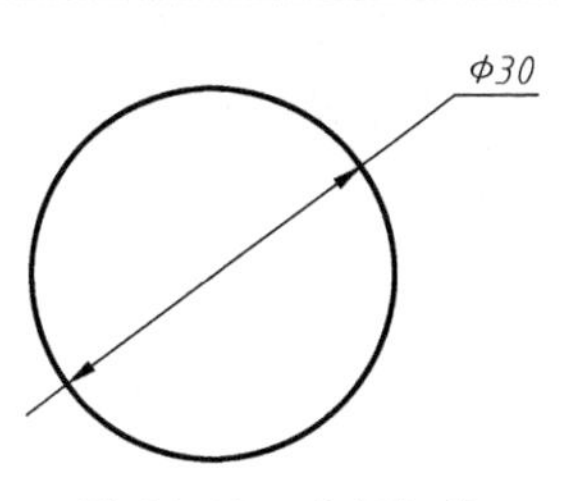

图 13-93　直径标注

6. 半径标注

该命令用于标注小于或等于半圆的圆弧。在绘图过程中，需要事先创建需要的标注样式，并且将半径标注样式选择为需要的样式，如图 13-94、图 13-95 所示。

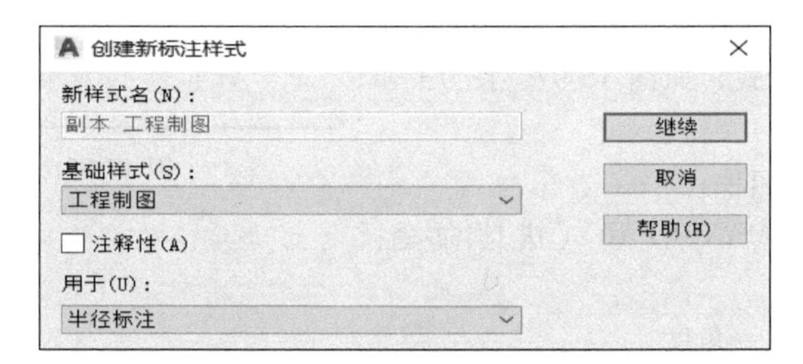

图 13-94　创建半径标注样式

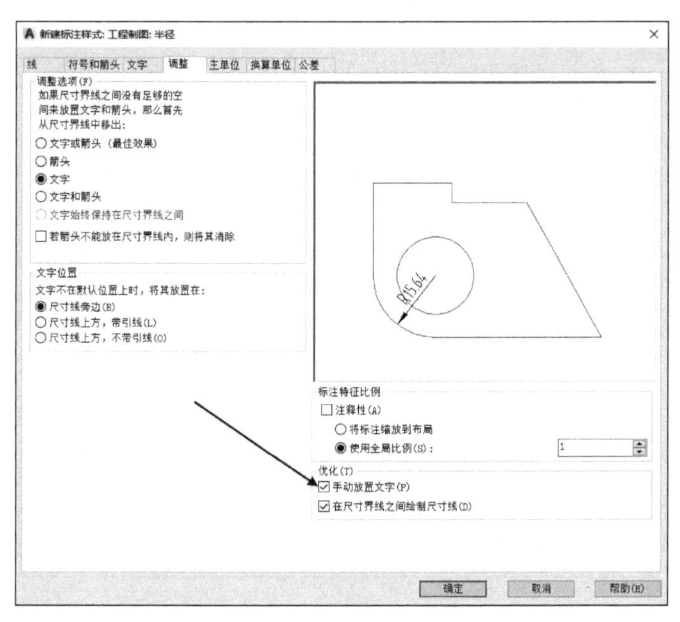

图 13-95　半径标注样式设置

执行方式有以下四种。

1）命令行：DIMRADIUS（快捷命令：DRA）。

2）菜单栏：标注→半径。

3）功能区：注释→标注→半径或默认→注释→半径。

4）工具栏：标注→半径。

操作步骤如下。

命令:DIMRADIUS ↙

选择圆弧或圆:(选择要标注半径的圆或圆弧)

指定尺寸线位置或[多行文字(M)/文字(T)/角度(A)]:(确定尺寸线的位置或选择某一选项)

操作结果如图 13-96 所示，其他选项的用法同前述命令类似。

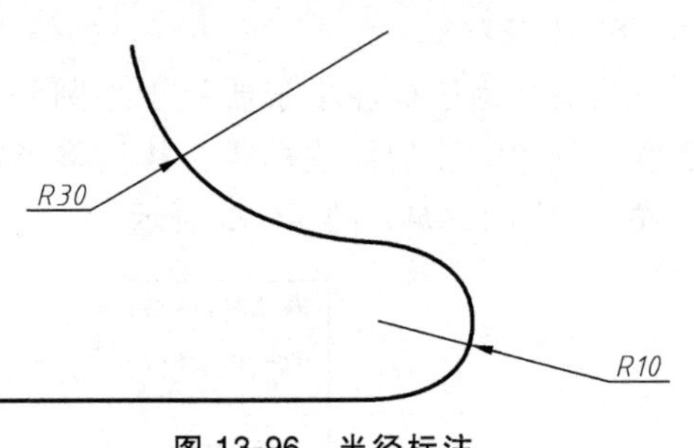

图 13-96 半径标注

7. 角度标注

该命令用于标注角度。在绘图过程中，需要事先创建需要的标注样式，并且将角度标注样式选择为需要的样式，如图 13-97、图 13-98 所示。

执行方式有以下四种。

1）命令行：DIMANGULAR（快捷命令：DAN）。

2）菜单栏：标注→角度。

3）功能区：注释→标注→角度或默认→注释→角度。

4）工具栏：标注→角度。

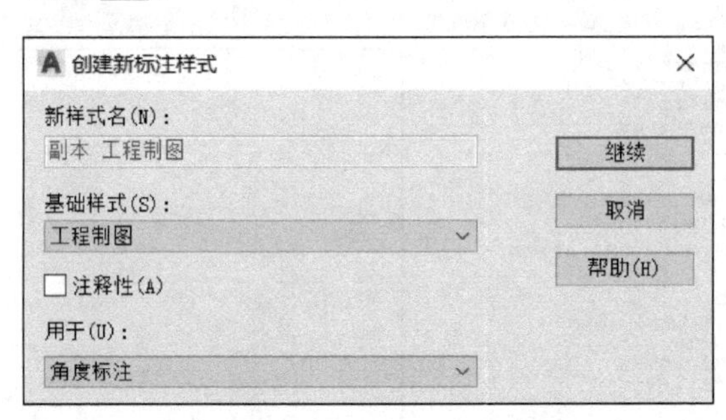

图 13-97 创建角度标注样式

操作步骤如下。

命令:DIMANGULAR ↙

选择圆弧、圆、直线或<指定顶点>:

选项说明如下。

（1）选择圆弧（标注圆弧的中心角） 当选取一段圆弧后，系统提示：

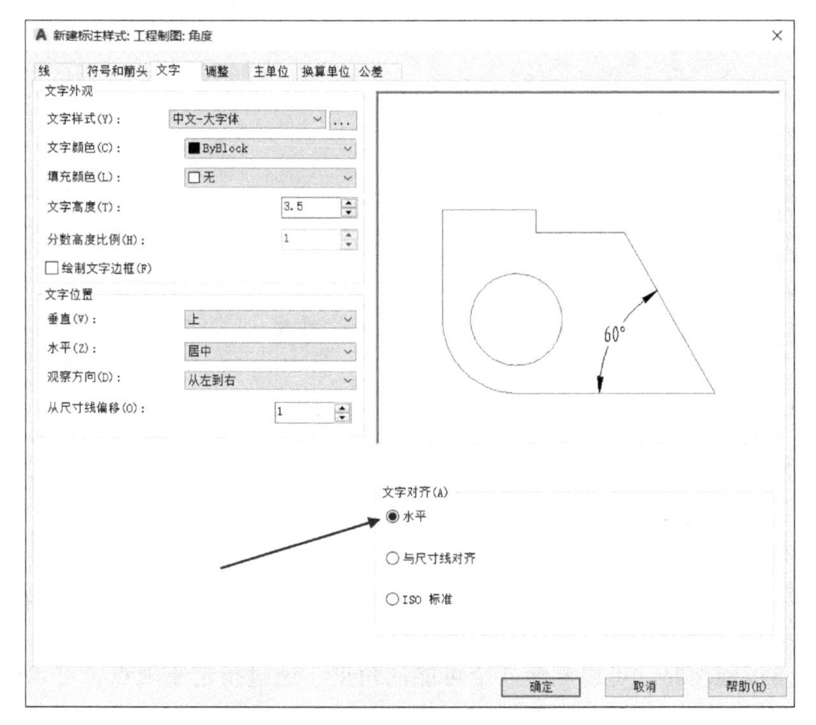

图 13-98　角度标注样式设置

指定标注弧线位置或[多行文字(M)/文字(T)/角度(A)/象限点(Q)]:(确定尺寸线的位置或选择某一项)

在此提示下确定尺寸线的位置，系统按自动测量得到的值标注出相应的角度，在此之前可以选择“多行文字（M）”“文字（T）”“角度（A）”“象限点（Q）”选项，通过多行文字编辑器或命令行来输入或定制尺寸文本，以及指定尺寸文本的倾斜角度。

（2）选择一个圆（标注圆上某段弧的中心角）　当点取圆上一点选择该圆后，系统提示选取第二点：

指定角的第二个端点:(选取另一点,该点可在圆上,也可不在圆上)
指定标注弧线位置或[多行文字(M)/文字(T)/角度(A)/象限点(Q)]:

确定尺寸线的位置，系统标出一个角度值，该角度以圆心为顶点，两条尺寸界线通过所选取的两点，第二点可以不必在圆周上。还可以选择“多行文字（M）”“文字（T）”“角度（A）”“象限点（Q）”选项来编辑尺寸文本和指定尺寸文本的倾斜角度。

（3）选择一条直线（标注两条直线间的夹角）　当选取一条直线后，系统提示选取另一条直线：

选择第二条直线:(选取另外一条直线)
指定标注弧线位置或[多行文字(M)/文字(T)/角度(A)/象限点(Q)]:

在此提示下确定尺寸线的位置，系统标出这两条直线之间的夹角。该角以两条直线的交点为顶点，以两条直线为尺寸界线，所标注角度取决于尺寸线的位置。还可以利用“多行文字（M）”“文字（T）”“角度（A）”“象限点（Q）”选项来编辑尺寸文本和指定尺寸文本的倾斜角度。

（4）指定顶点　直接按<Enter>键，系统提示：

指定角的顶点:(指定顶点)
指定角的第一个端点:(输入角的第一个端点)
指定角的第二个端点:(输入角的第二个端点)
创建了无关联的标注。
指定标注弧线位置或[多行文字(M)/文字(T)/角度(A)/象限点(Q)]:(输入一点作为角的顶点)

在此提示下给定尺寸线的位置，系统根据给定的 3 点标注出角度。另外，还可以用“多行文字（M）”“文字（T）”“角度（A）”“象限点（Q）”等选项来编辑尺寸文本和指定尺寸文本的倾斜角度。操作结果如图 13-99 所示。

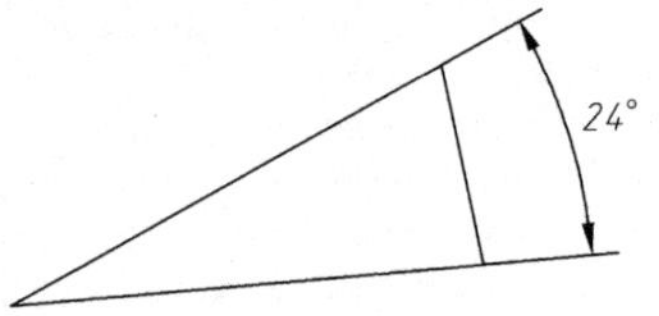

图 13-99　角度标注

注意：角度标注可以测量指定的象限点，该象限点是在直线或圆弧的端点、圆心或两个顶点之间对角度进行标注时形成的。创建角度标注时，可以测量 4 个可能的角度。通过指定象限点，可以确保标注正确的角度。指定象限点后，放置角度标注时，可以将标注文字放置在标注的尺寸界线之外，尺寸线自动延长。

8. 引线标注

该命令用于进行指引线标注。执行方式如下。

命令行：LEADER。

操作步骤如下。

命令:LEADER↙
指定第一个引线点或[设置(S)]<设置>:(拾取点 P1 点作为引线的起始点)
指定下一点:(拾取点 P2 点作为引线的终止点)
指定下一点:↙
指定文字宽度<0>:↙
输入注释文字的第一行<多行文字(M)>:垫片↙(给定标注的文本)
输入注释文字的下一行:↙

操作结果如图 13-100 所示。

AutoCAD 2021 还提供了快速标注、坐标标注、圆心标记标注、折弯标注、弧长标注、形位公差标注和尺寸编辑等命令，在此不做介绍。

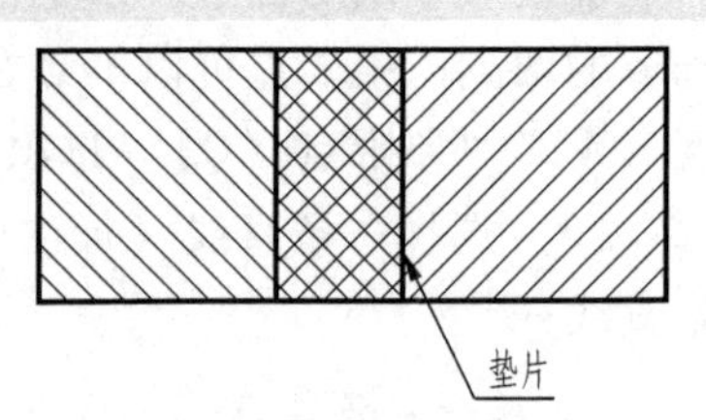

图 13-100　引线标注

三、图案填充—剖面线

当需要用图案填充一个区域时，可以使用 BHATCH 命令建立一个相关联的填充阴影对象，即所谓的图案填充，本部分以剖面线为例。

对基本概念介绍如下。

（1）图案边界　当进行图案填充时，首先要确定填充图案的边界。定义边界的对象只能是直线、双向射线、单向射线、圆、圆弧、椭圆、面域等对象或用这些对象定义的块，而且作为边界的对象在当前图层上必须全部可见。

（2）填充方式　在进行图案填充时，需要控制填充的范围，系统提供以下 3 种填充方式实现对填充范围的控制。

1）普通方式。该方式从边界开始，由每条填充线或每个填充符号的两端向里画，遇到内部对象与之相交时，填充线或符号断开，直到遇到下一次相交时再继续画。采用这种方式时，要避免剖面线或符号与内部对象的相交次数为奇数。该方式为系统内部的默认方式。

2）最外层方式。该方式从边界向里画剖面符号，只要在边界内部与对象相交，剖面符号由此断开，而不再继续画。

3）忽略方式。该方式忽略边界内的对象，所有内部结构都被剖面符号覆盖。

执行方式有以下四种。

1）命令行：BHATCH（快捷命令：H）。

2）菜单栏：绘图→图案填充。

3）功能区：默认→绘图→图案填充。

4）工具栏：绘图→图案填充。

在执行上述操作后，系统打开如图 13-101 所示的“图案填充创建”选项卡，其中各面板的含义如下。

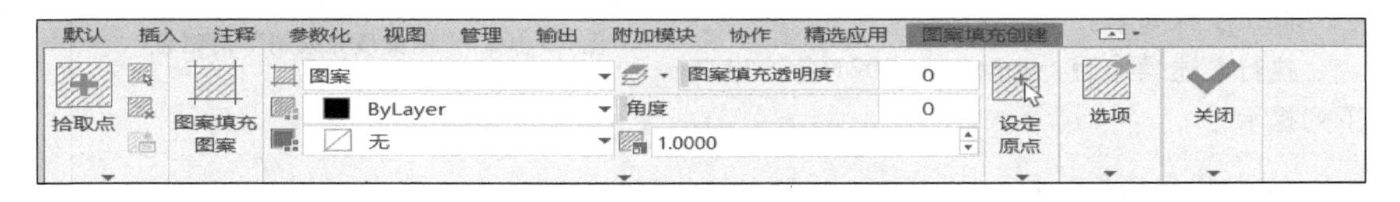

图 13-101 “图案填充创建”选项卡

（1）“边界”面板

1）拾取点：通过选择封闭区域内的点来确定填充边界。

2）选择边界对象：指定基于选定对象的图案填充边界。

3）删除边界对象：从边界定义中删除之前添加的任何对象。

（2）“图案”面板　显示所有预定义与自定义图案的预览图像。

（3）“特性”面板

1）“图案填充类型”：使用纯色、渐变色、图案还是用户定义设置图案类型（工程制图中剖面线选择“用户定义”）。

2）“图案填充颜色”：设置图案颜色。

3）“背景色”：设置填充图案背景颜色。

4）“图案填充角度”：指定图案填充或填充的角度。

5）“图案填充间距”（使用系统图案时为图案填充比例）：设置剖面线的距离。

（4）“原点”面板　将图案填充原点设定在图案填充边界矩形范围的多个可选择位置。

（5）“选项”面板

1）“关联”：控制填充的图案与边界是否关联。

2）“特性匹配”：利用已有的填充图案填充指定边界。

（6）“关闭”面板　退出图案填充。

四、编辑剖面线

利用 HATCHEDIT 命令可以编辑已经填充的图案，但不能修改边界。执行方式有以下五种。

1）命令行：HATCHEDIT（快捷命令：HE）。

2）菜单栏：修改→对象→图案填充。

3）功能区：默认→修改→编辑图案填充 。

4）工具栏：修改 Ⅱ →编辑图案填充 。

5）快捷方法：直接选择填充的图案，打开图案填充编辑选项卡，如图 13-102 所示。

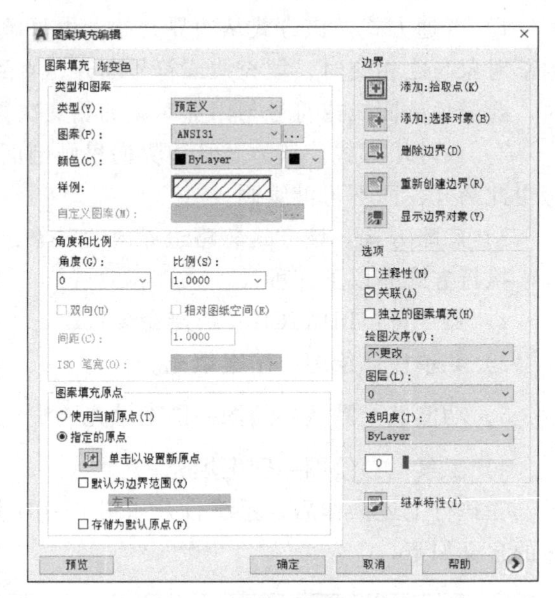

图 13-102　“图案填充编辑”对话框

操作步骤如下。

执行上述操作后，AutoCAD 2021 会给出下列提示：

选择图案填充对象：

当选择了有关联特性的填充图案后，AutoCAD 2021 将打开“图案填充编辑”对话框，该对话框和“图案填充和渐变色”对话框的内容一样，在对话框中可以对填充图案进行编辑。

第九节　图 形 输 出

图形输出是计算机绘图的最后一个环节，正确的出图需要正确的设置，下面简要讲述出图基本设置。

一、页面设置

页面设置可以对打印设备和其他影响最终输出的外观及格式进行设置，并将这些设置应用到其他布局中。在“模型”选项卡中完成图形的绘制之后，可以通过单击“布局”选项卡开始创建要打印的布局。

执行方式有以下四种。

1）命令行：PAGESETUP。

2）菜单栏：文件→页面设置管理器。

3）功能区：输出→打印→页面设置管理器。

4）快捷菜单：在模型空间或布局空间中右击“模型”选项卡或“布局”选项卡，在弹出的快捷菜单中选择“页面设置管理器”命令，如图13-103所示。

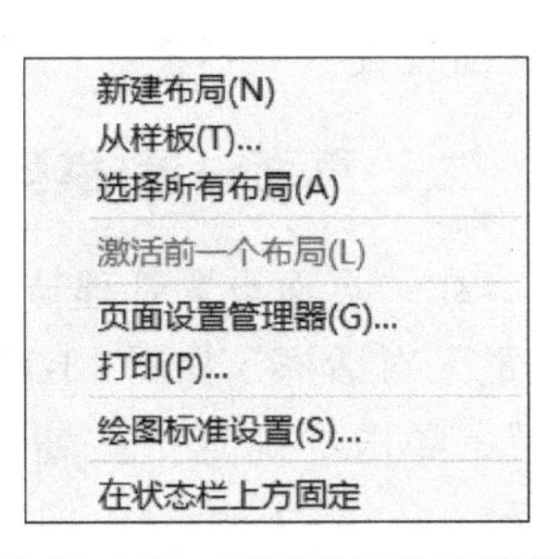

图13-103　页面设置快捷菜单

执行PAGESETUP命令后，AutoCAD 2021将打开“页面设置管理器”对话框，如图13-104所示。该对话框可以为当前图纸或布局指定页面设置，也可以创建命名页面设置、修改现有页面设置，或从其他图纸中输入页面设置。

选项说明如下。

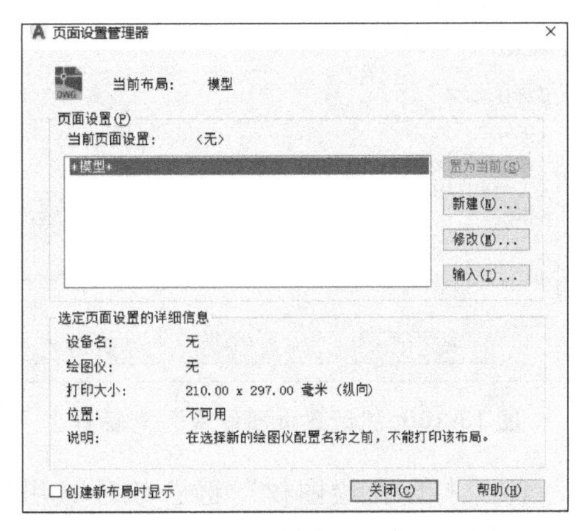

图13-104　“页面设置管理器”对话框

1）“当前布局或当前图纸集”：列出要应用页面设置的当前布局。如果从图纸集管理器打开页面设置管理器，则显示当前图纸集的名称。如果从某个布局打开页面设置管理器，则显示当前布局的名称。

2）“布局”图标：从某个布局打开页面设置管理器时，将显示该图标。

3）“图纸集”图标：从图纸集管理器打开页面设置管理器时，将显示该图标。

4）“页面设置”区：该区域用于显示当前页面设置、将另一个不同的页面设置置为当前、创建新的页面设置、修改现有页面设置，以及从其他图纸中输入页面设置。

5）“当前页面设置”：显示应用于当前布局的页面设置。由于在创建整个图纸集后，不能再对其应用页面设置，因此，如果从“图纸集管理器”中打开“页面设置管理器”，将显示“不适用”。

6）“页面设置列表”：列出可应用于当前布局的页面设置，或列出发布图纸集时可用的页面设置。

7）“置为当前”按钮：将所选页面设置设置为当前布局的当前页面设置。不能将当前布局设置为当前页面设置。“置为当前”对图纸集不可用。

8）“新建”按钮：显示“新建页面设置”对话框，从中可以为新建页面设置输入名称，并指定要使用的基础页面设置。

9）“修改”按钮：显示“页面设置”对话框，从中可以编辑所选页面设置的设置。

10）“输入”按钮：显示“从文件选择页面设置”对话框，从中可以选择图形格式（DWG）、模板格式（DWT）或图形交换格式（DXF）文件，从这些文件中输入一个或多个页面设置。如果选择DWT文件类型，“从文件选择页面设置”对话框中将自动打开Template文件夹。单击“打开”按钮，将显示“输入页面设置”对话框。

11）“选定页面设置的详细信息”区：显示所选页面设置的信息。

12）“创建新布局时显示”选项：指定当选中新的布局选项卡或创建新的布局时，显示

“页面设置”对话框。

二、页面设置-模型

在“页面设置管理器”对话框中单击“新建”按钮，AutoCAD 2021 将显示“新建页面设置”对话框，如图 13-105 所示，在该对话框的“新页面设置名”编辑区中输入“机械制图”，单击“确定”按钮，AutoCAD 2021 将显示“页面设置-模型”对话框，如图 13-106 所示。

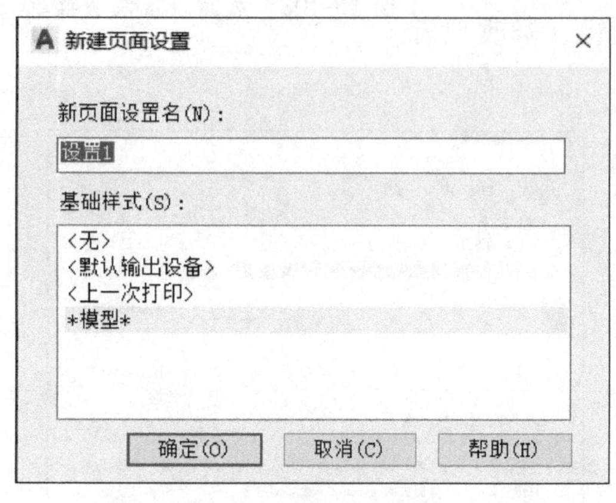

图 13-105 “新建页面设置”对话框

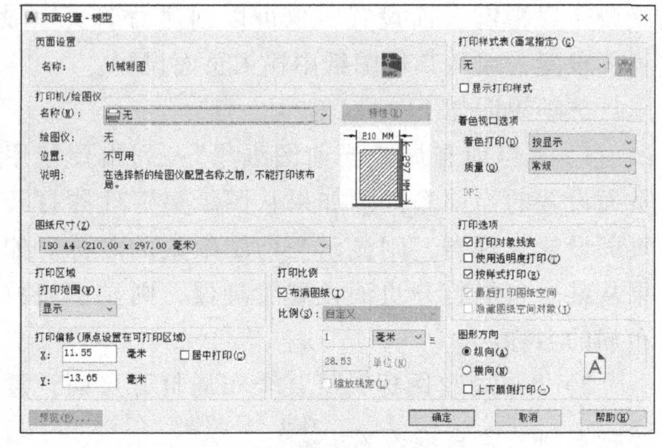

图 13-106 “页面设置-模型”对话框

1）“打印机绘图仪”区：该区域用于选择和显示当前配置的打印设备及其连接的端口位置，所有可用的系统绘图仪列表显示在“名称”下拉列表中，可从中选择一种打印设备。单击“特性”按钮，AutoCAD 2021 将显示“绘图仪配置编辑器”对话框，从中可以查看或修改当前的绘图仪配置、端口、设备、介质、自定义图纸大小等设置。

2）“打印样式表”区：该区域用于指定分配给当前页面布局的打印样式表。可以在“名称”下拉列表中选择一种打印样式或单击列表底部的“新建…”命令新建一个打印样式。

以下操作将新建一个名为“机械制图”的新打印样式。在该打印样式中，白色或黑色的线宽为 0.7mm，其他颜色的线宽为 0.35mm。

1. 新建打印样式

单击列表底部的“新建…”命令，AutoCAD 2021 启动“添加打印样式表”向导，并打开“添加颜色相关打印样式表—开始”对话框，如图 13-107 所示。在该对话框中选择“创建新打印样式表”选项，然后单击“下一步”按钮。AutoCAD 2021 将显示“添加颜色相关打印样式表—文件名”对话框，如图 13-108 所示。

在图 13-108 所示对话框的“文件名”编辑区中输入新打印样式文件名“机械制图”。然后单击“下一步”按钮，AutoCAD 2021 将显示“添加颜色相关打印样式表—完成”对话框，如图 13-109 所示。在该对话框中选择“对当前图形使用此打印样式表”和“对 AutoCAD 2021-简体中文（Simplified Chinese）以前的图形和新图形使用此打印样式表”选项，然后单击“完成”按钮，则 AutoCAD 2021 新建一个“机械制图”打印样式。

2. 编辑打印样式

单击“编辑”按钮或在图 13-109 所示的对话框中单击“打印样式表编辑器”按钮，

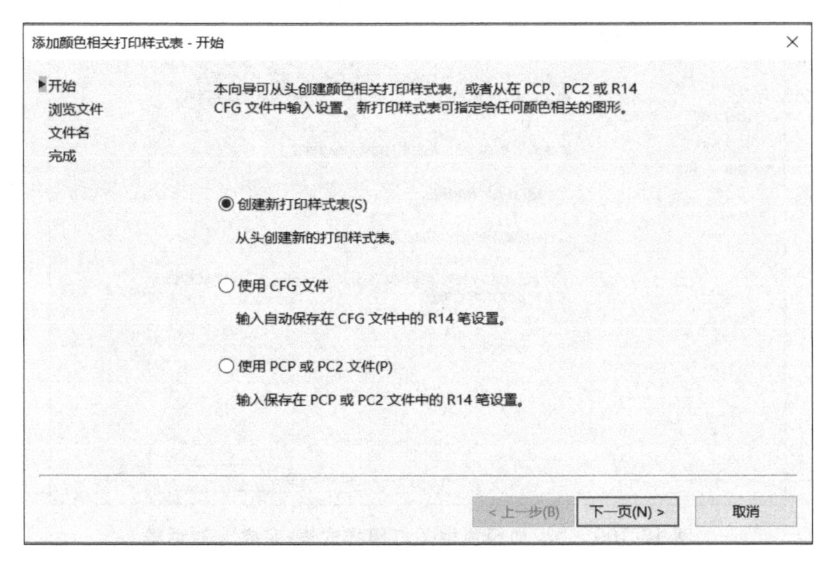

图 13-107 “添加颜色相关打印样式表-开始”对话框

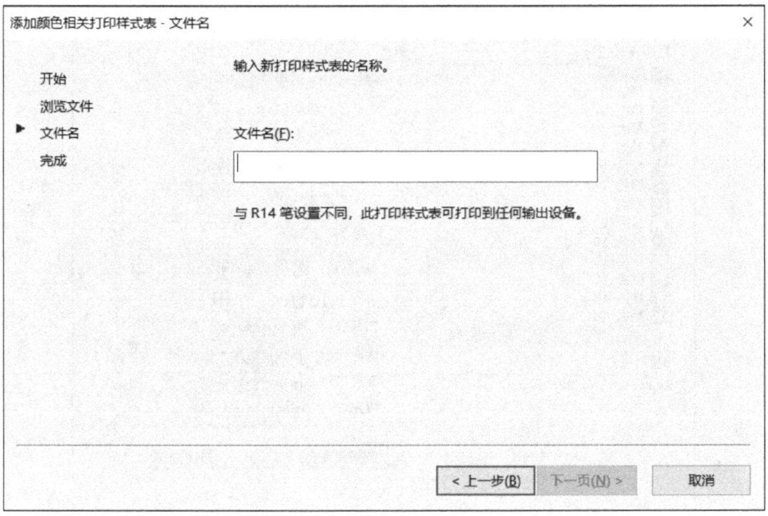

图 13-108 “添加颜色相关打印样式表-文件名”对话框

AutoCAD 2021 将打开“打印样式表编辑器-机械制图”对话框，如图 13-110 所示。该对话框有“常规”“表视图”和“表格视图”三个选项卡。

在“表格视图”选项卡的“打印样式”列表中选择 7 号颜色，在特性区的“线宽”下拉列表中选择 0.7；在“打印样式”列表中选择除 7 号颜色外的其他颜色，在特性区的“线宽”下拉列表中选择 0.35。单击“保存并关闭”按钮，AutoCAD 2021 返回“页面设置-模型”对话框。

（1）“图纸尺寸”下拉列表　显示所选打印设备可用的标准图纸尺寸。如果未选择绘图仪，将显示全部标准图纸尺寸的列表以供选择。

（2）“打印区域”区　在“打印范围”下拉列表中选择要打印的区域。

1）界限。选择此选项，AutoCAD 2021 将打印图形界限（LIMITS 命令设置）内的所有

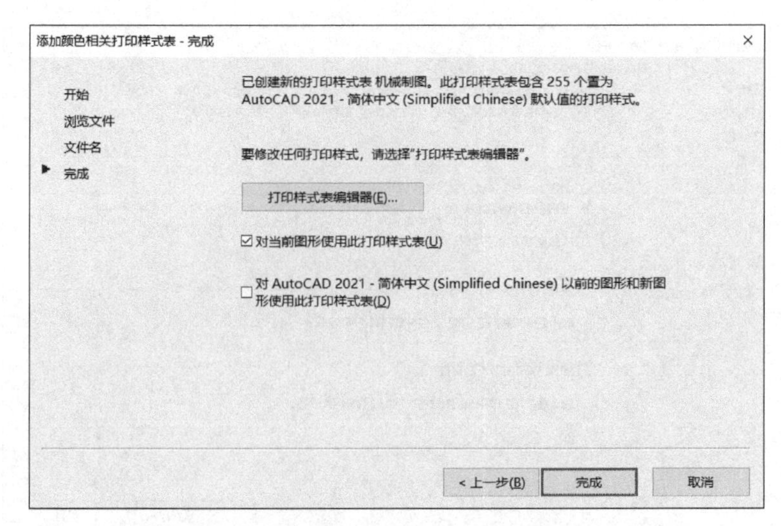

图 13-109　“添加颜色相关打印样式表-完成”对话框

图 13-110　“打印样式表编辑器-机械制图”对话框

图形。

2）范围。选择此选项，AutoCAD 2021 将当前绘图区域中的所有图形以最大方式打印在当前设置的图纸范围内。

3）显示。选择此选项，AutoCAD 2021 将打印当前绘图窗口内的图形内容。

4）视图。选择此选项，AutoCAD 2021 将打印以前通过 VIEW 命令保存的视图。可以从提供的列表中选择一个已命名视图。如果图形中没有保存过的视图，此选项不可用。

5）窗口。选择此选项，AutoCAD 2021 将打印通过窗口区域指定的图形内容。选择“窗口”按钮之后，通过指定要打印区域的两个角点或输入其 XY 坐标值来指定打印区域。

AutoCAD 2021 提示：

```
指定第一个角点:(指定一点)
指定对角点:(指定一点)
```

（3）“打印比例”区　该区域用于设置输出单位与绘图单位的比例。打印布局时，默认缩放比例设置为 1∶1，从“模型”选项卡打印时，默认设置为“布满图纸”。

（4）“打印偏移”区　该区域用于指定打印区域偏离图纸左下角的偏移值。可以输入一个正值或负值以偏离打印原点。

1）居中打印。将打印图形置于图纸正中间。

2）X。指定打印原点在 X 方向的偏移量（正值向右，负值向左）。

3）Y。指定打印原点在 Y 方向的偏移量（正值向上，负值向下）。

（5）“图形方向”区　该区域用于设置打印时图形在图纸上的方向，包括横向和纵向。图纸图标代表选定图纸的介质方向，字母图标代表图纸上的图形方向。

（6）“着色视口选项”区　指定着色和渲染视口的打印方式，并确定它们的分辨率级别和每英寸点数（DPI）。

1）“着色打印”下拉列表：指定视图的打印方式。

① 按显示：按对象在屏幕上的显示方式打印。

② 线框：在线框中打印对象，不考虑其在屏幕上的显示方式。

③ 消隐：打印对象时消除隐藏线，不考虑其在屏幕上的显示方式。

④ 渲染：按渲染的方式打印对象，不考虑其在屏幕上的显示方式。

2）“质量”下拉列表：指定着色和渲染视口的打印分辨率。

① 草稿：将渲染和着色模型空间视图设置为线框打印。

② 预览：将渲染模型和着色模型空间视图的打印分辨率设置为当前设备分辨率的四分之一，最大值为 150 DPI。

③ 普通：将渲染模型和着色模型空间视图的打印分辨率设置为当前设备分辨率的二分之一，最大值为 300 DPI。

④ 演示：将渲染模型和着色模型空间视图的打印分辨率设置为当前设备的分辨率，最大值为 600 DPI。

⑤ 最大：将渲染模型和着色模型空间视图的打印分辨率设置为当前设备的分辨率，无最大值。

⑥ 自定义：将渲染模型和着色模型空间视图的打印分辨率设置为“DPI”框中指定的分辨率设置，最大可为当前设备的分辨率。

3）DPI：指定渲染和着色视图的每英寸点数，最大可为当前打印设备的最大分辨率。只有在“质量”框中选择了“自定义”后，此选项才可用。

（7）“打印选项”区　该区域用来选择一种打印样式。如果选择“打印样式”，则使用几何图形配置的对象打印样式进行打印，此样式通过打印样式表定义。

1）打印对象线宽：选择该选项，AutoCAD 2021 按对象线宽设置打印。

2）打印样式：按照对象使用的和打印样式表中定义的打印样式进行打印。

3）最后打印图纸空间：首先打印模型空间的几何图形。通常情况下，图纸空间的几何图形的打印先于模型空间的几何图形。

4）隐藏对象：打印在布局中删除了对象隐藏线的布局。

按照当前的页面设置，打印“模型”空间的图形。

设置完成后单击“预览”按钮，可以看到图形在图纸上的打印方式。确认无误后单击“页面设置-模型”的“确定”按钮后返回“页面设置管理器”对话框，并在该对话框创建了一个名为“机械制图”的页面设置。

三、从模型空间输出图形

从模型空间输出图形时，需要在打印时指定图纸尺寸，即在“打印”对话框中选择要使用的图纸尺寸。该对话框中列出的图纸尺寸取决于在“打印”或“页面设置”对话框中选定的打印机或绘图仪。

执行方式有以下四种。

1）命令行：PLOT。

2）菜单栏：文件→打印。

3）功能区：输出→打印。

4）工具栏：单击标准工具栏中的“打印”。

执行“打印”命令后，即可打开“打印-模型”对话框，如图 13-111 所示，其中部分选项功能介绍如下。

1）“页面设置”选项组：列出图形中已命名或已保存的页面设置，可以将这些已保存的页面设置作为当前页面设置，也可以单击“添加”按钮，基于当前设置创建一个新的页面设置。

2）“打印机/绘图仪”选项组：用于指定打印时使用已配置的打印设备。

3）“打印份数”微调框：用于指定要打印的份数。

4）“应用到布局”按钮：单击按钮，可将当前打印设置保存到当前布局中。

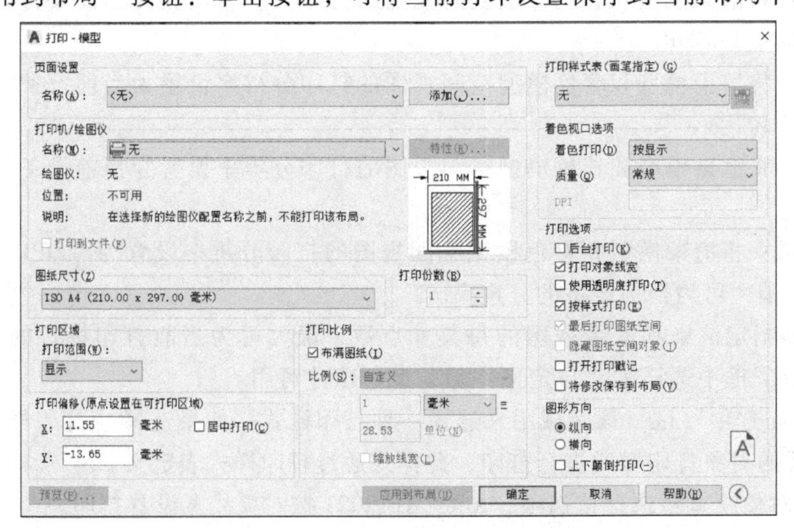

图 13-111 “打印-模型”对话框

下面基于“打印”命令简要说明出图的操作步骤：

1）打开将要输出的图形文件。

2）单击“输出”选项卡“打印”面板中的“打印”按钮，执行打印操作。

3）打开“打印-模型”对话框，如图 13-111 所示，在该对话框中设置打印机名称，然后设置图纸尺寸，并将打印范围设置为“窗口”，选择图纸的两个角点，勾选“布满图纸”复选框，选择“图纸方向”为“横向”，其他可采用系统默认设置。

4）单击“预览”按钮，即可预览打印效果。按<Esc>键即可退出打印预览并返回“打印-预览”对话框。

5）完成所有的设置后，单击“确定”按钮，打开“浏览打印文件”对话框，将图纸保存到指定位置，单击“保存”按钮即可。

复习思考题

1. 计算机绘图系统包含什么设备？它们起什么作用？
2. 计算机辅助绘图有几种方式？其区别是什么？
3. AutoCAD 图形编辑器包括哪几个常用的部分？其各部分的作用是什么？
4. AutoCAD 命令的输入方式有哪几种？该如何输入？
5. 试述 AutoCAD 的数据种类及执行 AutoCAD 命令过程中输入数据的方法。
6. 试述 AutoCAD 的几个基本概念：坐标、实体对象、对象捕捉、图层。
7. 试述 AutoCAD 有关绘图、编辑和显示控制的基本命令。
8. 上机实践图层的创建，颜色、线型、线宽的设置方法和步骤。
9. 上机实践表面粗糙度符号的定义及插入方法和步骤。
10. 上机实践带有符号“ϕ”的线性尺寸标注的设置方法和步骤。

附 录

附录A 标准结构

一、普通螺纹（GB/T 193—2003、GB/T 196—2003）

标记示例

公称直径24mm，螺距为1.5mm，右旋的细牙普通螺纹：

M24×1.5

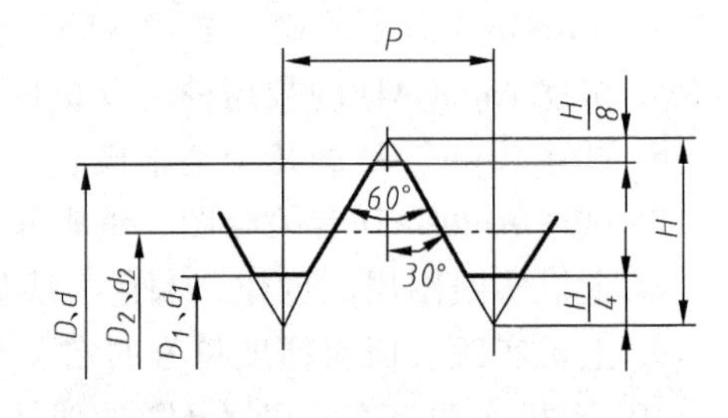

表 A-1 直径与螺距系列、基本尺寸 （单位：mm）

公称直径 D、d 第一系列	公称直径 D、d 第二系列	螺距 P 粗牙	螺距 P 细牙	粗牙螺纹小径 D_1、d_1
3		0.5	0.35	2.459
	3.5	(0.6)		2.850
4		0.7	0.5	3.242
	4.5	(0.75)		3.688
5		0.8		4.134
6		1	0.75	4.917
8		1.25	1,0.75	6.647
10		1.5	1.25,1,0.75	8.376
12		1.75	1.25,1	10.106
	14	2	1.5,(1.25),1	11.835
16		2	1.5,1	13.835
	18	2.5	2,1.5,1	15.294
20		2.5		17.294

公称直径 D、d 第一系列	公称直径 D、d 第二系列	螺距 P 粗牙	螺距 P 细牙	粗牙螺纹小径 D_1、d_1
	22	2.5	2,1.5,1	19.294
24		3	2,1.5,1	20.752
	27	3	2,1.5,1	23.752
30		3.5	(3),2,1.5,1	26.211
	33	3.5	(3),2,1.5	29.211
36		4	3,2,1.5	31.670
	39	4		34.670
42		4.5	4,3,2,1.5	37.129
	45	4.5		40.129
48		5		42.587
	52	5		46.587
56		5.5		50.046

注：1. 优先选用第一系列，括号内尺寸尽可能不用。
2. 公称直径 D、d 第三系列未列入。
3. M14×1.25仅用于发动机的火花塞。
4. 中径 D_2、d_2 未列入。

二、55°非密封的管螺纹（GB/T 7307—2001）、55°密封管螺纹——圆柱内螺纹与圆锥外螺纹（GB/T 7306.1—2000）、55°密封管螺纹——圆锥内螺纹与圆锥外螺纹（GB/T 7306.2—2000）

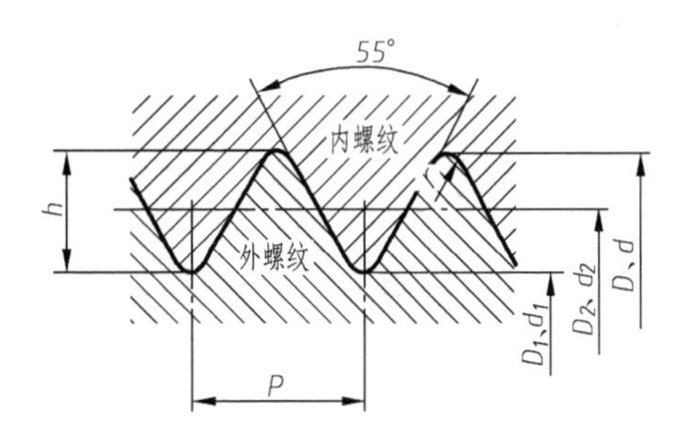

标记示例

GB/T 7307—2001

尺寸代号为 1/2 的左旋圆柱内螺纹：G1/2-LH（右旋不标）

尺寸代号为 1/2 的 A 级圆柱外螺纹：G1/2A

尺寸代号为 1/2 的 B 级圆柱外螺纹：G1/2B

GB/T 7306.1—2000

尺寸代号为 3/4 的右旋圆柱内螺纹：Rp3/4

尺寸代号为 3/4 的右旋圆锥外螺纹：$R_1$3/4

尺寸代号为 3/4 的左旋圆锥外螺纹：$R_1$3/4-LH

GB/T 7306.2—2000

尺寸代号为 3/4 的右旋圆锥内螺纹：Rc3/4

尺寸代号为 3/4 的右旋圆锥外螺纹：$R_2$3/4

尺寸代号为 3/4 的左旋圆锥外螺纹：$R_2$3/4-LH

表 A-2　55°非密封的管螺纹的基本尺寸　　（单位：mm）

尺寸代号	每 25.4mm 内的牙数 n	螺距 P	牙高 h	基本平面内的基本直径		
				大径 $d=D$	中径 $d_2=D_2$	小径 $d_1=D_1$
1/16	28	0.907	0.581	7.723	7.142	6.561
1/8	28	0.907	0.581	9.728	9.147	8.566
1/4	19	1.337	0.856	13.157	12.301	11.445
3/8	19	1.337	0.856	16.662	15.806	14.950
1/2	14	1.814	1.162	20.955	19.793	18.631
3/4	14	1.814	1.162	26.441	25.279	24.117
1	11	2.309	1.479	33.249	31.770	30.291
1¼	11	2.309	1.479	41.910	40.431	38.952
1½	11	2.309	1.479	47.803	46.324	44.845
2	11	2.309	1.479	59.614	58.135	56.656
2½	11	2.309	1.479	75.184	73.705	72.226
3	11	2.309	1.479	87.884	86.405	84.926
4	11	2.309	1.479	113.030	111.551	110.072
5	11	2.309	1.479	138.430	136.951	135.472
6	11	2.309	1.479	163.830	162.351	160.872

三、梯形螺纹（GB/T 5796.2—2022、GB/T 5796.3—2022）

标记示例

公称直径 40mm，导程 14mm，螺距为 7mm 的双线左旋梯形螺纹：

Tr40×14（P7）LH

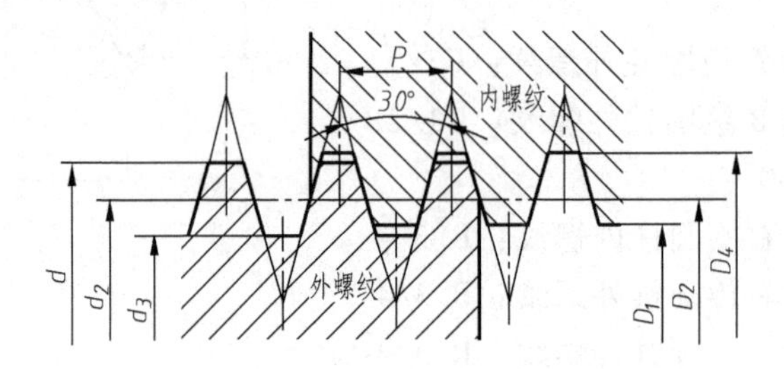

表 A-3　直径与螺距系列、基本尺寸　　（单位：mm）

公称直径 d 第一系列	公称直径 d 第二系列	螺距 P	中径 $d_2=D_2$	大径 D_4	小径 d_3	小径 D_1
8		1.5	7.25	8.30	6.20	6.50
	9	1.5	8.25	9.30	7.20	7.50
		2	8.00	9.50	6.50	7.00
10		1.5	9.25	10.30	8.20	8.50
		2	9.00	10.50	7.50	8.00
	11	2	10.00	11.50	8.50	9.00
		3	9.50	11.50	7.50	8.00
12		2	11.00	12.50	9.50	10.00
		3	10.50	12.50	8.50	9.00
	14	2	13.00	14.50	11.50	12.00
		3	12.50	14.50	10.50	11.00
16		2	15.00	16.50	13.50	14.00
		4	14.00	16.50	11.50	12.00
	18	2	17.00	18.50	15.50	16.00
		4	16.00	18.50	13.50	14.00
20		2	19.00	20.50	17.50	18.00
		4	18.00	20.50	15.50	16.00
	22	3	20.50	22.50	18.50	19.00
		5	19.50	22.50	16.50	17.00
		8	18.00	23.00	13.00	14.00
24		3	22.50	24.50	20.50	21.00
		5	21.50	24.50	18.50	19.00
		8	20.00	25.00	15.00	16.00

公称直径 d 第一系列	公称直径 d 第二系列	螺距 P	中径 $d_2=D_2$	大径 D_4	小径 d_3	小径 D_1
	26	3	24.50	26.50	22.50	23.00
		5	23.50	26.50	20.50	21.00
		8	22.00	27.00	17.00	18.00
28		3	26.50	28.50	24.50	25.00
		5	25.50	28.50	22.50	23.00
		8	24.00	29.00	19.00	20.00
	30	3	28.50	30.50	26.50	27.00
		6	27.00	31.00	23.00	24.00
		10	25.00	31.00	19.00	20.00
32		3	30.50	32.50	28.50	29.00
		6	29.00	33.00	25.00	26.00
		10	27.00	33.00	21.00	22.00
	34	3	32.50	34.50	30.50	31.00
		6	31.00	35.00	27.00	28.00
		10	29.00	35.00	23.00	24.00
36		3	34.50	36.50	32.50	33.00
		6	33.00	37.00	29.00	30.00
		10	31.00	37.00	25.00	26.00
	38	3	36.50	38.50	34.50	35.00
		7	34.50	39.00	30.00	31.00
		10	33.00	39.00	27.00	28.00
40		3	38.50	40.50	36.50	37.00
		7	36.50	41.00	32.00	33.00
		10	35.00	41.00	29.00	30.00

四、零件倒角和圆角（GB/T 6403.4—2008）

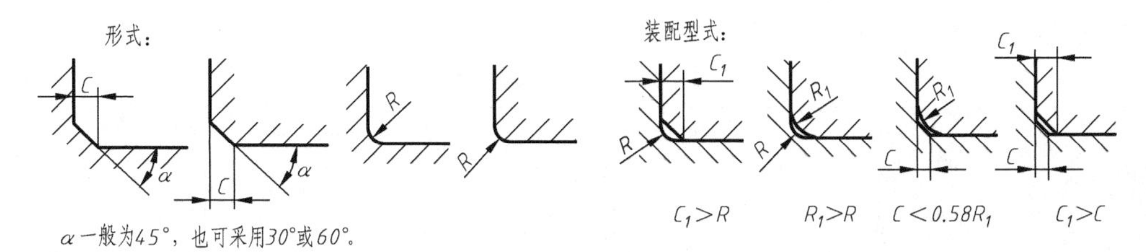

表 A-4　零件倒角与圆角尺寸　（单位：mm）

d、D	~3	>3~6	>6~10	>10~18	>18~30	>30~50	>50~80	>80~120	>120~180	>180~250	>250~320
C、R	0.2	0.4	0.6	0.8	1.0	1.6	2.0	2.5	3.0	4.0	5.0

d、D	>320~400	>400~500	>500~630	>630~800	>800~1000	>1000~1250	>1250~160
C、R	6.0	8.0	10	12	16	20	25

五、砂轮越程槽（GB/T 6403.5—2008）

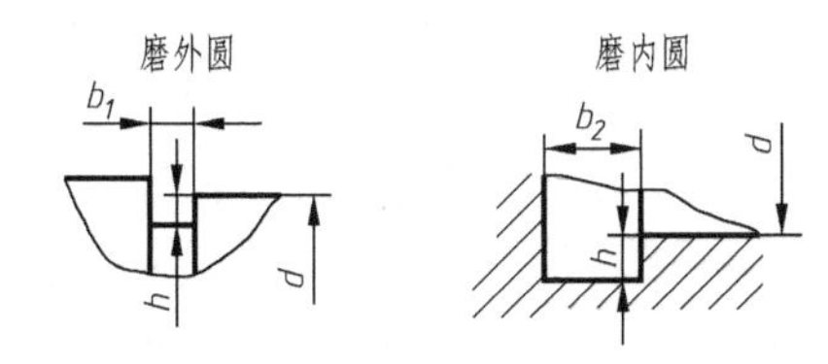

表 A-5　砂轮越程槽尺寸　（单位：mm）

d	~10			>10~50		>50~100		>100	
b_1	0.6	1.0	1.6	2.0	3.0	4.0	5.0	8.0	10
b_2	2.0	3.0		4.0		5.0		8.0	10
h	0.1	0.2		0.3	0.4		0.6	0.8	1.2

附录 B　常用标准件

一、螺栓

六角头螺栓-A 级和 B 级（GB/T 5782—2016）、六角头螺栓-全螺纹-A 级和 B 级（GB/T 5783—2016）

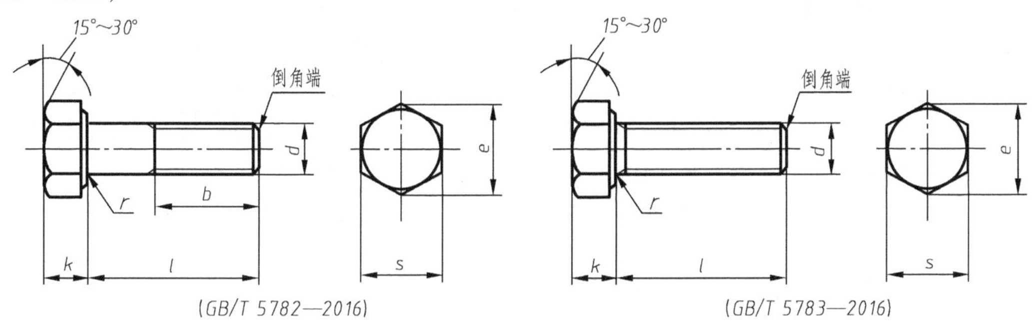

(GB/T 5782—2016)　　(GB/T 5783—2016)

标记示例

螺纹规格 d=12mm、公称长度 l=80mm、性能等级为 8.8 级、表面氧化、A 级六角头螺栓：

螺栓 GB/T 5782 M12×80

表 B-1 六角头螺栓的基本尺寸 （单位：mm）

螺纹规格 d	M4	M5	M6	M8	M10	M12	M16	M20	M24	M30	M36	M42	M48
螺距 P	0.7	0.8	1	1.25	1.5	1.75	2	2.5	3	3.5	4	4.5	5
b 参考 l≤125	14	16	18	22	26	30	38	46	54	66	—	—	—
b 参考 125<l≤200	20	22	24	28	32	36	44	52	60	72	84	96	108
b 参考 l>200	33	35	37	41	45	49	57	65	73	85	97	109	121
r min	0.20	0.20	0.25	0.40	0.40	0.60	0.60	0.80	0.80	1.00	1.00	1.20	1.60
e min 产品等级 A	7.66	8.79	11.05	14.38	17.77	20.03	26.75	33.53	39.98	—	—	—	—
e min 产品等级 B	7.50	8.63	10.89	14.20	17.59	19.85	26.17	32.95	39.55	50.85	60.79	71.30	82.60
k 公称	2.8	3.5	4	5.3	6.4	7.5	10	12.5	15	18.7	22.5	26	30
k 产品等级 A max	2.925	3.65	4.15	5.45	6.58	7.68	10.18	12.715	15.215	—	—	—	—
k 产品等级 A min	2.675	3.35	3.85	5.15	6.22	7.32	9.82	12.285	14.785	—	—	—	—
k 产品等级 B max	3.00	3.74	4.24	5.54	6.69	7.79	10.29	12.85	15.35	19.12	22.92	26.42	30.42
k 产品等级 B min	2.60	3.26	3.76	5.06	6.11	7.21	9.71	12.15	14.65	18.28	22.08	25.58	29.58
s 公称=max	7	8	10	13	16	18	24	30	36	46	55	65	75
s min 产品等级 A	6.78	7.78	9.78	12.73	15.73	17.73	23.67	29.67	35.38	—	—	—	—
s min 产品等级 B	6.64	7.64	9.64	12.57	15.57	17.57	23.16	29.16	35.00	45.00	53.80	63.10	73.10
l(商品规格范围)(GB/T 5782)	25~40	25~50	30~60	40~80	45~100	50~120	65~160	80~200	90~240	110~300	140~360	160~440	180~480
l(商品规格范围)(GB/T 5783)	8~40	10~50	12~60	16~80	20~100	25~120	30~150	40~150	50~150	60~200	70~200	80~200	100~200
l 系列	2,3,4,5,6,8,10,12,16,20,25,30,35,40,45,50,55,60,65,70,80,90,100,110,120,130,140,150,160,180,200,220,240,260,280,300,320,340,360,380,400,420,440,460,480,500												

注：表中 l 系列 2~200 的数值适用于 GB/T 5783—2016，12~500 的数值适用于 GB/T 5782—2016。

二、双头螺柱

双头螺柱 $b_m=d$（GB/T 897—1988）、双头螺柱 $b_m=1.25d$（GB/T 898—1988）、双头螺柱 $b_m=1.5d$（GB/T 899—1988）、双头螺柱 $b_m=2d$（GB/T 900—1988）

标记示例

两端均为粗牙普通螺纹，d=10mm、l=50mm、性能等级为 4.8 级。不经表面处理、B 型 $b_m=1d$ 的双头螺柱：

螺柱 GB/T 897 M10×50

旋入机体一端为粗牙普通螺纹，旋螺母一端为螺距 P=1mm 的细牙普通螺纹，d=10mm，l=50mm、性能等级为 4.8 级、不经表面处理、A 型、b_m=1.25d 的双头螺柱：

螺柱 GB/T 898 AM10—M10×1×50

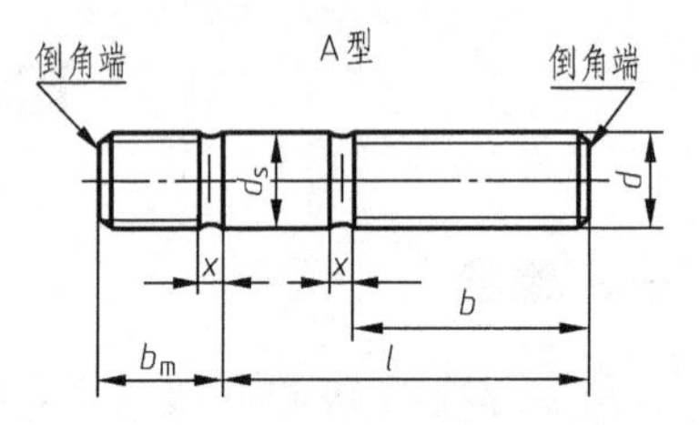

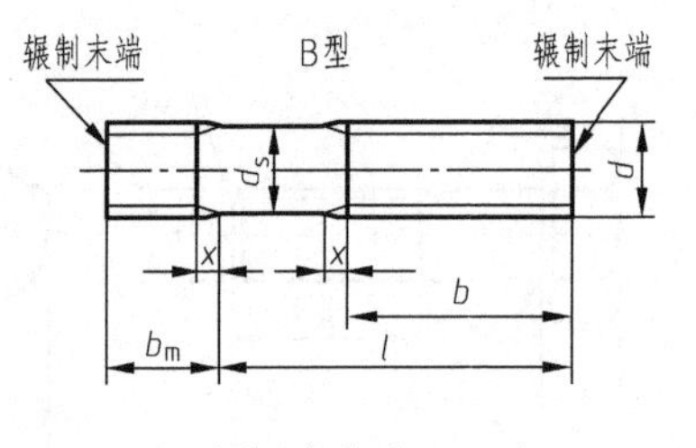

d_s≈螺纹中径(仅适用于B型)

表 B-2　双头螺柱的基本尺寸　　　　（单位：mm）

螺纹规格 d	b_m（公称）				d_s		l/b	x max
	GB/T 897—1988	GB/T 898—1988	GB/T 899—1988	GB/T 900—1988	max	min		
M2			3	4	2	1.75	(12~16)/6、(20~25)/10	2.5P
M2.5			3.5	5	2.5	2.25	16/8、(20~30)/11	
M3			4.5	6	3	2.75	(16~20)/6、(25~40)/12	
M4			6	8	4	3.7	(16~22)/8、(25~40)/14	
M5	5	6	8	10	5	4.7	(16~22)/10、(25~50)/16	
M6	6	8	10	12	6	5.7	(20~22)/10、(25~30)/14、(32~75)/18	
M8	8	10	12	16	8	7.64	(20~22)/12、(25~30)/16、(32~90)/22	
M10	10	12	15	20	10	9.64	(23~28)/14、(30~38)/16、(40~120)/26、130/32	
M12	12	15	18	24	12	11.57	(25~30)/16、(32~40)/20、(45~120)/30、(130~180)/36	
M16	16	20	24	32	16	15.57	(30~38)/20、(40~55)/30、(60~120)/38、(130~200)/44	
M20	20	25	30	40	20	19.48	(35~40)/25、(45~65)/35、(70~120)/46、(130~200)/52	
M24	24	30	36	48	24	23.48	(45~50)/30、(55~75)/45、(80~120)/54、(130~200)/60	
M30	30	38	45	60	30	29.48	(60~65)/40、(70~90)/50、(95~120)/66、(130~200)/72、(210~250)/85	
M36	36	45	54	72	36	35.38	(65~75)/45、(80~110)/60、120/78、(130~200)/84、(210~300)/97	
M42	42	52	63	84	42	41.38	(70~80)/50、(85~110)/70、120/90、(130~200)/96、(210~300)/109	
M48	48	60	72	96	48	47.38	(80~90)/60、(95~100)/80、120/102、(130~200)/108、(210~300)/121	

注：末端按 GB/T 2—1985 的规定。

三、螺钉

开槽圆柱头螺钉（GB/T 65—2016）、开槽沉头螺钉（GB/T 68—2016）

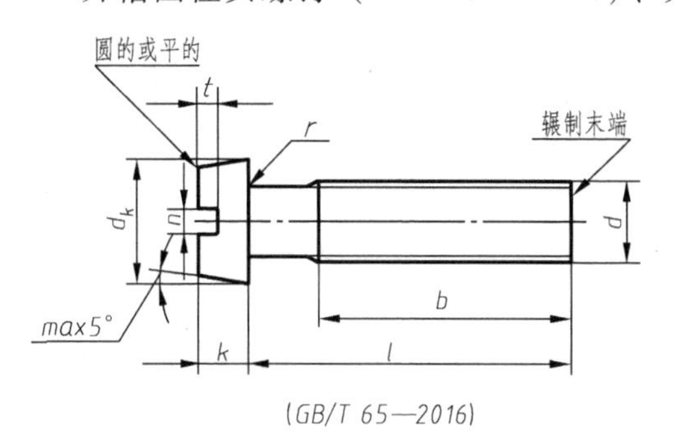

(GB/T 65—2016)

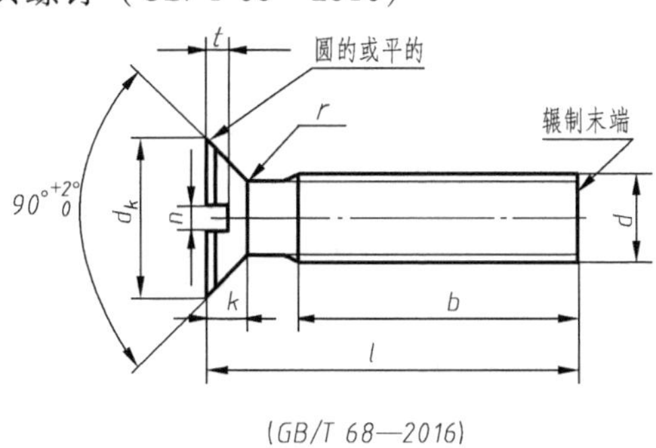

(GB/T 68—2016)

标记示例

螺纹规格 d=5mm、公称长度 l=20mm、性能等级为 4.8 级、不经表面处理的开槽沉头螺钉：

螺钉 GB/T 68　M15×20

表 B-3　螺钉的基本尺寸　　（单位：mm）

螺纹规格 d		M1.6	M2	M2.5	M3	M4	M5	M6	M8	M10
GB/T 65—2016	d_k					7	8.5	10	13	16
	k					2.6	3.3	3.9	5	6
	t					1.1	1.3	1.6	2	2.4
	r					0.2		0.25	0.4	
	l					5~40	6~50	8~60	10~80	12~80
	全螺纹时最大长度					40	40	40	40	40
GB/T 68—2016	d_k	3	3.8	4.7	5.5	8.4	9.3	11.3	15.8	18.3
	k	1	1.2	1.5	1.65	2.7		3.3	4.65	5
	t	0.32	0.4	0.5	0.6	1	1.1	1.2	1.8	2
	r	0.4	0.5	0.6	0.8	1	1.3	1.5	2	2.5
	l	2.5~16	3~20	4~25	5~80	6~40	8~50	8~60	10~80	12~80
	全螺纹时最大长度	30	30	30	30	45	45	45	45	45
n		0.4	0.5	0.6	0.8	1.2		1.6	2	2.5
b		25				38				
l 系列		2,2.5,3,4,5,6,8,10,12,(14),16,20,25,30,35,40,45,50,(55),60,(65),70,(75),80								
技术条件	材料	钢			不锈钢			螺纹公差:6g		
	力学性能等级	4.8,5.8			A2-70、A2-50					
	表面处理	①不经处理;②镀锌钝化			不经处理					

注：1. b 不包括螺尾。

2. 本表所列规格均为商品规格，产品等级为 A 级。

3. l 系列中 2 只适用于 GB/T 65—2016，2.5 只适用于 GB/T 68—2016。

开槽锥端紧定螺钉（GB/T 71—2018）、开槽平端紧定螺钉（GB/T 73—2017）、开槽长圆柱端紧定螺钉（GB/T 75—2018）

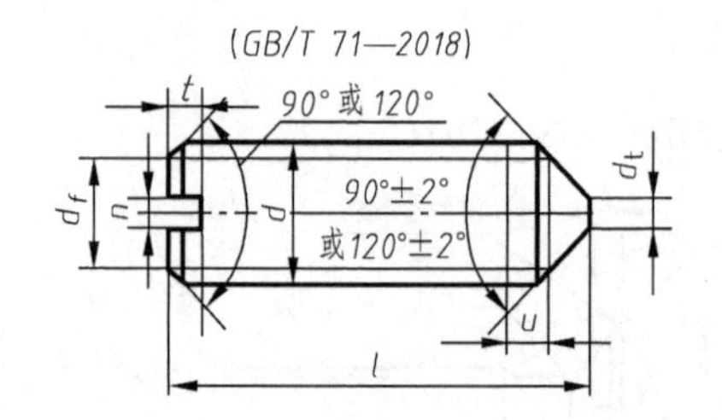

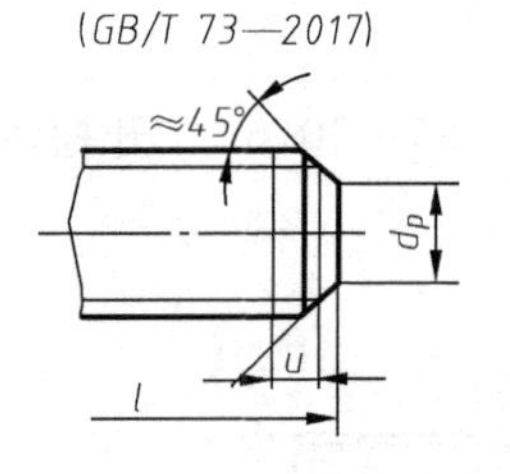

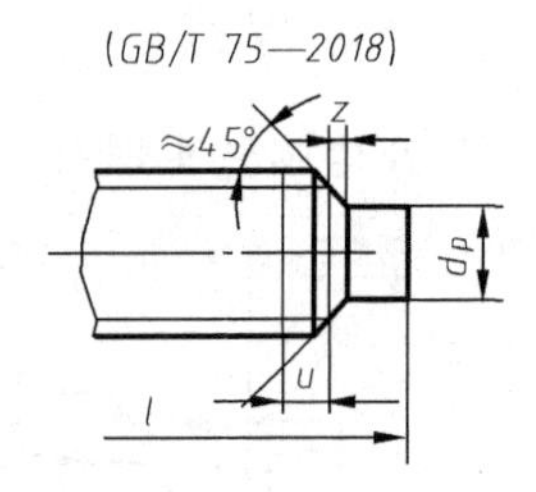

公称长度为短螺钉时，应制成 120°，u 为不完整螺纹长度≤2p

标记示例

螺纹规格 d=5mm、公称长度 l=12mm、性能等级为 H14 级、表面氧化的开槽平端紧定螺钉：

螺钉 GB/T 73　M5×12

表 B-4 紧定螺钉的基本尺寸 （单位：mm）

螺纹规格 d		M1.2	M1.6	M2	M2.5	M3	M4	M5	M6	M8	M10	M12
螺距 p		0.25	0.35	0.4	0.45	0.5	0.7	0.8	1	1.25	1.5	1.75
d_f	≈	螺纹小径										
d_t	min	—	—	—	—	—	—	—	—	—	—	—
	max	0.12	0.16	0.2	0.25	0.3	0.4	0.5	1.5	2	2.5	3
d_p	min	0.35	0.55	0.75	1.25	1.75	2.25	3.2	3.7	5.2	6.64	8.14
	max	0.6	0.8	1	1.5	2	2.5	3.5	4	5.5	7	8.5
n	公称	0.2	0.25	0.25	0.4	0.4	0.6	0.8	1	1.2	1.6	2
	min	0.26	0.31	0.31	0.46	0.46	0.66	0.86	1.06	1.26	1.66	2.06
	max	0.4	0.45	0.45	0.6	0.6	0.8	1	1.2	1.51	1.91	2.31
t	min	0.4	0.56	0.64	0.72	0.8	1.12	1.28	1.6	2	2.4	2.8
	max	0.52	0.74	0.84	0.95	1.05	1.42	1.63	2	2.5	3	3.6
z	min	—	0.8	1	1.25	1.5	2	2.5	3	4	5	6
	max	—	1.05	1.25	1.5	1.75	2.25	2.75	3.25	4.3	5.3	6.3
GB/T 71	l(公称长度)	2~6	2~8	3~10	3~12	4~16	6~20	8~25	8~30	10~40	12~50	14~60
	l(短螺纹)	2	2~2.5	2~2.5	2~3	2~3	2~4	2~5	2~6	2~8	2~10	2~12
GB/T 73	l(公称长度)	2~6	2~8	2~10	2.5~12	3~16	4~20	5~25	6~30	8~40	10~50	12~60
	l(短螺纹)	—	2	2~2.5	2~3	2~3	2~4	2~5	2~6	2~6	2~8	2~10
GB/T 75	l(公称长度)	—	2.5~8	3~10	4~12	5~16	6~20	8~25	8~30	10~40	12~50	14~60
	l(短螺纹)	—	2~2.5	2~3	2~4	2~5	2~6	2~8	2~10	2~14	2~16	2~20
l(公称长度)		2,2.5,3,4,5,6,8,10,12,(14),16,20,25,30,35,40,45,50,(55),60										

注：1. 公称长度为商品规格尺寸。

2. 尽可能不采用括号内的规格。

四、螺母

1 型六角螺母-A 级和 B 级（GB/T 6170—2015）、1 型六角螺母-C 级（GB/T 41—2016）、六角薄螺母-A 级和 B 级-倒角（GB/T 6172.1—2016）

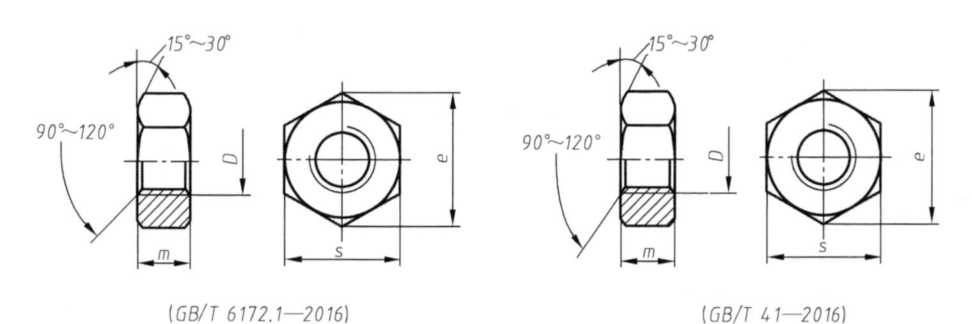

标记示例

螺纹规格 D=12mm、性能等级为 8 级、不经表面处理、A 级的 1 型六角螺母：螺母 GB/T 6170 M12

螺纹规格 D=12mm、性能等级为 5 级、不经表面处理、C 级的 1 型六角螺母：螺母 GB/T 41 M12

表 B-5　六角螺母的基本尺寸　　（单位：mm）

螺纹规格 D		M4	M5	M6	M8	M10	M12	M16	M20	M24	M30	M36
e		7.66	8.79	11.05	14.38	17.77	20.03	26.75	32.95	39.55	50.85	60.79
s		7	8	10	13	16	18	24	30	36	46	55
m	GB/T 6170	3.2	4.7	5.2	6.8	8.4	10.8	14.8	18	21.5	25.6	31
	GB/T 6172.1	2.2	2.7	3.2	4	5	6	8	10	12	15	18
	GB/T 41	—	5.6	6.1	7.9	9.5	12.2	15.9	18.7	22.3	26.4	31.5

技术条件						
GB/T 41	材料:钢	力学性能	等级	$D\leqslant39$:4、5;$D>39$:按协议	螺纹公差:7H	表面处理: 1. 不经处理; 2. 镀锌钝化
GB/T 6170				$D\geqslant3\sim39$:6、8、10; $D<3$ 或 $D>39$:按协议	螺纹公差:6H	
				110HVmin		
GB/T 6172.1	力学性能等级	钢		不锈钢		
		$D\leqslant39$:4,5; $D<3$ 或 $D>39$: 按协议		$D\leqslant39$:A2-70; $D>39$:按协议		

注：A 级用于 $D\leqslant16$ 的螺母；B 级用于 $D>16$ 的螺母。

五、垫圈

平垫圈（GB/T 97.1—2002）、平垫圈—倒角型（GB/T 97.2—2002）、小垫圈（GB/T 848—2002）、大垫圈（A 级产品）（GB/T 96.1—2002）

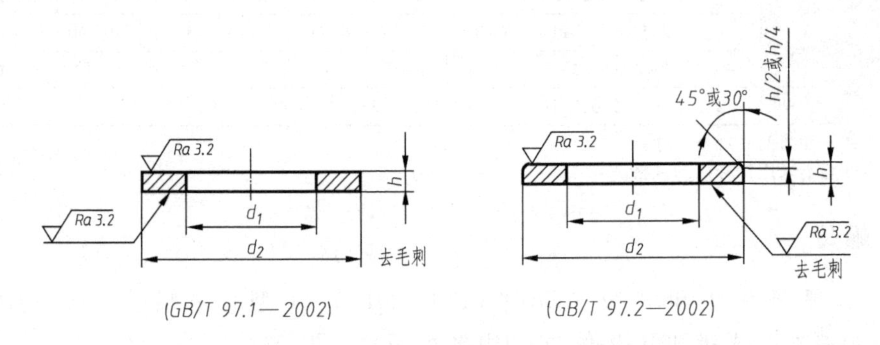

标记示例

公称规格 $d=8$mm，性能等级为 140HV 级，不经表面处理的平垫圈：

垫圈 GB/T 97.1　8

表 B-6　垫圈的基本尺寸　　（单位：mm）

公称规格(螺纹规格)d			2	3	4	5	6	8	10	12	14	16	20	24	30	36
d_1 内径	max	GB/T 848	2.34	3.38	4.48	5.48	6.62	8.62	10.77	13.27	15.27	17.27	21.33	25.33	31.39	37.62
		GB/T 97.1														
		GB/T 97.2	—	—	—											
		GB/T 96.1	—	3.38	3.48									25.52	33.62	39.62
	公称(min)	GB/T 848	2.2	3.2	4.3	5.3	6.4	8.4	10.5	13	15	17	21	25	31	37
		GB/T 97.1														
		GB/T 97.2	—	—	—											
		GB/T 96.1	—	3.2	4.3										33	39
d_2 外径	公称(max)	GB/T 848	4.5	6	8	9	11	15	18	20	24	28	34	39	50	60
		GB/T 97.1	5	7	9	10	12	16	20	24	28	30	37	44	56	66
		GB/T 97.2	—	—	—											
		GB/T 96.1	—	9	12	15	18	24	30	37	44	50	60	72	92	110

（续）

公称规格（螺纹规格）d			2	3	4	5	6	8	10	12	14	16	20	24	30	36
d_2 外径	min	GB/T 848	4.2	5.7	7.64	8.64	10.57	14.57	17.57	19.48	23.48	27.48	33.38	38.38	49.38	58.8
		GB/T 97.1	4.7	6.64	8.64	9.64	11.57	15.57	19.48	23.48	27.48	29.48	36.38	43.38	55.26	64.8
		GB/T 97.2	—	—	—											
		GB/T 96.1	—	8.64	11.57	14.57	17.57	23.48	29.48	36.38	43.38	49.38	59.26	70.8	90.6	108.6
h 厚度	公称	GB/T 848	0.3	0.5	0.5	1	1.6	1.6	1.6	2	2.5	2.5	3	4	4	5
		GB/T 97.1			0.8				2	2.5		3				
		GB/T 97.2	—	—	—											
		GB/T 96.1	—	0.8	1	1	1.6	2	2.5	3	3	3	4	5	6	8
	max	GB/T 848	0.35	0.55	0.55	1.1	1.8	1.8	1.8	2.2	2.7	2.7	3.3	4.3	4.3	5.6
		GB/T 97.1			0.9				2.2	2.7		3.3				
		GB/T 97.2	—	—	—											
		GB/T 96.1	—	0.9	1.1	1.1	1.8	2.2	2.7	3.3	3.3	3.3	4.3	5.6	6.6	9
	min	GB/T 848	0.25	0.45	0.45	0.9	1.4	1.4	1.4	1.8	2.3	2.3	2.7	3.7	3.7	4.4
		GB/T 97.1			0.7				1.8	2.3		2.7				
		GB/T 97.2	—	—	—											
		GB/T 96.1	—	0.7	0.9	0.9	1.4	1.8	2.3	2.7	2.7	2.7	3.7	4.4	5.4	7

注：内径为 1.6 和 2.5 的垫圈数据未列入。

标准型弹簧垫圈（GB/T 93—1987）、重型弹簧垫圈（GB/T 7244—1987）、轻型弹簧垫圈（GB/T 859—1987）

标记示例

规格 16mm、材料为 65Mn、表面氧化的标准型弹簧垫圈的标记：垫圈　GB/T 93　16

规格 16mm、材料为 65Mn、表面氧化的轻型弹簧垫圈的标记：垫圈　GB/T 859　16

规格 16mm、材料为 65Mn、表面氧化的重型弹簧垫圈的标记：垫圈　GB/T 7244　16

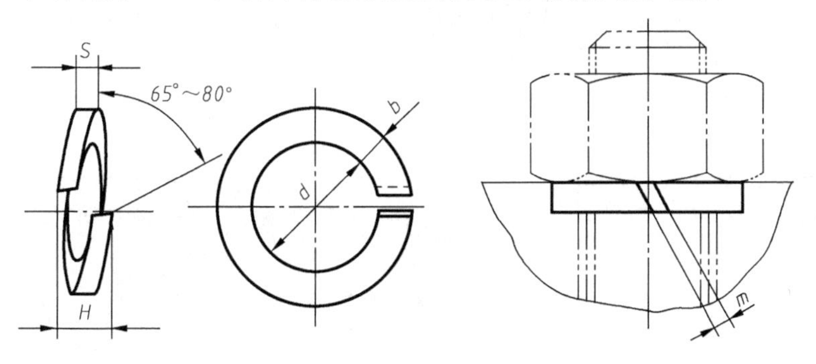

表 B-7　弹簧垫圈的基本尺寸　（单位：mm）

规格（螺纹大径）			3	4	5	6	8	10	12	16	20	24	30	36
d		min	3.1	4.1	5.1	6.1	8.1	10.2	12.2	16.2	20.2	24.5	30.5	36.5
		max	3.4	4.4	5.4	6.68	8.68	10.9	12.9	16.9	21.04	25.5	31.5	37.7
H	GB/T 93	min	1.6	2.2	2.6	3.2	4.2	5.2	6.2	8.2	10	12	15	18
		max	2	2.75	3.25	4	5.25	6.5	7.75	10.25	12.5	15	18.75	22.5
	GB/T 859	min	1.2	1.6	2.2	2.6	3.2	4	5	6.4	8	10	12	—
		max	1.5	2	2.75	3.25	4	5	6.25	8	10	12.5	15	—
	GB/T 7244	min	—	—	—	3.6	4.8	6	7	9.6	12	14.2	18	21.6
		max	—	—	—	4.5	6	7.5	8.75	12	15	17.75	22.5	27
S(b)	GB/T 93	公称	0.8	1.1	1.3	1.6	2.1	2.6	3.1	4.1	5	6	7.5	9
		min	0.7	1	1.2	1.5	2	2.45	2.95	3.9	4.8	5.8	7.2	8.7
		max	0.9	1.2	1.4	1.7	2.2	2.75	3.25	4.3	5.2	6.2	7.8	9.3

（续）

规格(螺纹大径)			3	4	5	6	8	10	12	16	20	24	30	36
S	GB/T 859	公称	0.6	0.8	1.1	1.3	1.6	2	2.5	3.2	4	5	6	—
		min	0.52	0.70	1	1.2	1.5	1.9	2.35	3	3.8	4.8	5.8	—
		max	0.68	0.90	1.2	1.4	1.7	2.1	2.65	3.4	4.2	5.2	6.2	—
	GB/T 7244	公称	—	—	—	1.8	2.4	3	3.5	4.8	6	7.1	9	10.8
		min	—	—	—	1.65	2.25	2.85	3.3	4.6	5.8	6.8	8.7	10.5
		max	—	—	—	1.95	2.25	3.15	3.7	5	6.2	7.4	9.3	11.1
b	GB/T 859	公称	1	1.2	1.5	2	2.5	3	3.5	4.5	5.5	7	9	—
		min	0.9	1.1	1.4	1.9	2.35	2.85	3.3	4.3	5.3	6.7	8.7	—
		max	1.1	1.3	1.6	2.1	2.65	3.15	3.7	4.7	5.7	7.3	9.3	—
	GB/T 7244	公称	—	—	—	2.6	3.2	3.8	4.3	5.3	6.4	7.5	9.3	11
		min	—	—	—	2.45	3	3.6	4.1	5.1	6.1	7.2	9	10.7
		max	—	—	—	2.75	3.4	4	4.5	5.5	6.7	7.8	9.6	11.3
m≤	GB/T 93		0.4	0.55	0.65	0.8	1.05	1.3	1.55	2.05	2.5	3	3.75	4.5
	GB/T 859		0.3	0.4	0.55	0.65	0.8	1	1.25	1.6	2	2.5	3	—
	GB/T 7244		—	—	—	0.9	1.2	1.5	1.75	2.4	3	3.55	4.5	5.4

注：1. *m* 应大于零。
　　2. 材料 65Mn。

六、键

平键　键槽的剖面尺寸（GB/T 1095—2003）

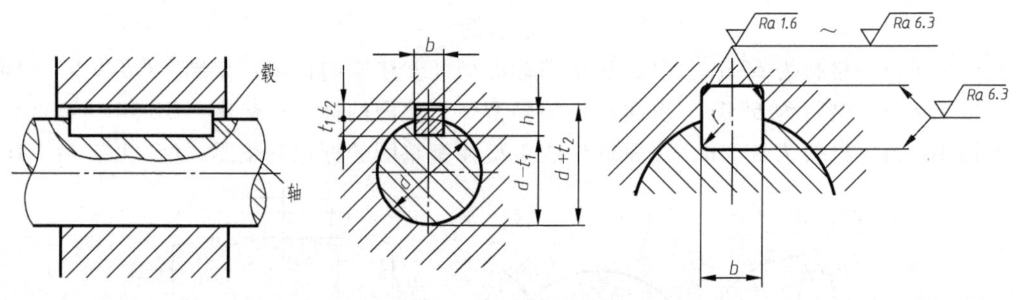

表 B-8　键和键槽的剖面尺寸　（单位：mm）

键	键槽											
键尺寸 $b\times h$	宽度 b						深度				半径 r	
	基本尺寸 b	极限偏差					轴 t_1		毂 t_2			
		松连接		正常连接		紧密连接						
		轴 H9	毂 D10	轴 N9	毂 JS9	轴和毂 P9	基本尺寸	极限偏差	基本尺寸	极限偏差	最小	最大
2×2	2	+0.025	+0.060	−0.004	±0.0125	−0.006	1.2		1.0			
3×3	3	0	+0.020	−0.029		−0.031	1.8		1.4		0.08	0.16
4×4	4	+0.030	+0.078	0	±0.015	−0.012	2.5	+0.1	1.8	+0.1		
5×5	5	0	+0.030	−0.030		−0.042	3.0	0	2.3	0		
6×6	6						3.5		2.8		0.16	0.25
8×7	8	+0.036	+0.098	0	±0.018	−0.015	4.0		3.3			
10×8	10	0	+0.040	−0.036		−0.051	5.0		3.3			
12×8	12						5.0		3.3			
14×9	14	+0.043	+0.120	0	±0.0215	−0.018	5.5		3.8		0.25	0.40
16×10	16	0	+0.050	−0.043		−0.061	6.0	+0.2	4.3	+0.2		
18×11	18						7.0	0	4.4	0		
20×12	20						7.5		4.9			
22×14	22	+0.052	+0.149	0	±0.026	−0.022	9.0		5.4		0.40	0.60
25×14	25	0	+0.065	−0.052		−0.074	9.0		5.4			
28×16	28						10.0		6.4			

注：在工作图中轴槽深用 t_1 或（$d-t_1$）标注，轮毂槽深用（$d+t_2$）标注。平键轴槽的长度公差带用 H14。

普通型　平键（GB/T 1096—2003）

标记示例

圆头普通平键（A 型）、b=18mm、h=11mm、L=100mm：GB/T 1096　键 18×11×100

方头普通平键（B 型）、b=18mm、h=11mm、L=100mm：GB/T 1096　键 B18×11×100

单圆头普通平键（C 型）、b=18mm、h=11mm、L=100mm：GB/T 1096　键 C18×11×100

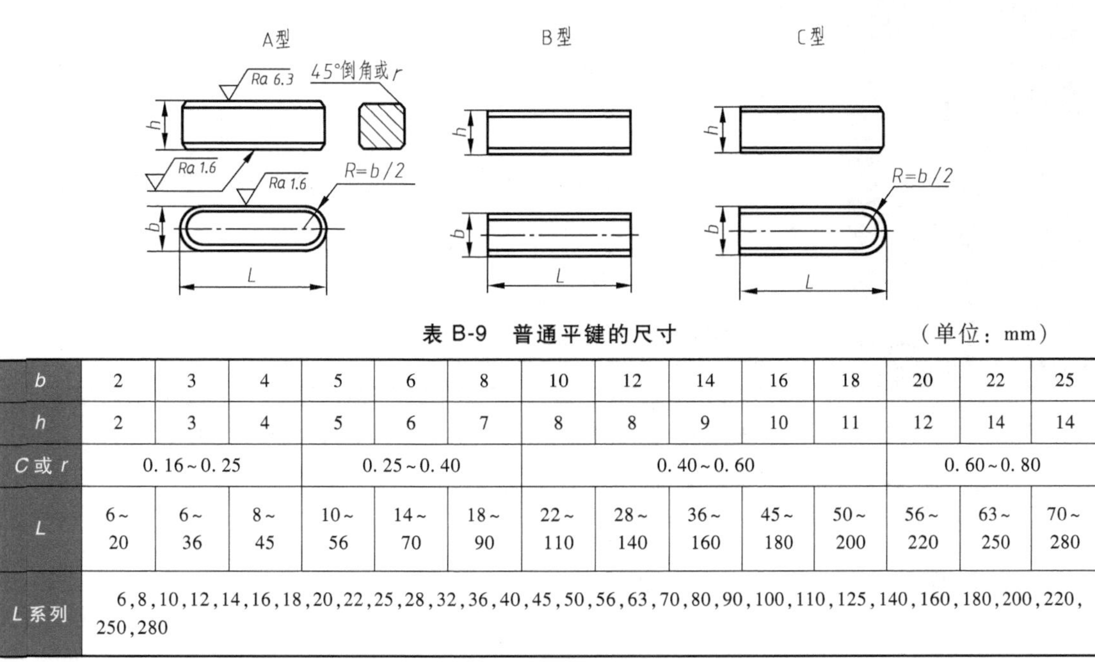

表 B-9　普通平键的尺寸　（单位：mm）

b	2	3	4	5	6	8	10	12	14	16	18	20	22	25
h	2	3	4	5	6	7	8	8	9	10	11	12	14	14
C或r	0. 16～0. 25			0. 25～0. 40			0. 40～0. 60					0. 60～0. 80		
L	6～20	6～36	8～45	10～56	14～70	18～90	22～110	28～140	36～160	45～180	50～200	56～220	63～250	70～280
L系列	6,8,10,12,14,16,18,20,22,25,28,32,36,40,45,50,56,63,70,80,90,100,110,125,140,160,180,200,220,250,280													

注：材料常用 45 钢。

七、圆柱销

圆柱销　不淬硬钢和奥氏体不锈钢（GB/T 119. 1—2000）、圆柱销　淬硬钢和马氏体不锈钢（GB/T 119. 2—2000）

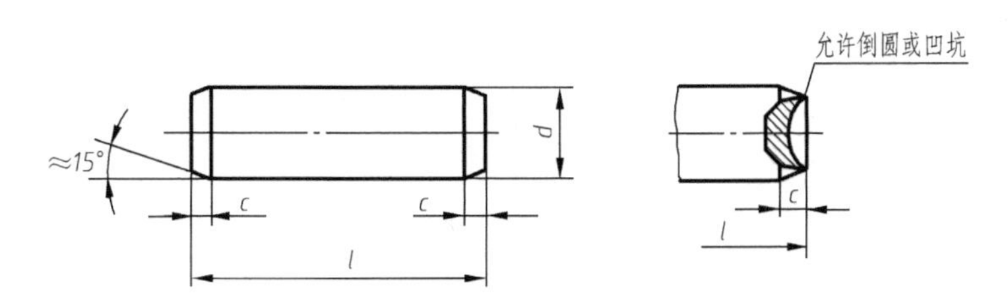

标记示例

公称直径 d=8mm、公差为 m6、公称长度 l=30mm、材料为钢、不经淬火、不经表面处理的圆柱销：

销　GB/T 119. 1　6m6×30

公称直径 d=8mm、公差为 m6、公称长度 l=30mm、材料为钢、普通淬火（A 型）、表面氧化处理的圆柱销：

销　GB/T 119. 2　6×30

表 B-10 圆柱销的尺寸 （单位：mm）

d(公称)		1.5	2	2.5	3	4	5	6	8
c≈		0.3	0.35	0.4	0.5	0.63	0.8	1.2	1.6
l(商品长度范围)	GB/T 119.1	4~16	6~20	6~24	8~30	8~40	10~50	12~60	14~80
	GB/T 119.2	4~16	5~20	6~24	8~30	10~40	12~50	14~60	18~80
d(公称)		10	12	16	20	25	30	40	50
c≈		2	2.5	3	3.5	4	5	6.3	8
l(商品长度范围)	GB/T 119.1	18~95	22~140	26~180	35~200 以上	50~200 以上	60~200 以上	80~200 以上	95~200 以上
	GB/T 119.2	22~200 以上	26~200 以上	40~200 以上	50~200 以上	—	—	—	—
l(系列)		2,3,4,5,6,8,10,12,14,16,18,20,22,24,26,28,30,32,35,40,45,50,55,60,65,70,75,80,85,90,95,100,120,140,160,180,200							

注：1. 公称直径 d 的公差：GB/T 119.1—2000 有 m6 和 h8；GB/T 119.2—2000 仅有 m6。其他公差由供需双方协议。
2. GB/T 119.2—2000 中淬硬钢按淬火方式的不同，分为普通淬火（A 型）和表面淬火（B 型）。
3. 公称长度大于 200，按 20 递增。
4. GB/T 119.2 中不包括 d 值中的 25、30、40、50 及 c 值中的 4、5、6.3、8。
5. GB/T 119.2 中不包括 l（系列）中的 2 这一值。

八、圆锥销（GB/T 117—2000）

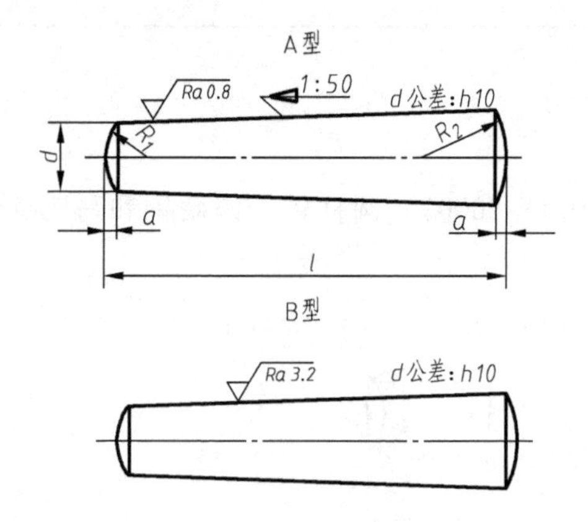

$$R_1 \approx d$$

$$R_2 \approx \frac{a}{2}+d+\frac{(0.02l)^2}{8a}$$

标记示例

公称直径 $d=10$mm、公称长度 $l=100$mm、材料为 35 钢、热处理硬度 28~38HRC、表面氧化处理的 A 型圆锥销的标记：

销 GB/T 117 10×100

表 B-11 圆锥销的尺寸 （单位：mm）

d	4	5	6	8	10	12	16	20	25	30	40	50
a≈	0.5	0.63	0.8	1	1.2	1.6	2	2.5	3	4	5	6.3
l	14~55	18~60	22~90	22~90	26~160	32~180	40~200	45~200	50~200	55~200	60~200	65~200
l 系列	14,16,18,20,22,24,26,28,30,32,35,40,45,50,55,60,65,70,75,80,85,90,95,100,120,140,160,180,200											

注：1. 0.6~3 的数据未列入。
2. 公称长度大于 200，按 20 递增。

九、开口销（GB/T 91—2000）

标记示例

公称规格为 5mm、公称长度 l=50mm、材料为 Q215 或 Q235、不经表面处理的开口销：

销 GB/T 91 5×50

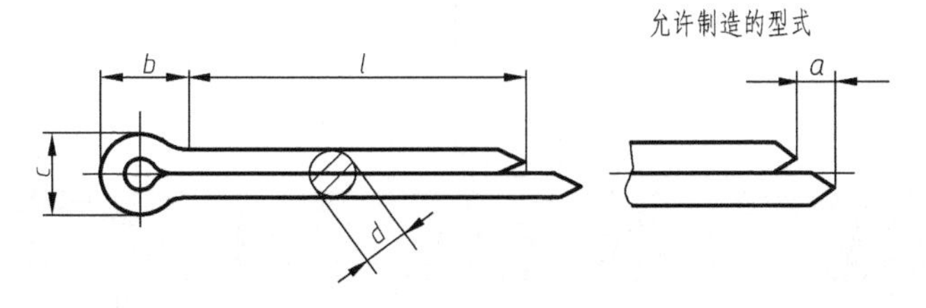

表 B-12 开口销的尺寸 （单位：mm）

公称规格			0.6	0.8	1	1.2	1.6	2	2.5	3.2
d		max	0.5	0.7	0.9	1.0	1.4	1.8	2.3	2.9
		min	0.4	0.6	0.8	0.9	1.3	1.7	2.1	2.7
a		max	1.6	1.6	1.6	2.50	2.50	2.50	2.50	3.2
b		≈	2	2.4	3	3	3.2	4	5	6.4
c		max	1.0	1.4	1.8	2.0	2.8	3.6	4.6	5.8
适用的直径	螺栓	>	—	2.5	3.5	4.5	5.5	7	9	11
		≤	2.5	3.5	4.5	5.5	7	9	11	14
	U形销	>	—	2	3	4	5	6	8	9
		≤	2	3	4	5	6	8	9	12
商品长度范围			4~12	5~16	6~20	8~25	8~32	10~40	12~50	14~65
公称规格			4	5	6.3	8	10	13	16	20
d		max	3.7	4.6	5.9	7.5	9.5	12.4	15.4	19.3
		min	3.5	4.4	5.7	7.3	9.3	12.1	15.1	19.0
a		max	4	4	4	4	6.30	6.30	6.30	6.30
b		≈	8	10	12.6	16	20	26	32	40
c		max	7.4	9.2	11.8	15.0	19.0	24.8	30.8	38.5
适用的直径	螺栓	>	14	20	27	39	56	80	120	170
		≤	20	27	39	56	80	120	170	—
	U形销	>	12	17	23	29	44	69	110	160
		≤	17	23	29	44	69	110	160	—
商品长度范围			18~80	22~100	30~120	40~160	45~200	71~250	112~280	160~280
l(系列)			4,5,6,8,10,12,14,16,18,20,22,25,28,32,36,40,45,50,56,63,71,80,90,100,112,125,140,160,180,200,224,250,280							

注：1. 公称规格等于开口销的直径。对销孔直径推荐的公差为：

公称规格≤1.2：H13；公称规格>1.2：H14。

2. 根据供需双方协议，允许采用公称规格为 3、6 和 12 的开口销。
3. 用于铁道和在 U 形销中开口销承受交变横向力的场合，推荐使用的开口销规格应较本表规定的加大一档。

十、滚动轴承

表 B-13　深沟球轴承（60000 型）部分尺寸（GB/T 276—2013）

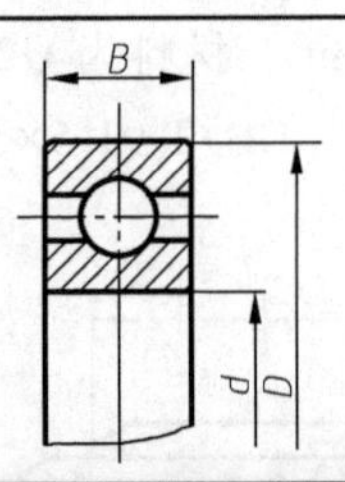

轴承型号	尺寸/mm		
	d	D	B
10 系列			
606	6	17	6
607	7	19	6
608	8	22	7
609	9	24	7
6000	10	26	8
6001	12	28	8
6002	15	32	9
6003	17	35	10
6004	20	42	12
60/22	22	44	12
6005	25	47	12
60/28	28	52	12
6006	30	55	13
60/32	32	58	13
6007	35	62	14
6008	40	68	15
6009	45	75	16
6010	50	80	16
6011	55	90	18
6012	60	95	18
02 系列			
623	3	10	4
624	4	13	5
625	5	16	5
626	6	19	6
627	7	22	7
628	8	24	8
629	9	26	8
6200	10	30	9
6201	12	32	10
6202	15	35	11
6203	17	40	12
6204	20	47	14
62/22	22	50	14
6205	25	52	15
62/28	28	58	16
6206	30	62	16
62/32	32	65	17
6207	35	72	17
6208	40	80	18
6209	45	85	19
6210	50	90	20
6211	55	100	21
6212	60	110	22

轴承型号	尺寸/mm		
	d	D	B
03 系列			
633	3	13	5
634	4	16	5
635	5	19	6
6300	10	35	11
6301	12	37	12
6302	15	42	13
6303	17	47	14
6304	20	52	15
63/22	22	56	16
6305	25	62	17
63/28	28	68	18
6306	30	72	19
63/32	32	75	20
6307	35	80	21
6308	40	90	23
6309	45	100	25
6310	50	110	27
6311	55	120	29
6312	60	130	31
6313	65	140	33
6314	70	150	35
6315	75	160	37
6316	80	170	39
6317	85	180	41
6318	90	190	43
04 系列			
6403	17	62	17
6404	20	72	19
6405	25	80	21
6406	30	90	23
6407	35	100	25
6408	40	110	27
6409	45	120	29
6410	50	130	31
6411	55	140	33
6412	60	150	35
6413	65	160	37
6414	70	180	42
6415	75	190	45
6416	80	200	48
6417	85	210	52
6418	90	225	54
6419	95	240	55
6420	100	250	58

表 B-14 推力球轴承（51000 型）部分尺寸（GB/T 301—2015）

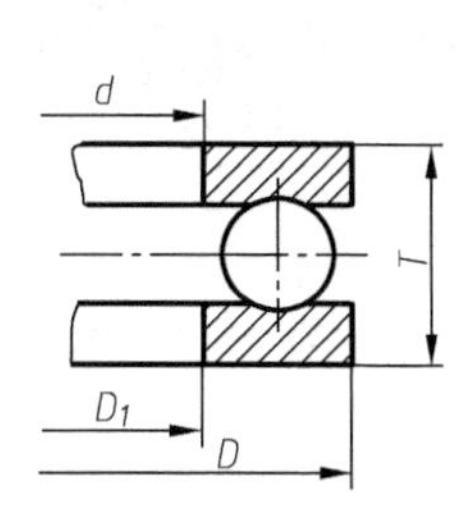

轴承型号	尺寸/mm			
	d	D_{1smin}	D	T
11 系列				
51100	10	11	24	9
51101	12	13	26	9
51102	15	16	28	9
51103	17	18	30	9
51104	20	21	35	10
51105	25	26	42	11
51106	30	32	47	11
51107	35	37	52	12
51108	40	42	60	13
51109	45	47	65	14
51110	50	52	70	14
51111	55	57	78	16
51112	60	62	85	17
51113	65	67	90	18
51114	70	72	95	18
51115	75	77	100	19
51116	80	82	105	19
51117	85	87	110	19
51118	90	92	120	22
51120	100	102	135	25
12 系列				
51200	10	12	26	11
51201	12	14	28	11
51202	15	17	32	12
51203	17	19	35	12
51204	20	22	40	14
51205	25	27	47	15
51206	30	32	52	16
51207	35	37	62	18
51208	40	42	68	19
51209	45	47	73	20
51210	50	52	78	22
51211	55	57	90	25
51212	60	62	95	26
51213	65	67	100	27
51214	70	72	105	27
51215	75	77	110	27
51216	80	82	115	28
51217	85	88	125	31
51218	90	93	135	35
51220	100	103	150	38
13 系列				
51304	20	22	47	18
51305	25	27	52	18
51306	30	32	60	21
51307	35	37	68	24
51308	40	42	78	26
51309	45	47	85	28
51310	50	52	95	31
51311	55	57	105	35
51312	60	62	110	35
51313	65	67	115	36
51314	70	72	125	40
51315	75	77	135	44
51316	80	82	140	44
51317	85	88	150	49
51318	90	93	155	50
51320	100	103	170	55
14 系列				
51405	25	27	60	24
51406	30	32	70	28
51407	35	37	80	32
51408	40	42	90	36
51409	45	47	100	39
51410	50	52	110	43
51411	55	57	120	48
51412	60	62	130	51
51413	65	68	140	56
51414	70	73	150	60
51415	75	78	160	65
51416	80	83	170	68
51417	85	88	180	72
51418	90	93	190	77
51420	100	103	210	85

表 B-15　圆锥滚子轴承（30000 型）部分尺寸（GB/T 297—2015）

轴承型号	尺寸/mm				
	d	D	T	B	C
02 系列					
30202	15	35	11.75	11	10
30203	17	40	13.25	12	11
30204	20	47	15.25	14	12
30205	25	52	16.25	15	13
30206	30	62	17.25	16	14
30207	35	72	18.25	17	15
30208	40	80	19.75	18	16
30209	45	85	20.75	19	16
30210	50	90	21.75	20	17
30211	55	100	22.75	21	18
30212	60	110	23.75	22	19
30213	65	120	24.75	23	20
30214	70	125	26.75	24	21
30215	75	130	27.75	25	22
30216	80	140	28.75	26	22
30217	85	150	30.5	28	24
30218	90	160	32.5	30	26
30219	95	170	34.5	32	27
30220	100	180	37	34	29
03 系列					
30302	15	42	14.25	13	11
30303	17	47	15.25	14	12
30304	20	52	16.25	15	13
30305	25	62	18.25	17	15
30306	30	72	20.25	19	16
30307	35	80	22.25	21	18
30308	40	90	25.25	23	20
30309	45	100	27.25	25	22
30310	50	110	29.25	27	23
30311	55	120	31.5	29	25
30312	60	130	33.5	31	26
30313	65	140	36	33	28
30314	70	150	38	35	30
30315	75	160	40	37	31
30316	80	170	42.5	39	33
30317	85	180	44.5	41	34
30318	90	190	46.5	43	36
30319	95	200	49.5	45	38
30320	100	215	51.5	47	39
22 系列					
32203	17	40	17.25	16	14
32204	20	47	19.25	18	15
32205	25	52	19.25	18	16
32206	30	62	21.25	20	17
32207	35	72	24.25	23	19
32208	40	80	24.75	23	19
32209	45	85	24.75	23	19
32210	50	90	24.75	23	19
32211	55	100	26.75	25	21
32212	60	110	29.75	28	24
32213	65	120	32.75	31	27
32214	70	125	33.25	31	27
32215	75	130	33.25	31	27
32216	80	140	35.25	33	28
32217	85	150	38.5	36	30
32218	90	160	42.5	40	34
32219	95	170	45.5	43	37
32220	100	180	49	46	39
32221	105	190	53	50	43
32222	110	200	56	53	46
32224	120	215	61.5	58	50
23 系列					
32303	17	47	20.25	19	16
32304	20	52	22.25	21	18
32305	25	62	25.25	24	20
32306	30	72	28.75	27	23
32307	35	80	32.75	31	25
32308	40	90	35.25	33	27
32309	45	100	38.25	36	30
32310	50	110	40.25	40	33
32311	55	120	45.5	43	35
32312	60	130	48.5	46	37
32313	65	140	51	48	39
32314	70	150	54	51	42
32315	75	160	58	55	45
32316	80	170	61.5	58	48
32317	85	180	63.5	60	49
32318	90	190	67.5	64	53
32319	95	200	71.5	67	55
32320	100	215	77.5	73	60
32321	105	225	81.5	77	63
32322	110	240	84.5	80	65
32324	120	260	90.5	86	69

附录C　常用金属材料与非金属材料

一、金属材料

灰铸铁件（GB/T 9439—2010）、球墨铸铁件（GB/T 1348—2019）、可锻铸铁件（GB/T 9440—2010）、碳素结构钢（GB/T 700—2006）、优质碳素结构钢（GB/T 699—2015）、合金结构钢（GB/T 3077—2015）、一般工程用铸造碳钢件（GB/T 11352—2009）、加工铜及铜合金牌号和化学成分（GB/T 5231—2022）、铸造铜及铜合金（GB/T 1176—2013）、铸造铝合金（GB/T 1173—2013）、铸造轴承合金（GB/T 1174—2022）、变形铝及铝合金化学成分（GB/T 3190—2020）

表 C-1　铸铁和有色金属及其合金（一）

材料名称	牌号		应用举例	说明
碳素结构钢	Q215	A级 B级	金属结构件，拉杆、套圈、铆钉、螺栓、短轴、心轴、（载荷不大的）凸轮、垫圈，渗碳零件及焊接件	“Q”为碳素结构钢屈服强度“屈”字的汉语拼音首位字母，后面的数字表示屈服强度数值。如Q235表示碳素结构钢屈服强度为235MPa 新旧牌号对照： Q215——A2(A2F) Q235——A3 Q275——A5
	Q235	A级 B级 C级 D级	金属结构件，心部强度要求不高的渗碳或碳氮共渗零件，吊钩，拉杆、套圈、汽缸、齿轮、螺栓、螺母、连杆、轮轴、楔、盖及焊接件	
	Q275		轴、轴销、制动杆、螺母、螺栓、垫圈、连杆、齿轮以及其他强度较高的零件	
优质碳素结构钢	10F　10		用于拉杆、卡头、垫圈、铆钉及焊接零件	牌号的两位数字表示平均碳的质量分数，45钢即表示碳的质量分数为0.45% 碳的质量分数≤0.25%的碳钢属低碳钢（渗碳钢） 碳的质量分数在0.25%～0.6%之间的碳素钢属中碳钢（调质钢） 碳的质量分数大于0.6%的碳钢属高碳钢 沸腾钢在牌号后加符号“F” 锰的质量分数较高的钢，需加注化学元素符号“Mn”
	15F　15		用于受力不大和韧性较高的零件、渗碳零件及紧固件（如螺栓、螺钉）、法兰盘和化工贮器	
	35		用于制造曲轴、转轴、轴销、杠杆零件、螺栓、螺母、垫圈及飞轮（多在正火、调质下使用）	
	45		用于要求综合力学性能高的各种零件，通常经正火或调质处理后使用。用于制造轴、齿轮、齿条、链轮、螺栓、螺母、销钉、键及拉杆等	
	65		用于制造弹簧、弹簧垫圈、凸轮和轮辊等	
	15Mn		制作心部力学性能要求较高且需渗碳的零件	
	65Mn		用于要求耐磨性高的圆盘、衬板、齿轮、花键轴和弹簧等	
铬钢	15Cr		渗碳齿轮、凸轮、活塞销和离合器	钢中加入一定量的合金元素，提高了钢的力学性能和耐磨性，也提高了钢的淬透性，保证金属在较大截面上获得高的力学性能
	20Cr		较重要的渗碳零件，如齿轮、齿轮轴、蜗杆、凸轮和活塞销等	
	30Cr		重要的调质零件，如轮轴、齿轮、摇杆和螺栓等	
	40Cr		重要的调质零件，如齿轮、进气阀、辊子和轴等	
	45Cr		强度及耐磨性高的轴、齿轮和螺栓等	
	50Cr		重要的轴、齿轮、螺旋弹簧和止动环等	
铬锰钢	15CrMn		垫圈、汽封套筒、齿轮、滑键拉钩、螺杆和偏心轮	
	20CrMn		轴、轮轴、连杆、曲柄轴及其他高耐磨零件轴	
	40CrMn		齿轮	
铬锰钛钢	20CrMnTi		汽车上重要的渗碳件，如齿轮等	
	30CrMnTi		拖拉机上强度特高的渗碳齿轮，强度高	
	40CrMnTi		耐磨性高的大齿轮和主轴等	
一般工程用铸造碳钢	ZG200-400		各种形状的机件，如机座、箱壳	“ZG”为铸钢汉语拼音的首位字母，后面数字表示屈服强度和抗拉强度。如ZC230-450表示屈服强度230MPa、抗拉强度450MPa
	ZG230-450		铸造平坦的零件，如机座、机盖、箱体、铁砧台，工作温度在450℃以下的管路附件等，焊接性良好	
	ZG270-500		各种形状的铸件，如飞轮、机架、联轴器等，焊接性 能尚可	
	ZG310-570		联轴器、齿轮、汽缸、轴、机架和齿圈等	
	ZG340-640		起重、运输机中的齿轮和联轴器等重要的机件	

表 C-2　铸铁和有色金属及其合金（二）

材料名称	牌号	应用举例	说明
灰铸铁	HT100 HT150	用于小负荷和对耐磨性无特殊要求的零件,如端盖、外罩、手轮、一般机床底座、床身及其他复杂零件,滑台、工作台和低压管件等	"HT"为灰铁的汉语拼音的首位字母,后面的数字表示抗拉强度。如 HT200 表示抗拉强度为 200MPa 的灰铸铁
	HT200 HT250	用于中等负荷和对耐磨性有一定要求的零件。如机床床身、立柱、飞轮、汽缸、泵体、轴承座、活塞、齿轮箱、阀体、油缸、联轴器、齿轮、齿轮箱外壳、衬套和凸轮等	
	HT300 HT350	用于受力大的齿轮、床身导轨、车床卡盘、剪床床身、压力机的床身、凸轮、高压油缸、液压泵、滑阀壳体和冲模模体等	
球墨铸铁	QT800-2	具有较高强度,但塑性低,用于曲轴、凸轮轴、齿轮、汽缸、缸套、轧辊、水泵轴、活塞环和摩擦片等零件	"QT"表示球墨铸铁,其后第一组数字表示抗拉强度值(MPa),第二组数字表示断后伸长率 A
	QT700-2		
	QT600-3		
	QT500-7	具有较高的塑性和适当的强度,用于承受冲击负荷的零件	
	QT420-15		
	QT400-18		
可锻铸铁	KTH300-06	黑心可锻铸铁,用于承受冲击振动的零件:汽车、拖拉机和农机铸件	"KT"表示可锻铸铁,"H"表示黑心,"B"表示白心,第一组数字表示抗拉强度值(MPa),第二组数字表示断后伸长率 A。KTH300-06 适用于气密性零件。有 * 号者为推荐牌号
	KTH330-08 *		
	KTH350-10		
	KTH370-12 *		
	KTB350-04	白心可锻铸铁,韧性较低,但强度高,耐磨性、加工性好。可代替低、中碳钢及低合金钢的重要零件,如曲轴、连杆和机床附件等	
	KTB380-12		
	KTB400-05		
	KTB450-07		
普通黄铜	H62	散热器、垫圈、弹簧、各种网和螺钉等	"H"表示黄铜,后面数字表示平均铜的质量分数
38 黄铜	ZCuZn38	一般结构件和耐蚀件,如法兰、阀座和螺母等	"Z"为铸造汉语拼音的首位字母,各化学元素后面的数字表示该元素的质量分数
10-1 锡青铜	ZCuSn10Pb1	较高负荷(20MPa 以下)和高滑动速度(8m/s)下工作的耐磨件,如连杆、衬套、轴瓦和蜗轮等	
10-5 锡青铜	ZCuSn10Pb5	耐蚀、耐酸件及破碎机衬套、轴瓦等	
5-5-5 锡青铜	ZCuSn5Pb5Zn5	耐磨性和耐蚀性均好,易加工,铸造性和气密性较好。用于较高负荷、中等滑动速度下工作的耐磨、耐腐零件,如轴瓦、衬套、缸套、油塞、离合器和蜗轮等	
10-3 铝青铜	ZCuAl10Fe3	力学性能高,耐磨性、耐蚀性、抗氧化性好,焊接性好,不易钎焊,大型铸件自 700℃ 空冷可防止变脆。可用于制造强度高、耐磨、耐蚀的零件,蜗轮、轴承、衬套、管嘴和耐热管配件等	
10-3-2 铝青铜	ZCuAl10Fe3Mn2	要求强度高、耐磨、耐蚀的零件,如桥梁支承板、螺母、螺杆、耐磨板、滑块和蜗轮等	
17-4-4 铅青铜	ZCuPb17Sn4Zn4	一般耐磨件、轴承等	
40-2 铅黄铜	ZCuZn40Pb2	一般用途的耐磨、耐蚀件,如轴套和齿轮等	
38-2-2 锰黄铜	ZCuZn38Mn2Pb2	有较高的力学性能和耐蚀性,耐磨性较好,切削性良好。可用于一般用途的构件,如套筒、衬套、轴瓦和滑块等	
铸造铝合金	ZALSi12	耐磨性中上等,用于制造负荷不大的薄壁零件	
	ZALCu4	较高温度下工作的高强度零件	
硬铝	2A13	焊接性能好,适于制造中等强度的零件	2A13 表示含铜、镁和锰的合金
工业纯铝	1060	适于制作贮槽、塔、换热器、防止污染及深冷设备等	1060 表示含杂质≤0.4%的工业纯铝

二、非金属材料

表 C-3 常用非金属材料

材料名称	牌号	应用举例	说明
耐油石棉橡胶板		供航空中发动机用的煤油、润滑油及冷气系统结合处的密封衬垫材料	有厚度 0.4~3.0mm 的 10 种规格
耐酸碱橡胶板	2030 2040	具有耐酸碱性能，在温度 -30~60℃ 的 20%浓度的酸碱液体中工作，用作冲制密封性能较好的垫圈	较高硬度 中等硬度
耐油橡胶板	3001 3002	可在一定温度的机油、变压器油、汽油等介质中工作，适用冲制各种形状的垫圈	较高硬度
耐热橡胶板	4001 4002	可在 30~100℃ 且压力不大的条件下，于热空气、蒸汽介质中工作，用作冲制各种垫圈和隔热垫板	较高硬度 中等硬度
酚醛层压板	3302-1 3302-2	用于结构材料及用于制造各种机械零件	3302-1 的力学性能比 3302-2 高
聚四氟乙烯树脂	SFL-4~13	用于腐蚀介质中，起密封和减摩作用，用作垫圈等	耐腐蚀、耐高温（250℃），并具有一定的强度，能切削加工成各种零件
工业有机玻璃		适用于耐腐蚀和需要透明的零件	耐盐酸、硫酸、草酸、烧碱和纯碱等一般酸碱以及二氧化硫和臭氧等气体腐蚀
油浸石棉盘根	YS450	适用于在回转轴、往复活塞或阀门杆上用作密封材料，介质为蒸汽、空气、工业用水和重质石油产品	盘根形状分 F（方形）、Y（圆形）和 N（扭制）三种，按需选用
橡胶石棉盘根	XS450	适用于在蒸汽机、往复泵的活塞和阀门杆上用作密封材料	该牌号盘根只有 F（方形）
工业用平面毛毡	112-44 232-36	用于密封、防漏油、防振和缓冲衬垫等。按需要选用细毛、半粗毛或粗毛	厚度为 1~40mm。112-44 表示白色细毛块毡，密度为 0.44g/cm^3；232-36 表示灰色粗毛块毡，密度为 0.36g/cm^3
软钢纸板		用于密封连接处的密封垫片	厚度为 0.5~3.0mm
尼龙	尼龙 6 尼龙 9 尼龙 66 尼龙 610 尼龙 1010	广泛用于机械、化工及电气零件，例如：轴承、齿轮、凸轮、滚子、辊轴、泵叶轮、风扇叶轮、蜗轮、螺钉、螺母、垫圈、高压密封圈、阀座、输油管、储油容器等。尼龙粉末还可喷涂于各种零件表面	具有优良的机械强度和耐磨性。可以使用成形加工和切削加工制造零件，尼龙粉末还可喷涂于各种零件表面提高耐磨性和密封性
MC 尼龙 （无填充）		用于制造大型齿轮、蜗轮、轴套、大型阀门密封圈、导向环、导轨、滚动轴承保持架、船尾轴承、起重汽车吊索绞盘蜗轮、柴油发动机燃料泵齿轮、矿山铲掘机轴承、水压机立柱导套、大型轧钢机辊道轴瓦等	强度特高
聚甲醛 （均聚物）		用于制造轴承、齿轮、凸轮、滚轮、辊子、阀门上的阀杆螺母、垫圈、法兰、垫片、泵叶轮、鼓风机叶片、弹簧和管道等	具有良好的摩擦性能和抗磨损性能，尤其是优越的干摩擦性能
聚碳酸酯		用于制造齿轮、蜗轮、蜗杆、齿条、凸轮、心轴、轴承、滑轮、铰链、传动链、螺栓、螺母、垫圈、铆钉、泵叶轮、节流阀和各种外壳等	具有高的冲击韧性和优异的尺寸稳定性

附录 D 常用热处理和表面处理名词解释

表 D-1 常用热处理工艺及有关名词解释

工艺名称	代号或含义	应用举例	说明
退火	511	用来消除铸、锻、焊零件的内应力，降低硬度，便于切削加工，细化金属晶粒，改善组织，增加韧性	将钢件加热到适当温度，保温一段时间，然后缓慢冷却（一般在炉中冷却）
正火	512	用于处理低碳和中碳结构钢渗碳零件，使其组织细化，增加强度与韧性，减小内应力，改善切削性能	将钢件加热到临界温度以上 30~50℃，保温一段时间，然后在空气中冷却，冷却速度比退火快
淬火	513	用来提高钢的硬度和强度极限。但淬火会引起内应力使钢变脆，所以淬火后必须回火	将钢件加热到临界温度以上某一温度，保温一段时间，然后在水、盐水或油中（个别材料在空气中）急速冷却，使其得到高硬度
淬火和回火	514	用来消除淬火后的脆性和内应力，提高钢的塑性和冲击韧性	回火是将淬硬的钢件加热到临界点以下的某一温度，保温一段时间，然后冷却到室温
调质	515	用来使钢获得高的韧性和足够的强度。重要的齿轮、轴及丝杠等零件必须调质处理	淬火后在 450~650℃ 条件下进行高温回火
表面淬火和回火	521	使零件表面获得高硬度，而心部保持一定的韧性，使零件既耐磨又能承冲击。表面淬火常用来处理齿轮等	用火焰或高频电流将零件表面迅速加热至临界温度以上，急速冷却
渗碳	531	增加钢件的耐磨性能、表面强度、抗拉强度及疲劳极限。适用于低碳、中碳（$W_{\mathrm{C}}<0.40\%$）结构钢的中小型零件	在渗碳剂中将钢件加热到 900~950℃。保温到一定时间，将碳渗入钢表面，深度约为 0.5~2mm，再淬火后回火
渗氮	533	增加钢件的耐磨性能、表面硬度、疲劳极限和耐蚀能力。适用于合金钢、碳钢、铸铁件，如机床中轴、丝杠以及在潮湿碱水和燃烧气体介质的环境中工作的零件	渗氮是在 500~600℃ 通入氨的炉子中加热，向钢的表面渗入氮原子的过程。渗氮层为 0.025~0.8mm，渗氮时间需 40~50h
碳氮共渗	Q59（碳氮共渗淬火后，回火至 56~62HRC）	增加表面硬度、耐磨性、疲劳强度和耐蚀性。用于要求硬度高、耐磨的中、小型薄零件和刀具等	在 820~860℃ 炉内通入碳和氮，保温 1~2h，使钢件的表面同时渗入碳、氮原子，可得到 0.2~0.5mm 的碳氮共渗层
时效	时效处理	使工件消除内应力和稳定形状，用于量具、精密丝杠、床身导轨和床身等	低温回火后，精加工之前，加热到 100~160℃，保持 10~40h。对铸件也可用天然时效（放在露天环境中一年以上）
镀镍	镀镍	防腐蚀、美化	用电解方法，在钢件表面镀一层镍
镀铬	镀铬	提高表面硬度、耐磨性和耐蚀能力，也用于修复零件上磨损了的表面	用电解方法，在钢件表面镀一层铬
发蓝发黑	发蓝或发黑	防腐蚀、美观。用于一般连接的标准件和其他电子类零件	将金属零件放在很浓的碱和氧化剂溶液中加热氧化，使金属表面形成一层氧化铁所组成的保护性薄膜
硬度	HBW（布氏硬度）	用于退火、正火和调质的零件及铸件的硬度检验	材料抵抗硬的物体压入其表面的能力称“硬度”。根据测定的方法不同，可分为布氏硬度、洛氏硬度和维氏硬度 硬度的测定是检验材料经热处理后的力学性能——硬度
	HRC（洛氏硬度）	用于经淬火、回火及表面渗碳、渗氮等处理的零件硬度检验	
	HV（维氏硬度）	用于薄层硬化零件的硬度检验	

附录 E　公差与配合

表 E-1　公称尺寸至 3150mm 的标准公差数值（GB/T 1800.1—2020）

公称尺寸/mm		标准公差等级																			
		IT01	IT0	IT1	IT2	IT3	IT4	IT5	IT6	IT7	IT8	IT9	IT10	IT11	IT12	IT13	IT14	IT15	IT16	IT17	IT18
大于	至	μm													mm						
—	3	0.3	0.5	0.8	1.2	2	3	4	6	10	14	25	40	60	0.1	0.14	0.25	0.4	0.6	1	1.4
3	6	0.4	0.6	1	1.5	2.5	4	5	8	12	18	30	48	75	0.12	0.18	0.3	0.48	0.75	1.2	1.8
6	10	0.4	0.6	1	1.5	2.5	4	6	9	15	22	36	58	90	0.15	0.22	0.36	0.58	0.9	1.5	2.2
10	18	0.5	0.8	1.2	2	3	5	8	11	18	27	43	70	110	0.18	0.27	0.43	0.7	1.1	1.8	2.7
18	30	0.6	1	1.5	2.5	4	6	9	13	21	33	52	84	130	0.21	0.33	0.52	0.84	1.3	2.1	3.3
30	50	0.6	1	1.5	2.5	4	7	11	16	25	39	62	100	160	0.25	0.39	0.62	1	1.6	2.5	3.9
50	80	0.8	1.2	2	3	5	8	13	19	30	46	74	120	190	0.3	0.46	0.74	1.2	1.9	3	4.6
80	120	1	1.5	2.5	4	6	10	15	22	35	54	87	140	220	0.35	0.54	0.87	1.4	2.2	3.5	5.4
120	180	1.2	2	3.5	5	8	12	18	25	40	63	100	160	250	0.4	0.63	1	1.6	2.5	4	6.3
180	250	2	3	4.5	7	10	14	20	29	46	72	115	185	290	0.46	0.72	1.15	1.85	2.9	4.6	7.2
250	315	2.5	4	6	8	12	16	23	32	52	81	130	210	320	0.52	0.81	1.3	2.1	3.2	5.2	8.1
315	400	3	5	7	9	13	18	25	36	57	89	140	230	360	0.57	0.89	1.4	2.3	3.6	5.7	8.9
400	500	4	6	8	10	15	20	27	40	63	97	155	250	400	0.63	0.97	1.55	2.5	4	6.3	9.7
500	630			9	11	16	22	32	44	70	110	175	280	440	0.7	1.1	1.75	2.8	4.4	7	11
630	800			10	13	18	25	36	50	80	125	200	320	500	0.8	1.25	2	3.2	5	8	12.5
800	1000			11	15	21	28	40	56	90	140	230	360	560	0.9	1.4	2.3	3.6	5.6	9	14
1000	1250			13	18	24	33	47	66	105	165	260	420	660	1.05	1.65	2.6	4.2	6.6	10.5	16.5
1250	1600			15	21	29	39	55	78	125	195	310	500	780	1.25	1.95	3.1	5	7.8	12.5	19.5
1600	2000			18	25	35	46	65	92	150	230	370	600	920	1.5	2.3	3.7	6	9.2	15	23
2000	2500			22	30	41	55	78	110	175	280	440	700	1100	1.75	2.8	4.4	7	11	17.5	28
2500	3150			26	36	50	68	96	135	210	330	540	860	1350	2.1	3.3	5.4	8.6	13.5	21	33

注：1. 极限与配合在公称尺寸至 500mm 内规定了 IT01、IT0、IT1…IT18 共 20 个标准公差等级；在公称尺寸大于 500~3150mm 内规定了 IT1~IT18 共 18 个标准公差等级。
2. 公称尺寸大于 500mm 的 IT1~IT5 的标准公差数值为试行的。
3. 公称小于或等于 1mm 时，无 IT14~IT18。

表 E-2 轴的基本偏差数值

公称尺寸/mm		基本偏差数值(上极限偏差 *es*)															
		所有标准公差等级												IT5 和 IT6	IT7	IT8	IT4~IT7
大于	至	a	b	c	cd	d	e	ef	f	fg	g	h	js	j			k
—	3	-270	-140	-60	-34	-20	-14	-10	-6	-4	-2	0	偏差 = $\pm\frac{IT_n}{2}$，式中 IT_n 是 IT 值数	-2	-4	-6	0
3	6	-270	-140	-70	-46	-30	-20	-14	-10	-6	-4	0		-2	-4		+1
6	10	-280	-150	-80	-56	-40	-25	-18	-13	-8	-5	0		-2	-5		+1
10	14	-290	-150	-95		-50	-32		-16		-6	0		-3	-6		+1
14	18																
18	24	-300	-160	-110		-65	-40		-20		-7	0		-4	-8		+2
24	30																
30	40	-310	-170	-120		-80	-50		-25		-9	0		-5	-10		+2
40	50	-320	-180	-130													
50	65	-340	-190	-140		-100	-60		-30		-10	0		-7	-12		+2
65	80	-360	-200	-150													
80	100	-380	-220	-170		-120	-72		-36		-12	0		-9	-5		+3
100	120	-410	-240	-180													
120	140	-460	-260	-200		-145	-85		-43		-14	0		-11	-18		+3
140	160	-520	-280	-210													
160	180	-580	-310	-230													
180	200	-660	-340	-240		-170	-100		-50		-15	0		-13	-21		+4
200	225	-740	-380	-260													
225	250	-820	-420	-280													
250	280	-920	-480	-300		-190	-110		-56		-17	0		-16	-26		+4
280	315	-1050	-540	-330													
315	355	-1200	-600	-360		-210	-125		-62		-18	0		-18	-28		+4
355	400	-1350	-680	-400													
400	450	-1500	-760	-440		-230	-135		-68		-20	0		-20	-32		+5
450	500	-1650	-840	-480													
500	560					-260	-145		-76		-22	0					0
560	630																
630	710					-290	-160		-80		-24	0					0
710	800																
800	900					-320	-170		-86		-26	0					0
900	1000																
1000	1120					-350	-195		-98		-28	0					0
1120	1250																
1250	1400					-390	-220		-110		-30	0					0
1400	1600																
1600	1800					-430	-240		-120		-32	0					0
1800	2000																
2000	2240					-480	-260		-130		-34	0					0
2240	2500																
2500	2800					-520	-290		-145		-38	0					0
2800	3150																

注：公称尺寸小于或等于 1mm 时，基本偏差 a 和 b 均不采用，公差带 js7~js11，若 IT_n 值数是奇数，则取偏差 = $\pm\frac{IT_n-1}{2}$。

（GB/T 1800.1—2020）（单位：μm）

基本偏差数值(下极限偏差 ei)														
≤IT3 >IT7	所有标准公差等级													
k	m	n	p	r	s	t	u	v	x	y	z	za	zb	zc
0	+2	+4	+6	+10	+14		+18		+20		+26	+32	+40	+60
0	+4	+8	+12	+15	+19		+23		+28		+35	+42	+50	+80
0	+6	+10	+15	+19	+23		+28		+34		+42	+52	+67	+97
0	+7	+12	+18	+23	+28		+33		+40		+50	+64	+90	+130
								+39	+45		+60	+77	+108	+150
0	+8	+15	+22	+28	+35		+41	+47	+54	+63	+73	+98	+136	+188
						+41	+48	+55	+64	+75	+88	+118	+160	+218
0	+9	+17	+26	+34	+43	+48	+60	+68	+80	+94	+112	+148	+200	+274
						+54	+70	+81	+97	+114	+136	+180	+242	+325
0	+11	+20	+32	+41	+53	+66	+87	+102	+122	+144	+172	+226	+300	+405
				+43	+59	+75	+102	+120	+146	+174	+210	+274	+360	+480
0	+13	+23	+37	+51	+71	+91	+124	+146	+178	+214	+258	+335	+445	+585
				+54	+79	+104	+144	+172	+210	+254	+310	+400	+525	+690
0	+15	+27	+43	+63	+92	+122	+170	+202	+248	+300	+365	+470	+620	+800
				+65	+100	+134	+190	+228	+280	+340	+415	+535	+700	+900
				+68	+108	+146	+210	+252	+310	+380	+465	+600	+780	+1000
0	+17	+31	+50	+77	+122	+166	+236	+284	+350	+425	+520	+670	+880	+1150
				+80	+130	+180	+258	+310	+385	+470	+575	+740	+960	+1250
				+84	+140	+196	+284	+340	+425	+520	+640	+820	+1050	+1350
0	+20	+34	+56	+94	+158	+218	+315	+385	+475	+580	+710	+920	+1200	+1550
				+98	+170	+240	+350	+425	+525	+650	+790	+1000	+1300	+1700
0	+21	+37	+62	+108	+190	+268	+390	+475	+590	+730	+900	+1150	+1500	+1900
				+114	+208	+294	+435	+530	+660	+820	+1000	+1300	+1650	+2100
0	+23	+40	+68	+126	+232	+330	+490	+595	+740	+920	+1100	+1450	+1850	+2400
				+132	+252	+360	+540	+660	+820	+1000	+1250	+1600	+2100	+2600
0	+26	+44	+78	+150	+280	+400	+600							
				+155	+310	+450	+660							
0	+30	+50	+88	+175	+340	+500	+740							
				+185	+380	+560	+840							
0	+34	+56	+100	+210	+430	+620	+940							
				+220	+470	+680	+1050							
0	+40	+66	+120	+250	+520	+780	+1150							
				+260	+580	+840	+1300							
0	+48	+78	+140	+300	+640	+960	+1450							
				+330	+720	+1050	+1600							
0	+58	+92	+170	+370	+820	+1200	+1850							
				+400	+920	+1350	+2000							
0	+68	+110	+195	+440	+1000	+1500	+2300							
				+460	+1100	+1650	+2500							
0	+76	+135	+240	+550	+1250	+1900	+2900							
				+580	+1400	+2100	+3200							

表 E-3 孔的基本偏差数值

公称尺寸/mm		基本偏差数值(下极限偏差 EI)												其本偏差数值(上极								
大于	至	所有标准公差系列												IT6	IT7	IT8	≤IT8	>IT8	≤IT8	>IT8	≤IT8	>IT8
		A	B	C	CD	D	E	EF	F	FG	G	H	JS	J			K		M		N	
—	3	+270	+140	+60	+34	+20	+14	+10	+6	+4	+2	0		+2	+4	+6	0	0	-2	-2	-4	-4
3	6	+270	+140	+70	+46	+30	+20	+14	+10	+6	+4	0		+5	+6	+10	-1+Δ		-4+Δ	-4	-8+Δ	0
6	10	+280	+150	+80	+56	+40	+25	+18	+13	+8	+5	0		+5	+8	+12	-1+Δ		-6+Δ	-6	-10+Δ	0
10	14	+290	+150	+95		+50	+32		+16		+6	0		+6	+10	+15	-1+Δ		-7+Δ	-7	-12+Δ	0
14	18																					
18	24	+300	+160	+110		+65	+40		+20		+7	0		+8	+12	+20	-2+Δ		-8+Δ	-8	-15+Δ	0
24	30																					
30	40	+310	+170	+120		+80	+50		+25		+9	0		+10	+14	+24	-2+Δ		-9+Δ	-9	-17+Δ	0
40	50	+320	+180	+130																		
50	65	+340	+190	+140		+100	+60		+30		+10	0		+13	+18	+28	-2+Δ		-11+Δ	-11	-20+Δ	0
65	80	+360	+200	+150																		
80	100	+380	+220	+170		+120	+72		+36		+12	0		+16	+22	+34	-3+Δ		-13+Δ	-13	-23+Δ	0
100	120	+410	+240	+180																		
120	140	+460	+260	+200		+145	+85		+43		+14	0		+18	+26	+41	-3+Δ		-15+Δ	-15	-27+Δ	0
140	160	+520	+280	+210																		
160	180	+580	+310	+230																		
180	200	+660	+340	+240		+170	+100		+50		+15	0	偏差=±$\frac{IT_n}{2}$，式中IT_n是IT值数	+22	+30	+47	-4+Δ		-17+Δ	-17	-31+Δ	0
200	225	+740	+380	+260																		
225	250	+820	+420	+280																		
250	280	+920	+480	+300		+190	+110		+56		+17	0		+25	+36	+55	-4+Δ		-20+Δ	-20	-34+Δ	0
280	315	+1050	+540	+330																		
315	355	+1200	+600	+360		+210	+125		+62		+18	0		+29	+39	+60	-4+Δ		-21+Δ	-21	-37+Δ	0
355	400	+1350	+680	+400																		
400	450	+1500	+760	+440		+230	+135		+68		+20	0		+33	+43	+66	-5+Δ		-23+Δ	-23	-40+Δ	0
450	500	+1650	+840	+480																		
500	560					+260	+145		+76		+22	0					0		-26		-44	
560	630																					
630	710					+290	+160		+80		+24	0					0		-30		-50	
710	800																					
800	900					+320	+170		+86		+26	0					0		-34		-56	
900	1000																					
1000	1120					+350	+195		+98		+28	0					0		-40		-66	
1120	1250																					
1250	1400					+390	+220		+110		+30	0					0		-48		-78	
1400	1600																					
1600	1800					+430	+240		+120		+32	0					0		-58		-92	
1800	2000																					
2000	2240					+480	+260		+130		+34	0					0		-68		-110	
2240	2500																					
2500	2800					+520	+290		+145		+38	0					0		-76		-135	
2800	3150																					

注：1. 公称尺寸小于或等于 1mm 时，基本偏差 A 和 B 及大于 IT8 的 N 均不采用。公差带 JS7～JS11，若 IT_n 值数是奇

2. 对小于或等于 IT8 的 K、M、N 和小于或等于 IT7 的 P～ZC，所需 Δ 值从表内右侧选取。例如：18～30mm 段的 250～315mm 段的 M6，ES=-9μm（代替-11μm）。

（GB/T 1800.1—2020）（单位：μm）

限偏差 ES)													Δ 值					
≤IT7	标准公差等级大于 IT7												标准公差等级					
P～ZC	P	R	S	T	U	V	X	Y	Z	ZA	ZB	ZC	IT3	IT4	IT5	IT6	IT7	IT8
在大于 IT7 的相应数值上增加一个 Δ 值	-6	-10	-14		-18		-20		-26	-32	-40	-60	0	0	0	0	0	0
	-12	-15	-19		-23		-28		-35	-42	-50	-80	1	1.5	1	3	4	6
	-15	-19	-23		-28		-34		-42	-52	-67	-97	1	1.5	2	3	6	7
	-18	-23	-28		-33		-40		-50	-64	-90	-130	1	2	3	3	7	9
						-39	-45		-60	-77	-108	-150						
	-22	-28	-35		-41	-47	-54	-63	-73	-98	-136	-188	1.5	2	3	4	8	12
				-41	-48	-55	-64	-75	-88	-118	-160	-218						
	-26	-34	-43	-48	-60	-68	-80	-94	-112	-148	-200	-274	1.5	3	4	5	9	14
				-54	-70	-81	-97	-114	-136	-180	-242	-325						
	-32	-41	-53	-66	-87	-102	-122	-144	-172	-226	-300	-405	2	3	5	6	11	16
		-43	-59	-75	-102	-120	-146	-174	-210	-274	-360	-480						
	-37	-51	-71	-91	-124	-146	-178	-214	-258	-335	-445	-585	2	4	5	7	13	19
		-54	-79	-104	-144	-172	-210	-254	-310	-400	-525	-690						
	-43	-63	-92	-122	-170	-202	-248	-300	-365	-470	-620	-800	3	4	6	7	15	23
		-65	-100	-134	-190	-228	-280	-340	-415	-535	-700	-900						
		-68	-108	-146	-210	-252	-310	-380	-465	-600	-780	-1000						
	-50	-77	-122	-166	-236	-284	-350	-425	-520	-670	-880	-1150	3	4	6	9	17	26
		-80	-130	-180	-258	-310	-385	-470	-575	-740	-960	-1250						
		-84	-140	-196	-284	-340	-425	-520	-640	-820	-1050	-1350						
	-56	-94	-158	-218	-315	-385	-475	-580	-710	-920	-1200	-1550	4	4	7	9	20	29
		-98	-170	-240	-350	-425	-525	-650	-790	-1000	-1300	-1700						
	-62	-108	-190	-268	-390	-475	-590	-730	-900	-1150	-1500	-1900	4	5	7	11	21	32
		-114	-208	-294	-435	-530	-660	-820	-1000	-1300	-1650	-2100						
	-68	-126	-232	-330	-490	-595	-740	-920	-1100	-1450	-1850	-2400	5	5	7	13	23	34
		-132	-252	-360	-540	-660	-820	-1000	-1250	-1600	-2100	-2600						
	-78	-150	-280	-400	-600													
		-155	-310	-450	-660													
	-88	-175	-340	-500	-740													
		-185	-380	-560	-840													
	-100	-210	-430	-620	-940													
		-220	-470	-680	-1050													
	-120	-250	-520	-780	-1150													
		-260	-580	-840	-1300													
	-140	-300	-640	-960	-1450													
		-330	-720	-1050	-1600													
	-170	-370	-820	-1200	-1850													
		-400	-920	-1350	-2000													
	-195	-440	-1000	-1500	-2300													
		-460	-1100	-1650	-2500													
	-240	-550	-1250	-1900	-2900													
		-580	-1400	-2100	-3200													

数，则取偏差 $=\pm\frac{IT_{n-1}}{2}$。

K7，$\Delta=8\mu m$，所以 $ES=(-2+8)\mu m=+6\mu m$；18～30mm 段的 S6，$\Delta=4\mu m$，所以 $ES=-(35+4)\mu m=-31\mu m$。特殊情况：

表 E-4　优先配合中轴的极限偏差（GB/T 1800.2—2020）　　（单位：μm）

基本尺寸/mm		公差带												
		c	d	f	g	h				k	n	p	s	u
大于	至	11	9	7	6	6	7	9	11	6	6	6	6	6
—	3	-60 -120	-20 -45	-6 -16	-2 -8	0 -6	0 -10	0 -25	0 -60	+6 0	+10 +4	+12 +6	+20 +14	+24 +18
3	6	-70 -145	-30 -60	-10 -22	-4 -12	0 -8	0 -12	0 -30	0 -75	+9 +1	+16 +8	+20 +12	+27 +19	+31 +23
6	10	-80 -170	-40 -76	-13 -28	-5 -14	0 -9	0 -15	0 -36	0 -90	+10 +1	+19 +10	+24 +15	+32 +23	+37 +28
10	14	-95 -205	-50 -93	-16 -34	-6 -17	0 -11	0 -18	0 -43	0 -110	+12 +1	+23 +12	+29 +18	+39 +28	+44 +33
14	18													
18	24	-110 -240	-65 -117	-20 -41	-7 -20	0 -13	0 -21	0 -52	0 -130	+15 +2	+28 +15	+35 +22	+48 +35	+54 +41
24	30													+61 +48
30	40	-120 -290	-80 -142	-25 -50	-9 -25	0 -16	0 -25	0 -62	0 -160	+18 +2	+33 +17	+42 +26	+59 +43	+76 +60
40	50													+86 +70
50	65	-140 -330	-100 -174	-30 -60	-10 -29	0 -19	0 -30	0 -74	0 -190	+21 +2	+39 +20	+51 +32	+72 +53	+106 +87
65	80	-150 -340											+78 +59	+121 +102
80	100	-170 -390	-120 -207	-36 -71	-12 -34	0 -22	0 -35	0 -87	0 -220	+25 +3	+45 +23	+59 +37	+93 +71	+146 +124
100	120	-180 -400											+101 +79	+166 +144
120	140	-200 -450	-145 -245	-43 -83	-14 -39	0 -25	0 -40	0 -100	0 -250	+28 +3	+52 +27	+68 +43	+117 +92	+195 +170
140	160	-210 -460											+125 +100	+215 +190
160	180	-230 -480											+133 +108	+235 +210
180	200	-240 -530	-170 -285	-50 -96	-15 -44	0 -29	0 -46	0 -115	0 -290	+33 +4	+60 +31	+79 +50	+151 +122	+265 +236
200	225	-260 -550											+159 +130	+287 +258
225	250	-280 -570											+169 +140	+313 +284
250	280	-300 -620	-190 -320	-56 -108	-17 -49	0 -32	0 -52	0 -130	0 -320	+36 +4	+66 +34	+88 +56	+190 +158	+347 +315
280	315	-330 -650											+202 +170	+382 +350
315	355	-360 -720	-210 -350	-62 -119	-18 -54	0 -36	0 -57	0 -140	0 -360	+40 +4	+73 +37	+98 +62	+226 +190	+426 +390
355	400	-400 -760											+244 +208	+471 +435
400	450	-440 -840	-230 -385	-68 -131	-20 -60	0 -40	0 -63	0 -155	0 -400	+45 +5	+80 +40	+108 +68	+272 +232	+530 +490
450	500	-480 -880											+292 +252	+580 +540

表 E-5　优先配合中孔的极限偏差（GB/T 1800. 2—2020）　　（单位：μm）

基本尺寸/mm		公差带												
		C	D	F	G	H				K	N	P	S	U
大于	至	11	9	8	7	7	8	9	11	7	7	7	7	7
—	3	+120 +60	+45 +20	+20 +6	+12 +2	+10 0	+14 0	+25 0	+60 0	0 -10	-4 -14	-6 -16	-14 -24	-18 -28
3	6	+145 +70	+60 +30	+28 +10	+16 +4	+12 0	+18 0	+30 0	+75 0	+3 -9	-4 -16	-8 -20	-15 -27	-19 -31
6	10	+170 +80	+76 +40	+35 +13	+20 +5	+15 0	+22 0	+36 0	+90 0	+5 -10	-4 -19	-9 -24	-17 -32	-22 -37
10	14	+205 +95	+93 +50	+43 +16	+24 +6	+18 0	+27 0	+43 0	+110 0	+6 -12	-5 -23	-11 -29	-21 -39	-26 -44
14	18													
18	24	+240 +110	+117 +65	+53 +20	+28 +7	+21 0	+33 0	+52 0	+130 0	+6 -15	-7 -28	-14 -35	-27 -48	-33 -54
24	30													-40 -61
30	40	+280 +120	+142 +80	+64 +25	+34 +9	+25 0	+39 0	+62 0	+160 0	+7 -18	-8 -33	-17 -42	-34 -59	-51 -76
40	50													-61 -86
50	65	+330 +140	+174 +100	+76 +30	+40 +10	+30 0	+46 0	+74 0	+190 0	+9 -21	-9 -39	-21 -51	-42 -72	-76 -106
65	80	+340 +150											-48 -78	-91 -121
80	100	+390 +170	+207 +120	+90 +36	+47 +12	+35 0	+54 0	+87 0	+220 0	+10 -25	-10 -45	-24 -59	-58 -93	-111 -146
100	120	+400 +180											-66 -101	-131 -166
120	140	+450 +200	+245 +145	+106 +43	+54 +14	+40 0	+63 0	+100 0	+250 0	+12 -28	-12 -52	-28 -68	-77 -117	-155 -195
140	160	+460 +210											-85 -125	-175 -215
160	180	+480 +230											-93 -133	-195 -235
180	200	+530 +240	+285 +170	+122 +50	+61 +15	+46 0	+72 0	+115 0	+290 0	+13 -33	-14 -60	-33 -79	-105 -151	-219 -265
200	225	+550 +260											-113 -159	-241 -287
225	250	+570 +280											-123 -169	-267 -313
250	280	+620 +300	+320 +190	+137 +56	+69 +17	+52 0	+81 0	+130 0	+320 0	+16 -36	-14 -66	-36 -88	-138 -190	-295 -347
280	315	+650 +330											-150 -202	-330 -382
315	355	+720 +360	+350 +210	+151 +62	+75 +18	+57 0	+89 0	+140 0	+360 0	+17 -40	-16 -73	-41 -98	-169 -226	-369 -426
355	400	+760 +400											-187 -244	-414 -471
400	450	+840 +440	+385 +230	+165 +68	+83 +20	+63 0	+97 0	+155 0	+400 0	+18 -45	-17 -80	-45 -108	-209 -272	-467 -530
450	500	+880 +480											-229 -292	-517 -580

参 考 文 献

[1] 大连理工大学工程图学教研室. 画法几何学 [M]. 7版. 北京: 高等教育出版社, 2011.
[2] 大连理工大学工程图学教研室. 机械制图 [M]. 7版. 北京: 高等教育出版社, 2013.
[3] 杨裕根, 诸世敏. 现代工程图学 [M]. 4版. 北京: 北京邮电大学出版社, 2017.
[4] 何铭新, 钱可强, 徐祖茂. 机械制图 [M]. 7版. 北京: 高等教育出版社, 2016.
[5] 陈东祥, 姜杉. 机械工程图学 [M]. 2版. 北京: 机械工业出版社, 2016.
[6] 李东生, 李建新, 徐眉举. 计算机绘图基础教程 [M]. 哈尔滨: 哈尔滨工程大学出版社, 2007.
[7] CAD/CAM/CAE技术联盟. AutoCAD 2020中文版入门与提高: 标准教程 [M]. 北京: 清华大学出版社, 2020.